普通高等教育"十四五"规划教材

过程设备设计

蒋文春 ◎ 主编

PROCESS
EQUIPMENT DESIGN

中国石化出版社
·北京·

内 容 提 要

本书共分为 11 章,内容包括:概论、压力容器材料、内压薄壁容器设计、外压容器设计、高压容器设计、压力容器零部件及结构设计、压力容器现代设计方法、储存设备、换热设备、塔设备和反应设备。

本书既可作为过程装备与控制工程专业的教材或教学参考资料,也可供其他专业选用,还可供从事压力容器及过程装备相关行业的工程技术人员参考。

图书在版编目(CIP)数据

过程设备设计/蒋文春主编.—北京:中国石化出版社,2023.11

普通高等教育"十四五"规划教材

ISBN 978 - 7 - 5114 - 7247 - 2

Ⅰ.①过… Ⅱ.①蒋… Ⅲ.①化工过程 - 化工设备 - 设计 - 高等学校 - 教材 Ⅳ.①TQ051.02

中国国家版本馆 CIP 数据核字(2023)第 179479 号

中国石化出版社出版发行

地址:北京市东城区安定门外大街 58 号

邮编:100011　电话:(010)57512500

发行部电话:(010)57512575

http://www.sinopec-press.com

E-mail:press@sinopec.com

北京富泰印刷有限责任公司印刷

全国各地新华书店经销

*

787 毫米×1092 毫米 16 开本 28.25 印张 714 千字

2024 年 4 月第 1 版　2024 年 4 月第 1 次印刷

定价:68.00 元

《过程设备设计》编委会

主　编：蒋文春

副主编：周　凡　赵延灵

编　委：左海强　国亚东　王建军

　　　　杨　滨　罗　云　孟辉波

前　　言

本书是在中国石油大学(华东)赵正修教授和仇性启教授主编并修订的《石油化工压力容器设计》、李国成教授和蒋文春教授主编的《过程设备设计力学基础》等教材的基础上编写的，在编写过程中秉承基本理论简明扼要、工程设计方法符合现行标准规范的特点，密切关注国内外压力容器技术进步，力求反映最新标准与规范及研究方向，并注重学生工程意识培养。

本书特点主要有：

(1)聚焦压力容器先进设计、先进制造技术等科技发展前沿领域，强化课程内容的系统性与前沿性，培养学生的国际视野；

(2)面向能源装备行业的发展需求，以培养创新型工程科技人才为导向，在本书例题及课后习题中引入实际工程案例，让学生体验"真题、真做"，锻炼提升工程实践创新能力，实现了课堂教学、自主学习及工程设计实练的全方位融合；

(3)围绕以学生为中心和新工科人才核心素养要求，融入思想引领和价值塑造，实现学生知识、能力和素质三者协同发展。

本教材共包含11章。第1章概要介绍了过程设备的应用与特点、失效模式及设计准则、压力容器分类、安全监察、规范标准与设计基本要求；第2章介绍了压力容器常用材料与选材原则；第3~6章分别介绍了内压薄壁容器设计、外压容器设计、高压容器设计和压力容器零部件及结构设计；第7章介绍了压力容器现代设计方法；第8~11章为典型过程设备的设计，包括储存设备、换热设备、塔设备以及反应设备的设计方法。

本书由中国石油大学(华东)蒋文春教授负责全书统稿工作。参加编写的有蒋文春(前言、附录)、周凡(第1、5章)、杨滨(第2章)、赵延灵(第3、7章)、国亚东(第4、8章)、孟辉波(第6章)、罗云(第9章)、左海强(第10章)、王建军(第11章)。

限于水平，虽经努力，书中不妥甚至错误之处在所难免，敬请读者指正。

目　　录

第1章 概 论

从原材料到产品，要经过一系列物理的或化学的加工处理步骤，这一系列加工处理步骤称为过程。过程需要由设备来完成物料的粉碎、混合、储存、分离、传热、反应等操作。例如，流体输送过程需要有泵、压缩机、管道、储罐等设备。过程设备必须满足过程的要求。设备的新设计、新材料和新制造技术是在过程的要求下发展起来的，没有相应的设备，过程也就无法实现。过程设备通常在一定温度和压力下工作，虽然型式繁多，但是一般都由限制其工作空间且能承受一定压力的外壳和各种内件构成。这种能承受压力的外壳称为压力容器。

随着现代工艺的不断进步，压力容器需要承受高温、深冷、复杂介质腐蚀等极端服役条件，并向超大直径、超大壁厚、超大容积等极端尺度方向发展。极端条件下的重要压力容器，关乎大型煤化工、液化天然气集输等国家重大工程建设。面对过程工业生产规模大型化、介质环境苛刻化，压力容器全寿命周期内的可靠运行面临诸多挑战。陈学东院士研究团队历时数年，成功解决了极端条件下重要压力容器的设计与制造难题，实现了百万吨乙烯工程大型低温球罐、液化天然气集输工程大型深冷液化天然气储罐等重要压力容器的首台/套国产化研制。华东理工大学涂善东院士团队创新发展了高温高压化工设备安全维修、安全评价以及本质安全调控等工程技术，为我国万台承压设备事故率持续下降提供了有力的技术支撑，应用于大型反应器、换热器、汽轮机等化工与能源设备的可靠性设计制造。浙江大学郑津洋院士带领团队攻克基于深冷强化的深冷压力容器设计、制造关键技术，主持研发出系列轻量化真空绝热深冷储运容器，并实现产业化。我国重要压力容器基本不再依赖进口，万台设备失效率逐年下降至发达国家水平，标志着我国压力容器设计制造与维护技术完成从跟跑到整体并跑、局部领跑的蜕变。

2020 年，中国政府在第 75 届联合国大会上提出："中国将提高国家自主贡献力度，采取更加有力的政策和措施，二氧化碳排放力争于 2030 年前达到峰值，努力争取 2060 年前实现碳中和。""碳达峰"和"碳中和"目标对压力容器的设计与制造提出了新的挑战。低碳的目标要求最大限度地节约资源，因此必须具有全寿命周期的观点，在追求结构安全可靠、长寿命的同时，还要求尽可能实现轻量化。未来，压力容器将向高端、绿色、智能、安全的方向发展。

1.1 过程设备的应用与特点

1.1.1 过程设备的应用

过程设备在生产技术领域中的应用十分广泛，是化工、炼油、轻工、交通、食品、制药、冶金、纺织、城建、海洋工程等传统部门必需的关键设备。一些高新技术领域，如航空航天技术、能源技术、先进防御技术等，也离不开过程设备。

1. 反应设备

反应设备是指在其中实现一个或几个化学反应，使反应物通过化学反应转变为反应产物的设备。下面以两类典型的反应设备为例说明其应用特点及研究进展。

图 1-1　3000t 超级浆态床锻焊加氢反应器

（1）加氢反应器

加氢反应器是石油化工成套装置的核心设备，需要同时面对高温、高压、临氢工况条件，其大型化的设计与制造加工在一定程度上反映了一个国家的重型压力容器技术水平。2020 年全球首台 3000t 超级浆态床锻焊加氢反应器（图 1-1）成功制造，刷新了世界锻焊加氢反应器的制造纪录，标志着中国超大吨位石化装备制造技术处于国际领跑位置，该设备由中国石化工程建设有限公司设计、中国一重集团有限公司制造，形成拥有自主知识产权的超重型工件主焊缝收缩应力与重力平衡技术、超大吨位安全旋转技术。

（2）结晶反应器

结晶反应器是医药、材料和食品工程领域获取高纯度产品的核心设备。搅拌混合是实现结晶反应器内原料传质、传热的重要操作过程，对应的机械搅拌釜结构通过搅拌桨叶所输出的剪切作用对原料浓度分布、晶体的大小进行调控，从而控制晶体的品质。然而，过高搅拌转速伴随剪切作用的增加则不利于晶体生长，为应对这一矛盾，无搅拌结晶反应器应运而生。2018 年，中国昆仑工程有限公司研发出一种无搅拌反应器，其原理在于降低压力获得大量蒸汽泡，其动能实现浆料的搅拌混合与悬浮，该反应器成功应用于精对苯二甲酸（PTA）晶体这一大宗有机化工原料工业化生产，且设备的制造、维护及使用成本大幅度降低。而以管式结晶反应器为代表的一系列连续化结晶反应器则成为无搅拌结晶反应器研发的另一个研究热点。与间歇结晶反应器相比，连续结晶反应器具有生产效率高、产品质量好、废弃物排放量小、自动化程度高、设备体积小、操作人员少等优点。而连续化结晶反应器的研发，也成为未来实现绿色化工的重要路径之一。

2. 储运设备

储运设备是指用于储存和运输物料的设备，又称储罐，用于储存或盛装气体、液体、液化气体等介质，如液化石油气储罐、液氨储罐、石油储罐等。下面重点介绍氢气和液化天然气储运设备的应用及研究进展。

（1）氢气储运设备

氢能是能源转型的重要载体，也是实现碳达峰碳中和的重要解决方案之一。储氢技术是氢能应用的关键技术之一，即如何实现安全、高效、经济的氢气储存。当前，储氢技术主要有气态储氢、液态储氢和固态储氢三种方式。相较而言，高压气态储氢具有设备结构简单、充装和排放速度快、温度适应范围宽等优点，是世界各国优先重点发展的储氢技术。气态储氢技术目前主要存在以下技术难点：高压氢气易引起材料氢脆，造成容器突然断裂甚至爆炸，危害极大；此外，由于氢气分子小，易泄漏，高压密封难，侵入传感材料的氢会导致检测信号漂移，高压氢环境应变检测难度大。针对抗高压氢脆设计制造难题，郑津洋院士团队提出以抗氢脆焊接薄内筒为核心的全多层高压储氢容器设计技术，与高压氢气接触的薄内筒采用抗高压氢脆性能优良的材料，其余则采用普通高压容器用钢。该技术利用薄内筒抗氢脆，内筒厚度约占筒体总厚度的 1/8，通过厚钢带层承载，钢带逐层交错螺旋缠绕在内筒外，制造经济简便；采用钢带缠绕引起的预压缩应力，提高容器疲劳寿命；通过全多层技术实现了容器中氢气泄漏在线监测的全覆盖。固定式储氢容器分为单层储氢压力容器和多层储氢压力容器。前者以大容积无缝储氢容器为主，依据美国机械工程师学会(ASME)锅炉及压力容器规范建造；后者以钢带错绕式压力容器为主，由浙江大学于 1964 年自主研发而成。2011 年，郑津洋院士团队以传统钢带错绕式压力容器为基础，利用多功能全多层高压储氢容器技术，研制了世界第一台 77MPa 级多功能全多层固定式储氢容器，并通过实验测试。

在氢能储运装备方面，中国将重点突破 70MPa 高压加氢站设计制造及运行维护、氢气大规模液化工艺与关键装备研制、液氢潜液泵/往复泵/阀门等装备研制、车载供氢装备设计制造与维护、52MPa 高压大容量储氢管束集装箱研发、纯氢与掺氢天然气管道输送技术等领域的关键技术与装备研制。

（2）液化天然气储运设备

液化天然气(LNG)储运需要容器能在 1 标准大气压、−163℃以下保持良好的力学性能，其核心材料殷瓦钢(invar)为含镍 36% 的精密合金，焊接工艺一般为钨极氩弧焊，这种钢材"薄如蝉翼"，其焊接技术也被誉为世界上难度最大的焊接技术之一。然而，它的制造与加工一直被法国公司所垄断，严重制约了我国大型 LNG 船的制造与产业升级。2013 年沪东中华造船集团有限公司、宝钢特钢和中国船级社等单位参研工业和信息化部研制殷瓦钢攻关项目，仅用时 4 年完成工业化试制，实现在 −196℃ 的超低温条件下材料依然具备稳定的物理性能与良好的强度与韧性，并通过了法国 GTT 公司两轮严格认证。

3. 换热设备

换热设备是用于完成冷热介质间热量交换的设备，它是化工、炼油、动力、食品、轻工、原子能、制药、机械及其他许多工业部门广泛使用的一种通用设备，如热交换器、管壳式余热锅炉、冷却器、冷凝器、蒸发器、加热器和电热蒸汽发生器。换热压力容器主要的应用类型为管壳式换热器、板式换热器，目前，我国换热压力容器的换热效率仅为 60% ~ 70%，比国外同类产品低 15% ~ 25%，仍是节能领域关注的重点。"十二五"时期，依托国家科技支承项目研发的以煤粉燃烧为核心的 58MW 燃煤工业锅炉成套设备，测试其锅炉热效率可达到 91.81% ~ 93.63%，140MW 链条锅炉热效率达到 88.35% ~ 88.61%。在"十三五"时期依托国家重点研发计划，中国特种设备检测研究院研发烟气传感器自校准技术，对烟气循环量、温度场进行检测，形成了考虑热力性能与阻力的板式热交换器、缠绕管式热交换器。在"十四五"期间，国家电投集团宁夏能源铝业有限公司临河 350MW 发电机组煤场改造，采用低温烟气换热系统，回收大量烟气余热。低温烟气换热器投运全年节约标准煤 9875.25t，减少 CO_2 排放约 26564.42t，减少 SO_2 排放约 227.13t，可增加收益约 490 万元。

4. 分离设备

在化工单元操作中，需要依托分离设备实现介质的质量交换，实现精馏、吸收、吸附及萃取。精馏作为应用最广泛、技术最成熟的分离方法之一，其主要的分离设备装置为板式塔与填料塔，并且伴随我国千万吨炼油、百万吨乙烯、甲醇制烯烃等大型石油化工、煤化工项目的建设，精馏塔的设计与制造呈大型化发展趋势。塔器大型化有助于优化系统工艺，降低装置能耗，提高设备效率，减少工业废物的排放。而在医药、食品及香料等行业中存在莪术油、香茅醇和迷迭香精油等具有高附加值的热敏性物质的分离与提纯，分子蒸馏、真空精馏、超临界萃取及色谱分离等新型的分离技术也在实验中得到应用，刮膜式分子蒸馏器、真空精馏成套设备的大规模工业化进程，仍然需要面对降低生产能耗、控制工艺成本的挑战。

1.1.2 压力容器的结构特点

压力容器的主要作用是承装压缩气体、液化气体或为这些介质的传热、传质、化学反应提供一个密闭的空间。其主要结构部件是一个能承受压力的壳体，以及其他必要的连接件和密封件等。图1-2所示为一台卧式压力容器的总体结构，其基本结构由筒体、封头、密封装置、开孔接管、支座及安全附件六大部

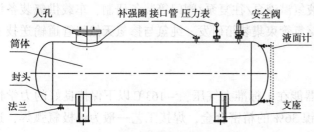

图1-2 卧式压力容器的总体结构

分组成。

1.2 压力容器失效模式及设计准则

面对复杂工况条件，压力容器设计需要满足其在全寿命周期内的安全、稳定运行基础之上，控制容器的加工与维护成本。即设计压力容器需要兼顾安全性与经济性，前者要求容器的强度、刚度、屈曲、密封满足设计条件，其寿命与稳定性满足工艺要求；后者则需节省容器的原材料，采用更经济的建造方法与维护措施。压力容器在规定的使用环境和时间内，因尺寸、形状或材料性能发生改变而完全失去原设计功能或不能达到原设计要求（包括功能和寿命等）的现象，称为压力容器失效。

掌握压力容器在全寿命周期内有可能出现的失效模式，并能够正确选择规范标准进行设计，提出防止失效的措施，是压力容器设计的核心。美国机械工程师学会（ASME）指出，压力容器主要存在过度弹性变形、过度塑性变形、脆性断裂、蠕变变形、渐增性垮塌、疲劳、应力腐蚀和腐蚀疲劳等8类失效模式。欧盟标准EN 13445—2021《非火焰接触压力容器》将失效模式归纳为短期、长期、循环三大类。国际锅炉压力容器标准（ISO 16528—2007）针对锅炉和压力容器常见的失效形式，在标准中将其归类为三大类共14种失效模式，明确了针对失效模式的设计技术应用理念。

（1）短期失效模式：包括脆性断裂，韧性断裂，超量变形引起的接头泄漏，超量局部应变引起的裂纹形成或韧性撕裂，以及弹性、塑性或弹塑性失稳(垮塌)。

（2）长期失效模式：包括蠕变断裂，蠕变(在机械连接处的超量变形或导致不允许的载荷传递)，蠕变失稳，冲蚀，腐蚀，环境助长开裂(如应力腐蚀开裂、氢致开裂)。

（3）循环失效模式：包括扩展性塑性变形，交替塑性，弹性应变疲劳(中周和高周疲劳)或弹塑性应变疲劳(低周疲劳)，以及环境助长疲劳。

下面介绍四类常见的压力容器失效形式、失效判据及相应的设计准则。

1.2.1 压力容器失效形式

压力容器常见的失效形式大致包括强度失效、刚度失效、失稳失效和泄漏失效四大类。

（1）强度失效

因材料屈服或断裂引起的压力容器失效，称为强度失效，包括韧性断裂、脆性断裂、疲劳断裂、蠕变断裂、腐蚀断裂等。

①韧性断裂。韧性断裂是压力容器在载荷作用下，产生的应力达到或接近所用材料的强度极限而发生的断裂。其特征是断后有肉眼可见的宏观变形，如整体鼓胀、断口处厚度显著减薄；没有碎片，或偶尔有碎片；按实测厚度计算的爆破压力与实际爆破压力相当接近。

②脆性断裂。脆性断裂是指变形量很小，且在壳壁中的应力值远低于材料的强度极限时发生的断裂。这种断裂在较低应力状态下发生，故又称为低应力脆断。其特征是断裂时容器没有膨胀，即无明显的塑性变形；其断口齐平，并与最大应力方向垂直；断裂的速度极快，常使容器断裂成碎片。由于脆性断裂时容器的实际应力值很低，爆破片、安全阀等安全附件不会动作，其后果要比韧性断裂严重得多。

③疲劳断裂。压力容器在服役中，在交变载荷作用下，经一定循环次数后产生裂纹或突然发生断裂失效的过程，称为疲劳断裂。交变载荷是指大小和(或)方向都随时间周期性(或无规则)变化的载荷，包括：压力波动、开车停车；加热或冷却时温度变化引起的热应力变化；振动或容器接管引起的附加载荷的交变而形成的交变载荷。需要注意的是：原材料或制造过程中产生的裂纹，也会在交变载荷的反复作用下扩展而导致压力容器疲劳。

④蠕变断裂。压力容器在高温下长期受载，随着时间的增加，材料不断发生蠕变变形，造成壁厚明显减薄与鼓胀变形，最终导致压力容器断裂的现象，称为蠕变断裂。按断裂前的变形来划分，蠕变断裂具有韧性断裂的特征；按断裂时的应力来划分，蠕变断裂又具有脆性断裂的特征。

⑤腐蚀断裂。因均匀腐蚀导致的壁厚减薄，或局部腐蚀造成的凹坑，所引起的断裂一般有明显的塑性变形，具有韧性断裂特征；因晶间腐蚀、应力腐蚀等引起的断裂没有明显的塑性变形，具有脆性断裂特征。

（2）刚度失效

由于构件过度的弹性变形引起的失效，称为刚度失效。例如，露天立置的塔在风载荷作用下，若发生过大的弯曲变形，会破坏塔的正常工作或塔体受到过大的弯曲应力。

（3）失稳失效

在压应力作用下，压力容器突然失去其原有的规则几何形状引起的失效，称为失稳失效。容器弹性失稳的一个重要特征是弹性挠度与载荷不成比例，且临界载荷的数值一般不取决于材料的强度，而主要取决于容器的相对尺寸和材料的弹性性质。但当容器中的应力水平超过材料的屈服点而发生非弹性失稳时，临界载荷的数值还与材料的强度有关。

（4）泄漏失效

由于泄漏而引起的失效，称为泄漏失效。泄漏不仅有可能引起中毒、燃烧和爆炸等事故，而且会造成环境污染。设计压力容器时，应重视各可拆式接头和不同压力腔之间连接接头（如换热管和管板的连接）的密封性能。

需要指出的是：在多种因素作用下，压力容器有可能同时发生多种形式的失效，即交互失效，如腐蚀介质和交变应力同时作用引发的腐蚀疲劳、高温和交变应力同时作用引发的蠕变疲劳等。

在"双碳"背景下，据估算，到2025年，我国一次能源中，仍有80%的能源来自化石燃料，而据碳中和目标估算，到2060年，只有14%的能源来自煤炭、石油和天然气化石燃料，86%的能源将主要来自风、光、核、水及生物质等。此目标对压力容器的设计与制造提出了新的挑战。在材料和检验方面，未来风光电和煤电互补，火电站负荷会不断变化，因此需要考虑启停和稳定运行引起的应力变化导致的低循环疲劳、热机械疲劳以及蠕变疲劳交互作用问题，蠕变疲劳试验的模式不仅要考虑应力控制，还要考虑应变控制。面对越来越复杂的能源系统，多失效模式的问题将更加普遍，除了要考虑局部断裂、整体垮塌这些失效模式外，还需考虑其他的损伤类型，如氢损伤、氧损伤、高温蠕变等损伤问题。在寿命管理方面，大至核电系统，小至燃机、风机等能源设备都存在寿命管理方面的问题，如风机的退化机理必须考虑腐蚀与疲劳的相互作用。

1.2.2　失效判据与设计准则

压力容器之所以按某种方式失效，是因为应力、应变或与它们相关的量中的某个量过大或过小。按照这种假说，无论是简单还是复杂的应力状态，只要这个量达到某一数值，压力容器就失效。这个数值可用简单的实验测量，如拉伸试验中测得的屈服点和抗拉强度等。将力学分析结果与简单实验测量结果相比较，就可判别压力容器是否会失效。这种用来表征压力容器达到失效时的量化力学指标（如应力、应变等）称为失效判据。

失效判据一般不能直接用于压力容器的设计计算，因为压力容器存在许多不确定因素，如材料性能的不稳定、计算模型所引起的不确定性、制造水平的高低、检验的手段等。为有效利用现有材料的强度或刚度，工程上在考虑上述不确定因素时，较为常用的方法是引入安全系数，得到与失效判据相对应的设计准则。与压力容器失效形式相对应，压力容器设计准则可分为强度失效设计准则、刚度失效设计准则、稳定失效设计准则和泄漏失效设计准则。显然，对于不同的设计准则，安全系数的含义并不相同。

压力容器设计时，应先确定容器最有可能发生的失效形式，选择合适的失效判据和设计准则，确定适用的设计规范标准，再按规范要求进行设计和校核。

1. 强度失效设计准则

在常温、静载作用下，屈服和断裂是压力容器强度失效的两种主要形式。下面介绍几种常用的压力容器强度失效设计准则。

（1）弹性失效设计准则

弹性失效设计准则将容器总体部位的初始屈服视为失效。对于韧性材料，在单向拉伸应力 σ 作用下，屈服失效判据如式（1-1）所示：

$$\sigma = R_{eL} \tag{1-1}$$

式中　R_{eL}——材料的屈服点，MPa。

用许用应力 $[\sigma]^t$ 代替式（1-1）中的材料屈服点，得到相应的设计准则：

$$\sigma \leqslant [\sigma]^t \tag{1-2}$$

由于历史的原因，在压力容器设计中，常用最大拉应力 σ_1 来代替式（1-2）中的应力 σ，建立设计准则，称为基于最大拉应力的弹性失效设计准则，简称为最大拉应力准则，即式（1-3）：

$$\sigma_1 \leqslant [\sigma]^t \tag{1-3}$$

处于任意应力状态的韧性材料，工程上常采用的屈服失效判据主要有：Tresca 屈服失效判据和 Mises 屈服失效判据。

Tresca 屈服失效判据又称为最大切应力屈服失效判据或第三强度理论。该判据认为：材料屈服的条件是最大切应力达到某个极限值，其数学表达式为：

$$\sigma_1 - \sigma_3 = R_{eL}$$

相应的设计准则为：

$$\sigma_1 - \sigma_3 \leqslant [\sigma]^t \tag{1-4}$$

式（1-4）为最大切应力屈服失效设计准则，简称为最大切应力准则。

Mises 屈服失效判据又称为形状改变比能屈服失效判据或第四强度理论。该判据认为：引起材料屈服的是与应力偏量有关的形状改变比能，其数学表达式为：

$$\sqrt{\frac{1}{2}\left[(\sigma_1 - \sigma_2)^2 + (\sigma_2 - \sigma_3)^2 + (\sigma_3 - \sigma_1)^2\right]} = R_{eL}$$

相应的设计准则为：

$$\sqrt{\frac{1}{2}\left[(\sigma_1 - \sigma_2)^2 + (\sigma_2 - \sigma_3)^2 + (\sigma_3 - \sigma_1)^2\right]} \leqslant [\sigma]^t \tag{1-5}$$

式（1-5）为形状改变比能屈服失效设计准则，简称为形状改变比能准则。

工程上，常常将强度设计准则中直接与许用应力 $[\sigma]^t$ 比较的量，称为应力强度或相当应力，用 σ_{eqi} 表示，$i=1,3,4$ 分别表示最大拉应力准则、最大切应力准则和形状改变比能准则的序号。有的文献将许用应力称为设计应力强度。综合式（1-3）~式（1-5），可以把弹性失效设计准则写成下面的统一形式：

$$\sigma_{eqi} \leqslant [\sigma]^t$$

应力强度由三个主应力按一定形式组合而成，它本身没有确切的物理含义，只是为方便而引入的名词和记号。与最大拉应力准则、最大切应力准则和形状改变比能准则相对应的应力强度分别为：

$$\sigma_{eq1} = \sigma_1$$

$$\sigma_{eq3} = \sigma_1 - \sigma_3$$

$$\sigma_{eq4} = \sqrt{\frac{1}{2}\left[(\sigma_1 - \sigma_2)^2 + (\sigma_2 - \sigma_3)^2 + (\sigma_3 - \sigma_1)^2\right]}$$

（2）塑性失效设计准则

弹性失效设计准则是以危险点的应力强度达到许用应力为依据的。对于各处应力相等的构件，如内压薄壁圆筒，这种设计准则是正确的。但是对于应力分布不均匀的构件，如内压厚壁圆筒，由于材料韧性较好，当危险点（内壁）发生屈服时，其余各点仍处于弹性状态，故不会导致整个截面的屈服，因而构件仍能继续承载。在这种情况下，弹性失效设计准则就显得有些保守。

假设材料是理想弹塑性的，以整个危险面屈服作为失效状态的设计准则，称为塑性失效设计准则。对于内压厚壁圆筒，整个截面屈服时的压力就是全屈服压力 p_{so}，塑性失效判据见式(1-6)：

$$p = p_{so} \tag{1-6}$$

式中　p——设计压力。

引入全屈服安全系数 n_{so}，则相应的塑性失效设计准则如式(1-7)所示：

$$p \leqslant \frac{p_{so}}{n_{so}} \tag{1-7}$$

（3）爆破失效设计准则

压力容器韧性材料一般具有应变硬化现象，爆破压力大于全屈服压力。爆破失效设计准则以容器爆破作为失效状态，相应的设计准则如式(1-8)所示：

$$p \leqslant \frac{p_b}{n_b} \tag{1-8}$$

式中　p_b——爆破压力；

　　　n_b——爆破安全系数。

（4）弹塑性失效设计准则

弹塑性失效设计准则又称为安定性准则，适用于各种载荷不按同一比例递增、载荷大小反复变化的场合。与压力容器内最大应力点进入塑性相对应的载荷称为初始屈服载荷。当容器承受稍大于初始屈服载荷的载荷时，容器内将产生少量的局部塑性变形。因局部塑性区周围的广大区域仍处于弹性状态，会制约塑性变形，当载荷卸除后就形成残余应力场。若容器所受的载荷较小，即载荷引起的应力和残余应力叠加后总是小于屈服点，则容器在载荷的反复作用下，始终保持弹性行为，不会产生新的塑性变形，使其处于"安定"状态。随着载荷的继续增大，卸载时的残余应力可能超过屈服点而导致反向屈服，或者加载时的应力与残余应力之和也可能超过屈服点，从而导致塑性变形的累积。于是，容器就会丧失安定，出现渐增塑性变形。与安定和不安定的临界状态相对应的载荷变化范围称为安定载荷。

弹塑性失效认为只要载荷变化范围达到安定载荷，容器就失效。由于超过安定载荷后容器并不立即破坏，因而危险性较小。工程上一般取安定载荷的安全系数为 1.0，即压力容器承受的最大载荷变化范围不大于安定载荷。

(5)疲劳失效设计准则

压力容器疲劳一般属于低周疲劳。低周疲劳时,每次循环中材料都将产生一定的塑性应变,疲劳破坏时的循环次数较低,一般在 10^5 次以下。根据试验研究和理论分析结果,可以得到虚拟应力幅与许用循环次数之间的关系曲线,即低周疲劳设计曲线。由容器应力集中部位的最大虚拟应力幅,按低周疲劳设计曲线可以确定许用循环次数,只要该循环次数不小于容器所需的循环次数,容器就不会发生疲劳失效,这就是疲劳失效设计准则。

此外,按照断裂力学理论可以建立另一种带裂纹的压力容器疲劳设计准则,即按照疲劳裂纹扩展与断裂的规律对循环载荷作用下的容器作出安全评定。

(6)蠕变失效设计准则

将应力限制在由蠕变极限和持久强度确定的许用应力以内,可防止容器在使用寿命内发生蠕变失效,这就是蠕变失效设计准则。

2. 刚度失效设计准则

在载荷作用下,要求构件的弹性位移和(或)转角不超过规定的数值。刚度失效设计准则如式(1-9)所示:

$$\left.\begin{array}{c} w \leqslant [w] \\ \theta \leqslant [\theta] \end{array}\right\} \tag{1-9}$$

式中　w——载荷作用下产生的位移;

　　$[w]$——许用位移;

　　θ——载荷作用下产生的转角;

　　$[\theta]$——许用转角。

3. 稳定失效设计准则

压力容器设计中,应防止屈曲发生。例如,仅受均布外压的圆筒,外压应小于周向临界压力;由弯矩或弯矩和压力共同引起的轴向压缩,压应力应小于轴向临界应力。

4. 泄漏失效设计准则

泄漏失效不仅是由于压力容器遭受机械性损伤,也是由于容器本身或者附件连接部件失去密封功能而发生的失效形式,可引发设备燃烧、爆炸、中毒和环境污染等事故。泄漏失效设计准则为密封装置的介质泄漏率不得超过许用的泄漏率。泄漏是一个相对于某种泄漏检测仪器灵敏度范围而言的概念。不漏的含义是指容器泄漏率小于所用泄漏检测仪器可以分辨的最低泄漏率。介质泄漏率与很多因素有关,包括安装、设计、制造和检验、运行与维护等。

1.3 压力容器分类

压力容器用途广泛且工况条件复杂,通常其所承载的介质具有高温高压、有毒及易燃易爆的特点。因此,压力容器在设计阶段除按用途进行分类外,还需要考虑容器在发生事故时的危险程度,并考量其所选用的材料物化性能是否与工况条件所需的压力等级、使用场合及安装方式相匹配,对压力容器进行合理分类,以便于其使用、检验及管理阶段的规范化、标准化。表 1 - 1 所示为压力容器常见的分类方法。

表 1 - 1　压力容器常见的分类方法

分类方法	容器种类
按压力等级分类	低压容器、中压容器、高压容器、超高压容器
按容器在生产中的作用分类	反应容器、储运容器、换热容器、分离容器
按安全技术管理分类	Ⅰ类容器、Ⅱ类容器、Ⅲ类容器
按安装方式分类	固定式压力容器、移动式压力容器
按承压方式分类	内压容器、外压容器
按容器壁厚分类	薄壁容器、厚壁容器
按工作温度分类	高温容器、中温容器、常温容器、低温容器
按容器截面形状分类	圆形截面容器、非圆形截面容器等
按容器材料分类	钢制、铝制、钛制以及其他有色金属容器等
按容器主轴线方向分类	立式容器、卧式容器

依据 TSG 21—2016《固定式压力容器安全技术监察规程》中的容器压力等级分类，压力容器分为 4 个压力等级，如表 1 - 2 所示。

表 1 - 2　容器按压力等级分类

容器分类(代号)	设计压力 p/MPa
低压容器(L)	$0.1 \leqslant p < 1.6$
中压容器(M)	$1.6 \leqslant p < 10$
高压容器(H)	$10 \leqslant p < 100$
超高压容器(U)	$p \geqslant 100$

压力容器作为生产工艺单元操作的基础，在面对不同承压条件的同时也需要承受温度条件对于其金属材料的影响，如表 1 - 3 所示。

表 1 - 3　容器按壁温分类

容器分类	容器壁温范围
常温容器	$-20 \sim 200℃$
高温容器	壁温达到材料蠕变温度，其中碳素钢或低合金钢容器壁温 $>420℃$，合金钢(如 Cr - Mo 钢)容器壁温 $>450℃$，奥氏体不锈钢容器壁温 $>550℃$
中温容器	壁温在常温与高温之间
低温容器	壁温 $<-20℃$，其中壁温在 $-40 \sim -20℃$ 区间为浅冷容器，低于 $-40℃$ 为深冷容器；对于奥氏体不锈钢容器，设计温度低于 $-196℃$ 为低温容器

压力容器在一定压力、温度的工况条件下，为介质流体的物化反应、热量交换、分离提纯及盛装储存提供物理空间。依据其发挥的工艺作用可将压力容器分为 4 种，其分类名

称、发挥的主要作用及典型设备名称如表1-4所示。

表1-4 容器按工艺作用分类

容器分类(代号)	主要作用	典型设备名称
反应容器(R)	完成介质的物理、化学反应	反应器、聚合釜、合成塔
换热容器(E)	完成介质热量交换	再沸器、冷凝器、蒸发器
分离容器(S)	完成介质流体压力平衡缓冲和气体净化分离	分离器、过滤器、吸收塔
储存容器(C,其中球罐代号B)	盛装气体、液体、液化气体等介质	氢气储罐、液氨储罐

作为过程设备,压力容器需要长期稳定地安全运行,以保证工业生产体系的连续性,并且不同工艺段的压力容器的设计压力 p 和全容器 V 不同,pV 值越大则压力容器破裂所释放出的能量越大,因此,压力容器除明确其压力等级与功能作用外,依据我国 TSG 21—2016 将所适用的压力容器分为Ⅰ、Ⅱ、Ⅲ类。压力容器分类时考虑的因素如下:

(1)介质

压力容器的介质分为两组,包括气体、液化气体和最高工作温度高于或者等于标准沸点的液体。第一组介质:毒性程度为极度危害、高度危害的化学介质,易燃介质,液化气体。第二组介质:除第一组以外的介质,如水蒸气、氮气等。

毒性程度:综合考虑急性毒性和最高容许浓度。极度危害最高容许浓度小于 $0.1mg/m^3$;高度危害最高容许浓度为 $0.1\sim1.0mg/m^3$;中度危害最高容许浓度为 $1.0\sim10.0mg/m^3$;轻度危害最高容许浓度大于等于 $10.0mg/m^3$。

易燃介质:指气体或液体的蒸汽、薄雾与空气混合形成的爆炸混合物。

参照 GBZ 230—2010《职业性接触毒物危害程度分级》、HG/T 20660《压力容器中化学介质毒性危害和爆炸危险程度分类标准》的规定,根据压力容器中化学介质在空气环境发生燃烧和爆炸的可能性划分为:易爆介质(爆炸危险介质)、可燃介质、不燃介质三类。可燃物质与空气在一定浓度范围均匀混合形成预混气,遇着火源发生爆炸的可燃物质浓度范围称为爆炸极限。爆炸时的最低浓度称为爆炸下限,而最高浓度称为爆炸上限。通常易燃介质的爆炸下限小于10%,或者爆炸上限和下限的差值大于等于20%,如甲烷、乙烷、乙烯、丙烷、丙烯、氢、丁烷、氯甲烷、环氧乙烷、环丙烷等。压力容器储存易燃介质对于容器的选材、设计、制造与管理都提出更高要求,Q235AF 不得用于制造储存易燃介质的容器;Q235A 不得用于制造液化石油气容器;储存易燃介质的容器所有焊缝包括角焊缝均应采用全焊透结构。

(2)压力

压力是指设计压力,即设定的压力容器顶部压力(表压),与相应的设计温度一起作为设计载荷的条件,并作为超压释放装置调定压力的基础,其值不得小于压力容器的最高工作压力。

(3)容积

容积是指压力腔的几何容积,即由设计图样标注的尺寸计算(不考虑制造公差),且不扣除内件体积(但应扣除与压力容器永久性连接的内件体积),并经圆整后的容积。永久性连接是指只有通过破坏方式才能分开的连接。

压力容器先按照介质组别，选择分类图，再根据设计压力 p（单位为 MPa）和容积 V（单位为 m^3），标出坐标点，确定压力容器类别。压力容器的分类如图 1-3 所示。

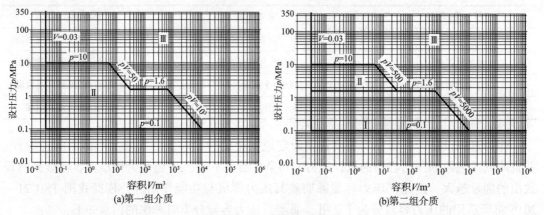

图 1-3　压力容器的分类

对多腔压力容器（如换热器的管程和壳程、夹套压力容器等），类别高的压力腔作为该压力容器的类别，并按该类别进行使用管理。但应按照每个压力腔各自的类别分别提出设计、制造技术要求。对各压力腔进行类别划定时，设计压力取本压力腔的设计压力，容积取本压力腔的几何容积。一个压力腔内有多种介质时，按组别高的介质分类。

1.4　压力容器的安全监察

1.4.1　压力容器安全监察的意义与监察范围

压力容器应用的广泛性与特殊性通常伴随事故率高、危险性高等特点，如何确保压力容器的安全运行，避免发生事故尤其是重大安全事故，已经是摆在压力容器设计、制造及维护领域的重要问题。压力容器在使用过程中由于操作不当，或者存在、产生缺陷未及时发现和处理，就可能导致储存介质的泄漏，进而发生爆炸等事故。

压力容器如果发生爆炸事故，一方面危及操作人员以及周围的设备与环境；另一方面易燃易爆介质的二次爆炸或者有毒介质的大量扩散则会导致灾难性的后果。因此，几乎所有工业国家都将压力容器作为特种设备进行专门的监察管理。

特种设备是对人身和财产具有较大危险性的设备总称，分为承压类（锅炉、压力容器、压力管道和气瓶）和机电类（场内机动车辆、电梯、起重机械、大型游乐设施、客运索道）两大类。锅炉是指利用各种燃料、电或者其他能源，将所盛装的液体加热到一定的参数，并承载一定压力的密闭设备，包括承压蒸汽锅炉、承压热水锅炉和有机热载体锅炉等。压力容器是指盛装气体或者液体，承载一定压力的密闭设备，其范围规定为气体、液化气体和最高工作温度高于或者等于标准沸点的液体的固定式容器和移动式容器、气瓶和氧舱等。压力管道是指利用一定的压力，用于输送气体或者液体的管状设备，包括公用管道、长输管道和工业管道等。

1.4.2　压力容器安全监察方式

压力容器作为特种设备，需要遵循相应的标准与法规，国内现有的压力容器标准与法规数百个，形成了"法律—行政法规—部门规章—安全技术规范—引用标准"5 个层次的法规体系结构。其中一部分属于法规性标准，另一部分属于技术性标准，具有强制性，在压力容器设计、制造及使用中必须遵循。

(1)法律

《中华人民共和国特种设备安全法》是为加强特种设备安全工作，预防特种设备事故，保障人身和财产安全，促进经济社会发展制定的法律，该法于 2013 年 6 月 29 日公布，自 2014 年 1 月 1 日起施行。这是中国历史上第一部对特种设备安全管理做统一、全面规范的法律，对特种设备的生产、经营、使用实施分类的、全过程的安全监督管理。

(2)行政法规

《特种设备安全监察条例》(国务院令第 373 号)于 2003 年 3 月 11 日公布，自 2003 年 6 月 1 日起施行。2009 年 1 月 24 日，国务院公布了《国务院关于修改〈特种设备安全监察条例〉的决定》(国务院令第 549 号)，自 2009 年 5 月 1 日起施行。该条例授权国务院特种设备安全督察管理部门负责全国特种设备的安全监察和高能耗特种设备节能监管工作。

特种设备设计、制造、安装、改造、维修、充装活动的主体，通过行政许可实行严格的市场准入制度。特种设备的使用必须经特种设备安全监督管理部门登记；特种设备作业人员必须经特种设备安全监督管理部门考核合格，取得资格证书；检验检测机构应当经国务院特种设备安全监督管理部门核准。

(3)部门规章

特种设备部门规章是将《特种设备安全监察条例》的各项规定、要求，从行政管理的操作层面具体化，以国家市场监督管理总局令的形式发布。例如，《特种设备事故报告和调查处理规定》《高耗能特种设备节能监督管理办法》《气瓶安全监察规定》和《锅炉压力容器制造监督管理办法》。

(4)安全技术规范

中国的压力容器国家标准和行业标准在主体上都以设计规范为主，不同于包含质量保证体系的 ASME 规范。为保证安全生产，政府部门还颁布了一系列压力容器安全技术法规，并法定由压力容器安全检验机构，根据压力容器产品所使用的标准及有关技术法规来控制、监督容器的设计、制造和检验等各个环节。因此，容器标准和安全技术法规同时实施，二者相辅相成，构成了中国压力容器产品完整的国家质量标准和安全管理法规体系。

中国锅炉与压力容器安全监督的职权由国家质量技术监督局(1998 年前由国家劳动部)执行。1981 年原国家劳动总局颁布了《压力容器安全监察规程》。1990 年原劳动部在总结执行经验的基础上，修订了 1981 版的规程，改名为《压力容器安全技术监察规程》，并于 1991 年 1 月正式执行。1999 年国家质量技术监督局又对其进行了修订，颁布了 1999 版《压力容器安全技术监察规程》。

2016 年，以 TSG R0001—2004《非金属压力容器安全技术监察规程》、TSG R0002—2005《超高压容器安全技术监察规程》、TSG R0003—2007《简单压力容器安全技术监察规程》、TSG R0004—2009《固定式压力容器安全技术监察规程》、TSG R7001—2013《压力容器定期检验规则》、TSG R5002—2013《压力容器使用规则》、TSG R7004—2013《压力容器监督检验规则》7 个规范为基础，整合形成了综合规范 TSG 21—2016《固定式压力容器安全技术监察规程》。该规程对压力容器的材料、设计、制造、使用、检验、修理、改造 7 个环节中的主要问题提出了基本规定。

根据 TSG 21—2016，目前纳入安全技术监察范围的压力容器是指同时具备下列三个条件的容器：

最高工作压力≥0.1MPa(表压，不包括液柱静压力，以下同)；

容积≥0.03m³，且内直径(非圆形截面指截面内边界最大尺寸)≥150mm；

介质为气体、液化气体或最高工作温度高于或等于其标准沸点的液体。

1.5　压力容器规范标准

压力容器是具有潜在危险性的特种设备，故世界各工业国家都制定了一系列压力容器标准和法规来规范压力容器的设计、制造、检验和使用。压力容器设计必须按规范执行，否则就要承担相应的后果。随着科学技术的进步与经验的积累，各国的规范标准也在不断修改、补充完善和提高。压力容器设计者应及时了解规范变动情况，采用最新的规范标准。

1.5.1　国外主要规范标准简介

(1)美国 ASME 标准

美国是世界上最早制定压力容器规范的国家之一。19 世纪末到 20 世纪初，由于锅炉和压力容器事故频发，人员伤亡和财产损失严重。1911 年，美国机械工程师学会(ASME)成立锅炉和压力容器委员会，负责制定和解释锅炉和压力容器设计、制造规范，即《锅炉建造规范·1914 版》，是 ASME 锅炉和压力容器规范(以下简称 ASME 规范)各卷的开始，后来成为 ASME 规范第 Ⅰ 卷《动力锅炉》。目前 ASME 规范共有 12 卷，包括锅炉、压力容器、核动力装置、焊接、材料、无损检测等内容，篇幅庞大，内容丰富，且修订更新及时，全面包括了锅炉和压力容器质量保证的要求。

ASME 规范中与压力容器设计有关的主要是第Ⅷ卷《压力容器》和第Ⅹ卷《玻璃纤维增强塑料压力容器》。第Ⅷ卷又分为 3 个分篇：第 1 分篇《压力容器建造规则》、第 2 分篇《压力容器建造另一规则》和第 3 分篇《高压容器建造规则》，以下分别简称为 ASME Ⅷ-1、ASME Ⅷ-2 和 ASME Ⅷ-3。ASME Ⅷ-1 为常规设计标准，适用压力小于等于 20MPa；以弹性失效设计准则为依据，根据经验确定材料的许用应力，并对零部件尺寸做出一些具体规定。由于它具有较强的经验性，故许用应力较低。ASME Ⅷ-1 不包括疲劳设计，但包括静载下进入高温蠕变范围的容器设计。ASME Ⅷ-2 为分析设计标准，它要求对压力容器各区域的应力进行详细的分析，并根据应力对容器失效的危害程度进行应力分类，再按不同的安全准则分别予以限制。与 ASME Ⅷ-1 相比，ASME Ⅷ-2 对结构的规定更细，对材料、设计、制造、检验和验收的要求更高，允许采用较高的许用应力，所设计出的容器壁厚较薄。ASME Ⅷ-2 包括疲劳设计，但设计温度限制在蠕变温度以内。为解决高温压力容器的分析设计，在 1974 年后又补充了一份《规范案例 N-47》。ASME Ⅷ-3 主要适用于设计压力不小于 70MPa 的高压容器，它不仅要求对容器各零部件进行详细的应力分析和分类评定，而且要进行疲劳分析或断裂力学评估，是一个到目前为止要求最高的压力容器规范。第Ⅹ卷《玻璃纤维增强塑料压力容器》是现有 ASME 规范中唯一的非金属材料篇。该篇对玻璃纤维增强塑料压力容器的材料、设计、检验等提出了要求。

（2）日本压力容器标准

日本压力容器标准包括：JIS B 8270《压力容器（基础标准）》和 JIS B 8271~8285《压力容器（单项标准）》。JIS B 8270 为压力容器基础标准，规定 3 种压力容器的设计压力、设计温度、焊接接头型式、材料许用应力、应力分析及疲劳分析的适用范围、质量管理及质量保证体系、焊接工艺评定试验及无损检测等内容。JIS B 8271~8285 由 15 项单项标准组成，这些标准主要包括压力容器筒体和封头、螺栓法兰连接、平盖、支承装置、快速开关盖装置、膨胀节、换热器管板、开孔补强等主要零部件和卧式压力容器、夹套容器、非圆形截面容器的结构型式和设计计算方法，以及压力容器应力分析和疲劳分析的分析方法、许用应力强度的规定、焊接接头力学性能试验、焊接工艺评定试验、压力试验的有关规定。

（3）欧盟压力容器标准

欧盟于 1987 年通过了 87/404/EEC《简单压力容器法规》，1992 年正式实施；97/23/EC《承压设备法规》也已于 1997 年 5 月正式实施，于 2002 年 5 月在欧盟内强制执行，原欧盟各国标准即行废止。87/404/EEC 仅适用于介质为空气或氮气、压力（表压）超过 0.05MPa 的内压容器；97/23/EC 将压力容器、管道、安全附件和承压附件统称为承压设备，覆盖面很广，如呼吸用气瓶、高压锅、手提式灭火器、直接火焰加热压力容器等。

EN 13445《非火焰接触压力容器》是与 97/23/EC 相对应的欧洲协调标准，其主要内容有：总则、材料、设计、制造、试验、安全系统和铸铁容器，按照 EN 13445 规定设计、制造的压力容器，被自动认为满足 97/23/EC 的要求。

1.5.2 国内的压力容器标准

我国压力容器行业从 20 世纪 60 年代初开始着手制定较为完整的压力容器设计规范。1967 年完成了《钢制石油化工压力容器设计规定》（草案），后经修订于 1977 年开始颁发实施，随后又修订过两次，即 1982 版和 1985 版。该设计规定是由原机械工业部、化学工业部和中国石油化工总公司（1983 年以前由原石油部负责）组织编制的，属部级标准。为编制压力容器的国家标准，1984 年 7 月成立了"全国压力容器标准化技术委员会"（以下简称容标委）。容标委以《钢制石油化工压力容器设计规定》为基础，经充实、完善和提高，于 1989 年颁布了第一版的国家标准，即 GB 150—1989《钢制压力容器》。1998 年颁布了第一次全面修订后的新版 GB 150—1998《钢制压力容器》。同时，容标委在 GB 150 的基础上，又先后制订 GB 151《热交换器》、GB 12337《钢制球形储罐》、JB 4732《钢制压力容器—分析设计标准》、NB/T 47041《塔式容器》及 NB/T 47042《卧式容器》等一系列国家标准和行业标准。2012 年颁布 GB/T 150—2011《压力容器》拓宽了材料适用范围，也适用于有色金属压力容器的设计。

JB 4732 是分析设计标准，基本思路与 ASME Ⅷ-2 相同。与 GB/T 150 相比，JB 4732 允许采用较高的设计应力强度，在相同设计条件下，容器的厚度可以减薄，重量可以减轻。但是由于设计计算工作量大，选材、制造、检验及验收等方面的要求较严，有时综合经济效益不一定高，只推荐用于重量大、结构复杂、操作参数较高的压力容器设计。当然，需作疲劳分析的压力容器，必须采用分析设计。

GB/T 34019《超高压容器》是我国首部全面采用基于失效模式设计的压力容器国家标准，其基本思路与 ASME Ⅷ-3 相同，适用于设计温度 -40~400℃、设计压力大于等于 100MPa 的非焊接超高压容器。

1.6 压力容器设计基本要求

图1-4 压力容器设计基本流程

压力容器设计是根据给定的工艺尺寸和工作条件，并考虑制造和安装检修等要求，对压力容器的各个元件正确地选择材料，全面地进行载荷分析和应力变形分析，选择合理的结构型式，确定合适的强度尺寸，并给出有关制造和检验的技术条件。压力容器设计基本流程如图 1-4 所示。随着科学技术的迅速发展，压力容器趋向大型化，操作条件日益苛刻，不断出现新的材料品种，其强度级别也越来越高，制造和检验技术不断完善，对压力容器的设计也提出了更高的要求。

1.6.1 满足生产需求

压力容器的结构型式、尺寸规格、使用条件（压力、温度、腐蚀介质）以及其他载荷条件由设备在工艺装置中的功能需求决定，因此要求设备必须能满足生产条件下处理物料的功能要求，如输送、传热、传质、分离、储存等工艺要求。同时，还应确保过程设备在设计寿命内安全可靠地运行，而腐蚀、疲劳、蠕变等是影响过程设备寿命的主要因素。重要的反应器如厚壁加氢反应器设计寿命一般不少于 30 年，其他反应器、塔器、球形储罐、高压设备等为 20~25 年，一般石油化工设备的设计使用年限为 10 年左右，实际使用年限会更长些。

1.6.2 满足压力容器安全可靠

压力容器的失效不仅是容器和设备本身遭到破坏，而且会破坏周围的其他设备及建筑，甚至造成人身伤亡事故，而由于内部介质向外扩散带来的化学爆炸、着火燃烧或恶性中毒等连锁反应更是不可估量的灾难性破坏。为保证安全可靠，压力容器要能够承受设计寿命内可能遇到的各种载荷。根据压力容器可能的失效形式，设计上应满足强度、刚度、稳定性、密封性和耐蚀性等基本要求。

（1）强度。压力容器必须有足够的强度以承受载荷和应力，包括支座的反作用力、管道及其他部件的作用力、温度和压力变化的影响、运输和吊装时承受的作用力等。

（2）刚度。压力容器构件必须有在外力作用下保持原来形状的能力。螺栓、法兰和垫片组成的连接结构，若法兰刚度不足而发生过度变形，将会导致密封失效。

（3）稳定性。压力容器构件在外载荷作用下不会突然失去原有形状，如设备在外压作用下的失稳，杆件、管件或圆筒形容器的轴向受压失稳，其至薄壁凸性封头在内压作用时也可能产生转角过渡区的失稳。

（4）密封性。压力容器必须有良好的密封性能。特别是用于易燃、易爆、有毒介质的压力容器，当泄漏的易燃、易爆介质达到一定浓度时会引起爆炸，造成恶性后果。

（5）耐蚀性。压力容器必须有保证安全运行和使用寿命的耐蚀性。由于工业的发展，压力容器的使用条件日益苛刻，使用环境日益恶劣，因此必须根据不同的操作条件、介质环境选用不同的耐腐蚀材料并采取适宜的防腐蚀工艺措施。

1.6.3　满足技术经济合理

压力容器设计既要保证安全可靠，又要尽量做到技术经济合理，产品总成本最低。要做到这一点，设计过程中在保证使用寿命的前提下选材要合理，在保证生产要求的情况下，结构尽可能简单，材料消耗尽可能少，同时还应考虑制造、检验、安装和维修等因素，最终使设备总成本尽可能降低。对某些技术先进的设备，尽管投资高一些，但在单位加工能力、消耗指标、产品质量等方面有较大优点，也应考虑采用。

综上所述，压力容器设计的基本要求是既要保证安全可靠，又要尽量做到经济合理。这就要求设计者对设备的操作条件和载荷进行正确的评估，对压力容器的应力和可能产生的失效形式等进行全面的分析和评价，采取不同的设计方法。同时，根据压力容器的操作条件和作用，选择适当的材料和合理的结构。因此，压力容器设计者不仅是依据有关标准和制造条件进行简单设计，还需综合考虑生产条件、安全要求和技术经济合理等因素，选择一个最佳设计方案。

 课后习题

一、基础知识

1. 压力容器主要由简体、封头、＿＿＿＿＿＿、开孔与接管、支座、＿＿＿＿＿＿几部分组成。

2. 压力容器盛装的易燃介质主要指＿＿＿＿＿和＿＿＿＿＿。

3. 介质危害性：指介质的毒性、易燃性、腐蚀性、氧化性等；其中影响压力容器分类的主要是＿＿＿＿＿和＿＿＿＿＿。

4.《固定式压力容器安全技术监察规程》根据容器＿＿＿＿＿、＿＿＿＿＿＿和介质的危

害性将压力容器分为三类。

5. 根据压力容器在化工生产中的功能可以分为＿＿＿＿＿＿＿＿、＿＿＿＿＿＿＿＿、反应压力容器和储存压力容器。

6. 按照设计压力 p 大小，压力容器可以分为四个压力等级，请填上压力范围。

低压容器：＿＿＿＿＿＿＿＿＿＿＿＿；中压容器：＿＿＿＿＿＿＿＿＿＿＿；

高压容器：＿＿＿＿＿＿＿＿＿＿＿＿；超高压容器：＿＿＿＿＿＿＿＿＿。

7. 下列属于分离压力容器的是：（　　　　）

A. 蒸压釜　　　　　　B. 蒸发器　　　　　　C. 干燥塔　　　　　D. 合成塔

8. 压力容器的失效主要有＿＿＿＿＿＿＿、＿＿＿＿＿＿＿、＿＿＿＿＿＿＿和泄漏失效等形式。

9. 压力容器的强度（断裂）失效主要包括＿＿＿＿＿＿＿、＿＿＿＿＿＿＿、疲劳断裂、蠕变断裂和＿＿＿＿＿＿＿。

10. 压力容器的失效模式考虑时间长短及载荷性质可以分为＿＿＿＿＿＿、＿＿＿＿＿＿＿和循环失效三种模式。

11. 我国的压力容器设计标准 GB/T 150 和美国的压力容器设计标准 ASME Ⅷ－1 均采用＿＿＿＿＿＿＿＿准则、第＿＿＿强度理论。

12. 我国的压力容器设计标准 GB/T 150 由通用要求、＿＿＿＿＿＿、＿＿＿＿＿＿、制造、检验和验收四部分内容组成。

13. 我国的压力容器设计标准 GB/T 150 又称为＿＿＿＿＿＿＿＿＿；而 JB 4732 则被称为＿＿＿＿＿＿＿＿，建立在详细的应力分析基础之上。

14. 我国对压力容器监管的环节包括＿＿＿＿＿＿、＿＿＿＿＿＿、安装、改造、＿＿＿＿＿＿、使用和＿＿＿＿＿＿共七个环节。

15.《固定式压力容器安全技术监察规程》采用既考虑＿＿＿＿＿＿＿与＿＿＿＿＿＿乘积大小，又考虑＿＿＿＿＿的危害程度以及容器品种的综合分类方法，有利于安全技术监督和管理。该方法将压力容器分为＿＿＿＿＿＿＿类。

二、简答题

1. 什么叫压力容器？压力容器有什么样的工作特点？

2. 压力容器主要由哪几部分组成？分别起什么作用？

3. 压力容器设计的基本要求包括哪些方面？

4. 压力容器的设计文件应包括哪些内容？

5. 简答压力容器的质量保证体系涉及哪些基本环节？

6. 什么是压力容器的失效？

7. 压力容器设计时采用哪些设计准则？

8. 压力容器的强度设计准则包括哪几种？简答相应设计准则的内容？

9. 美国的压力容器设计标准主要有哪些？

10. 中国的压力容器设计标准、规范主要包括哪几个？

11. 简述中国压力容器设计标准的发展历史。

12. 介质的毒性程度和易燃特性对压力容器的设计、制造、使用和管理有何影响？

13. 什么是特种设备？我国的特种设备是如何分类的？

14. 我国是如何对压力容器进行安全监察的？

15. 满足什么条件的压力容器接受 TSG 21—2016《固定式压力容器安全技术监察规程》的监管？

16.《固定式压力容器安全技术监察规程》在确定压力容器类别时，为什么不仅要根据压力高低，还要视容积、介质组别进行分类？简述把压力容器分成Ⅰ、Ⅱ、Ⅲ类的基本过程。

第 2 章　压力容器材料

　　压力容器用材包括板材、管材、锻件、铸件、螺柱螺栓和焊接材料等，具体可分为受压元件用材料和非受压元件用材料两大类。受压元件是指在压力容器中直接或间接承受介质压力载荷(包括内压或外压)的零部件，如容器壳体、封头等。非受压元件是指为满足使用要求与受压元件直接焊接为整体而不是承受压力载荷的零部件，如塔体裙座、塔盘支承圈等。我国压力容器法规、标准中对材料提出的各种要求，实际上是对受压元件用材料的要求。本章所讲述的对材料的基本要求和选用规范，也是针对压力容器受压元件用材料(后续简称压力容器材料)。

　　受压元件在不同的工艺过程环境下工作，在不同程度上承受着压力、温度及介质的作用，材料难以避免地会发生变形、损伤、断裂等，例如，在高温、辐射、腐蚀等环境作用下材料会发生性能劣化。此外，压力容器制造中大多数均采用冷加工弯卷和焊接工艺，要求容器钢板必须具有良好的塑性和可焊性。因此，需要确保压力容器材料具有良好的使用性能、加工性能。制造厂与材料供应商签订订货协议时，应在附加条款中提出合理的技术要求。材料验收时应严格审查供应商提供的材料质保书，必要时由制造厂做复验，包括常规性能、材料成分，甚至金相组织、晶粒度与夹杂物，并确认供货的热处理状态。

　　需要注意的是，盲目追求选用高性能材料在压力容器设计中是不可取的，过于保守的选材会大大增加建造成本。不同功能的压力容器对材料有不同的要求，掌握压力容器对材料的基本要求和选用规范，了解温度、辐射、介质等环境作用对力学性能的影响规律，兼顾安全性和经济性，是科学开展压力容器设计的关键基础。

2.1　压力容器常用钢材

　　压力容器由于在其工作过程中承受一定的压力、温度及工作介质的腐蚀等复杂工况，故而使用的材料品种很多，有黑色金属、有色金属、非金属材料及复合材料等，但黑色金属中钢铁材料的使用最为广泛，因此本节重点介绍钢材的选用。

2.1.1　钢材分类

　　钢材按形状可划分为：板、管、棒、丝等。压力容器本体主要采用板材、管材和锻件，其紧固件采用棒材。

1. 压力容器用板材

　　钢板是压力容器最常用的材料，如筒体一般由钢板卷焊而成，封头通过冲压或旋压钢板制成。在制造过程中，钢板要经过各种冷热加工，如下料、卷板、焊接、热处理等。此外，压力容器钢板由于承受压力载荷，以及不同温度的使用环境(如高温、低温等)，因此，钢板应具有良好的加工工艺性能和使用性能。除要求一定的强度、塑性、韧性外，还要求材质均匀，严格限制有害缺陷。

压力容器用钢板厚度为 5~600mm，其间分为若干厚度规格。各国标准都列有推荐的板材尺寸及允许偏差。外观质量从两个方面控制：一方面是板材的形状，如镰刀弯、平面度、直角度等；另一方面是表面缺陷，钢板表面缺陷主要有裂纹、结疤、碾平的气泡、杂质、气孔等。压力容器钢板对表面及内部缺陷要求较为严格，一般不允许上述缺陷存在，但允许用适当方法清除，清除部位应平坦，其厚度不得超过钢板厚度允许偏差，一般也不允许存在夹层。

各种压力容器用钢板一般要求做化学成分、力学性能等试验。试验方法可参阅相应各国标准所提供的试验方法。试验时需考虑标准所规定的热处理条件。此外，对使用要求严格的场所，订货时还应增加无损检验条款。

2. 压力容器用管材

管材(pipes 或 tubes)。凡是两端开口并且具有中空的断面，而且长度与断面周长之比较大的材料，都称为管材。当长度与断面周长之比较小时，可称为管段或管形配件，它们都仍属于管材产品的范畴。一般管材截面通常为圆形，也有制造成非圆形截面的异型管材。

管材主要用于压力容器的筒体、换热管和接管等受压元件和其他非受压元件。

钢管按生产方法可以分为两大类：无缝钢管和焊接钢管。

无缝钢管按生产方法可分为热轧无缝管、冷拔管、精密钢管、热扩管、冷旋压管和挤压管等。

焊接钢管按其焊接工艺不同分为炉焊管、电阻焊管和自动电弧焊管；按因其焊接形式不同分为直缝焊管和螺旋焊管；根据端部形状不同又分为圆形焊管和异型(方、扁等)焊管。

钢的化学成分是关系钢材质量和最终使用性能的重要因素之一，也是制定钢材乃至最终产品热处理制度的主要依据。对于压力容器钢管的用钢，根据用途有意加入合金元素，适当控制炼钢时带入的残余元素，严格控制有害元素(As、Sn、Sb、Bi、Pb、N、H、O等)；一般采用炉外精炼或电渣重熔，以提高钢中化学成分的均匀性和钢的纯净度，减少钢中的非金属夹杂物并改善其分布形态。

3. 压力容器用锻件

压力容器用锻件主要用于厚壁壳体、设备法兰、换热器管板以及高压立式设备裙座—底封头—筒体连接的 H 形连接件等。

压力容器锻件用材料要求较高，对材料内部质量要进行严格的超声波探伤和晶粒度、夹杂物等金相检验，同时要求钢材有好的纯洁度和均质性，夹杂物和气体元素都要控制在较低水平。要求锻件有足够的锻造比，打碎锻件铸造晶粒，并配以适当的锻后热处理制度进行晶粒细化，性能热处理中采用重置加热正火或淬火，使各项力学性能均匀地达到要求的指标。依据 NB/T 47008—2017《承压设备用碳素钢和合金钢锻件》，压力容器锻件根据检验项目要求的不同分为 I、II、III、IV 4 个级别，见表 2 - 1。由于检验项目的不同，同一材料锻件的价格随着级别的提高而升高。钢材及锻件的本质质量并不因检验项目的增加而改变。

表 2 - 1 压力容器用碳素钢和低合金钢锻件级别及检验项目

锻件级别	检验项目	检验数量
I	硬度（HBW）	逐件检查
II	拉伸和冲击（R_m、R_{eL}、A、KV_2）	同冶炼炉号、同炉热处理的锻件组成一批，每批抽检一件
III	拉伸和冲击（R_m、R_{eL}、A、KV_2）	
	超声检测	逐件检查
IV	拉伸和冲击（R_m、R_{eL}、A、KV_2）	逐件检查
	超声检测	逐件检查

2.1.2 钢材类别

化学成分的变化不仅对钢材的强度、塑性、韧性等基本力学性能有很大影响，还决定了热处理的效果。因此，压力容器用钢（标以 R 或 DR）对化学成分的控制都比较严格。

钢材的化学成分大体上可分为合金元素和杂质元素两大类。合金元素中，C 含量偏高虽可增加强度，但会导致可焊性变差，焊接时易在热影响区出现裂纹。我国目前用于焊接的压力容器用碳素钢和低合金钢中，所有牌号的含 C 量均不大于 0.25%。Mo 元素能提高钢材的高温强度，但含量超过 0.5% 时会影响可焊性。其他合金元素都是按照力学性能要求配比，控制在一定的范围内，具体在相关标准中有明确的规定。

杂质元素一般都有危害作用，但在冶炼中难以完全去除。S 含量过高容易形成硫化物夹杂（尤其是长条状的 MnS 夹杂）而使钢材的韧性显著下降，轧制成钢板后甚至形成分层缺陷。P、As、Sb、Sn 等元素含量虽微，但必须严格控制，否则会加剧回火脆性，即在回火温度区间长时间工作后，钢材的常温韧性显著下降，导致发生裂纹和引起脆断破坏的可能性。这对于长期工作在 400 ~ 500℃ 的 Cr - Mo 钢（如热壁加氢反应器等设备常用的 2.25Cr - 1Mo 或 3Cr - 1Mo 钢）尤为重要，这类钢对以上有害的杂质元素有严格要求。另外，S 含量过高会降低断裂韧性，也易出现裂纹。在核装置的研究中已经明确指出 Cu 是造成辐射脆化的主要因素，应在冶炼时严格限制。

压力容器用钢根据其化学成分可分为碳素钢、低合金钢、中合金钢和高合金钢四类。

1. 碳素钢

碳素钢是含碳量为 0.02% ~ 2.11%（一般低于 1.35%）的铁碳合金。碳素钢包括碳素结构钢、优质碳素结构钢、锅炉和压力容器专用碳素钢等多种类型，要求使用杂质少，塑性、韧性好，抗冷脆性能好和时效倾向小的镇静钢（Z）。

C 是碳素钢中的主要合金元素，含碳量增加，钢的强度将提高，但塑性和韧性降低，焊接性能变差，淬硬倾向变大。对于杂质元素：用于焊接的碳素钢，C 含量 ≤0.25%、P 含量 ≤0.035%、S 含量 ≤0.035%，这是对压力容器受压元件所有用于焊接的碳素钢（包括通用钢材和容器专用钢材)在 C、P、S 方面的最低技术要求；压力容器专用钢中的碳素钢(钢板、钢管和钢锻件)(表 2-2 所列标准的钢材)，其中 P、S 含量应满足以下要求：

(1)碳素钢和低合金钢钢材，P≤0.030%、S≤0.020%；

(2)标准抗拉强度下限值≥540MPa 的钢材，P≤0.025%、S≤0.015%；

(3)用于设计温度低于 -20℃ 并且标准抗拉强度下限值 <540MPa 的钢材，P≤0.025%、S≤0.012%；

(4)用于设计温度低于 -20℃ 并且标准抗拉强度下限值≥540MPa 的钢材，P≤0.020%、S≤0.010%。

表 2-2 压力容器专用钢中的碳素钢及低合金钢钢材规定

标准类型	标准号及名称
钢板标准	GB/T 713《承压设备用钢板和钢带》
钢管标准	GB/T 9948《石油裂化用无缝钢管》
钢锻件标准	NB/T 47008《承压设备用碳素钢和合金钢锻件》
	NB/T 47009《低温承压设备用合金钢锻件》

低碳钢的强度虽然低，但仍能满足一般压力容器的要求。低碳钢加工工艺性能好，具有良好的塑性和韧性，特别是焊接性能好。低碳钢的使用可靠性能好，正常情况下不会产生脆性断裂，应力腐蚀倾向小。压力容器低碳钢一般以热轧、控轧或正火状态供货，正常的金相组织为铁素体 F + 珠光体 P。

压力容器用碳素钢主要有三类：第一类是碳素结构钢，如 Q235B 和 Q235C 钢板(以钢的屈服强度表示钢的牌号，并按钢中 S、P 含量高低划分质量等级。A：甲类钢，按力学性能供货；B：乙类钢，按化学成分供货；C：特类钢，按力学性能和化学成分供货)；第二类是优质碳素结构钢，如 10、20 钢钢管，20、35 钢锻件；第三类是压力容器专用钢板，如 Q245R 钢板是在锅炉专用钢板 20g(锅)和压力容器专用钢板 20R(容)的基础上合并而成，主要对 S、P 等有害元素的控制更加严格，对钢材的表面质量和内部缺陷要求也较高。碳素钢强度较低，塑性和可焊性较好，价格低廉，常用于常压或中、低压容器的制造，也用于支座、垫板等零部件的制造。

2. 低合金钢

低合金高强度结构钢是在碳素结构钢的基础上，为提高强度改善使用性能加入了少量合金元素发展起来的。低合金钢对杂质元素的技术要求与碳素钢相同。其生产工艺相对比较简单，交货状态多为热轧、控轧或正火，部分钢种为正火加回火或调质，焊接性能优良。

Mn 是低合金钢中最基本的合金元素。在碳素钢中主要通过固溶强化提高钢的强度，在低合金钢中则主要利用 Mn 元素降低相变温度，同时较大限度地推迟珠光体球化转变，细化铁素体尺寸，提高钢的强度和韧性。V、Ti、Nb 是微合金化元素，通过细化晶粒以及析出强化作用明显改善钢的强度和韧性，并可使钢板获得良好的焊接性。Al 是冶炼高级别钢及纯净钢的良好脱氧剂，不仅有利于细化晶粒，而且能有效地降低钢中有害杂质含量，提高钢的塑性和韧性。Cr、Ni、Mo 溶于铁素体时起强化作用，并能降低相变温度，最终细化晶粒，在提高钢强度的同时改善了韧性。低合金高强度结构钢通过加入各种合金元素，获得特定的综合性能，如强度、韧性、成形性、高温和低温性能、焊接性、耐蚀性等。用低合金钢代替碳素钢制造压力容器和锅炉及其零部件不仅可以减小容器的厚度，减轻重量，节约钢材，而且能解决大型压力容器在制造、检验、运输、安装中因厚度过大所带来的各种困难。

GB/T 150—2011 中列出低合金高强度结构钢主要有 Q345R、Q370R、18MnMoNbR、13MnNiMoR、07MnMoVR、12MnNiVR、07MnNiVDR、07MnNiMoDR 等钢种。

Q345R 钢是在 20 号钢基础上添加价格便宜的 Mn 与 Si 进行强化的压力容器用钢。Q345R 具有良好的综合力学性能、焊接性能、工艺性能及低温冲击韧性，是我国压力容器行业使用量最大的钢板，主要用于制造中低压压力容器和多层高压容器。

16MnDR、15MnNiDR 和 09MnNiDR 三种钢板是使用温度低于等于 −20℃ 的压力容器专用钢板。16MnDR 是制造 −40℃ 级压力容器经济而成熟的钢板，可用于制造液氨储罐等设备。在 16MnDR 的基础上，降低 C 含量并加入 Ni 和微量 V 而研制成功的 15MnNiDR 提高了低温韧性，常用于制造 −40℃ 级低温球形容器。09MnNiDR 是一种 −70℃ 级低温压力容器用钢，用于制造低温丙烯储罐（−47.7℃）、硫化氢储罐（−61℃）等设备。

15CrMoR 是低合金珠光体热强钢，是中温抗氢钢板，常用于设计温度不超过 550℃ 的压力容器。

20MnMo 锻件有良好的热加工和焊接工艺性能，常用于设计温度为 −19 ~ 470℃ 的压力容器的大中型锻件。09MnNiD 锻件有优良的低温韧性，用于设计温度为 −70 ~ −45℃ 的低温容器。

12Cr2Mo1 锻件及其加钒的改进型锻件（如 2.25Cr − 1Mo − 0.25V）具有较高的热强性、抗氧化性和良好的焊接性能，常用于制造高温（350 ~ 480℃）、高压（约 25MPa）、临氢压力容器。

SA508Ⅲ 钢是一种 Mn − Ni − Mo 锻制钢，具有较高的高温强度、抗疲劳强度和良好的低温性能，中子辐照引起的脆化倾向小，可在高温、高压流体冲刷和腐蚀以及强烈的中子辐照等恶劣条件下使用，常用于制造核压力容器筒体、法兰和封头。

压力容器用新钢种中的低合金钢材（包括钢板、钢管），是指 GB/T 150.2—2011《压力容器 第 2 部分：材料》附录 A 中新增加的牌号。包括：12Cr2Mo1VR、15MnNiNbDR、08Ni3DR、06Ni9DR 四种低合金钢钢板和 12Cr2Mo1、09MnD、09MnNiD、08Cr2AlMo、09CrCuSb 五种低合金钢钢管。具体化学成分规定参见 GB/T 150.2—2011 附录 A。从化学成分来看，此类新钢种的 S、P 等杂质含量大幅降低，从而大大提高了钢材的强度和可焊性，也同时提高了这些材料制造压力容器的质量。

3. 高合金钢

高合金钢是指合金元素质量分数超过 10% 或单个合金元素质量分数超过 5% 的合金钢。一般石油化工工业上采用的高合金钢主要是要求抗腐蚀，或者用于低温或高温等环境，多为铬钢、铬镍钢和铬镍钼钢，再加上少量其他元素。

铬钢06Cr13(S11306)是常用的铁素体不锈钢，有较高的强度、塑性、韧性和良好的切削加工性能，在室温的稀硝酸以及弱有机酸中有一定的耐腐蚀性，但不耐硫酸、盐酸、热磷酸等介质的腐蚀。

06Cr19Ni10(S30408)、06Cr18Ni11Ti(S32168)、022Cr19Ni10(S30403)这三种钢均属于奥氏体不锈钢。06Cr19Ni10在固溶态下具有良好的塑性、韧性、冷加工性，在氧化性酸、大气、水和水蒸气等介质中耐腐蚀性亦佳。但长期在高温水及蒸汽环境下，06Cr19Ni10有晶间腐蚀倾向，并且在氯化物溶液中易发生应力腐蚀开裂。06Cr18Ni11Ti具有较高的抗晶间腐蚀能力。06Cr19Ni10和06Cr18Ni11Ti可在 -196 ~600℃温度范围内长期使用。022Cr19Ni10为超低碳不锈钢，具有更好的耐蚀性和低温性能。

022Cr19Ni5Mo3Si2N(S21953)是奥氏体 - 铁素体双相不锈钢，兼有铁素体不锈钢的强度、耐氯化物应力腐蚀能力和奥氏体不锈钢的韧性与焊接性。

GB/T 150—2011部分列出了39种钢板(含附录D)，可以用来制作压力容器壳体，如表2-3所示。

表2-3 压力容器壳体用材料

类别	钢板牌号	备注
碳素钢	Q235B，Q235C，Q245R	
低合金钢	Q345R，Q370R，18MnMoNbR，13MnNiMoR，07MnMoVR，12MnNiVR	高强钢
	15CrMoR，14Cr1MoR，12Cr2Mo1R，12Cr1MoVR，12Cr2Mo1VR	中温抗氢钢
	16MnDR，15MnNiDR，15MnNiNbDR，09MnNiDR，08Ni3DR，06Ni9DR 07MnNiVDR，07MnMoDR	低温用钢
不锈钢	S11306(06Cr13)，S11348(06Cr13Al)，S11972(019Cr19Mo2NbTi)	铁素体钢
	S21953(022Cr19Ni5Mo3Si2N)，S22253(022Cr19Ni5Mo3N)，S22053(022Cr23Ni5Mo3N)	双相钢
	S30408(06Cr19Ni10)，　　　　S30403(022Cr19Ni10)， S30409(07Cr19Ni10)，　　　　S31008(06Cr25Ni20)， S31608(06Cr17Ni12Mo2)，　　S31603(022Cr17Ni12Mo2)， S31668(06Cr17Ni12Mo2Ti)，　S31708(06Cr19Ni13Mo3)， S31703(022Cr19Ni13Mo3)，　　S32168(06Cr18Ni11Ti)， S39042(015Cr21Ni26Mo5Cu2)	奥氏体钢

2.2 压力容器用钢性能的影响因素

2.2.1 温度的影响

1. 短期静载下温度对钢材力学性能的影响

温度对力学性能的影响如图2-1所示，延伸率(A)和断面收缩率(Z)随着温度的升高

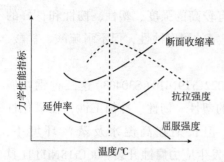

图2-1 温度对力学性能的影响

先降低后升高，抗拉强度（R_m）和屈服强度（R_{eL}）随着温度的升高先升高，到达一定温度后开始降低。因此在温度较高时，不能仅根据常温下材料抗拉强度和屈服强度来决定许用应力，还应考虑设计温度下材料的屈服强度。

随着温度的降低，碳素钢和低合金钢的强度升高，韧性降低，许用应力降低，当温度低于20℃时，钢材可采用20℃的许用应力。

当温度低于某一界限时，钢的冲击吸收功大幅度下降，从韧性状态变为脆性状态。这一温度通常被称为韧脆性转变温度（NDT）或脆性转变温度。低温变脆现象经常在低温压力容器中发生。

需要注意的是，并不是所有金属都会低温变脆。一般来说，如碳素钢和低合金钢等具有体心立方晶格的金属，都会低温变脆；而面心立方晶格材料，如铜、铝和奥氏体不锈钢，冲击吸收功随温度的变化很小，在很低的温度下仍具有高的韧性。

2. 高温长期静载下钢材性能

在室温下，材料的力学性能一般不受载荷持续时间的影响，但是在高温下，材料的强度等性能除随着温度的升高而改变外，还和时间有密切关系——在高温和恒定载荷的作用下，金属材料会产生随时间而发展的不可恢复的塑性变形，最后导致断裂，这种现象被称为蠕变。钢和许多有色金属，只有当温度达到一定程度时才会出现蠕变。碳素钢的温度超过420℃，合金钢的温度超过400～500℃时，在一定的应力作用下，才会发生蠕变。蠕变的结果是使压力容器材料产生蠕变脆化、应力松弛、蠕变变形和蠕变断裂。因此，高温压力容器设计时应采取措施防止蠕变破坏发生。

在一般情况下，金属材料的使用温度 T_1（K）与该金属的熔化温度 T_m（K）的关系符合下列条件时：

$$T_1 < (0.25 \sim 0.35)T_m \tag{2-1}$$

则金属的弹塑性性质将是相当稳定的。如果使用温度超过式（2-1）所表达的界限，金属材料的弹塑性性质将变为不稳定，在外载作用下会发生蠕变现象。当然，对于各种不同金属的蠕变温度，实际工程应用都要通过实验才能确定。

金属材料蠕变现象的特征和重要性在于变形与外力已不再是一一对应的关系，而是加上了时间这个因素，属于黏塑性力学的范畴。金属材料的变形随时间的变化关系可利用蠕变曲线进行研究。蠕变曲线是在材料产生蠕变现象时所测得的应变与时间的关系曲线。这种实验曲线的测定是在专门的蠕变实验机上进行的。

在单向受力状态下测得的典型蠕变曲线如图2-2所示。它是在恒温下对等截面试件施加恒定轴向拉伸载荷情况下测得的应变随时间的变化曲线。图中 OA 表示加载后的瞬时初应变，如果应力超过该温度下的弹性极限，则这部分包括弹性应变与塑性应变，但还不具有蠕变现象的特征。A 点之后才开始蠕变，图中 ABCD 才是单向拉伸的蠕变曲线，它可分为以下三个阶段。

第一阶段：曲线的 AB 部分，是蠕变的不稳定阶段（减速蠕变），又称蠕变第一阶段。

此时，一方面，由于材料的应变硬化使塑性变形速度降低，另一方面，高温会使材料的硬化消除，蠕变速率又会增加，继续产生塑性变形，这时的硬化与消除硬化处于不平衡状态，蠕变速率时时变化，故称为不稳定阶段。

第二阶段：曲线的 BC 部分，是蠕变的稳定阶段（匀速蠕变），又称蠕变第二阶段。由于塑性应变引起材料的硬化作用与高温退火效应引起材料的软化作用相互平衡抵消，蠕变率保持为常数，故这段曲线在图 2-2 中近似为一条直线，且所占时间很长。

第三阶段：曲线的 CD 部分，是加速蠕变阶段，又称蠕变第三阶段。在 C 点试件开始产生缩颈，实际应力加大，使蠕变速率不断加大，最后导致断裂。

同一材料在相同温度、不同应力或相同应力、不同温度下的蠕变曲线形状并不相同。当应力较小或温度很低时，第二阶段的持续时间长，甚至无第三阶段；相反，当应力较大或温度较高时，第二阶段持续时间短，甚至完全消失。

温度和应力对蠕变断裂形式有显著影响。在高应力、较低的温度时发生穿晶型断裂，如图 2-3(a) 所示，在断裂前有大量的塑性变形，断裂后伸长率较高，断口呈韧性形态；而在应力低、温度高时，则发生晶间型断裂，如图 2-3(b) 所示。其特征是断裂前塑性变形小，断裂呈脆性，断后伸长率较低，缩颈很小，在晶体内部常发现大量的细小裂纹。

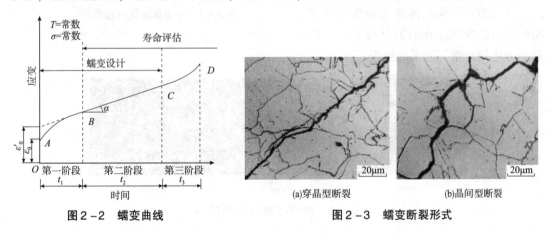

图 2-2　蠕变曲线　　　　　　　　图 2-3　蠕变断裂形式

在常温下工作的零件，在发生弹性变形后，如果变形总量保持不变，则零件内的应力将保持不变。但在高温和应力作用下，随着时间的增长，如果变形总量保持不变，因蠕变而逐渐增加的塑性变形将逐步代替原来的弹性变形，从而使零件内的应力逐渐降低，这种现象称为松弛，如高温法兰密封结构可能因连接螺栓松弛而引起泄漏。

受相同的试验温度和初应力，经相同的时间后，如剩余应力越高，则材料的抗松弛性能越好。高温工作中的零件由于存在应力松弛，会不同程度地丧失弹性和紧固作用。因此对用于高温的紧固件如弹簧、螺栓等使用的材料，需要测定松弛性能。

松弛现象与蠕变现象有着内在的联系，都是在高温应力作用下的不断变形过程。两者的区分在于蠕变时应力基本恒定不变，所产生的塑性变形随着时间的增加而增加；松弛时应力则不断在下降，总的变形不变，只是其弹性变形不断转化为塑性变形。

3. 高温下材料性能的劣化

与室温不同的是，高温下材料的力学性能和金相组织会发生变化，引起材料性能的劣化。在高温工况下长期服役的钢材，发生的性能劣化主要有：珠光体球化、石墨化、回火脆化、氢腐蚀和氢脆等。

(1)珠光体球化

压力容器用碳素钢和低合金钢，在常温下的组织一般为铁素体 + 珠光体。珠光体晶粒中的铁素体及渗碳体呈薄片状相互间夹。片状珠光体是一种不稳定的组织，当温度较高时，原子活动力增强，扩散速度增加，片状渗碳体便逐渐转变成球状，再积聚成大球团，从而使材料的屈服点、抗拉强度、冲击韧性、蠕变极限和持久极限下降，如图 2 - 4 所示，这种现象称为珠光体球化。如中度球化会使碳素钢常温强度下降 10% ~ 15%；严重球化时下降 20% ~30%。图 2 - 5 为 720℃下珠光体球化演变的显微组织图。已发生球化的钢材可采用热处理的方法使之恢复原来的组织。

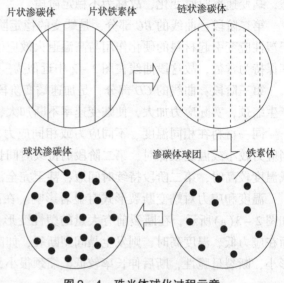

图 2 - 4 珠光体球化过程示意

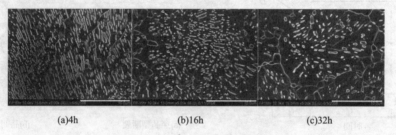

(a)4h   (b)16h   (c)32h

图 2 - 5 720℃下珠光体球化演变

(2)石墨化

钢在高温长期作用下，珠光体内渗碳体自行分解出石墨的现象称为石墨化，也称为析墨现象。开始时，石墨以微细的点状出现在金属内部，此后，逐渐聚集成越来越粗的颗粒。石墨的强度极低，实际上相当于在金属内部产生了空穴。在空穴周围形成了复杂的受力状态，并出现应力集中现象，使金属发生脆化。石墨化使金属材料的常温及高温强度均有所下降，冲击值下降更甚。如果石墨呈链状出现，则尤为危险。一般认为，石墨化过程是一个扩散过程。钢材在高温下，首先开始渗碳体的球化过程，随着球化级别升高到一定程度(在第三级左右)时，有的渗碳体就开始分解为石墨，随着运行时间的增加，球化向更高的级别发展，已生成的石墨点逐渐长大成球，并且同时又有新的石墨点出现。这样，碳的扩散聚集和渗碳体的分解过程，随着在高温条件下使用时间的延续而逐步发展，当碳化物分解成游离碳的量增加到钢材总含碳量的 60% 左右时，石墨化已发展到危险的程度。碳钢石墨化的组织如图 2 - 6 所示。

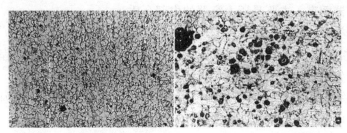

(a)重结晶区,珠光体球化,少许石墨点　　(b)部分重结晶区,出现许多石墨球

图2－6　20钢焊接热影响区在高温工作4.3万h后的石墨组织

(3)回火脆化

高温临氢设备常使用的12Cr2Mo1V等铬钼钢,在脆化温度区间300～600℃持续停留后出现的材料及焊接接头常温冲击功显著下降或韧脆转变温度升高现象称为回火脆化。研究表明,影响铬钼钢回火脆化的主要因素为化学成分和热处理条件。P、Sb、Sn和As等杂质元素越多,奥氏体化温度越高,铬钼钢对回火脆化越敏感。

(4)氢腐蚀和氢脆

①氢腐蚀是指高温高压下氢与钢中的碳形成甲烷的化学反应,又称为氢蚀。氢腐蚀的形式有两种:一是和钢表面的碳化合生成甲烷,引起钢表面脱碳,使力学性能恶化;二是渗透到钢内部,与渗碳体反应生成甲烷。甲烷无法从钢中扩散,聚集在晶界上形成气泡,随着时间的增加,气泡的尺寸和数目增加,最终相互连接,在晶界上形成裂纹。影响氢腐蚀的主要因素有温度、氢分压、时间、合金成分、应力等。

②氢脆是指钢因吸收氢而导致韧性下降的现象。氢的来源有两种:一是内部氢,指钢在冶炼、焊接、酸洗等过程中吸收的氢;二是外部氢,指钢在氢环境中使用时所吸收的氢。介质中含氢的容器是否发生氢脆主要决定于操作温度、氢的分压、作用时间和钢的化学成分。在高温、高氢分压环境下工作的压力容器,在停车时,应先降压,保温消氢(200℃以上)后,再降至常温,切不可先降温后降压。高温并不是氢脆的必要条件,当氢气的压力很高时,在常温下钢材也有可能发生氢脆,即常温高压氢脆。当温度低于某一界限时,钢的冲击吸收功大幅度下降,从韧性状态变为脆性状态。

对于进入钢中的氢而言,影响氢脆的主要因素为可扩散氢。氢致延迟开裂是否发生还取决于氢的溶量、临界浓度以及受力后应力诱导氢扩散使氢到达缺陷位置的浓度。如果氢含量超过临界浓度,就会使裂纹形核;氢含量未达到临界浓度时,则不会发生氢致延迟断裂现象。

除以上四种材料劣化外,还要注意:钢材长时间在高温下,还会发生合金元素在固溶体和碳化物相之间的重新分配,那些对固溶体起强化作用的合金元素,如Cr、Mo、Mn等,都会不断脱溶,从而使材料高温强度下降。除低温、高温外,中子辐照也会引起材料辐照脆化。在设计阶段,预测材料性能是否会在使用中劣化,并采取有效的防范措施,对提高压力容器的安全性具有重要意义。

2.2.2　介质的影响

金属腐蚀是指金属与周围介质发生化学或电化学作用而产生的破坏现象,一般从表面开始。对压力容器而言，主要是压力容器的内部介质。

金属腐蚀分类方法较多，按腐蚀的机理来分，可分为以下三大类。

(1)化学腐蚀是指金属在介质中直接发生化学反应的腐蚀。腐蚀过程中不产生电流，腐蚀的产物直接生成在反应的表面区域，最典型的化学腐蚀是高温氧化。

(2)电化学腐蚀是指金属在电解质中，由于各部位电位不同，形成微电池，在电子交换过程中产生微电流，作为阳极的金属被逐渐溶解的一种腐蚀。

化学腐蚀和电化学腐蚀往往同时发生，前者更普遍。

(3)应力腐蚀是指金属在拉应力和特定腐蚀介质的共同作用下导致的脆性开裂。应力腐蚀破坏过程一般可分为三个阶段：第一阶段为孕育阶段，是逐步形成应力腐蚀裂纹时期；第二阶段为裂纹稳定扩展阶段，在应力和腐蚀介质作用下，裂纹缓慢扩展；第三阶段为裂纹失稳阶段，最终发生突然断裂。由应力腐蚀导致的断裂往往没有明显塑性变形，是突发性的，因而很难预防，是一种危险性很大的破坏形式。

需要注意的是，第三阶段不一定总会发生，因为在第二阶段形成的裂纹有可能使压力容器泄漏，导致压力(应力)下降，而不出现第三阶段，即发生未爆先漏。

残余应力是应力腐蚀的一个重要原因。据调查，对于奥氏体不锈钢设备，约80%的应力腐蚀裂纹是由弯曲成型及焊接残余应力引起的。采用焊后消除应力热处理，采用喷丸或其他表面处理方法，使零件与介质接触的表面产生残余压应力，可有效减少应力腐蚀。

金属腐蚀按照腐蚀的形态又可分为全面腐蚀和局部腐蚀两大类。

(1)全面腐蚀

全面腐蚀是指与腐蚀介质直接接触的全部或大部分金属表面发生比较均匀的大面积腐蚀。它会使压力容器壁厚均匀减薄，致使强度不足而发生鼓胀，甚至爆破。选用耐腐蚀材料、采用衬里或堆焊等措施可以防止全面腐蚀。当腐蚀速率较小时，增加腐蚀裕量也可抵消全面腐蚀对容器强度的削弱作用。

(2)局部腐蚀

局部腐蚀是指主要集中在金属表面局部区域的腐蚀。在压力容器中常见的局部腐蚀有以下几种形式：

①晶间腐蚀　腐蚀沿着金属的晶粒边界及其邻近区域发生或扩展的局部腐蚀形态。这是一种危害很大的腐蚀，因为材料产生这种腐蚀后，宏观上没有什么明显的变化，不易被察觉。例如，产生了晶间腐蚀的奥氏体不锈钢表面仍然十分光亮，但是，材料的晶间结合力实际上已丧失，强度几乎完全消失，破坏突然发生，往往给生产带来很大的危害。

引起晶间腐蚀的环境有电解质溶液、过热水蒸气、高温水和熔融金属等。在腐蚀环境中，晶界的电极电位与晶粒本体不同时，才能产生晶间腐蚀。

②小孔腐蚀(孔蚀或点蚀)　产生于金属表面的局部区域并向内部扩展的孔穴状局部腐蚀形态。大多数小孔腐蚀与卤素离子有关，影响最大的是氯化物、溴化物和次氯酸盐。小孔腐蚀常发生在静滞的液体中，提高流速可减轻小孔腐蚀。

③缝隙腐蚀　金属与其他金属或非金属表面形成缝隙，在缝隙内或附近区域发生的局部腐蚀形态。为尽量避免缝隙腐蚀，在压力容器的结构设计中，常采取措施避免或减少缝隙形成。如避免介质的流动死角或死区，要使液体做到能完全排净；对管壳换热器的换热

管接头采用胀焊并用，减少管子和管板间的间隙等。

流动腐蚀即腐蚀与流动的耦合作用，需考虑腐蚀与流体动力学行为的相互影响，要综合分析过程工艺、运行工况、流动过程及多相流中的腐蚀性介质在设备或管道的壁面对材料发生的化学或电化学腐蚀。

除受电化学因素的作用外，流体力学因素对流动腐蚀将产生严重的影响。流体力学因素与腐蚀电化学因素交互作用产生协同效应，使金属腐蚀更加严重。介质流动不但促使腐蚀加剧，而且也严重影响流动腐蚀的机理。流动腐蚀是一个复杂的过程，其中，介质的流速和流型对流动腐蚀具有十分重要的影响。

由腐蚀性多相流引发的流动腐蚀可分为两种：一是快速流动腐蚀，主要包括多相流冲蚀、磨蚀、汽蚀；二是慢速流动腐蚀，主要包括垢下腐蚀和露点腐蚀。

（1）冲蚀

腐蚀性介质与金属发生反应后在设备及管道内壁面形成一层致密的腐蚀产物保护膜，腐蚀产物保护膜易发生破损或剥落，使裸露的金属本体再次发生腐蚀与冲蚀，常常表现出明显的与流动方向相关的方向性。冲蚀轻微时呈现出光滑或浅波纹状，中等或以上程度时为鱼鳞坑状，严重时则为锋利的沟槽、局部深孔等。

（2）磨蚀

含固体颗粒的腐蚀性流体对设备或管道内壁面形成一定速度的相对运动时易导致壁面材质的磨蚀，一方面，固体颗粒会击穿紧贴金属表面近乎静态的边界液膜，直接与壁面的磨损产物保护膜摩擦使其破损；另一方面，若颗粒硬度较高，流动速度足够大，会直接损伤金属本体。磨蚀常发生在含固体颗粒输送的多相流离心泵的叶轮、流道、阀门、管道等局部位置。

（3）汽蚀

在多相流过程中，若工艺过程存在温度、压力的变化，当压力低于液体的饱和蒸气压，便产生空化。空化形成的气泡流动到高压区便发生溃灭，溃灭过程会形成高速射流和冲击波，对金属壁面造成严重的机械破坏作用。汽蚀轻微时呈现出麻点、针孔，严重时为蜂窝或海绵状。汽蚀危害极大，通常发生在泵、节流装置及换热设备中。

（4）垢下腐蚀

垢下腐蚀是金属表面沉积物产生的腐蚀。例如，炼油厂加氢反应流出物、空冷器系统和常减压塔顶回流系统中的铵盐（NH_4Cl 和 NH_4HS）易结晶、沉积并吸湿后导致严重的垢下腐蚀。

（5）露点腐蚀

在腐蚀性多相流介质的冷却过程中，在水的露点温度附近，会析出少量液态水。通常气相中的腐蚀性介质会大量溶于液态水形成高浓度的腐蚀性水滴，对设备壁面形成强烈的化学和电化学腐蚀。

材料的物理化学性质因受电离辐射的照射而引起的有害变化称为辐照损伤，工程中最重要的是核能装置中子辐照损伤。研究材料辐照损伤的过程和机制，发展出抗辐照损伤的金属材料是制造核反应堆主要压力容器的前提。

2.2.3 加载速率

加载速率一般用应力速率（Pa/s）或应变速率（1/s）来表示。通常，当应变速率在 10^{-4} ~

$10^{-1}/s$ 范围内，金属材料的力学性能不会明显变化。但当应变速率在 $10^{-1}/s$ 以上时，它对钢材力学性能有显著影响。因为加载速率较高时，材料无法在短时间内产生正常的滑移变形，从而使材料继续处于一种弹性状态，使屈服点随着应变速率的增大而增大，一般塑性材料的塑性及韧性下降，即脆性断裂的倾向增加。如果材料中有缺口或裂纹等缺陷，还会加速这种脆性断裂的发生。

加载速率对钢的韧性影响还与钢的强度水平有关。通常，在一定的加载速率范围内，随着钢材强度水平的提高，韧性的降低减弱。也就是说，在一定的加载速率范围内，加载速率的大小对某些高强度钢和超高强度钢的韧性影响很小，但对中、低强度钢的韧性影响则很明显。

2.3 压力容器对材料的基本要求

材料是压力容器质量保证体系中的一个重要环节，设计者在选材时，需要对材料的冶炼与轧制、供货状态、检验验收、力学性能与成分的查对等因素有充分的了解并予以足够的考虑。在我国，压力容器受压元件用部分材料实施制造许可制度。对于实施制造许可的压力容器专用材料，质量证明书和材料上的标志内容应包括制造许可标志和许可证编号。

过程工业生产的多样性和过程装备的功能性，给选材带来一定的复杂性；材料科学所具有的半科学半经验(技艺)性质给选材增加了难度；选材思路不同于结构设计的定量计算，更注重定性分析。基于成分决定组织，组织决定性能，性能决定选用的逻辑思路，下面对压力容器用钢的基本要求进行进一步分析。

了解材料性能是开展压力容器选材工作的基础。材料的性能分为使用性能和工艺性能。使用性能是指材料在使用过程中反映出的特性，它决定了材料的应用范围、可靠性和使用寿命。使用性能又分为力学性能、物理性能和化学性能。工艺性能是指材料在制造加工过程中反映出的各种特性，是决定材料是否易于加工或者如何加工的重要因素。工艺性能又分为可铸性、可锻性、可焊性、可切削性和热处理性能等。

2.3.1 力学性能

材料的力学性能是指材料在力或能量的作用下所表现的行为。由于压力容器所受作用力特点不同，如应力状态(拉应力、压应力、弯曲应力、剪切应力等)、力的种类(机械载荷、温度载荷等)等的不同，以及服役环境的不同(温度、介质、辐照等)，材料表现出不同的变形和断裂行为，显示出不同的力学性能。材料的力学性能是压力容器设计及材料选择的重要依据，常用的力学性能指标有强度、塑性、韧性等。其中，常用的强度指标包括抗拉强度 R_m、屈服强度 R_{eL}、持久强度 R_D^t、蠕变极限 R_n^t 和疲劳极限；塑性指标包括断后伸长率 A、断面收缩率 Z；韧性指标包括冲击吸收功 KV_2、韧脆转变温度、断裂韧性等。其中强度、塑性、硬度等指标在材料力学、工程材料等基础课程中都有详尽介绍，此处不再赘述，重点针对韧性指标进行讲解。

韧性是指材料在断裂前吸收变形能量的能力。当材料的韧性不足时，工程结构容易发生脆性断裂。脆性断裂往往突然发生，人们来不及采取措施，一般情况下无法修补。早期的结构设计由于仅考虑强度的要求，缺乏对材料韧性的科学认识，导致一大批桥梁、船舶、压力容器等的失效。为了防止工程结构发生脆性断裂事故，在长期的工程实践中，发明了众多试验方法评价材料的韧性。其中，冲击试验、落锤试验机断裂韧度试验被压力容器行业广泛采用。

1. 冲击韧度

夏比冲击试验是用于评定金属材料韧性应用最广泛的一种传统力学性能试验，由法国工程师（Charpy）最早建立起来。这是一种简支梁式冲击弯曲试验，通过一次施加过载三点弯曲冲击载荷使试样发生断裂。断裂时所消耗能量，即冲击试样断裂的能量称为冲击吸收能量（单位：J）。冲击韧度通常是在摆锤式冲击试验机上测定的（见图 2 - 7）。冲

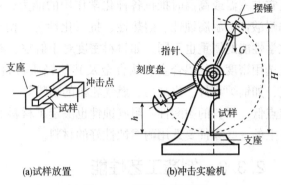

(a)试样放置　　　　(b)冲击实验机

图 2 - 7　夏比冲击试验

击试样受到摆锤的突然打击而断裂时，它的断裂过程是一个裂纹萌生和扩展的过程。在裂纹扩展过程中，如果塑性变形能够发生在它的前面，将阻止裂纹的长驱直入，当其继续发展时就需消耗更多的能量。因此，冲击吸收能量的高低，取决于材料有无迅速塑性变形的能力。冲击吸收能量高的材料，一般有较高的塑性，但塑性指标较高的材料不一定有高的冲击吸收能量。这是因为在静载荷下能够缓慢塑性变形的材料，在冲击载荷下不一定能迅速发生塑性变形。

冲击吸收能量与试样的尺寸和缺口的形状有关。由于不同的冲击试样在试验时应力状况各不相同，在破坏时所消耗的能量也不同，因此冲击吸收能量值也不同。依据 GB/T 229《金属材料　夏比摆锤冲击试验方法》，压力容器用钢一般采用 V 形缺口冲击试样，其冲击吸收能量为 KV_2。冲击吸收能量还与试验温度有关，有些材料在室温时韧性很好，但在低于某一温度时则可能发生脆性断裂。

由于冲击吸收能量是材料各项力学性能指标中对材料的化学成分、冶金质量、组织状态及内部缺陷等比较敏感的一个质量指标，而且也是衡量材料脆性转变和断裂特性的重要指标。所以，对压力容器来说，冲击吸收能量是衡量其裂纹扩展阻力的重要指标之一。

2. 断裂韧度

材料的冲击韧性可指导选材工作，但冲击功不能直接用于设计计算，而且许多压力容器的脆性断裂事故也可以在塑性与冲击值足够的情况下发生。为了能更科学地判断容器万一存在较大宏观缺陷特别是裂纹缺陷时是否会发生低应力脆断，近年来已引入断裂力学中的断裂韧性指标用于压力容器的防脆断设计或安全评定。目前用得较多的是应力强度因子临界值 K_{IC} 和裂纹尖端张开位移（COD）临界值 δ_C，近年来更趋向采用 J 积分断裂参量的临界值 J_{IC}。一方面，这些断裂韧性值可用来衡量材料的韧性好坏，即可看出存在裂纹时材料所具有的防脆断能力，但目前尚未列入压力容器设计标准中，因为还未有公认的应满足的断裂韧性指标值。另一方面，若有可靠数据，便可对缺陷做出定量的安全分析。断裂韧性试验测定时要注意试件的拘束条件，这与冲击韧性测试的要求有所不同。所以，材料的

断裂韧性是有条件的，也属于"力学行为"的范畴。

2.3.2 物理性能和化学性能

材料的主要物理性能包括密度、熔点、导电性、导热性、导磁性等。材料的化学性能是它在室温或高温时抵抗各种化学作用的能力，主要是指抵抗活泼介质化学侵蚀的能力，如耐酸性、耐腐蚀性、耐热性、抗氧化性等。由于机器零件的用途不同，对材料的物理、化学性能的侧重也不同。如材料密度对于航空、航天方面的产品具有重要的意义，应该优先选用密度小的铝合金、钛合金及其他轻质材料；材料的熔点影响材料的使用和制造工艺，如锅炉零件、汽缸套、燃气轮机的喷嘴等，要求材料有较高的熔点，而熔断丝则要求熔点低；材料的耐酸性、耐腐蚀性也决定了材料的使用范围，如化工设备、医疗器械等设备上的一些零件要选用耐腐蚀性好的材料。

2.3.3 制造工艺性能

材料的工艺性能反映材料在各种加工过程中适应加工工艺要求的能力。工艺性能主要有可铸性、可锻性、可焊性、可切削性和热处理性能等。

（1）可铸性

可铸性是液体金属能否用铸造方法制成优质铸件的性能。可铸性通常用金属的流动性、收缩和偏析等来衡量。流动性是液体金属充满铸型的能力。流动性好不仅能铸出细薄精致的铸件，同时能减少缺陷。金属的收缩会使铸件产生缩孔、收缩应力和变形等缺陷。偏析是指在凝固时内部各处化学成分不均的现象，它会影响零件的机械性能。

（2）可锻性

可锻性是金属经受锻造和冲压成形的能力。可锻性通常用塑性与变形抗力进行评价。金属的塑性越好，变形抗力越低，则其锻造性能越好，越有利于加工成形。金属锻造性能取决于其成分和组织等内在因素，以及锻造温度、变形速度和应力状态等外在条件。

（3）可焊性

可焊性是材料对焊接加工的适应能力，主要指材料在一定的焊接工艺条件下获得优质焊接接头的难易程度。可焊性好的材料，易于用一般的焊接方法和简单的工艺措施进行焊接。钢材的可焊性主要取决于其化学成分，其中影响最大的是含碳量。各种合金元素对可焊性亦有不同程度的影响，这种影响通常用碳当量 C_{eq} 来表示。焊接过程会产生残余应力，其作为二次应力是焊接区域熔化、流动、扩散、凝固、热传递、组织相变、应力变形的热－力－冶金多因素交互的结果，焊接残余应力是用于压力容器安全评估的重要数据。可焊性良好的材料在焊后不易产生裂纹等缺陷，而焊接残余应力与工作应力的叠加作用是产生结构缺陷的主要原因之一。焊接残余应力作为评估可焊性的重要指标，要掌握其在接头处的分布规律，防止接头失效引起的事故发生。

（4）可切削性

可切削性是一定生产条件下材料切削加工的难易程度。可切削性好的材料，在加工时刀具的磨损量小，切削用量大，加工的表面质量也较好。在一般情况下，硬度在 HB200 左右的钢材具有良好的可切削性。

(5) 热处理性能

热处理性能是材料适应热处理工艺及热处理效果的能力。热处理的主要目的是消除焊接残余应力，改善焊接接头的组织和性能，提高延性、韧性和耐腐蚀性。通常将焊件均匀加热到金属的相变点 A_{C1} 以下足够高的温度，并保持一定时间，然后均匀冷却。热处理工艺主要分为整体热处理和局部热处理，整体热处理是对构件整体加热，在保温后以适当的速度冷却，而当受到设备尺寸、热处理现场、热处理炉等条件限制无法进行整体热处理时，就要进行局部热处理。目前，随着设备大型化发展，局部热处理占据越来越重要的地位。局部热处理和整体热处理均是改善接头组织和性能、释放焊接残余应力，以提高尺寸稳定性、防止变形和开裂。但是，采用传统的局部热处理方案，有时并不能有效消除焊接残余应力，反而加剧应力腐蚀开裂、疲劳裂纹萌生等风险，影响热处理的效果。这主要是因为整体热处理的消应力机理并不适用于局部热处理。整体焊后热处理释放残余应力主要依赖升温过程的蠕变松弛作用，因此热处理温度是影响应力削减效果的关键因素。然而，对于局部热处理，尽管通过控制均温区可以保证蠕变松弛作用释放焊接残余应力。但均温区外必然存在温度梯度，会产生新的热应力（二次应力）。当热应力占主导时热处理消应力效果会明显弱化，甚至出现应力不降反升的现象，热处理的效果不显著。目前，针对传统局部热处理的局限性，一种主副加热区分布式热源局部热处理方法很好地解决了上述问题。将主加热区作用在焊接接头外表面，调控焊接接头微观组织、硬度和部分残余应力，使得焊接接头组织均匀，实现微观残余应力调控；将副加热区施加在距离焊接接头一定距离的壳体外表面，通过改变副加热区的保温温度、主副加热区之间的间距、加热顺序，调控焊接接头内、外表面热处理过程中的应力或热处理后的残余应力。针对不同的材料，采用不同的热处理技术，有利于提高热处理性能。

2.4 压力容器材料的选用

2.4.1 材料的使用性能原则

材料的使用性能是指材料在化工设备及其构件（零件）工作过程中所应具备的性能，包括材料的力学性能、化学性能和物理性能。这些性能是选材最主要的依据。不同的构件所要求的使用性能是不同的，有的要求高强度，有的要求耐腐蚀，有的要求耐高温或耐低温，有的要求高硬度耐磨损，有的要求高弹性等。即使同一构件，不同的零件要求的性能也不同，如螺栓连接、齿轮副等，螺栓与螺母要求硬度不同，大齿轮与小齿轮的齿面硬度应有一定的差值，有时同一个部件的不同部位所要求的性能也不同，如不锈钢法兰与设备对接结构的设计计算中，不锈钢法兰的计算属刚度问题，为保证法兰的密封性能，取其较低的许用应力；而不锈钢法兰与设备对焊部分的计算属于强度问题，可取不锈钢较高的许用应力。

因此在选材时，首先必须准确地判断构件所要求的使用性能，然后再确定所选材料的主要性能指标并进行选材，具体方法如下。

(1)分析构件的工作条件

通过分析构件的工作条件确定构件应具有的使用性能。工作条件分析包括以下三个方面。

①构件的载荷情况。如载荷的类型(静载、交变载荷、冲击载荷等)、载荷的形式(拉伸、压缩、扭转、弯曲、剪切等)、载荷大小以及分布情况(均匀分布或有较大的局部应力集中)等,载荷条件主要用来确定承压壳体的结构尺寸。

②构件的工作环境。主要是温度和介质情况。温度情况,如低温、常温、高温或变温等,用于确定选材类别以及确定材料的许用应力;介质情况,如有无腐蚀、核辐照、积垢或磨损作用等,用于确定选材的耐腐蚀类别。

③构件的特殊要求。如传热快、防振、质量轻等。

在工作条件分析的基础上确定构件的使用性能。例如,核容器壳体处于高压静载,则构件除考虑强度要求外,还必须考虑核辐照脆化,构件应有高的抗裂性能。而磷肥生产混合器的搅拌器受交变载荷、介质腐蚀和磨损作用,耐疲劳抗力以及耐腐蚀、耐磨损是搅拌器应具有的使用性能。

对构件工作条件的分析是否全面合理,因人而异,设计经验丰富则偏差会小一些,忽略的因素也会少一些。

(2)通过失效分析,确定构件的主要使用性能

构件失效是客观的事实,能忠实地反映构件在工作条件下存在的不足。通过失效分析找出构件失效的原因以及各种影响因素,可以为确定构件主要使用性能提供经过实践检验的可靠依据。例如,大量低温构件的断裂分析,使人们认识了常用工程结构钢材使用在某一低温下,会由韧性变成脆性,从而确定在低温下工作的构件必须有高的韧性。

(3)从构件使用性能要求提出对材料使用性能的要求

在构件工作条件分析和失效分析的基础上明确了构件的使用性能后,还要把构件的使用性能要求,通过分析、计算转化成材料在实验室中按标准测量的性能指标和具体数值,再按这些性能指标数值查找手册或数据库中各类材料的性能数据和大致应用范围进行选材。这项工作难度较大,因为材料的使用性能是按标准在实验室测试的标准性能值,测试条件与实际工作条件、测试试样与实际构件形状尺寸等都是有区别的,因此材料使用性能与构件使用性能之间存在不对等关系,往往没有单一的对应值。进行此项工作时,要注意下列问题:

①一般的手册和数据库上列出的材料性能数据是在试验标准条件下用标准试样测出的,必须注意试验条件与工作条件的差别;有些手册和数据库上列出的材料性能数据是在某种典型的工况条件下观测得出的,必须注意一般性工况条件与具体工况条件的差别,在这方面化工设备的腐蚀问题较为突出。

②手册和数据库上列出的性能指标以及数值大多是常规性能指标和数值,非常规值不能套用,如力学性能 R_{eL}、R_m、A、Z、A_{KV}、HBS 或 HRC。如果是常温测试,对于高温、低温或腐蚀介质中的力学性能就不能简单套用,只能通过模拟试验取数据或从专门资料上查取。比如,金属材料的标准电极电位是纯金属在25℃下的金属本身离子溶液中测得的,在一般工业介质中测得的是非平衡电极电位,两者是有区别的。

③并不是所有使用性能都有具体的选用数值,如化工设备设计中十分重要的塑性和韧

性参数 A、Z、A_{KV} 等，这些指标是保证安全的重要性能指标，但目前这些指标对指导设计来说，还处于定性判断阶段，尚不具备定量计算的水平。不能从构件需要的使用性能计算出材料使用性能的具体参数值，对于具体工况需要多大的数值才能保证安全，往往依赖于实际经验，参考相类似的工况、标准，资料中只能提出一个数值范围。在材料使用性能的判断中，定性判断有时比定量计算更为重要。

2.4.2 材料的加工工艺性能原则

材料的加工工艺性能是指在保证构件质量的前提下对材料加工的难易程度。选材时也必须考虑材料的冷、热加工及热处理工艺性能的好坏，好的加工工艺性能不仅要求工艺简单、容易加工、能源消耗少、材料利用率高、加工质量好(变形小、尺寸精度高、表面光洁、组织均匀致密等)，而且包括加工后的构件在使用时有好的使用性能。

压力容器在制造过程中需要进行大量的焊接，经过多次焊接热循环及各种因素的影响，热影响区的晶粒粗化和组织结构的转变将使热影响区的韧性显著恶化并造成材料的力学性能下降，且由于加热和冷却过程温度分布的不均匀性，以及构件本身产生拘束或外加拘束，在焊接工作结束后会产生焊接应力，降低焊接接头区的实际承载能力，产生塑性变形，严重时还会导致构件的破坏。为了改善焊接组织，恢复力学性能，降低焊接残余应力，通常采用消氢处理、中间消应力处理及最终高温回火热处理等措施，根据不同的热处理措施，进行合理选材。不同的热处理如下：

①焊后消氢处理。使工件内部的氢从表面逸出，防止因氢而引发的裂纹，在焊接工作完成后应对焊接接头进行消氢热处理(若焊后随即进行中间消除应力热处理，就可省去消氢热处理)。

②中间焊后热处理。主要针对单节筒体，目的是消除内应力及消除焊接接头中的氢。

③最终高温回火热处理。在焊接工作全部完成并检验合格后进行，即在高温状态下，通过使焊接的工件屈服强度下降来达到松弛焊接应力，获得母材、焊缝的抗回火脆化性能。

2.4.3 材料的经济性原则

在满足构件使用性能、加工工艺性能要求的前提下，经济性也是必须考虑的主要因素。选材的经济性不只是选用材料的价格，还要考虑构件生产的总成本，把材料费用与构件加工制造、安装、操作、检验、维修、更换以及装备寿命等结合起来综合考虑，进行总费用的成本核算，提高性价比。

一般的机械产品注重"成批"，化工设备强调"成套"。考虑问题的侧重点不同，对经济性判断结果有时是不同的。考虑工艺流程的需要，化工设备设计开始前制定工程的统一规定，在压力等级、温度、材质、防腐等方面提出统一的规定，并严格执行。这使得有的设备可能偏于保守，安全过盈，但这是这类"过程"设备的特色所在，也是工程学的特点。设计者在设计过程中借助一些参考资料，也能够了解到一些反馈的信息，在没有全面搞清楚原来的设计意图前，不应轻易改变原设计方案，放松选材要求。市场经济条件下，设计者的责任很重，选材的经济性原则对设计者的素质提出了很高的要求。有人认为一些原来的设备经多年服役没有什么"事"(事故),以为"没事"(事故)就证明安全过盈,并试图据此降低成本,提高经济效益,这样认识问题是不全面的。这种理解在思想方法上是将具体过程的控制指标与最终目标混为一谈。保证安全、不出事故是对压力容器总的工作目标要求,要实现这一目标,需要每一个过程来保证,只有每一个过程都达到其具体指标要求,才能保证最终目标的实现。

另外,选材时还应同时考虑材料来源容易和符合国家的资源政策,这也是很重要的。

2.4.4　化工设备选材的特点分析

1. 生产工艺特点分析

化工设备种类多,涉及的工艺过程各不相同,工作条件多种多样,加上近年来工艺过程向高压、高温、低温和超低温开拓,对构成化工设备的材料提出了更高的要求,这就需要了解工艺过程的特点,从而在选材时满足使用性能的要求。

(1)介质特性

选材考虑的介质特性主要是介质的组成、浓度、pH 值、氧化性还是还原性,以及各种因素变化范围和流速等。介质与构件材料以界面接触,因此影响界面物理、化学作用的因素是选材时要重点考虑的。由界面作用而导致材料失效主要是腐蚀与磨损,因此介质特性对材料使用性能的要求主要是材料的耐蚀性与耐磨性。在此只分析选材时影响这两种性能的介质特性。

没有对任何介质都耐腐蚀的金属材料。化工设备接触的介质中,腐蚀性的组分种类不同、含量不同,对材料的腐蚀性亦不同。以化工工艺最常用的三酸和氢氧化钠(NaOH)为例,碳钢、不锈钢在中低浓度硫酸中不耐蚀,在浓度(质量分数,下同)50%左右的硫酸中腐蚀最严重,而当硫酸浓度保持在80%以上时,碳钢就是很好的耐蚀材料。碳钢在硝酸以及盐酸中都是不耐蚀的,一般浓度越大,腐蚀性越严重,但不锈钢在任何浓度和温度下的硝酸中都是合用和耐用的材料,而不锈钢在盐酸中却是完全不耐蚀的。钢铁在常温下较稀的 NaOH 溶液中,表面生成牢固的保护膜,当 NaOH 浓度高于30%、温度高于80℃时,钢铁则迅速被腐蚀,承受应力的构件还容易产生碱脆,而高温、浓碱下 Ni 和 Cu 的耐蚀性很好。

选材时,介质中杂质对材料耐蚀性的影响是不容忽视的。化工设备接触的介质常常不是纯介质,往往还存在无法用简易方法去除的各种杂质,在某些情况下,微量杂质的存在会引起严重的腐蚀。如99%的醋酸,含 Cl^- 量 $\leqslant 2\mu g/g$ 时,0Cr18Ni12Mo2 不锈钢的腐蚀率 $\leqslant$ 0.01mm/a;当 Cl^- 增加至 $20\mu g/g$ 时,腐蚀率为 1.8mm/a;当高温、浓醋酸中含有一定量 Cl^-,长期加热后还会生成盐酸,其腐蚀性更为严重。微量的 Cl^- 还会引起奥氏体不锈钢的应力腐蚀开裂。活性 Cl^- 的腐蚀产物水解,使 Cl^- 不损耗而循环起腐蚀作用;微量杂质的积聚、浓缩等都大大加速了腐蚀过程。因此,选材要重视腐蚀性组分的含量,还要重视可能出现的杂质及其最高含量。

介质的 pH 值以及介质是氧化性还是还原性可以作为腐蚀倾向性的判断。H^+ 是有效的阴极去极化剂,一般 pH 值越小,金属的腐蚀越大,在电动序中位于 H 前(电极电位比 H 低)的金属在酸中可将 H 置换,当溶液中有 H 放出时,说明金属的腐蚀过快,没有实用价值。pH > 7 视不同介质和材料，也会产生腐蚀，腐蚀产物和保护膜的溶解度会随着 pH 值改变而有所不同，如 Al、Pb、Zn 分别在 pH > 6.5、pH > 8 和 pH > 11 时开始产生腐蚀。介质内有没有溶解氧或氧化剂，在许多情况下耐腐蚀起决定作用，含有的氧对 Ni、Cu 及其合金有害；对于能生成保护性氧化膜的金属，如其氧化能力能使金属钝化，则大大提高抗腐蚀能力。如 0Cr18Ni9 在氧化性的硝酸中，能生成致密难溶的钝化膜，在化工过程中可能出现的硝酸浓度以及温度范围内都有很好的耐蚀性（发烟硝酸除外），但在还原性的硫酸中却要视酸中是否含有溶解氧（DO）而有不同的耐蚀性，在 30℃下含氧和不含氧的 5% 硫酸中测取 0Cr18Ni9 的腐蚀率，分别为 0.01mm/a 与 1.3mm/a，在还原性酸中改用含 Mo 的 18 - 12 - Mo2 型不锈钢比 18 - 8 型不锈钢耐蚀性要好得多。

化工设备大多处理流动介质，当介质含有固体颗粒或有高的流速时，它会在构件表面产生冲刷、旋涡、湍流、空泡等现象，引起材料严重的冲击、磨损和空泡腐蚀，如结晶器的壳体、泵的叶轮和壳体、液体的进出口和管道的转折处。这些构件的选材一定要考虑有好的耐磨性。

（2）工艺特性

选材主要考虑的工艺条件是操作温度、压力、开停车以及工艺产品的一些特殊要求。化工设备的操作温度，对选材是非常重要的，温度的变化幅度对材料性能的影响是多方面的。随着温度的升高，材料的腐蚀速度增加；温度升高，材料的强度降低和冲击韧性增加，高温下材料会发生明显的蠕变，热强性明显下降；低温下材料脆化，冲击韧性明显下降。

对化工设备操作压力的考虑主要是引起构件的应力水平和分布，把操作压力引起的应力与结构的局部应力、加工的残余应力、操作的误差应力等统一考虑，作为对材料选择的强度、耐蚀性要求是很重要的依据。

开停车的规程、频率、操作时的安全措施等对装备的选材也有要求。如目前全世界氮肥的主要产品为尿素，都用氨基甲酸铵（简称甲铵）脱水法作为工业生产的方法，此方法的优点是可采用比较廉价的原料氨和 CO_2，CO_2 原来是合成氨厂制氢的副产品，大多是放空抛弃的。该方法在 1870 年已经发现，但由于生产过程中高温高压尿素甲胺溶液的腐蚀性很强，装备材料耐腐蚀问题未能妥善解决而延至近一个世纪后，发现在原料 CO_2 气体中加入氧可防腐，才使综合性能较好的 18 - 12 - Mo2 型不锈钢得以应用，从而解决了工业生产的问题。因此尿素生产开车时，必须先通氧，而停车时，在设备内要保存供氧，才能在高温高压的尿素甲胺溶液装备构件选用不锈钢，且要选用超低碳尿素级的 00Cr17Ni14Mo2 奥氏体不锈钢才有较低的腐蚀速度，如能采用 00Cr25Ni22Mo2，则更安全。近年来，超低碳的铬锰氮不锈钢以及超低碳的高铬低镍奥氏体 - 铁素体双相不锈钢也有满意的耐蚀性。高温高压的尿素设备一般采用碳钢和低合金钢作壳体，内衬不锈钢，厚壁的设备壳体用以承受载荷，内衬里层用以抗腐蚀。一旦装备衬里穿漏，尿素甲胺溶液接触到碳钢或低合金钢壳体，每年几百毫米以上的腐蚀率，会使壳体很快失效。因此介质充氧，装备有衬里泄漏监控装置才能选用超低碳尿素级的含高铬镍钼的不锈钢以及相应的其他不锈钢。另外，对于开停车频繁、升降温度波动激烈的装备，选用材料还要求有良好的抗热冲击性能。

在医药、食品以及石油化工合成材料生产等某些过程中，对工艺产品的纯度有严格要求，因此，化工设备选材时大多采用铬镍奥氏体不锈钢，以防止某些金属离子对产品的污染。例如，铅有毒，绝对禁止用于食品工业生产装置。有时材料的腐蚀产物或材料被磨蚀下来的微粒会引起工艺过程发生不允许的副反应，或者造成某些催化反应的催化剂中毒，这种材料就不能选用。

2. 化工设备特点分析

化工设备大多使用在具有单系列连续性生产特点的生产过程，整个生产过程有许多不同功能的化工设备承担各自的生产任务，但又由单个化工设备组成不同的系列单元，由系列单元组成大系统的整体，其中任一台装备或构件失效，整个生产过程都要受到影响，将会带来巨大的损失，尤其近年来，炼油、石油化工、核能的生产系统已向大型化发展，所以装备或构件的失效所造成的损失会更为严重。因此化工设备的选材显得特别重要。

化工设备有很多类型，有塔设备、换热设备、反应设备、储罐、压缩机、离心机、风机、泵、阀等。这些装备具有不同的功能与结构，对材料的要求也各有不同。例如，换热设备，除了要耐压、耐温、耐介质腐蚀外，还要求用有良好导热性能的材料制造换热构件；塔设备有复杂的内部构件，如泡罩、浮阀等提供汽液两相得以充分接触的机会，这些构件既与流动介质接触，要求耐温、耐腐蚀以及耐冲刷磨损，又结构复杂，还要求有良好的加工工艺性能。再如，液氧、液氮储罐要求耐压以及能在 $-196℃$ 的低温下工作，同时还要求有好的低温韧性而不致产生低温脆裂。

课后习题

一、基础知识

1. 压力容器用钢材的型式主要有_____、_____和锻件等。

2. 按化学成分来分，压力容器用钢可以分为_____、_____和高合金钢(不锈钢)。

3. 改善钢材性能的途径：_____、_____、零件表面改性。

4. 钢材的力学行为，不仅与钢材的_____、组织结构有关，而且与材料所处的_____和环境有密切的关系。

5. 压力容器用钢的基本要求：较高的_____；良好的_____、韧性、制造性能和与介质相容性。

6. 压力容器设计中，常用的强度判据包括_____、屈服强度、持久极限、_____、疲劳极限。

7. 反映压力容器材料高温下变形抗力的指标主要有_____和_____。

8. 所谓高温容器是指下列哪一种：(　　)

A. 工作温度在材料蠕变温度以上　　　B. 工作温度在容器材料的 NDT 以上

C. 工作温度在材料蠕变温度以下　　　D. 工作温度高于室温

9. 下列金属会产生低温变脆的是：(　　)

A. 铜　　　　　　　　　　　　　　　B. 碳素钢

C. 铝　　　　　　　　　　　　　　　D. 奥氏体不锈钢

10. 下列关于硫化学成分在钢材中的作用说法正确的是：（　　　）

A. 硫元素不是钢材中的有害元素。

B. 硫元素能提高钢的强度，但会增加钢的脆性。

C. 硫元素能促进非金属夹杂物的形成，使塑性和韧性降低。

D. 压力容器用钢对硫的限制和一般结构钢相当。

11. 钢材的可焊性主要取决于它的化学成分，其中影响最大的是：（　　　）

A. 含碳量　　　　　　　　　B. 含硫量

C. 含磷量　　　　　　　　　D. 含氢量

12. 压力容器的制造工艺主要涉及_____、_____和热处理等基本过程。

13. 压力容器制造过程中热处理的目的主要有_____和_____。

二、简答题

1. 压力容器用钢有哪些基本要求？

2. 影响压力容器钢材性能的环境因素主要有哪些？

3. 为什么要控制压力容器用钢中的硫、磷含量？

4. 什么叫韧脆转变温度（NDT）？

5. 什么是钢材的蠕变现象？蠕变有哪些危害？

6. 什么是蠕变极限？什么是持久强度？

7. 什么叫应力松弛？应力松弛的本质是什么？

8. 在低温（$-20℃$）以下工作的压力容器对材料有哪些特殊要求？

9. 选择高温容器用钢时主要考虑高温对材料哪些性能的影响？

10. 减少焊接应力和变形的措施有哪些？焊接接头常见缺陷有哪几种？

11. 简述短期静载下温度对钢材力学性能的影响。

12. 压力容器选材应该综合考虑哪些因素？

第3章 内压薄壁容器设计

过程工业中所用的压力容器大多数属于薄壁容器。薄壁与厚壁根据壳体的厚度 t 与壳体中面最小曲率半径 R_{min} 的比值大小来划分，工程上一般把 $t/R_{min} = 1/20 \sim 1/10$ 的壳体称为薄壳，而把 $t/R_{min} > 1/10$ 的壳体称为厚壳。对圆柱壳体(又称圆筒)，如果外径与内径的比值 $D_o/D_i \leqslant (1.05 \sim 1.1)$，则称为薄壁圆柱壳或薄壁圆筒；反之则称为厚壁圆筒。本章首先讲述内压薄壁压力容器的应力分析基础——薄膜理论和圆平板理论，在此基础上讲述内压薄壁容器的规则设计。

3.1 旋转薄壳理论

由于本章主要讲述内压薄壁容器的设计，故本节首先讲述旋转薄壁壳体的应力分析理论——薄壳理论。

3.1.1 旋转薄壳的基本概念及基本假设

1. 旋转薄壳的几何概念

为本节应力分析及以后章节的需要，首先介绍关于回转壳体的一些基本概念。

(1)回转壳体

压力容器的壳体以圆柱壳、球壳为主，其封头壳体形状有球形、椭球形、碟形、锥形等，但无论具体形状如何，这些壳体都有一个共同特点，它们都是回转壳体。回转壳体，是指壳体的中间面是直线或平面曲线绕其同平面内的回转轴旋转360°而成的壳体。平面曲线形状不同，所得到的回转壳体形状也不同。例如，与回转轴平行的直线绕该轴旋转一周形成圆柱壳；半圆形曲线绕该轴旋转一周形成球壳；与回转轴相交的直线绕该轴旋转一周形成

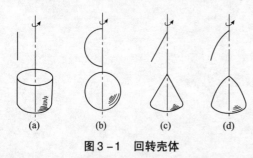

(a)   (b)   (c)   (d)

图3-1 回转壳体

圆锥壳等，如图3-1所示。

(2)轴对称壳体

轴对称，是指壳体的几何形状、约束条件和所受外力都是对称于回转轴的。压力容器壳体通常都是轴对称的。本节讨论的是满足轴对称条件的薄壁壳体。

(3)中间面

图3-2所示为一般回转壳体的中间面。中间面是与壳体内外表面等距离的中曲面，

内外表面间的法向距离即为壳体厚度。对于薄壁壳体，可以用中间面来表示其几何特性。

（4）母线

图3-2所示回转壳体的中间面，是由平面曲线 OAA' 绕回转轴 OO' 旋转一周而成，形成中间面的平面曲线 OAA' 称为"母线"。

（5）经线

通过回转轴作任一纵截面与壳体曲面相交所得的交线称为经线（如 OBB'）。显然经线与母线的形状完全相同。经线所在平面称为经线截面，其位置可由从母线平面量起的旋转角 θ 来确定。

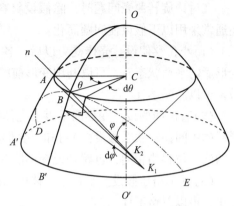

图3-2 一般回转壳体的中间面

（6）法线

通过经线上任意一点 B 垂直于中间面的直线，称为中间面在该点的"法线"（n），法线的延长线必与回转轴相交。旋转薄壳中间面上任意一点 B 的位置可由坐标 θ 和 φ 来确定。

（7）纬线（平行圆）

经线上任意点 B 绕轴 OO' 旋转一周的轨迹称为纬线或平行圆。平行圆的位置可由中间面的法线与旋转轴的夹角 φ 来确定（当经线为一直线时，平行圆的位置可由离直线上某一给定点的距离 x 来确定）。

（8）第一、二曲率半径

根据微分几何学，在过 B 点的所有法截面中，经线截面 $OBB'K_1$ 及其正交截面 $DBEK_2$ 为该点的主曲率面。经线 OBB' 在 B 点处的曲率半径称为该点的第一（主）曲率半径 $r_1 = BK_1$，截面 $DBEK_2$ 与中面相割而成的曲线 DBE 在 B 点处的曲率半径称为该点的第二（主）曲率半径 $r_2 = BK_2$，K_1、K_2 分别为经线 OBB' 和曲线 DBE 在 B 点的曲率中心。可以证明第二曲率中心 K_2 一定落在旋转轴上。实际上如沿同一纬线作各点的法线并交于旋转轴 OO'，即形成一个与中面正交的圆锥面，称为旋转法截面，其顶点即为第二曲率中心 K_2。

第一曲率半径 r_1 可由经线或母线的方程式导出，第二曲率半径 r_2 与平行圆半径 r 之间有如下关系（见图3-3）：

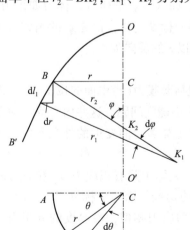

图3-3 曲率半径与经、纬线元

$$r_2 = \frac{r}{\sin\varphi} \qquad (3-1)$$

经线和纬线的微小弧长 $\mathrm{d}l_1$、$\mathrm{d}l_2$ 可表示为：

$$\mathrm{d}l_1 = r_1\mathrm{d}\varphi, \quad \mathrm{d}l_2 = r\mathrm{d}\theta \qquad (3-2)$$

因为 $\mathrm{d}r = \mathrm{d}l_1\cos\varphi$，故

$$\frac{\mathrm{d}r}{\mathrm{d}\varphi} = r_1\cos\varphi \qquad (3-3)$$

2. 基本假设

在讨论旋转薄壳问题时，除假设材料是连续、均匀和各向同性的外，对于薄壁壳体，还通常采用以下假设使问题简化：

(1)小位移假设。壳体受力以后，各点的位移都远小于厚度。根据这一假设，在考虑变形后的平衡状态时，可以利用变形前的尺寸来代替变形后的尺寸。而变形分析中的高阶微量可以忽略不计。

(2)直法线假设。变形前垂直于壳体中面的直线段，变形后仍保持为直线且垂直于变形后的中间面。联系假设(1)可知，变形前后的法向线段长度不变。据此假设，沿厚度各点的法向位移均相同，也就是说变形前后壳体厚度不变。

(3)互不挤压假设。平行于壳体中面的各层纤维在变形前后互不挤压。亦即法向应力很小，可以忽略不计。

3. 外力与内力

为说明壳体中的外力与内力，从壳体中任一点 B 处沿相邻的两个经线截面和两个旋转法截面取出微小单元体，并建立流动坐标 x、y、z，如图 3－4 所示。x、y 分别沿经线和纬线的切向，z 取外法线的反向为正。

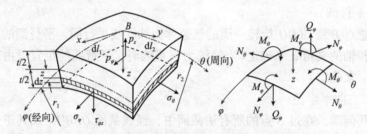

图 3－4　旋转薄壳中的应力与内力

(1)外力

用于化工容器的薄壳，承受的外力主要是分布面力，如气压、液压等。体力如重力、惯性力等可以化作分布面力。对于轴对称问题，外力不随坐标 θ 变化，仅是 φ 的函数，所以分布面力只有分量 p_φ 和 p_z。p_φ 以 x 方向为正，而 p_z 则以 z 的反向为正。

(2)内力

在轴对称条件下，薄壳在外力作用下所产生的内力包括薄膜力(沿中面的拉压力)、内力矩(弯矩)和横向剪力。与薄板不同的是，即使是壳体的小挠度问题，这些内力都必须考虑。只有在特定的条件下，如壳体极薄或不存在使壳体产生显著弯曲变形的外在条件，才能略去弯矩和剪力，只考虑薄膜力。

根据基本假设(3)，法向正应力 $\sigma_z = 0$。由于轴对称，壳体中除有正应力 σ_φ 和 σ_θ 外，在旋转法截面上还有剪应力 $\tau_{\varphi z}$，它们都只是坐标 φ 和 z 的函数，而与坐标 θ 无关。σ_φ 和 σ_θ 为拉弯组合应力，沿厚度线性分布，而 $\tau_{\varphi z}$ 与薄板中的剪应力相似，沿厚度的分布为二次抛物线。因此，正应力 σ_φ 可以合成为薄膜力 N_φ 和弯矩 M_φ，σ_θ 可以合成为薄膜力 N_θ 和弯矩 M_θ，剪应力 $\tau_{\varphi z}$ 合成为横向剪力 Q_φ。内力与应力之间的关系，可由相应截面上的应力及其对中间面的矩沿厚度积分求得。例如，图 3－4 中经线截面上的经线微小弧长，由式(3－2)可知：

$$dl_1 = r_1 d\varphi$$

因此，距离中间面为 z 的相应线段的微小弧长为：

$$dl_\varphi = (r_1 - z) d\varphi = \left(1 - \frac{z}{r_1}\right) dl_1$$

故经线截面上周向应力 σ_θ 沿厚度的合力和合力矩分别为：

$$N_\theta dl_1 = \int_{-t/2}^{t/2} \sigma_\theta \left(1 - \frac{z}{r_1}\right) dl_1 dz, M_\theta dl_1 = \int_{-t/2}^{t/2} \sigma_\theta \left(1 - \frac{z}{r_1}\right) dl_1 z dz$$

消去 dl_1，即得经线单位长度上的周向力和周向弯矩。同理，可得纬线单位长度上的经向力、经向弯矩和横向剪力。由于 t 与 r_1、r_2 相比为小量，z/r_1 和 z/r_2 较之 1 可忽略不计，故有：

$$
\left.
\begin{aligned}
N_\varphi &= \int_{-t/2}^{t/2} \sigma_\varphi dz, N_\theta = \int_{-t/2}^{t/2} \sigma_\theta dz \\
M_\varphi &= \int_{-t/2}^{t/2} \sigma_\varphi z dz, M_\theta = \int_{-t/2}^{t/2} \sigma_\theta z dz \\
Q_\varphi &= \int_{-t/2}^{t/2} \tau_{\varphi z} dz
\end{aligned}
\right\}
\tag{3-4}
$$

图 3-4 中所示内力均为正向，即对于 N_φ、N_θ 和 Q_φ，正面正向或负面负向为正，否则为负；对于 M_φ 和 M_θ，以使截面向壳体外侧翻转为正，反之为负。

3.1.2 旋转薄壳的无力矩理论

旋转薄壳在分布面力的作用下，若没有载荷突变和任何变形约束，壳体中由内力矩引起的应力与由薄膜力引起的应力的比值是很小的，可以证明，与 t/R 同一数量级，因而可以忽略不计。如在薄壳分析中，不计内力矩的影响(此时横向剪力自然为 0)，只考虑薄膜力引起的变形和应力，这种理论称为无力矩理论。由于在这种情况下壳体中的应力状态与承受内压的薄膜非常相似，故又称薄膜理论。

无力矩理论在工程中有着广泛的应用。按无力矩理论所得的解答称为薄膜解。薄膜解是薄壁容器强度设计的基础。将薄膜解和边缘弯曲解(亦即有力矩理论解，见 3.1.3 节)结合是全面分析薄壁容器中应力的简明方法。如图 3-5 所示的受压薄壁容器，由于各部分壳体在内压作用下的变形不同，致使连接边缘发生明显弯曲。因此，对于各部分壳体的膜应力区域(图中 1，2，3)，可用薄膜解，而对于有明显弯曲的连接边缘区域(图中 4，5)，则需将薄膜解与边缘弯曲解叠加。这样所得的结果在工程上具有足够的精度。

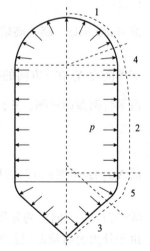

图 3-5 内压薄壁容器变形示例

1. 无力矩理论的基本方程

在内力矩为0的条件下，以中间面表示的微小单元体（以下简称"微元体"）的受力如图 3-6 所示。微元体的截取和坐标的建立与图 3-4 相同。由于轴对称，作用在微元体上的薄膜力都只是坐标 φ 的函数，所以作用于两旋转法截面上的经向力分别为 N_φ 和 $N_\varphi + \dfrac{\mathrm{d}N_\varphi}{\mathrm{d}\varphi}\mathrm{d}\varphi$，而作用于两经线截面上的周向力均为 N_θ。

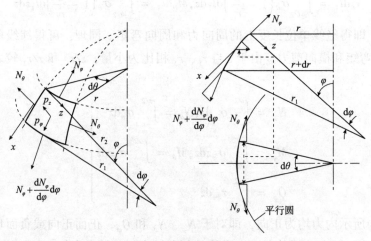

图 3-6 微元体的受力

根据微元体的受力情况，可沿 z 和 x 方向列出两个平衡方程。

（1）沿微元体 z 方向力的平衡

①经向力 N_φ 在 z 方向的投影。

由经线截面示图可见：

$$\left(N_\varphi + \frac{\mathrm{d}N_\varphi}{\mathrm{d}\varphi}\mathrm{d}\varphi\right)(r + \mathrm{d}r)\,\mathrm{d}\theta\sin\mathrm{d}\varphi$$

取 $\sin\mathrm{d}\varphi \approx \mathrm{d}\varphi$，略去高阶微量，得：

$$N_\varphi r\mathrm{d}\varphi\mathrm{d}\theta$$

②周向力 N_θ 在 z 方向的投影。

由平行圆截面示图，并注意到 $\sin\dfrac{\mathrm{d}\theta}{2} \approx \dfrac{\mathrm{d}\theta}{2}$，$N_\theta$ 的合力沿平行圆半径方向的投影为：

$$2N_\theta r_1\mathrm{d}\varphi\sin\frac{\mathrm{d}\theta}{2} \approx N_\theta r_1\mathrm{d}\varphi\mathrm{d}\theta$$

而 $N_\theta r_1\mathrm{d}\varphi\mathrm{d}\theta$ 在 z 方向的投影为：

$$N_\theta r_1\sin\varphi\mathrm{d}\varphi\mathrm{d}\theta$$

③外力在 z 方向上的分量。

由于外力为单位面积上的力，故其合力在 z 方向上的分量为：

$$-p_z r_1 r\mathrm{d}\varphi\mathrm{d}\theta$$

由此，取 $\sum F_z = 0$，得：

$$N_\varphi r\mathrm{d}\varphi\mathrm{d}\theta + N_\theta r_1\sin\varphi\mathrm{d}\varphi\mathrm{d}\theta - p_z r_1 r\mathrm{d}\varphi\mathrm{d}\theta = 0$$

$$N_\varphi r + N_\theta r_1 \sin\varphi - p_z r_1 r = 0 \tag{a}$$

（2）沿微元体 x 方向力的平衡

①经向力 N_φ 在 x 方向的投影。

由经线截面示图可得：

$$\left(N_\varphi + \frac{dN_\varphi}{d\varphi}d\varphi\right)\left(r + \frac{dr}{d\varphi}d\varphi\right)d\theta\cos d\varphi - N_\varphi r d\theta$$

取 $\cos d\varphi \approx 1$，略去高阶微量，上式成为：

$$\left(N_\varphi \frac{dr}{d\varphi} + r \frac{dN_\varphi}{d\varphi}\right)d\varphi d\theta = \frac{d}{d\varphi}(N_\varphi r)d\varphi d\theta$$

②周向力 N_θ 在 x 方向的投影。

根据它在平行圆半径方向的投影 $N_\theta r_1 d\varphi d\theta$，由经线截面示图即得在 x 方向的投影为：

$$-N_\theta r_1 \cos\varphi d\varphi d\theta$$

③外力在 x 方向上的分量：

$$p_\varphi r_1 r d\varphi d\theta$$

故由 $\sum F_x = 0$，可得：

$$\frac{d}{d\varphi}(N_\varphi r)d\varphi d\theta - N_\theta r_1 \cos\varphi d\varphi d\theta + p_\varphi r_1 r d\varphi d\theta = 0$$

$$\frac{d}{d\varphi}(N_\varphi r) - N_\theta r_1 \cos\varphi + p_\varphi r_1 r = 0 \tag{b}$$

可见，在平衡方程（a）和（b）中恰好含有两个未知量 N_φ 和 N_θ，故为静定问题。

为方便计算，将式（a）除以 $r_1 r$，并注意到 $r = r_2 \sin\varphi$［式（3－1）］，得：

$$\frac{N_\varphi}{r_1} + \frac{N_\theta}{r_2} = p_z \tag{3-5}$$

式（3－5）称为微体平衡方程，它表示旋转薄壳中任一点两向薄膜力与外力 p_z 之间的关系。

将式（a）乘以 $\cos\varphi$，式（b）乘以 $\sin\varphi$，相加并经整理得：

$$\frac{d}{d\varphi}(N_\varphi r \sin\varphi) = r_1 r(p_z \cos\varphi - p_\varphi \sin\varphi)$$

两边同乘以 2π，并从 0 至 φ 积分可得：

$$2\pi N_\varphi r \sin\varphi = 2\pi \int_0^\varphi r_1 r(p_z \cos\varphi - p_\varphi \sin\varphi)d\varphi \tag{c}$$

由图 3－7 不难看出，式（c）左侧为作用在由 φ 确定的旋转法截面上所有经向薄膜力 N_φ 在轴线方向的合力；右侧为作用在 $0 \sim \varphi$ 壳体上所有外力在轴线方向的合力，即轴向总载荷。设

$$F(\varphi) = 2\pi \int_0^\varphi r_1 r(p_z \cos\varphi - p_\varphi \sin\varphi)d\varphi$$

$$\tag{3-6}$$

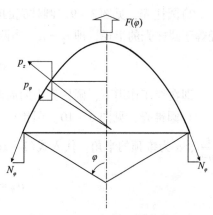

图 3－7　旋转薄壳的区域平衡

则式(c)可改写为:

$$N_\varphi = \frac{F(\varphi)}{2\pi r\sin\varphi} \qquad (3-7)$$

式(3-7)表达了以 φ 确定的旋转法截面所截取的壳体沿轴线方向力的平衡关系,故称为区域平衡方程。由此求出 N_φ 后,代入式(3-5)即可求得 N_θ。

除外力为非均布面力外,轴向总载荷 $F(\varphi)$ 一般可通过对所截取壳体的受力分析直接求得,无须按式(3-6)进行计算。但应注意的是,其方向应以背向所截取壳体的旋转法截面为正。

薄膜力引起的应力称为薄膜应力。薄膜应力沿壳体厚度的分布是均匀的,故有:

$$\sigma_\varphi = \frac{N_\varphi}{t}, \quad \sigma_\theta = \frac{N_\theta}{t} \qquad (3-8)$$

于是平衡方程(3-7)和式(3-5)又可表示为:

$$\sigma_\varphi = \frac{F(\varphi)}{2\pi rt\sin\varphi}, \quad \frac{\sigma_\varphi}{r_1} + \frac{\sigma_\theta}{r_2} = \frac{p_z}{t} \qquad (3-9)$$

2. 典型壳体的薄膜应力

(1)受气体压力作用的壳体

由于气体压力 p 垂直于壳体表面,且处处相等,因此, $p_z = p$, $p_\varphi = 0$。故对任何形状的回转壳体,轴向总载荷都等于由 φ 确定的平行圆面积与压力 p 的乘积,即 $F(\varphi) = \pi r^2 p$。则由式(3-9)可得:

$$\left. \begin{array}{l} \sigma_\varphi = \dfrac{pr}{2t\sin\varphi} = \dfrac{pr_2}{2t} \\[3mm] \sigma_\theta = \dfrac{pr_2}{2t}\left(2 - \dfrac{r_2}{r_1}\right) = \sigma_\varphi\left(2 - \dfrac{r_2}{r_1}\right) \end{array} \right\} \qquad (3-10)$$

1)球壳及球面壳,见图3-8。由于球面是几何极对称的,所以 $r_1 = r_2 = R$。代入式(3-10),得:

$$\sigma_\theta = \sigma_\varphi = \frac{pR}{2t} \qquad (3-11)$$

即在气压作用下,球壳中的薄膜应力是均匀分布的。

2)圆柱壳,见图3-9。圆柱壳的经线是直线,所以第一曲率半径 $r_1 = \infty$;第二曲率半径等于圆柱壳的半径,即 $r_2 = R$。当两端封闭时,将两曲率半径代入式(3-10),得:

$$\sigma_x = \frac{pR}{2t}, \quad \sigma_\theta = \frac{pR}{t} \qquad (3-12)$$

即在气压作用下,圆柱壳中的周向薄膜应力是轴向(经向)的2倍。

3)圆锥壳,见图3-10。圆锥壳的第一曲率半径 $r_1 = \infty$;第二曲率半径 $r_2 = x\mathrm{tg}\alpha = \dfrac{r}{\cos\alpha}$, α 为锥顶的半角。代入式(3-10),得:

$$\sigma_\theta = 2\sigma_\varphi = \frac{p\mathrm{tg}\alpha}{t}x = \frac{pr}{t\cos\alpha} \qquad (3-13)$$

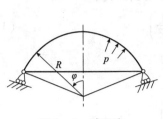

图 3-8　球面壳

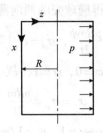

图 3-9　圆柱壳

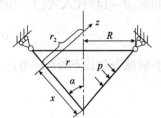

图 3-10　圆锥壳

可见，圆锥壳的周向薄膜应力亦是经向的 2 倍，但应力值是平行圆半径 $r($ 或 $x)$ 的线性函数。在锥顶 $r=0$ 处，两向应力值为 0；在端部 $r=R$ 处，$\sigma_\theta = 2\sigma_\varphi = \dfrac{pR}{t\cos\alpha}$。

4) 椭球壳，见图 3-11。椭球壳的经线为半个椭圆，其经线方程为：

$$\frac{x^2}{R^2} + \frac{y^2}{h^2} = 1$$

式中　R、h——椭圆的长、短半轴。根据弧微分的曲率公式 $k = \left| \dfrac{y''}{(1+y'^2)^{3/2}} \right|$，可推得第一曲率半径为：

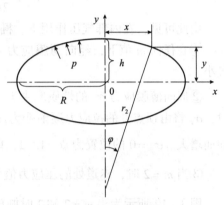

图 3-11　椭球壳

$$r_1 = \left| \frac{(1+y'^2)^{3/2}}{y''} \right|$$

由图 3-11，第二曲率半径为：

$$r_2 = \frac{x}{\sin\varphi} = \frac{x(1+\text{tg}^2\varphi)^{1/2}}{\text{tg}\varphi} = \left| \frac{x(1+y'^2)^{1/2}}{y'} \right|$$

求椭圆方程 y 对 x 的导数，将求得的 y' 和 y'' 代入以上两式，得：

$$r_1 = \frac{[R^4 - x^2(R^2 - h^2)]^{3/2}}{R^4 h} \qquad\qquad (a)$$

$$r_2 = \frac{[R^4 - x^2(R^2 - h^2)]^{1/2}}{h} \qquad\qquad (b)$$

为便于分析，改用坐标 φ 来表示。为此，先将 $x = r_2\sin\varphi$ 代入式 (b) 解出 r_2，然后再将 $x = r_2\sin\varphi$ 及 r_2 代入式 (a)，则得：

$$\left.\begin{array}{l} r_1 = \dfrac{R^2 h^2}{[(R^2 - h^2)\sin^2\varphi + h^2]^{3/2}} = Rm\psi^3 \\[3mm] r_2 = \dfrac{R^2}{[(R^2 - h^2)\sin^2\varphi + h^2]^{1/2}} = Rm\psi \end{array}\right\} \qquad (3-14)$$

式中

$$m = \frac{R}{h} \geqslant 1, \quad \psi = \frac{1}{[(m^2 - 1)\sin^2\varphi + 1]^{1/2}}$$

将式(3-14)代入式(3-10)，得椭球壳的两向薄膜应力公式为：

$$\sigma_\varphi = \frac{pRm\psi}{2t}, \quad \sigma_\theta = \sigma_\varphi\left(2 - \frac{1}{\psi^2}\right) \tag{3-15}$$

在椭球壳的顶点处($\varphi = 0$)，$\sin\varphi = 0$，$\psi = 1$，故

$$\sigma_\theta = \sigma_\varphi = \frac{pRm}{2t}$$

在椭球壳的赤道上($\varphi = \pi/2$)，$\sin\varphi = 1$，$\psi = 1/m$，则

$$\sigma_\varphi = \frac{pR}{2t}, \quad \sigma_\theta = \sigma_\varphi(2 - m^2)$$

由此可见，在内部气压作用下，椭球壳中的薄膜应力分布具有以下特点：

①在任何 m 值下，经向薄膜应力 σ_φ 总是拉应力，且由顶点处最大逐渐降至赤道处最小。

②周向薄膜应力 σ_θ 的性质取决于 m 值的大小。当 $m \leqslant \sqrt{2}$ 时，σ_θ 为拉应力；当 $m > \sqrt{2}$ 时，σ_θ 将由顶点处的拉应力逐渐变为压应力，在赤道处压应力值最大，且随着 m 值的增加而增大。$\sigma_\theta = 0$ 的位置为 $\psi = 1/\sqrt{2}$，即 $\sin\varphi = 1/\sqrt{m^2 - 1}$。

③当 $m = 2$ 时，赤道处的压应力值与顶点处的拉应力值相等，其值为 $\frac{pR}{t}$。

图3-12所示为当 $m = 2$ 和 3 时椭球壳中的薄膜应力分布情况。可见，当 $m > 2$ 时，赤道处的最大压应力迅速扩大，这是不利的情况。设计时应加以注意。

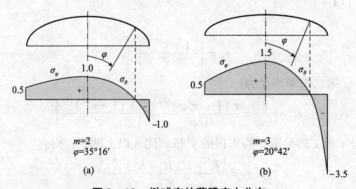

图3-12 椭球壳的薄膜应力分布

5) 碟形壳见图3-13。碟形壳由球面部分和折边部分组成。图中 AB 为球面部分，其半径为 R_0；BC 为折边部分，其半径为 r_0。B 点为公切点，φ_0 为球面角，R 为赤道半径(碟形壳半径)，h 为碟形壳高度。

根据图3-13中几何关系，不难看出以上几何参数之间有如下关系：

$$(R_0 - r_0)^2 = (R_0 - h)^2 + (R - r_0)^2, \quad \sin\varphi_0 = \frac{R - r_0}{R_0 - r_0}$$

亦即：

$$r_0 = \frac{h(2R_0 - h) - R^2}{2(R_0 - R)}, \quad \varphi_0 = \arcsin\frac{R - r_0}{R_0 - r_0} \tag{3-16}$$

当 R、R_0 及 h 取定后，r_0 和 φ_0 即可由式(3-16)算出。

球面部分的薄膜应力与球壳完全相同，亦即 $\sigma_\theta = \sigma_\varphi = \dfrac{pR}{2t}$。

折边部分的第一曲率半径和第二曲率半径分别为：

$$r_1 = r_0, \quad r_2 = r_0 + \frac{R - r_0}{\sin\varphi}$$

代入式（3－10），折边部分的薄膜应力为：

$$\left.\begin{aligned}\sigma_\varphi &= \frac{pr_0}{2t}\left(1 + \frac{R - r_0}{r_0\sin\varphi}\right) \\ \sigma_\theta &= \sigma_\varphi\left(1 - \frac{R - r_0}{r_0\sin\varphi}\right)\end{aligned}\right\} \tag{3－17}$$

若取 $R_0 = 2R$，$h = R/2$，由式（3－16）可计算得：

$$r_0 = \frac{3}{8}R, \quad \sin\varphi_0 = \frac{5}{13}$$

代入式（3－17），得：

$$\sigma_\varphi = \frac{3pR}{16t}\left(1 + \frac{5}{3\sin\varphi}\right), \quad \sigma_\theta = \sigma_\varphi\left(1 - \frac{5}{3\sin\varphi}\right)$$

在点 B 处（$\varphi = \varphi_0$）：

$$\sigma_\varphi = \frac{pR}{t}, \quad \sigma_\theta = -\frac{10}{3}\sigma_\varphi$$

在点 C 处（$\varphi = \pi/2$）：

$$\sigma_\varphi = \frac{pR}{2t}, \quad \sigma_\theta = -\frac{2}{3}\sigma_\varphi$$

应力分布情况如图3－14所示。由图可见，$h = R/2$ 碟形壳与 $m = R/h = 2$ 的椭球壳几何形状相似，但二者的薄膜应力却截然不同。碟形壳在公切点 B 处周向薄膜应力不连续，显然这是不可能的。实际上，公切点处是两种壳体的连接边缘，变形是相互约束的。为协调两种连接壳体的变形，势必在边缘附近引起附加的弯曲变形，从而破坏了无力矩理论的应力状态。由此可知，忽略内力矩的无力矩理论不足以用来分析这类壳体中的应力。

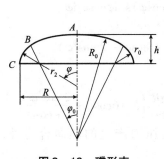

图3－13 碟形壳

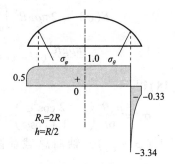

图3－14 碟形壳的薄膜应力分布

（2）受液柱压力作用的壳体

液柱压力为静压力，也垂直作用于壳体表面，即 $p_\varphi = 0$。但是与气体压力不同，各点的压力将随着液面深度而改变。在离液面深度为 h 处，液柱压力为 ρgh，即 $p_z = \rho gh$。ρ 为液体密度，g 为重力加速度。当壳体的轴线垂直于地面时，液柱压力是轴对称载荷。在轴对称液柱压力条件下，式(3-9)可以化为以下形式：

$$\sigma_\varphi = \frac{F(\varphi)}{2\pi rt\sin\varphi}, \quad \sigma_\theta = r_2\left(\frac{\rho gh}{t} - \frac{\sigma_\varphi}{r_1}\right) \tag{3-18}$$

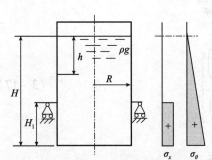

图3-15　立式筒形储液罐

①立式圆柱壳见图3-15，底端封闭，内部盛有密度为 ρ 的液体，液柱高度为 H，距底面 H_1 处设有支承。

已知 $r_1 = \infty$，$r_2 = r = R$，$\varphi = \pi/2$。

在支承以上($h \leqslant H - H_1$)，由于无轴向载荷作用，$F(\varphi) = 0$。故由式(3-18)可得：

$$\sigma_x = 0, \quad \sigma_\theta = \frac{R\rho g}{t}h \tag{3-19a}$$

在支承以下($h > H - H_1$)，轴向总载荷等于液体总重力(不计壳体自重)，即 $F(\varphi) = \pi R^2 H\rho g$。注意到 $\sin\varphi = 1$，故得：

$$\sigma_x = \frac{R\rho gH}{2t}, \quad \sigma_\theta = \frac{R\rho g}{t}h \tag{3-19b}$$

可见，轴向(经向)薄膜应力在支承以上为0，在支承以下为常量；周向薄膜应力随着液面深度的增加而增大。

②沿平行圆支承的球壳如图3-16(a)所示。球壳沿 $\varphi = \varphi_0$ 的平行圆支承，壳内充满密度为 ρ 的液体。已知 $r_1 = r_2 = R$，则在壳体上坐标为 φ 任一点处的液面深度为：

$$h = R(1 - \cos\varphi)$$

因此

$$p_z = \rho gR(1 - \cos\varphi)$$

在支承以上($\varphi \leqslant \varphi_0$)，轴向总载荷为：

$$F(\varphi) = 2\pi\int_0^\varphi Rrp_z\cos\varphi\mathrm{d}\varphi$$

将 $r = R\sin\varphi$ 及 p_z 的表达式代入并积分得：

$$F(\varphi) = 2\pi\rho gR^3\int_0^\varphi(1 - \cos\varphi)\sin\varphi\cos\varphi\mathrm{d}\varphi$$

$$= \frac{\pi\rho gR^3}{3}(1 - \cos\varphi)(1 + \cos\varphi - 2\cos^2\varphi)$$

由式(3-18)得：

$$\sigma_\varphi = \frac{\rho gR^2}{6t}\left(1 - \frac{2\cos^2\varphi}{1 + \cos\varphi}\right), \quad \sigma_\theta = \frac{\rho gR^2}{6t}\left(5 - 6\cos\varphi + \frac{2\cos^2\varphi}{1 + \cos\varphi}\right) \tag{3-20a}$$

在支承以下($\varphi > \varphi_0$)，轴向总载荷除液柱压力产生的轴向合力外，还有支承反力 $\frac{4}{3}\pi R^3\rho g$，所以

$$F(\varphi) = \frac{\pi\rho gR^3}{3}(1 - \cos\varphi)(1 + \cos\varphi - 2\cos^2\varphi) + \frac{4}{3}\pi R^3\rho g$$

$$= \frac{\pi\rho gR^3}{3}(1 + \cos\varphi)(5 - 5\cos\varphi + 2\cos^2\varphi)$$

由此可得：

$$\sigma_\varphi = \frac{\rho g R^2}{6t}\left(5 + \frac{2\cos^2\varphi}{1 - \cos\varphi}\right), \quad \sigma_\theta = \frac{\rho g R^2}{6t}\left(1 - 6\cos\varphi - \frac{2\cos^2\varphi}{1 - \cos\varphi}\right) \quad (3-20\text{b})$$

薄膜应力沿球壳高度的变化如图 3-16(b) 所示。可见，由于支承反力的存在，经向薄膜应力和周向薄膜应力在支承处均不连续，其差值分别为 $\pm\dfrac{2\rho g R^2}{3t\sin^2\varphi_0}$。周向薄膜应力发生突变，变形也必然突变，但实际上变形总是连续而互相协调的，因此在支承附近仅采用忽略内力矩的无力矩理论分析计算是不适宜的。

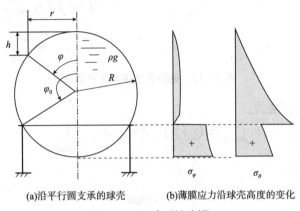

(a)沿平行圆支承的球壳   (b)薄膜应力沿球壳高度的变化

图 3-16 球形储液罐

3. 旋转薄壳的薄膜变形分析

以上分析了旋转薄壳在不计内力矩条件下的薄膜应力，这里将讨论旋转薄壳在无矩应力状态下的薄膜变形，亦即中间面的变形，并导出相应的位移及转角计算公式。

(1)中间面的变形与位移

旋转薄壳在轴对称约束和分布面力作用下，将产生对称于轴线的变形，周向位移 $v = 0$。因此，壳体中面上任意一点的位移可分解为经向位移 u 和法向位移 w 两个分量，且它们都只是坐标 φ 的函数。由于 $v = 0$，故只需考察中间面上任一经线单元的位移所引起的变形。

如图 3-17(a) 所示，AB 为变形前中间面上的一经线单元，$A'B'$ 是其变形后的位置。图 3-17(b) 所示为位移 u 和 w 分别引起的变形。设点 A 的位移为 u 和 w，根据微分关系，则 B 点的位移为 $u + \dfrac{du}{d\varphi}d\varphi$ 和 $w + \dfrac{dw}{d\varphi}d\varphi$。图中所示法向位移，由于与 z 向相反，所以均为负值。

根据图 3-17(b)，由 u 引起 AB 长度的改变为 $\left(u + \dfrac{du}{d\varphi}d\varphi\right) - u = \dfrac{du}{d\varphi}d\varphi$；由 w 引起的改变为 $(r_1 - w)d\varphi - r_1 d\varphi = -w d\varphi$。由此可得中间面的经向应变为：

$$\bar{\varepsilon}_\varphi = \frac{1}{r_1 d\varphi}\left(\frac{du}{d\varphi}d\varphi - w d\varphi\right) = \frac{1}{r_1}\left(\frac{du}{d\varphi} - w\right) \quad (3-21\text{a})$$

又由图 3-17(a) 可知，A 点处平行圆半径的增量为：

$$\Delta = u\cos\varphi - w\sin\varphi \quad (\text{a})$$

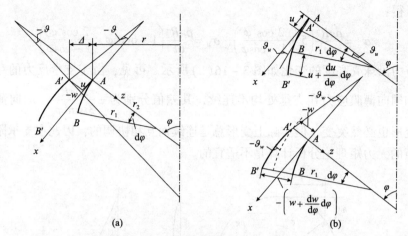

(a)   (b)

图 3 – 17   回转壳体中间面的变形

故中间面的周向应变为：

$$\bar{\varepsilon}_\theta = \frac{2\pi(r+\Delta) - 2\pi r}{2\pi r} = \frac{\Delta}{r} = \frac{\Delta}{r_2\sin\varphi} \tag{b}$$

将式(a)代入，得：

$$\bar{\varepsilon}_\theta = \frac{1}{r_2}(u\,\mathrm{ctg}\varphi - w) \tag{3-21b}$$

式(3-21)即为旋转薄壳的中间面变形公式，它表达了中间面的应变与位移之间的关系，由此可解得 u 和 w 的表达式。为此将式(3-21)改写为：

$$\frac{\mathrm{d}u}{\mathrm{d}\varphi} - w = r_1\bar{\varepsilon}_\varphi, \quad u\,\mathrm{ctg}\varphi - w = r_2\bar{\varepsilon}_\theta$$

两式相减消去 w，然后两边除以 $\sin\varphi$，得：

$$\frac{\mathrm{d}u}{\sin\varphi\,\mathrm{d}\varphi} - \frac{u\cos\varphi}{\sin^2\varphi} = \frac{r_1\bar{\varepsilon}_\varphi - r_2\bar{\varepsilon}_\theta}{\sin\varphi}$$

$$\frac{\mathrm{d}}{\mathrm{d}\varphi}\left(\frac{u}{\sin\varphi}\right) = \frac{r_1\bar{\varepsilon}_\varphi - r_2\bar{\varepsilon}_\theta}{\sin\varphi}$$

积分得：

$$u = \sin\varphi\int\frac{r_1\bar{\varepsilon}_\varphi - r_2\bar{\varepsilon}_\theta}{\sin\varphi}\mathrm{d}\varphi + C\sin\varphi$$

再将上式代回第二式，得：

$$w = \cos\varphi\int\frac{r_1\bar{\varepsilon}_\varphi - r_2\bar{\varepsilon}_\theta}{\sin\varphi}\mathrm{d}\varphi - r_2\bar{\varepsilon}_\theta + C\cos\varphi$$

式中，C 为积分常数。由几何关系不难看出，它表示壳体上各点沿对称轴的刚性位移。当讨论弹性变形时，可取 $C=0$。故得：

$$\left.\begin{aligned} u &= \sin\varphi\int\frac{r_1\bar{\varepsilon}_\varphi - r_2\bar{\varepsilon}_\theta}{\sin\varphi}\mathrm{d}\varphi \\ w &= \cos\varphi\int\frac{r_1\bar{\varepsilon}_\varphi - r_2\bar{\varepsilon}_\theta}{\sin\varphi}\mathrm{d}\varphi - r_2\bar{\varepsilon}_\theta \end{aligned}\right\} \tag{3-22}$$

（2）平行圆半径增量与中间面转角

在旋转薄壳的变形分析中，中间面的变形常以平行圆半径增量 Δ 和中间面转角 ϑ 来表示。

由式（a）和式（b）可知，平行圆半径增量 Δ 为：

$$\Delta = u\cos\varphi - w\sin\varphi = r_2 \bar{\varepsilon}_\theta \sin\varphi \tag{3-23}$$

转角 ϑ 的正负号以旋转轴左侧的经线为准，逆时针转动为正，反之为负。如图 3-17（b）所示，由经向位移 u 引起经线单元的转角为：

$$\vartheta_u = \frac{u}{r_1}$$

由法向位移 w 引起经线单元的转角（注意到 $w \ll r_1$）为：

$$\vartheta_w = \frac{1}{(r_1 - w)\mathrm{d}\varphi}\left[\left(w + \frac{\mathrm{d}w}{\mathrm{d}\varphi}\mathrm{d}\varphi\right) - w\right] \approx \frac{\mathrm{d}w}{r_1 \mathrm{d}\varphi}$$

故中间面上经线单元的转角为：

$$\vartheta = \vartheta_u + \vartheta_w = \frac{1}{r_1}\left(u + \frac{\mathrm{d}w}{\mathrm{d}\varphi}\right) \tag{3-24}$$

将式（3-22）代入，即得中间面的转角与应变的关系式为：

$$\vartheta = \left(\bar{\varepsilon}_\varphi - \frac{r_2}{r_1}\bar{\varepsilon}_\theta\right)\mathrm{ctg}\varphi - \frac{1}{r_1}\frac{d}{\mathrm{d}\varphi}(r_2\bar{\varepsilon}_\theta) \tag{3-25}$$

在旋转薄壳的薄膜变形分析中，如已由薄膜理论求得薄膜应力 σ_φ 和 σ_θ，可根据以下两向应力状态（根据互不挤压假设 $\sigma_z = 0$）下的虎克定律：

$$\bar{\varepsilon}_\varphi = \frac{1}{E}(\sigma_\varphi - \mu\sigma_\theta), \quad \bar{\varepsilon}_\theta = \frac{1}{E}(\sigma_\theta - \mu\sigma_\varphi) \tag{3-26}$$

算出 $\bar{\varepsilon}_\varphi$ 和 $\bar{\varepsilon}_\theta$，然后再由式（3-23）和式（3-25）即可得到平行圆半径增量 Δ 和经线转角 ϑ。

在均匀内压 p 作用下，常用旋转薄壳的薄膜应力和薄膜变形计算公式见表 3-1。

表 3-1 常用旋转薄壳的薄膜应力与变形

壳体类型		圆柱壳	球面壳	半椭球壳（$m=2$）	圆锥壳
图例					
应力	σ_φ	$\dfrac{pR}{2t}$	$\dfrac{pR}{2t}$	$\dfrac{pR}{t(3\sin^2\varphi + 1)^{1/2}}$	$\dfrac{pr}{2t\cos\alpha}$
	σ_θ	$2\sigma_\varphi$	σ_φ	$(1 - 3\sin^2\varphi)\sigma_\varphi$	$2\sigma_\varphi$
边缘变形	位置	任意	$\varphi = \varphi_0$ 处	$\varphi = \pi/2$ 处	$r = R$ 处
	Δ_0	$(2-\mu)\dfrac{pR^2}{2Et}$	$(1-\mu)\dfrac{pR^2}{2Et}\sin\varphi_0$	$-(2+\mu)\dfrac{pR^2}{2Et}$	$(2-\mu)\dfrac{pR^2}{2Et\cos\alpha}$
	ϑ_0	0	0	0	$-\dfrac{3pR\tan\alpha}{2Et\cos\alpha}$

注：各类壳体的图例及符号意义同前。

4. 无力矩理论的应用条件

忽略内力矩的无力矩理论，在轴对称条件下壳体中只存在两向薄膜内力，计算简单，在工程上得到了广泛应用。实际上，壳体在轴对称外力作用下即使是伸缩变形也必定会引起曲率的变化。因此，无力矩应力状态仅仅是在特定情况下壳体弯曲变形不大时的一种近似应力状态。为实现这种近似的无力矩应力状态，除必须是薄壳和对材料的连续性要求之外，还要满足下列不致使壳体产生明显弯曲变形的条件：

(1)壳体的几何曲面光滑连续，不存在曲率和厚度的突变或急剧变化。

(2)不存在任何法向突变载荷或显著的温度变化，且无任何法向约束和转动约束。

(3)壳体材料的物理性能(E、μ 和 α)连续，不存在突变或急剧变化。

显然，在实际中能完全满足上述条件的壳体结构很少。例如，任何化工容器都需有开孔接管和支承，在开孔接管处必然存在曲率或厚度的突变，而在支承附近必然存在载荷的突变。因此，在不满足上述条件的局部区域，还需进一步考虑有力矩理论，但在远离这些局部区域的地方，无力矩理论仍然适用。

无力矩理论在壳体理论中占有很重要的地位，这是因为平板在横向载荷作用下，须依靠截面上的弯矩和剪力来平衡外部载荷；而薄壳在满足上述条件的情况下，可以仅仅依靠截面上的薄膜力来平衡外部载荷，而不产生明显的弯曲，这就大大改善了受力状况。因此在设计薄壳结构时，应尽量使其满足无力矩状态，以无力矩理论作为设计计算的依据。只有在弯矩较为集中的局部区域才需按有力矩理论计算。

3.1.3 旋转薄壳的边缘问题——有力矩理论

旋转薄壳的边缘问题通常是指不满足无力矩理论应用条件的连接边缘区域。例如，圆柱壳与球壳、椭球壳和圆锥壳的连接处，不同厚度或不同材料的壳体连接处，以及存在法向载荷突变的平行圆支承处等。

一般在连接边缘按无力矩理论计算的薄膜变形是不连续的。例如，由圆柱壳与半球壳组焊而成的容器，如图 3 - 18(a)所示，即使材料、壁厚完全相同，在内压 p 作用下，其薄膜变形也是不同的。由表 3 - 1 可知，按圆柱壳计算，连接边缘处的平行圆半径增量为：

$$\Delta = (2 - \mu)pR^2/2Et$$

按半球壳计算，平行圆半径增量为：

$$\Delta = (1 - \mu)pR^2/2Et$$

如果让其自由变形，则出现如图 3 - 18(a)左侧虚线所示的连接边缘分离现象，这是不可能的。实际上连接边缘处壳体的各部分之间是相互连接、相互约束的，故必然会出现图 3 - 18(a)右侧虚线所示的边缘弯曲现象。也就是说，为约束上述自由变形，以保持连接边缘变形的连续性，因而在连接边缘处产生了如图 3 - 18(b)所示的相互作用的附加内力系——边缘力系。边缘力 P_0 为作用在边缘单位长度上的力，以使连接处不分离；边缘弯矩

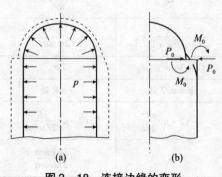

图 3 - 18 连接边缘的变形

M_0 为作用于边缘单位长度上的弯矩，以使连接处光滑不产生折点。它们都作用在连接边缘的平行圆内，故为轴对称的自平衡力系。

可见，确定壳体在这种情况下的全应力状态可以简单地将薄膜解与边缘弯曲解叠加。

边缘弯曲产生的应力有时要比由于内压产生的薄膜应力大得多。由于这种现象只发生在连接边缘处的边界区，故又称为边界效应或边缘效应。

本节将重点讨论圆柱壳在边缘力系作用下的弯曲解答，亦即有力矩解，并给出一般旋转薄壳在边缘力系作用下的内力和变形计算公式。

1. 圆柱壳边缘弯曲基本方程

(1)平衡方程

一圆柱壳如图 3-19 所示，在边缘上作用有边缘力 P_0 和边缘弯矩 M_0。将坐标原点建立在连接边缘上，x 坐标沿经线方向，z 坐标沿柱面的法线方向，并以指向对称轴为正。用夹角为 $\mathrm{d}\theta$ 的两个纵向截面和相距为 $\mathrm{d}x$ 的两个横向截面在边缘区域截取以中间面为代表的微元体，其受力情况如图 3-20 所示。由此可列出以下三个平衡方程。

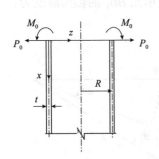

图 3-19 圆柱壳的边缘弯曲

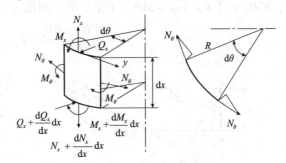

图 3-20 边缘区微体受力

沿 x 方向(轴向)力的平衡 $\sum F_x = 0$

$$\left(N_x + \frac{\mathrm{d}N_x}{\mathrm{d}x}\mathrm{d}x\right)R\mathrm{d}\theta - N_x R\mathrm{d}\theta = 0$$

沿 z 方向(径向)力的平衡 $\sum F_z = 0$

$$\left(Q_x + \frac{\mathrm{d}Q_x}{\mathrm{d}x}\mathrm{d}x\right)R\mathrm{d}\theta - Q_x R\mathrm{d}\theta + 2N_\theta \mathrm{d}x\sin\frac{\mathrm{d}\theta}{2} = 0$$

对 y 轴(周向)力矩的平衡 $\sum M_y = 0$

$$M_x R\mathrm{d}\theta - \left(M_x + \frac{\mathrm{d}M_x}{\mathrm{d}x}\mathrm{d}x\right)R\mathrm{d}\theta + \left(Q_x + \frac{\mathrm{d}Q_x}{\mathrm{d}x}\mathrm{d}x\right)R\mathrm{d}\theta\mathrm{d}x + 2N_\theta \mathrm{d}x\sin\frac{\mathrm{d}\theta}{2}\frac{\mathrm{d}x}{2} = 0$$

注意到 $\sin\mathrm{d}\theta/2 \approx \mathrm{d}\theta/2$，展开以上各式，并略去高阶微量，得：

$$\frac{\mathrm{d}N_x}{\mathrm{d}x} = 0, \quad R\frac{\mathrm{d}Q_x}{\mathrm{d}x} + N_\theta = 0, \quad \frac{\mathrm{d}M_x}{\mathrm{d}x} - Q_x = 0 \tag{3-27}$$

式(3-27)即为圆柱壳受边缘力系作用时的平衡方程。式中三个方程式含有 N_x、N_θ、Q_x 和 M_x 四个未知内力，故为静不定问题，需联合几何方程和物理方程来求解。

（2）几何方程

1）圆柱壳的中间面变形

圆柱壳的中间面变形可由一般旋转薄壳的中间面变形公式得到。在式（3-21）、式（3-22）和式（3-23）中，以脚标 x 置换 φ，并代入 $r_1\mathrm{d}\varphi = \mathrm{d}x$、$r_1 = \infty$、$r_2 = R$ 和 $\varphi = \pi/2$，即得：

$$\left.\begin{array}{l} \bar{\varepsilon}_x = \dfrac{\mathrm{d}u}{\mathrm{d}x}, \quad \bar{\varepsilon}_\theta = -\dfrac{w}{R} \\[2mm] \Delta = -w, \quad \vartheta = \dfrac{\mathrm{d}w}{\mathrm{d}x} \end{array}\right\} \tag{3-28}$$

2）距中间面为 z 处的变形

对于轴向变形，如图 3-21（a）所示，沿中间面轴向截取长度为 $\mathrm{d}x$ 的线单元 AA_1，现考查距中间面为 z 处的线单元 BB_1。变形前长度为 $AA_1 = BB_1 = \mathrm{d}x$；变形后 AA_1 移至 $A'A_1'$，BB_1 移至 $B'B_1'$。根据厚度不变假设，$A'A_1'$ 与 $B'B_1'$ 的距离仍为 z。故长度变为 $A'A_1' = (1 + \bar{\varepsilon}_x)\mathrm{d}x$，$B'B_1' = (1 + \bar{\varepsilon}_x)\mathrm{d}x - z\mathrm{d}\vartheta$。于是，距中间面为 z 的线单元 BB_1 的轴向应变为：

$$\varepsilon_x = \frac{B'B_1' - BB_1}{BB_1} = \bar{\varepsilon}_x - z\frac{\mathrm{d}\vartheta}{\mathrm{d}x} \tag{a}$$

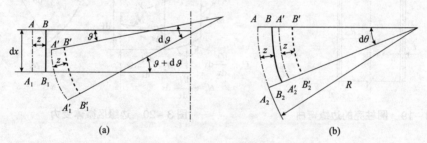

图 3-21　距中间面为 z 的线单元变形

对于周向变形，如图 3-21（b）所示，沿中间面周向截取夹角为 $\mathrm{d}\theta$ 的微小弧段 AA_2，现考查距中间面为 z 处的微小弧段 BB_2。变形前长度为 $AA_2 = R\mathrm{d}\theta$，$BB_2 = (R - z)\mathrm{d}\theta$；变形后 AA_2 移至 $A'A_2'$，BB_2 移至 $B'B_2'$，长度变为 $A'A_2' = (1 + \bar{\varepsilon}_\theta)R\mathrm{d}\theta$，$B'B_2' = (1 + \bar{\varepsilon}_\theta)R\mathrm{d}\theta - z\mathrm{d}\theta$。注意 $z \ll R$，于是距中间面为 z 的微小弧段 BB_2 的周向应变为：

$$\varepsilon_\theta = \frac{B'B_2' - BB_2}{BB_2} = \frac{\bar{\varepsilon}_\theta}{1 - z/R} \approx \bar{\varepsilon}_\theta \tag{b}$$

将式（3-28）代入式（a）和式（b），即得圆柱壳中任一点（距中间面为 z）处的几何方程为：

$$\left.\begin{array}{l} \varepsilon_x = \dfrac{\mathrm{d}u}{\mathrm{d}x} - z\dfrac{\mathrm{d}^2 w}{\mathrm{d}x^2} \\[2mm] \varepsilon_\theta = -\dfrac{w}{R} \end{array}\right\} \tag{3-29}$$

（3）物理方程

根据互不挤压假设，$\sigma_z = 0$。故由两向应力状态下的虎克定律可得应力-应变关系为：

$$\left.\begin{array}{l} \varepsilon_x = \dfrac{1}{E}(\sigma_x - \mu\sigma_\theta) \\[3mm] \varepsilon_\theta = \dfrac{1}{E}(\sigma_\theta - \mu\sigma_x) \end{array}\right\}$$

或

$$\left.\begin{array}{l} \sigma_x = \dfrac{E}{1-\mu^2}(\varepsilon_x + \mu\varepsilon_\theta) \\[3mm] \sigma_\theta = \dfrac{E}{1-\mu^2}(\varepsilon_\theta + \mu\varepsilon_x) \end{array}\right\} \qquad (3-30)$$

将式(3-29)代入式(3-30)，得：

$$\left.\begin{array}{l} \sigma_x = \dfrac{E}{1-\mu^2}\left(\dfrac{\mathrm{d}u}{\mathrm{d}x} - z\dfrac{\mathrm{d}^2w}{\mathrm{d}x^2} - \mu\dfrac{w}{R}\right) \\[4mm] \sigma_\theta = \dfrac{E}{1-\mu^2}\left(-\dfrac{w}{R} + \mu\dfrac{\mathrm{d}u}{\mathrm{d}x} - \mu z\dfrac{\mathrm{d}^2w}{\mathrm{d}x^2}\right) \end{array}\right\} \qquad (\mathrm{c})$$

再将式(c)代入式(3-4)，并注意位移 u、w 与坐标 z 无关，且 $\displaystyle\int_{-t/2}^{t/2}\mathrm{d}z = t$、$\displaystyle\int_{-t/2}^{t/2} z\mathrm{d}z = 0$、

$\displaystyle\int_{-t/2}^{t/2} z^2\mathrm{d}z = \dfrac{t^3}{12}$，则得内力与位移的关系为：

$$\left.\begin{array}{l} N_x = \dfrac{Et}{1-\mu^2}\left(\dfrac{\mathrm{d}u}{\mathrm{d}x} - \mu\dfrac{w}{R}\right) \\[4mm] N_\theta = \dfrac{Et}{1-\mu^2}\left(-\dfrac{w}{R} + \mu\dfrac{\mathrm{d}u}{\mathrm{d}x}\right) \\[4mm] M_x = -D\dfrac{\mathrm{d}^2w}{\mathrm{d}x^2} \\[4mm] M_\theta = -\mu D\dfrac{\mathrm{d}^2w}{\mathrm{d}x^2} = \mu M_x \end{array}\right\} \qquad (3-31)$$

式中，$D = \dfrac{Et^3}{12(1-\mu^2)}$，为壳体的抗弯刚度。式(3-31)又称为弹性方程。

再由式(c)和式(3-31)消去位移，可得以内力表示的应力计算公式，即：

$$\left.\begin{array}{l} \sigma_x = \dfrac{N_x}{t} + \dfrac{12M_x}{t^3}z \\[4mm] \sigma_\theta = \dfrac{N_\theta}{t} + \dfrac{12M_\theta}{t^3}z \end{array}\right\} \qquad (3-32)$$

综上可见，有 7 个关于内力和位移的方程式[3 个平衡方程(3-27)和 4 个弹性方程 (3-31)]，恰好含有 7 个未知量(5 个内力 N_x、N_θ、Q_x、M_x 和 M_θ，2 个中间面位移分量 u 和 w)，因而可以求解。当内力解出后，即可由式(3-32)求得相应的应力。

2. 圆柱壳的边缘弯曲解

这里采用位移法求解，即通过平衡方程建立以位移为未知量的微分方程式。

由式(3-27)第一式知，$N_x = $ 常数，由于边界上无轴向载荷，故

$$N_x = 0 \qquad (\mathrm{a})$$

于是，式(3-31)的前两式可写为：

$$\frac{\mathrm{d}u}{\mathrm{d}x} = \mu \frac{w}{R}, \quad N_\theta = -\frac{Et}{R}w \tag{b}$$

又由式(3-27)第三式和式(3-31)第三式，得：

$$Q_x = \frac{\mathrm{d}M_x}{\mathrm{d}x} = -D\frac{\mathrm{d}^3 w}{\mathrm{d}x^3} \tag{c}$$

再将式(b)和式(c)代入式(3-27)第二式，即得以 w 为未知量的微分方程式：

$$\frac{\mathrm{d}^4 w}{\mathrm{d}x^4} + 4\beta^4 w = 0 \tag{3-33}$$

式中，$4\beta^4 = \dfrac{Et}{DR^2}$，即 $\beta = \dfrac{\sqrt[4]{3(1-\mu^2)}}{\sqrt{Rt}}$。

式(3-33)是一个四阶常系数线性齐次微分方程，其通解为：

$$w = \mathrm{e}^{\beta x}(C_1\cos\beta x + C_2\sin\beta x) + \mathrm{e}^{-\beta x}(C_3\cos\beta x + C_4\sin\beta x) \tag{3-34}$$

式中，C_1、C_2、C_3、C_4 为积分常数，由圆柱壳的边界条件确定。

当圆柱壳有足够长度(长圆筒)时，随着 x 的增加，弯曲变形应不断衰减以至消失，这就要求式(3-34)中含有 $\mathrm{e}^{\beta x}$ 的项为 0，亦即要求 $C_1 = C_2 = 0$。于是式(3-34)写为：

$$w = \mathrm{e}^{-\beta x}(C_3\cos\beta x + C_4\sin\beta x) \tag{d}$$

根据图 3-18，在 $x=0$ 处的边界条件为：

$$\left.\begin{array}{l} (M_x)_{x=0} = -D\left(\dfrac{\mathrm{d}^2 w}{\mathrm{d}x^2}\right)_{x=0} = M_0 \\[3mm] (Q_x)_{x=0} = -D\left(\dfrac{\mathrm{d}^3 w}{\mathrm{d}x^3}\right)_{x=0} = P_0 \end{array}\right\}$$

将式(d)代入，可得：

$$C_3 = -\frac{1}{2\beta^3 D}(P_0 + \beta M_0), \quad C_4 = \frac{M_0}{2\beta^2 D}$$

故 w 的最后表达式为：

$$w = -\frac{1}{2\beta^3 D}\mathrm{e}^{-\beta x}\left[\beta M_0(\cos\beta x - \sin\beta x) + P_0\cos\beta x\right] \tag{3-35}$$

对式(3-35)求各阶导数，得：

$$\frac{\mathrm{d}w}{\mathrm{d}x} = \frac{1}{2\beta^2 D}\mathrm{e}^{-\beta x}\left[2\beta M_0\cos\beta x + P_0(\cos\beta x + \sin\beta x)\right]$$

$$\frac{\mathrm{d}^2 w}{\mathrm{d}x^2} = -\frac{1}{\beta D}\mathrm{e}^{-\beta x}\left[\beta M_0(\cos\beta x + \sin\beta x) + P_0\sin\beta x\right]$$

$$\frac{\mathrm{d}^3 w}{\mathrm{d}x^3} = \frac{1}{D}\mathrm{e}^{-\beta x}\left[2\beta M_0\sin\beta x - P_0(\cos\beta x - \sin\beta x)\right]$$

将式(3-35)及其各阶导数代入上述有关各式，即可求得圆柱壳在边缘力系作用下的内力为：

$$
\left.
\begin{aligned}
N_x &= 0 \\
N_\theta &= -\frac{Et}{R}w = 2\beta R e^{-\beta x}\left[\beta M_0(\cos\beta x - \sin\beta x) + P_0\cos\beta x\right] \\
M_x &= -D\frac{d^2 w}{dx^2} = \frac{1}{\beta}e^{-\beta x}\left[\beta M_0(\cos\beta x + \sin\beta x) + P_0\sin\beta x\right] \\
M_\theta &= \mu M_x \\
Q_x &= -D\frac{d^3 w}{dx^3} = -e^{-\beta x}\left[2\beta M_0\sin\beta x - P_0(\cos\beta x - \sin\beta x)\right]
\end{aligned}
\right\}
\tag{3-36}
$$

再由式(3-28)，可得平行圆半径增量和转角的计算公式为：

$$
\left.
\begin{aligned}
\Delta &= -w = \frac{2\beta R^2}{Et}e^{-\beta x}\left[\beta M_0(\cos\beta x - \sin\beta x) + P_0\cos\beta x\right] \\
\vartheta &= \frac{dw}{dx} = \frac{2\beta^2 R^2}{Et}e^{-\beta x}\left[2\beta M_0\cos\beta x + P_0(\cos\beta x + \sin\beta x)\right]
\end{aligned}
\right\}
\tag{3-37}
$$

在边缘 $x = 0$ 处

$$
\left.
\begin{aligned}
\Delta_0 &= \frac{2\beta R^2}{Et}(\beta M_0 + P_0) \\
\vartheta_0 &= \frac{2\beta^2 R^2}{Et}(2\beta M_0 + P_0)
\end{aligned}
\right\}
\tag{3-38}
$$

当圆柱壳不长时(短圆筒)，两端的边界效应将相互影响。这时应由通解式(3-34)和两端的边界条件求解位移 w，然后再由内力、变形与 w 的关系求出相应的计算公式。由于实际中需考虑两端边界效应相互影响的短圆筒较少，故这里不做分析。

边缘内力确定后，即可由式(3-32)求得相应的边缘正应力 σ_x 和 σ_θ。在内外表面上

$$
\left.
\begin{aligned}
(\sigma_x)_{z = \pm t/2} &= \pm\frac{6M_x}{t^2} \\
(\sigma_\theta)_{z = \pm t/2} &= \frac{N_\theta}{t} \pm \frac{6M_\theta}{t^2}
\end{aligned}
\right\}
\tag{3-39}
$$

剪应力 τ_{xz} 可按板中的剪应力公式计算。但由于其数值相对较小，故工程中一般不予考虑。

3. 一般旋转壳体的边缘弯曲解

一般旋转壳体如半球壳、球面壳、半椭球壳和圆锥壳等，当与圆柱壳连接时，在这些壳体的连接边缘也会出现局部弯曲，产生边缘力 P_0 和边缘力矩 M_0。一般旋转壳体在边缘力系作用下壳体中的内力和变形，其推导方法和过程与圆柱壳类似，只是由于一般旋转壳体的经线是曲线或曲率半径是非恒定的，微分方程的表达式更为复杂，一般难以得到精确的解析，只能得出近似解答。这里不做详细推导，仅给出最后结果。

如图3-22所示，在边缘力系作用下的一般旋转壳体中的内力与变形为：

$$N_\varphi = -\text{ctg}(\varphi_0 - \omega)\frac{r_{20}}{r_2}e^{-k\omega}[2\beta_0 M_0 \sin k\omega + P_0 \sin\varphi_0(\cos k\omega - \sin k\omega)]$$

$$N_\theta = 2\beta_0 r_{20}\sqrt{\frac{r_{20}}{r_2}}e^{-k\omega}[\beta_0 M_0(\cos k\omega - \sin k\omega) - P_0 \sin\varphi_0 \cos k\omega]$$

$$M_\varphi = \sqrt{\frac{r_{20}}{r_2}}e^{-k\omega}\left[M_0(\cos k\omega + \sin k\omega) - \frac{1}{\beta_0}P_0 \sin\varphi_0 \sin k\omega\right] \tag{3-40}$$

$$M_\theta = \mu M_\varphi$$

$$Q_\varphi = \frac{r_{20}}{r_2}e^{-k\omega}[2\beta_0 M_0 \sin k\omega + P_0 \sin\varphi_0(\cos k\omega - \sin k\omega)]$$

$$\Delta = \frac{2\beta_0 r_{20}^2}{Et}\sqrt{\frac{r_2}{r_{20}}}\sin(\varphi_0 - \omega)e^{-k\omega}[\beta_0 M_0(\cos k\omega - \sin k\omega) - P_0 \sin\varphi_0 \cos k\omega]$$

$$\vartheta = -\frac{2\beta_0^2 r_{20}^2}{Et}e^{-k\omega}[2\beta_0 M_0 \cos k\omega - P_0 \sin\varphi_0(\cos k\omega + \sin k\omega)] \tag{3-41}$$

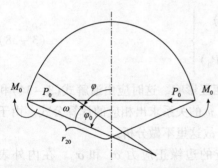

图 3 – 22 承受边缘力系的一般旋转壳体

式中：$\beta_0 = \dfrac{\sqrt[4]{3(1-\mu^2)}}{\sqrt{r_{20}t}}$, $k = \sqrt[4]{3(1-\mu^2)}\dfrac{r_1}{\sqrt{r_2 t}}$。

ω 与 r_{20} 的定义见图 3 – 22，其他符号意义同前。

在边缘（$\omega = 0$）处，$r_2 = r_{20}$，平行圆半径增量和转角为：

$$\Delta_0 = \frac{2\beta_0 r_{20}^2}{Et}\sin\varphi_0(\beta_0 M_0 - P_0 \sin\varphi_0)$$

$$\vartheta_0 = -\frac{2\beta_0^2 r_{20}^2}{Et}(2\beta_0 M_0 - P_0 \sin\varphi_0) \tag{3-42}$$

与边缘内力相应的边缘应力可参照式（3 – 32）求得。在内外表面上

$$(\sigma_\varphi)_{z=\pm t/2} = \frac{N_\varphi}{t} \pm \frac{6M_\varphi}{t^2}$$

$$(\sigma_\theta)_{z=\pm t/2} = \frac{N_\theta}{t} \pm \frac{6M_\theta}{t^2} \tag{3-43}$$

对于球面壳，由于 $r_1 = r_2 = r_{20} = R$，故在边缘力系作用下的内力与边缘变形由式（3 – 40）和式（3 – 42）可得：

$$N_\varphi = -\text{ctg}(\varphi_0 - \omega)e^{-k\omega}[2\beta_0 M_0 \sin k\omega + P_0 \sin\varphi_0(\cos k\omega - \sin k\omega)]$$

$$N_\theta = 2\beta_0 Re^{-k\omega}[\beta_0 M_0(\cos k\omega - \sin k\omega) - P_0 \sin\varphi_0 \cos k\omega]$$

$$M_\varphi = e^{-k\omega}\left[M_0(\cos k\omega + \sin k\omega) - \frac{1}{\beta_0}P_0 \sin\varphi_0 \sin k\omega\right] \tag{3-44}$$

$$M_\theta = \mu M_\kappa$$

$$Q_\varphi = e^{-k\omega}[2\beta_0 M_0 \sin k\omega + P_0 \sin\varphi_0(\cos k\omega - \sin k\omega)]$$

$$\left.\begin{array}{c} \Delta_0 = \dfrac{2\beta_0 R^2}{Et}\sin\varphi_0(\beta_0 M_0 - P_0\sin\varphi_0) \\[3mm] \vartheta_0 = -\dfrac{2\beta_0^2 R^2}{Et}(2\beta_0 M_0 - P_0\sin\varphi_0) \end{array}\right\} \tag{3-45}$$

式中，$\beta_0 = \dfrac{\sqrt[4]{3(1-\mu^2)}}{\sqrt{Rt}}$，$k = \sqrt[4]{3(1-\mu^2)}\sqrt{\dfrac{R}{t}} = \beta_0 R$。

4. 边缘力系求解与应力计算

（1）边缘连接处的连续性方程

前已导出在边缘力系作用下旋转壳体中的边缘
内力。为计算这些内力，首先应求出边缘力和边缘
弯矩。出于一般性考虑，现考查图3-23所示的连
接边缘无公切线的壳体。由于两连接壳体由内压 p
引起的经向薄膜力在轴线方向连续（$N^p_{\varphi1}\sin\varphi_{01} \equiv$
$N^p_{\varphi2}\sin\varphi_{02}$），而在平行圆半径方向不连续（$N^p_{\varphi1}\cos\varphi_{01} \neq$
$N^p_{\varphi2}\cos\varphi_{02}$），根据作用力与反作用力的关系，必有
边缘力不连续，亦即 $P_{01} \neq P_{02}$。然而，两连接壳体
在内压和各自的边缘力系作用下，在连接处不仅变
形应是协调的，而且相互作用的力也应符合作用与
反作用关系。因此，壳体（1）在边缘上的平行圆半
径总增量和总转角应分别等于壳体（2）在边缘上的
值，即：

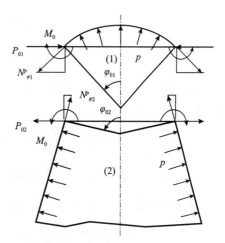

图3-23　连接边缘无公切线的壳体

$$\left.\begin{array}{c} \Delta^p_{01} + \Delta^e_{01} = \Delta^p_{02} + \Delta^e_{02} \\[2mm] \vartheta^p_{01} + \vartheta^e_{01} = \vartheta^p_{02} + \vartheta^e_{02} \end{array}\right\} \tag{3-46}$$

壳体（1）与壳体（2）间的相互作用力应等大小相等、方向相反，即：

$$P_{01} - N^p_{\varphi1}\cos\varphi_{01} = P_{02} - N^p_{\varphi2}\cos\varphi_{02}$$

或

$$P_{01} - P_{02} = N^p_{\varphi1}\cos\varphi_{01} - N^p_{\varphi2}\cos\varphi_{02} \tag{3-47}$$

式中　Δ^p_{01}、ϑ^p_{01}——由压力 p 引起的壳体（1）边缘上的平行圆半径增量和经线转角；

$\quad\quad\Delta^e_{01}$、ϑ^e_{01}——由边缘力 P_{01} 和边缘弯矩 M_0 引起的壳体（1）边缘上的平行圆半径增量
　　　　　　和经线转角；

$\quad\quad N^p_{\varphi1}$——由压力 p 引起的壳体（1）边缘上的经向薄膜力。

其余类推。

式（3-46）为保持中间面连续的条件，故称为变形协调方程。式（3-47）则为保持相
互作用力满足作用与反作用关系而附加的条件，常称 $|N^p_{\varphi1}\cos\varphi_{01} - N^p_{\varphi2}\cos\varphi_{02}|$ 为横推力。当
连接边缘具有公切线时，$N_{\varphi1} = N_{\varphi2}$，$\varphi_{01} = \varphi_{02}$，横推力为0，因而 $P_{01} = P_{02} = P_0$，此时边缘
力和边缘弯矩可仅由式（3-46）来求解。

在分析求解时，平行圆半径增量和转角的方向同前。关于边缘力和边缘弯矩的方向，

可根据情况先假设一方向，如果所得结果为正值，说明所设方向与实际方向相同；如果为负值，则说明与实际方向相反。

(2)典型连接边缘的计算实例

1)半球壳与圆柱壳的连接

如图3-24(a)所示，设半球壳和圆柱壳的厚度相等，材料相同，受内压 p 作用。

①边缘力系的确定。由于半球壳和圆柱壳的连接边缘具有公切线，故无横推力，且厚度相等，材料相同，$\beta_0 = \beta$，$\varphi_0 = \pi/2$。于是在内压 p 作用下，半球壳和圆柱壳连接边缘处的平行圆半径增量与转角(表3-1)分别为：

$$\Delta_{01}^p = (1-\mu)\frac{pR^2}{2Et}, \quad \vartheta_{01}^p = 0$$

$$\Delta_{02}^p = (2-\mu)\frac{pR^2}{2Et}, \quad \vartheta_{02}^p = 0$$

在边缘力系作用下，半球壳和圆柱壳连接边缘处的平行圆半径增量与转角由式(3-45)和式(3-38)可得：

$$\Delta_{01}^e = \frac{2\beta R^2}{Et}(\beta M_0 - P_0), \quad \vartheta_{01}^e = -\frac{2\beta^2 R^2}{Et}(2\beta M_0 - P_0)$$

$$\Delta_{02}^e = \frac{2\beta R^2}{Et}(\beta M_0 + P_0), \quad \vartheta_{02}^e = \frac{2\beta^2 R^2}{Et}(2\beta M_0 + P_0)$$

代入变形协调方程(3-46)，得：

$$(1-\mu)\frac{pR^2}{2Et} + \frac{2\beta R^2}{Et}(\beta M_0 - P_0) = (2-\mu)\frac{pR^2}{2Et} + \frac{2\beta R^2}{Et}(\beta M_0 + P_0)$$

$$-\frac{2\beta^2 R^2}{Et}(2\beta M_0 - P_0) = \frac{2\beta^2 R^2}{Et}(2\beta M_0 + P_0)$$

联解即得：

$$P_0 = -\frac{p}{8\beta}, \quad M_0 = 0 \tag{a}$$

P_0 为负值说明所设方向与实际方向相反。

②边缘区的应力计算。将式(a)代入式(3-36)，得圆柱壳的边缘内力为：

$$\left. \begin{array}{l} N_x = 0, \quad N_\theta = -\dfrac{pR}{4}e^{-\beta x}\cos\beta x \\[3mm] M_x = -\dfrac{p}{8\beta^2}e^{-\beta x}\sin\beta x, \quad M_\theta = \mu M_x \end{array} \right\}$$

代入式(3-39)，并计入由内压引起的薄膜应力，可得圆柱壳边缘区的总应力为：

$$\left. \begin{array}{l} \sum \sigma_x = \dfrac{pR}{2t} + (\sigma_x)_{z=\pm t/2} = \dfrac{pR}{2t} \pm \dfrac{3p}{4t^2\beta^2}e^{-\beta x}\sin\beta x \\[3mm] \sum \sigma_\theta = \dfrac{pR}{t} + (\sigma_\theta)_{z=\pm t/2} = \dfrac{pR}{t} - \dfrac{pR}{4t}e^{-\beta x}\cos\beta x \pm \dfrac{3\mu p}{4t^2\beta^2}e^{-\beta x}\sin\beta x \end{array} \right\} \tag{b}$$

对式(b)求极值，可得当 $\beta x = \pi/4$ 时，$\sum\sigma_x$ 有极大值；当 $\beta x = 1.858$ 时，$\sum\sigma_\theta$ 有极大值。如取 $\mu = 0.3$ 时，其值分别为：

$$\left(\sum\sigma_x\right)_{\max} = 0.646\frac{pR}{t}(在外表面 \beta x = \pi/4 处)$$

$$\left(\sum \sigma_\theta\right)_{max} = 1.031\frac{pR}{t}\ (\text{在外表面}\ \beta x = 1.858\ \text{处})$$

将式(a)代入式(3-44),并注意到 $\beta_0 = \beta$, $\varphi_0 = \pi/2$, 得半球壳的边缘内力为:

$$N_\varphi = \frac{p}{8\beta}\mathrm{tg}\omega e^{-k\omega}(\cos k\omega - \sin k\omega),\quad N_\theta = \frac{pR}{4}e^{-k\omega}\cos k\omega$$

$$M_\varphi = -\frac{p}{8\beta^2}e^{-k\omega}\sin k\omega,\quad M_\theta = \mu M_\varphi$$

代入式(3-43),并计入由内压引起的薄膜应力,得半球壳边缘区的总应力为:

$$\sum \sigma_\varphi = \frac{pR}{2t} + (\sigma_\varphi)_{z=\pm t/2} = \frac{pR}{2t} + \frac{p}{8t\beta}\mathrm{tg}\omega e^{-k\omega}(\cos k\omega - \sin k\omega) \pm \frac{3p}{4t^2\beta^2}e^{-k\omega}\sin k\omega$$

$$\sum \sigma_\theta = \frac{pR}{2t} + (\sigma_\theta)_{z=\pm t/2} = \frac{pR}{2t} + \frac{pR}{4t}e^{-k\omega}\cos k\omega \pm \frac{3\mu p}{4t^2\beta^2}e^{-k\omega}\sin k\omega$$

(c)

半球壳中的最大应力为周向应力,在边缘 $\omega = 0$ 处, $\mu = 0.3$ 时,其值为:

$$\left(\sum \sigma_\theta\right)_{max} = 0.75\frac{pR}{t}\ (\text{内外壁相同})$$

总应力分布如图3-24(b)所示。由此可见,当用等厚度的半球壳与圆柱壳连接时,边缘效应的影响很小,可只按薄膜应力进行设计,而不需考虑边缘应力的影响。

2)球面壳与圆柱壳的连接

如图3-25(a)所示,设圆柱壳的半径为 R,球面壳的半径为 $R_1 = 2R$,二者的厚度相等,材料相同,受内压 p 作用。

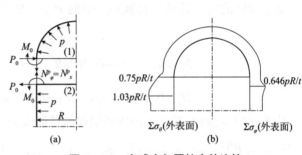

图3-24 半球壳与圆柱壳的连接

①边缘力系的确定。由于 $R_1 = 2R$,则 $\varphi_0 = \pi/6$, $\beta_0 = \dfrac{\sqrt[4]{3(1-\mu^2)}}{\sqrt{R_1 t}} = \dfrac{\beta}{\sqrt{2}}$。故在内压 p 作用下,球面壳边缘处的平行圆半径增量和转角由表3-1可得:

$$\Delta_{01}^p = (1-\mu)\frac{pR^2}{Et},\quad \vartheta_{01}^p = 0$$

在边缘力系作用下,球面壳缘处的平行圆半径增量与转角由式(3-45)可得:

$$\Delta_{01}^e = \frac{\sqrt{2}\beta R^2}{Et}(\sqrt{2}\beta M_0 - P_{01}),\quad \vartheta_{01}^e = -\frac{2\beta^2 R^2}{Et}(2\sqrt{2}\beta M_0 - P_{01})$$

而圆柱壳缘处的平行圆半径增量与转角同前,只是应将 P_0 换为 P_{02}。

将以上各壳体的平行圆半径增量与转角代入变形协调方程式(3-46),得:

$$(1-\mu)\frac{pR^2}{Et} + \frac{\sqrt{2}\beta R^2}{Et}(\sqrt{2}\beta M_0 - P_{01}) = (2-\mu)\frac{pR^2}{2Et} + \frac{2\beta R^2}{Et}(\beta M_0 + P_{02})$$

$$-\frac{2\beta^2 R^2}{Et}(2\sqrt{2}\beta M_0 - P_{01}) = \frac{2\beta^2 R^2}{Et}(2\beta M_0 + P_{02})$$

由于球面壳的经向薄膜力 $N_\varphi = pR_1/2 = pR$,且 $\cos\varphi_0 = \sqrt{3}/2$,代入式(3-47)则得:

$$P_{01} - P_{02} = \sqrt{3}pR/2$$

联解以上三个方程即得：

$$P_{01} = -\frac{\mu p}{2(2+\sqrt{2})\beta} + \frac{\sqrt{3}pR}{2+\sqrt{2}}$$

$$P_{02} = -\frac{\mu p}{2(2+\sqrt{2})\beta} - \frac{\sqrt{3}pR}{2(1+\sqrt{2})}$$

$$M_0 = \frac{\sqrt{3}pR}{4(1+\sqrt{2})\beta}$$

当取 $\mu = 0.3$ 时，$\beta = 1.2854/\sqrt{Rt}$，故

$$P_{01} = -0.0342p\sqrt{Rt} + 0.51pR \approx 0.51pR$$

$$P_{02} = -0.0342p\sqrt{Rt} - 0.36pR \approx -0.36pR \qquad (d)$$

$$M_0 = 0.14pR\sqrt{Rt}$$

②边缘区的应力计算。将式（d）中的 P_{02} 与 M_0 代入式（3-36），得圆柱壳的边缘内力为：

$$\left. \begin{array}{l} N_x = 0, \ N_\theta \approx -0.462pR\sqrt{\dfrac{R}{t}}e^{-\beta x}(\cos\beta x + \sin\beta x) \\[3mm] M_x \approx 0.14pR\sqrt{Rt}e^{-\beta x}(\cos\beta x - \sin\beta x), \ M_\theta = \mu M_x \end{array} \right\}$$

代入式（3-39），并计入由内压引起的薄膜应力，可得圆柱壳边缘区的总应力为：

$$\left. \begin{array}{l} \sum \sigma_x = \dfrac{pR}{t}\left[0.5 \pm 0.84\sqrt{\dfrac{R}{t}}e^{-\beta x}(\cos\beta x - \sin\beta x)\right] \\[4mm] \sum \sigma_\theta = \dfrac{pR}{t}\left[1 - 0.462\sqrt{\dfrac{R}{t}}e^{-\beta x}(\cos\beta x + \sin\beta x) \pm 0.252\sqrt{\dfrac{R}{t}}e^{-\beta x}(\cos\beta x - \sin\beta x)\right] \end{array} \right\}$$

$$(e)$$

最大总应力发生在边缘 $x = 0$ 处，其值为：

$$\left(\sum \sigma_x\right)_{max} = \frac{pR}{t}\left(0.5 + 0.84\sqrt{\frac{R}{t}}\right) \quad \text{（在内表面）}$$

$$\left(\sum \sigma_\theta\right)_{max} = \frac{pR}{t}\left(1 - 0.714\sqrt{\frac{R}{t}}\right) \quad \text{（在外表面）}$$

将式（d）中的 P_{01} 与 M_0 及 $R_1 = 2R$、$\varphi_0 = \pi/6$、$\beta_0 = \dfrac{0.909}{\sqrt{Rt}}$ 代入式（3-44），得球面壳的边缘内力为：

$$\left. \begin{array}{l} N_\varphi \approx -0.255pR\,\text{ctg}(\pi/6 - \omega)e^{-k\omega}\cos k\omega \\[3mm] N_\theta \approx -0.462pR\sqrt{\dfrac{R}{t}}e^{-k\omega}(\cos k\omega + \sin k\omega) \\[3mm] M_\varphi \approx 0.14pR\sqrt{Rt}e^{-k\omega}(\cos k\omega - \sin k\omega) \\[3mm] M_\theta = \mu M_\varphi \end{array} \right\}$$

代入式(3-43)，并计入由内压引起的薄膜应力，得球面壳边缘区的总应力为：

$$\sum \sigma_\varphi = \frac{pR}{t}\Big[1 - 0.255\mathrm{ctg}(\pi/6 - \omega)\mathrm{e}^{-k\omega}\cos k\omega \pm 0.84\sqrt{\frac{R}{t}}\mathrm{e}^{-k\omega}(\cos k\omega - \sin k\omega)\Big]$$

$$\sum \sigma_\theta = \frac{pR}{t}\Big[1 - 0.462\sqrt{\frac{R}{t}}\mathrm{e}^{-k\omega}(\cos k\omega + \sin k\omega) \pm 0.252\sqrt{\frac{R}{t}}\mathrm{e}^{-k\omega}(\cos k\omega - \sin k\omega)\Big]$$

$$(f)$$

最大总应力也发生在边缘处($\omega = 0$)，其值为：

$$\Big(\sum \sigma_\varphi\Big)_{\max} = \frac{pR}{t}\Big(0.56 + 0.84\sqrt{\frac{R}{t}}\Big)\text{（在内表面）}$$

$$\Big(\sum \sigma_\theta\Big)_{\max} = \frac{pR}{t}\Big(1 - 0.714\sqrt{\frac{R}{t}}\Big)\text{（在外表面）}$$

图3-25(b)所示为$R/t = 100$时球面壳与圆柱壳的总应力分布曲线。由此可见，当连接边缘无公切线时，由于横推力的存在，连接边缘处的总应力比其薄膜应力要大得多。通常将最大总应力与圆柱壳的周向薄膜应力(pR/t)之比值称为应力指数。当两壳体厚度相等时，其应力指数是φ_0和R/t的函数，φ_0越小或R/t越大，应力指数越大。故工程中常取$\varphi_0 \geq 30°$。

3）半椭球壳与圆柱壳的连接

如图3-26(a)所示，设半椭球壳的长短半径比$m = 2$，半椭球壳与圆柱壳的厚度相等，材料相同，受内压p作用。

①边缘力系的确定。由于半椭球壳与圆柱壳的厚度相等，材料相同，连接边缘具有公切线，故无横推力，且$m = 2$，$\varphi_0 = \pi/2$，$r_{02} = R$，

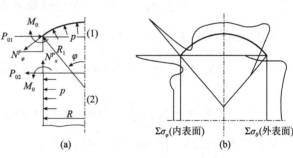

图3-25 球面壳与圆柱壳的连接

$\beta_0 = \beta$。于是半椭球壳边缘处由内压p引起的平行圆半径增量和转角由表3-1可得：

$$\Delta_{01}^p = -(2 + \mu)\frac{pR^2}{2Et}, \quad \vartheta_{01}^p = 0$$

由边缘力系引起的平行圆半径增量与转角由式(3-42)可得：

$$\Delta_{01}^e = \frac{2\beta R^2}{Et}(\beta M_0 - P_0), \quad \vartheta_{01}^e = -\frac{2\beta^2 R^2}{Et}(2\beta M_0 - P_0)$$

圆柱壳边缘处由内压p和边缘力系引起的平行圆半径增量和转角同前。

将以上各壳体的平行圆半径增量与转角代入变形协调方程式(3-46)，得：

$$-(2 + \mu)\frac{pR^2}{2Et} + \frac{2\beta R^2}{Et}(\beta M_0 - P_0) = (2 - \mu)\frac{pR^2}{2Et} + \frac{2\beta R^2}{Et}(\beta M_0 + P_0)$$

$$-\frac{2\beta^2 R^2}{Et}(2\beta M_0 - P_0) = \frac{2\beta^2 R^2}{Et}(2\beta M_0 + P_0)$$

由此可解得：

$$P_0 = -\frac{p}{2\beta}, \quad M_0 = 0 \tag{g}$$

②边缘区的应力计算。将式(g)代入式(3−36)，得圆柱壳的边缘内力为：

$$N_x = 0, \quad N_\theta = -pR\mathrm{e}^{-\beta x}\cos\beta x$$
$$M_x = -\frac{p}{2\beta^2}\mathrm{e}^{-\beta x}\sin\beta x, \quad M_\theta = \mu M_x$$

于是圆柱壳边缘区的总应力为：

$$\sum\sigma_x = \frac{pR}{t}\left(0.5 \pm \sqrt{\frac{3}{1-\mu^2}}\mathrm{e}^{-\beta x}\sin\beta x\right)$$
$$\sum\sigma_\theta = \frac{pR}{t}\left(1 - \mathrm{e}^{-\beta x}\cos\beta x \pm \sqrt{\frac{3\mu^2}{1-\mu^2}}\mathrm{e}^{-\beta x}\sin\beta x\right) \tag{h}$$

对式(h)求极值，可知当 $\beta x = \pi/4$ 时，$\sum\sigma_x$ 有极大值；当 $\beta x = 1.857$ 时，$\sum\sigma_\theta$ 有极大值。如取 $\mu = 0.3$ 时，其值分别为：

$$\left(\sum\sigma_x\right)_{\max} = 1.085\frac{pR}{t} \text{（在外表面 } \beta x = \pi/4 \text{ 处）}$$

$$\left(\sum\sigma_\theta\right)_{\max} = 1.126\frac{pR}{t} \text{（在外表面 } \beta x = 1.857 \text{ 处）}$$

将式(g)及 $\varphi_0 = \pi/2$，$r_{02} = R$，$\beta_0 = \beta$ 代入式(3−40)，得半椭球壳的边缘内力为：

$$N_\varphi = \frac{pR}{2\beta r_2}\mathrm{tg}\omega\mathrm{e}^{-k\omega}(\cos k\omega - \sin k\omega), \quad N_\theta = -pR\sqrt{\frac{R}{r_2}}\mathrm{e}^{-k\omega}\cos k\omega$$
$$M_\varphi = -\frac{p}{2\beta^2}\sqrt{\frac{R}{r_2}}\mathrm{e}^{-k\omega}\sin k\omega, \quad M_\theta = \mu M_\varphi$$

其总应力由式(3−14)和式(3−43)可得：

$$\sum\sigma_\varphi = \frac{pR}{t}\left[\psi + \frac{1}{2}\frac{1}{\sqrt[4]{3(1-\mu^2)}}\frac{\sqrt{Rt}}{r_2}\mathrm{tg}\omega\mathrm{e}^{-k\omega}(\cos k\omega - \sin k\omega) \pm \sqrt{\frac{3}{1-\mu^2}}\sqrt{\frac{R}{r_2}}\mathrm{e}^{-k\omega}\sin k\omega\right]$$
$$\sum\sigma_\theta = \frac{pR}{t}\left(2\psi - \frac{1}{\psi} - \sqrt{\frac{R}{r_2}}\mathrm{e}^{-k\omega}\cos k\omega \pm \sqrt{\frac{3\mu^2}{1-\mu^2}}\sqrt{\frac{R}{r_2}}\mathrm{e}^{-k\omega}\sin k\omega\right)$$

$$\tag{i}$$

式中：$\psi = \dfrac{1}{(3\sin^2\varphi + 1)^{1/2}}$，$r_2 = 2R\psi$。

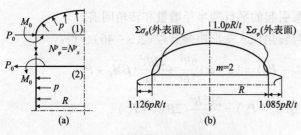

图3−26　半椭球壳与圆柱壳的连接

图3−26(b)所示为半椭球壳与圆柱壳连接时的总应力分布曲线。由此可见，半椭球壳中的总应力要比圆柱壳中的小，而圆柱壳中的最大总应力也仅为其薄膜应力的1.126倍，因此当用半椭球壳与圆柱壳连接时，其边缘应力一般不予以考虑。

5. 边缘应力的性质及在设计中的考虑

根据以上分析,边缘应力具有以下两个基本特性。

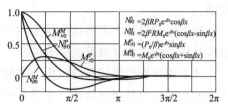

图3-27　圆柱壳的边缘内力衰减曲线

(1)局部性

不同性质的连接边缘存在不同的边缘应力,但都有明显的衰减波特性。以圆柱壳为例,由边缘内力沿经向的变化规律(见图3-27)可知,经过一个周期(2π)变化以后,即当离开边缘的距离 x 超过 $2\pi/\beta$ 时,边缘应力已衰减完了,而当 x 超过 π/β 时,实际上已衰减掉大部分(约95.7%)。故对于钢制圆柱壳($\mu=0.3$)边缘应力的作用范围只局限于:

$$x \leqslant \pi/\beta = 2.5\sqrt{Rt}$$

同理,对于钢制球壳只局限于:

$$\omega = \pi/k = 2.5\sqrt{t/R}$$

(2)自限性

从本质上讲,边缘力系是由于薄膜变形不协调或受约束所引起的,从而导致边缘应力。在弹性范围内,这种变形越不协调或约束越严重,边缘力系越大,边缘应力也就越大。但当边缘附近的最大应力强度超过材料的屈服应力后,局部材料便会发生塑性变形,从而使原本不协调的变形趋于协调,使约束得到缓解,边缘力系将因此而不再增加,或增加得很慢,边缘应力也将自动受到限制。这就是边缘应力的自限性。

根据强度设计准则,具有自限性的应力,一般使容器直接发生静载荷破坏的危险性较小。但在非比例反复加卸载情况下,可能会导致结构失去安定性而失效。

明确上述这些边缘应力的基本性质,有利于在设计中正确处理壳体的边缘问题。下面进行简要说明:

①由于边缘应力具有局部性,在设计中可以在结构上只做局部处理。例如,改变连接边缘的结构;边缘应力区局部加强;保证边缘焊缝的质量;降低边缘区的残余应力;避免边缘区附加局部应力或应力集中,如开孔等。

②只要是塑性材料,即使局部某些点的应力超过材料屈服限制,邻近尚未屈服的弹性区也能够抑制塑性变形的发展,使容器仍处于安定状态。故大多数由塑性好的材料制成的容器,如低碳钢、奥氏体不锈钢、铜、铝等压力容器,当受静载荷时,除结构上做某些局部处理以外,一般并不对边缘应力做特殊考虑。

但是,某些情况则不然。例如:塑性较差的高强度钢制的重要压力容器;低温下铁素体钢制的重要压力容器;受疲劳载荷作用下的压力容器;受核辐射作用的压力容器。这些压力容器,如果不注意控制边缘应力,则在边缘高应力区有可能导致脆性破坏或疲劳破坏。因此必须正确计算边缘应力并按应力分析设计规范进行验算。

(3)薄膜应力

由于边缘应力具有自限性,其危害性就不如薄膜应力。薄膜应力随着外力的增大而增大,是非自限的。当分清应力的性质以后,在设计中可对薄膜应力和边缘应力给予不同限制,如对于薄膜应力可用极限设计准则予以限制,而对于边缘应力可用安定性准则予以限制。

　　以上是对设计中考虑边缘应力的一般说明。然而，无论设计中是否考虑边缘应力，在边缘结构上做妥善处理都是必要的。

　　从上述分析边缘问题的发生、求解，以至边缘附近应力的计算，可见用解析法计算壳体中的边缘应力是很复杂的。尤其是对于某些特种型式的壳体，既非轴对称问题，又具有变截面的边缘结构，或受载条件比较复杂，应用解析法就很难求解。因此对于复杂的问题，目前最有效的途径是应用有限元法，借助于计算机技术进行数值分析。

3.2　薄板理论

　　在过程工业装备中，板是最常见的构件之一，如平板盖、换热器管板、反应器触煤床支承板、板式塔的塔板以及设备或管道连接法兰等。本节的任务是研究薄板在横向载荷作用下发生弯曲变形时的应力与应变。

3.2.1　薄板的基本概念与假设

　　板的几何特点是其厚度远小于板面的最小尺寸，且均分板厚的面(亦即中间面)，为平面。

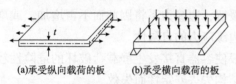

(a)承受纵向载荷的板　　(b)承受横向载荷的板

图 3 –28　板的受力

　　通常，板可以承受两种不同作用方式的外部载荷，如图 3 – 28 所示。图 3 – 28(a)所示为承受纵向载荷作用的板，当在压缩载荷下不发生失稳时属于典型的平面问题。图 3 – 28(b)所示为承受横向载荷作用的板，在这种情况下，板将主要发生弯曲变形。本节将讨论后者。当两种载荷同时作用时，在线弹性范围内，可通过叠加求解。

　　板在横向载荷作用下的变形特点是双向弯曲，变形后中间面常被弯曲成不可展曲面，存在有翘曲，且其周长也有所改变。因此，一般板中的内力除弯矩和扭矩外还有薄膜力，亦即沿中间面的拉压力。

　　平板按其厚度与板面最小尺寸比值的大小可分为薄板与厚板。一般认为当板的厚度 t 小于板面最小尺寸的1/5时，属于薄板；反之，属于厚板。对于薄板，在做出一些近似假设后，其分析可以得到大大简化，且在要求的精度范围内给出满意的计算结果。至于厚板，必须按厚板理论把板的问题当作三维问题来考虑，其分析甚为复杂，到目前为止，只有少数几种情形得到了满意的解答。

　　板在弯曲变形时，板中各点沿中间面法线方向的位移称为挠度。当板中的最大挠度 w_{max} 远小于板厚 t 时，通常称为平板的小挠度弯曲问题，此时板内的薄膜力很小，可以略去不计，认为中间面无伸缩；当 w_{max} 与 t 的大小相差不大时，通常称为平板的大挠度问题，此时板内的薄膜力较大，因而不能忽略。以上两类问题之间并没有严格的界限，在工程要求的精度范围内，一般当 $w_{max}/t \leqslant 1/5$ 时，按小挠度问题计；而当 $1/5 < w_{max}/t < 5$ 时，就作为大挠度问题考虑。

由于过程工业装备中广泛应用的平板结构，大都属于圆形薄板的小挠度问题，而且承受的载荷对称于圆板的轴线。因此，本节将着重讨论圆形薄板（以下简称圆板）在轴对称载荷作用下的小挠度弯曲问题，而对矩形薄板仅就其计算进行简要说明。

研究薄板弯曲问题时，除假设材料是连续、均匀和各向同性的外，在薄板小挠度的前提下，还采用以下与梁弯曲理论类似的基本假设：

（1）中性面假设。薄板的中间面变形后，仅有形状的改变（由平面变为曲面），没有尺寸的变化，即中间面为中性面。这说明中间面弯曲时，各点只有法向位移而无面内位移。

（2）直法线假设。变形前垂直于薄板中间面的直线段，变形后仍保持为直线且垂直于变形后的中间面。

（3）互不挤压假设。薄板的各层纤维变形前后均互不挤压。

3.2.2　圆板轴对称弯曲基本方程

对于圆板，通常取柱坐标 r、θ、z，如图 3 – 29 所示，其相应的位移分别用 u、v、w 表示。在轴对称条件下（几何形状、约束和外力都对称于圆板的轴线），$v = 0$，$\gamma_{r\theta} = \gamma_{\theta z} = 0$，$\tau_{r\theta} = \tau_{\theta z} = 0$，且其他应力、应变和位移分量都与坐标 θ 无关。又根据中性面假设，在圆板的中间面上，$(u)_{z=0} = 0$，$(\sigma_r)_{z=0} = (\sigma_\theta)_{z=0} = 0$；而直法线

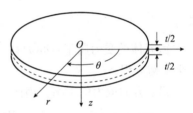

图 3 – 29　圆板中的柱坐标

假设表明剪应力 τ_{rz} 相对很小，由此引起的变形可忽略不计，即 $\gamma_{rz} = 0$；互不挤压假设则认为 $\sigma_z = 0$。

综上可见，在圆板轴对称小挠度弯曲问题中，只存在三个非零的应力分量 σ_r、σ_θ、τ_{rz}。正应力 σ_r 和 σ_θ 为弯曲应力，沿板厚直线变化，剪应力 τ_{rz} 与梁中的剪应力一样为抛物线分布（证明略），如图 3 – 30（a）所示。于是，可将各应力分量沿板厚合成为相应的内力。正应力 σ_r 和 σ_θ 可分别合成为内力矩 M_r 和 M_θ（沿中面单位长度上的弯矩），剪应力 τ_{rz} 可合成为横向剪力 Q（沿中间面单位长度上的力），它们之间的关系为：

$$M_r = \int_{-t/2}^{t/2} \sigma_r z \mathrm{d}z, \quad M_\theta = \int_{-t/2}^{t/2} \sigma_\theta z \mathrm{d}z, \quad Q = \int_{-t/2}^{t/2} \tau_{rz} \mathrm{d}z \qquad (3-48)$$

以上各内力的正方向如图 3 – 30（b）所示，且它们都只是坐标 r 的函数，而与 z 无关。

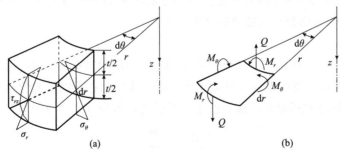

(a)　　　　　　　　　　　　　　　　(b)

图 3 – 30　各应力沿板厚的分布与合成

（1）平衡方程

图 3-31(a) 所示的微元体，是用半径为 r 和 $r+dr$ 两个圆柱面、极角为 θ 和 $\theta+d\theta$ 的两个径向平面，从圆板上截取的。然而，为方便求解，薄板弯曲问题的平衡方程通常以内力表示。如设圆板板面受轴对称横向分布载荷 $q(r)$ 作用，为直接导出内力与外力的关系，可将微元体各截面上的内力及所受的载荷表示在中间面上，如图 3-31(b) 所示，以中间面作为微元体，分析其受力平衡。图中弯矩以双箭头矢量表示，弯矩方向遵循右手螺旋法则。

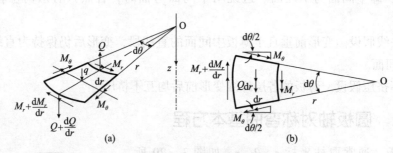

图 3-31 微元体受力

微元体的受力属于空间力系，共有 6 个平衡方程，其中 4 个自然满足，只能得到下列 2 个平衡方程。

沿 z 方向取力的平衡，由图 3-31(a) 可得：

$$\left(Q+\frac{dQ}{dr}dr\right)(r+dr)d\theta - Qrd\theta + qrd\theta dr = 0$$

展开合并，略去高阶微量，得：

$$Q+r\frac{dQ}{dr} = -qr \quad \text{或} \quad \frac{d(Qr)}{dr} = -qr \tag{3-49}$$

沿周向取力矩的平衡，由图 3-31(b) 可得：

$$\left(M_r+\frac{dM_r}{dr}dr\right)(r+dr)d\theta - M_r rd\theta - 2M_\theta dr\sin\frac{d\theta}{2} - Qdr\left(r+\frac{dr}{2}\right)d\theta = 0$$

由于 $d\theta$ 是微量，所以 $\sin\dfrac{d\theta}{2} \approx \dfrac{d\theta}{2}$。略去高阶微量，并简化可得：

$$r\frac{dM_r}{dr} + M_r - M_\theta - Qr = 0 \tag{3-50}$$

式(3-49)、式(3-50)即为圆板轴对称弯曲问题的平衡方程式，其中有三个未知量 M_r、M_θ 和 Q，必须考虑圆板弯曲后的变形关系。

（2）几何关系

圆板在轴对称载荷作用下，中间面将弯曲成以 Oz 为轴的旋转面，如图 3-32 所示。由于弯曲应力不引起厚度的改变，因而中间面同一法线上各点的轴向位移相等，亦即 w 是中间面的挠度。如设中间面上任意一点 A 变形后的转角为 ϑ，则由图可知：

$$\vartheta = -\frac{dw}{dr} \tag{a}$$

现考查图 3-32 中距离中间面为 z 的微小径向线段 BC，变形前 $BC=dr$，变形后长度变为

$B'C' = (O'A' + z)\mathrm{d}\vartheta$。由于中间面不伸缩，$O'A'\mathrm{d}\vartheta = \mathrm{d}r$，所以距离中间面为 z 的点 B 处的径向应变为：

$$\varepsilon_r = \frac{B'C' - BC}{BC} = z\frac{\mathrm{d}\vartheta}{\mathrm{d}r} \qquad (b)$$

而周向应变为：

$$\varepsilon_\theta = \frac{2\pi(r + z\vartheta) - 2\pi r}{2\pi r} = z\frac{\vartheta}{r} \qquad (c)$$

将式（a）代入式（b）和式（c），即得圆板轴对称弯曲问题的几何方程为：

$$\varepsilon_r = -z\frac{\mathrm{d}^2 w}{\mathrm{d}r^2}, \quad \varepsilon_\theta = -\frac{z}{r}\frac{\mathrm{d}w}{\mathrm{d}r} \qquad (3-51)$$

（3）物理方程

由于 $\sigma_z = 0$，圆板呈两向应力状态。由虎克定律可得圆板的物理方程为：

$$\left. \begin{aligned} \sigma_r &= \frac{E}{1-\mu^2}(\varepsilon_r + \mu\varepsilon_\theta) \\ \sigma_\theta &= \frac{E}{1-\mu^2}(\varepsilon_\theta + \mu\varepsilon_r) \end{aligned} \right\}$$

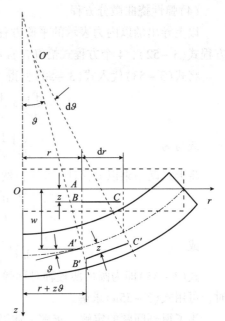

图 3-32　圆板的变形

将几何方程式（3-51）代入，可得：

$$\left. \begin{aligned} \sigma_r &= -\frac{Ez}{1-\mu^2}\left(\frac{\mathrm{d}^2 w}{\mathrm{d}r^2} + \frac{\mu}{r}\frac{\mathrm{d}w}{\mathrm{d}r}\right) \\ \sigma_\theta &= -\frac{Ez}{1-\mu^2}\left(\frac{1}{r}\frac{\mathrm{d}w}{\mathrm{d}r} + \mu\frac{\mathrm{d}^2 w}{\mathrm{d}r^2}\right) \end{aligned} \right\} \qquad (d)$$

再将上式代入式（3-48），则得用弯矩和挠度表示的物理关系：

$$\left. \begin{aligned} M_r &= -D\left(\frac{\mathrm{d}^2 w}{\mathrm{d}r^2} + \frac{\mu}{r}\frac{\mathrm{d}w}{\mathrm{d}r}\right) \\ M_\theta &= -D\left(\frac{1}{r}\frac{\mathrm{d}w}{\mathrm{d}r} + \mu\frac{\mathrm{d}^2 w}{\mathrm{d}r^2}\right) \end{aligned} \right\} \qquad (3-52)$$

式中，$D = \dfrac{Et^3}{12(1-\mu^2)}$，称为圆板的抗弯刚度。

比较式（3-52）和式（d），可得两向弯曲应力与相应弯矩的关系为：

$$\sigma_r = \frac{12M_r}{t^3}z, \quad \sigma_\theta = \frac{12M_\theta}{t^3}z \qquad (3-53a)$$

至于剪应力 τ_{rz} 与剪力 Q 的关系，根据材料力学可得：

$$\tau_{rz} = \frac{3Q}{2t}\left(1 - \frac{4z^2}{t^2}\right) \qquad (3-53b)$$

易见，弯曲应力的最大值发生在板的上、下表面，而剪应力的最大值则位于板的中间面。各应力的最大值为：

$$(\sigma_r)_{max} = \frac{6M_r}{t^2}, \quad (\sigma_\theta)_{max} = \frac{6M_\theta}{t^2}, \quad (\tau_{rz})_{max} = \frac{3Q}{2t} \qquad (3-54)$$

（4）弹性挠曲微分方程

以上导出的以内力表示的平衡方程式(3-49)、(3-50)和以弯矩-挠度表示的物理方程式(3-52)，4个方程式恰好含有4个未知量 M_r、M_θ、Q 和 w，因而是可解的。

将式(3-53)代入式(3-50)，得：

$$\frac{\mathrm{d}^3w}{\mathrm{d}r^3} + \frac{1}{r}\frac{\mathrm{d}^2w}{\mathrm{d}r^2} - \frac{1}{r^2}\frac{\mathrm{d}w}{\mathrm{d}r} = -\frac{Q}{D}$$

或写为

$$\frac{\mathrm{d}}{\mathrm{d}r}\left[\frac{1}{r}\frac{\mathrm{d}}{\mathrm{d}r}\left(r\frac{\mathrm{d}w}{\mathrm{d}r}\right)\right] = -\frac{Q}{D} \tag{3-55a}$$

将上式两边乘以 r 后对 r 求导，然后再将式(3-49)代入，可得：

$$\frac{\mathrm{d}^4w}{\mathrm{d}r^4} + \frac{2}{r}\frac{\mathrm{d}^3w}{\mathrm{d}r^3} - \frac{1}{r^2}\frac{\mathrm{d}^2w}{\mathrm{d}r^2} + \frac{1}{r^3}\frac{\mathrm{d}w}{\mathrm{d}r} = \frac{q}{D}$$

或

$$\frac{1}{r}\frac{\mathrm{d}}{\mathrm{d}r}\left\{r\frac{\mathrm{d}}{\mathrm{d}r}\left[\frac{1}{r}\frac{\mathrm{d}}{\mathrm{d}r}\left(r\frac{\mathrm{d}w}{\mathrm{d}r}\right)\right]\right\} = \frac{q}{D} \tag{3-55b}$$

式(3-55)即为圆形薄板轴对称弹性弯曲问题的挠曲微分方程。当剪力 Q 易直接求得时，可用式(3-55a)求解。

为了得到问题的定解，求解上述微分方程时，还需考虑板的边界条件。关于这一点将在3.2.3节中结合实例进行讨论。

3.2.3 圆板的计算

1. 受均布载荷和弯矩作用的简支圆板

如图3-33所示，设圆板的半径为 R，厚度为 t，周边简支，上面作用有均布载荷 q，沿周边作用有均布弯矩 M。任意半径 r 处的剪力 Q 可由式(3-49)积分求得，也可利用图示所截区域的内外力平衡关系直接求得，即：

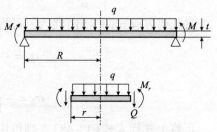

图3-33　受均布载荷和弯矩
作用的简支圆板

$$2\pi r Q = -\pi r^2 q$$

$$Q = -\frac{qr}{2}$$

将该值代入式(3-55a)得：

$$\frac{\mathrm{d}}{\mathrm{d}r}\left[\frac{1}{r}\frac{\mathrm{d}}{\mathrm{d}r}\left(r\frac{\mathrm{d}w}{\mathrm{d}r}\right)\right] = \frac{qr}{2D}$$

积分得：

$$w = \frac{qr^4}{64D} + C_1 r^2 + C_2\ln r + C_3$$

由于在圆板的中心 $(w)_{r=0}$ 应为有限量，故有积分常数 $C_2 = 0$，于是上式可简化为：

$$w = \frac{qr^4}{64D} + C_1 r^2 + C_3 \tag{a}$$

其中积分常数 C_1、C_3 需由下列边界条件确定：

$$(w)_{r=R} = 0, \quad (M_r)_{r=R} = M$$

另由式(3-52)中的第一式可知:

$$M_r = -\frac{(3+\mu)qr^2}{16} - 2(1+\mu)DC_1$$

将式(a)和上式代入边界条件,则有:

$$\frac{qR^4}{64D} + C_1R^2 + C_3 = 0$$

$$-\frac{(3+\mu)qR^2}{16} - 2(1+\mu)DC_1 = M$$

联解可得:

$$C_1 = -\frac{(3+\mu)qR^2}{32(1+\mu)D} - \frac{M}{2(1+\mu)D}, \quad C_3 = \frac{(5+\mu)qR^4}{64(1+\mu)D} + \frac{MR^2}{2(1+\mu)D} \tag{b}$$

将式(b)代回式(a),即得挠度的表达式为:

$$w = \frac{q(R^2-r^2)}{64D}\left(\frac{5+\mu}{1+\mu}R^2 - r^2\right) + \frac{M}{2(1+\mu)D}(R^2-r^2) \tag{3-56a}$$

再将上式代入式(3-52)得弯矩的表达式为:

$$\left.\begin{array}{l} M_r = \dfrac{(3+\mu)q}{16}(R^2-r^2) + M \\[3mm] M_\theta = \dfrac{(3+\mu)q}{16}\left(R^2 - \dfrac{1+3\mu}{3+\mu}r^2\right) + M \end{array}\right\} \tag{3-56b}$$

可见,在板中心($r=0$)有最大挠度、最大弯矩和最大应力,分别为:

$$w_{max} = \frac{R^2}{2(1+\mu)D}\left(\frac{5+\mu}{32}qR^2 + M\right)$$

$$M_{r\,max} = M_{\theta\,max} = \frac{3+\mu}{16}qR^2 + M \tag{3-57}$$

$$\sigma_{r\,max} = \sigma_{\theta\,max} = \frac{3(3+\mu)}{8t^2}qR^2 + \frac{6M}{t^2}$$

当 $q=0$ 时,即为纯弯曲情况。此时

$$w = \frac{M}{2(1+\mu)D}(R^2-r^2)$$

$$M_r = M_\theta = M \tag{3-58}$$

$$w_{max} = \frac{MR^2}{2(1+\mu)D}$$

$$\sigma_{r\,max} = \sigma_{\theta\,max} = \frac{6M}{t^2} \tag{3-59}$$

当 $M=0$ 时,即为受均布载荷作用的简支圆板。此时

$$w = \frac{q(R^2-r^2)}{64D}\left(\frac{5+\mu}{1+\mu}R^2 - r^2\right)$$

$$\left.\begin{array}{l} M_r = \dfrac{(3+\mu)q}{16}(R^2-r^2) \\[3mm] M_\theta = \dfrac{(3+\mu)q}{16}\left(R^2 - \dfrac{1+3\mu}{3+\mu}r^2\right) \end{array}\right\} \tag{3-60}$$

$$w_{\max} = \frac{5+\mu}{64(1+\mu)D}qR^4$$

$$M_{r\max} = M_{\theta\max} = \frac{3+\mu}{16}qR^2 \qquad (3-61)$$

$$\sigma_{r\max} = \sigma_{\theta\max} = \frac{3(3+\mu)}{8t^2}qR^2$$

当圆板的周边固支时，如图 3-34 所示，其挠度可利用边界条件 $(w)_{r=R}=0$、$(\mathrm{d}w/\mathrm{d}r)_{r=R}=0$ 由式(a)解得，也可由式(3-56a)借助于边界条件 $(\mathrm{d}w/\mathrm{d}r)_{r=R}=0$ 求得。

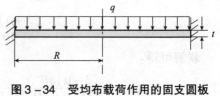

图 3-34　受均布载荷作用的固支圆板

将式(3-56a)代入以上边界条件，得：

$$-\frac{qR^3}{8(1+\mu)D} - \frac{MR}{(1+\mu)D} = 0$$

$$M = -\frac{qR^2}{8}$$

再将 M 代回式(3-56)即得受均布载荷作用的固支圆板的挠度和弯矩为：

$$w = \frac{q}{64D}(R^2 - r^2)^2$$

$$M_r = \frac{(1+\mu)q}{16}\left(R^2 - \frac{3+\mu}{1+\mu}r^2\right) \Bigg\} \qquad (3-62)$$

$$M_\theta = \frac{(1+\mu)q}{16}\left(R^2 - \frac{1+3\mu}{1+\mu}r^2\right) \Bigg\}$$

可见，在板中心($r=0$)有最大挠度，在周边($r=R$)有最大弯矩和应力，其值分别为：

$$w_{\max} = \frac{qR^4}{64D}$$

$$M_{r\max} = |(M_r)_{r=R}| = \frac{qR^2}{8} \qquad (3-63)$$

$$\sigma_{r\max} = \frac{3}{4}\frac{qR^2}{t^2}$$

比较式(3-61)和式(3-63)可见，周边简支时圆板的最大挠度约为固支时的 4 倍($\mu = 0.3$)，最大应力约是固支时的 1.65 倍。因此，无论在刚度方面还是强度方面，周边固支圆板都要优于周边简支的情况。

2. 受均布弯矩和剪力作用的环板

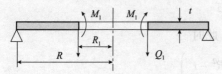

图 3-35　受均布弯矩和剪力作用的环板

设环板外半径为 R，内半径为 R_1，板厚为 t，外周边简支，内周边作用有均布弯矩 M_1 和剪力 Q_1，如图 3-35 所示。

板内任意半径 r 处的剪力 Q，同理利用所截区域的平衡条件，可得：

$$2\pi rQ = -2\pi R_1 Q_1$$

$$Q = -\frac{R_1 Q_1}{r}$$

代入式(3-55a)，得：

$$\frac{\mathrm{d}}{\mathrm{d}r}\left[\frac{1}{r}\frac{\mathrm{d}}{\mathrm{d}r}\left(r\frac{\mathrm{d}w}{\mathrm{d}r}\right)\right] = \frac{R_1 Q_1}{Dr}$$

积分得：

$$w = \frac{R_1 Q_1 r^2}{4D}(\ln r - 1) + C_1 r^2 + C_2 \ln r + C_3$$

为简化计算，可将上式改写为：

$$w = \frac{R_1 Q_1 r^2}{4D}\left(\ln\frac{r}{R} - 1\right) + C_1 r^2 + C_2 \ln\frac{r}{R} + C_3 \tag{a}$$

式中，积分常数 C_1、C_2、C_3，由下列边界条件确定：

$$(w)_{r=R} = 0, \quad (M_r)_{r=R} = 0, \quad (M_r)_{r=R_1} = M_1$$

将式(a)代入式(3-52)中的第一式，得：

$$M_r = -D\left\{\frac{R_1 Q_1}{4D}\left[2(1+\mu)\ln\frac{r}{R} + (1-\mu)\right] + 2(1+\mu)C_1 - (1-\mu)\frac{C_2}{r^2}\right\}$$

故由边界条件，可得：

$$-\frac{R^2 R_1 Q_1}{4D} + C_1 R^2 + C_3 = 0$$

$$\frac{(1-\mu)R_1 Q_1}{4D} + 2(1+\mu)C_1 - \frac{1-\mu}{R^2}C_2 = 0$$

$$\frac{R_1 Q_1}{4D}\left[2(1+\mu)\ln\frac{R_1}{R} + (1-\mu)\right] + 2(1+\mu)C_1 - \frac{1-\mu}{R_1^2}C_2 = -\frac{M_1}{D}$$

联解得：

$$C_1 = \frac{R_1^2 M_1}{2(1+\mu)D(R^2 - R_1^2)} + \frac{R_1 Q_1}{8D}\left(\frac{2R_1^2}{R^2 - R_1^2}\ln\frac{R_1}{R} - \frac{1-\mu}{1+\mu}\right)$$

$$C_2 = \frac{R^2 R_1^2 M_1}{(1-\mu)D(R^2 - R_1^2)} + \frac{(1+\mu)R^2 R_1^3 Q_1}{2(1-\mu)D(R^2 - R_1^2)}\ln\frac{R_1}{R} \tag{b}$$

$$C_3 = -\frac{R^2 R_1^2 M_1}{2(1+\mu)D(R^2 - R_1^2)} - \frac{R^2 R_1 Q_1}{8D}\left(\frac{2R_1^2}{R^2 - R_1^2}\ln\frac{R_1}{R} - \frac{3+\mu}{1+\mu}\right)$$

再将式(b)代回式(a)，即得挠度的表达式为：

$$\begin{aligned}
w = &-\frac{R_1^2 M_1}{2(1+\mu)D(R^2 - R_1^2)}\left[R^2 - r^2 - \frac{2(1+\mu)}{1-\mu}R^2\ln\frac{r}{R}\right] + \\
&\frac{R_1 Q_1}{4D}\left\{r^2\ln\frac{r}{R} + \frac{3+\mu}{2(1+\mu)}(R^2 - r^2) - \right. \\
&\left.\frac{R_1^2}{R^2 - R_1^2}\ln\frac{R_1}{R}\left[R^2 - r^2 - \frac{2(1+\mu)}{1-\mu}R^2\ln\frac{r}{R}\right]\right\}
\end{aligned} \tag{3-64}$$

如将式(3-64)代入式(3-52)即可求得弯矩的表达式。

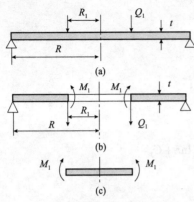

图3-36 受同心圆载荷的简支圆板

3. 圆板计算的叠加方法

(1)受同心圆载荷的简支圆板——区域分解法

设简支圆板半径为 R，厚度为 t，沿半径为 R_1 的圆周作用有均布载荷 Q_1，如图3-36(a)所示。

采用叠加法，可将该圆板分解为如图3-36(b)和图3-36(c)所示的两部分。

图3-36(b)所示的环板，其挠度 w_1 可由式(3-64)求得；而图3-36(c)所示的圆板，其挠度 w_2 可由式(3-58)，并考虑位移连续性条件 $(w_1)_{r=R_1} = (w_2)_{r=R_1}$ 得到。亦即：

$$w_1 = -\frac{R_1^2 M_1}{2(1+\mu)D(R^2-R_1^2)}\left[R^2 - r^2 - \frac{2(1+\mu)}{1-\mu}R^2\ln\frac{r}{R}\right] +$$

$$\frac{R_1 Q_1}{4D}\left\{r^2\ln\frac{r}{R} + \frac{3+\mu}{2(1+\mu)}(R^2-r^2) - \right. \tag{a}$$

$$\left. \frac{R_1^2}{R^2-R_1^2}\ln\frac{R_1}{R}\left[R^2 - r^2 - \frac{2(1+\mu)}{1-\mu}R^2\ln\frac{r}{R}\right]\right\}$$

$$w_2 = \frac{M_1}{2(1+\mu)D}(R_1^2-r^2) + (w_1)_{r=R_1} \tag{b}$$

再由转角连续性条件，即 $\left(\dfrac{\mathrm{d}w_1}{\mathrm{d}r}\right)_{r=R_1} = \left(\dfrac{\mathrm{d}w_2}{\mathrm{d}r}\right)_{r=R_1}$，可得弯矩为：

$$M_1 = \frac{R_1 Q_1}{4}\left[(1-\mu)\frac{R^2-R_1^2}{R^2} - 2(1+\mu)\ln\frac{R_1}{R}\right] \tag{c}$$

将式(c)代入式(a)、式(b)，经整理即得受同心圆载荷的简支圆板的挠度为：

当 $R_1 \leqslant r \leqslant R$ 时，

$$w_1 = \frac{R_1 Q_1}{4D}\left[(R^2-r^2)\frac{(3+\mu)R^2-(1-\mu)R_1^2}{2(1+\mu)R^2} + (R_1^2+r^2)\ln\frac{r}{R}\right] \tag{3-65a}$$

当 $0 \leqslant r \leqslant R_1$ 时，

$$w_2 = \frac{R_1 Q_1}{4D}\left[(R^2-R_1^2)\frac{(3+\mu)R^2-(1-\mu)r^2}{2(1+\mu)R^2} + (R_1^2+r^2)\ln\frac{R_1}{R}\right] \tag{3-65b}$$

(2)受均布载荷的简支环板——载荷叠加法

如图3-37(a)所示的环板，外周边简支，上表面承受均布载荷 q。采用叠加法，该环板可看作是图3-37(b)、(c)两种情形的叠加结果。图3-37(b)所示为受均布载荷作用的实心简支圆板，从中截去半径为 R_1 的部分，代之以作用反力 M_1、Q_1，而形成的简支环板。

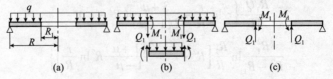

图3-37 受均布载荷的简支环板

因此在 $r = R_1$ 处环形截面上的弯矩 M_1 由受均布载荷的简支圆板公式(3-60)可得：

$$M_1 = (M_r)_{r=R_1} = \frac{(3+\mu)q}{16}(R^2 - R_1^2)$$

而剪力 Q_1 可直接由截去部分力的轴向平衡得到，即：

$$Q_1 = \frac{qR_1}{2}$$

这样，问题的解就变为受均布载荷的简支圆板[见图3-37(b)]与受均布弯矩和剪力的简支环板[见图3-37(c)]二者解的叠加。图3-37(b)的挠度 w_1，由式(3-60)可得：

$$w_1 = \frac{q(R^2 - r^2)}{64D}\left(\frac{5+\mu}{1+\mu}R^2 - r^2\right)$$

图3-37(c)的挠度 w_2，由式(3-64)(注意 M_1、Q_1 的符号相反)可得：

$$w_2 = \frac{qR_1^2}{16D}\left\{-\left(\frac{3+\mu}{1-\mu}R^2 + 2r^2\right)\ln\frac{r}{R} - \frac{3+\mu}{2(1+\mu)}(R^2 - r^2) + \right.$$
$$\left.\frac{2R_1^2}{R^2 - R_1^2}\ln\frac{R_1}{R}\left[R^2 - r^2 - \frac{2(1+\mu)}{1-\mu}R^2\ln\frac{r}{R}\right]\right\}$$

于是

$$w = w_1 + w_2 =$$
$$\frac{qR^4}{16D}\left\{\left[\frac{1}{4}\left(\frac{5+\mu}{1+\mu} - \frac{r^2}{R^2}\right) + \frac{1}{2}\frac{R_1^2}{R^2}\left(\frac{4R_1^2}{R^2 - R_1^2}\ln\frac{R_1}{R} - \frac{3+\mu}{1+\mu}\right)\right]\left(1 - \frac{r^2}{R^2}\right) - \right.$$
$$\left.\frac{R_1^2}{R^2}\left(\frac{3+\mu}{1-\mu} + 2\frac{r^2}{R^2} + \frac{4(1+\mu)}{1-\mu}\frac{R_1^2}{R^2 - R_1^2}\ln\frac{R_1}{R}\right)\ln\frac{r}{R}\right\} \tag{3-66}$$

在 $r = R_1$ 处，挠度最大，其值为：

$$w_{max} = k_1 \frac{qR^4}{Et^3}$$

式中

$$k_1 = \frac{3(1-\mu^2)}{4}\frac{R_1^4}{R^4}\left\{\frac{1}{4}\left[\frac{5+\mu R^2}{1+\mu R_1^2} - 1 - \frac{2(3+\mu)}{1+\mu}\right]\left(\frac{R^2}{R_1^2} - 1\right) + \right.$$
$$\left.\left[\frac{3+\mu R^2}{1-\mu R_1^2} - \frac{4(1+\mu)}{1-\mu}\frac{R^2}{R^2 - R_1^2}\ln\frac{R}{R_1}\right]\ln\frac{R}{R_1}\right\}$$

当 $\mu = 0.3$ 时，对于不同的 R/R_1 值可得到不同的 k_1，如 $R/R_1 = 3$，则 $k_1 = 0.824$。
同理可求得最大弯矩和相应的应力。

应用类似的过程可以求解承受不同载荷和具有不同边界条件的环板。图3-38 与

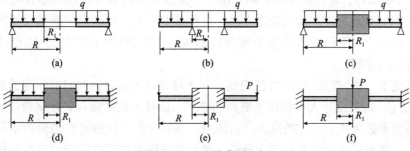

图3-38　几种典型环板

表 3－2 列举了几种典型环板的最大挠度和最大应力$(\mu=0.3)$，可供设计计算参考。

表 3－2　图 3－38 所示环板的计算系数

均布载荷：$w_{max}=k_1\dfrac{qR^4}{Et^3}$，$\sigma_{max}=k_2\dfrac{qR^2}{t^2}$　集中载荷：$w_{max}=k_1\dfrac{PR^2}{Et^3}$，$\sigma_{max}=k_2\dfrac{P}{t^2}$

R/R_1	1.5		2.0		3.0		4.0		5.0	
图例	k_1	k_2	k_1	k_2	k_1	k_2	k_1	k_2	k_1	k_2
（a）	0.414	0.976	0.664	1.440	0.824	1.880	0.830	2.080	0.813	2.190
（b）	0.491	1.190	0.902	2.040	1.220	3.340	1.300	4.300	1.310	5.100
（c）	0.0313	0.336	0.125	0.740	0.291	1.210	0.417	1.450	0.492	1.590
（d）	0.0062	0.273	0.0329	0.710	0.110	1.540	0.179	2.230	0.234	2.800
（e）	0.0249	0.428	0.0877	0.753	0.209	1.205	0.293	1.514	0.350	1.745
（f）	0.0064	0.220	0.0237	0.405	0.062	0.703	0.092	0.933	0.114	1.130

3.3　压力容器设计概述

前两节已经讨论了压力容器常用回转薄壳和圆平板的应力和变形规律，本节开始将在上述基础上介绍内压薄壁容器壳体和各种封头等受压元件的设计计算方法。

3.3.1　设计方法介绍

我国的压力容器设计规范 GB/T 150—2011 属于常规设计的范畴，又称为按"规则设计"（Design by Rules）。规则设计主要采用经典的材料力学和板壳理论的知识，对承压元件在正常操作工况时的基本载荷(介质压力)按一次施加的静力载荷处理，不考虑交变载荷，也不区分短期载荷和永久载荷，不涉及容器的疲劳寿命问题。规则设计基于弹性失效准则，主要考虑避免压力容器发生强度失效，使承压元件工作在弹性范围内。同时对压力容器承压部件的设计做一些规定，如选材、安全系数、特征尺寸、制造工艺等都必须满足一定的条件。常规设计方法简单，使用历史较长，积累了丰富的工程设计经验，目前仍在压力容器设计中占重要地位，是中低压容器(也包括一定范围的高压容器)最常用的设计方法。

相对于常规设计而言，压力容器设计还有另一个并行标准即压力容器的"分析设计"（Design by Analysis），将在第 7 章详细介绍。它是以弹性应力分析或弹塑性应力分析为基础，以防止产生不同失效方式的设计方法。在受载工况下，对压力容器元件不同部位的应力进行分析计算，对不同性质的应力按相应的应力强度准则加以限制，以设计出安全可靠、经济的压力容器。

一般情况下，按"规则设计"方法简便，易于被设计人员掌握并具有一定的经验性。按"分析设计方法"则对设计人员提出了更高的要求，设计人员除需具备规则设计所要求的基础之外，还要求必须具有一定的应力分析能力，掌握有限元软件等应力分析手段。分析设计过程的核心是对部件做必要的应力分析，然后根据应力结果进行应力分类校核，根据校核结果再进行结构优化设计。

3.3.2 规则设计的失效准则和强度理论

压力容器的规则设计基于弹性失效的设计准则，即压力容器总体部位在载荷的作用下只要有一点的应力达到材料的屈服强度（R_{eL}）就视为失效。实际上对薄壁压力容器而言，由于采用无力矩理论分析计算得到沿壁厚均匀分布的薄膜应力，一点屈服即表示总体屈服。

由于压力容器材料的韧性、塑性较好，在弹性失效设计准则中，按理应采用式(1-4)或式(1-5)较为合理。但对于压力容器常用的内压薄壁回转壳体，在远离结构不连续处，周向应力、经向应力和径向应力为三个主应力，且与周向应力和经向应力相比，径向应力可以忽略不计，因此采用式(1-3)和式(1-4)所得到的结果相一致。但是由于第一强度理论在压力容器设计史上使用最早，有成熟的实践经验，而且由于强度条件不同而引起的误差已考虑在安全系数内，所以至今在压力容器的常规设计中仍采用第一强度理论（最大主应力），即式(1-3)：$\sigma_1 \leqslant [\sigma]^t$。

尽管压力容器的规则设计主要考虑总体部位的强度安全，但 GB/T 150—2011 标准中，对两个不同形状的受压元件连接处的边缘应力等具有局部性质的应力，也借鉴了"分析设计"标准中的有关规定和思想，确定结构的某些相关尺寸范围，或由经验引入各种系数。此外，制造完工或安装后的容器为保证使用中的强度安全和密封性，要求必须进行压力试验。其试验压力比设计压力高，故在压力试验前，常需要对压力容器承压元件进行强度核算。

上述设计过程又可称为压力容器的"通用设计"，即各种型式的压力容器都应进行的一个设计环节。压力容器的各承压元件通过"通用设计"计算后，有时还需结合具体容器设备结构以及在实际服役过程中各种不同载荷工况的组合，按最苛刻工况条件进行强度、稳定性校核，如塔设备、卧式容器等，均需在"通用设计"后进行各种元件的校核。以塔设备为例，它属于直立、高耸结构，一般安装在室外，靠裙座底部的地脚螺栓固定在混凝土基础上。塔体除了承受介质压力、温度、重力载荷和管道推力，还要承受环境载荷，如风载荷和地震载荷等。除按"通用设计"计算在基本载荷（介质压力）下的塔体壁厚外，还应全面考虑在不同工况下的载荷对塔体强度和稳定性的影响。由于塔设备的结构和各种工况下的受载特点，应校核其在各种载荷组合条件下的轴向强度或稳定性。如果轴向应力校核条件得不到满足，则需要调整"通用设计"时初定的元件尺寸（主要是厚度），这部分内容在本书第 10 章中予以介绍。

3.4 内压薄壁圆筒和球壳设计

3.4.1 内压圆筒厚度计算公式

由薄膜理论分析可知，在远离结构不连续处，承受均匀内压的薄壁圆筒体存在两向应力即周向（环向）薄膜应力和轴向薄膜应力，分别为：

$$\sigma_\theta = \frac{pD}{2t}; \quad \sigma_\varphi = \frac{pD}{4t}$$

按照弹性失效设计准则第一强度理论，此时 $\sigma_1 = \sigma_\theta$，强度条件为：

$$\sigma_1 = \sigma_\theta = \frac{pD}{2t} \leq [\sigma]^t$$

当圆筒体为钢板卷制筒体并采用焊接连接时，由于焊接接头的强度可能比母材低。因此将钢板的许用应力乘以一个不大于 1 的焊接接头系数 ϕ。另外考虑工艺设计时通常设备的工艺尺寸采用内径 D_i，中径 $D = D_i + t$，同时考虑工程设计中压力容器厚度通常用 δ 表示，所以此处用 δ 代替 t，以计算压力 p_c 代替 p，因此强度条件就变成下面的形式：

$$\sigma_1 = \sigma_\theta = \frac{p_c(D_i + \delta)}{2\delta} \leq [\sigma]^t \phi \tag{3-67}$$

则可得到内压圆筒的厚度计算公式：

$$\delta = \frac{p_c D_i}{2[\sigma]^t \phi - p_c} \tag{3-68}$$

式(3-68)为圆筒计算压力 p_c 时，按照强度计算所需的最小厚度，也称为计算厚度，该式的适用范围 $p_c \leq 0.4[\sigma]^t \phi$。由于需要考虑压力容器运行过程中环境介质对筒壁腐蚀而导致的减薄因素，同时考虑材料在制造过程中的负偏差。为此，必须考虑以上两个因素的影响，故引入厚度附加量，即：

$$C = C_1 + C_2$$

如果在计算厚度基础上考虑腐蚀裕量，则称为设计厚度，如式(3-69)所示：

$$\delta_d = \delta + C_2 \tag{3-69}$$

如果在设计厚度基础上再加上钢材厚度负偏差，同时向上圆整到钢材标准规格的厚度，则为筒体的名义厚度，如式(3-70)所示，名义厚度就是标注在设计图纸上的筒体厚度。

$$\delta_n = \delta_d + C_1 + \Delta \tag{3-70}$$

名义厚度减去钢材的厚度附加量后，称为有效厚度 δ_e，其表达式如式(3-71)所示，有效厚度是压力容器在其设计寿命周期内，筒壁中一直承载外部压力的厚度部分。

$$\delta_e = \delta_n - C \tag{3-71}$$

如已知圆筒内径 D_i，有效厚度 δ_e，需要对圆筒进行强度校核时，则筒壁的应力校核如式(3-72)所示：

$$\sigma^t = \frac{p_c(D_i + \delta_e)}{2\delta_e} \leq [\sigma]^t \phi \tag{3-72}$$

则设计温度下圆筒的最大允许工作压力如式(3-73)所示：

$$[p_w] = \frac{2\delta_e[\sigma]^t \phi}{D_i + \delta_e} \tag{3-73}$$

当采用无缝钢管做筒体时相应的强度计算公式则分别为：

计算厚度： $$\delta = \frac{p_c D_o}{2[\sigma]^t \phi + p_c} \tag{3-74}$$

应力校核：
$$\sigma^t = \frac{p_c(D_o - \delta_e)}{2\delta_e} \leq [\sigma]^t\phi \qquad (3-75)$$

最大允许工作压力：
$$[p_w] = \frac{2\delta_e[\sigma]^t\phi}{D_o - \delta_e} \qquad (3-76)$$

式中　p_c——计算压力，MPa；

D_i——圆筒或球壳的内径，mm；

D_o——圆筒或球壳的外径，mm；

$[p_w]$——圆筒或球壳的最大允许工作压力，MPa；

δ——圆筒或球壳的计算厚度，mm；

δ_d——圆筒或球壳的设计厚度，mm，它是计算厚度与腐蚀裕量 C_2 之和；

δ_n——名义厚度，mm，它是将设计厚度加上钢板厚度的负偏差 C_1，并向上圆整至钢板标准规格的厚度，即图纸上标注的厚度；

δ_e——圆筒或球壳的有效厚度，mm，它是名义厚度 δ_n 与厚度附加量 C 之差；

$[\sigma]^t$——圆筒或球壳材料设计温度下的许用应力，MPa；

ϕ——焊接接头系数，$\phi \leq 1$；

Δ——钢板厚度圆整量，以设计厚度为基准，圆整至上一个钢板厚度的数值，mm；

C——厚度附加量，mm，$C = C_1 + C_2$；

C_1——钢材厚度负偏差，mm；

C_2——腐蚀裕量，mm。

由于式(3-68)仅适用于薄壁圆筒($K \leq 1.2$)的厚度设计，但是作为工程设计，在确定许用应力时已引入材料的设计系数，因此可以将其适用的厚度范围稍微扩大到最大承压(液压试验)，也就是液压试验时圆筒内壁的应力强度不高于材料屈服强度。

3.4.2　内压球壳厚度公式

同理，由承受内压球壳的薄膜应力，按照承受内压的圆筒厚度计算分析思路，则内压球壳厚度计算公式为：

$$\delta = \frac{p_c D_i}{4[\sigma]^t\phi - p_c} \qquad (3-77)$$

球壳的设计厚度、名义厚度和有效厚度的计算方法与圆筒相同，此处不再赘述。球壳的应力校核公式和最大允许工作压力分别如式(3-78)和式(3-79)所示：

$$\sigma^t = \frac{p_c(D_i + \delta_e)}{4\delta_e} \leq [\sigma]^t\phi \qquad (3-78)$$

$$[p_w] = \frac{4\delta_e[\sigma]^t\phi}{D_i + \delta_e} \qquad (3-79)$$

对于相同几何尺寸的圆筒和球壳来说，球壳承受的应力水平较低，说明其可以承受更高的外部载荷，因此，式(3-77)~式(3-79)的适用范围为 $p_c \leq 0.6[\sigma]^t\phi$。

当容器压力很低或者处于常压时，按照式(3-68)或式(3-77)计算得到的壁厚会很小，很有可能无法满足制造、运输和安装时的刚度要求。因此，GB/T 150—2011规定了壳体加工成形后不包括腐蚀裕量的最小厚度，用 δ_{min} 表示：碳素钢、低合金钢制容器，不小于3mm；高合金钢制容器（额外添加的合金元素含量超过5%）一般应不小于2mm。通常压力容器的名义厚度和最小成形厚度应标注在设计图样上。

3.4.3　设计参数确定

压力容器设计技术参数主要包含压力、温度、焊接接头系数、厚度附加量和许用应力等。

1. 设计压力

（1）压力基本概念

垂直作用在容器单位表面积上的力，也就是物理学中的压强。在压力容器设计中谈及的压力，如果没有特别指明，通常指表压力，即指该容器的内部压力与环境大气压力的差值。如果容器内部压力高于大气压力，则表压力为正（+），表示该容器承受内压作用；如果容器内部压力低于大气压力，则表压力为负（-），表示该容器承受外压作用，外压力的绝对值又称为真空度。

为强调或明确起见，可以在压力单位的后面加英文字母 G 或 g 表示表压力，加字母 A 或 a 表示绝对压力。图3-39所示为绝对压力、环境大气压力，正、负表压力以及标准大气压之间的相对关系。在工程设计中，"环境大气压力"通常按0.1MPa（A）取值，所以在压力纵坐标上，以环境大气压力作为表压力的零起点。

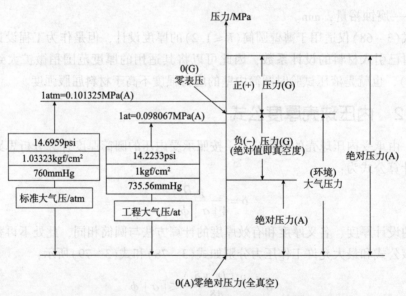

图3-39　大气压力、绝对压力和表压力之间的关系

（2）工作压力 p_w

在正常工作情况下容器顶部可能达到的最高压力。一般情况下，工作压力由工艺专业提出，作为压力容器设计的输入数据。

（3）设计压力 p

设计压力 p 是指设定的容器顶部的最高压力，与相应的设计温度一起作为设计载荷条件，其值不低于工作压力(主要基于安全考虑)。在确定压力容器的设计压力时，应考虑如下因素：

①根据容器上是否装有超压泄放装置(安全阀或爆破片)，按表3-3的规定确定相应的设计压力。

表3-3　设计压力取值方法

类型		设计压力
内压容器	无安全泄放装置	1.0~1.1倍工作压力
	装有安全阀	≥安全阀开启压力(安全阀开启压力通常取1.05~1.1倍工作压力)
	装有爆破片	取爆破片设计爆破压力+制造范围上限
真空容器	有安全泄放装置	设计外压取1.25倍最大内外压力差或0.1MPa两者中的小值
	无安全泄放装置	设计外压取0.1MPa
外压容器		设计外压取不小于在正常工作情况下可能产生的最大内外压力差
多腔室容器		根据各自腔室的工作压力分别确定各压力腔室的设计压力，方法同上

②常温储存液化气体压力容器的设计压力，应当依规定温度下的工作压力为基础确定设计压力，见表3-4。对常压储存混合液化石油气压力容器规定温度下的工作压力，按照不低于50℃时混合液化石油气组分的实际饱和蒸气压力来确定，设计图样上应注明限定的组分和对应的压力。

表3-4　设计压力取值方法

液化气体临界温度	规定温度下的工作压力		
	无保冷设施	有保冷设施	
		无试验实测温度	有试验实测最高工作温度并且能保证低于临界温度
≥50℃	50℃饱和蒸气压力	可能达到的最高工作温度下的饱和蒸气压力	
<50℃	在设计所规定的最大充装量下为50℃的气体压力	试验实测最高工作温度下的饱和蒸气压力	

(4)计算压力 p_c

计算压力 p_c 是指在相应的设计温度下，用以确定受压元件厚度的压力，其中应当考虑液柱静压力等附加载荷。当壳体各部位或元件所承受的液柱静压力小于5%设计压力时，可以忽略不计。

由两个或两个以上压力室组成的容器，如夹套容器，确定计算压力时，应考虑各室之间的最大压力差。

(5)最大允许工作压力 p_{MAWP}

最大允许工作压力(MAWP—Maximum Allowable Working Pressure)是指在设计温度下，容器顶部所允许承受的最大表压力。该压力是根据容器各受压元件的有效厚度计算所得，且取最小值。

当容器装有超压泄放装置时，最大允许工作压力可以作为容器超压限度的起始压力，充分利用容器圆整增加的厚度，尽量拉大工作压力与安全阀或爆破片泄放压力之间的压力差，使压力容器的工作更为平稳。

2. 设计温度 t

(1) 工作(操作)温度 t_w

在实际工程设计中，标注在图样上的工作温度是指工作介质的温度。容器在正常工作情况下，容器不同部位的物料温度可能不同，必要时应分别指出各部位工作温度。

(2) 金属温度 t_m

容器元件的金属温度 t_m 是指沿元件金属截面的温度平均值。元件的金属温度可按以下方法确定：通过传热计算求得；在已使用的同类容器上测定；按内部介质温度并结合外部条件近似地确定(当元件金属温度接近介质温度时)。

(3) 设计温度 t

容器在正常工作情况下，设定的元件金属温度(沿元件金属截面温度平均值)。设计压力与设计温度一起作为设计载荷条件，尽管设计温度不是压力容器强度计算公式中的参数，但它是压力容器设计中选材和确定许用应力 $[\sigma]^t$ 时的一个重要参数。确定设计温度时，应考虑：

①设计温度不得低于元件金属在工作状态可能达到的最高温度；

②对于 0℃ 以下的金属温度，设计温度不得高于元件金属可能达到的最低温度；当常温储存的压力容器壳体金属温度受大气环境温度影响时，必须考虑最低大气环境温度值。

③容器各部分在工作状态下的金属温度不同时，可分别设定每部分的设计温度。

对于大部分压力容器而言，容器的器壁与介质直接接触且外部有保温(保冷)结构时，设计温度按表 3-5 中 I 或 II 确定。

表 3-5　设计温度确定

介质工作温度 t/℃	设计温度	
	I	II
$t < -20$	介质最低工作温度	介质工作温度减去 0~10℃
$-20 < t \leqslant 15$	介质最低工作温度	介质工作温度减去 5~10℃
$t > 15$	介质最高工作温度	介质工作温度加上 15~30℃

注：当最高(低)工作温度不明确时，按表中的 II 确定。

压力容器设计选材考虑温度因素时，必须确保设计温度在材料允许使用的温度范围内，可以从 -196℃ ~ 钢材的蠕变温度范围内。具体材料的最高使用温度，在材料的许用应力表中最小应力值对应的温度即为该种材料的最高允许使用温度，至于最低使用温度值见 GB/T 150.2。

3. 焊接接头系数 ϕ

采用焊接成形的压力容器，由于焊缝可能存在气孔、咬边、夹渣、裂纹等焊接缺陷，同时焊缝热影响区金属晶粒粗大且存在热应力，导致焊接接头强度和塑性被削弱，因此焊缝成为容器强度比较薄弱的环节。为弥补焊缝对容器整体强度的削弱，在强度计算中需引入焊接接头系数。焊接接头系数 ϕ 是指对接焊接头强度与母材强度之比值。用以反映由于焊接材料、焊接缺陷和焊接残余应力等因素使焊接接头强度被削弱的程度,是焊接接头力学性能的综合反映。我国压力容器标准中的焊接接头系数仅根据压力容器的 A、B 类对接接头的焊接结构特点(单面焊、双面焊,有或无垫板)及无损检测的长度比例确定,与其他类别的焊接接头无关。局部无损检测,对低温容器检测长度不得少于各焊接接头长度的50%,对非低温容器检测长度不得少于各焊接接头长度的20%,且均不得小于 250mm。焊接接头系数按表 3-6 选取。

表 3-6　焊接接头系数

焊接接头结构	示意图	焊接接头系数 ϕ	
		100%无损检测	局部无损检测
双面焊对接接头和相当于双面焊的全焊透对接接头		1.0	0.85
单面焊对接接头(沿焊缝根部全长有紧贴基本金属的垫板)		0.90	0.80

4. 厚度

厚度是压力容器设计需要确定的最主要结构参数之一,是在设定的设计条件下,保证压力容器强度、刚度、稳定性以及使用寿命的基本条件。压力容器结构设计及强度计算中涉及计算厚度、设计厚度、名义厚度、有效厚度等多个厚度概念,弄清楚每个厚度概念的含义、作用及相互之间的关系(见图 3-40)至关重要。

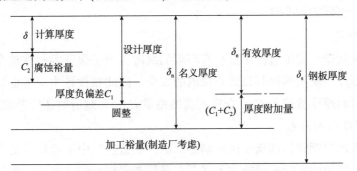

图 3-40　压力容器各种厚度之间的关系

(1)计算厚度 δ

考虑计算压力,按相应厚度计算公式计算得到的厚度,是在设计条件下保证容器强度、刚度或者稳定要求的厚度。

(2)设计厚度 δ_d

计算厚度与腐蚀裕量之和,是在设计条件下保证容器强度、刚度或者稳定要求的同时,保证容器预期的设计寿命要求的厚度。

（3）名义厚度 δ_n

设计厚度加上钢材厚度负偏差后向上圆整至钢材标准规格的厚度，一般为标注在设计图样上的厚度。

（4）有效厚度 δ_e

有效厚度 δ_e 指名义厚度减去腐蚀裕量和钢材厚度负偏差，它是决定容器实际承载能力的厚度，一般用来校核容器的强度和稳定性，也是确定最大允许工作压力的主要参数。

（5）最小厚度 δ_{min}

对设计压力较低的容器，由于计算厚度值比较小，考虑要满足制造工艺需求以及运输和安装过程中的刚度和稳定性要求，同时根据工程实践经验规定的厚度值，其值不包括腐蚀裕量。

（6）钢板的厚度系列

压力容器设计最终选用的钢板厚度数值应符合冶金产品的标准规定。按照 GB/T 709—2019《热轧钢板和钢带的尺寸、外形、重量及允许偏差》规定，单轧钢板的公称厚度小于30mm 的钢板按0.5mm 倍数的任何尺寸；厚度不小于30mm 的钢板按1mm 倍数的任何尺寸。表3-7 所示为工程设计中常用的钢板系列厚度。

表3-7　钢板常用的厚度系列尺寸

2.0	2.5	3.0	3.5	4.0	4.5	(5.0)	6.0	7.0	8.0	9.0	10.0	11	12
14	16	18	20	22	25	28	30	32	34	36	38	40	42
46	50	55	60	65	70	75	80	85	90	95	100	105	110
115	120	125	130	140	150	160	165	170	180	185	190	195	200

注：5.0mm 为不锈钢板的常用厚度。

5. 厚度附加量

压力容器在制造、使用过程中都会有厚度的减薄，为了保证容器在整个使用过程中保有需要的设计厚度，从而确保其设计寿命内的安全，因此在设计中应考虑厚度附加量。厚度附加量包括材料厚度负偏差 C_1、介质的腐蚀裕量 C_2，在制造时还应考虑加工裕量。

（1）钢材厚度负偏差 C_1

无论是钢板还是钢管，都属于机械制造产品，制造过程中不可避免地会有厚度尺寸公差。为保证压力容器的实际承载能力不降低，必须考虑钢材的负偏差。钢板或钢管的厚度负偏差应按相应钢材标准的规定选取。GB/T 713—2023《承压设备用钢板和钢带》规定钢板厚度负偏差应符合 GB/T 709—2019 中的 B 类负偏差（固定负偏差为 -0.03mm）。对于其他用于制造压力容器的结构钢钢板或钢管均应符合相关标准的规定。

（2）腐蚀裕量 C_2

为防止压力容器受压元件在其服役过程中由于腐蚀、机械磨损而导致的厚度减薄，设计过程中应考虑实际工况确定一定的腐蚀裕量：对于有均匀腐蚀或者冲蚀、磨损的元件，应根据容器设计使用年限和介质对材料的腐蚀速率（或冲蚀、磨损速率）确定腐蚀裕量。当容器各元件受到的腐蚀程度不同时，可以采用不同的腐蚀裕量，当介质为压缩空气，水蒸气或者水的碳素钢或者低合金钢，容器腐蚀裕量不小于1mm，对于不锈钢，当介质的腐蚀性很小时，腐蚀裕量可取0。

腐蚀裕量的设置仅对均匀腐蚀有良好的预防效果，对于应力腐蚀、晶间腐蚀和点蚀等局部腐蚀应主要从耐蚀材料的选择考虑。

(3)加工裕量

考虑制造过程中冷热加工工艺的材料损耗问题，建造容器用的钢板厚度还应考虑加工裕量（又称加工减薄量）。1989年以前设计依据《钢制石油化工压力容器设计规定》规定：在厚度附加量中计入加工裕量，并由设计者根据容器的不同冷热加工成型状况选取加工裕量；GB 150—1989《钢制压力容器》规定：设计者在图纸上注明的厚度不包括加工裕量，加工裕量由制造单位依据各自的加工工艺和加工能力自行确定，只要保证产品的实际厚度不小于名义厚度减去钢板厚度负偏差即可；GB 150—1998《钢制压力容器》进一步规定：对冷卷圆筒，投料的钢板厚度不得小于名义厚度减去钢板厚度负偏差；对凸形封头和热卷筒节成形后的厚度不小于该部件的名义厚度减去钢板厚度负偏差；GB/T 150—2011《压力容器》依然把加工裕量的确定交给制造厂处理，即由制造厂根据图样中名义厚度和最小成形厚度以及制造工艺自行决定加工裕量，同时也考虑如果设计者根据设计经验和制造的实际经验，已经在设计中考虑了加工减薄量的需要，则应在设计图样中予以说明。

6. 许用应力

许用应力是压力容器受压元件的材料许用强度，取材料强度失效判据对应的极限应力（σ^0）与材料安全系数 n 之比，即：

$$[\sigma]^t = \frac{极限应力(\sigma^0)}{安全系数(n)}$$

(1)极限应力 σ^0 的取法

选用材料的哪一个强度指标作为极限应力来确定许用应力，与部件的使用条件及失效准则有关。我国中低压容器的规则设计，选用弹性失效设计准则第一强度理论建立强度条件。依据设计准则，根据容器的不同工作情况，极限应力 σ^0 可以是 R_m、R_{eL}（$R_{p0.2}$）、R_{eL}^t（$R_{p0.2}^t$）、R_D^t 和 R_n^t。

对于由塑性材料制造的承压元件，应保证其在工作时不发生全面的塑性变形，即大面积屈服，以防止材料发生应变硬化，强度升高，塑性、韧性和耐腐蚀性降低。一般都以屈服强度 R_{eL}^t（$R_{p.2}^t$）作为确定许用应力的基础。

对于脆性材料或没有明显屈服强度的塑性材料，常以抗拉强度 R_m 来确定许用应力，即以材料的断裂作为限制条件。

对于锅炉和压力容器的承压部件，其最大的不安全性是断裂，而且以 R_m 确定许用应力有悠久的历史，已成习惯。因此，对于工作壁温为常温（<200℃）的承压部件，其许用应力应满足上述塑性变形和以断裂为限制这两个条件，即许用应力：

$$[\sigma] = \min\left\{\frac{R_m}{n_b}, \frac{R_{eL}(R_{p0.2})}{n_s}\right\}$$

特别是对高强度钢制的承压部件，以 R_m 为基准确定许用应力就更为必要。

对于工作壁温高于常温而低于高温的中温容器承压部件，要考虑温度对材料强度的影响（R_m 随着温度先升高再降低；而 R_{eL} 则随着温度升高不断下降），其许用应力：

$$[\sigma]^t = \min\left\{\frac{R_m}{n_b}, \frac{R_{eL}^t(R_{p0.2}^t)}{n_s}\right\}$$

对于达到材料蠕变温度（对碳钢和低合金钢大于420℃，铬钼合金钢大于450℃，奥氏体不锈钢大于550℃）的高温条件下工作的承压部件，一方面要考虑高温蠕变极限（R_n^t），另一方面还要考虑材料的长期高温持久强度指标（R_D^t）。因此，高温承压部件的许用应力为：

$$[\sigma]^t = \min\left\{\frac{R_{eL}^t(R_{p0.2}^t)}{n_s}, \frac{R_n^t}{n_n}, \frac{R_D^t}{n_D}\right\}$$

式中 R_m、$R_{eL}(R_{p0.2})$——常温下材料的抗拉强度和屈服强度，MPa；

$R_{eL}^t(R_{p0.2}^t)$——设计温度下材料的屈服强度，MPa；

R_n^t、R_D^t——设计温度下材料的蠕变极限和持久强度，MPa；

n_b、n_s、n_n、n_D——抗拉强度、屈服强度、蠕变极限和持久强度对应的安全系数。

（2）安全系数

安全系数的合理选择是设计中一个比较复杂和关键的问题，因为它与许多因素有关，其中主要包括：

①压力容器应力分析计算方法的准确性、可靠性和受力分析的精确程度；

②材料的质量、焊接检验等制造技术水平；

③容器的工作条件，如压力、温度和温度波动及容器在生产中的重要性和危险性等。

安全系数 n 是一个不断发展变化的参数。按照科学技术水平发展的总趋势，安全系数将逐渐变小。目前我国 GB/T 150—2011 推荐的中低压容器用材和螺栓的安全系数见表3-8和表3-9。

表3-8　钢材（螺栓材料除外）许用应力取值

材料	许用应力/MPa	材料	许用应力/MPa
碳钢、低合金钢	$\min\left\{\frac{R_m}{2.7}, \frac{R_{eL}}{1.5}, \frac{R_{eL}^t}{1.5}, \frac{R_D^t}{1.5}, \frac{R_n^t}{1.0}\right\}$	镍基镍合金	$\min\left\{\frac{R_m}{2.7}, \frac{R_{p0.2}}{1.5}, \frac{R_{p0.2}^t}{1.5}, \frac{R_D^t}{1.5}, \frac{R_n^t}{1.0}\right\}$
高合金钢	$\min\left\{\frac{R_m}{2.7}, \frac{R_{eL}(R_{p0.2})}{1.5}, \frac{R_{eL}^t(R_{p0.2}^t)}{1.5}, \frac{R_D^t}{1.5}, \frac{R_n^t}{1.0}\right\}$	铝及铝合金	$\min\left\{\frac{R_m}{3.0}, \frac{R_{p0.2}}{1.5}, \frac{R_{p0.2}^t}{1.5}\right\}$
钛及钛合金	$\min\left\{\frac{R_m}{2.7}, \frac{R_{p0.2}}{1.5}, \frac{R_{p0.2}^t}{1.5}, \frac{R_D^t}{1.5}, \frac{R_n^t}{1.0}\right\}$	铜及铜合金	$\min\left\{\frac{R_m}{3.0}, \frac{R_{p0.2}}{1.5}, \frac{R_{p0.2}^t}{1.5}\right\}$

注：①对奥氏体高合金钢制受压元件，当设计温度低于蠕变范围，且允许有微量的永久变形时，可适当提高许用应力至 $0.9R_{p0.2}^t$，但不超过 $R_{p0.2}^t/1.5$。此规定不适用于法兰或其他有微量永久变形就产生泄漏或故障的场合；

②如引用标准规定了 $R_{p1.0}$ 或 $R_{p1.0}^t$，则可以选用该值计算其许用应力；

③根据设计使用年限选用 1.0×10^5h、1.5×10^5h、2.0×10^5h 等持久强度极限值。

表3-9 钢制螺栓材料许用应力取值

材料	螺栓直径/mm	热处理状态	许用应力/MPa 取下列各值的最小值	
碳素钢	≤M22	热轧、正火	$\dfrac{R_{eL}^t}{2.7}$	$\dfrac{R_D^t}{1.5}$
	M24 ~ M48		$\dfrac{R_{eL}^t}{2.5}$	
低合金钢、马氏体高合金钢	≤M22	调质	$\dfrac{R_{eL}^t(R_{p0.2}^t)}{3.5}$	
	M24 ~ M48		$\dfrac{R_{eL}^t(R_{p0.2}^t)}{3.0}$	
	≥M52		$\dfrac{R_{eL}^t(R_{p0.2}^t)}{2.7}$	
奥氏体高合金钢	≤M22	固溶	$\dfrac{R_{eL}^t(R_{p0.2}^t)}{1.6}$	
	M24 ~ M48		$\dfrac{R_{eL}^t(R_{p0.2}^t)}{1.5}$	

关于压力容器设计所用材料的许用应力,我国有关技术部门已根据上述原则将其计算出来,设计者可以根据所选用材料的种类、牌号、尺寸规格及设计温度直接查取(或见附录A钢板许用应力表)。

3.4.4　耐压试验

为确保压力容器安全可靠,压力容器制成后(或检修后投入生产前)均需进行耐压试验,且合格后才能投入使用。

1. 耐压试验目的

压力容器在制造过程中,尽管对材料、冷热加工、焊接、组装乃至热处理等很多环节都进行了检查和检验,但因检查方法和检验范围的局限性,无法完全避免材料缺陷和制造工艺缺陷的存在,因此必须在容器制造完成后进行耐压试验,以使无法检出的缺陷导致的安全隐患得以充分暴露,这是一种最直观简单的综合检验。

对于内压容器来说,耐压试验的目的是在超工作压力下,考察容器的整体强度、刚度和稳定性,检查焊接接头的致密性,验证密封结构的密封性能,消除或降低焊接残余应力、局部不连续区的峰值应力,对微裂纹产生闭合效应,钝化微裂纹尖端;对于外压容器来说,在外压作用下,容器中的缺陷受压应力的作用,不可能发生开裂,且外压临界失稳压力主要与容器的几何尺寸、制造精度有关,与缺陷无关,一般不用外压试验来考核其稳定性,而以内压试验进行"试漏",检查焊接接头的致密性并验证密封结构的密封性能。

2. 耐压试验的类别和要求

制造完工(或检修完成投用之前)的容器,应按图样规定进行耐压试验,根据容器的具体条件可以进行液压试验、气压试验或气液组合压力试验。

（1）液压试验

液压试验一般采用水，需要时也可采用不会导致发生危险的其他液体。试验时液体的温度应低于其闪点或沸点。奥氏体不锈钢制容器用水进行液压试验后，应将水渍清除干净，当无法清除干净时，应控制水中 Cl⁻ 含量不超过 25mg/L，以防止 Cl⁻ 可能引起的应力腐蚀。

①试验温度。对碳钢、Q345R、Q370R 和 07MnMoVR 钢制容器，进行液压试验时液体温度不得低于 5℃；对其他低合金钢制容器进行液压试验时，液体温度不得低于 15℃。上述温度的限制以该类材料的无延性转变温度（NDT）为依据，如果由于板厚等因素造成材料的 NDT 升高，则须相应提高试验液体温度。

②试验方法。试验时容器顶部应设排气口，充液时应将容器内的空气排净，试验过程中应保持容器观察表面干燥。试验时压力应缓慢上升至设计压力，若无泄漏，再缓慢上升。达到规定的试验压力后，保压时间一般不少于 30min。然后将压力降至规定试验压力的 80%，并保持足够长的时间，以对所有焊接接头和连接部位进行检查。如有渗漏，修补后重新试验，直至合格。

对于由两个或两个以上压力室组成的多腔压力容器，应在图样上分别注明各个压力室的试验压力，并校核相邻壳壁在试验压力下的稳定性。如不能满足稳定性要求，则应先进行泄漏情况检查，确认相邻压力室之间不漏液后再进行耐压试验。在进行耐压试验时，相邻压力室应保持一定压力，以使整个压力试验过程（包括升压、保压和卸压）中任一时间内，各压力室的压力差不超过允许压差。

③合格要求。液压试验的压力容器符合无渗漏、无可见的变形、试验过程中无异常的响声条件时，判定为合格。

（2）气压试验

由于结构或支承原因，不能向压力容器内充灌液体，以及运行条件不允许残留试验液体的压力容器可以采用气压试验。由于气体具有可压缩性，所以气压试验比液压试验危险性大，试验过程应有完善的安全措施。试验所用气体应为干燥洁净的空气、氮气或其他惰性气体。

①试验温度。对碳素钢和低合金钢制容器，气压试验时介质温度不得低于 15℃；对其他钢制容器，气压试验温度按图样规定。

②试验方法。试验时压力应缓慢上升，至规定试验压力的 10%，保压 5～10min，然后对所有焊接接头和连接部位进行初次泄漏检查，如有泄漏，修补后重新试验。初次泄漏检查合格后，方可继续缓慢升压至规定试验压力的 50%，其后按每级为规定试验压力的 10% 的级差逐级增至规定试验压力。保压 10min 后，将压力降至规定设计压力，并保持足够长的时间后再次进行检查，如有泄漏，修补后再按上述规定重复试验。气压试验过程中严禁带压紧固螺栓。

③合格要求。气压试验的压力容器符合无可见的变形、试验过程中无异常的响声、经过肥皂液或者其他检漏液检查无泄漏条件时，判定为合格。

（3）气液组合压力试验

对于因基础承重等原因无法注满液体进行耐压试验的压力容器，可根据承重能力先注入部分试验液体，然后注入试验气体，进行气液组合压力试验。试验用的液体、气体与液压试验和气压试验的要求相同。气液组合压力试验的温度、升降压要求、安全防护要求以及合格标准与气压试验要求相同。

3. 耐压试验压力确定

试验压力 p_T 是指在耐压试验时容器顶部的压力。对立式设备（如塔器等）当进行卧置试验时，试验压力应计入立置试验时的液柱静压力；工作条件下内装介质的液柱静压力大于液压试验的液柱静压力时，应适当考虑增加相应的试验压力。

（1）内压容器的试验压力

液压试验：

$$p_T = 1.25p \frac{[\sigma]}{[\sigma]^t} \qquad (3-80)$$

气压试验或气液组合压力试验：

$$p_T = 1.1p \frac{[\sigma]}{[\sigma]^t} \qquad (3-81)$$

式中　p_T——试验压力，MPa；

　　　p——设计压力，MPa；

　　$[\sigma]$——容器元件材料在试验温度下的许用应力，MPa；

　$[\sigma]^t$——容器元件材料在设计温度下的许用应力，MPa。

容器铭牌上规定有最大允许工作压力时，公式中应以最大允许工作压力代替设计压力 p；如果容器各元件（圆筒、封头、接管、法兰及紧固件等）所用材料不同，应取各元件材料的 $[\sigma]/[\sigma]^t$ 中的最小者。

（2）外压容器的试验压力

由于是以内压代替外压进行试验，已将工作时趋于闭合状态的器壁和焊缝中的缺陷以"张开"状态接受检验，因而不需要考虑温度修正，外压容器的试验压力如下。

液压试验：　　　　　　　　　$p_T = 1.25p \qquad (3-82)$

气压试验或气液组合压力试验：　　$p_T = 1.1p \qquad (3-83)$

4. 耐压试验应力校核

为保证耐压试验时容器材料处于弹性状态，在耐压试验前必须按式（3-84）、式（3-85）校核试验时筒体的薄膜应力。壳体最大总体薄膜应力 σ_T 应满足

液压试验：　　　　$\sigma_T = \dfrac{p_T(D_i + \delta_e)}{2\delta_e} \leqslant 0.9\phi R_{eL} \qquad (3-84)$

气压试验或气液组合试验：$\sigma_T = \dfrac{p_T(D_i + \delta_e)}{2\delta_e} \leqslant 0.8\phi R_{eL} \qquad (3-85)$

式中　σ_T——圆筒壁在试验压力下的环向应力，MPa；

　　R_{eL}——壳体材料在试验温度下的屈服强度（或 $R_{P0.2}$），MPa；

　　　ϕ——圆筒的焊接接头系数。

3.4.5 泄漏试验

泄漏试验的目的是考察焊接接头的致密性和密封结构的密封性能，检查重点是可拆密封装置和焊接接头等部位。泄漏试验应在耐压试验合格后进行。并不是每台压力容器制造过程中都需要进行泄漏试验，是否需做泄漏试验取决于容器内介质性质和容器安全使用的要求。对介质的毒性程度为极度、高度危害或者设计上不允许有微量泄漏的压力容器，应在耐压试验合格后方可进行泄漏试验；真空绝热容器，一旦有微量泄漏，容器将丧失绝热状态，严重影响容器的安全性，也应在耐压试验合格后进行泄漏试验。

泄漏试验根据试验介质的不同，分为气密性试验、氨检漏试验、卤素检漏试验和氦检漏试验等。工程实践中，如不特别指明，泄漏试验通常指气密性试验。

（1）气密性试验

气密性试验所用的气体应选干燥洁净的空气、氮气或者其他惰性气体，试验压力为压力容器的设计压力。气密性试验的试验压力、试验介质和试验要求应在图样上注明。

气密性试验时，一般应将安全附件装配齐全，保压足够时间无泄漏为合格。气密性试验的试验温度应当比容器器壁金属无延性转变温度高30℃。

（2）氨检漏试验

氨检漏试验时，可采用氨–空气法、氨–氮气法、100%氨气法等方法。氨的浓度、试验压力、保压时间以及试验操作程序，按照设计图样的要求执行。

（3）卤素检漏试验

卤素检漏试验时，容器内的真空度要求、采用卤素气体种类、试验压力、保压时间以及试验操作程序，按照设计图样的要求执行。

（4）氦检漏试验

氦检漏试验时，容器内的真空度要求、氦气的浓度、试验压力、保压时间以及试验操作程序，按照设计图样的要求执行。

当对容器做定期检查时，若容器内有残留易燃气体会导致爆炸，则不得使用空气作为介质。

以上主要介绍了压力容器的强度设计计算的内容，实际上容器的设计远不仅是设计计算，它包括满足化学工艺要求以及满足合理的应力分布和制造工艺的结构设计，包括介质环境对其危害程度等方面选用合宜的材料，还包括从强度、刚度和稳定性的设计计算，以及保证制造工艺达到规定要求所必需的检验手段等各方面。而这几个方面都是相互关联、相互制约的，因此，作为设计工程师必须从各有关方面全面分析，以做出合理的设计。

[例题3–1]已知某内压圆筒形容器，介质为气体，其工作压力 $p_w = 1.5\text{MPa}$，装有安全阀，且安全阀的整定压力为 $1.1p_w$。设计温度为100℃，圆筒 $D_i = 2000\text{mm}$。材料选用Q345R，$[\sigma]^t = 189\text{MPa}$。腐蚀裕量为1.5mm，要求采用双面对接焊缝，局部探伤。①确定该容器计算厚度、设计厚度、名义厚度、有效厚度。②进行水压试验强度校核。$[\sigma]/[\sigma]^t \approx 1$。

[解]确定设计参数：双面对接焊缝，局部探伤，$\phi = 0.85$，负偏差 $C_1 = 0.3\text{mm}$；腐蚀裕量为 $C_2 = 1.5\text{mm}$

（1）设有安全阀的压力容器其设计压力不应低于安全阀的整定压力，则计算压力为：

$$p_c = p = 1.1 p_w = 1.1 \times 1.5 = 1.65 \text{MPa}$$

①计算厚度：$\delta = \dfrac{p_c D_i}{2 [\sigma]^t \phi - p_c} = \dfrac{1.65 \times 2000}{2 \times 189 \times 0.85 - 1.65} = 10.32 \text{mm}$

②设计厚度：$\delta_d = \delta + C_2 = 10.32 + 1.5 = 11.82 \text{mm}$

③名义厚度：$\delta_n = \delta_d + C_1 + \Delta = 11.82 + 0.3 + \Delta = 14 \text{mm}$，$\Delta = 1.88$

④有效厚度：$\delta_e = \delta_n - C = 14 - 1.5 - 0.3 = 12.2 \text{mm}$

（2）$p_T = 1.25 p \dfrac{[\sigma]}{[\sigma]^t} = 1.25 \times 1.65 \times 1 = 2.06 \text{MPa}$

$$\sigma_T = \dfrac{p_T (D_i + \delta_e)}{2 \delta_e} = \dfrac{2.06 \times 2012.2}{2 \times 12.2} = 169.88 \text{MPa}$$

$\sigma_T \leqslant 0.9 \phi R_{eL} = 0.9 \times 0.85 \times 345 = 263.93 \text{MPa}$

水压试验强度合格！

3.5　内压圆筒的封头设计

压力容器封头的种类较多。根据几何形状不同，压力容器的封头可分为凸形封头、锥形封头（含偏心锥壳）、平盖、变径段、紧缩口等。其中，凸形封头包括半球形封头、椭圆形封头、碟形封头和球冠形封头。

封头作为压力容器的主要受压元件，因为封头和筒体相连，所以在确定封头的厚度时，一方面要考虑封头本身由于介质压力引起的薄膜应力，另一方面还要考虑封头与圆筒连接处的边缘应力。连接处的总应力大小与封头的型式、尺寸、封头与圆筒厚度的比值大小有关。因此封头厚度的设计计算基本公式，以封头壳体的内压薄膜应力作为强度判据中的基本应力，而把由不连续效应产生的边缘应力的影响以应力增强系数或形状系数的形式引入厚度计算式。应力增强系数根据有力矩理论导出，并通过应力测试实验加以修正。

目前压力容器的封头大多已经标准化，因此工程设计中一般应优先选用封头标准中推荐的型式与参数，然后根据受压情况进行强度计算，统筹考虑与筒体厚度的匹配性确定封头的合理厚度。

3.5.1　半球形封头

半球形封头是由半个球壳构成，如图3-41所示。在直径、壁厚和工作压力相同的条件下，半球形封头中的薄膜应力为相同直径的圆筒的1/2，且两向薄膜应力相等，沿经线均匀分布。故从受力分析来看，半球形封头是最理想的结构型式。但是小直径半球形封头深度较大，整体冲压较为困难，加工难度大。大直径的半球形封头通常采用分瓣冲压然后现场焊接的方式，拼焊的工作量大。半球形封头常用在高压容器上，如加氢反应器的上下封头。

半球形封头强度计算公式同内压球壳计算式（3-77）。由于半球形封头厚度只有与之相连接的筒体厚度的1/2左右，两者相连接时，为避免厚度突变引起过大边缘应力，一般采用圆筒连接边缘削薄，或封头边缘堆焊的办法，使两者光滑连接，如图3-42所示。如采用圆筒边缘削薄的方法，应保证削薄处的周向薄膜应力不超过许用值。

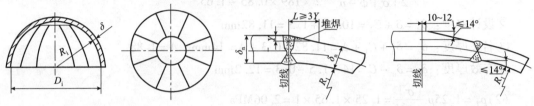

图3-41　半球形封头　　　　　　　　图3-42　封头与筒体连接不等厚连接示意

3.5.2　椭圆形封头

椭圆形封头是由半个椭球和一个短圆筒(直边段)组成，如图3-43所示。设置直边段的作用在于避免封头和圆筒的连接处边缘应力区与焊缝区重叠，以改善连接边缘区和焊缝区的受力状况。由于封头椭球部分经线曲率变化平滑连续，故应力分布比较均匀，且椭圆形封头深度较半球形封头小得多，易于冲压成形，目前中、低压容器中应用较多的是标准椭圆封头。

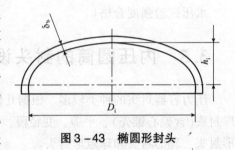

图3-43　椭圆形封头

受内压椭圆形封头中的应力，包括内压引起的薄膜应力和封头与圆筒连接处不连续应力的叠加。研究表明，在一定条件下，椭圆形封头中的最大应力和圆筒周向薄膜应力的比值，与椭圆形封头长、短轴之比 m 有关，见图3-44中的虚线。由图可知，封头中的最大应力的位置和大小都随 m 数值而变化，在 $m = 1.0 \sim 2.6$ 范围内，工程设计采用式(3-86)近似代替该曲线。

$$K = \frac{1}{6}\left[2 + \left(\frac{D_i}{2h_i}\right)\right] \qquad (3-86)$$

图3-44　椭圆形封头的应力增强系数

K 称为椭圆形封头的形状系数或者应力增强系数(见表3-10)，等于封头上最大总应力与圆筒周向薄膜应力的比值；那么封头最大总应力与等直径半球形封头周向薄膜应力之比则为 $2K$。因此，对于 $m = 1.0 \sim 2.6$ 的椭圆形封头，其最大总应力为等直径的半球形封头薄膜应力的 $2K$ 倍，则以内径为基准的椭圆形封头厚度计算公式可以用直径为 D_i 的半球形封头厚度乘以 $2K$ 获得，即式(3-87)：

$$\delta_h = \frac{K p_c D_i}{2\,[\sigma]^t \phi - 0.5 p_c} \qquad (3-87)$$

当 $D_i/2h_i = 2(m = 2)$，此时为标准椭圆形封头，形状系数 K 为1，此时的厚度计算公式如式(3-88)所示：

$$\delta_h = \frac{p_c D_i}{2[\sigma]^t \phi - 0.5p_c}$$ (3-88)

椭圆形封头的最大允许工作压力按照式(3-89)计算：

$$[p_w] = \frac{2\delta_{eh}[\sigma]^t \phi}{KD_i + 0.5\delta_{eh}}$$ (3-89)

式中　δ_{eh}——椭圆形封头壁厚的有效厚度。

表3-10　应力增强系数 K 值

$D_i/2h_i$	2.6	2.4	2.2	2.0	1.8	1.6	1.4	1.2	1.0
K	1.46	1.29	1.14	1.0	0.87	0.76	0.66	0.57	0.50

从薄膜应力角度来分析，椭圆形封头的应力情况不如半球形封头，沿经线各点的应力是变化的，顶点处应力最大，但比其他形式的封头要好。当 $D_i/2h_i = 2$ 时，$K=1$，即为标准椭圆形封头，此时椭圆形封头可达到与筒体等强度，这是标准椭圆形封头被广泛采用的原因之一。对于 $D_i/2h_i \geqslant \sqrt{2}$ 的椭圆封头，在内压下赤道附近出现周向压应力，这样的内压椭圆封头尽管满足了强度要求，但存在发生周向皱褶而导致局部屈曲失效的可能。为防止在封头转角区域(赤道附近)的周向应力造成屈曲失效，工程设计上依据实践经验，采用限制椭圆封头最小厚度的方法。GB/T 150—2011 规定对 $D_i/2h_i \leqslant 2$ 的椭圆形封头的有效厚度应不小于封头内直径的0.15%，$D_i/2h_i > 2$ 的椭圆形封头有效厚度应不小于封头内直径的0.30%。但当确定封头厚度时已考虑了内压下的弹性失稳问题，可不受此限制。

3.5.3　碟形封头

如图3-45所示，碟形封头由三部分组成，以 R_i 为内半径的球面部分，与圆筒相连有一定高度的圆筒部分，连接以上两部分的转角内半径为 r 的折边过渡区部分。碟形封头由于深度浅，易于成形加工，特别适合用旋压法成形，尤其一些大直径封头，加工制造比同规格椭圆形封头要简单，使碟形封头的应用范围较为广泛。

从几何形状来看，碟形封头的经线由曲率半径不同的曲线组成，是一条不连续曲线，在压力作用下经线不连续处会产生较大的边缘应力。严格地讲，受内压碟形封头的应力分析、计算应采用有力矩理论，但其求解复杂。对碟形封头的失效研究表明，在内压作用下折边过渡部分包括不连续应力在内的总应力比中心球面部分的总应力大。这部分的最大总应力和中心球面部分最大总应力之比可用 r/R_i 的关系式表示为 $\dfrac{20r/R_i + 3}{20r/R_i + 1}$，如图3-46中虚线所示的曲线。据此，Marker 导出球面部分最大总应力为基础的近似修正系数 M：

$$M = \frac{1}{4}\left(3 + \sqrt{\frac{R_i}{r}}\right)$$ (3-90)

式中，M 为碟形封头形状系数或应力增强系数，即碟形封头过渡区总应力为球面部分应力的 M 倍，其值见图3-46中的实线。由球壳薄膜应力公式乘以 M 可得碟形封头厚度计算公式为：

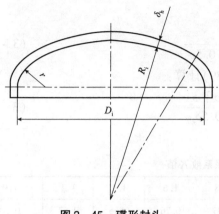

图3-45 碟形封头

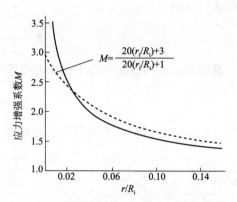

图3-46 碟形封头的应力增强系数

$$\delta_{\mathrm{h}} = \frac{Mp_{\mathrm{c}}R_{\mathrm{i}}}{2[\sigma]^{\mathrm{t}}\phi - 0.5p_{\mathrm{c}}} \tag{3-91}$$

由图3-46可知，碟形封头的强度与过渡区半径 r 有关，r 过小，则封头应力过大。因而，将封头的形状限于 $r \geq 0.01D_{\mathrm{i}}$，$r \geq 3\delta$ 且 $R_{\mathrm{i}} \leq D_{\mathrm{i}}$。对于标准碟形封头，$R_{\mathrm{i}} = 0.9D_{\mathrm{i}}$，$r = 0.17D_{\mathrm{i}}$，此时 $M = 1.325$，则标准碟形封头的计算公式为：

$$\delta_{\mathrm{h}} = \frac{1.2p_{\mathrm{c}}D_{\mathrm{i}}}{2[\sigma]^{\mathrm{t}}\phi - 0.5p_{\mathrm{c}}} \tag{3-92}$$

承受内压的碟形封头的最大允许工作压力按式(3-93)计算：

$$[p_{\mathrm{w}}] = \frac{2[\sigma]^{\mathrm{t}}\phi\delta_{\mathrm{e}}}{MR_{\mathrm{i}} + 0.5\delta_{\mathrm{e}}} \tag{3-93}$$

与椭圆形封头相仿，对于承受内压的碟形封头在边缘连接处同样可能出现过高压应力而导致失稳，为避免这种情况，GB/T 150.3—2011《压力容器 第3部分：设计》规定，对于 $M \leq 1.34$ 的碟形封头，其有效厚度应不小于内直径的 0.15%，$M > 1.34$ 的碟形封头的有效厚度应不小于 0.30%。但当确定封头厚度时已考虑了内压下的弹性失稳问题，可不受此限制。

3.5.4 球冠形封头

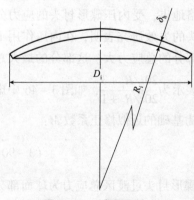

图3-47 球冠形封头

球冠形封头又称无折边球形封头。为了进一步降低凸形封头的高度，将碟形封头的直边及过渡圆弧部分去掉，只留下球面部分，并把它直接焊在筒体上，这就构成了球冠形封头，如图3-47所示。

球冠形封头多数情况下用作容器中两独立受压室的中间封头，也可用作端封头，如图3-48所示。由于这种封头采用球面部分与筒体连接的T形焊接接头型式，受力状况不好，在压力作用下，焊接连接区域将出现较大的不连续应力，焊缝连接区域将成为危险源，因此必须采用全焊透结构，而且不连续区域内的封头和筒体均需做局部加强处理。

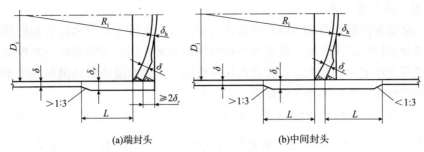

(a)端封头   (b)中间封头

图 3 – 48 球冠形端封头和中间封头

受内压（凹面受压）球冠形封头及连接区域加强段的厚度详细计算方法参见GB/T 150.3—2011。

3.5.5 锥形封头

锥形封头是工程上常用的一种封头结构，广泛应用于多种化工设备如蒸发器、喷雾干燥器、结晶器、焦炭塔等的底盖，其优点是便于收集与卸除这些设备中的固体物料。此外，有一些塔设备上、下部分直径不等，也常用锥壳将之连接，这时的锥壳称为变径段。

1. 结构特点

由于锥形封头两端与圆筒连接存在曲率半径突变，因此会产生较大的边缘应力。为限制连接处的边缘应力，锥形封头按照结构不同可分为无折边和有折边两种型式，如图 3 – 49 所示。图 3 – 49(a) ~ (c)分别为无折边锥形封头、大端折边锥形封头和两端折边锥形封头。此处的折边功能有两个作用：一是降低了锥壳与圆筒壳直接相连处的曲率半径突变程度，降低边缘应力的大小；二是直边段的存在使焊接接头避开边缘应力区。但是折边的存在也增大了锥形封头的制造难度。

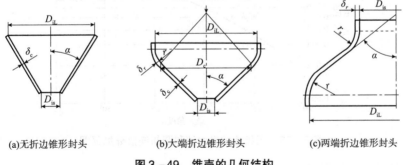

(a)无折边锥形封头   (b)大端折边锥形封头   (c)两端折边锥形封头

图 3 – 49 锥壳的几何结构

在工程设计中，根据锥壳半锥角 α 的不同，应采用不同结构的锥形封头。当 $\alpha \leqslant 30°$ 时，允许采用无折边结构锥壳。当 $30° < \alpha \leqslant 45°$ 时，小端允许无折边，而大端应有折边。当 $45° < \alpha \leqslant 60°$ 时，锥壳大端和小端都应有折边，并且大端折边锥壳的过渡段转角半径 r 应不小于封头大端内直径 D_{iL} 的 10%，并且不小于该过渡段厚度 δ_r 的 3 倍。小端折边锥壳的过渡段转角半径 r_s 应不小于封头小端内直径 D_{is} 的 10%，并且不小于该过渡段厚度 δ_r 的 3 倍。当 $\alpha > 60°$ 时，锥壳按照平盖考虑或者采用应力分析确定。

2. 锥形封头厚度计算

锥壳强度通常由锥壳两端与圆筒连接处的边缘应力和锥壳承受内压引起的薄膜应力决定，故需要分别计算锥壳厚度、锥壳大小端加强段厚度。倘若只考虑由一种厚度组成，则需要取上述所有厚度中的最大值。并且在任一情况下，过渡段或者加强段厚度不得小于与其连接的锥壳厚度，并且不小于圆筒内直径的 0.3%。

由锥形壳体的薄膜应力求解公式不难发现，其最大应力为位于锥壳大端的周向应力，即 $\sigma_\theta = \dfrac{pD}{2\delta\cos\alpha}$，将公式中的壳体中面直径 D 用锥壳大端直径 D_c 和计算厚度 δ_c 表示，即 $D = D_c + \delta_c\cos\alpha$，按弹性失效设计准则第一强度理论，考虑焊接对于结构的削弱作用，引入焊接接头系数 ϕ，则可得到锥形封头厚度计算公式(3-94)。

$$\delta_c = \frac{p_c D_c}{2\,[\sigma]^t\phi - p_c\cos\alpha}\cdot\frac{1}{}$$

$$(3-94)$$

当锥壳由同一半顶角的几个不同厚度的锥壳段组成时，D_c 分别为各锥壳大端内直径。

(1)无折边锥壳大端厚度

当无折边锥壳和圆筒进行连接时，由于两者的经线方向不一致，导致连接处既有几何结构突变引起的边缘应力，同时还存在由两者经向应力不平衡产生的横向推力所引起的局部弯曲应力。因此，在设计时需要考虑对连接处的锥壳和筒体进行加强。依据 GB/T 150.3—2011 规定，无折边锥壳大端的壁厚按照以下步骤进行计算。

①第一步参照图 3-50 判断是否需要在连接处进行加强。倘若不需要加强，则锥壳大端按照式(3-94)进行计算。

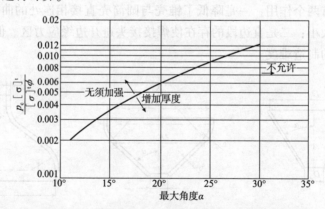

图 3-50　无折边锥壳大端和圆筒连接处加强图

②当连接处需要加强时，则应在锥壳大端和圆筒连接处设置加强段，锥壳加强段和圆筒加强段应具有相同的厚度 δ_r，按照式(3-95)计算。

$$\delta_r = \frac{Q_1 p_c D_{iL}}{2\,[\sigma]^t\phi - p_c}$$

$$(3-95)$$

式中　Q_1——大端应力增值系数，由图 3-51 查取；

　　　D_{iL}——锥壳大端内直径。

如果圆筒计算壁厚 δ 和锥壳大端直边段中间外半径 R_L 比值小于 0.002 时，即 $\delta/R_L <$ 0.002，δ_r 按照式(3-96)计算。

$$\delta_r = 0.001 Q_1 D_{iL} \qquad (3-96)$$

Q_1 值按照 $p_c/[\sigma]^t \phi = 0.002$ 从图 3-51 上查取。

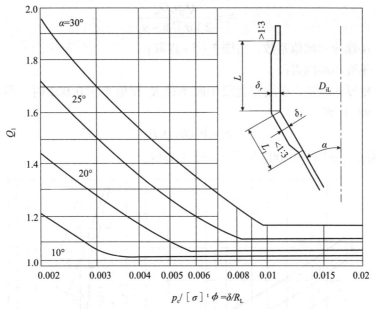

图 3-51 无折边锥壳大端连接处 Q_1 值图

注意，在任何情况下，受内压无折边锥壳大端连接处加强段的厚度不得小于相连接的锥壳厚度。锥壳加强段的长度 L_1 应不小于 $\sqrt{2D_{iL}\delta_r/\cos\alpha}$；圆筒加强段的长度 L 应不小于 $\sqrt{2D_{iL}\delta_r}$。

（2）无折边锥壳小端厚度

无折边锥壳小端处的厚度计算公式与大端类似，其计算方法如下：

①参照图 3-52 判断是否需要在连接处进行加强。倘若不需要加强，则锥壳小端厚度按照式(3-94)进行计算。

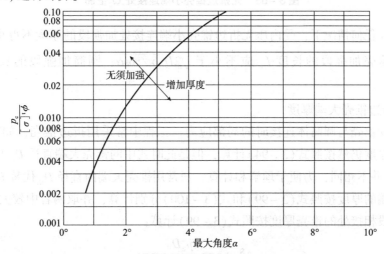

图 3-52 无折边锥壳小端和圆筒连接处加强图

②需要加强时，则应在锥壳小端和圆筒连接处设置加强段，锥壳加强段和圆筒加强段应具有相同的厚度 δ_r，按照式(3-97)计算。

$$\delta_r = \frac{Q_2 p_c D_{is}}{2[\sigma]^t \phi - p_c} \qquad (3-97)$$

式中　Q_2——小端应力增值系数，由图3-53查取；

　　　D_{is}——锥壳小端内直径。

圆筒计算壁厚 δ 和锥壳小端直边段中间半径 R_s 比值小于0.002时，即 $\delta/R_s < 0.002$，δ_r 按照式(3-98)计算：

$$\delta_r = 0.001 Q_2 D_{is} \qquad (3-98)$$

Q_2 值按照 $p_c/[\sigma]^t\phi = 0.002$ 从图3-53上查取。

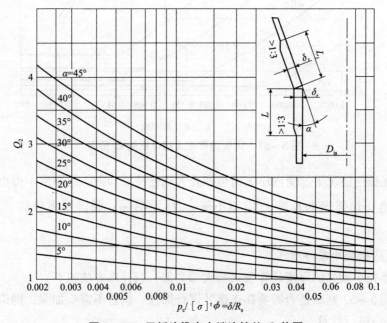

图3-53　无折边锥壳小端连接处 Q_2 值图

注意，在任何情况下，受内压无折边锥壳小端连接处加强段的厚度不得小于相连接的锥壳厚度。锥壳加强段的长度 L_1 应不小于 $\sqrt{2D_{is}\delta_r/\cos\alpha}$；圆筒加强段的长度 L 应不小于 $\sqrt{2D_{is}\delta_r}$。

(3)有折边锥壳大端厚度

为了减少锥壳与圆筒体连接时的局部应力，工程中常采用折边锥壳，如图3-49(b)所示。锥壳厚度仍然按照式(3-94)计算，但是此时式中的锥壳大端直径 D_c 与折边锥壳大端内直径 D_{iL} 并不相同，为便于理解和计算，通常用锥壳大端内直径 D_{iL} 代替 D_c。

锥壳大端的厚度按照式(3-99)和式(3-100)分别计算，并取两者中较大值。

与过渡段相接处的锥壳厚度按照式(3-99)计算：

$$\delta_r = \frac{f p_c D_{iL}}{[\sigma]^t \phi - 0.5 p_c} \qquad (3-99)$$

式中，系数 $f = (D_{iL} - 2r + 2r\cos\alpha)/2D_{iL}\cos\alpha$，其值见表 3 – 11（遇中间值用内插法）。

表 3 – 11 系数 f 值

α	r/D_{iL}					
	0.10	0.15	0.20	0.30	0.40	0.50
10°	0.5062	0.5055	0.5047	0.5032	0.5017	0.5000
20°	0.5257	0.5225	0.5193	0.5128	0.5064	0.5000
30°	0.5619	0.5542	0.5465	0.5310	0.5155	0.5000
35°	0.5883	0.5573	0.5663	0.5442	0.5221	0.5000
40°	0.6222	0.6069	0.5916	0.5611	0.5305	0.5000
45°	0.6657	0.6450	0.6243	0.5828	0.5414	0.5000
50°	0.7223	0.6945	0.6668	0.6112	0.5556	0.5000
55°	0.7973	0.7602	0.7230	0.6486	0.5743	0.5000
60°	0.9000	0.8500	0.8000	0.7000	0.6000	0.5000

过渡段厚度按照式(3 – 100)计算：

$$\delta = \frac{Kp_c D_{iL}}{2[\sigma]'\phi - 0.5p_c} \tag{3 – 100}$$

式中，系数 K 可由表 3 – 12 获得（遇中间值用内插法）。

表 3 – 12 系数 K 值

α	r/D_i					
	0.10	0.15	0.20	0.30	0.40	0.50
10°	0.6644	0.6111	0.5789	0.5403	0.5168	0.5000
20°	0.6956	0.6357	0.5986	0.5522	0.5223	0.5000
30°	0.7544	0.6819	0.6357	0.5749	0.5329	0.5000
35°	0.7980	0.7161	0.6629	0.5914	0.5407	0.5000
40°	0.8547	0.7604	0.6981	0.6127	0.5506	0.5000
45°	0.9253	0.8181	0.7440	0.6402	0.5635	0.5000
50°	1.0270	0.8944	0.8045	0.6765	0.5804	0.5000
55°	1.1608	0.9980	0.8859	0.7249	0.6028	0.5000
60°	1.3500	1.1433	1.0000	0.7923	0.6337	0.5000

（4）有折边锥壳小端厚度

依据 GB/T 150.3—2011 规定，当受内压折边锥壳的半顶角 $\alpha \leq 45°$ 时，如果需要折边，则小端过渡段厚度按照式(3 – 101)计算，Q_2 值查图 3 – 53。当锥壳半顶角 $\alpha > 45°$ 时，小端过渡段厚度仍然按照式(3 – 101)计算，但此时式中的 Q_2 值查图 3 – 54。

$$\delta_r = Q_2\delta \tag{3 – 101}$$

式中，δ——与小端连接的圆筒厚度。

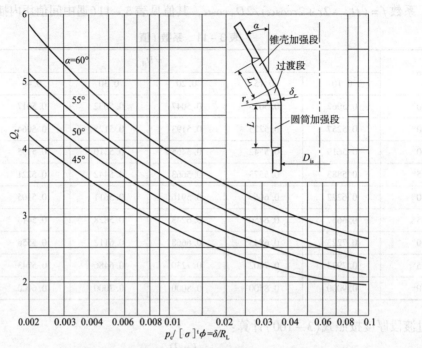

图 3-54 锥壳小端带过渡段连接的 Q_2 值图

3.5.6 平板封头

平板封头又称为平盖，也是压力容器常用的一种封头。根据几何形状不同，平板封头可分为圆形、长圆形、椭圆形、矩形和正方形等，其中圆形平板封头应用最广。根据 3.2 节的分析可知：圆平板结构在承受压力作用时会发生双向弯曲，并且在承受相同压力时，平板内的应力水平要比圆筒大得多，也就是说平板封头厚度要比凸形封头厚。但是平板封头结构简单，制造方便，一般用在压力不高、直径较小的容器上，也用于压力容器手孔、人孔或者设备操作期间需要封闭的接管用盲板。此外，对于直径较小、承受高压的容器，由于凸形封头制造比较困难，因此更倾向于消耗更多材料制造平板封头来替代凸形封头。

（1）圆形平盖厚度

平板结构在承受压力作用时会弯曲，其最大应力可能出现在封头的中心部位（周边简支），也可能出现在封头与筒体连接部位（固支），这取决于具体的连接结构型式和筒体的尺寸参数。在实际工程中，平板与圆筒连接时，其边界约束既不是固支也不是简支，而是介于两者之间。因此，工程设计时通常采用圆平板理论为基础的经验公式，引入结构特征系数 K，其值越小平盖周边越接近固支；反之就越接近于简支。

承受均布载荷的周边固支和周边简支的圆平板，其最大弯曲应力可以统一表示为：

$$\sigma_{\max} = K \frac{p_c D_c^2}{\delta_p^2}$$

根据弹性失效设计准则，第一强度理论并考虑焊接接头系数，则圆平板封头的厚度计算公式为：

$$\delta_p = D_c \sqrt{\frac{Kp_c}{[\sigma]^t \phi}} \qquad (3-102)$$

式中　δ_p——平盖计算厚度，mm；

$\quad\quad$ K——结构特征系数，查表 3-13；

$\quad\quad$ D_c——平盖计算直径，见表 3-13 中平盖简图，mm。

对于表 3-13 中序号 8 和 9 所示平盖，应取其操作状态及预紧状态的 K 值代入式(3-102)分别计算，取较大值。当预紧时 $[\sigma]^t$ 取常温的许用应力。

不同结构特征的平板封头其特征系数见表 3-13。

表 3-13　平盖封头结构特征系数 K 选择表

固定方法	序号	平盖简图	结构特征系数 K	备注
与圆筒一体或对焊	1	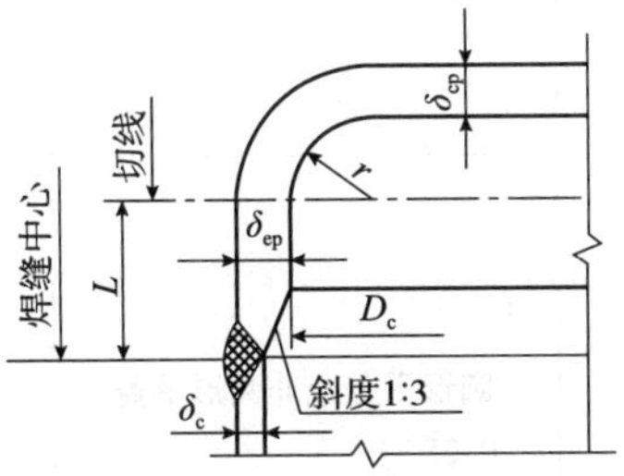	0.145	仅适用圆形平盖 $p_c \leqslant 0.6\text{MPa}$ $L = 1.1\sqrt{D_i \delta_e}$ $r \geqslant 3\delta_{ep}$
角焊缝或组合焊缝连接	2	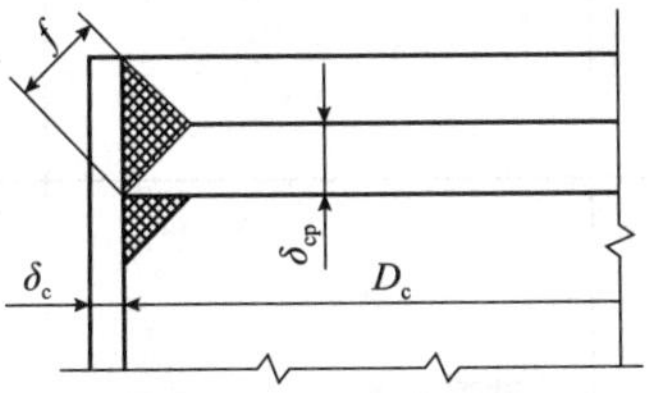	圆形平盖：$0.44m$（$m = \delta/\delta_e$）且不小于 0.3；非圆形平盖：0.44	$f \geqslant 1.4\delta_e$
	3	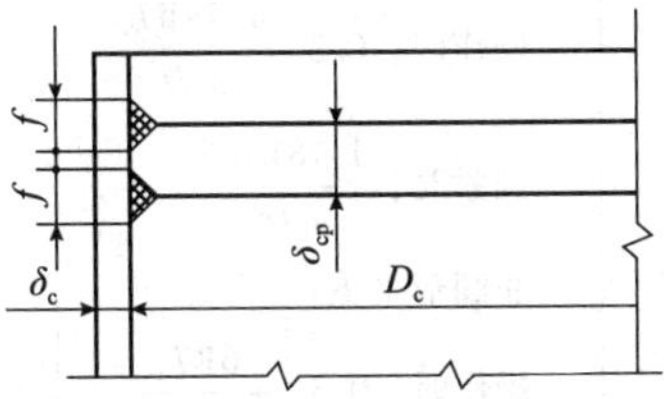		$f \geqslant \delta_e$
	4	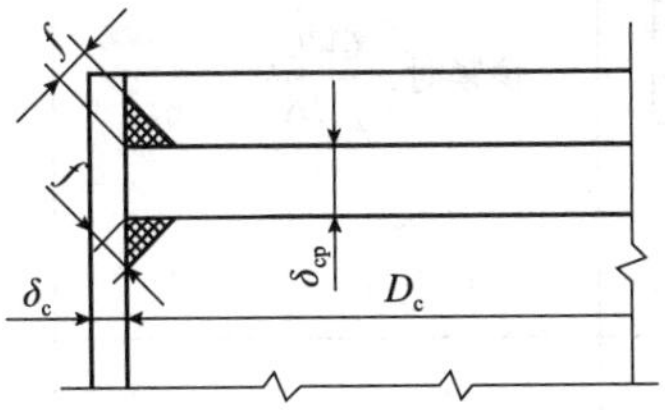	圆形平盖：$0.5m$（$m = \delta/\delta_e$）且不小于 0.3；非圆形平盖：0.5	$f \geqslant 0.7\delta_e$
	5	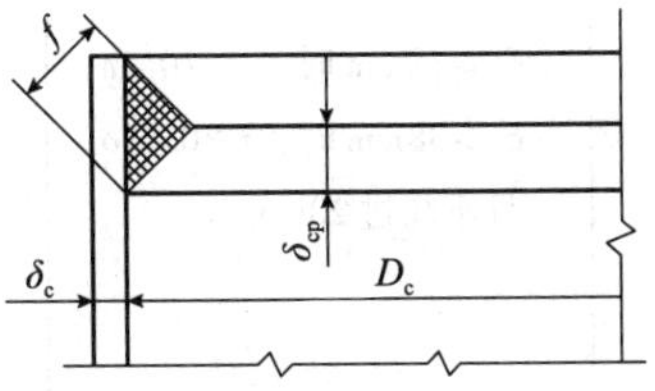		$f \geqslant 1.4\delta_e$

固定方法	序号	平盖简图	结构特征系数 K	备注
锁底对接焊缝	6	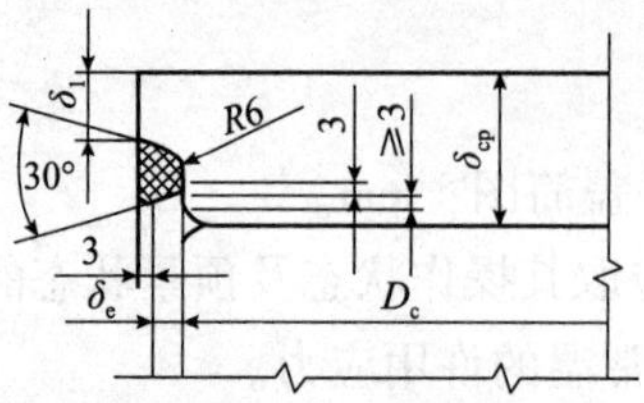	$0.44m$（$m=\delta/\delta_e$）且不小于 0.3	仅适用圆形平盖且 $\delta_1 \geqslant \delta_e + 3\,\text{mm}$
	7	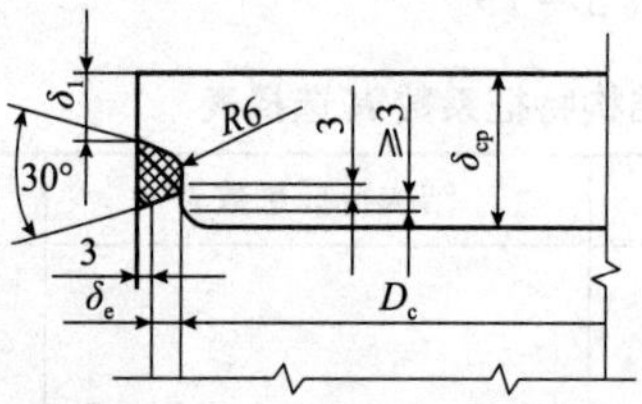	0.5	
	8	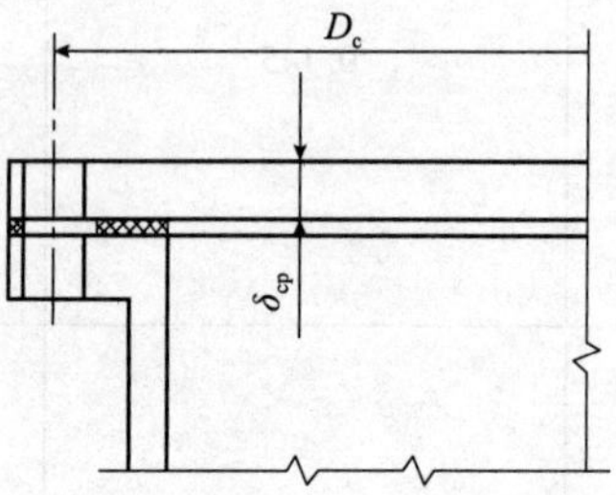	圆形平盖或非圆形平盖：0.25	
螺栓连接	9	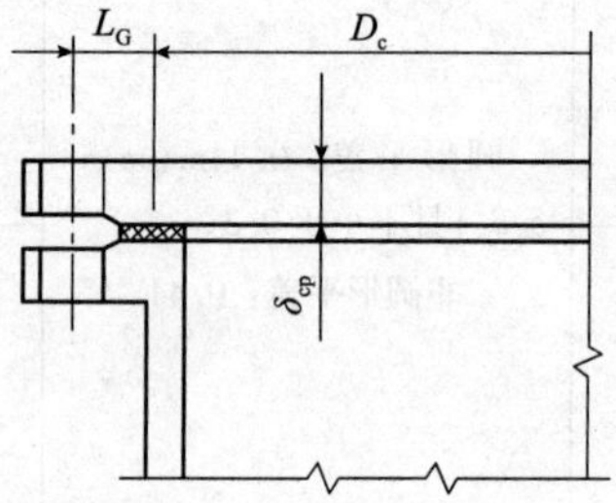	圆形平盖： 操作时，$0.3 + \dfrac{1.78WL_G}{p_c D_c^3}$ 预紧时，$\dfrac{1.78WL_G}{p_c D_c^3}$	
	10	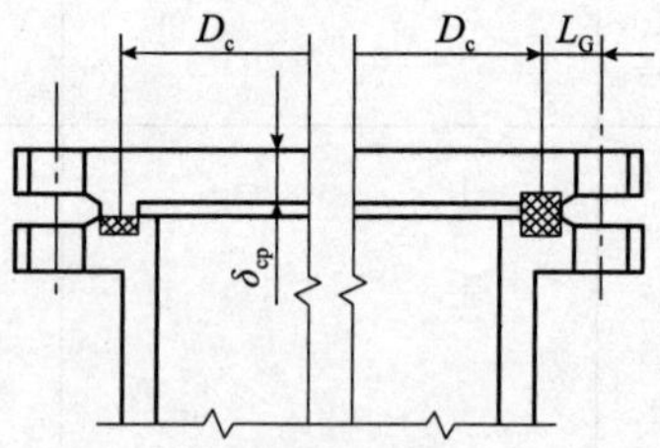	非圆形平盖： 操作时，$0.3Z + \dfrac{6WL_G}{p_c L\alpha^2}$ 预紧时，$\dfrac{6WL_G}{p_c L\alpha^2}$	
全焊透结构	11	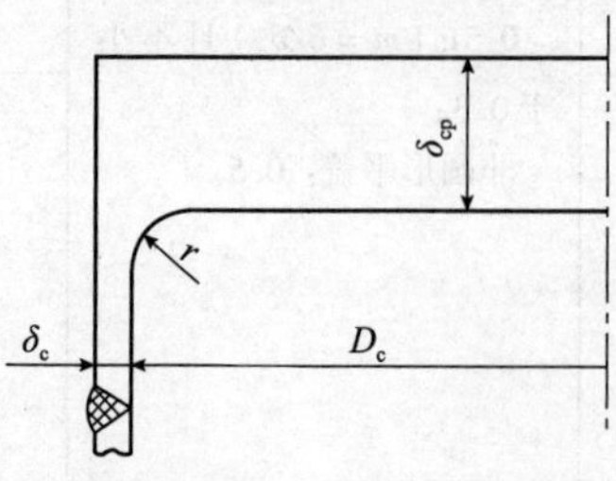	$\delta_e \leqslant 38\,\text{mm}$ 时，$r \geqslant 10\,\text{mm}$； $\delta_e > 38\,\text{mm}$ 时，$r \geqslant 0.25\delta_e$ 且不超过 20mm	查 GB/T 150.3—2011 图 5-21

固定方法	序号	平盖简图	结构特征系数 K	备注
全焊透结构	12	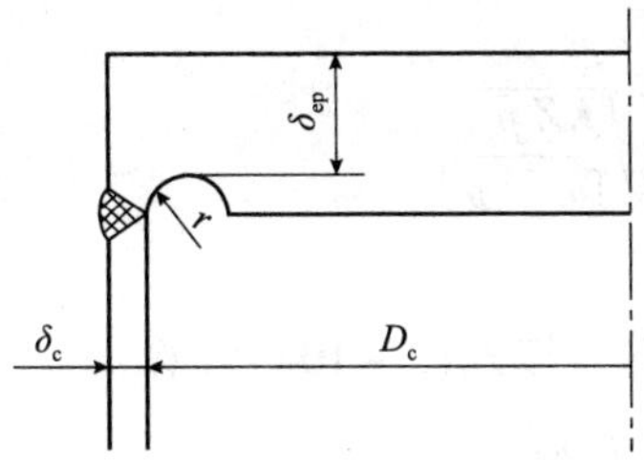	$\delta_e \leq 38\text{mm}$ 时，$r \geq 10\text{mm}$； $\delta_e > 38\text{mm}$ 时，$r \geq 0.25\delta_e$ 且不超过 20mm	查 GB/T 150.3—2011 图 5-21
	13	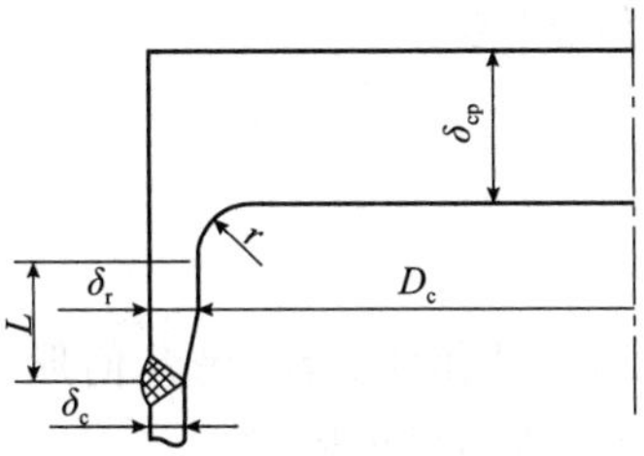	$r \geq 3\delta_f$ $L \geq 2\sqrt{D_c\delta_e}$ 注：查图时，以 δ_f 作为与平盖相连接的圆筒有效厚度 δ_e	查 GB/T 150.3—2011 图 5-21
	14	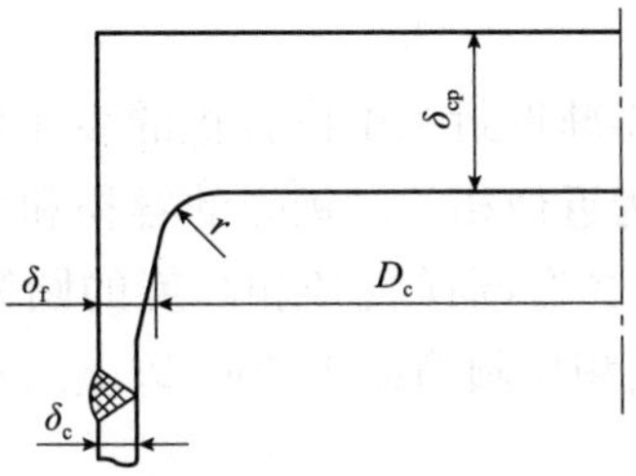	$\delta_f \geq 2\delta_e$ $r \geq 3\delta_f$	
	15	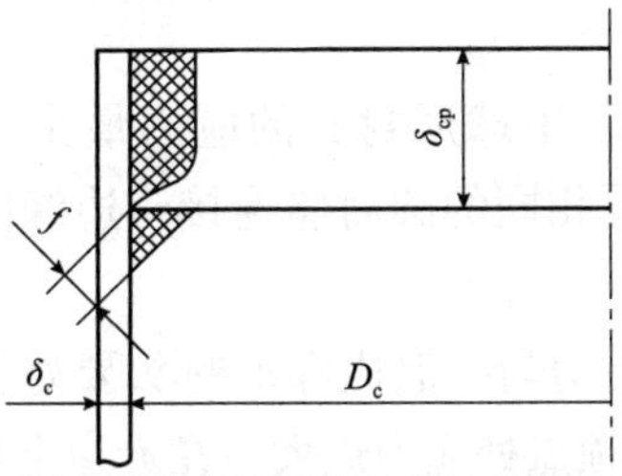		
	16	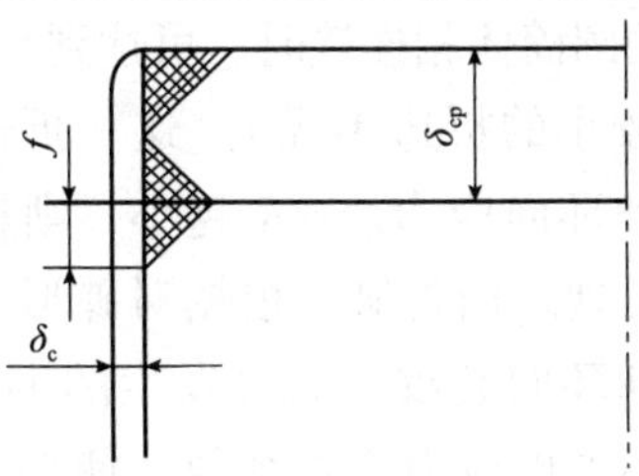	要求全截面熔透接头 $f \geq 2\delta_e$	查 GB/T 150.3—2011 图 5-22
	17	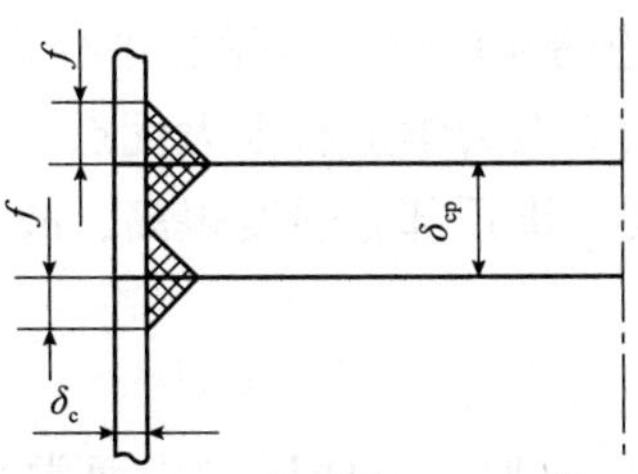		

（2）非圆形平盖厚度

不同的连接形式的非圆形平盖采用不同的计算公式。对于表3-13中序号为2、3、4、5和8所示的平盖，按式（3-103）计算：

$$\delta_p = \alpha \sqrt{\frac{KZ\,p_c}{[\sigma]^t\phi}} \qquad\qquad (3-103)$$

式中：$Z = 3.4 - 2.4a/b$，且 $Z \le 2.5$。

对于表3-13中序号为9、10所示的平盖，按式（3-104）计算：

$$\delta_p = \alpha \sqrt{\frac{K\,p_c}{[\sigma]^t\phi}} \qquad\qquad (3-104)$$

注：当预紧时 $[\sigma]^t$ 取常温的许用应力。

3.5.7 封头结构选型

压力容器设计时，主要根据设计对象的要求，同时综合考虑几何形状、受力状况、制造难易程度和材料消耗等技术经济因素，选用合适的封头型式。

（1）几何方面

相比其他型式的封头，同样公称直径时半球形封头单位容积的表面积最小；椭圆形和碟形封头的容积和表面积基本相同，可以认为近似相等。锥壳的容积和表面积取决于锥角（2α）的大小，显然 $2\alpha = 0$ 时即为圆筒体。与具有同样直径和高度的圆筒体相比较，锥形封头的容积为圆筒体的 $1/3$，单位容积的表面积比圆筒体大 50% 以上。从封头材料用量的角度来看，表面积小即表示节省材料。

（2）力学方面

在直径、厚度和计算压力相同的条件下，半球形封头的应力最小，两向薄膜应力相等，而且沿经线的分布是均匀的。如果与壁厚相同的圆筒体连接，边缘附近的最大应力与薄膜应力并无明显不同。

椭圆形封头的应力情况就不如半球形封头均匀，但比碟形封头要好些。由应力分析可知：椭圆形封头沿经线各点的应力是变化的，顶点处应力最大，在赤道上可能出现环向压应力。标准椭圆形封头（$D_i/2h_i = 2$）与壁厚相等的圆筒体相连接时，可达到与圆筒体等强度。

碟形封头在力学上的最大缺点是其具有较小的折边半径 r。这一折边的存在使得经线不连续，以致该处产生较大的边缘弯曲应力和环向应力。r/R 越小，则折边区的这些应力就越大，因而有可能引起环向开裂，亦可能出现环向折皱。根据对碟形封头的调查分析发现，不少这类封头在折边区内表面都能观察到环向裂纹，而且发生的事故中有 5% 是从折边区域破裂的。因此，在设计计算中就不得不考虑应力增强系数，使整个封头增厚，而其结果将比筒体的厚度增大 40% 以上。故小折边的碟形封头实际上并不适用于压力容器。

在容器中采用锥形封头的目的，并非因为其在力学上有很大优点，而是锥壳有利于流体均匀分布和排料。锥形封头就力学特点来说，锥顶部分强度很高，故在锥顶尖开孔一般不需要补强。

（3）制造难度及材料消耗方面

各种封头一般由冲压、旋压、滚卷和爆炸成型。半球形封头通常采用冲压、爆炸成型，大型半球形封头亦可先冲压成球瓣，然后组对拼焊而成。椭圆形封头通常用冲压和旋压方法制造。

碟形封头通常敲打、冲压或爆炸成型，大型的也有用专门的滚卷机滚制的。锥形封头多数都是滚制成型的，折边部分可以滚压或敲打成型。

从制造工艺分析，封头越深，直径和厚度越大，则封头制造难度越大，尤其是当选用强度级别较高的钢材时更是如此。整体冲压半球形封头不如椭圆形封头好制造。椭圆形封头必须有几何形状正确的椭球面模具，人工敲打很难成形。碟形封头制造灵活性较大，既可机械化冲压或爆炸成型，也可土法制造。锥形封头的锥顶尖部分很难卷制。当锥顶角很小时，为了避免制造上的困难或减小锥体高度，有时可以采用组合式封头，如图 3 - 55 所示。

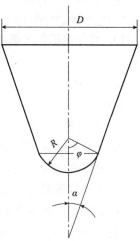

图 3 - 55　锥形组合封头

 **课后习题（一）**

一、基础知识题

1. 球形容器(R)的第一曲率半径为＿＿＿＿＿＿，第二曲率半径为＿＿＿＿＿＿。圆筒形容器(D)的第一曲率半径为＿＿＿＿＿＿，第二曲率半径为＿＿＿＿＿＿。圆锥形容器(D_M, α)的第一曲率半径为＿＿＿＿，第二曲率半径为＿＿＿＿＿＿。

2. 当两壳体在连接处无公切线时，内压引起的经向薄膜力在平行圆半径方向不连续，从而出现＿＿＿＿＿＿＿＿。

3. 由边缘力和弯矩产生的边缘应力具有＿＿＿＿和＿＿＿＿等基本特性。

4. 对圆柱壳而言，由边缘力和弯矩产生的边缘应力的波及范围为＿＿＿＿。

5. 圆筒形容器承受内压时，在筒体与封头连接处，除由内压引起的＿＿＿＿＿应力外，还存在满足中面＿＿＿条件而产生的＿＿＿应力。

6. 由于边缘应力出现在不连续处，因此它的危险性远远大于薄膜应力。　　　　（　　）

7. 对于受内压壳体，其上面各点一定是受到拉应力的作用，而不会受到压应力的作用。　　　　（　　）

8. 外直径与内直径之比 2/1.5 的圆柱壳体属于薄壁圆筒。　　　　（　　）

9. 工程上常用的标准椭圆形封头，其 a/b 为 2。　　　　（　　）

10. 工程上壳体的厚度与中面最小曲率半径 R 的比值 $t/R \leq$（　　）视为薄壳，反之，视为厚壳。

A. 1/5　　　　　　B. 1/10　　　　　　C. 1/20　　　　　　D. 1/30

11. 受均匀内压作用的球形容器，经向薄膜应力 σ_φ 和周向薄膜应力 σ_θ 的关系为（　　）

A. $\sigma_\varphi < \sigma_\theta$　　　　　　　　　　B. $\sigma_\varphi > \sigma_\theta$

C. $\sigma_\varphi = \sigma_\theta = pR/2t$　　　　　　D. $\sigma_\varphi = \sigma_\theta = pR/t$

12. 受气压作用的圆柱形容器，经向薄膜应力 σ_φ 和周向薄膜应力 σ_θ 的关系为（　　）

A. $\sigma_\theta = 2\sigma_\varphi = pR/2t$　　　　　B. $\sigma_\theta = 2\sigma_\varphi = pR/t$

C. $\sigma_\varphi = 2\sigma_\theta = pR/t$　　　　　D. $\sigma_\varphi = 2\sigma_\theta = pR/2t$

13. 均匀内压作用椭圆形封头的顶点处，经向薄膜应力 σ_φ 和周向薄膜应力 σ_θ 的关系为（　　）

A. $\sigma_\varphi = \sigma_\theta$　　　　　　　　B. $\sigma_\varphi < \sigma_\theta$

C. $\sigma_\varphi > \sigma_\theta$　　　　　　　　D. $\sigma_\varphi > 1/2\sigma_\theta$

14. 下列关于局部载荷说法正确的是（　　）

A. 对管道设备附件设置支架，会增加附件对壳体的影响

B. 对接管附件加设热补偿元件，无明显意义

C. 压力容器制造中出现的缺陷，会造成较高的局部应力

D. 两连接件的刚度差大小与边缘应力无明显关系

15. 下列关于薄壳应力分析中应用的假设，错误的是：（　　）

A. 假设壳体材料连续，均匀，各向同性

B. 受载后的形变是弹性小变形

C. 壳壁各层纤维在变形后互不挤压

D. 壳壁各层纤维在变形后互相挤压

二、简答题

1. 何谓旋转薄壳的第一曲率半径？何谓旋转薄壳的第二曲率半径？

2. 轴对称壳体必须满足什么条件？

3. 试说明旋转薄壳无力矩理论的区域平衡方程中 $F(\varphi)$ 的物理意义及其正负号约定。

4. 为了使无力矩理论方程推导过程简化，做了哪些简化假设？

5. 试用无力矩理论和有力矩理论分别画出回转壳体上微元体的内力图。

6. 在均匀内压 p 作用下，椭球壳中的薄膜应力沿经线的分布有何特点？当长短轴比 m 为何值时，其顶点处的周向应力与赤道处的值大小相等，方向相反？

7. 在均匀内压 p 作用下，锥壳中的薄膜应力沿经线的分布有何特点？

8. 除必须是薄壳和对材料的连续性要求外，无力矩理论还要求满足哪些条件？

9. 在什么情况下，两个不同旋转薄壳的连接边缘才会出现横推力？

10. 试写出两个不同旋转薄壳在连接边缘应满足的中面变形协调条件？

11. 边缘应力有哪些基本特性？对于圆柱壳，边缘应力的作用范围为多大？对于球壳，边缘应力的作用范围为多大？

12. 边缘应力在工程设计中一般如何考虑？

三、计算题

1. 一半径为 R、厚度为 t 的半球形薄壳，如图所示，承受自身重力的作用，每单位面积的质量为 ρt，试按无力矩理论求其薄膜应力。

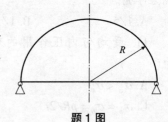

题1图

2. 图示为一内径 $D_i = 2000\text{mm}$ 立式液化气储罐，两端配有标准椭圆封头，已知筒体和封头的壁厚 $t = 16\text{mm}$，气相空间的压力 $p = 1.6\text{MPa}$，液化气的液相重度 $\gamma = 6000\text{N/m}^3$。当液位处于 $M - M$ 位置时，求顶部标准椭圆封头中心点 A 以及液位以下 5000mm 处筒体上 B 点的薄膜应力。

3. 试确定图示中间支承的圆筒形贮液桶壳壁中 A、B、C 三处的薄膜应力。尺寸如图所注，桶内的液体密度为 ρ。

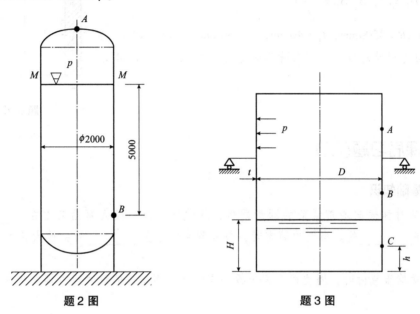

题 2 图　　　　　　　　　题 3 图

4. 如图所示，一厚度为 t 的锥形壳充满密度为 ρ 的液体。已知锥顶半角为 α，端部平行圆半径为 R，试根据无力矩理论求壳壁任一点处的薄膜应力，并找出最大值及其位置。

5. 如图所示的一带厚平盖的钢质圆筒，承受 $p = 2.0\text{MPa}$ 的气体压力，取 $D_i = 300\text{mm}$，$t = 10\text{mm}$ 及 $\mu = 0.3$。试计算平盖与筒体连接处的边缘力矩 M_0 和边缘力 Q_0（视平盖为刚性盖），以及最大应力。

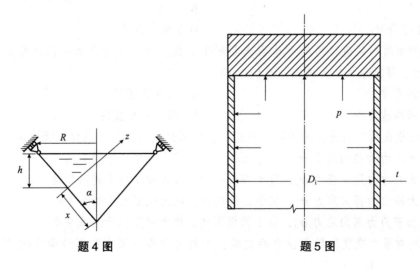

题 4 图　　　　　　　　　题 5 图

6. 某一半径为 R 的钢制不等壁厚塔体，上筒与下筒的壁厚分别为 t_1 和 t_2。试求：

(1) 在均匀内压 p 作用下的边缘力矩 M_0 和边缘剪力 Q_0 的一般表达式。设两筒体材料相同（$E_1 = E_2 = E$，$\mu_1 = \mu_2 = \mu$，且令 $f = t_2/t_1$，则 $D_2/D_1 = f^3$，$\beta_2/\beta_1 = \dfrac{1}{\sqrt{f}}$）。

(2) 若 $2R = 3500\text{mm}$，$t_1 = 40\text{mm}$，$t_2 = 50\text{mm}$，$p = 3.0\text{MPa}$，连接处的总应力以及总应力与环向薄膜应力的比值（$E = 2 \times 10^5 \text{MPa}$，$\mu = 0.3$）。

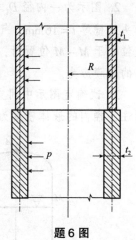

题 6 图

课后习题（二）

一、基础知识

1. 受轴对称横向均布载荷的圆形薄板，周边固定时，最大弯曲应力在 _____ 处，最大挠度在 _____ 处。当周边简支时，最大弯曲应力在 _____ 处，最大挠度在 _____ 处。

2. 承受均布载荷时，周边简支圆平板和周边固支圆平板的最大应力都发生在支承处。( )

3. 周边固支的圆平板在刚度和强度两方面均优于周边简支圆平板。( )

4. 工程上，把圆板的厚度与直径之比 $t/D \leqslant$ ( ) 视为薄板，反之视为厚板。

A. 1/5   B. 1/10

C. 1/20   D. 1/30

5. 受均布横向载荷作用的周边简支圆形薄平板，最大径向弯曲应力在( )

A. 周边   B. 板中心

C. 1/2 半径处   D. 3/8 半径处

6. 受均布横向载荷作用的周边固支圆形薄平板，最大应力为周边径向弯曲应力，当载荷一定时，降低最大应力的方法有( )

A. 增加厚度   B. 采用高强钢

C. 加固周边支承   D. 增大圆板直径

7. 一受横向均布载荷作用的圆平板封头，如周边固支，最大应力和挠度为( )

A. 最大应力为径向应力 σ_r，位于圆板中心，最大挠度位于封头周边

B. 最大应力为周向应力 σ_θ，位于圆板中心，最大挠度位于封头周边

C. 最大应力为径向应力 σ_r，位于圆板周边，最大挠度位于封头中心

D. 最大应力为周向应力 σ_θ，位于圆板周边，最大挠度位于封头中心

8. 通过对最大挠度和最大应力的比较，下列关于周边固支和周边简支的圆平板说法正确的是：( )

A. 周边固支的圆平板在刚度和强度两方面均优于周边简支的圆平板

B. 周边固支的圆平板仅在刚度方面均优于周边简支的圆平板

C. 周边固支的圆平板仅在强度方面均优于周边简支的圆平板

D. 周边简支的圆平板在刚度和强度两方面均优于周边固支的圆平板

9. 关于薄圆平板的应力特点，下列表述错误的是：（　　　）

A. 板内为二向应力，切应力可予以忽略　　B. 正应力沿板厚分布均匀

C. 应力沿半径分布与周边支承方式有关　　D. 最大弯曲应力与 (R/t) 的平方成正比

二、简答题

1. 何为平板的小挠度弯曲问题？何为平板的大挠度弯曲问题？

2. 求解弹性薄板小挠度弯曲问题的基本假设有哪些？

3. 受均布载荷作用的圆板，从强度和刚度两个方面来讲，周边简支和周边固支哪种支承方式好？

4. 试简要说明求解弹性圆薄板小挠度弯曲问题的基本步骤。

三、计算题

1. 一受均布载荷 q 作用的固支圆板，如图所示。试按解析法求解其挠度表达式。

2. 一周边受均布弯矩 M 作用的简支圆板，如图所示。试按解析法求解其挠度表达式。

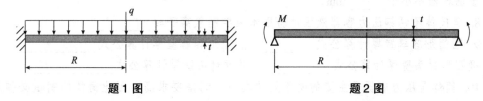

题 1 图　　　　　　　　　　　　题 2 图

3. 设有固支圆板，半径为 R，板面上受横向分布载荷 $q = q_1 \dfrac{r}{R}$ 作用，其中 q_1 为常量，r 为任意半径。试求板的挠度和弯矩。

4. 一环形薄板，外半径为 R，内半径为 R_1，外周边简支，并受均布弯矩 M 作用，如图所示。试求板的挠度和弯矩。

5. 一固支圆板，如图所示，在半径 R_1 的圆周上受线分布载荷 Q_1 作用。试求板的挠度。

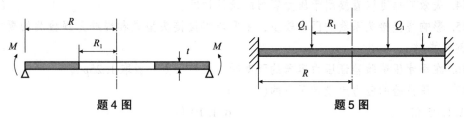

题 4 图　　　　　　　　　　　　题 5 图

6. 图示简支圆板，外半径为 R，中心部分（$0 \leqslant r \leqslant R_1$）受均布横向载荷 q 作用，试求其挠度。

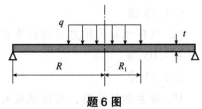

题 6 图

课后习题（三）

一、基础知识

1. 压力容器的设计压力通常取最高工作压力的_____倍。

2. 容器的壁厚附加量包括：_____、_____和成型加工过程中的壁厚减薄量。

3. 焊接接头系数 ϕ 本质是_____的比值。

4. 对碳素钢和低合金钢而言，取材料的许用应力时，安全系数的选取方法为：极限应力用抗拉强度时，为_____；用屈服强度时，为_____；用蠕变强度时，为_____；用持久强度时，为_____；

5. 高温承压容器材料的许用应力取_____、_____或_____三者中最小值。

6. 液压试验时的应力不得超过该试验温度下材料屈服强度的_____；气压试验，不得超过屈服强度的_____。

7. 按照我国压力容器标准，最小壁厚，对于碳钢和低合金钢容器不小于____mm，对高合金钢容器不小于_____mm。

8. 奥氏体不锈钢压力容器液压试验用水应控制氯离子≤_____。

9. 圆筒形容器壁厚计算公式_____。球形容器壁厚计算公式_____。椭圆形封头壁厚计算公式_____。平板封头壁厚计算公式_____。

10. 筒体是压力容器最主要的受压元件之一，制造要求高，因此筒体的制造必须用钢板卷压成圆筒并焊接而成。（　　）

11. 有效厚度为名义厚度减去钢板厚度负偏差。（　　）

12. 咬边不仅会减少母材的承载面积，还会产生应力集中，危害较为严重，较深时应予消除。（　　）

13. 爆破片的工作原理相当于用局部破坏换取整体安全。相比安全阀来说，通常使用的环境更为恶劣。（　　）

14. 失效判据可以直接用于压力容器的设计计算。（　　）

15. 影响焊接接头系数的因素较多，主要与焊接接头型式和焊缝无损检测的要求及长度比例有关。（　　）

16. 在用水压试验验证压力容器的强度时，校核压力一般取 $1.25p$。（　　）

17. 液压试验的压力为设计压力的（　　）

A. 1.05 倍　　　　　　　　　　　　B. 1.10 倍

C. 1.15 倍　　　　　　　　　　　　D. 1.25 倍

18. 气压试验的压力为设计压力的（　　）

A. 1.05 倍　　　　　　　　　　　　B. 1.10 倍

C. 1.15 倍　　　　　　　　　　　　D. 1.25 倍

19. 碳素钢制容器，液压试验时液体温度不得低于（　　）

A. 0℃   B. 5℃

C. 10℃   D. 15℃

20. 低合金钢容器，气压试验时气体温度不得低于(   )

A. 0℃   B. 5℃

C. 10℃   D. 15℃

21. 下列有关压力容器设计技术参数的叙述，正确的是：(   )

A. 设计压力不得低于最高工作压力，最高工作压力不包括液柱静压力

B. 设计压力引入安全系数后得到计算压力

C. 设计温度不得低于元件金属可能达到的最高温度

D. 只要容器成形后厚度满足大于计算厚度就能满足设计要求

22. 下列有关焊接接头系数和材料设计系数的表述错误的是：(   )

A. 为弥补焊缝对容器整体强度的削弱，在强度计算中需引入焊接接头系数

B. 焊接接头系数的大小主要与焊接接头型式和焊缝无损检测的要求及长度比例有关

C. 材料安全系数是为了保证受压元件强度有足够的安全储备量

D. 抗拉强度安全系数一般小于屈服强度安全系数，我国目前前者取1.5，后者取2.7

23. (多选)椭圆形封头是目前中、低压容器中应用较多的封头之一，下列关于椭圆形封头说法正确的是：(   )

A. 封头的椭圆部分经线曲率变化平滑连续，应力分布比较均匀

B. 封头深度较半球形封头小得多，易于冲压成型

C. 椭圆形封头常用在高压容器上

D. 直边段的作用是避免封头和圆筒的连接处出现经向曲率半径突变，以改善焊缝的受力状况

24. (多选)下列说法正确的是：(   )

A. 影响焊接接头系数的因素主要为焊接接头型式和无损检测要求及长度比例

B. 压力容器的设计压力不得小于安全阀的开启压力

C. 设计温度是指容器在正常情况下，设定元件的表面最大温度

D. 确定外压计算长度时，对于椭圆形封头，应计入直边段及封头曲面深度的三分之一

25. (多选)压力容器封头型式较多，下列叙述正确的有：(   )

A. 凸形封头包括半球形封头、椭圆形封头、碟形封头、球冠形封头和锥壳

B. 由筒体与封头连接处的不连续效应产生的应力增强影响以应力增强系数的形式引入厚度计算式

C. 半球形封头受力均匀，因其形状高度对称，整体冲压简单

D. 椭圆形封头主要用于中、低压容器

二、简答题

1. 根据定义，用图标出计算厚度、设计厚度、名义厚度和有效厚度之间的关系；在上述厚度中，满足强度(刚度、稳定性)及使用寿命要求的有效厚度是哪一个？为什么？

2. 椭圆形封头、碟形封头为何均设置直边段？

3. 在进行容器压力试验时，需要考虑哪些问题？为什么？

4. 压力试验的目的是什么？为什么要尽可能采用液压试验？

三、计算题

1. 内压容器，设计（计算）压力为 0.85MPa，设计温度为 50℃；圆筒内径 D_i = 1200mm，对接焊缝采用双面全熔透焊接接头，并进行局部无损检测；工作介质无毒性，非易燃，但对碳素钢、低合金钢有轻微腐蚀，腐蚀速率 $K \leqslant 0.1$mm/a，设计寿命 B = 20 年。分别用 Q245R、Q345R 作为筒体材料，分别确定其筒体厚度。

2. 一顶部装有安全阀的卧式圆筒形储存容器，两端采用标准椭圆形封头，没有保冷措施；内装混合液化石油气，经测试其在 50℃时的最大饱和蒸气压小于 1.62MPa（即 50℃时丙烷的饱和蒸气压）；筒体内径 D_i = 2600mm，筒长 L = 8000mm；材料为 Q345R，腐蚀裕量 C_2 = 2mm，焊接接头系数 φ = 1.0，装量系数为 0.9。试确定：

（1）各设计参数；

（2）该容器属第几类压力容器；

（3）筒体和封头的厚度（不考虑支座的影响）；

（4）水压试验时的压力，并进行应力校核。

3. 欲设计一台乙烯精馏塔。已知该塔内径 D_i = 600mm，厚度 t_n = 7mm，材料选用 Q345R，计算压力 p_c = 2.2MPa，工作温度 t = -20 ~ -3℃。试分别采用半球形、椭圆形、碟形和平盖作为封头计算其厚度，并将各种型式封头的计算结果进行分析比较，最后确定该塔的封头型式与尺寸。

4. 某圆筒形容器的设计压力为 p = 0.85MPa；设计温度为 t = -50℃；内直径为 1200mm；液柱高度为 4000mm；对接焊缝采用双面全熔透焊接接头，并进行局部无损检测，容器盛装液体介质，介质密度 ρ = 1500kg/m³，介质具有轻微的腐蚀性；腐蚀速率 $K \leqslant 0.1$mm/a；设计寿命为 20 年，试回答以下问题：

（1）该容器一般应选用什么材料？

（2）若在设计温度下材料的许用应力为 $[\sigma]^t$ = 170MPa，求筒体的厚度？

（3）水压试验时的压力，并进行应力校核。

5. 一装液体的立式罐形容器，罐体为 D_i = 2000mm 的圆筒，上、下为标准椭圆封头，材料 Q245R 腐蚀裕量 C_2 = 2mm，焊缝系数 ϕ = 0.85；罐底至罐顶高度为 3200mm，罐底至液面高度为 2500mm，液面上气体压力不超过 0.15MPa，罐内最高工作温度 50℃，液体密度（1160kg/m³）随温度变化很小。试设计罐体及封头厚度，并确定水压试验压力及校核水压试验应力。

第4章 外压容器设计

在石油化工生产中除了承受内压的容器之外，还有很多承受外压的容器，如真空储罐、蒸发器、炼油厂常减压装置的减压塔等。对于带有夹套加热或冷却的反应器，当夹套中介质压力高于容器内介质压力时，也构成一外压容器。因此，壳体的外部压力大于内部压力的容器均称为外压容器。本章通过介绍外压容器的有关基础知识，引入工程设计准则，主要介绍外压容器的设计方法。

4.1 外压容器的稳定性

4.1.1 外压容器的失稳

承受外压作用的薄壁圆筒体，其筒壁内将产生经向应力和环向应力，应力计算公式与内压薄壁圆筒相同，只不过是压缩应力，其值分别为：

$$\sigma_m = \frac{pD}{4\delta} \quad \sigma_\theta = \frac{pD}{2\delta}$$

对于受外压作用的薄壁圆筒形容器，如果这种压缩应力达到材料的屈服点或抗压强度，将和内压圆筒一样引起筒体的强度破坏，然而这种现象极少发生。实践证明：经常是外压圆筒的筒壁内应力数值远低于材料的屈服点时，筒壁就已经被突然压瘪或发生褶皱，即在一瞬间失去自身原有的形状。这种在临界外压作用下，突然发生的筒体失去原形，即突然失去原来稳定性的现象称为弹性失稳。外压容器的失稳破坏通常发生在强度破坏之前，因此保证壳体的稳定性是外压容器能够正常操作的必要条件。

外压圆筒在失稳之前，筒壁内只有压缩应力。在失稳时，伴随着突然的变形，在筒壁内产生以弯曲应力为主的复杂附加应力，而且这种变形和附加应力一直迅速发展到筒体被压瘪或发生褶皱为止。所以外压容器的失稳，实际上是容器从一种平衡状态跃变到另一种新的平衡状态。

4.1.2 外压容器失稳形式分类

根据外压容器产生压缩应力的情况可以把其失稳类型分为侧向失稳、轴向失稳和局部失稳三种类型。

（1）侧向失稳

容器由于均匀侧向外压引起的失稳称为侧向失稳，侧向失稳时壳体断面由原来的圆形被压瘪而呈现波形。其变形波数 n 可能是 2、3、4……（见图 4-1），取决于圆筒的结构尺寸和约束情况。

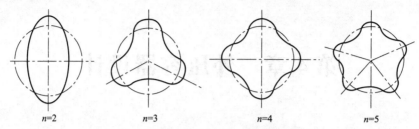

$n=2$ $\qquad$ $n=3$ $\qquad$ $n=4$ $\qquad$ $n=5$

图 4-1 外压圆筒侧向失稳后的波数形状

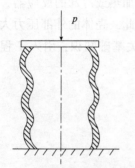

图 4-2 外压薄壁圆筒的轴向失稳

（2）轴向失稳

如果一个薄壁圆筒承受轴向外压，当载荷达到某一数值时，圆筒也能失去稳定性。在失去稳定性时仍具有圆形的环截面，却破坏了母线的直线形状，母线产生了波形（见图 4-2），即圆筒发生了褶皱。

（3）局部失稳

失稳现象除上述的侧向失稳和轴向失稳两种整体失稳之外，还有局部失稳，如容器在支座或其他支承处以及在安装运输中由于过大的局部外压引起的局部失稳。

本章主要讨论受均匀外压的圆筒、管子及封头的设计。

4.2 外压圆筒的临界压力公式

4.2.1 临界压力的概念及其影响因素

1. 临界压力

承受外压的容器在外压达到某临界值之前，筒壁上的任一微体均在压应力的作用下处于一种稳定平衡状态，壳体内产生弹性压缩变形；压力卸除后壳体立即恢复为原来的形状。一旦当外压力增大到某一临界值时，筒体的形状以及筒壁内的应力状态就发生突变，所发生的变形是永久变形，就失去了原来的稳定性。

导致筒体失稳的压力称为该筒体的临界压力，以 p_{cr} 表示。筒体在临界压力作用下，筒壁内存在的压应力称为临界压应力，以 σ_{cr} 表示。

2. 影响圆筒体临界压力的因素

临界压力 p_{cr} 反映了外压容器元件抵抗失稳的能力。在弹性稳定范围内，此临界压力 p_{cr} 与圆筒体的几何尺寸、材料性能（主要是 E 和 μ）、筒体的椭圆度和材料不均匀性有关。除此之外，载荷的不对称性和边界条件亦有一定的影响。

（1）几何尺寸

筒体几何尺寸主要是计算长度 L、直径 D 及厚度 δ。实验证明圆筒体临界压力高低主要取决于 L/D 和 δ/D 的数值。L/D 相同时，筒壁的 δ/D 越大，其环向抗弯刚度越高，因此圆筒体的临界压力也越高；筒体长度在一定范围内若两端有封头支承可以提高其抗失稳能力，封头的支承作用会随着圆筒体几何长度的增加而减弱，因而，当圆筒的 δ/D 相同时，筒体越短临界压力越高。在筒体壁厚一定的情况下，可通过在筒体上设置加强圈以提高圆筒体的临界压力。

（2）材料性能

圆筒体失稳时，在绝大多数情况下，筒壁内的应力远小于材料的屈服点，这说明圆筒体的失稳并不是由于材料的强度不够引起的。筒体的临界压力与材料的强度没有直接关系。然而，材料的弹性模量 E 和泊松比 μ 值越大，抵抗变形的能力就越强，因而其临界压力也就越高。但是由于各种钢材的 E 和 μ 值相差不大，所以选用高强度钢代替一般碳钢制造外压容器，并不能提高筒体的临界压力。

（3）筒体的椭圆度和材料不均匀性

稳定性破坏主要原因不是筒体存在椭圆度或材料不均匀。因为即使筒体的形状很精确而且材料很均匀，当外压力达到一定数值时也会失稳，但筒体的椭圆度与材料的不均匀性能使其临界压力的数值降低，即能使失稳提前发生。

椭圆度定义为 $e = (D_{max} - D_{min})/DN$，此处 D_{max} 和 D_{min} 分别为筒体同一横截面上的最大和最小内直径，DN 为圆筒的公称直径。

4.2.2 外压圆筒的分类

外压圆筒按破坏情况可分为长圆筒、短圆筒和刚性圆筒三种。这里的长度是指与直径 D_o、壁厚 δ_e 等有关的相对长度而非绝对长度。

（1）长圆筒

圆筒的 L/D_o 较大，两端的边界影响可以忽略，临界压力 p_{cr} 仅与 δ_e/D_o 有关，而与 L/D_o 无关（L 为圆筒的计算长度）。失稳时波形数 $n = 2$。

（2）短圆筒

两端的边界影响显著，临界压力 p_{cr} 不仅与 δ_e/D_o 有关，而且也与 L/D_o 有关，圆筒失稳时波形数 n 为大于 2 的整数。

（3）刚性圆筒

圆筒的 L/D_o 较小，而 δ_e/D_o 较大，故刚性较好。其破坏原因是器壁内的应力超过材料的屈服点所致，而不会发生失稳。

长圆筒或短圆筒，要同时进行强度计算和稳定性校验，后者更重要。

4.2.3 临界压力的计算

1. 外压圆环失稳的临界压力

对于受均匀径向外压的圆环，其变形与弯矩的关系可用材料力学中的曲杆理论，曲杆变形的基本方程见式(4-1)。

$$\left(\frac{1}{R_1} - \frac{1}{R}\right) = -\frac{M}{EJ}$$

(4-1)

式中　　R——圆环变形前的曲率半径;

$\quad\quad R_1$——圆环变形后的曲率半径;

$\quad\quad EJ$——圆环的抗弯刚度;

$\quad\quad M$——圆环变形后任意点的弯矩,可由平衡方程求出;

$\left(\dfrac{1}{R_1} - \dfrac{1}{R}\right)$——圆环变形前后的曲率变化,须由圆环变形的几何关系导出。

（1）圆环变形的几何关系

为讨论圆环变形后的曲率变化,可只研究圆环中面的变形。在圆环上取一微线段 AB, 其长度为 dS,不管其变形后的波数是多少(这里为简便计,画图时以变形后的波数为 2 表示),其变形前后的图形如图 4-3 所示。

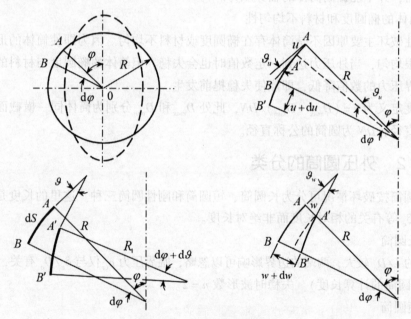

图 4-3　圆环的几何变形

变形前,线段 $AB = dS$,曲率半径为 R,所对应的圆心角为:

$$d\varphi = \frac{dS}{R}$$

变形后,线段 $A'B' = dS'$,曲率半径为 R_1,所对应的圆心角为 $d\varphi' = d\varphi + d\vartheta$。则

$$d\varphi' = \frac{dS'}{R_1}$$

考虑圆环失稳是由于圆环中出现弯曲应力所致的,故可认为圆环中面在变形后不会伸缩,即 $A'B' = AB = dS$,故

$$\mathrm{d}\vartheta = \mathrm{d}\varphi' - \mathrm{d}\varphi = \left(\frac{1}{R_1} - \frac{1}{R}\right)\mathrm{d}S \tag{1}$$

设 A 点在变形后切向位移为 u，径向位移为 w，则由于切向位移使线段产生转角（等于法线的转角）为：

$$\vartheta_u = \frac{u}{R}$$

由于径向位移使线段产生转角为：

$$\vartheta_w = \frac{w + \mathrm{d}w - w}{(R-w)\mathrm{d}\varphi} \approx \frac{\mathrm{d}w}{R\mathrm{d}\varphi} = \frac{\mathrm{d}w}{\mathrm{d}S}$$

则

$$\vartheta = \frac{u}{R} + \frac{\mathrm{d}w}{\mathrm{d}S}$$

因而可得：

$$\mathrm{d}\vartheta = \frac{\mathrm{d}u}{R} + \frac{\mathrm{d}^2 w}{\mathrm{d}S^2}\mathrm{d}S \tag{2}$$

由于切向位移使线段伸长为 $u + \mathrm{d}u - u = \mathrm{d}u$，径向位移使线段伸长为 $(R-w)\mathrm{d}\varphi - R\mathrm{d}\varphi = -w\mathrm{d}\varphi$，但中面的线段伸长为 0，故

$$\mathrm{d}u - w\mathrm{d}\varphi = 0$$

$$\mathrm{d}u = w\mathrm{d}\varphi = \frac{w}{R}\mathrm{d}S \tag{3}$$

将式（3）代入式（2）得：

$$\mathrm{d}\vartheta = \left(\frac{w}{R^2} + \frac{\mathrm{d}^2 w}{\mathrm{d}S^2}\right)\mathrm{d}S = \frac{1}{R^2}\left(w + \frac{\mathrm{d}^2 w}{\mathrm{d}\varphi^2}\right)\mathrm{d}S \tag{4}$$

将式（4）代入式（1）得：

$$\left(\frac{1}{R_1} - \frac{1}{R}\right) = \frac{1}{R^2}\left(w + \frac{\mathrm{d}^2 w}{\mathrm{d}\varphi^2}\right) \tag{4-2}$$

（2）圆环截面上的弯矩

圆环的受力变形情况如图 4-4 所示，其中虚线表示在外压 p 作用下此部分圆环变形后的情况。

其中，设 w_o 为圆环截面中的最大径向位移，M_o 为具有最大位移 w_o 处的弯矩。在外压 p 及 R 一定时，w_o 和 M_o 可视为常数。在 A 点还作用一压缩力 N_o。考虑沿轴向宽度为 1 单位的圆环的静力平衡，可得：

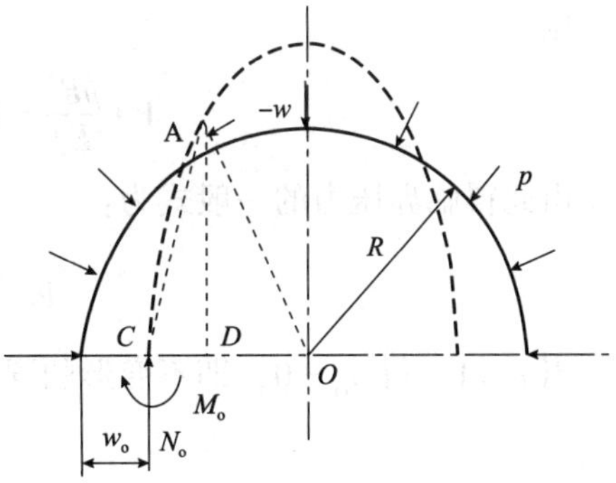

图 4-4 圆环的受力变形

$$N_o = 1 \times p \times \overline{AO} = p(R - w_o)$$

在圆环变形后任意截面 B 处的弯矩由静力平衡得：

$$M = M_o + N_o - p\,\overline{AB} \cdot \frac{1}{2}\overline{AB} = M_o + p\left(\overline{AO} \cdot \overline{AD} - \frac{1}{2}\overline{AB}^2\right)$$

在 $\triangle AOB$ 中：

$$\overline{OB}^2 = \overline{AB}^2 + \overline{AO}^2 - 2\,\overline{AO} \cdot \overline{AD}$$

或

$$\frac{1}{2}\overline{AB}^2 - \overline{AO} \cdot \overline{AD} = \frac{1}{2}(\overline{OB}^2 - \overline{AO}^2) = \frac{1}{2}\left[(R-w)^2 - (R-w_o)^2\right]$$

由于 w 和 w_0 与 R 相比很小，因此微量 w^2 及 w_0^2 可忽略不计，于是得：

$$\frac{1}{2}\overline{AB}^2 - \overline{AO} \cdot \overline{AD} = R(w_o - w)$$

所以

$$M = M_o - pR(w_o - w) \qquad\qquad (4-3)$$

当波数 $n = 3$，4，5，$\cdots$ 时，由静力平衡同样可得式(4-3)。

(3) 圆环的临界压力

将式(4-1)~式(4-3)联解得圆环的挠曲线微分方程：

$$\frac{\mathrm{d}^2 w}{\mathrm{d}\varphi^2} + w = -\frac{R^2}{EJ}\left[M_o - pR(w_o - w)\right]$$

或

$$\frac{\mathrm{d}^2 w}{\mathrm{d}\varphi^2} + \left(1 + \frac{pR^3}{EJ}\right)w = \frac{-M_o R^2 + pR^3 w_o}{EJ}$$

令 $k^2 = 1 + \dfrac{pR^3}{EJ}$，得：

$$\frac{\mathrm{d}^2 w}{\mathrm{d}\varphi^2} + k^2 w = \frac{-MR^2 + pR^3 w_o}{EJ}$$

此二阶非齐次常系数微分方程的全解为：

$$w = C_1 \sin k\varphi + C_2 \cos k\varphi + \frac{-M_o R^2 + pR^3 w_o}{EJ + pR^3}$$

由于圆环是封闭的，当 φ 增加到 2π 时，w 应为原来值。由此可以断定在 2π 的周期中，w 是 φ 的周期性函数。而 k 表示波数，故应为整数，即：

$$k = 1，2，3，\cdots，n，\cdots$$

则

$$1 + \frac{pR^3}{EJ} = 1，4，9，\cdots，n^2，\cdots$$

由此得临界压力的一般式为：

$$(p_{cr})_{k=n} = \frac{(n^2 - 1)EJ}{R^3}$$

当 $n = 1$，得 $p_{cr} = 0$，即不变形的圆环。当 $n = 2$ 时，得最小的(第一)临界压力为：

$$p_{cr} = \frac{3EJ}{R^3} \qquad\qquad (4-4)$$

这就是圆环失稳的临界压力公式。

2. **长圆筒的临界压力**

如果把圆环看作离边界较远处切出的长圆筒的一部分，在变形时其相邻两侧的金属将抑制圆环的纵向变形。所以对长圆筒来说，应采用圆筒的抗弯刚度 D' 来代替圆环的抗弯刚

度 EJ。长圆筒的临界压力公式为：

$$p_{cr} = \frac{3D'}{R^3}, \quad D' = \frac{E\delta_e^3}{12(1-\mu^2)}$$

所以

$$p_{cr} = \frac{E}{4(1-\mu^2)}\left(\frac{\delta_e}{R}\right)^3$$

或

$$p_{cr} = \frac{2E}{1-\mu^2}\left(\frac{\delta_e}{D}\right)^3 \tag{4-5}$$

这就是通常所称的勃莱斯(Bresse)公式。

式中　δ_e——圆筒有效厚度，mm，$\delta_e = \delta_n - C$；

　　　δ_n——圆筒名义厚度，mm；

　　　D——圆筒中间面直径，mm；

　　　E——设计温度下的弹性模量，MPa；

　　　μ——泊松比。

对于钢制圆筒，可取 $\mu = 0.3$，故

$$p_{cr} = 2.2E\left(\frac{\delta_e}{D}\right)^3 \tag{4-6}$$

$$p \leqslant \frac{p_{cr}}{m}$$

式中　m——稳定安全系数。GB/T 150—2011 中规定 $m = 3$。

将 $p_{cr} = mp$ 代入式(4-6)，即可得到长圆筒受外压作用时，所需壁厚的计算公式如式(4-7)所示：

$$\delta = D\sqrt[3]{\frac{mp}{2.2E}} \tag{4-7}$$

式中　δ——圆筒的计算厚度。

在求出计算厚度 δ 后，再加上厚度附加量 C，并向上圆整到钢材标准规格的厚度，即得到名义厚度 δ_n。但应特别注意的是，勃莱斯公式及其衍生的式(4-7)，只有当长圆筒中相应的临界压应力小于材料的比例极限时才是正确的。

3. 短圆筒的临界压力

当圆筒的长径比 L/D 较小或其上有距离较近的刚性构件如加强圈时，端盖及加强圈等对圆筒刚度的加强作用就很明显。此时圆筒变形比较复杂，当其丧失稳定性而被压瘪时，其波数 n 通常是大于2的某个整数。临界压力不仅决定于筒体的厚径比 δ_e/D，而且与长径比 L/D 有关。

在计算外压短圆筒临界压力的许多公式中，米塞斯(Mises)公式获得了广泛的应用，即：

$$p_{cr} = \frac{E\delta_e}{R(n^2-1)\left[1+\left(\frac{nL}{\pi R}\right)^2\right]^2} + \frac{E}{12(1-\mu^2)}\left(\frac{\delta_e}{R}\right)^3 + \left[(n^2-1)+\frac{2n^2-1-\mu}{1+\left(\frac{nL}{\pi R}\right)^2}\right] \tag{4-8}$$

式中　R——圆筒中间面半径，mm；

　　　　L——圆筒计算长度，mm；

　　　　δ_e——圆筒有效厚度，mm；

　　　　n——失稳时的波数。

在式(4-8)中并未考虑轴向压力对 p_{cr} 的影响，但它与考虑轴向压力的米塞斯公式(见铁摩辛柯《弹性稳定理论》)相比，其误差在 0.5% 以内。另外，式(4-8)的适用范围为 $\sigma_{cr} \leqslant R^t_{eL}$。

当 L/D 很大时，式(4-8)可简化为：

$$p_{cr} = \frac{(n^2-1)E}{12(1-\mu^2)}\left(\frac{\delta_e}{R}\right)^3$$

取 $n=2$，得最小的 p_{cr} 值为：

$$p_{cr} = \frac{E}{4(1-\mu^2)}\left(\frac{\delta_e}{R}\right)^3$$

此即长圆筒临界压力的计算式。由此可见，米塞斯公式对长、短圆筒均适用。

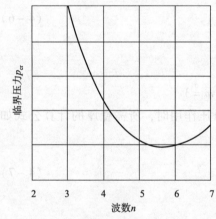

图4-5　波数与临界压力的关系

在用式(4-8)计算 p_{cr} 时，需用试算法求解，即需先设定不同的波数 n 值，取 $n=3，4，5，6\cdots$，并算出相应的 p_{cr}，p_{cr} 的最小值即为所求之值，如图4-5所示。

为便于计算，可对米塞斯公式进行适当简化。实验证明短圆筒的变形波数较多，即 n 值较大。因此，$\left(\dfrac{nL}{\pi R}\right)^2 \gg 1$，于是米塞斯公式中，$\dfrac{2n^2-1-\mu}{1+\left(\dfrac{nL}{\pi R}\right)^2} \ll (n^2-1)$，可略去不计，而且 $\left[1+\left(\dfrac{nL}{\pi R}\right)^2\right]^2 \approx \left(\dfrac{nL}{\pi R}\right)^2$，这样式(4-8)即可简化为只适用于短圆筒的邵斯威尔(R. V. Southwell)近似计算式：

$$p_{cr} = \frac{E}{(n^2-1)\left(\dfrac{nL}{\pi R}\right)^4} \cdot \frac{\delta_e}{R} + \frac{E(n^2-1)}{12(1-\mu^2)} \cdot \left(\frac{\delta_e}{R}\right)^3 \qquad (4-9)$$

令 $\dfrac{\mathrm{d}p_{cr}}{\mathrm{d}n}=0$，以求取与最小 p_{cr} 相应的波数，并取 $n^2-1 \approx n^2$ 可得：

$$n = \sqrt{\frac{6\pi 2\,(1-\mu^2)^{\frac{1}{2}}}{\left(\dfrac{L}{R}\right)^2\left(\dfrac{\delta_e}{R}\right)}}$$

取 $\mu=0.3$，并以 $R=\dfrac{D}{2}$ 代入，得：

$$n = \sqrt[4]{\dfrac{7.06}{\left(\dfrac{L}{R}\right)^2\left(\dfrac{\delta_e}{R}\right)}} \tag{4-10}$$

按式(4-10)作出的曲线如图4-6所示。

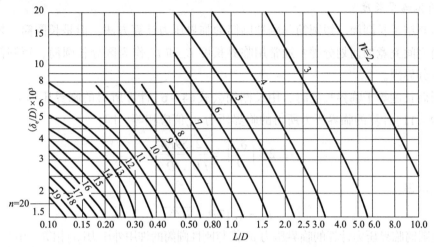

图4-6　相应于最小临界压力的波数

将式(4-10)代回式(4-9)，并取 $n^2 - 1 \approx n^2$ 可得 p_{cr} 的近似计算式，即拉姆
(B. M. Pamm)公式:

$$p_{cr} = \frac{2.59E}{(L/D)}\left(\frac{\delta_e}{D}\right)^{2.5} = \frac{2.59E\delta_e^2}{LD\sqrt{D/\delta_e}} \tag{4-11}$$

按式(4-11)计算 p_{cr} 的值比米塞斯公式的计算值约低12%，故偏于安全。它使用比较
简便，但也只适用于短圆筒。

在式(4-11)中代入 $p_{cr} = mp$，就可求得外压短圆筒的计算厚度，即:

$$\delta = D\left(\frac{mpL}{2.59ED}\right)^{0.4} \tag{4-12}$$

米塞斯公式及其简化公式都只适用于弹性范围(比例极限范围内)，即:

$$\sigma_{cr} = \frac{p_{cr}D}{2\delta_e} \leqslant R_p^t$$

在使用前述公式时，GB/T 150—2011 规定稳定安全系数 $m = 3$。m 值的确定主要是考
虑所用理论公式的精确程度以及制造圆筒所能保证的不圆度。关于不圆度 e 的要求，我国
标准采用了美国 ASME 规范所规定的最大允许不圆度曲线，它与 L/D 及 D/δ_e 有关，详见
GB/T 150—2011 制造、检验与验收章节。

4. 刚性圆筒的临界压力

对于刚性圆筒，由于其厚径比 δ_e/D 较大，而长径比 L/D 较小，一般不存在因失稳而
破坏的问题，只需校核其强度是否足够即可。其强度校核计算公式与计算内压圆筒的公式
相同，只是式中的许用应力采用材料的许用压应力，即:

$$\sigma = \frac{p(D_i + \delta_e)}{2\delta_e} \leqslant [\sigma]_\text{压}^\text{t} \phi$$

也可写为：

$$[p] = \frac{2[\sigma]_\text{压}^\text{t} \phi \delta_e}{D_i + \delta_e}$$

5. 筒体临界长度

上面介绍了长圆筒、短圆筒与刚性圆筒的临界压力计算方法，但是长圆筒、短圆筒与刚性圆筒之间究竟如何划分呢？通常用临界长度 L_cr 和 L_cr' 作为区分长圆筒、短圆筒、刚性圆筒的区分界限。

当圆筒长度等于临界长度时，用长圆筒公式(4-6)计算所得的临界压力 p_cr 和用短圆筒公式(4-11)计算的临界压力所得的临界压力 p_cr' 值应相等，即：

$$2.2E\left(\frac{\delta_e}{D}\right)^3 = \frac{2.59E\delta_e^2}{LD\sqrt{D/\delta_e}}$$

由此可得：

$$L_\text{cr} = 1.17D\sqrt{D/\delta_e} \tag{4-13}$$

将短圆筒临界压力计算的临界压力 p_cr' 值与刚性圆筒的许用外压力 $[p]$ 相等，由此可得到：

$$L_\text{cr}' = \frac{1.3E\delta_e}{[\sigma]_\text{压}^\text{t}\sqrt{\dfrac{D_o}{\delta_e}}}$$

若圆筒的计算长度 $L > L_\text{cr}$，属于长圆筒；若 $L_\text{cr}' < L < L_\text{cr}$，则属短圆筒；若 $L < L_\text{cr}'$，则属刚性圆筒。

6. 轴向受压圆筒的临界应力

薄壁圆筒在轴向压应力作用下也会失去稳定。铁摩辛柯从弹性小挠度理论出发，导出圆筒受轴向均匀压缩时的临界应力为：

$$\sigma_\text{cr} = \frac{E}{\sqrt{3(1-\mu^2)}} \frac{\delta_e}{R_i} = 0.605E\frac{\delta_e}{R_i} \tag{4-14}$$

式中　R_i——筒体内半径，mm，其他符号同前。

结果表明：由实验所获得的临界应力仅是式(4-14)所得 σ_cr 值的 $20\% \sim 25\%$，并与圆筒的初始几何缺陷有关。而按大挠度理论得到的结果与实验值比较接近。实际的临界应力应为：

$$\sigma_\text{cr} = C\frac{E\delta_e}{R_i}$$

式中：C 为修正系数，与 $\dfrac{\delta_e}{R_i}$ 的比值有关。丹尼尔(L. H. Donnell)对钢、黄铜制圆筒分别在压缩和弯曲作用下进行试验，结果如图4-7

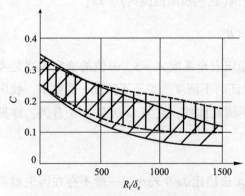

图 4-7　修正系数 C 的实验曲线
（——纯弯曲；– – –纯压缩）

所示。两种曲线范围共包围的区域，取其平均值，可近似得到经验式为：

$$C = 0.605 - 0.546\left[1 - \exp\left(-\frac{1}{16}\sqrt{R_i/\delta_e}\right)\right]$$

因为一般工程用设备大都是$\dfrac{R_i}{\delta_e}\leqslant 500$，取$\dfrac{R_i}{\delta_e}\approx 500$时的$C$值计算临界应力，即$C\approx 0.18$偏于保守。再取稳定安全系数$m=3$，可得设备轴向压缩（或弯压稳定）的许用临界应力为：

$$[\sigma_{cr}] = 0.06\frac{E\delta_e}{R_i}$$

GB/T 150—2011 中规定：

$$[\sigma_{cr}] = 0.0625\frac{E\delta_e}{R_i} \tag{4-15}$$

4.3 外压圆筒的工程设计——图算法

由外压圆筒的失稳分析可知：计算圆筒的临界压力首先要确定圆筒包括壁厚在内的几何尺寸，但在设计计算之前壁厚仍是未知量，所以需要反复试算，若用解析法进行外压容器的计算就比较烦琐。在外压容器的工程设计中，我国 GB/T 150—2011 和美国 ASME Ⅷ-1《压力容器建造规则》均推荐采用图算法。图算法以米塞斯公式为基础作出相应图表，使用方便，而且对于长、短圆筒，以及对于弹塑性变形范围内的稳定问题都适用。

4.3.1 图算法的原理

对于外压圆筒来说，无论是长圆筒，还是短圆筒，其临界压力p_{cr}只与圆筒的几何尺寸、材料的物理性能（主要是E）有关，算图以两组曲线来表示这种关系。从工程设计的角度，从可操作性并偏于安全出发，将承受外压圆筒的临界压力的计算公式(4-5)和(4-11)中D用外径D_o来表示，临界压力公式可归纳为以下统一形式：

$$p_{cr} = KE\left(\frac{\delta_e}{D_o}\right)^3 \tag{4-16}$$

式中 D_o——圆筒外直径，mm；

$\quad K$——表征长、短圆筒的结构特征系数，和圆筒结构尺寸L/D_o、D_o/δ_e值有关，即：

$\quad K = f_1(L/D_o,\ D_o/\delta_e)$

对于长圆筒$K=2.2$；对于短圆筒K值可查图4-8。

采用统一公式(4-16)来表示临界压力，就避开了长、短圆筒分别用各自表示式的麻烦。同时为避开在非线性弹性范围E值并非常量这一麻烦，可采用应变而不是应力来表示失稳时的特征。不论长短圆筒，在失稳时

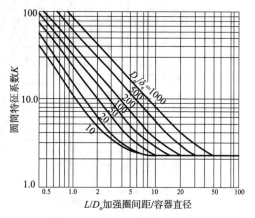

图4-8 短圆筒的结构特征系数

的周向应变为:

$$\varepsilon_{cr} = \frac{\sigma_{cr}}{E} = \frac{p_{cr}D_o}{2E\delta_e} \qquad (4-17)$$

将式(4-16)代入式(4-17),可得:

$$\varepsilon_{cr} = \frac{K}{2}\left(\frac{\delta_e}{D_o}\right)^2 = f_2(L/D_o,\ D_o/\delta_e)$$

将式(4-17)表示为以 L/D_o 为纵坐标、$A(\varepsilon_{cr})$ 为横坐标、D_o/δ_e 为参变量作图,如图4-9所示,图中横坐标的系数 A 即周向应变 ε_{cr},表示在圆筒结构尺寸 L/D_o、D_o/δ_e 为

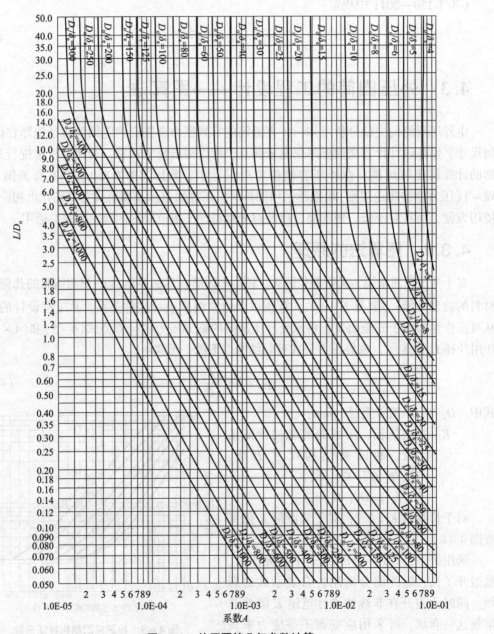

图4-9 外压圆筒几何参数计算

某值时，在周向失稳状态时的 A 值。图中上部的垂直线簇表示长圆筒，失稳时的周向应变 A 与 L/D_o 无关，也就是临界压力 p_{cr} 与 L/D_o 无关；图下方的斜平行线簇表示短圆筒，失稳时的周向应变 A 与 L/D_o、D_o/δ_e 值都有关，也就是临界压力 p_{cr} 与 L/D_o、D_o/δ_e 值都有关。图中垂直线和斜线的相交点所对应的 L/D_o 值就是区分长、短圆筒的临界长度 L_{cr} 对 D_o 之比。此图已避开了弹性模量 E，仅和圆筒的结构尺寸 L/D_o、D_o/δ_e 有关，所以对各种材料都适用。

利用这组曲线，可以迅速找出一个尺寸已知的外压圆筒失稳时筒壁环向应变 A。然而，工程设计时更希望利用曲线解决的问题是：一个尺寸已知的外压圆筒，当它失稳时，其临界压力 p_{cr} 是多少？为保证安全操作，其允许的工作外压 $[p]$ 又是多少？

现在既然已经有了筒体尺寸（L/D_o、D_o/δ_e）与失稳时的环向应变 A 之间的关系曲线，如果能够进一步将失稳时的环向应变 A 与允许工作外压 $[p]$ 的关系曲线找出来，那么就可能通过失稳时的环向应变 $A(\varepsilon)$ 为媒介，将圆筒的尺寸（D_o、δ_e、L）与允许工作外压直接通过曲线图联系起来。

从设计的角度引入稳定安全系数 m，进而可得许用外压 $[p]$，故 $p_{cr} = m[p]$，以此代入关系式（4-17）可得：

$$\varepsilon_{cr} = \frac{m[p]D_o}{2E\delta_e}$$

或可写作

$$[p] = \left(\frac{2}{m}E\varepsilon_{cr}\right)\frac{\delta_e}{D_o} \qquad (4-18)$$

令

$$B = \frac{2}{m}E\varepsilon_{cr} = \frac{2}{3}EA \qquad (4-19)$$

则有

$$[p] = B\frac{\delta_e}{D_o} \qquad (4-20)$$

对于一个已知壁厚 δ_e 与直径 D_o 的筒体，其允许工作外压 $[p]$ 等于 B 乘以 δ_e/D_o，所以要想从 ε 找到 $[p]$，首先需要从 ε 找出 B。于是问题就转到了如何从 ε 找出 B。

由于

$$B = \frac{2}{m}E\varepsilon_{cr} = \frac{2}{3}E\varepsilon_{cr}$$

若以 ε 为横坐标，以 B 为纵坐标，将 B 与 $\varepsilon(A)$ 关系用曲线表示，得到如图4-10所示的曲线。由于材料的弹性模量 E 受温度影响，由此不同的温度对应的曲线不同。利用这组曲线可以方便而迅速地从 ε 找到与之相对应的系数 B，并进而用式（4-20）求出 $[p]$。

图4-10所示的 $B = f(\varepsilon)$ 曲线呈直线与曲线两段。当 ε 比较小时，E 是常数，为直线（相当于比例极限以前的变形情况）。当 ε 较大时（相当于超过比较极限以后的非线性弹性变形），E 值有很大的降低，而且不再是一个常数，为曲线。在设计规范中列出了各类材料的 $A-B$ 图，如图4-10~图4-19所示，供设计使用。常用材料可以查表4-1来确定对应的外压应力系数 B 曲线图（见图4-10~图4-19）。

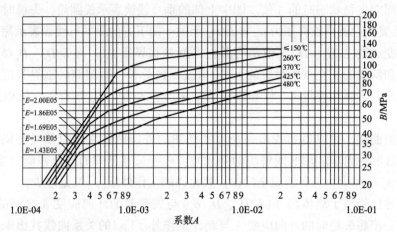

注：用于屈服强度$R_{eL} < 207$MPa的碳素钢。

图4-10　外压应力系数B曲线Ⅰ

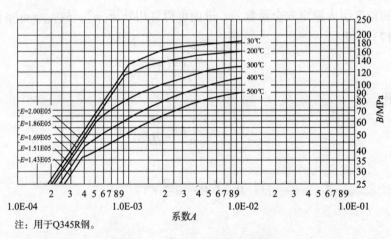

注：用于Q345R钢。

图4-11　外压应力系数B曲线Ⅱ

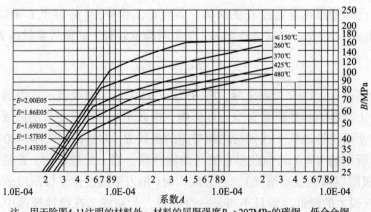

注：用于除图4-11注明的材料外，材料的屈服强度$R_{eL} > 207$MPa的碳钢、低合金钢和S11306钢等。

图4-12　外压应力系数B曲线Ⅲ

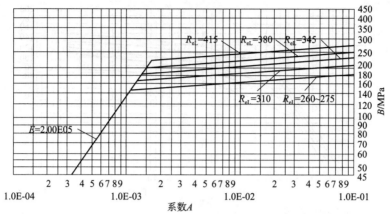

注：用于除图4-11注明的材料外，材料的屈服强度R_{eL}>260MPa的碳钢、低合金钢等。

图4-13 外压应力系数B曲线Ⅳ

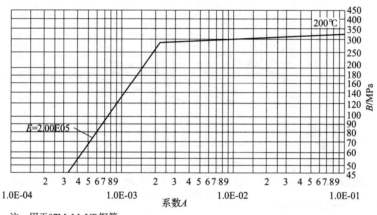

注：用于07MnMoVR钢等。

图4-14 外压应力系数B曲线Ⅴ

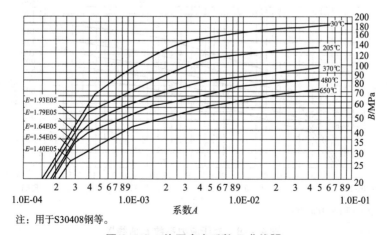

注：用于S30408钢等。

图4-15 外压应力系数B曲线Ⅵ

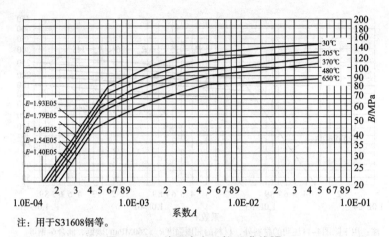

注：用于S31608钢等。

图 4 – 16 外压应力系数 B 曲线 Ⅶ

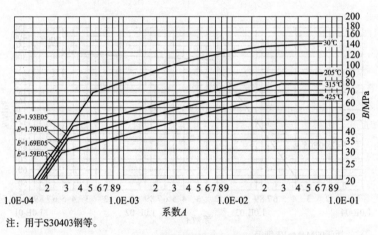

注：用于S30403钢等。

图 4 – 17 外压应力系数 B 曲线 Ⅷ

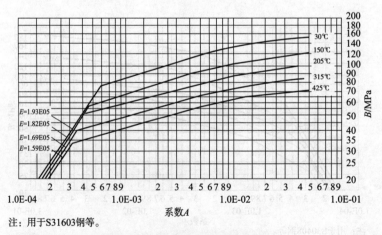

注：用于S31603钢等。

图 4 – 18 外压应力系数 B 曲线 Ⅸ

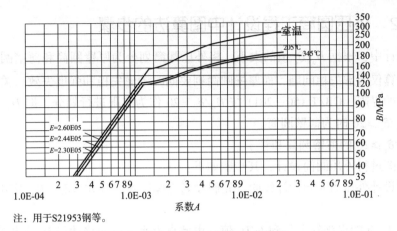

注：用于S21953钢等。

图 4 - 19　外压应力系数 B 曲线 X

表 4 - 1　外压应力系数 B 曲线图选用表

序号	钢材牌号	$R_{eL}(R_{p0.2})/\text{MPa}$	设计温度范围/℃	适用 B 曲线图
1	10	205	≤475	图 4 - 10
2	20	245	≤475	图 4 - 12
3	Q245R	245	≤475	图 4 - 12
4	Q345R，Q345D	345	≤475	图 4 - 11
5	Q370R	370	≤150，150～350	图 4 - 13，图 4 - 12
6	12CrMo	205	≤475	图 4 - 10
7	12Cr1MoVG，12Cr1MoVG	225	≤475	图 4 - 12
8	15CrMo	235	≤475	图 4 - 12
9	15CrMoR	295	≤150，150～400	图 4 - 13，图 4 - 12
10	1Cr5Mo	195	≤475	图 4 - 10
11	09MnD	270	≤150	图 4 - 13
12	09MnNiD	280	≤150	图 4 - 13
13	08Cr2AlMo	250	≤300	图 4 - 12
14	09CrCuSb	245	≤200	图 4 - 12
15	18MnMoNbR	390	≤150，150～475	图 4 - 13，图 4 - 12
16	13MnNiMoR	390	≤150，150～400	图 4 - 13，图 4 - 12
17	14Cr1MoR	300	≤150，150～475	图 4 - 13，图 4 - 12
18	12Cr2Mo1	280	≤150，150～475	图 4 - 13，图 4 - 12
19	12Cr2Mo1R	310	≤150，150～475	图 4 - 13，图 4 - 12
20	1Cr19Ni9	205	≤650	图 4 - 15

注：其他材料适用的外压应力系数 B 曲线图，可查找 GB/T 150.3—2011 的"4.3.2"节。

4.3.2 外压圆筒工程设计中图算法的步骤

工程设计中，根据 D_o/δ_e 值的大小，将外压圆筒划分为厚壁圆筒和薄壁圆筒。薄壁圆筒的外压计算仅考虑失稳问题，而厚壁圆筒则要同时考虑失稳和强度失效。关于厚壁圆筒和薄壁圆筒的界限，GB/T 150—2011 按 $D_o/\delta_e = 20$ 作为界限进行划分，即 $D_o/\delta_e < 20$ 为厚壁圆筒，$D_o/\delta_e \geqslant 20$ 时为薄壁圆筒。

（1）$D_o/\delta_e \geqslant 20$ 的薄壁圆筒和管子

利用算图进行外压圆筒设计，其步骤如下：

①根据设计外压力 p 和设计经验，先假设名义厚度 δ_n，令 $\delta_e = \delta_n - C$，定出比值 L/D_o、D_o/δ_e。

②在图 4-9 的纵坐标上找到 L/D_o 值，由此点沿水平方向移动与 D_o/δ_e 相交（遇中间值用内插法）。若 L/D_o 值大于 50，则用 $L/D_o = 50$ 查图。

③过此点沿垂直方向下移，在图的下方得到系数 A。

④按所用材料选用图 4-10 等图，在图的下方找到系数 A。若 A 值落在设计温度下材料线的右方，则过此点垂直上移，与材料温度线相交（遇中间温度值用内插法），再过此交点沿水平方向移动，在图的纵坐标上得到系数 B，并按式（4-20）计算许用外压力 $[p]$。

若所得 A 值落在设计温度下材料线的左方，则说明圆筒的失稳肯定处于线弹性失稳范围内，则直接用式（4-21）计算 $[p]$ 值：

$$[p] = \frac{2AE^t}{3(D_o/\delta_e)} \qquad (4-21)$$

⑤$[p]$ 应大于或等于 p，否则须再假设 δ_n。重复上述计算步骤，直到 $[p]$ 大于且接近 p 为止。

图算法的求解过程如图 4-20 所示。

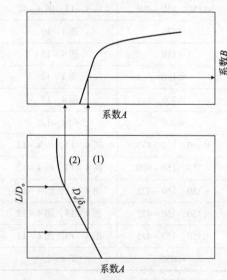

图 4-20　图算法的基本过程

（2）$D_o/\delta_e < 20$ 的厚壁圆筒和管子

对于 $D_o/\delta_e < 20$ 的厚壁圆筒用与 $D_o/\delta_e \geqslant 20$ 相同的步骤得到系数 B 值；但对 $D_o/\delta_e < 4$ 的圆筒和管子应按（4-22）计算计算系数 A 值：

$$A = \frac{1.1}{(D_o/\delta_e)^2} \qquad (4-22)$$

系数 $A > 0.1$ 时取 $A = 0.1$。

为满足稳定性要求，厚壁圆筒的许用外压力应不低于式（4-23）的计算值。

$$[p] = \left(\frac{2.25}{D_o/\delta_e} - 0.0625\right)B \qquad (4-23)$$

为满足强度要求，厚壁圆筒的许用外压力应不低于式（4-24）的计算值。

$$[p] = \frac{2\sigma_0}{D_o/\delta_e}\left(1 - \frac{1}{D_o/\delta_e}\right) \qquad (4-24)$$

式中，σ_0 为应力，取 $\sigma_0 = \min\{2[\sigma]^t,\ 0.9R_{eL}^t\text{或}0.9R_{p0.2}^t\}$

（3）轴向受压的圆筒和管子

对于轴向受压的圆筒，由于可能出现非弹性失稳，也可以利用图算法进行计算。设圆筒最大许用压应力 $[\sigma]_{cr} = B$，求系数 B 的步骤如下。

①假设名义厚度 δ_n，令 $\delta_e = \delta_n - C$ 按式（4-25）计算系数 A：

$$A = \frac{0.094}{R_o/\delta_e} \tag{4-25}$$

②按所用材料选用相应材料的温度线得到 B 值，该 B 值即为圆筒的许用压缩应力。弹性范围内也可用 $B = \frac{2}{3}AE^t$ 直接计算。

4.4 外压球形容器及封头设计

4.4.1 外压球壳的失稳计算

根据弹性失稳理论分析，受均匀外压球形壳体的临界压力可按式（4-26）计算：

$$p_{cr} = \frac{2E}{\sqrt{3(1-\mu^2)}}\left(\frac{\delta_e}{R_o}\right)^2 \tag{4-26}$$

式中，R_o 为球壳外半径，mm；对钢材而言，用 $\mu = 0.3$ 代入，得：

$$p_{cr} = 1.21E\left(\frac{\delta_e}{R_o}\right)^2 \tag{4-27}$$

式（4-27）实际上与轴向受压缩圆筒的临界压力的计算方法基本一致。但是基于小变形理论推导的公式与实验结果相差很大。实验证明，以大变形理论为依据得到的结果只有小变形理论计算值的20%左右，即：

$$p_{cr} = 0.25E\left(\frac{\delta_e}{R_o}\right)^2 \tag{4-28}$$

取稳定安全系数 $m = 3$，所以有

$$p_{cr} = 0.0833E\left(\frac{\delta_e}{R_o}\right)^2 \tag{4-29}$$

因此，若以小变形理论为基础的式（4-27）来计算，球形壳体的稳定安全系数达到 $m = 1.21/0.0833 = 14.52$。同时考虑可能存在的非弹性失稳情况也采用切线模量进行修正，故仍可采用外压圆筒的计算图表进行计算。具体步骤如下。

（1）根据选用的 δ_e 和球壳外半径 R_o，按式（4-30）来计算 A 值：

$$A = \frac{0.125\delta_e}{R_o} \tag{4-30}$$

（2）根据计算得到的 A 值由 $A-B$ 材料图的温度线查到 B 值，并按式（4-31）计算 $[p]$：

$$[p] = \frac{B\delta_e}{R_o} \tag{4-31}$$

其他步骤与外压圆筒完全一致。

4.4.2 外压碟形和椭圆形封头

碟形和椭圆形封头在外压作用下丧失稳定的情况与球壳类似，其许用外压力仍采用式（4－26）或用计算外压球壳的图算法求出，只是 R_o 的意义不同。对于碟形封头，R_o 为碟形封头球面部分外半径；对于椭圆形封头，R_o 为椭圆形封头的当量球壳外半径，即 $R_o = K_1 D_o$。D_o 为椭圆形封头外直径，K_1 值由表4－2查得。

表4－2　系数 K_1 值

$\dfrac{D_o}{2h_0}$	3.0	2.8	2.6	2.4	2.2	2.0	1.8	1.6	1.4	1.2	1.0
K_1	1.36	1.27	1.18	1.08	0.99	0.9	0.81	0.73	0.65	0.57	0.50

注：$\dfrac{D_o}{2h_0}$ 为椭圆长短轴比。对于标准椭圆形封头长短轴比为2，故 $R_o = 0.9D_o$。

4.4.3 外压锥形封头

工程上对受外压的锥形封头（包括无折边和折边锥形封头），大多是根据锥顶半角 α 的大小分别按圆筒或平盖进行计算。

当锥顶半角 $\alpha \leqslant 60°$ 时，按相当的圆筒进行计算。假设锥形封头的名义厚度为 δ_n，令 $\delta_c = (\delta_n - C)\cos\alpha$，并按下式计算锥形封头的当量长度 L_e：

$$L_e = \frac{L}{2}\left(1 + \frac{D_L}{D_S}\right)$$

式中　L——锥形封头轴向计算长度，无加强圈时，等于锥体的轴向长度，有加强圈时，等于加强圈之间的轴向间距；

D_L、D_S——锥形封头大端及小端计算外直径，无加强圈时，分别等于锥体大端及小端外直径，有加强圈时，分别等于加强圈之间较大截面和较小截面处锥体外直径。

之后，以 D_o/δ_c 代替 D_o/δ_e，以 L_e/D_o 代替 L/D_o，按外压圆筒图算法进行计算。

当 $\alpha > 60°$ 时，锥形封头的厚度可按平盖计算。

4.5　加强圈设计

4.5.1　加强圈的作用及结构

外压容器的长径比越小，其稳定性越好。在外压圆筒上适当地设置加强圈就可减小计算长度 L，从而大大提高圆筒的临界压力。

（1）外压圆筒的计算长度

外压圆筒的计算长度 L 对许用外压力 $[p]$ 值的影响很大。筒体的计算长度 L 是指两个刚性构件之间的最大距离，从理论上说计算长度的选取应是判断该圆筒长度的两端能否保持足够的约束，使其真正能起到支承线的作用，从而在圆筒失稳时仍能保持圆形，不至于被压塌。但对一台容器而言，如何确定计算长度，要区别不同的情况，如图4-21所示。

①如图4-21(a-1)(a-2)所示，当圆筒部分没有加强圈(或可作为加强的构件)时，取圆筒的总长度加上每个凸形封头曲面深度的1/3；

②如图4-21(c)所示，当圆筒部分有加强圈(或可作为加强的构件)时，取相邻加强圈中心线间的最大距离；

③如图4-21(d)所示，取圆筒第一个加强圈中心线与凸形封头切线间的距离加凸形封头曲面深度的1/3；

④如图4-21(b)(e)(f)所示，当圆筒与锥壳相连接，若连接处可作为支承线时，取此连接处与相邻支承线之间的最大距离；图4-21(f)中的L_x是指锥壳段的轴向长度，其外压计算长度取当量长度L_x，见GB/T 150.3—2011中"5.6.6"节；

⑤如图4-21(g)所示，对带夹套的圆筒，则取承受外压的圆筒长度；若带有凸形封头，还应加上封头曲面深度的1/3；若有加强圈(或可作为加强的构件)时，则按图4-21(c)、(d)计算。

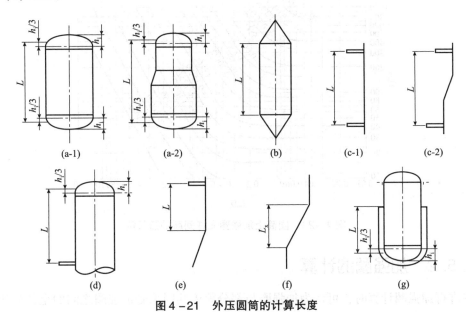

图4-21 外压圆筒的计算长度

(2)加强圈结构

增设加强圈比用加大圆筒厚度的办法来增大刚度更为经济。如果圆筒是由不锈钢或其他贵重的有色金属制成的，则在圆筒外部设置碳钢制的加强圈，还可以减少贵重金属的消耗量。

加强圈应具有足够的刚性，可用扁钢、角钢、槽钢、工字钢等型钢制成，如图4-22所示。在大型减压塔上，通常用钢板拼焊成的工字钢。因型钢截面惯性矩较大，刚性较好。加强圈通常是用间断焊缝焊在筒体的外侧或内侧。为了保证加强圈与筒体一起承受外压的作用，当加强圈焊在筒体的外面时，加强圈每侧间断焊接的总长应不少于圆筒外圆周长的1/2，当设置在筒体里面时，应不少于圆筒内圆周长的1/3。

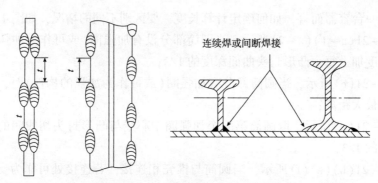

图 4-22　加强圈的结构及连接型式

为保证加强作用，加强圈不得任意削弱或割断，如必须削弱或割断时，则削弱或割断的弧长不得大于图 4-23 所给的值。

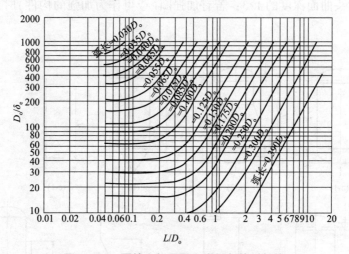

图 4-23　圆筒上加强圈允许间断的弧长值

4.5.2　加强圈的计算

在进行加强圈计算时，可认为加强圈与部分筒体共同承受加强圈之间的全部外压。设计时首先需计算保证筒体的稳定性所需的加强圈和筒体截面的惯性矩。

加强圈可视为一外压圆环，由式 (4-4) 知其临界载荷可由式 (4-32) 计算：

$$q_{cr} = \frac{3EJ}{R_1^3} = \frac{24EJ}{D_o^3} \tag{4-32}$$

式中　q_{cr}——加强圈单位周长所承受的临界载荷，N/mm；

　　　R_1——加强圈中性轴的半径，可近似地用筒体的外半径来表示，mm；

　　　D_o——筒体外直径，mm；

　　　J——加强圈截面对于其中性轴的惯性矩，mm⁴；

　　　E——加强圈材料在设计温度下的弹性模量，MPa。

如加强圈的间距为 L，并假设每个加强圈和筒体共同承受圈两侧各 $L/2$ 范围内的外压载荷，则加强圈和筒体单位周长上的临界载荷为：

$$q_{cr} = p_{cr}L$$

式中　p_{cr}——圆筒所受的临界压力，MPa。

为安全计，取过载系数为1.1，则

$$q_{cr} = 1.1 p_{cr}L$$

将上式代入式(4-32)，并以 J_y 代替 J，经整理得：

$$J_y = \frac{LD_o^3 p_{cr}}{24E} \times 1.1 \qquad (4-33)$$

式中　J_y——加强圈和筒体所需的组合惯性矩，mm^4。

在计算加强圈和筒体的组合惯性矩时，可将加强圈和筒体共同看作一具有当量厚度 δ_y 的筒体，且

$$\delta_y = \delta_e + \frac{A_s}{L}$$

式中　δ_e——筒体的有效厚度，mm；

　　　A_s——加强圈的横截面积，mm^2；

　　　L——加强圈之间的最大距离，mm。

同时考虑

$$\frac{p_{cr}D_o}{2\delta_y E} = \frac{\sigma_{cr}}{E} = \varepsilon$$

此处，ε 为加强圈和筒体在外压作用下达到临界应力时的环向应变。将此式代入式(4-33)得

$$J_y = \frac{D_o^2 L \delta_y}{12}\varepsilon \times 1.1 = \frac{D_o^2 L\left(\delta_y + \dfrac{A_s}{L}\right)}{10.9}\varepsilon \qquad (4-34)$$

ε 值可由前述图表(图4-10等)求出，即先由下式求得 B 值

$$B = \frac{2}{3}\sigma_{cr} = \frac{p_{cr}D_o}{3\delta_y} = \frac{pD_o}{\delta_e + \dfrac{A_s}{L}}$$

再从不同温度下的材料拉伸曲线反向求出 $\varepsilon(A$ 值)，代入式(4-34)即可求得 J_y。应当注意，此时 J_y 表示加强圈和筒体为能承受许用外压力 $[p]$ 所需的组合惯性矩，这是因为在图4-10等图曲线中已引入稳定安全系数 $m=3$。

在设计加强圈时，需先设定加强圈的个数，作出加强圈的布置，得出加强圈的最大间距，并假设加强圈的型号和尺寸，再根据图4-10等和式(4-34)求出加强圈和筒体所需的组合惯性矩 J_y。之后，还需求出加强圈和筒体实际组合惯性矩 J_s。J_s 应大于或等于 J_y，并比较接近，否则需重新假设加强圈的型号和尺寸，重复上述计算，直到满足为止。

根据弹性理论，只有加强圈两侧附近的筒体能与加强圈共同起到加强作用。因此，在计算 J_s 时，需求出加强圈中心线两侧筒体起加强作用的有效宽度。

根据边缘力的计算，作用在加强圈两侧的边缘力 p_o 为：

$$p_o = \frac{p\sqrt{R\delta_e}}{1.285 + \dfrac{2\delta_e\sqrt{R\delta_e}}{A_s}} \qquad (4-35)$$

式中　R——加强圈内半径或筒体半径，可用筒体外半径 R_o；

　　δ_e——筒体有效厚度；

　　A_s——加强圈横截面积。

为了计算方便且偏于安全，式(4-35)中可忽略分母中的第二项，可得：

$$p_0 = \frac{p\sqrt{R\delta_e}}{1.285} = 0.78p\sqrt{R\delta_e} = 0.55p\sqrt{D_o\delta_e}$$

则加强圈所受的载荷为：

$$q = 2p_0 = 1.1p\sqrt{D_o\delta_e}$$

这相当于加强圈两侧各 $0.55\sqrt{D_o\delta_e}$ 宽度内为有效作用区。故 GB/T 150—2011 规定，加强圈和筒体的实际组合惯性矩 J_s 应按加强圈与其中心线两侧各 $0.55\sqrt{D_o\delta_e}$ 的有效宽度的筒体来计算，如图 4-24 所示。

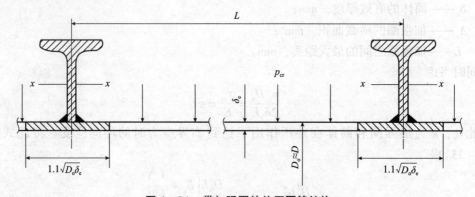

图 4-24　带加强圈的外压圆筒结构

另一种计算 J_y 的方法是经验估算法。该方法认为，加强圈和筒体的组合惯性矩一般是加强圈单独惯性矩 J 的 1.3～1.7 倍。为安全计，通常可取

$$J_s = 1.3J$$

此种方法精确性较差，并偏于保守，但比较简便。

[例题] 某石油化工厂需设计一减压塔。塔内径为 $D_i = 6m$，筒体总长 $H = 17.2m$，采用球形封头，材料均选用 20R。其真空度为 0.095MPa，设计温度为 420℃。厚度附加量 $C = 4mm$。试确定塔体壁厚及加强圈的尺寸。

[解] 对减压塔按外压容器设计，取 $p = 0.1MPa$。

（1）外压圆筒厚度计算

假设圆筒名义厚度为 $\delta_n = 18mm$，整个筒体上设置 11 个加强圈。则筒体外直径 $D_o = 6036mm$，筒体有效厚度 $\delta_e = \delta_n - C = 14mm$。

筒体计算长度 L 取等于加强圈的最大间距，根据加强圈布置求得 $L = 1600mm$。故

$$\frac{L}{D_o} = \frac{1600}{6036} = 0.265$$

$$\frac{D_o}{\delta_e} = \frac{6036}{14} = 431$$

查图 4-9 得 $A = 0.00061$，再查图 4-12 得 $B = 57MPa$，即得许用外压为：

$$[p] = \frac{B}{D_o/\delta_e} = \frac{57}{431} = 0.132\text{MPa}$$

由于$[p]$大于且接近p，故假设的δ_n和L满足稳定性要求。

（2）半球形封头计算

一般取半球形封头与圆筒厚度相同，故名义厚度为18mm，有效厚度为14mm。球形封头半径为$R_o = 3000 + \delta_n = 3018\text{mm}$。则

$$\frac{R_o}{\delta_e} = \frac{3018}{14} = 215.6$$

由式（4-27）可得：

$$A = 0.125\frac{\delta_e}{R_o} = \frac{0.125}{215.6} = 0.00058$$

查图4-12，由$A = 0.00058$的点垂直向上与420℃温度的材料线相交，再由此交点水平右移，得$B = 56\text{MPa}$。则由式（4-28）得许用外压为：

$$[p] = B\frac{\delta_e}{R_o} = \frac{56}{215.6} = 0.26\text{MPa}$$

$[p]$远大于p，可用。

（3）加强圈设计计算

加强圈采用Q235钢的20a型热轧普通工字钢，其截面积$A_s = 3550\text{m}^2$，惯性矩$J = 2370 \times 10^4\text{mm}^4$，高度$h = 200\text{mm}$。

首先计算B值：

$$B = \frac{pD_o}{\delta_e + \frac{A_s}{L}} = \frac{0.1 \times 6036}{14 + \frac{3550}{1600}} = 37.2\text{MPa}$$

查图4-12，从$B = 37.2\text{MPa}$的点向左平移，交于420℃温度的材料线，再由此点垂直向下，在横坐标轴上求得$A = 0.00034$。

将A（即ε）值代入式（4-31），求出加强圈与筒体所需的组合惯性矩为：

$$J_y = \frac{D_o^2 L\left(\delta_y + \frac{A_s}{L}\right)}{10.9}\varepsilon = \frac{6036^2 \times 1600 \times \left(14 + \frac{3550}{1600}\right)}{10.9} \times 0.00034 = 29.45 \times 10^6\text{mm}^4$$

为简便起见，加强圈与筒体的实际组合惯性矩可用经验估算法求得，即：

$$J_s = 1.3J = 1.3 \times 23.7 \times 10^6 = 30.81 \times 10^6\text{mm}^4$$

因J_s大于并接近于J_y，故满足要求。

课后习题

一、填空题

1. 受外压的长圆筒，侧向失稳时波形数$n = $＿＿＿＿＿＿＿；短圆筒侧向失稳时波形数为 > ＿＿＿＿＿＿＿的整数。

2. 当外压圆筒的$\delta_e/D_o > $＿＿＿＿＿＿＿时，一般在器壁应力达到材料的屈服极限以前

不发生弹性失稳现象，故在这种条件下，任何长径比的圆筒均可按_____圆筒设计。

3. 外压圆筒设计时，现行的稳定安全系数为 $m =$ _____。

4. 直径与壁厚分别为 D、δ 的薄壁圆筒壳，承受均匀侧向外压 p 作用时，其环向应力为_____，经向应力为_____，它们均是_____应力，且与圆筒的长度 L _____关。

5. 外压容器的焊缝系数均取为 $\phi =$ _____。

6. 外压圆筒的加强圈，其作用是将____圆筒转化成为____圆筒，以提高临界失稳压力，减薄筒体壁厚。

7. 薄壁圆筒的三种失稳外压工况为_____、_____、_____。

二、判断题

1. 假定长圆筒和短圆筒的材质绝对理想，制造的精度绝对保证，则在任何大的外压下也不会发生弹性失稳。　　　　　　　　　　　　　　　　　　　（　　）

2. 18MnMoNbR 钢板的屈服点比 Q235 - AR 钢板的屈服点高 108%，用 18MnMoNbR 制造的外压容器比用 Q235 - AR 制造的同一设计条件下的外压容器节省钢材。　（　　）

3. 设计某一钢制外压短圆筒时，发现采用 Q245R 钢板算得的临界压力比设计要求低 10%，后改用屈服点比 20g 高 35% 的 Q345R 钢板，即可满足设计要求。　（　　）

4. 保持外压容器结构尺寸不变，通过更换高强度材料就能提高其稳定性。　（　　）

5. 外压容器采用的加强圈越多，壳壁所需厚度就越薄，则容器的总质量就越小。
　　　　　　　　　　　　　　　　　　　　　　　　　　　　　　　（　　）

6. 带夹套外压容器需分别进行内筒和夹套的压力试验，对夹套进行压力试验前，必须校核内筒在夹套试验压力下的稳定性。　　　　　　　　　　　　　　（　　）

7. 对于钢制短圆筒外压容器而言，壁厚越厚临界压力越低。　　　　　　　（　　）

8. 短圆筒临界压力不仅与 δ_e/D_o 有关，而且与 L/D_o 也有关。　　　（　　）

9. 要合理安全经济地设计外压圆筒的条件是保证设计外压力小于许用外压即可。
　　　　　　　　　　　　　　　　　　　　　　　　　　　　　　　（　　）

三、简答题

1. 简述外压圆筒的设计准则。

2. 增加外压圆筒稳定性的方法有哪些？

3. 两个直径、厚度和材质相同的圆筒，承受相同的周向均布外压，其中一个为长圆筒，另一个为短圆筒，试问它们的临界压力是否相同，为什么？失稳前和失稳后它们的周向压应力是否相同，为什么？

4. 试陈述承受均布外压的回转壳破坏型式，并与承受均布内压的回转壳破坏形式相比有何异同？

5. 三个几何尺寸相同的承受周向外压的短圆筒，其材料分别为碳素钢（$R_{eL} = 220$MPa，$E = 2 \times 10^5$MPa，$\mu = 0.3$）、铝合金（$R_{eL} = 110$MPa，$E = 0.7 \times 10^5$MPa，$\mu = 0.3$）和铜（$R_{eL} = 100$MPa，$E = 1.1 \times 10^5$MPa，$\mu = 0.31$），试问哪一个圆筒的临界压力最大，为什么？

6. 怎样区分长圆筒和短圆筒？在不同的受力状况下，它们的临界压力如何计算？它们的临界长度为多少？

7. 外压圆筒几何参数计算图是否与材料有关？

8. 壳体失稳时的临界压力随壳体材料的弹性模量、泊松比的增大而增大，而与其他因素无关。这种说法正确吗？为什么？

9. 承受周向压力的圆筒，只要设置加强圈均可提高其临界压力，且采用的加强圈越多，壳壁所需厚度就越薄，故经济上愈合理。以上说法正确吗？为什么？

10. 单层薄壁圆筒同时承受内压 p_i 和外压 p_o 作用时，能否用压差代入仅受内压或仅受外压的厚壁圆筒筒壁应力计算式来计算筒壁应力？为什么？

四、计算或工程设计题

1. 一圆筒内直径为 1000mm，壁厚为 10mm，长度为 20m，材料为 Q245R（$R_m=$ 400MPa，$R_{eL}=245$MPa，$E=2\times10^5$MPa，$\mu=0.3$）。在承受周向外压时，求其临界压力 p_{cr}。

2. 已知某真空精馏塔，塔径 $D_i=1200$mm，塔体的圆筒高度为 6000mm，两端为标准椭圆封头，直边段长为 20mm。塔内设计温度为 200℃，材料为 Q345R，壁厚附加量 $C=$ 2.3mm，若名义厚度取为 $\delta_n=10$mm，请确定在塔体上最少均匀设置几个加强圈能满足稳定性要求？

第5章 高压容器设计

随着现代科学技术的发展，高压与超高压技术在石油化工、国防、原子能和重型机械制造等工业中得到了日益广泛的应用。要保证高压工艺过程的实现，高压容器是关键设备之一，如合成氨、合成甲醇、合成尿素、油类加氢及压水反应堆等工程中使用的容器。工程上一般将设计压力在 $10 \sim 100MPa$ 的压力容器称为高压容器。由于这些设备承受高温高压，壁厚较大，圆筒的外直径与内直径之比常大于 $1.1 \sim 1.2$，属于厚壁圆筒。与薄壁圆筒相比，在压力和温度载荷作用下，厚壁圆筒产生的应力不仅有经向应力和周向应力，还有径向应力，是三向应力状态，且周向应力和径向应力沿着厚度非均匀分布。因此，其应力分析方法和薄壁圆筒不同，需要通过平衡方程、几何方程和物理方程三方面综合分析，才能确定厚壁筒的各点应力大小。

高压容器在筒体结构、材料选用、制造工艺、密封结构等方面有许多特殊的地方，计算方法与中低压容器设计也有许多区别，本章将介绍这类容器的结构与设计方法。

5.1 高压容器筒体结构型式

高压容器设计与制造技术的发展始终围绕既要随着生产的发展能制造出大壁厚的容器，又要设法尽量减小壁厚以方便制造这一核心问题。因此高压容器在结构上形成如下一些特点。

（1）结构细长。容器直径越大，壁厚也越大。这就需要大的锻件、厚的钢板，相应地要有大型冶、锻设备，大型轧机和大型加工机械。同时还给焊接的缺陷控制、残余应力消除、热处理设备及生产成本等带来许多不利因素。另外，因介质对端盖的作用力与直径的平方成正比，直径越大密封就越困难。因此高压容器在结构上设计得比较细长，长径比达到 $12 \sim 15$，有的高达 28，这样制造较有把握，密封也可靠。

（2）采用平盖封头或球形封头。早先由于制造水平和密封结构型式的限制，一般较小直径的可拆封头不采用凸形而采用平盖。但平盖受力条件差、材料消耗多、笨重，且大型锻件质量难保证，故平盖仅在 $1m$ 直径以下的高压容器中采用。目前大型高压容器趋向采用不可拆的半球形封头，结构更为经济合理。

（3）密封结构特殊多样。高压容器的密封结构是最为特殊的结构。一般采用金属密封圈，而且密封元件型式多样。高压容器应尽可能利用介质的高压作用来帮助将密封圈压紧，因此出现了多种型式的"自紧式"密封结构。另外，为尽量减少可拆结构给密封带来的困难，一般仅一端可拆，另一端不可拆。

（4）高压筒身限制开孔。为使筒身不致因开孔而受削弱，以往规定在筒身上不开孔，只允许将孔开在上、下封头上，或只允许开小孔(如测温孔)。目前由于生产上迫切需要，而且由于设计与制造水平的提高，允许在有合理补强的条件下开较大直径的孔，也可允许孔径达筒身直径的1/3。高压容器筒体结构型式如图5-1所示。

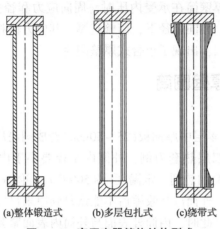

(a)整体锻造式　　(b)多层包扎式　　(c)绕带式

图5-1　高压容器筒体结构型式

5.1.1　单层式厚壁圆筒

(1)整体锻造式

整体锻造式高压容器是最早采用的筒体型式，其结构如图5-1(a)所示。其制造方法是首先浇出大型钢锭，再切除浇口、冒口与缩头，于其中心穿孔(一般采用水压机热冲孔)，然后加热至始锻温度，穿入芯轴，在水压机上锻造成筒体。最后，再经过机加工达到尺寸要求。整体锻造式筒体具有较高的可靠性，这是由于钢锭中的缺陷部分已被切除，而余下的部分经锻压后组织严密。所以，这种结构型式至今仍为许多国家采用。然而，其缺点是材料消耗量大，机械切削量大，生产周期长，成本较高，且需要大型的冶炼、锻压、热处理与机加工设备。因此，这种筒体的直径和长度都受到较大的限制。锻造式容器特别适合于焊接性较差的高强钢制造的超高压容器，直径为300~800mm，长度不超过12m，如聚乙烯反应器，因尺寸较小，常采用这种结构型式。

(2)锻焊式

当筒体尺寸较大，锻造设备能力不能满足整体锻造要求时，可以先锻造成若干个筒节，再在筒节两端车出环向坡口，经过组焊深环焊缝成为整个筒体。环焊缝的焊接残余应力可以通过热处理消除，焊缝及其热影响区的金相组织也可以通过热处理得到改善。这种筒体的优点是直径可适当大些，总长度不受限制，随着冶金技术和焊接技术的发展，使筒体具有较高的可靠性。目前此种结构型式已广泛用于高温高压的热壁加氢反应器。

(3)卷焊式

卷焊式结构是将厚钢板在大型卷板机上卷制成圆筒，然后焊接纵缝成为筒节，再将若干筒节通过组焊环缝成为筒体。其主要优点是制造工艺简单，生产率高，成本较低。但厚钢板的综合性能不如薄钢板好，特别是冲击韧性较差。因此，当容器的壁厚较大时，要注意材料的韧性指标，以防止容器在低应力下发生脆性破坏。此外，由于厚钢板需要大型卷板机卷制，而容器直径越大，所需钢板越厚，故制造大型容器也受到了一定限制。目前，国内一些制造厂可冷卷钢板厚度为130mm，热卷钢板厚度为280mm。

总的来说，单层厚壁圆筒在制造上需要大型工艺装备，单层卷焊式所需的厚钢板韧性较差，强度较低。另外，厚壁筒在承受内压时，周向应力和径向应力沿壁厚分布不均匀，内壁应力大，外壁应力小，相同内径下，筒壁越厚，其应力值相差越大，因而材料不能得到充分利用。由于这些原因，出现了组合式厚壁圆筒。

5.1.2 组合式厚壁圆筒

(1)热套式

热套式筒体一般由2~4层中厚钢板(25~50mm)卷成圆筒后套合成筒节，再加工两端坡口经组焊环缝而成。以双层热套为例，外筒内半径要小于内筒外半径，两者之差称为"过盈量"。套合时，将外筒加热到一定温度(约500℃)，再将冷的内筒迅速套入外筒以形成筒节。由于存在过盈量，外筒冷却收缩后不能恢复到原来尺寸，在套合面上便产生径向接触压力，称为套合压力。此时，内筒外表面与外筒内表面紧紧贴合，并在套合压力作用下使内筒产生周向压应力，外筒承受周向拉应力，称为套合应力。将套合应力与内压引起的应力叠加，即为操作时的总应力。

热套式厚壁圆筒最早用于做大炮炮筒和小型超高压容器。当时，要求套合面必须经精密机加工，严格保证按理论计算的过盈量，以控制套合应力，降低由内压引起的筒体最大应力，提高其承载能力。但这样做对大型容器难以实现。20世纪60年代中期以后，为适应石油化学工业的迅速发展，满足制造大型高压容器的要求，将过盈量加大到制造水平能够达到的范围内，套合面可不经精密加工甚至不加工。由于过盈量加大会引起过大的套合应力，于是在套合后采用整体退火处理(约600℃)，消除大部分套合应力。这样，制造大直径热套容器取得了进展。我国于1975年成功制造了内径为3200mm，壁厚为150mm，套合面不经机加工的三层热套式氨合成塔。

热套式筒体的优点是采用中厚钢板，材质较均匀，机械性能好，在腐蚀介质条件下，只需内筒采用耐腐蚀合金钢材，外筒可用一般钢材，比较经济；制造工艺装备也较简单。但此种结构在制造过程中钢材须经多次加热，机械强度会有所降低。

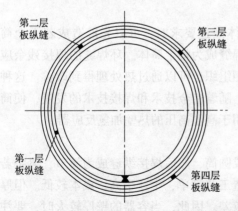

图5-2 多层包扎筒节层板纵焊缝错开型式

(2)层板包扎式

层板包扎式容器始于20世纪30年代初，后为许多国家所采用。我国自1956年试制成功以来，已生产了许多台这种容器，并取得了成熟的经验，已经可以制造直径为4000mm的大型包扎式容器。

层板包扎式筒体由内筒与层板组成，其筒节结构如图5-2所示。内筒一般由14~20mm厚的钢板卷焊而成。层板采用4~12mm的钢板卷成瓦片形，逐层包覆在内筒外面，分别用钢丝绳扎紧，再焊接纵缝。由于焊缝收缩产生包扎应力，使各层间紧密贴合。

层板包扎式筒体的优点是采用薄钢板，材质均匀，机械性能好，特别是冲击韧性好，具有良好的抗脆性破坏能力，层板纵缝错开，避免了裂纹沿壁厚的传递。另外，每个筒节两端于层板上开有泄放孔，如内筒泄漏，可及时泄压，并易于发现。在氢介质操作情况下，为便于氢逸出，可在筒节中部于层板上增钻 2 ~ 3 个孔。因此，这种结构比较安全可靠。

在腐蚀介质条件下，同样只需改变内筒材料即可。但是，这种筒体制造工序多，生产周期长，对深环焊缝的焊接工艺要求较高，层板间的松动面积也不易控制和检查。

层板包扎式筒体的质量在很大程度上取决于层板间的贴合程度和深环焊缝的焊接质量。此外，这种容器属于预应力容器。故焊后一般不进行整体消除焊接应力热处理。对于非调质高强度钢，环焊缝须经 600 ~ 650℃ 局部退火处理。

（3）绕板式

绕板式筒体是对层板包扎式厚壁筒的改进，最早在 20 世纪 30 年代末提出，但生产和使用是 20 世纪 60 年代后才开始的。这种圆筒采用薄钢板在内筒上连续缠绕（冷绕或热绕）的工艺，一直绕到所需的厚度为止。图 5 - 3 所示为绕板机结构示意。在绕制过程中，钢板承受由压辊产生的预加拉应力，使层间紧紧贴合，改善了操作时筒体的受力情况。一般内筒厚度为 10 ~ 40mm，绕板厚度为 3 ~ 4mm。

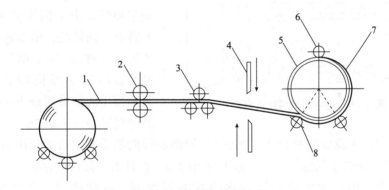

图 5 - 3　绕板机结构示意
1—钢板；2—夹板辊；3—校正辊；4—切板机；
5—内筒；6—加压辊；7—楔形板；8—驱动辊

绕板式筒体除具有层板包扎式筒体的优点外，其工序少，生产周期短，且机械化程度较高，适于大批量生产，材料的利用率也较高（可达到 90%，而层板包扎式仅为 60%）。

（4）型槽钢带缠绕式

型槽钢带缠绕式筒体是在已经组焊好的内筒外面沿内筒全长以一定的预应力和倾斜角度缠绕数层型槽钢带制成的。型槽钢带断面形状如图 5 - 4 所示。缠绕前，根据钢带的断面形状和尺寸在内筒外壁加工出三头螺旋槽，以便在缠绕第一层钢带时使其与内筒相互啮合。每条钢带两端与筒体焊接固定。其余各层钢带以同样方法缠绕，相邻层钢带缝隙错开并相互啮合。图 5 - 5 所示为内筒与钢带、钢带与钢带的啮合情况。

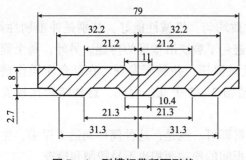

图 5-4 型槽钢带断面形状

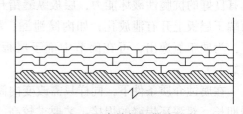

图 5-5 内筒与钢带的啮合

缠绕时，钢带先经电加热，绕到筒体上以后，即以空气及水冷却，使其收缩产生预紧力。采用型槽钢带的目的是使钢带之间以及钢带与内筒之间有较好的啮合，从而使钢带能承受一定的轴向力。型槽钢带缠绕式筒体没有深环焊缝，但钢带尺寸公差要求严格，轧制比较困难，内筒也须机械加工，带层之间存在啮合不良现象。钢带断裂后不易修补，还需大型电加热设备等，故这种容器很少应用。

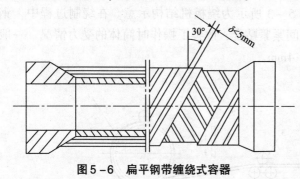

图 5-6 扁平钢带缠绕式容器

（5）扁平钢带缠绕式

扁平钢带缠绕式筒体是在内筒上以一定的预拉应力缠绕多层普通扁平钢带而成。由于相邻层钢带采取左、右螺旋方向错绕，因而这种结构的高压容器全称为"扁平钢带倾角错绕式高压容器"，其结构如图 5-6 所示。目前使用的钢带规格为 80mm×4mm，其缠绕倾角一般取 26°~31°。这种筒体的内筒（其厚度为总厚度的 15%~20%）在周向和轴向都受到钢带的预压缩作用。当容器承受内压时，钢带不仅能与内筒一起承受周向力，而且由于倾角的存在，又能与内筒一起承受轴向力。但这也使筒体的周向强度有所削弱，承载能力比正绕情况降低约 5%~10%。

扁平钢带缠绕式筒体的制造过程比较简单，采用冷绕工艺，生产率高，成本低，且没有深环焊缝。这种结构广泛用于直径为 500~1000mm 的小型化肥高压容器和压力机蓄势器。

5.2 厚壁圆筒应力分析

5.2.1 弹性应力分析

设厚壁圆筒的内半径为 R_i，外半径为 R_o，承受均布内压 p_i 和外压 p_o 的作用。为了分析厚壁圆筒的受力情况，取圆柱坐标 r、θ、z。对应于 r 和 $r+dr$ 处作两个圆柱面，对应于坐标 θ 和 $\theta+d\theta$ 作两个径向切面，对应于 z 和 $z+dz$ 作两个垂直于筒轴的水平切面，以三对坐标面自筒壁中截取出一个微单元体，如图 5-7(a)所示。

由于厚壁筒的几何形状和所受载荷都是轴对称的，且沿 z 轴方向保持不变，因此在单元体上只有正应力 σ_r、σ_θ 和 σ_z，而无剪应力作用。又由于厚壁筒的约束通常也是轴对称的，故周向位移 $v = 0$。这样，正应力 σ_r、σ_θ、σ_z 和径向位移 u 的值均与坐标 θ 和 z 无关，而只是坐标变量 r 的函数（σ_z 实际上是常数，见后）。

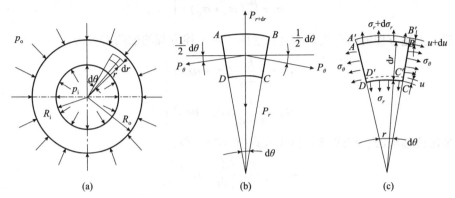

(a)　　　　　　　　　　(b)　　　　　　　　　　(c)

图 5-7　厚壁圆筒的应力和变形

沿径向列单元体的力平衡，见图 5-7(b)，且不计重力，即得：

$$\left(\sigma_r + \frac{\mathrm{d}\sigma_r}{\mathrm{d}r}\mathrm{d}r\right)(r + \mathrm{d}r)\mathrm{d}\theta\mathrm{d}z - \sigma_r r\mathrm{d}\theta\mathrm{d}z - 2\sigma_\theta \mathrm{d}r\mathrm{d}z\sin\frac{\mathrm{d}\theta}{2} = 0$$

取 $\sin\dfrac{\mathrm{d}\theta}{\mathrm{d}r} \approx \dfrac{\mathrm{d}\theta}{2}$，并略去高阶微量，整理得：

$$\frac{\mathrm{d}\sigma_r}{\mathrm{d}r} + \frac{\sigma_r - \sigma_\theta}{r} = 0 \tag{5-1}$$

式(5-1)为平面问题中轴对称应力的平衡方程。该方程含有两个未知数 σ_r 和 σ_θ，属于静不定问题，故须进一步讨论变形几何关系和物理方程。设厚壁圆筒受力变形后，单元体 $ABCD$ 移至 $A'B'C'D'$（周向位移为 0），如图 5-7(c)所示，D 点（或 C 点）与 A 点（或 B 点）的径向位移分别为 u 和 $u + \dfrac{\mathrm{d}u}{\mathrm{d}r}\mathrm{d}r$，则单元体的径向应变 ε_r 和周向应变 ε_θ 分别为：

$$\left.\begin{aligned}\varepsilon_r &= \frac{\left(u + \dfrac{\mathrm{d}u}{\mathrm{d}r}\mathrm{d}r\right) - u}{\mathrm{d}r} = \frac{\mathrm{d}u}{\mathrm{d}r} \\[2mm] \varepsilon_\theta &= \frac{(r + u)\mathrm{d}\theta - r\mathrm{d}\theta}{r\mathrm{d}\theta} = \frac{u}{r}\end{aligned}\right\} \tag{5-2}$$

式(5-2)为厚壁圆筒的变形几何方程。

至于轴向应变 ε_z，假定所研究的圆筒是较长的圆筒，则垂直于圆筒的横截面在变形后仍然为垂直于圆筒的平面，$\varepsilon_z =$ 常数，即 ε_z 与 r、θ、z 无关。

应力与应变的物理关系可由虎克定律得到。为了简化计算，可暂设圆筒两端为自由端，即 $\sigma_z = 0$，则物理方程为：

$$\left.\begin{aligned} \varepsilon_r &= \frac{1}{E}(\sigma_r - \mu\sigma_\theta) \\ \varepsilon_\theta &= \frac{1}{E}(\sigma_\theta - \mu\sigma_r) \\ \varepsilon_z &= \frac{\mu}{E}(\sigma_r + \sigma_\theta) \end{aligned}\right\} \tag{5-3}$$

显然，上述方程的第三式并不是独立的。由上述方程的前两式可得：

$$\left.\begin{aligned} \sigma_r &= \frac{E}{1-\mu^2}(\varepsilon_r - \mu\varepsilon_\theta) \\ \sigma_\theta &= \frac{E}{1-\mu^2}(\varepsilon_\theta - \mu\varepsilon_r) \end{aligned}\right\} \tag{5-4}$$

现采用位移解法。将式(5-2)代入式(5-4)，得：

$$\left.\begin{aligned} \sigma_r &= \frac{E}{1-\mu^2}\left(\frac{\mathrm{d}u}{\mathrm{d}r} + \mu\frac{u}{r}\right) \\ \sigma_\theta &= \frac{E}{1-\mu^2}\left(\frac{u}{r} + \mu\frac{\mathrm{d}u}{\mathrm{d}r}\right) \end{aligned}\right\} \tag{5-5}$$

而

$$\frac{\mathrm{d}\sigma_r}{\mathrm{d}r} = \frac{E}{1-\mu^2}\left(\frac{\mathrm{d}^2 u}{\mathrm{d}r^2} + \frac{\mu}{r}\frac{\mathrm{d}u}{\mathrm{d}r} - \mu\frac{u}{r^2}\right) \tag{5-6}$$

将式(5-5)、式(5-6)代入平衡方程式(5-1)，整理得：

$$\frac{\mathrm{d}^2 u}{\mathrm{d}r^2} + \frac{1}{r}\frac{\mathrm{d}u}{\mathrm{d}r} - \frac{u}{r^2} = 0 \tag{5-7}$$

该方程的通解为：

$$u = C_1 r + \frac{C_2}{r} \tag{5-8}$$

由式(5-8)得：

$$\frac{\mathrm{d}u}{\mathrm{d}r} = C_1 - \frac{C_2}{r^2} \tag{5-9}$$

将式(5-8)、式(5-9)代入式(5-5)，得：

$$\left.\begin{aligned} \sigma_r &= \frac{E}{1-\mu^2}\left[C_1(1+\mu) - C_2\frac{1-\mu}{r^2}\right] \\ \sigma_\theta &= \frac{E}{1-\mu^2}\left[C_1(1+\mu) + C_2\frac{1-\mu}{r^2}\right] \end{aligned}\right\} \tag{5-10}$$

利用边界条件求常数 C_1、C_2，其边界条件为：

$$(\sigma_r)_{r=R_i} = -p_i$$

$$(\sigma_r)_{r=R_o} = -p_o$$

将式(5-10)中第一式分别代入该边界条件，可解得：

$$C_1 = \frac{1-\mu}{E} \cdot \frac{R_i^2 p_i - R_o^2 p_o}{R_o^2 - R_i^2}$$

$$C_2 = \frac{1+\mu}{E} \cdot \frac{R_i^2 R_o^2 (p_i - p_o)}{R_o^2 - R_i^2}$$

将 C_1、C_2 值代入式(5-10)，可得两向应力：

$$\left.\begin{array}{l} \sigma_r = \dfrac{R_i^2 p_i - R_o^2 p_o}{R_o^2 - R_i^2} - \dfrac{R_i^2 R_o^2 (p_i - p_o)}{(R_o^2 - R_i^2) r^2} \\[4mm] \sigma_\theta = \dfrac{R_i^2 p_i - R_o^2 p_o}{R_o^2 - R_i^2} + \dfrac{R_i^2 R_o^2 (p_i - p_o)}{(R_o^2 - R_i^2) r^2} \end{array}\right\} \tag{5-11}$$

式(5-11)为拉美(Lame)公式。

将 σ_r、σ_θ 值代入物理方程式(5-3)可求得应变 ε_r、ε_θ、ε_z，再利用几何方程式(5-2)中第二式即可求得径向位移 u，如：

$$\varepsilon_z = -\frac{2\mu}{E} \cdot \frac{R_i^2 p_i - R_o^2 p_o}{R_o^2 - R_i^2} \tag{5-12}$$

而：

$$u = \frac{1-\mu}{E} \cdot \frac{R_i^2 p_i - R_o^2 p_o}{R_o^2 - R_i^2} r + \frac{1+\mu}{E} \cdot \frac{R_i^2 R_o^2 (p_i - p_o)}{(R_o^2 - R_i^2) r} \tag{5-13}$$

由式(5-12)可知 ε_z 为常数。

对于具有封闭端的圆筒，存在有轴向应力，设只有内压 p_i 作用下，其值为：

$$\sigma_z = \frac{\pi R_i^2 p_i}{\pi (R_o^2 - R_i^2)} = \frac{R_i^2 p_i}{(R_o^2 - R_i^2)} \tag{5-14}$$

此轴向应力沿壁厚为常量。由 σ_z 引起的轴向应变为：

$$\varepsilon_z' = \frac{1}{E} \cdot \frac{R_i^2 p_i}{(R_o^2 - R_i^2)}$$

而 $\varepsilon_r' = \varepsilon_\theta' = -\mu \varepsilon_z'$，由此得 σ_z 引起的径向位移为：

$$u' = r\varepsilon_\theta' = -\frac{\mu}{E} \cdot \frac{R_i^2 p_i}{(R_o^2 - R_i^2)} z$$

可见，如令式(5-12)、式(5-13)中的 $p_o = 0$，分别与 ε_z'、u' 值叠加，即为具有封闭端的内压厚壁圆筒的解。另外，σ_z 对 σ_r、σ_θ 并无影响，故前面按两端自由求得的应力 σ_r、σ_θ 仍然适用，所以当只受内压 p_i 作用时，由式(5-11)可简化得：

$$\left.\begin{array}{l} \sigma_r = \dfrac{R_i^2 p_i}{(R_o^2 - R_i^2)} \left(1 - \dfrac{R_o^2}{r^2}\right) \\[4mm] \sigma_\theta = \dfrac{R_i^2 p_i}{(R_o^2 - R_i^2)} \left(1 + \dfrac{R_o^2}{r^2}\right) \end{array}\right\} \tag{5-15}$$

令 $\dfrac{R_o}{R_i} = K$(称为径比)，则式(5-15)、式(5-14)可改写为：

$$\left.\begin{array}{l} \sigma_r = \dfrac{p_i}{(K^2 - 1)} \left(1 - \dfrac{R_o^2}{r^2}\right) \\[4mm] \sigma_\theta = \dfrac{p_i}{(K^2 - 1)} \left(1 + \dfrac{R_o^2}{r^2}\right) \\[4mm] \sigma_z = \dfrac{p_i}{K^2 - 1} \end{array}\right\} \tag{5-16}$$

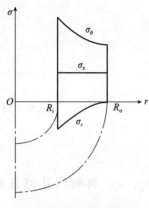

图 5 –8 内压厚壁筒的弹性应力分布

由式（5 –16），承受内压厚壁圆筒的三向应力沿壁厚分布情况如图 5 –8 所示，其内、外壁应力计算式见表 5 –1。

表 5 –1 承受内压的厚壁筒的内、外壁应力

应力名称	任意半径 r 处	内壁（$r = R_i$）	外壁（$r = R_o$）
径向应力 σ_r	$\dfrac{p_i}{(K^2-1)}\left(1-\dfrac{R_o^2}{r^2}\right)$	$-p_i$	0
周向应力 σ_θ	$\dfrac{p_i}{(K^2-1)}\left(1+\dfrac{R_o^2}{r^2}\right)$	$\dfrac{K^2+1}{K^2-1}p_i$	$\dfrac{2}{K^2-1}p_i$
轴向应力 σ_z	$\dfrac{p_i}{K^2-1}$	$\dfrac{p_i}{K^2-1}$	$\dfrac{p_i}{K^2-1}$

由上述结果可以看出：

（1）径向应力 σ_r 为压应力，周向应力 σ_θ 为拉应力，沿壁厚都是非均匀分布，随着 r 增加绝对值逐渐减小。内壁径向应力绝对值等于内压力，而外壁为 0；内壁周向应力为各向应力中的最大值。内、外壁周向应力之比为：$\dfrac{(\sigma_\theta)_{r=R_i}}{(\sigma_\theta)_{r=R_o}} = \dfrac{K^2+1}{2}$，$K$ 值越大，应力分布越不均匀。

（2）轴向拉应力沿壁厚均匀分布，且任一点的值都等于该点的径向应力与周向应力之和的 1/2，即：$\sigma_z = \dfrac{1}{2}(\sigma_r + \sigma_\theta)$。

5.2.2 单层厚壁圆筒的温差应力分析

1. 温差应力方程

物体各部分随着温度变化而膨胀或收缩，如果这种膨胀或收缩受到外力的约束，物体内就会产生温差应力，或称热应力。另外，由于物体内受热不均匀，因而各部分的变形就不相同，但在连续体内由于各部分的相互约束，使这种变形不能自由进行，也会产生温差应力。在高压容器中，由于筒壁较厚，沿壁厚的温差所引起的温差应力是必须考虑的。

设厚壁圆筒内半径为 R_i，外半径为 R_o，温度分布对称于圆筒的中心轴，并沿轴向为常量，即 $T = T(r)$，与轴向坐标 z 无关。圆筒两端是自由的。为便于求解，先假定轴向位移 w 在整个筒体中为 0，即相当于将筒体两端约束，然后再修正答案使其满足自由端的条件。由于圆筒温度相对于中心轴对称，故只有正应力 σ_r、σ_θ、σ_z，而无剪应力和剪应变，类似于平面应变的轴对称问题。另外，当温度由 0℃升温到 T℃时（T 以温升为正，温降为负），圆筒中产生的应变，一部分是由于变温 T 产生，另一部分则是由应力引起，故应变分量为：

$$\varepsilon_r = \frac{1}{E}\left[\sigma_r - \mu(\sigma_\theta + \sigma_z)\right] + \alpha T$$

$$\varepsilon_\theta = \frac{1}{E}\left[\sigma_\theta - \mu(\sigma_z + \sigma_r)\right] + \alpha T$$

$$\varepsilon_z = \frac{1}{E}\left[\sigma_z - \mu(\sigma_r + \sigma_\theta)\right] + \alpha T \tag{5-17}$$

式中 ε_r、ε_θ、ε_z——径向、周向与轴向应变;

σ_r、σ_θ、σ_z——径向、周向与轴向应力,MPa;

E——圆筒材料的弹性模量,MPa;

α——圆筒材料的线膨胀系数,1/℃。

因 $w=0$,$\varepsilon_z=0$,由式(5-17)中第三式,得:

$$\sigma_z = \mu(\sigma_r + \sigma_\theta) - E\alpha T \tag{5-18}$$

将式(5-18)代入式(5-17)中第一式与第二式,得:

$$\varepsilon_r = \frac{1-\mu^2}{E}\left(\sigma_r - \frac{\mu}{1-\mu}\sigma_\theta\right) + (1+\mu)\alpha T$$

$$\varepsilon_\theta = \frac{1-\mu^2}{E}\left(\sigma_\theta - \frac{\mu}{1-\mu}\sigma_r\right) + (1+\mu)\alpha T$$

或写为:

$$\left.\begin{aligned}\sigma_r &= \frac{E(1-\mu)}{(1+\mu)(1-2\mu)}\left(\varepsilon_r + \frac{\mu}{1-\mu}\varepsilon_\theta - \frac{1+\mu}{1-\mu}\alpha T\right)\\ \sigma_\theta &= \frac{E(1-\mu)}{(1+\mu)(1-2\mu)}\left(\varepsilon_\theta + \frac{\mu}{1-\mu}\varepsilon_r - \frac{1+\mu}{1-\mu}\alpha T\right)\end{aligned}\right\} \tag{5-19}$$

其几何方程由式(5-2)为:

$$\varepsilon_r = \frac{du}{dr}, \quad \varepsilon_\theta = \frac{u}{r}$$

将上式代入式(5-19),得:

$$\left.\begin{aligned}\sigma_r &= \frac{E(1-\mu)}{(1+\mu)(1-2\mu)}\left(\frac{du}{dr} + \frac{\mu}{1-\mu}\cdot\frac{u}{r} - \frac{1+\mu}{1-\mu}\alpha T\right)\\ \sigma_\theta &= \frac{E(1-\mu)}{(1+\mu)(1-2\mu)}\left(\frac{u}{r} + \frac{\mu}{1-\mu}\cdot\frac{du}{dr} - \frac{1+\mu}{1-\mu}\alpha T\right)\end{aligned}\right\} \tag{5-20}$$

将式(5-20)代入平衡方程式:

$$\frac{d\sigma_r}{dr} + \frac{\sigma_r - \sigma_\theta}{r} = 0$$

经整理后,得:

$$\frac{d^2u}{dr^2} + \frac{1}{r}\frac{du}{dr} - \frac{u}{r^2} = \frac{1+\mu}{1-\mu}\alpha\frac{dT}{dr} \tag{5-21}$$

为便于积分,将式(5-21)改写为:

$$\frac{d}{dr}\left[\frac{1}{r}\frac{d(ru)}{dr}\right] = \frac{1+\mu}{1-\mu}\alpha\frac{dT}{dr}$$

对该式积分两次后,得:

$$u = \frac{1+\mu}{1-\mu}\cdot\frac{\alpha}{r}\int_{R_i}^r Tr dr + C_1 r + \frac{C_2}{r} \tag{5-22}$$

由式(5-22),得:

$$\frac{du}{dr} = -\frac{1+\mu}{1-\mu}\cdot\frac{\alpha}{r^2}\int_{R_i}^r Tr dr + \frac{1+\mu}{1-\mu}\alpha T + C_1 - \frac{C_2}{r^2} \tag{5-23}$$

将式(5-22)、式(5-23)代入式(5-20)，得:

$$\sigma_r = \frac{Ea}{1-\mu} \cdot \frac{1}{r^2} \int_{R_i}^r Tr\mathrm{d}r + \frac{E}{1+\mu}\left(\frac{C_1}{1-2\mu} - \frac{C_2}{r^2}\right)$$

$$\sigma_\theta = \frac{Ea}{1-\mu} \cdot \frac{1}{r^2} \int_{R_i}^r Tr\mathrm{d}r - \frac{Ea}{1-\mu}T + \frac{E}{1+\mu}\left(\frac{C_1}{1-2\mu} + \frac{C_2}{r^2}\right) \tag{5-24}$$

将式(5-24)代入式(5-18)，得:

$$\sigma_z = -\frac{Ea}{1-\mu}T + \frac{2E\mu C_1}{(1+\mu)(1-2\mu)} \tag{5-25}$$

因为 σ_z 表示在圆筒两端固定($\varepsilon_z = 0$)情况下，沿壁厚任意半径 r 处的轴向应力，故保持轴向位移 $w = 0$ 时施加给两端的约束力为:

$$F = \int_{R_i}^{R_o} \sigma_z \cdot 2\pi r\mathrm{d}r$$

为满足圆筒两端为自由端的条件，必须在两端施加一轴向拉力 F'，使 $F' = F$，这样就使圆筒横截面承受一均布的轴向拉应力，其值为:

$$\sigma_z' = \frac{F'}{\pi(R_o^2 - R_i^2)} = \frac{-F}{\pi(R_o^2 - R_i^2)} = -\frac{2}{R_o^2 - R_i^2}\int_{R_i}^{R_o} \sigma_z r\mathrm{d}r$$

将式(5-25)代入该式，得:

$$\sigma_z' = \frac{2Ea}{(1-\mu)(R_o^2 - R_i^2)}\int_{R_i}^{R_o} Tr\mathrm{d}r - \frac{2E\mu C_1}{(1+\mu)(1-2\mu)}$$

显然，将 σ_z' 叠加于式(5-25)，得两端自由情况下的轴向热应力，即式(5-26):

$$\sigma_z = \frac{Ea}{(1-\mu)}\left[\frac{2}{R_o^2 - R_i^2}\int_{R_i}^{R_o} Tr\mathrm{d}r - T\right] \tag{5-26}$$

需指出的是，施加给筒体两端的分布力，只对圆筒两端引起局部影响(据圣维南原理)。此外，叠加轴向应力 σ_z' 不影响径向应力 σ_r 和周向应力 σ_θ，但对径向位移 u 有影响，需加上一项 $\left(-\frac{\mu\sigma_z'T}{E}\right)$。至于此时的轴向位移 w，显然是与均布应力 σ_z' 对应的位移，为一常量。

现考察边界条件，以确定式(5-24)中的积分常数 C_1 和 C_2。因圆筒内、外壁径向热应力等于 0，故边界条件为:

$$(\sigma_r)_{r=R_i} = 0$$

$$(\sigma_r)_{r=R_o} = 0$$

将式(5-24)中第一式分别代入上述边界条件，联解得:

$$\left.\begin{aligned}
\frac{EC_1}{(1+\mu)(1-2\mu)} &= \frac{Ea}{1-\mu} \cdot \frac{1}{R_o^2 - R_i^2}\int_{R_i}^{R_o} Tr\mathrm{d}r \\[2mm]
\frac{EC_2}{1+\mu} &= \frac{Ea}{1-\mu} \cdot \frac{R_i^2}{R_o^2 - R_i^2}\int_{R_i}^{R_o} Tr\mathrm{d}r
\end{aligned}\right\} \tag{5-27}$$

将式(5-27)代入式(5-24)，并照写式(5-25)，得:

$$\sigma_r = \frac{Ea}{1-\mu} \cdot \frac{1}{r^2}\left[\frac{r^2 - R_i^2}{R_o^2 - R_i^2}\int_{R_i}^{R_o} Tr\mathrm{d}r - \int_{R_i}^{r} Tr\mathrm{d}r\right]$$

$$\sigma_\theta = \frac{Ea}{1-\mu} \cdot \frac{1}{r^2}\left[\frac{r^2 + R_i^2}{R_o^2 - R_i^2}\int_{R_i}^{R_o} Tr\mathrm{d}r + \int_{R_i}^{r} Tr\mathrm{d}r - Tr^2\right] \right\} \quad (5-28)$$

$$\sigma_z = \frac{Ea}{1-\mu}\left[\frac{2}{R_o^2 - R_i^2}\int_{R_i}^{R_o} Tr\mathrm{d}r - T\right]$$

温度函数 $T(r)$ 给定后，可由式(5-28)计算热应力值。

假设厚壁筒为稳定传热，内壁温度为 T_i，外壁温度为 T_o，其温度分布函数为：

$$T = \frac{T_i\ln\dfrac{R_o}{r} + T_o\ln\dfrac{r}{R_i}}{\ln\dfrac{R_o}{R_i}}$$

故有：

$$\int_{R_i}^{R_o} Tr\mathrm{d}r = \frac{1}{2}(T_o R_o^2 - T_i R_i^2) - \frac{T_o - T_i}{4\ln\dfrac{R_o}{R_i}}(R_o^2 - R_i^2)$$

$$\int_{R_i}^{r} Tr\mathrm{d}r = \frac{r^2}{2\ln\dfrac{R_o}{R_i}}\left(T_o\ln\frac{r}{R_i} - T_i\ln\frac{r}{R_o}\right) - \frac{T_i R_i^2}{2} - \frac{T_o - T_i}{4\ln\dfrac{R_o}{R_i}}(r^2 - R_i^2) \right\} \quad (5-29)$$

将式(5-29)代入式(5-28)，并使 $\dfrac{R_o}{R_i}=K$，$T_i - T_o = \Delta T$（内热为正，外热为负）；同时改用 σ_r^T、σ_θ^T 和 σ_z^T 表示三向热应力，则得：

$$\sigma_r^T = \frac{Ea\Delta T}{2(1-\mu)}\left[-\frac{1}{\ln K}\ln\frac{R_o}{r} - \frac{1}{K^2-1}\left(1 - \frac{R_o^2}{r^2}\right)\right]$$

$$\sigma_\theta^T = \frac{Ea\Delta T}{2(1-\mu)}\left[\frac{1}{\ln K} - \frac{1}{\ln K}\ln\frac{R_o}{r} - \frac{1}{K^2-1}\left(1 + \frac{R_o^2}{r^2}\right)\right] \right\} \quad (5-30)$$

$$\sigma_z^T = \frac{Ea\Delta T}{2(1-\mu)}\left[\frac{1}{\ln K} - \frac{2}{\ln K}\ln\frac{R_o}{r} - \frac{2}{K^2-1}\right]$$

此式即劳伦茨(Lorentz)公式。由式(5-30)，并令 $P_t = \dfrac{E\alpha\Delta T}{2(1-\mu)}$，可得圆筒内外壁的热应力(见表5-2)。

表5-2　厚壁圆筒内、外壁的热应力

应力名称	内壁 $r = R_i$	外壁 $r = R_o$
径向应力 σ_r^T	0	0
周向应力 σ_θ^T	$P_t\left(\dfrac{1}{\ln K} - \dfrac{2K^2}{K^2-1}\right)$	$P_t\left(\dfrac{1}{\ln K} - \dfrac{2}{K^2-1}\right)$
轴向应力 σ_z^T	$P_t\left(\dfrac{1}{\ln K} - \dfrac{2K^2}{K^2-1}\right)$	$P_t\left(\dfrac{1}{\ln K} - \dfrac{2}{K^2-1}\right)$

按式(5-30),厚壁圆筒的热应力分布曲线如图5-9所示。可见,厚壁圆筒中热应力及其分布的规律为:

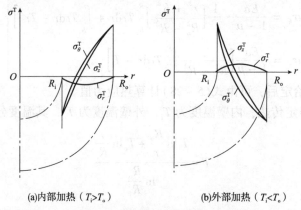

(a)内部加热($T_i>T_o$) (b)外部加热($T_i<T_o$)

图5-9 厚壁圆筒的热应力分布

①热应力大小与内外壁温差ΔT成正比,ΔT取决于壁厚,径比K值越大,ΔT值也越大,而与温度绝对值无关。

②任何一点的轴向应力等于该点的径向应力与周向应力之和,即:$\sigma_z^T = \sigma_r^T + \sigma_\theta^T$。

③热应力沿壁厚方向是变化的。径向热应力σ_r^T在内外壁面处均为0,在各任意半径处的数值均很小,且内加热时,均为压应力(负值),外加热时均为拉应力(正值)。周向热应力σ_θ^T和轴向热应力σ_z^T,在内加热时,外壁面处拉伸应力有最大值,在内壁处为压应力。反之,在外加热时,内壁面处拉伸应力有最大值,在外壁处为压应力。同时,内壁面的σ_θ^T与σ_z^T相等,外壁面处的σ_θ^T和σ_z^T也相等。

2. 温差应力的工程近似计算

(1)计算公式的简化

表5-2中$\left(\dfrac{1}{\ln K} - \dfrac{2K^2}{K^2-1}\right)$即$\left(\dfrac{1}{\ln K} - \dfrac{2}{K^2-1}\right)$虽是$K$的函数,但其值较接近于1,因此近似取1时可使得计算大为简化。其次$P_t = \dfrac{E\alpha}{2(1-\mu)}\Delta T$中的$E$和$\alpha$虽然均与温度有关,但是随着温度变化的趋向正好相反,其乘积$E\alpha$值变化不大,因此可将$\dfrac{E\alpha}{2(1-\mu)}$近似视为材料的常数。令$m = \dfrac{E\alpha}{2(1-\mu)}$($E$的单位为MPa),则$m$值见表5-3。

表5-3 材料的m值

材料	高碳钢	低碳钢	低合金钢	Cr-Co 钢, Mo 钢, Cr-Ni 钢
m	1.5	1.6	1.7	1.8

由此温差应力的近似计算方法如式(5-31)所示:

$$\sigma_\theta^T = \sigma_z^T \approx m\Delta T \tag{5-31}$$

由于温差ΔT的计算比较烦琐,在无保温时内外壁的温差与内外介质的给热系数有关,

ΔT 应通过传热计算确定。

（2）多层圆筒温差应力的近似计算

多层式的组合圆筒若层间毫无间隙，则与单层圆筒毫无区别。但实际上，层与层之间不但总有间隙，而且还可能有锈蚀层存在，增加了传热阻力，使得壁温差稍有加大，近似的工程计算温差应力方法见式（5-32）：

$$\sigma_\theta^T \approx \sigma_i^T = 2.0\Delta T \qquad (5-32)$$

式中，ΔT 的单位为℃，应力的单位为 MPa。

公式中的 ΔT 对于多层组合容器则更难计算，工程上近似取为：

对于室外容器：$\Delta T = 0.2\delta$，℃

对于室内容器：$\Delta T = 0.15\delta$，℃

式中，δ 为筒体实际壁厚，mm。

（3）不考虑温差应力的条件。凡符合下列条件之一者，可以不计温差应力：

①内压、内加热单层圆筒容器的内外壁温差 $\Delta T \leqslant 1.1p$ 时（p 为设计内压，MPa）；

②内压、内加热容器具有良好的保温层，此时内外壁的温差已很小；

③操作时，筒壁材料已产生蠕变。因材料发生蠕变变形后，内外层的热膨胀约束逐步解除，温差应力也随之可忽略。

此外，热壁设备在开车、停车或变动工况时，温度分布随时间而改变，即处于非稳态温度场，此时的热应力比稳态温度场时大得多，在温度急剧变化时更加显著。因此，应严格控制热壁设备的加热、冷却速度。除此之外，为减少热应力，工程上可采取如下措施：避免外部对热变形的约束、设置膨胀节（或柔性元件）、采用良好的保温层等。

5.2.3 弹塑性分析

对于承受内压的厚壁圆筒，随着内压的增大，内壁材料先开始屈服，内壁面呈塑性状态。继续增加内压力，则屈服层由内向外扩展。此时筒壁内形成两个不同区域，在近内壁处形成塑性区，塑性区之外仍为弹性区，塑性区与弹性区的交界面为一个与厚壁圆筒同心的圆柱面。为分析塑性区与弹性区内的应力分布，从厚壁圆筒远离边缘处的筒体中取一筒节。筒节由塑性区与弹性区组成，如图 5-10 所示。设两区分界面的半径为 R_c，界面上的压力为 p_c（相互间的径向应力），则塑性区所受外压 p_c，内压为 p_i；而弹性区受外压为 0，内压为 p_c。

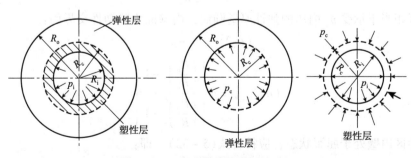

图 5-10 厚壁圆筒的弹塑性分析

(1) 塑性区

塑性区筒体材料处于塑性状态，式(5-1)的微元平衡方程仍可适用：

$$\sigma_\theta - \sigma_r = r\frac{\mathrm{d}\sigma_r}{\mathrm{d}r}$$

为了简化分析，假定材料为理想弹塑性材料，即在屈服阶段的塑性变形过程中，并不发生应变硬化。且 $\sigma_z = \frac{1}{2}(\sigma_r + \sigma_\theta)$，按 Tresca 屈服失效判据得：

$$\sigma_\theta - \sigma_r = R_{eL} \qquad (5-33)$$

式中 R_{eL}——材料的屈服点。

代入微元平衡方程得：

$$\mathrm{d}\sigma_r = R_{eL}\frac{\mathrm{d}r}{r}$$

积分上式得：

$$\sigma_r = R_{eL}\ln r + A \qquad (5-34)$$

式中，A 为积分常数，由边界条件确定：

在内壁面，即 $r = R_i$ 处，$\sigma_r = -p_i$；

在弹塑性交界面，即 $r = R_c$ 处，$\sigma_r = -p_c$。

将内壁面边界条件代入式(5-34)，求出积分常数 A，再代回式(5-34)，得 σ_r 的表达式：

$$\sigma_r = R_{eL}\ln\frac{r}{R_i} - p_i \qquad (5-35)$$

代入式(5-33)，得 σ_θ 的表达式(5-36)：

$$\sigma_\theta = R_{eL}\left(1 + \ln\frac{r}{R_i}\right) - p_i \qquad (5-36)$$

由于 $\sigma_z = \frac{1}{2}(\sigma_r + \sigma_\theta)$，可得塑性区内轴向应力 σ_z 的表达式(5-37)：

$$\sigma_z = R_{eL}\left(\frac{1}{2} + \ln\frac{r}{R_i}\right) - p_i \qquad (5-37)$$

利用弹塑性交界面边界条件和式(5-35)，可得弹塑性交界面上的压力 p_c 为：

$$p_c = -R_{eL}\ln\frac{R_c}{R_i} + p_i \qquad (5-38)$$

弹性区相当于承受 p_c 内压的弹性厚壁圆筒，内壁面为弹塑性交界面：

$$(\sigma_r)_{r=R_c} = -p_c$$

$$(\sigma_\theta)_{r=R_c} = p_c\left[\frac{\left(\dfrac{R_o}{R_c}\right)^2 + 1}{\left(\dfrac{R_o}{R_c}\right)^2 - 1}\right]$$

因弹性区内壁处于屈服状态，应符合式(5-33)，即：

$$(\sigma_\theta)_{r=R_c} - (\sigma_r)_{r=R_c} = R_{eL}$$

将各式代入并经简化后得：

$$p_c = \frac{R_{eL}}{2} \frac{R_o^2 - R_c^2}{R_o^2} \tag{5-39}$$

考虑弹性区与塑性区是同一连续体内的两个部分，界面上的 p_c 应为同一数值，令式 (5-38) 与式 (5-39) 相等，则可导出内压 p_i 与所对应塑性区圆柱面半径 R_c 间关系式 (5-40)：

$$p_i = R_{eL} \left(0.5 - \frac{R_c^2}{2R_o^2} + \ln \frac{R_c}{R_i} \right) \tag{5-40}$$

（2）弹性区

弹性层相当于内半径为 R_c，外半径为 R_o 的弹性圆筒，故应力表达式由拉美公式得到。内壁面按 Tresca 屈服失效判据得，即式 (5-41)：

$$\sigma_r = \frac{R_{eL}}{2} \frac{R_c^2}{R_o^2} \left(1 - \frac{R_o^2}{r^2} \right)$$

$$\sigma_\theta = \frac{R_{eL}}{2} \frac{R_c^2}{R_o^2} \left(1 + \frac{R_o^2}{r^2} \right) \tag{5-41}$$

$$\sigma_z = \frac{R_{eL}}{2} \frac{R_c^2}{R_o^2}$$

若按 Mises 屈服失效判据，也可导出类似的上述各表达式。现将弹塑性分析中导出的各种应力表达式列于表 5-4 中。

表 5-4　厚壁圆筒塑弹性区的应力（$p_o = 0$ 时）

屈服失效判据	应力	塑性区 $(R_i \leqslant r \leqslant R_c)$	弹性区 $(R_c \leqslant r \leqslant R_0)$
Tresca	径向应力 σ_r 周向应力 σ_θ 轴向应力 σ_z p_i 与 R_c 关系	$R_{eL} \ln \dfrac{r}{R_i} - p_i$ $R_{eL} \left(1 + \ln \dfrac{r}{R_i} \right) - p_i$ $R_{eL} \left(0.5 + \ln \dfrac{r}{R_i} \right) - p_i$	$\dfrac{R_{eL}}{2} \dfrac{R_c^2}{R_o^2} \left(1 - \dfrac{R_o^2}{r^2} \right)$ $\dfrac{R_{eL}}{2} \dfrac{R_c^2}{R_o^2} \left(1 + \dfrac{R_o^2}{r^2} \right)$ $\dfrac{R_{eL}}{2} \dfrac{R_c^2}{R_o^2}$
Tresca		$p_i = R_{eL} \left(0.5 - \dfrac{R_c^2}{2R_o^2} + \ln \dfrac{R_c}{R_i} \right)$	
Mises	径向应力 σ_r 周向应力 σ_θ 轴向应力 σ_z	$\dfrac{2}{\sqrt{3}} R_{eL} \ln \dfrac{r}{R_i} - p_i$ $\dfrac{2}{\sqrt{3}} R_{eL} \left(1 + \ln \dfrac{r}{R_i} \right) - p_i$ $\dfrac{R_{eL}}{\sqrt{3}} \left(1 + 2\ln \dfrac{r}{R_i} \right) - p_i$	$\dfrac{R_{eL}}{\sqrt{3}} \dfrac{R_c^2}{R_o^2} \left(1 - \dfrac{R_o^2}{r^2} \right)$ $\dfrac{R_{eL}}{\sqrt{3}} \dfrac{R_c^2}{R_o^2} \left(1 + \dfrac{R_o^2}{r^2} \right)$ $\dfrac{R_{eL}}{\sqrt{3}} \dfrac{R_c^2}{R_o^2}$
Mises	p_i 与 R_c 关系	$p_i = \dfrac{R_{eL}}{\sqrt{3}} \left(1 - \dfrac{R_c^2}{R_o^2} + 2\ln \dfrac{R_c}{R_i} \right)$	

对于某给定条件，弹塑性状态的应力分布情况如图 5-11 所示。可以看出，塑性区由

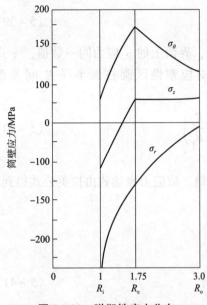

图 5-11 弹塑性应力分布

于塑性变形，应力重新分布，筒体内壁面应力有所降低。

5.2.4 厚壁圆筒的自增强

（1）自增强原理

为了使单层厚壁圆筒的应力沿壁厚分布均匀化，以提高其弹性承载能力，可对圆筒进行自增强处理。"自增强"就是在容器使用前，在其内部施加超工作压力，使筒体内壁侧的一定厚度范围内产生塑性变形，形成塑性区，而外围仍处于弹性变形状态。卸压后，塑性区因有残余变形不能恢复原来尺寸，而弹性区力图恢复原来尺寸却受到塑性区残余变形的阻挡。于是，弹性区所受的拉应力不能完全得到消除，而塑性区由于受弹性区的压迫，将出现压应力。此时，存在于筒壁内的这些应力称为残余应力或预加应力。当容器承受操作内压力以后，由于残余应力与内压引起的应力叠加，使应力沿壁厚分布均匀化，从而提高了筒体的弹性承载能力。

自增强处理的方法通常有两种：一种是液压法，该方法是将液压直接施加于筒体内，使其内壁侧产生塑性变形；另一种是机械法，该方法是使具有过盈量的锥面芯轴通过圆筒内壁，使内壁侧受挤压而产生塑性变形。这种方法也称为型压法。芯轴通过圆筒可采用机械推动（如水压机压入）、液压推动（见图 5-12）或机械拉牵（见图 5-13）。除上述两种方法外，还有爆炸胀压法。它是利用放置在筒体内的炸药爆炸生成的高压气体，使筒体内壁侧产生塑性变形，是一种新方法。经过自增强处理的厚壁圆筒，通常须进行低温热处理，以稳定塑性区的金相组织。温度一般为 250～300℃，保温 3h 后，随炉冷却或在空气中冷却。

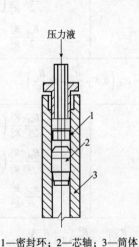

1—密封环；2—芯轴；3—筒体

图 5-12 液压推动型压装置

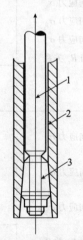

1—拉杆；2—筒体；3—芯轴

图 5-13 机械拉牵型压装置

（2）自增强压力下筒体的弹塑性应力分析

设单层厚壁圆筒内半径为 R_i，外半径为 R_o。在自增强压力 p_a 作用下，塑性区与弹性区交界面为一与筒体同心的圆柱面，其半径为 R_c，交界面上的径向压力为 p_c。在分析弹性区与塑性区的应力时，将两区分开考虑，即塑性区承受内压为 p_a，外压为 p_c，弹性区承受内压为 p_c。

假设圆筒为理想弹塑性材料，采用 Mises 屈服条件：

$$p_a = \frac{1}{\sqrt{3}}R_{eL}\left(1 - \frac{R_c^2}{R_o^2}\right) + \frac{2}{\sqrt{3}}R_{eL}\ln\frac{R_o}{R_i} \qquad (5-42)$$

由式（5-42）可以看出，自增强压力包括两部分：第一项为弹性区内表面开始屈服时需要的压力，第二项为塑性区完全屈服时需要的压力。该式表示 p_a 与 R_c 的关系，对已知圆筒，当 R_c 确定后，自增强压力 p_a 即可确定。关于 R_c 的确定方法见后。

求得塑性区的各应力分量：

$$\left.\begin{aligned}\sigma_r &= \frac{1}{\sqrt{3}}R_{eL}\left(\frac{R_c^2}{R_o^2} - 1 + 2\ln\frac{r}{R_c}\right) \\[1mm] \sigma_\theta &= \frac{1}{\sqrt{3}}R_{eL}\left(\frac{R_c^2}{R_o^2} + 1 + 2\ln\frac{r}{R_c}\right) \\[1mm] \sigma_z &= \frac{1}{\sqrt{3}}R_{eL}\left(\frac{R_c^2}{R_o^2} + 2\ln\frac{r}{R_c}\right)\end{aligned}\right\} \qquad (5-43)$$

弹性区相当于受内压 p_c 的厚壁圆筒。因此，可得到弹性区的各应力分量：

$$\left.\begin{aligned}\sigma_r &= \frac{1}{\sqrt{3}}R_{eL} \cdot \frac{R_c^2}{R_o^2}\left(1 - \frac{R_o^2}{r^2}\right) \\[1mm] \sigma_\theta &= \frac{1}{\sqrt{3}}R_{eL} \cdot \frac{R_c^2}{R_o^2}\left(1 + \frac{R_o^2}{r^2}\right) \\[1mm] \sigma_z &= \frac{1}{\sqrt{3}}R_{eL} \cdot \frac{R_c^2}{R_o^2}\end{aligned}\right\} \qquad (5-44)$$

式（5-43）、式（5-44）中的 r 分别表示塑性区、弹性区任一点的半径。

如果采用 Tresca 屈服条件，则式（5-42）、式（5-43）、式（5-44）中的 $\frac{R_{eL}}{\sqrt{3}}$ 代换为 $\frac{R_{eL}}{2}$ 即可。

（3）卸载后筒壁内的残余应力

筒壁内的残余应力是指自增强压力卸除后仍存在于筒壁中的那部分应力，也称为预加应力。残余应力的大小应该等于自增强压力作用下的应力减去由于卸载（载荷改变）引起的应力改变量。应力改变量与卸载过程有关。

以弹塑性材料的简单拉伸情况为例（见图5-14），

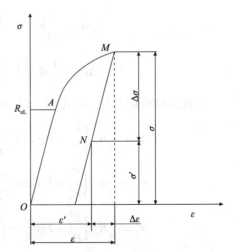

图5-14　卸载过程的应力-应变曲线

加载到屈服点 R_{eL} 以上 M 点。在卸载过程中，由于只有弹性变形恢复，而塑性变形保持不变，故沿 MN 直线下降，且 MN 平行于初始加载线 OA。可以看出，当由 M 点卸载至 N 点时，应力改变量分别为 $\Delta\sigma = \sigma - \sigma'$，应变改变量为 $\Delta\varepsilon = \varepsilon - \varepsilon'$，且满足：$\Delta\sigma = E\Delta\varepsilon$。

于是，残余应力和残余应变分别为：

$$\sigma' = \sigma - \Delta\sigma$$

$$\varepsilon' = \varepsilon - \Delta\varepsilon$$

由此得出结论：卸载后的应力与应变，即残余应力和残余应变等于卸载前的应力和应变减去卸载过程中的应力和应变的改变量，而应力和应变的改变量可按弹性关系确定。对于复杂受力状态，如果卸载为简单卸载，即各应力分量的改变量是按比例下降的，则应力分量的改变量与应变分量的改变量之间呈弹性关系。于是，由此建立卸载定理：以载荷的改变量 Δp 为假想载荷，按弹性理论计算所得的应力和应变，实际上就是应力和应变的改变量。

压力卸载至 0 时，载荷的改变量 $\Delta p = p_a$，由弹性理论拉美公式，筒体中应力的改变量见式 $(5-45)$：

$$\left.\begin{aligned}
\Delta\sigma_r &= \frac{p_a}{K^2-1}\left(1 - \frac{R_o^2}{r^2}\right) \\
\Delta\sigma_\theta &= \frac{p_a}{K^2-1}\left(1 + \frac{R_o^2}{r^2}\right) \\
\Delta\sigma_z &= \frac{p_a}{K^2-1}
\end{aligned}\right\} \qquad (5-45)$$

式中　r——筒壁内任意点处半径，mm；

K——筒体径比 $K = \dfrac{R_o}{R_c}$。

将式 $(5-42)$ 表示的 p_a 值代入式 $(5-45)$，得：

$$\left.\begin{aligned}
\Delta\sigma_r &= \frac{1}{\sqrt{3}}R_{eL}\left(1 - \frac{R_c^2}{R_o^2} + 2\ln\frac{R_c}{R_i}\right)\frac{1}{K^2-1}\left(1 - \frac{R_o^2}{r^2}\right) \\
\Delta\sigma_\theta &= \frac{1}{\sqrt{3}}R_{eL}\left(1 - \frac{R_c^2}{R_o^2} + 2\ln\frac{R_c}{R_i}\right)\frac{1}{K^2-1}\left(1 + \frac{R_o^2}{r^2}\right) \\
\Delta\sigma_z &= \frac{1}{\sqrt{3}}R_{eL}\left(1 - \frac{R_c^2}{R_o^2} + 2\ln\frac{R_c}{R_i}\right)\frac{1}{K^2-1}
\end{aligned}\right\} \qquad (5-46)$$

塑性区的残余应力，由式 $(5-43)$ 减去式 $(5-46)$，得：

$$\left.\begin{aligned}
\sigma_r' &= \frac{1}{\sqrt{3}}R_{eL}\left[\frac{R_c^2}{R_o^2} - 1 + 2\ln\frac{r}{R_c} - \left(1 - \frac{R_c^2}{R_o^2} + 2\ln\frac{R_c}{R_i}\right)\frac{1}{K^2-1}\left(1 - \frac{R_o^2}{r^2}\right)\right] \\
\sigma_\theta' &= \frac{1}{\sqrt{3}}R_{eL}\left[\frac{R_c^2}{R_o^2} + 1 + 2\ln\frac{r}{R_c} - \left(1 - \frac{R_c^2}{R_o^2} + 2\ln\frac{R_c}{R_i}\right)\frac{1}{K^2-1}\left(1 + \frac{R_o^2}{r^2}\right)\right] \\
\sigma_z' &= \frac{1}{\sqrt{3}}R_{eL}\left[\frac{R_c^2}{R_o^2} + 2\ln\frac{r}{R_c} - \left(1 - \frac{R_c^2}{R_o^2} + 2\ln\frac{R_c}{R_i}\right)\frac{1}{K^2-1}\right]
\end{aligned}\right\} \qquad (5-47)$$

弹性区的残余应力，由式 $(5-44)$ 减去式 $(5-46)$，得：

$$\sigma'_r = \frac{1}{\sqrt{3}}R_{eL}\left[\frac{R_c^2}{R_o^2} - \left(1 - \frac{R_c^2}{R_o^2} + 2\ln\frac{R_c}{R_i}\right)\frac{1}{K^2-1}\right]\left(1 - \frac{R_o^2}{r^2}\right)$$

$$\sigma'_\theta = \frac{1}{\sqrt{3}}R_{eL}\left[\frac{R_c^2}{R_o^2} - \left(1 - \frac{R_c^2}{R_o^2} + 2\ln\frac{R_c}{R_i}\right)\frac{1}{K^2-1}\right]\left(1 + \frac{R_o^2}{r^2}\right) \quad (5-48)$$

$$\sigma'_z = \frac{1}{\sqrt{3}}R_{eL}\left[\frac{R_c^2}{R_o^2} - \left(1 - \frac{R_c^2}{R_o^2} + 2\ln\frac{R_c}{R_i}\right)\frac{1}{K^2-1}\right]$$

式(5-47)、式(5-48)所表示的残余应力沿筒体壁厚的分布曲线见图5-15。

(4)操作时筒壁内的合成应力

操作时筒壁内的合成应力等于操作压力引起的应力与自增强压力卸除后的残余应力的叠加，即式(5-49)：

$$\sum \sigma_r = \sigma_r^p + \sigma'_r$$

$$\sum \sigma_\theta = \sigma_\theta^p + \sigma'_\theta \quad (5-49)$$

$$\sum \sigma_z = \sigma_z^p + \sigma'_z$$

式中 $\sum \sigma_r$、$\sum \sigma_\theta$、$\sum \sigma_z$——操作时筒壁内的径向、周向与轴向合成应力，MPa；

σ_r^p、σ_θ^p、σ_z^p——操作压力引起的径向、周向与轴向应力，MPa；

σ'_r、σ'_θ、σ'_z——塑性区或弹性区的径向、周向与轴向残余应力，MPa。

合成应力沿筒体壁厚的分布曲线如图5-16所示。

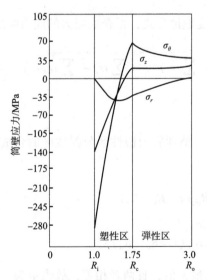

图5-15 自增强厚壁圆筒的残余应力分布

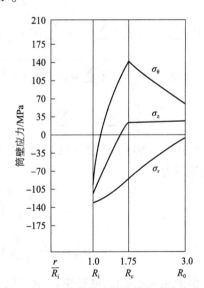

图5-16 自增强厚壁圆筒的合成应力分布

(5)弹塑性交界面半径的确定

由以上应力分析式可以看出，对于一定材料和几何尺寸的自增强厚壁筒，其应力的大小与弹塑性交界面半径R_c值有关。因此需要合理地确定R_c值，也就是确定自增强厚壁筒的超应变度$\left(\frac{R_c-R_i}{R_o-R_i}\times 100\%\right.$称为超应变度$\left.\right)$。适宜超应变度的选择是一个较复杂的问题，它需要考虑材料的性质、容器的径比、安全系数的要求、应力集中情况、操作压力范围等一系列因素。在工程上，作为近似估计可采用 $R_c = \sqrt{R_i R_o}$（见热套式厚壁圆筒计算）。下面仅从在操作情况下，使筒体内最大受力点的应力强度具有最小值这一观点出发，来导出 R_c 的最佳值。

为了求解方便，塑性区的合成应力可表示为：

$$
\left.
\begin{aligned}
\sum \sigma_r &= \sigma_r^p + \sigma_r - \Delta\sigma_r = \frac{2}{\sqrt{3}}R_{eL}\ln\frac{r}{R_i} + \frac{p_i - p_a}{K^2 - 1}\left(1 - \frac{R_o^2}{r^2}\right) - p_a \\
\sum \sigma_\theta &= \sigma_\theta^p + \sigma_\theta - \Delta\sigma_\theta = \frac{2}{\sqrt{3}}R_{eL}\left(1 + \ln\frac{r}{R_c}\right) + \frac{p_i - p_a}{K^2 - 1}\left(1 + \frac{R_o^2}{r^2}\right) - p_a \\
\sum \sigma_z &= \sigma_z^p + \sigma_z - \Delta\sigma_z = \frac{1}{\sqrt{3}}R_{eL}\left(1 + 2\ln\frac{r}{R_c}\right) + \frac{p_i - p_a}{K^2 - 1} - p_a
\end{aligned}
\right\}
\tag{5-50}
$$

弹性区的合成应力为：

$$
\left.
\begin{aligned}
\sum \sigma_r &= \left(\frac{1}{\sqrt{3}}R_{eL}\frac{R_c^2}{R_o^2} + \frac{p_i - p_a}{K^2 - 1}\right)\left(1 - \frac{R_o^2}{r^2}\right) \\
\sum \sigma_\theta &= \left(\frac{1}{\sqrt{3}}R_{eL}\frac{R_c^2}{R_o^2} + \frac{p_i - p_a}{K^2 - 1}\right)\left(1 + \frac{R_o^2}{r^2}\right) \\
\sum \sigma_z &= \frac{1}{\sqrt{3}}R_{eL}\frac{R_c^2}{R_o^2} + \frac{p_i - p_a}{K^2 - 1}
\end{aligned}
\right\}
\tag{5-51}
$$

因 $\sum \sigma_z = \frac{1}{2}\left(\sum \sigma_r + \sum \sigma_\theta\right)$，代入第四强度理论公式，得合成应力的应力强度为：

$$
\begin{aligned}
\sigma_{eq} &= \sqrt{\frac{1}{2}\left[\left(\sum \sigma_\theta - \sum \sigma_z\right)^2 + \left(\sum \sigma_z - \sum \sigma_r\right)^2 + \left(\sum \sigma_r - \sum \sigma_\theta\right)^2\right]} \\
&= \frac{\sqrt{3}}{2}\left(\sum \sigma_\theta - \sum \sigma_r\right)
\end{aligned}
\tag{5-52}
$$

将式(5-50)、式(5-51)分别代入式(5-52)，整理后的塑性区与弹性区的合成应力强度分别为：

$$
\sigma_{eq}^{\mathrm{I}} = \frac{\sqrt{3}}{K^2 - 1}\frac{R_o^2}{r^2}(p_i - p_a) + R_{eL}\ (r = R_i \sim R_c)
$$

$$
\sigma_{eq}^{\mathrm{II}} = \frac{\sqrt{3}}{K^2 - 1}\frac{R_o^2}{r^2}(p_i - p_a) + \frac{R_c^2}{r^2}R_{eL}\ (r = R_c \sim R_o)
$$

由于 $p_i - p_a < 0$，可见在 $r = R_c$ 处，上两式均有最大值，且两者相等，故表示为：

$$
(\sigma_{eq})_{\max} = (\sigma_{eq})_{r = R_c} = \frac{\sqrt{3}}{K^2 - 1}\cdot\frac{R_o^2}{R_c^2}(p_i - p_a) + R_{eL}
\tag{5-53}
$$

将式(5-42)表示的 p_a 值代入式(5-53)，并注意到 $K = \frac{R_o}{R_i}$，得：

$$
(\sigma_{eq})_{r = R_c} = \frac{R_o^2 R_i^2}{R_o^2 - R_i^2}\left(\frac{\sqrt{3}p_i}{R_c^2} - \frac{R_{eL}}{R_c^2} + \frac{R_{eL}}{R_o^2} - 2\frac{R_{eL}}{R_c^2}\ln\frac{R_c}{R_i}\right) + R_{eL}
\tag{5-54}
$$

此即以 R_c 为变量的 R_c 处应力强度的函数式，令 $\dfrac{\mathrm{d}}{\mathrm{d}R_c}(\sigma_{eq})_{r=R_c}=0$，得：

$$\frac{R_o^2 R_i^2}{R_o^2-R_i^2}\left(-\frac{2\sqrt{3}p_i}{R_c^3}+2\frac{R_{eL}}{R_c^3}-2\frac{R_{eL}}{R_o^3}+4\frac{R_{eL}}{R_c^3}\ln\frac{R_c}{R_i}\right)=0$$

即：

$$-p_i+\frac{2}{\sqrt{3}}R_{eL}\ln\frac{R_c}{R_i}=0$$

$$\tag{5-55}$$

$$p_i=\frac{2}{\sqrt{3}}R_{eL}\ln\frac{R_c}{R_i}$$

于是：

$$R_c=R_i e^{\frac{\sqrt{3}}{2}\cdot\frac{p_i}{R_{eL}}} \tag{5-56}$$

不难证明，当 $R_c=R_i e^{\frac{\sqrt{3}}{2}\cdot\frac{p_i}{R_{eL}}}$ 时，$(\sigma_{eq})_{r=R_c}$ 为最小值，故由式 $(5-56)$ 求得的 R_c 值为最佳界面半径。

由此还可求得自增强厚壁筒的壁厚设计公式。将式 $(5-55)$ 代入式 $(5-54)$，得：

$$(\sigma_{eq})_{r=R_c}=\frac{\sqrt{3}R_i^2 R_o^2}{R_o^2-R_i^2}\left(\frac{p_i}{R_c^2}-\frac{R_{eL}}{\sqrt{3}R_c^2}-\frac{R_{eL}}{\sqrt{3}R_c^2}\right)+R_{eL}$$

$$=\frac{R_i^2 R_o^2}{R_o^2-R_i^2}\left(\frac{1}{R_o^2}-\frac{1}{R_c^2}\right)R_{eL}+R_{eL}$$

$$=\frac{R_i^2 R_c^2-R_i^2 R_o^2}{R_c^2(R_o^2-R_i^2)}R_{eL}+R_{eL}$$

$$=\frac{R_o^2(R_c^2-R_i^2)}{R_c^2(R_o^2-R_i^2)}R_{eL}$$

由此建立强度条件为：

$$\frac{R_o^2(R_c^2-R_i^2)}{R_c^2(R_o^2-R_i^2)}R_{eL}\leqslant\frac{R_{eL}}{n_s} \tag{5-57}$$

或写为：

$$\frac{R_o^2(R_c^2-R_i^2)}{R_c^2(R_o^2-R_i^2)}\leqslant\frac{1}{n_s}$$

式中 n_s——相对于屈服极限的安全系数。

将上式左端分子、分母除以 R_c^2，并代入 $K_1=\dfrac{R_c}{R_i}$，$K_2=\dfrac{R_o}{R_c}$ 得：

$$K_2^2\frac{1-\dfrac{1}{K_1^2}}{K_2^2-\dfrac{1}{K_1^2}}=\frac{1}{n_s}$$

即：

$$K_2^2\frac{K_1^2-1}{K_1^2}=\frac{1}{n_s}\left(K_2^2-\frac{1}{K_1^2}\right),\quad K_2^2\left(\frac{1}{n_s}-\frac{K_1^2-1}{K_1^2}\right)=\frac{1}{n_s K_1^2}$$

$$K_2^2 = \frac{1}{n_s K_1^2} \cdot \frac{n_s K_1^2}{K_1^2 - n_s(K_1^2 - 1)} = \frac{1}{K_1^2 - n_s(K_1^2 - 1)}$$

故有：

$$\left. \begin{aligned} K_2 &= \frac{1}{\sqrt{K_1^2 - n_s(K_1^2 - 1)}} \\ n_s &= \frac{1}{K_1^2 - 1}\left(K_1^2 - \frac{1}{K_2^2}\right) \end{aligned} \right\} \qquad (5-58a)$$

式中　$K_1 = \dfrac{R_c}{R_i} = \exp\left(\dfrac{\sqrt{3}}{2}\dfrac{p_i}{R_{eL}}\right)$

将式(5-58a)中第一式乘以 K_1，得：

$$K = \frac{K_1}{\sqrt{K_1^2 - n_s(K_1^2 - 1)}} \qquad (5-58b)$$

或写为：

$$n_s = \frac{K_1^2}{K_1^2 - 1}\left(1 - \frac{1}{K^2}\right)$$

式(5-58a)和(5-58b)可用于自增强厚壁筒的壁厚设计与安全校核。

上述推导采用 Mises 屈服条件与第四强度理论有关公式。如果采用 Tresca 屈服条件与第三强度理论有关公式，所得应力强度表达式与式(5-57)相同，从而壁厚设计和安全校核公式也与式(5-58)相同，但此时弹塑性交界面半径见式(5-59)：

$$R_c = R_i \exp\left(\frac{p_i}{R_{eL}}\right) \qquad (5-59)$$

显然，这与由式(5-56)所确定的 R_c 值是不相同的。

5.3　高压容器工程设计

5.3.1　失效准则

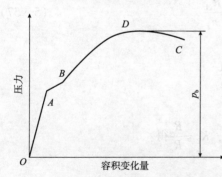

图 5-17　厚壁圆筒的膨胀曲线

厚壁圆筒的爆破试验结果表明，对于由塑性、韧性较好的材料制成的厚壁圆筒，其膨胀曲线如图 5-17 所示，破坏过程大致经过以下三个阶段：

第一阶段(OA)为弹性阶段。在这一阶段，由于内压力较低，圆筒完全处于弹性变形状态(OA 为直线)。相应于 A 点的压力为该阶段的最高承载能力，称为弹性极限压力。

第二阶段(AB)为筒体部分屈服阶段。当压力超过 A 点之后，圆筒内壁首先屈服，并逐渐向外扩展，塑性区的应力重新分配。此时，压力虽无明显增加，而塑性变形却很快增大，直到 B 点，圆筒达到整体屈服。相应于 B 点的压力称为整体屈服压力。

第三阶段(BDC)为强化阶段。当圆筒整体屈服以后，由于材料应变强化，承载能力有所提高，变形也随之进一步增大，至 D 点产生"颈缩"现象，承载能力迅速降低，并于 C 点发生断裂破坏。相应于 D 点的压力 p_b 为该阶段的最高承载能力，称为爆破压力。

高压容器设计必须满足的强度条件，随着设计准则的不同而不同。根据厚壁圆筒破坏过程的三个阶段，通常有三种失效准则，即弹性失效准则、塑性失效准则与爆破失效准则。

（1）弹性失效准则

弹性失效准则是将应力限制在弹性范围，即按照弹性强度理论，把筒体承载限制在弹性变形阶段。认为内壁出现屈服时即为筒体的最高承载极限，这是最早的一种设计准则，但至今仍为许多国家所采用。按照这一准则，可以由不同的强度理论建立强度条件和有关设计公式。下面仅导出按照第三强度理论的设计公式和中径公式。

第三强度理论的强度条件为：

$$\tau_{max} = \frac{1}{2}(\sigma_\theta - \sigma_r)_{r=R_i} \leqslant [\tau] = \frac{[\sigma]}{2}$$

即

$$\sigma_{eq} = (\sigma_\theta - \sigma_r)_{r=R_i} \leqslant [\sigma]$$

式中　σ_{eq}——应力强度，MPa；

　　τ_{max}——最大剪应力，MPa；

　　$[\tau]$——许用剪应力，MPa；

　　$[\sigma]$——许用应力，MPa；

根据表 5-1，上述强度条件式可写为：

$$\frac{2K^2}{K^2-1}p_i \leqslant [\sigma]$$

于是，由该式可得许用应力、径比和壁厚公式，如式(5-60)所示：

$$[p_i] = \frac{K^2-1}{2K^2}[\sigma]$$

$$K = \sqrt{\frac{[\sigma]}{[\sigma]-2p_i}}$$

$$\delta = R_i\left(\sqrt{\frac{[\sigma]}{[\sigma]-2p_i}}-1\right) \tag{5-60}$$

在内压作用下，按照各种强度理论求得的筒体内壁的应力强度，以及与之相对应的许用压力、径比和壁厚的表达式列于表 5-5 中，所列各式未计入焊接接头系数 ϕ 及厚度附加量 C。

表 5-5　按弹性失效准则的强度计算式

强度理论	应力强度 σ_{eq}	许用压力 $[p_i]$	径比 K	壁厚 δ
第一强度理论	$\frac{K^2+1}{K^2-1}p_i$	$\frac{K^2-1}{K^2+1}[\sigma]$	$\sqrt{\frac{[\sigma]+p_i}{[\sigma]-p_i}}$	$R_i\left(\sqrt{\frac{[\sigma]+p_i}{[\sigma]-p_i}}-1\right)$
第三强度理论	$\frac{2K^2}{K^2-1}p_i$	$\frac{K^2-1}{2K^2}[\sigma]$	$\sqrt{\frac{[\sigma]}{[\sigma]-2p_i}}$	$R_i\left(\sqrt{\frac{[\sigma]}{[\sigma]-2p_i}}-1\right)$

强度理论	应力强度 σ_{eq}	许用压力 $[p_i]$	径比 K	壁厚 δ
第四强度理论	$\dfrac{\sqrt{3}K^2}{K^2-1}p_i$	$\dfrac{K^2-1}{\sqrt{3}K^2}[\sigma]$	$\sqrt{\dfrac{[\sigma]}{[\sigma]-\sqrt{3}p_i}}$	$R_i\left(\sqrt{\dfrac{[\sigma]}{[\sigma]-\sqrt{3}p_i}}-1\right)$
中径公式	$\dfrac{K+1}{2(K-1)}p_i$	$\dfrac{2(K-1)}{K+1}[\sigma]$	$\dfrac{2[\sigma]+p_i}{2[\sigma]-p_i}$	$\dfrac{2p_iR_i}{2[\sigma]-p_i}$

由表 5 - 5 可以看出，第三强度理论与第四强度理论结果较相近。在相同许用应力和径比情况下，它们的许用压力之比为：

$$\frac{[p_i]_{\text{III}}}{[p_i]_{\text{IV}}}=\frac{\sqrt{3}}{2}$$

由第一强度理论计算所得的壁厚偏薄，而按照第三强度理论计算时最厚。但从实验结果来看，按第四强度理论计算出的内壁开始屈服的压力与实验较为接近。

由于中径公式计算简便，故为不少国家所采用，如英国的 BS 规范，法国的《非火焰加热受压容器规范》，以及我国的 GB/T 150 等。而美国 ASME《锅炉及压力容器规范》第Ⅷ卷第一册与日本的 JIS 规范则采用中径修正公式：

$$\delta=\frac{p_iD_i}{2[\sigma]\phi-1.2p_i}$$

注：该公式适用于厚度不超过内径的 1/2 及 p_i 不超过 $0.385[\sigma]\phi$ 的情况，美国原子能容器则采用第三强度理论公式。

[例题 5 - 1]一高压容器，其筒体内径 $D_i=1000mm$，外径 $D_o=1200mm$，筒体材料的许用应力 $[\sigma]=190MPa$，试按第一、第三、第四强度理论和中径公式计算筒体允许承受的压力，并进行比较。

[解]筒体径比：$K=\dfrac{D_o}{D_i}=\dfrac{1200}{1000}=1.2$ $K^2=1.44$

按第一强度理论：$[p_i]=\dfrac{K^2-1}{K^2+1}[\sigma]=\dfrac{0.44}{2.44}\times190=34.26MPa$

按第三强度理论：$[p_i]=\dfrac{K^2-1}{2K^2}[\sigma]=\dfrac{0.44}{2.88}\times190=29.03MPa$

按第四强度理论：$[p_i]=\dfrac{K^2-1}{\sqrt{3}K^2}[\sigma]=\dfrac{0.44}{2.49}\times190=33.52MPa$

按中径公式：$[p_i]=\dfrac{2(K-1)}{K+1}[\sigma]=\dfrac{0.44}{2.2}\times190=34.55MPa$

可见，中径公式与第一强度理论计算结果十分相近(其值已接近 GB/T 150—2011 规定的最高使用压力 35MPa)，与第四强度理论计算结果相差不多，第三强度理论计算结果最小。

(2)塑性失效准则

根据塑性失效准则进行强度计算，当圆筒内壁的应力强度达到材料的屈服极限时，由于圆筒其他部分仍处于弹性状态。将限制内壁塑性变形进一步发展，因而并不会使圆筒破坏。只有当塑性变形不断扩展，直至筒壁整体屈服，才是圆筒的承载最高极限。这时称筒体处于塑性极限状态。此时的内压值称为塑性极限内压，以 p_s 表示。下面将讨论塑性极限状态时筒壁中的应力分布，并确定塑性极限内压计算式，从而导出塑性失效准则的设计公式。

在进行塑性分析时，为了使问题简化，假定材料为理想弹塑性材料，即在应变不太大的情况下，可以忽略材料的应变强化现象，视屈服极限 R_{eL} 为常数，理想弹塑性曲线如图5-18所示。

根据 Tresca 屈服条件，塑性极限压力为：

$$p_s = R_{eL}\ln\frac{R_o}{R_i} = R_{eL}\ln K \qquad (5-61)$$

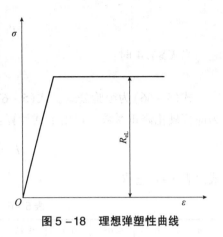

图5-18 理想弹塑性曲线

根据 Mises 屈服条件，塑性极限压力为：

$$p_s = \frac{2}{\sqrt{3}}R_{eL}\ln K \qquad (5-62)$$

如考虑焊缝系数 ϕ 与安全裕量，并取安全系数为 $n_s = p_s/p_i$，则根据 Tresca 屈服条件和 Mises 屈服条件得到筒体允许承受的内压力分别如式(5-63)和式(5-64)所示：

$$[p_i] = \phi[\sigma]\ln K \qquad (5-63)$$

$$[p_i] = \frac{2}{\sqrt{3}}\phi[\sigma]\ln K \qquad (5-64)$$

(3)爆破失效准则

爆破失效准则认为，容器爆破压力 p_b 是筒体承载的最高极限。但计算 p_b 是一个很复杂的问题，必须考虑材料经过屈服阶段以后的应变强化，同时还要考虑大变形。假如把筒体材料视为理想塑性材料，强度极限 R_m 等于屈服极限 R_{eL}，则式(5-61)、式(5-62)也可看作是爆破压力计算式，但由于这里未考虑材料应变硬化的影响，故计算结果低于实际爆破压力值。而如以 R_m 代替上两式中的 R_{eL} 计算爆破压力，其计算结果偏高。

按爆破失效进行设计尚无成熟办法。但一般认为，爆破压力的大小与材料的屈强比 $\frac{R_{eL}}{R_m}$ 有关。目前，大多采用一些修正式或经验式。例如福贝尔(Faupel)公式：

$$p_b = \frac{2}{\sqrt{3}}R_{eL}\left(2 - \frac{R_{eL}}{R_m}\right)\ln K \qquad (5-65a)$$

该式是根据式(5-62)所作的修正式。其计算结果与实验值比较，误差在±15%以内，对于屈强比 $\frac{R_{eL}}{R_m}\geq 0.7$ 的高强度钢比较适用。如果考虑安全裕量与焊缝系数 ϕ，其设计公式见式(5-65b)：

$$[p_i] = \frac{2}{\sqrt{3}}\phi R_{eL}\frac{1}{n_b}\left(2 - \frac{R_{eL}}{R_m}\right)\ln K \qquad (5-65b)$$

式中　n_b——爆破安全系数。日本 JIS 8248《多层压力容器》用此公式设计，取 $n_b = 3.2$。

另一公式为史文森(Svensson)公式，当 $K\leq 1.4$ 时：

$$p_b = F_c \frac{2\delta}{D_i}\left(1 - \frac{\delta}{D_i}\right)R_m \tag{5-66}$$

当 $K > 1.4$ 时：

$$p_b = F_c R_m \ln K \tag{5-67}$$

式(5-66)为经验公式，式(5-67)是根据式(5-61)所作的修正公式。上两式中，F_c 为应变硬化修正系数，可由下式计算：

$$F_c = \left(\frac{0.25}{n + 0.227}\right)\left(\frac{e}{n}\right)^n$$

或由表5-6查取。

表5-6 材料的应变硬化修正系数

n	0	0.05	0.1	0.15	0.20	0.25	0.30	0.35	0.40	0.45	0.50
F_c	1.101	1.102	1.054	1.024	0.987	0.951	0.919	0.887	0.858	0.829	0.802

式中　n——应变硬化指数，与屈强比 $\frac{R_{eL}}{R_m}$ 有关。对于中、低强度碳钢和低合金钢：

$$n = 0.42\left(1 - \frac{R_{eL}}{R_m}\right)$$

此外，在表5-5所列按中径公式计算的许用压力式中，如以材料的强度极限 R_m 代替许用应力 $[\sigma]$，则可得爆破压力如式(5-68)所示：

$$p_b = \frac{2(K-1)}{K+1}R_m \tag{5-68}$$

式(5-68)与实验结果有相当程度的吻合。

目前，爆破计算公式主要用以计算理论爆破压力，以便与实际爆破压力进行比较，从而判断容器质量，确定容器的安全裕度。

5.3.2　单层厚壁圆筒的强度计算

(1)壁厚设计

根据 GB/T 150—2011，当设计压力 $p \leqslant 35\text{MPa}$ 时，采用中径公式计算，其计算厚度为：

$$\delta = \frac{pD_i}{2[\sigma]^t\phi - p}$$

关于式中各参数的选择及筒体耐压试验要求等，详见第3章。中径公式适用范围为 $p_c \leqslant 0.4[\sigma]^t\phi$，对计算压力超出此范围的单层厚壁圆筒，常采用塑性失效设计准则或爆破失效设计准则进行设计。

对于内压厚壁圆筒，与 Mises 屈服失效判据相对应的全屈服压力可按式(5-62)计算，计算厚度见式(5-69)：

$$\delta = R_i(K-1) = R_i\left[\exp\left(\frac{\sqrt{3}n_{so}}{2R_{eL}}\right) - 1\right] \tag{5-69}$$

当采用爆破失效设计准则时，若用 Faupel 公式(5-65a)计算爆破压力，圆筒计算厚度见式(5-70)：

$$\delta = R_{\mathrm{i}} \left\{ \exp \left[\frac{\sqrt{3} n_{\mathrm{b}}}{2 R_{\mathrm{eL}} \left(2 - \dfrac{R_{\mathrm{eL}}}{R_{\mathrm{m}}} \right)} p \right] - 1 \right\} \tag{5-70}$$

n_{b} 的取值为 2.5 ~ 3.0。日本的《超高压圆筒容器设计规则》和中国的《超高压容器安全监察规程》等均采用式(5 – 70)。

(2)应力校核

厚壁筒在操作压力和温差同时作用下，其合成应力为：

$$\sum \sigma_r = \sigma_r + \sigma_r^{\mathrm{T}}$$

$$\sum \sigma_\theta = \sigma_\theta + \sigma_\theta^{\mathrm{T}}$$

$$\sum \sigma_z = \sigma_z + \sigma_z^{\mathrm{T}}$$

式中　σ_r、σ_θ、σ_z——操作压力引起的径向、周向和轴向应力，MPa，见式(5 – 16)；

σ_r^{T}、$\sigma_\theta^{\mathrm{T}}$、$\sigma_z^{\mathrm{T}}$——温差引起的径向、周向和轴向热应力，MPa，见式(5 – 30)。

在进行热应力校核时，应将校核部位的合成应力代入强度理论公式求得应力强度，并建立强度条件。但因这样求应力强度太烦琐，为简便计算，GB/T 150—2011 规定如下。

对内热($T_{\mathrm{i}} > T_{\mathrm{o}}$)内压厚壁筒，校核外壁的应力强度，强度条件为：

$$\sigma_{\mathrm{eq}} = \frac{\sqrt{3}}{K^2 - 1} p_{\mathrm{i}} + (\sigma_\theta^{\mathrm{T}})_{r = R_{\mathrm{o}}} \leqslant 2 [\sigma]' \phi \tag{5-71}$$

对外热($T_{\mathrm{i}} < T_{\mathrm{o}}$)内压厚壁筒，校核内壁的应力强度，强度条件为：

$$\sigma_{\mathrm{eq}} = \frac{\sqrt{3} K^2}{K^2 - 1} p_{\mathrm{i}} + (\sigma_\theta^{\mathrm{T}})_{r = R_{\mathrm{i}}} \leqslant 2 [\sigma]' \phi \tag{5-72}$$

在式(5 – 71)和式(5 – 72)中采用 $2 [\sigma]'$，是考虑热应力属于二次应力，具有自限性。按应力分析设计应取 $3 [\sigma]'$，为安全起见，取 $2 [\sigma]'$。而应力强度是按照第四强度理论考虑内压引起的应力，再与周向温差应力叠加计取的。

上两式中筒体内、外壁的周向热应力，由表 5 – 2 知：

$$(\sigma_\theta^{\mathrm{T}})_{r = R_{\mathrm{i}}} = \frac{Ea \Delta T}{2(1 - \mu)} \left(\frac{1}{\ln K} - \frac{2 K^2}{K^2 - 1} \right)$$

$$(\sigma_\theta^{\mathrm{T}})_{r = R_{\mathrm{i}}} = \frac{Ea \Delta T}{2(1 - \mu)} \left(\frac{1}{\ln K} - \frac{2}{K^2 - 1} \right)$$

令 $m = \dfrac{Ea}{2(1 - \mu)}$，$A = \dfrac{2 K^2}{K^2 - 1} - \dfrac{1}{\ln K}$，代入上两式中，得式(5 – 73)：

$$(\sigma_\theta^{\mathrm{T}})_{r = R_{\mathrm{i}}} = -m A \Delta T$$

$$(\sigma_\theta^{\mathrm{T}})_{r = R_{\mathrm{o}}} = (2 - A) m \Delta T \tag{5-73}$$

式中：m 值由筒体材料的物理参数确定，不同钢铁的 m 值见表 5 – 3。

课后习题

一、填空题

1. 高压容器常用的三个失效准则：＿＿＿＿＿＿、＿＿＿＿＿＿和＿＿＿＿＿＿。

2. 厚壁圆筒中，外加热时最大拉伸温差应力在_____，内加热时在_____
_____。

3. 高压筒体的结构型式包括：_____、_____、_____和_____
_____。

4. 厚壁圆筒既受内压又受温差作用时，内加热下_____综合应力得到改善，而
_____有所恶化。外加热时则相反，_____的综合应力恶化，_____应力得到
改善。

5. 自增强处理方法有_____、_____和_____。

6. 当设计压力低于_____MPa时，采用中径公式是适当的。

二、判断题

1. 高压容器不能用弹性失效准则进行设计。 （ ）

2. 厚壁圆筒自增强处理后内壁形成残余拉应力，外壁形成残余压应力。 （ ）

3. 厚壁圆筒体内壁径向应力为各向应力中的最小值。 （ ）

4. 厚壁圆筒体任一点的轴向拉应力值都等于该点的径向应力与周向应力之差的一半。
（ ）

5. 圆筒体内壁周向应力绝对值等于内压力，而外壁为零。 （ ）

6. 在内压与内加热温差组合作用内壁总应力强度容易满足。 （ ）

7. 内压与外加热温差组合作用内壁总应力比较危险。 （ ）

8. 自增强处理后塑性层中形成残余压应力，弹性层中形成残余拉应力。 （ ）

9. 按理想弹塑性材料处理，屈强较高的高强度钢自增强效应不足。 （ ）

10. 鲍辛格效应的存在会减少自增强后厚壁圆筒的弹性操作范围。 （ ）

三、简答题

1. 薄壁圆筒和厚壁圆筒如何划分？其强度设计的理论基础是什么？有何区别？

2. 单层厚壁圆筒在内压与温差同时作用时，其综合应力沿壁厚如何分布？筒壁屈服
发生在何处？为什么？

3. 为什么厚壁圆筒微元体的平衡方程，在弹塑性应力分析中同样适用？

4. 预应力法提高厚壁圆筒屈服承载能力的基本原理是什么？

5. 单层厚壁圆筒同时承受内压 P_i 与外压 P_o 时，能否用压差 $(P_i - P_o)$ 代入仅受内压或
仅受外压的厚壁圆筒筒壁应力计算式来计算筒壁应力？为什么？

6. 一厚壁圆筒，两端封闭且能可靠地承受轴向力，试问轴向、环向、径向三应力之
关系式 $\sigma_z = \dfrac{\sigma_\theta + \sigma_r}{2}$ 和 Lame 公式，对于理想弹塑性材料，在弹性、塑性阶段是否都成立？
为什么？

7. 对于内压厚壁圆筒，中径公式也可按第三强度理论导出，试作推导。

8. 高压容器的圆筒有哪些结构型式？它们各有什么特点和适用范围？

9. 为什么厚壁圆筒微元体的平衡方程 $\sigma_\theta - \sigma_r = r\dfrac{\mathrm{d}\sigma_r}{\mathrm{d}r}$，在弹塑性应力分析中同样
适用？

10. 厚壁圆筒中由径向温差引起的三向热应力之间有何关系？工程上采取什么措施来减少热应力？画出由温差引起的三向应力沿壁厚方向的分布曲线。

11. 画出内压与温差同时作用的厚壁圆筒中的应力分布曲线，确定其危险点。

12. 有两个厚壁圆筒，一个是单层圆筒，另一个是多层圆筒，二者径比 K 和材料相同，试问这两个厚壁圆筒的爆破压力是否相同？为什么？

13. 对于理想塑性材料，当塑性层扩展到圆筒的整个壁厚时，增加自增强压力能否继续提高承载能力？

四、计算或工程设计题

1. 对于内压厚壁圆筒，中径公式也可按第三强度理论导出，试作推导。

2. 一厚壁加氢反应器圆筒形容器，已知筒体内径 $D_i = 4200mm$，壁厚为 $260mm$，设计内压力 $p_i = 25MPa$，设计温度为 $350℃$。筒体由 12Cr2Mo1V 材料制造而成，在设计温度下的许用应力 $[\sigma]' = 219MPa$。试求：

(1) 厚壁圆筒体在内压作用下内壁、外壁处的三向应力？

(2) 用弹性失效准则按第三强度理论校核内壁作用下筒体强度是否满足要求？

(3) 若考虑温差应力作用，内、外壁环向应力将如何变化？请解释原因。

3. 一内压容器，设计（计算）压力为 $0.85MPa$，设计温度为 $50℃$；圆筒内径 $D_i = 1200mm$，对接焊缝采用双面全熔透焊接接头，并进行局部无损检测；工作介质无毒性，非易燃，但对碳素钢、低合金钢有轻微腐蚀，腐蚀速率 $K \leqslant 0.1mm/a$，设计寿命为 20 年。试在 Q245R、Q345R、18MnMoNbR 三种材料中选用两种作为圆筒材料，并分别计算圆筒厚度。

第6章　压力容器零部件及结构设计

压力容器除内件外主要由基本的零部件组合而成，这些零部件包括封头、筒体、接管、支座、安全附件、法兰等。压力容器设计的内容首先对这些基本零部件进行设计，然后再考虑各部件连接在一起的整体结构设计问题。每一种零部件都有自身结构特点，设计方法不同，所遵循的标准也不同。本章主要介绍压力容器接管与法兰密封结构的设计方法。

仅对这些基本零部件单独进行设计并非就解决了容器设计的全部问题。因为由基本零部件组合成容器整体后，原来各部件的薄膜应力分布将发生变化，在结构不连续处将出现不连续应力与局部应力，那么在强度或结构上应如何考虑；当各部件组合装配时需要焊接，此时又应如何进行合理的焊接结构设计以最大限度减小焊接局部应力。因此，这就不是容器上某一部件设计的问题，而是要考虑整体结构的完整性。本章着重介绍由基本零部件组合成容器整体时的开孔补强结构设计及焊接结构设计问题。

6.1　法兰连接

由于生产操作和检修的需要，石油化工设备和管道采用可拆卸连接。而最广泛采用的是法兰连接。对法兰连接的基本要求是密封可靠，以保证生产能长期安全运转；同时也要求其结构简单和拆装方便等。

在过程设备中，法兰连接由一对法兰、垫片和螺栓、螺母紧固件组成，借助上紧螺栓、螺母将两部分管道或设备连接在一起，并通过法兰压紧垫片保证连接处紧密不漏，其连接结构如图6-1所示。

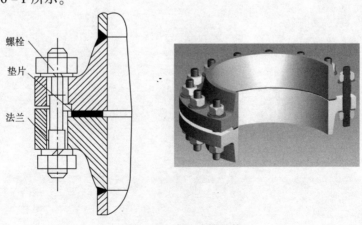

图6-1　法兰连接结构

6.1.1 法兰标准及应用

法兰是一种广泛使用在压力容器和管道、换热器、塔器等化工设备的重要部件，为了降低化工装置的制造成本，大多数法兰已经标准化，以适合大量制造，并便于互换。对于标准的法兰，只要在标准额定的压力和温度范围内，不需要更多考虑垫片、螺栓和法兰的要求，因为这些标准取自相关工业的经验、试验和计算，综合考虑了经济、安全和标准化的要求。当标准法兰不能使用时，如超出标准规定的直径极限，特殊的操作参数(如循环载荷、螺栓和法兰之间存在过大的温度差等)，或者不能达到环保的标准，才需要进行详细的法兰设计，以符合特定的要求。

选择法兰的主要参数是公称压力和公称直径。

公称直径：一般将容器和管道的直径按等级划分为一系列的公称通径，由字母 *DN* 后跟无因次的整数组成，如 *DN*25、*DN*50 等；对于英制单位的标准，以字母 NPS (Normal Piping Size)后跟无因次的整数表示，如 NPS1，NPS2 等。表 6 – 1 所示为部分以 *DN* 和 NPS 表示的管道公称通径的分级表，以及 *DN* 和 NPS 的对应关系。容器的公称直径等于容器的内径(用管子作筒体的容器除外)。管子公称直径既不等于管子的内径，也不等于其外径，而是接近它们的某个整数。例如，*DN*100 的无缝钢管的管子，其外径为 108mm，而内径视管壁厚度而定。法兰的公称直径和与其相连接的容器或管子的公称直径相一致。

表 6 – 1 管道公称直径

DN	15	20	25	32	40	50	65	80	100	125	150	200
NPS	1/2	3/4	1	1¼	1½	2	2½	3	4	5	6	8
DN	250	300	300	400	450	500	600	650	700	750	800	850
NPS	10	12	14	16	18	20	24	26	28	30	32	34
DN	900	950	1000	1050	1100	1150	1200	1250	1800	1400	1450	1500
NPS	36	38	40	42	44	46	48	50	52	56	58	60

公称压力是按容器或管道所受的压力分为若干等级而设定的，由字母 *PN* 后跟无因次的整数组成。同样，对于英制单位的标准，以字母 Class 后跟无因次的整数表示。表 6 – 2 所示为以 *PN* 和 Class 表示的容器与管道公称压力的分级表，以及 *PN* 和 Class 的对应关系。法兰的允许操作压力取决于公称压力大小、法兰的材料及其操作温度，在相应的法兰标准中的压力/温度额定表中给出。一般而言，*PN* 量纲用 bar 或 MPa，Class 量纲为 psi。

表 6 – 2 *PN* 系列与 Class 系列公称压力的对照

PN	20	50	110	150	260	420
Class	150	300	600	900	1500	2500

各国都将法兰作为标准件，实现了标准化、系列化，以便降低成本、简化设计、互换

零件并保证使用可靠。法兰标准分为压力容器法兰和管道法兰标准，前者适用于压力容器连接，后者仅用于管道连接，两者不能混淆。

（1）压力容器法兰标准

中国容器法兰标准为 NB/T 47020~47027—2012《压力容器法兰、垫片、紧固件》，规定了甲型平焊法兰、乙型平焊法兰和长颈对焊法兰三种法兰的分类、技术条件、结构型式与尺寸，以及相关的垫片、双头等长螺栓的型式、材料和尺寸等。该标准适用于公称压力 $PN0.25~6.4$，$DN300~3000$，工作温度 $-70~450℃$ 的碳钢、低合金钢制压力容器法兰。

（2）管道法兰标准

国际上使用的管法兰标准基本上属于两个体系，即美国 ANSI B16.5《钢制管法兰和法兰管件》标准体系（公称压力以"Class"表示）和德国 DIN 管法兰标准体系（公称压力以"PN"表示）。这两种体系的管法兰标准所使用的法兰类型、密封面型式和尺寸以及垫片品种不尽相同，尤其是两者的连接尺寸（螺栓中心圆直径、螺孔直径、螺栓个数及法兰外径等）和公称压力等级基本上不同，因此不能互换使用。

欧盟也分别制定了相应上述两个系列的法兰标准 EN1092《法兰及其接头，管道、阀门和管件用圆形法兰，PN 标示》和 EN1759《法兰及其接头，管道、阀门和管件用圆形法兰，Class 标示》。

目前国内管道法兰标准较多，主要有：国家标准 GB/T 9124.1—2019《钢制管法兰 第 1 部分：PN 系列》、GB/T 9124.2—2019《钢制管法兰 第 2 部分：Class 系列》、《固容规》推荐法兰优先采用 HG 20592~20626、石化标准 SH/T 3406—2022《石油化工钢制管法兰技术规范》等，其中化工标准包含了上述的欧美两体系的部分内容，且配用的钢管除国际通用的系列钢管（俗称英制管）外，也可适用国内沿用的系列钢管（俗称公制管）。

（3）标准法兰的选用

法兰应根据容器或管道的公称直径、公称压力、工作温度、介质性质以及法兰材料等进行选用。容器法兰的公称压力是以 16Mn 或 Q345R 在 200℃ 时的最高工作压力为依据制定的，因此当法兰材料和工作温度不同时，最大工作压力将降低或升高。不管是容器法兰标准还是管法兰标准，均有一个压力 – 温度额定值表。在选用标准法兰时，应首先按法兰的设计温度和材料（或材料类别），在该标准的压力 - 温度额定值表中查得一个法兰的最大允许工作压力，使得该最大允许工作压力大于法兰的设计压力，然后将该最大允许工作压力对应的公称压力作为所选用的标准法兰的压力等级。例如，$PN2.5$、材质为 16Mn 的长颈对焊法兰（NB/T 47023），在设计温度为 $-20~200℃$ 时的最大允许工作压力为 2.5MPa，但在设计温度为 400℃ 时，其最高允许工作压力仅为 1.93MPa；若法兰材料改用 20 钢，则在 $-20~200℃$ 时的最大允许工作压力仅为 1.81MPa，而设计温度如升高到 400℃ 时最大允许工作压力将降为 1.26MPa。

6.1.2　法兰结构类型

法兰有多种分类方法，如按法兰接触面宽窄，可分为宽面法兰与窄面法兰；法兰的接触面处在螺栓孔圆周以内的称为"窄面法兰"；法兰的接触面扩展到螺栓中心圆外侧的称为"宽面法兰"；按应用场合又可分为容器法兰和管法兰。

法兰的基本结构型式按组成法兰的圆筒、法兰环及锥颈三部分的整体性程度可分为松式法兰、整体法兰和任意式法兰三种，如图6-2所示。

(1)松式法兰

松式法兰是指法兰不直接固定在壳体上或者虽固定而不能保证与壳体作为一个整体承受螺栓载荷的结构，如活套法兰、螺纹法兰、搭接法兰等，这些法兰可以带颈或者不带颈，见图6-2(a)~(c)。其中活套法兰是典型的松式法兰，其法兰的力矩完全由法兰环本身来承担，对设备或管道不产生附加弯曲应力。因而适用于有色金属(铝、铜)和不锈钢制设备或管道上，且法兰可采用碳素钢制作，以节约贵重金属；并容易制造，便于对中安装。但由于法兰的刚度偏低，其厚度要比较厚一些，一般只适用于压力较低的场合。除螺纹法兰外，松式法兰一般用于压力不高的场合，如翻边活套板式钢制管法兰不超过$PN10$，而焊环活套板式钢制管法兰可用到$PN40$。

(2)整体法兰

将法兰与壳体锻或铸成一体或经全熔透的平焊法兰，见图6-2(d)~(f)，它常用于阀门及其他管件的设计。这种结构能保证壳体与法兰同时受力，使法兰厚度可适当减薄，但会在壳体上产生较大应力。锥颈可加强法兰的刚度，并可提高其承载能力，故此种法兰广泛使用于石油化工装置压力、温度较高，以及易燃易爆或有毒介质的重要场合。整体法兰可以提高法兰与壳体的连接刚度，适用于压力、温度较高的重要场合，如带颈对焊钢制管法兰最高用到$PN420$。

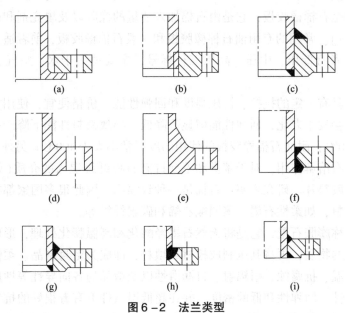

图6-2 法兰类型

(3)任意式法兰

任意式法兰介于以上两种法兰之间，从结构来看，它们与壳体(管子)间有一定联系，但又不完全连成整体，典型的是不完全焊透的平焊法兰，如图6-2(g)~(i)所示。因而，如板式平焊钢制管法兰不超过$PN40$。其计算按整体法兰，当法兰颈部厚度$g_0 < 15mm$，法兰内直径$D_i / g_0 < 300$，$p < 2MPa$，$t < 370℃$时，可简化为按不带颈的松式法兰计算。

6.1.3 垫片类型及选用

垫片是螺栓法兰连接的核心，密封效果的好坏主要取决于垫片的密封性能。设计时，主要应根据介质特性、压力、温度和压紧面的形状来选择垫片的结构型式、材料和尺寸，同时兼顾价格、制造和更换是否方便等因素。

1. 垫片材料及类型

对垫片材料的要求为：耐介质腐蚀，不污染工作介质，具有良好的变形和回弹能力，具有一定的机械强度和适当的柔软性，在工作温度下不易变质硬化或软化。同时应考虑介质的放射性、热应力以及外力等对法兰变形的附加影响因素等。按照材料组成可将垫片分为非金属垫片、组合式垫片及金属垫片三类(图6-3)。

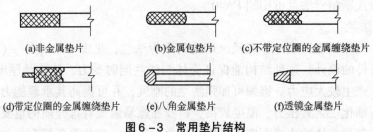

(a)非金属垫片　　(b)金属包垫片　　(c)不带定位圈的金属缠绕垫片

(d)带定位圈的金属缠绕垫片　　(e)八角金属垫片　　(f)透镜金属垫片

图6-3　常用垫片结构

(1)非金属垫片

应用较多的是石棉橡胶板，它是由石棉加入适量的橡胶以及填充剂和硫化剂等压制而成[见图6-3(a)]。常用的有耐油石棉橡胶板和一般石棉橡胶板，前者适用于油品和有机溶剂等介质，后者有低压、中压、高压三种标号，主要适用于水、空气、蒸汽及碱液等介质。

石棉橡胶板具有一定的抗拉、抗压强度和回弹性能，价格便宜，使用方便，但长期在较高温度下工作会发生老化，回弹性能即显著降低，导致密封性能下降。一般石棉橡胶板的使用温度≤250℃；耐油石棉橡胶板的使用温度通常不大于400℃。另外，苯对石棉橡胶板中的丁腈橡胶有溶解作用，对于苯类和不允许有石棉纤维混入的介质(如航空汽油等)，不宜采用石棉橡胶垫片。研究表明：石棉是一种致癌物，因此很多国家都在研制和采用石棉制品的代用材料，如柔性石墨、聚四氟乙烯和碳素纤维等。

柔性石墨又称膨胀石墨，它是将天然石墨经酸化和高温膨化处理，形成一种既疏松柔软，又具有韧性的物质，再将其压制成板材或填料，即成为密封制品。柔性石墨既保留了天然石墨的耐高温、抗腐蚀、耐辐射、自润滑性以及微晶的各向异性等性质，又具有良好的柔韧性、可塑性、回弹性和低的密度，并在超低温条件下有着很好的抗老化、抗脆化性能。其主要缺点是抗拉强度较低(5~10MPa)，故主要用作组合式垫片的填充料或覆层，也可制成填料环或盘根等。其使用温度通常为-200~870℃，但在氧化气氛中使用时应低于525℃。研究表明：在650℃以下的烃介质中使用时，仍具有良好的密封性能。

聚四氟乙烯是一种热塑性树脂，作为密封材料，它具有良好的耐蚀和抗低温性能。其主要缺点是屈服强度低，常温时即会产生显著的应力松弛，回弹性能较差，在温度高于260℃时即会发生软化。故其适用于低温、低压、腐蚀性介质以及不允许污染的介质等工作条件，并通常用作组合式垫片的填充料和覆层。

其他如碳素纤维和玻璃纤维等材料，一般用作密封材料时需加入适当的填充剂和黏结剂才可使用，在石油化工厂应用较少。

(2) 组合式垫片

相对于单一材料做成的垫片而言，金属－非金属组合垫片兼容了两者的优点，增加了回弹性，提高了耐蚀性、耐热性和密封性能，适用于较高压力和温度的场合。常用的组合垫片有金属包垫片[见图6-3(b)]、金属缠绕垫片[见图6-3(c)和(d)]、带骨架的非金属垫片和金属齿形组合垫片等。

金属包垫片是以石棉纸、膨胀石墨板、陶瓷纤维纸为芯材，外包覆镀锌铁皮或不锈钢薄板，其断面形状有平面形和波纹形两种，特点是填料不与介质接触，提高了耐热性和垫片强度，且不会发生渗漏。为了改善密封性能，在高温部位还可在金属密封面上覆盖膨胀石墨薄板。金属包垫片常用于中低压(6.4MPa)和较高温度(450℃)。

缠绕式垫片是用钢带与软填料带相间缠绕制成的，钢带内、外圈用点焊固定。钢带材料为0Cr19Ni9、0Cr17Ni12Mo2、00Cr17Ni14Mo2及镍合金(含Ni67%、Cu30%)等；软填料通常为特制石棉纸、柔性石墨带及聚四氟乙烯等。缠绕垫片适用的温度、压力范围，主要取决于软填料组成。在氢氟酸介质中应采用镍合金(或钛材)聚四氟乙烯或柔性石墨缠绕式垫片。缠绕式垫片有基本型A、带内环型B、带外环型C和带内外环型D四种型式。内、外环可限制垫片产生过大的压缩变形、并可防止垫片的横向变形。垫片的厚度一般为3.2mm和4.5mm，相应的内外环厚度分别为2mm和3mm，不同型式的缠绕式垫片适用于不同的法兰密封面。缠绕式垫片的主要特点是回弹性能较好，应力松弛较小，能吸收温度变化和机械振动，在温度、压力波动条件下仍能保持良好的密封。缠绕垫片适用较高的温度和压力($p \geqslant 2.5$MPa)范围，它的最高使用温度取决于所用的钢带与非金属填充带的极限温度。例如，常用的不锈钢带与石墨带缠绕垫片的使用温度为450(氧化性介质)~650℃(蒸汽介质)，压力已用到25MPa。

柔性石墨复合垫片(又称强力复合垫片)是以两面冲孔形成毛刺的芯板为骨架，两面覆以柔性石墨材料压制而成。毛刺的作用在于使芯板与柔性石墨形成机械结合。此种垫片还可用薄钢带进行滚压包边，以防止流体介质冲刷石墨，并减小垫片的横向变形。垫片厚度一般为1.5mm和3mm，厚度3mm的垫片由厚度1.5mm的垫片黏结而成。此种垫片的密封性能优于石棉橡胶板及金属包垫片，已在中低压管道和换热设备上使用，效果较好。其使用压力最好不大于4.0MPa。其使用温度与芯板材料有关，当芯板为低碳钢时，最高使用温度为450℃；为S30408时，最高使用温度为650℃(用于氧化性介质时≤450℃)。

金属齿形组合垫片是在金属齿形垫片上下表面各覆一层非金属材料薄层(膨胀石墨或聚四氟乙烯等)，其优点是密封比压不高、结构整体性佳、密封性能良好，在大尺寸情况下用以替代金属缠绕垫片。齿形金属垫环的加工精度不易保证，且其密封性能对法兰的偏转变形很敏感，故很少采用。在齿形金属垫环上下两面覆盖柔性石墨或聚四氟乙烯薄板，构成齿形组合垫片，其密封性能得到改善，可使用于6.3~16MPa的管道上。

带骨架的非金属垫片是以冲孔或不冲孔金属薄板(箔)或金属丝为骨架的PTFE或膨胀石墨垫片。目的是增强非金属垫片的抗挤压强度，改善了回弹性能和密封性能，得到较广泛应用。

(3) 金属垫片

当压力（≥6.4MPa）、温度（≥350℃）较高时，宜采用金属垫片或垫圈。常用的金属垫片材料有软铝、钢、纯铁、软钢（08、10号钢）、铬钢（0Cr13）和奥氏体不锈钢（0Cr19Ni9、00Cr17Ni14Mo2）等，其断面形状有平面形、波纹形、齿形、椭圆形和八角形等。其中八角金属垫片[见图6-3(e)]和透镜金属垫片[见图6-3(f)]属于线接触或接近线接触密封，并且有一定的径向自紧作用，密封可靠，可以重复使用，因此用于高温（240~600℃）、高压（2.5~4.2MPa）的重油、渣油等热交换器和管路上。然而，对压紧面的加工质量和精度要求较高，制造成本也较贵。金属垫片的最高使用温度取决于它的材料，如Al为430℃，Cu为320℃，一般不锈钢高至680℃等。

2. 垫片标准和应用

同法兰标准化一样，也制定了垫片标准，并与法兰标准配套使用。对于同一公称直径和公称压力的法兰，配以与其相配的各种类型垫片标准中的同一公称直径和公称压力的垫片。如对应ASME B16.5和ASME B16.47法兰的非金属垫片标准为ASME B16.21，金属缠绕垫片、金属包覆垫片和环形垫片为ASME B16.20。国内在上述《钢制管法兰、垫片和紧固件》HG标准中已经包含了与之相配的垫片标准，而与欧盟法兰标准相应的垫片标准为EN 1514和EN 12560，它们均以PN和Class两个系列编制。垫片标准中的部分结构尺寸和法兰的连接尺寸，如垫片内、外圆直径、密封面型式和尺寸、螺栓中心圆直径、螺栓孔数量和螺栓直径两者是一致的。国内压力容器现行用的垫片标准为NB/T 47024 ~ 47026。垫片选用如表6-3所示。

表6-3 垫片选用表

介质	法兰公称应力 PN/MPa	介质温度/℃	配用压紧面型式	选用垫片	
				名称	材料
油品、油气溶剂（丙烷、丙酮、苯酚、糠醛、异丙醇）氢气流化催化剂≤25%尿素	≤1.6	≤200	全平面	耐油橡胶石棉垫片	耐油橡胶石棉板
		201~300		缠绕式垫片	08(15)钢带-石棉带
	2.5	≤200	全平面	耐油橡胶石棉垫片	耐油橡胶石棉板
	4.0	≤200	全平面（凹凸）	缠绕式垫片金属包石棉垫片	08(15)钢带-石棉带马口铁-石棉板
	2.5~4.0	201~450			
	2.5~4.0	451~600		缠绕式合金垫片	0Cr13(1Cr13或2Cr13)钢带-石棉带
	6.4~16.0	≤450	梯形槽	八角形断面垫片	08(10)
		451~600			1Cr18Ni9(1Cr18Ni9Ti)

续表

介质	法兰公称应力 PN/MPa	介质温度/℃	配用压紧面型式	选用垫片	
				名称	材料
蒸汽	1.0, 1.6	≤250	全平面	石棉橡胶垫片	中压石棉橡胶板
	2.5, 4.0	251~450	全平面（凹凸）	缠绕式垫片 金属包 石棉垫片	08(15)钢带－石棉带 马口铁－石棉板
	10.0	450	梯形槽	八角形 断面垫片	08(10)
水、盐水	6.4~16.0	≤100			
	≤1.6	≤60	全平面	橡胶垫圈	橡胶板
		≤150			
气氨、液氨	2.5	≤150	凹凸（榫槽）	石棉橡胶垫片	中压石棉橡胶板
空气、惰性气	≤1.6	≤200	全平面		
≤8%硫酸 ≤5%盐酸 45%硝酸	≤1.6	≤90	全平面		
	0.25, 0.6	≤45	全平面	软塑料垫片	软聚氯乙烯 聚乙烯，聚四氟乙烯
液碱	≤1.6	≤60	全平面	石棉橡胶垫片 橡胶垫片	中压石棉 橡胶板

6.1.4 紧固件选用

螺栓作为紧固件是法兰连接中的一个重要部件。足够的螺栓载荷是法兰连接紧密性的必要保证。螺栓因强度不足而导致的断裂意味着密封的破坏。对螺栓材料的要求是强度高，韧性好，耐介质腐蚀。按螺栓材料的许用应力的大小分为高强度、中强度和低强度螺栓三个级别。与法兰和垫片需要选配一样，选择螺栓材料强度时，也要考虑与两者的协同。如公称压力高的法兰，需要密封性能好的垫片，也需要选配强度级别高的螺栓。若螺栓强度级别偏低，没有足够的螺栓载荷提供垫片密封所需的压紧力；而强度级别选得偏高，当螺栓数量一定时，使螺栓的直径太小，导致螺栓设计应力过高，容易造成螺栓拧断。在高温情况下，过高的螺栓应力，导致过快松弛。为避免螺栓与螺母咬死，螺母的硬度一般比螺栓低 HB 30，所以它们也存在一个选配的问题。

除了对材料的要求外，还应选择螺栓数目和它在法兰上的布置，此时不仅要考虑法兰连接的紧密性，还要考虑螺栓安装的方便性。螺栓数目多了，垫片受力比较均匀，密封性好但一方面螺栓数目太多，除存在上述螺栓直径偏小的缺点（通常不应小于 12mm）外，另一方面会造成螺栓间距太小，可能放不下安装用的工具，如普通的扳手。最小螺栓间距通常为 $(3.5 \sim 4)d_B$ 或参照容器标准中的规定。若螺栓间距太大，在螺栓孔之间将引起附加的法兰弯矩，且导致垫片受力不均，使密封性能降低，所以一般要求螺栓最大间距不超过

$2d_B + [6t_f/(m+0.5)]$（t_f为法兰的厚度）。此外，螺栓数目至少应为 4 个，且为 4 的倍数。法兰的最小径向尺寸 L_A、L_e 及螺栓间距 L 的最小值按表 6–4 选取。

表6–4　L_A、L_e 及螺栓间距的最小值

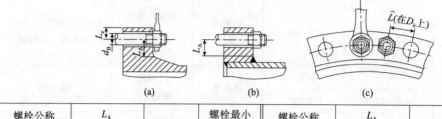

(a)　　　　　　(b)　　　　　　(c)

螺栓公称直径 d_B	L_A		L_e	螺栓最小间距 $\hat{L}$	螺栓公称直径 d_B	L_A		L_e	螺栓最小间距 $\hat{L}$
	A组	B组				A组	B组		
12	20	16	16	32	30	44	35	30	70
16	24	20	18	38	36	48	38	36	80
20	30	24	20	46	42	56		42	90
22	32	26	24	52	48	60		48	102
24	34	27	26	56	56	70		55	116
27	38	30	28	62					

注：A 组数据适用于图(a)所示的带颈法兰结构；
　　B 组数据适用于图(b)所示的焊制法兰结构。

6.1.5　法兰设计

1. 垫片密封设计

(1)垫片密封机理

法兰通过紧固螺栓压紧垫片实现密封，如图 6–4 所示。一般来说，流体在垫片处的泄漏以两种形式出现，即"渗透泄漏"和"界面泄漏"，如图 6–5 所示。渗透泄漏是流体通过垫片材料本体毛细管的泄漏，泄漏除了介质压力、温度、黏度、分子结构等流体状态性质外，主要与垫片的结构与材质有关；而界面泄漏是流体从垫片与法兰接触界面泄漏，泄漏大小主要与界面间隙尺寸泄漏有关。由于加工时的机械变形与振动，加工后的法兰压紧面总会存在凹凸不平的间隙，如果压紧力不够，界面泄漏即是法兰连接的主要泄漏来源。

现作简单分析：预紧螺栓时，螺栓力通过法兰压紧面作用到垫片上，使垫片发生弹性变形或塑性变形，以填满法兰压紧面上的不平间隙，从而阻止流体泄漏。显然，初始压紧力的大小受垫片材料和结构型式以及压紧面加工粗糙度的影响。压紧力过小，垫片压不紧不能阻漏，压紧力过大，使垫片挤出或损坏。当设备操作时，由于内压升起，在容器或管道端部轴向力的作用下，螺栓被拉长，法兰压紧面趋向分开，垫片产生部分回弹。这时压紧面上压紧力下降，如果垫片与压紧面之间没有残留足够的压紧力，就不能封住流体，即密封失效。

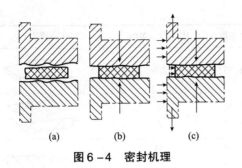

图6-4 密封机理

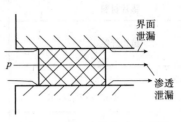

图6-5 界面泄漏和渗透泄漏

基于以上简单的密封原理分析，在确定法兰设计方法时，把预紧工况与操作工况分开处理，从而大大简化了法兰设计。为此，对两个不同的工况分别引进两个垫片性能参数，即最小压紧应力或预紧比压 y 以及垫片系数 m。

比压力 y 定义为预紧（无内压）时，迫使垫片变形与压紧面密合，以形成初始密封条件，此时垫片必需的最小压紧载荷，因以单位接触面积上的压紧载荷计，故也称"最小压紧应力"，单位为 MPa。垫片系数 m 是指操作（有内压）时，达到紧密不漏，垫片上必须维持的比压与介质压力 p 的比值。其物理意义是表示垫片在操作状态下，实现密封的难易程度。垫片系数的大小取决于垫片的材料、型式、尺寸和介质性质、压力、温度以及压紧面状况等。各垫片系数由实验确定。几种常用垫片的比压和垫片系数见表6-5。由表可见，m、y 值仅与垫片材料、结构与厚度有关。因为这些数据是1943年 Rossheim 和 Markl 推荐而沿用至今，仅做了很少修改。研究表明：y 和 m 值还与垫片尺寸、介质性质、压力、温度、压紧面粗糙度等许多因素有关，而且 m 与 y 之间也存在内在联系。尽管 y 和 m 在相当程度上掩盖了垫片材料的复杂行为，但一方面它们极大地简化了法兰设计，另一方面按目前的 m 和 y 值用于一般场合认为是满意的。

表6-5 垫片性能参数

垫片材料	垫片系数/m	比压力 y/MPa	简图
无织物或含少量石棉纤维的合成橡胶； 肖氏硬度低于75 肖氏硬度大于等于75	0.5 1.00	0 1.4	
具有适当 加固物的石棉{厚度3mm （石棉橡胶板）{厚度1.5mm {厚度0.75mm	2.00 2.75 3.50	11 25.5 44.8	
内有棉纤维的橡胶	1.25	2.8	
内有石棉纤维的橡胶，具有金属加强丝或不具有金属加强丝 3层 2层 1层	 2.25 2.50 2.75	 15.2 20 25.5	

续表

垫片材料		垫片系数/m	比压力 y/MPa	简图
植物纤维		1.75	7.6	
内填石棉缠绕式金属	碳钢	2.50	69	
	不锈钢或蒙乃尔	3.00	69	
波纹金属板类壳内包石棉或波纹金属板内包石棉	软铝	2.50	20	
	软铜或黄铜铁或软钢	2.75	26	
	蒙乃尔或4%~6%铬钢	3.00	31	
	不锈钢	3.25	38	
		3.50	44.8	
波纹金属板	软铝	2.75	25.5	
	软铜或黄铜铁或软钢	3.00	31	
	蒙乃尔或4%~6%铬钢	3.25	38	
	不锈钢	3.50	44.8	
		3.75	52.4	
平金属板内包石棉	软铝	3.25	38	
	软铜或黄铜	3.50	44.8	
	铁或软钢	3.75	52.4	
	蒙乃尔	3.50	55.2	
	4%~6%铬钢	3.75	62.1	
	不锈钢	3.75	62.1	
槽形金属	软铝	3.25	38	
	软铜或黄铜	3.50	44.8	
	铁或软钢	3.75	52.4	
	蒙乃尔或4%~6%铬钢	3.75	62.1	
	不锈钢	4.25	69.6	
复合柔性石墨波齿金属板	碳钢	3.0	50	
	不锈钢			
金属平板	软铝	4.00	60.7	
	软铜或黄铜	4.75	89.6	
	铁或软钢	5.50	124.1	
	蒙乃尔或4%~6%铬钢	6.00	150.3	
	不锈钢	6.50	179.3	
金属环	铁或软钢	5.50	124.1	
	蒙乃尔或4%~6%铬钢	6.00	150.3	
	不锈钢	6.50	179.3	

由此可见，保证法兰连接紧密不漏有两个条件：①必须在预紧时，使螺栓力在压紧面与垫片之间建立起不低于 y 值的比压力；②当设备工作时，螺栓力应能够抵抗内压的作用，并且在垫片表面上维持 m 倍内压的比压力。

（2）密封计算

1）螺栓载荷计算

法兰连接依靠紧固螺栓压紧垫片实现密封。密封计算是确定需要多大的螺栓载荷，即在此螺栓载荷下，预紧时垫片必须有足够的预变形，并在操作时保证垫片起密封作用，因此，螺栓载荷计算也分为预紧和操作两种工况。

在预紧工况，螺栓拉力 W_a 应等于压紧垫片所需的最小压紧载荷，即：

$$W_a = \pi b D_G y \tag{6-1}$$

式中　W_a——螺栓的最小预紧载荷，N；

　　　D_G——垫片的平均直径，取垫片反力作用位置处的直径，mm；

　　　b——垫片的有效密封宽度，mm；

　　　y——垫片的比压力，MPa。

式（6-1）中用以计算接触面积的垫片宽度不是垫片的实际宽度，而是它的一部分，称为基本密封宽度 b_0，其大小与压紧面形状有关，见表 6-6。在 b_0 的宽度范围内单位压紧载荷 y 视作均匀分布。当垫片较宽时，由于螺栓载荷和内压的作用使法兰发生偏转，因此垫片外侧比内侧压得紧一些。为此，实际计算中垫片宽度要比 b_0 更小一些，称为有效密封宽度 b，b 与 b_0 有如下关系。

当 $b_0 \leqslant 6.4$mm 时，$b = b_0$；

当 $b_0 > 6.4$mm 时，$b = 2.53\sqrt{b_0}$。

因而用以计算的垫片平均直径 D_G 相应确定如下。

当 $b_0 < 6.4$mm 时，D_G 垫片接触面的平均直径；

当 $b_0 > 6.4$mm 时，$D_G =$ 垫片接触面外径 $- 2b$。

在操作工况时，螺栓载荷 W_p 应等于抵抗内压产生的使法兰连接分开的轴向载荷和维持密封垫片表面必需的压紧载荷之和，即：

$$W_p = \frac{\pi}{4} D_G^2 p_c + 2b\pi D_G m p_c \tag{6-2}$$

式中　W_p——操作工况下的螺栓载荷，N；

　　　m——垫片系数，无因次；

　　　p_c——计算压力，MPa。

等式右侧后一项中，由于原始定义 m 时是取 2 倍垫片有效接触面积上的压紧载荷等于计算压力 m 倍，故计算时 m 需乘以 2。

表 6-6　垫片基本密封宽度 b_0

压紧面形状（简图）	垫片基本密封宽度 b_0	
	I	II
1a	$\dfrac{N}{2}$	$\dfrac{N}{2}$
1b		

压紧面形状（简图）		垫片基本密封宽度 b_0	
		I	II
1c	$\omega < N$	$\dfrac{\omega + \sigma_g}{2}$ $\left(\dfrac{\omega + N}{4}\text{最大}\right)$	$\dfrac{\omega + \sigma_g}{2}$ $\left(\dfrac{\omega + N}{4}\text{最大}\right)$
1d	$\omega \leqslant N$		
2	$\omega < N/2$	$\dfrac{\omega + N}{4}$	$\dfrac{\omega + 3N}{8}$
3	$\omega < N/2$	$\dfrac{N}{4}$	$\dfrac{3N}{8}$
4①		$\dfrac{3N}{8}$	$\dfrac{7N}{16}$
5①		$\dfrac{N}{4}$	$\dfrac{3N}{8}$
6		$\dfrac{\omega}{8}$	

注：①当锯齿深度不超过 0.4mm，齿距不超过 0.8mm 时，应采用 1b 和 1d 的压紧面形状。

2）螺栓尺寸与数目

上述 W_a 和 W_p 是在两种不同工况下的螺栓载荷，故确定螺栓截面尺寸时应分别求出两种工况下螺栓的总面积，择其大者为所需螺栓总截面积，从而确定实际选用螺栓直径与个数，故在预紧工况时，按常温计算，由强度条件得式（6-3）：

$$A_a \geqslant \dfrac{W_a}{[\sigma]_b} \quad \text{mm}^2 \tag{6-3}$$

式中 $[\sigma]_b$——常温下螺栓材料的许用应力，MPa。

在操作工况时，按螺栓设计温度计算的螺栓截面尺寸如式（6-4）所示：

$$A_p \geqslant \dfrac{W_p}{[\sigma]_b^t} \quad \text{mm}^2 \tag{6-4}$$

式中 $[\sigma]_b^t$——设计温度下螺栓材料的许用应力，MPa。

螺栓所需的总截面积 A_m 取上述两种工况下较大值。

在选定螺栓数目 n 后，即可按式（6-5）得到螺栓直径 d_B：

$$d_B \geqslant \sqrt{\dfrac{A_m}{0.785n}} \tag{6-5}$$

式中 d_B——应圆整到标准螺纹的根径，并据此确定螺栓的公称直径。

3）螺栓设计载荷

法兰设计中需要确定螺栓设计载荷。在预紧工况，由于实际的螺栓尺寸可能大于式(6-5)的计算值，在拧紧螺栓时有可能造成实际螺栓载荷超出式(6-1)所给出的数值，所以确定预紧工况螺栓设计载荷时，螺栓总截面积取 A_m 与实际选用的螺栓总截面积 A_b 的算术平均值，即：

$$W \geqslant \frac{A_m + A_B}{2}[\sigma]_b \quad N \qquad (6-6)$$

而操作工况螺栓设计载荷仍按式(6-2)计算，即 $W = W_p$。

(3) 法兰密封影响因素

在实际工作中，影响法兰密封的因素是多方面的，有正常也有非正常因素(如不正确的安装方式、压紧面和垫片的损伤等)。从设计角度出发，影响法兰连接密封的主要因素有螺栓预紧力、垫片性能、压紧面质量、法兰刚度和操作条件等。

1）螺栓预紧力

螺栓预紧力是影响密封的一个重要因素。预紧力必须使垫片压紧以实现初始密封。适当提高螺栓预紧力可以增加垫片的密封能力，因为加大预紧力可使垫片在正常工况下保留较大的接触面比压力。但预紧力不宜过大，否则会使垫片整体屈服而丧失回弹能力，甚至将垫片挤出或压坏。另外，预紧力应尽可能均匀地作用到垫片上。通常采取减小螺栓直径、增加螺栓个数等措施来提高密封性能。

2）垫片性能

垫片是密封结构中的重要元件，其变形能力和回弹能力是形成密封的必要条件。变形能力大的密封垫易填满压紧面上的间隙，并使预紧力不致太大；回弹能力大的密封垫，能适应操作压力和温度的波动。又因为垫片是与介质直接接触的，所以还应具有能适应介质的温度、压力和腐蚀等性能。

3）压紧面质量

压紧面直接与垫片接触，它既传递螺栓力使垫片变形，也是垫片变形的表面约束。因而，为了达到预期的密封效果，压紧面的形状和表面粗糙度应与垫片相配合。一般与硬金属垫片相配合的压紧面，有较高的精度和粗糙度要求，而与软质垫片相配合的压紧面，可相对降低要求。但压紧面的表面决不允许有径向刀痕或划痕。研究表明：压紧面的平直度和压紧面与法兰中心轴线垂直、同心，是保证垫片均匀压紧的前提；减小压紧面与垫片的接触面积，可以有效地降低预紧力，但若减得过小，则易压坏垫片。显然，如压紧面的型式、尺寸和表面质量与垫片配合不当，则将导致密封失效。

法兰压紧面的型式，主要应根据工艺条件(压力、温度、介质等)、密封口径以及准备采用的垫片等进行选择。压力容器和管道中常用的法兰压紧面型式如图6-6至图6-8所示。现将各类型压紧面的特点及使用范围说明如下：

①平面型压紧面。这种压紧面的表

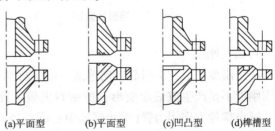

(a)平面型　　(b)平面型　　(c)凹凸型　　(d)榫槽型

图6-6　中、低压法兰密封压紧面型式

面是一个光滑的平面，或在其上有数条三角形断面的沟槽［见图6-6(a)、(b)］。这种压紧面结构简单，加工方便，且便于进行防腐衬里。平面型压紧面法兰适用的压力范围为$PN < 2.5MPa$，在$PN \geqslant 0.6MPa$的情况下，应用最为广泛。但是，这种压紧面垫片接触面积较大，预紧时，垫片容易往两边挤，不易压紧，密封性能较差。当介质有毒或易燃易爆时，不能采用平面型压紧面。

②凹凸型压紧面。这种压紧面由一个凸面和一个凹面相配合组成［见图6-6(c)］，在凹面上放置垫片。其优点是便于对中，防止垫片被挤出，故可适用于压力较高的场合。在现行标准中，可用于$DN \leqslant 800mm$、$PN \leqslant 6.4MPa$的情况，随着直径增大，公称压力降低。

③榫槽形压紧面。这种压紧面由一个榫和一个槽组成［见图6-6(d)］，垫片置于槽中，不会被挤流动。垫片可以较窄，因而压紧垫片所需的螺栓力也相应较小。即使用于压力较高之处，螺栓尺寸也不致过大。因而，它比以上两种压紧面更易获得良好的密封效果。这种压紧面的缺点是结构与制造比较复杂，更换挤在槽中的垫片比较困难。此外，榫面部分容易损坏，故设备上的法兰应采取榫面，在拆装或运输过程中应加以注意。这种密封面适用于易燃、易爆、有毒的介质以及有较高压力的场合。当压力不大时，即使直径较大，也能很好地密封。当$DN = 800mm$时，可以用到$PN = 20MPa$。

以上三种密封面所用的垫片，大都是各种非金属垫片或非金属与金属混合制的垫片。

④锥形压紧面。锥形压紧面是和球面金属垫片(亦称透镜垫片)配合而成的，锥角20°(见图6-7)。通常用于高压管件密封，可用到100MPa，甚至更大。其缺点是尺寸精度和表面粗糙度要求高，直径大时加工困难。

⑤梯形槽压紧面。梯形槽压紧面是利用槽的内外锥面与垫片接触而形成密封的，槽底不起密封作用(见图6-8)。这种压紧面一般与槽的中心线呈23°，与椭圆形或八角形截面的金属垫圈配合。密封可靠，金属垫圈加工比透镜垫容易，它适用于高压容器和高压管道，使用压力一般为7～70MPa。

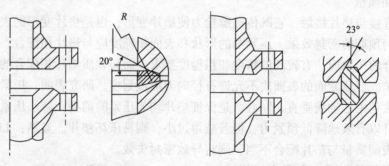

图6-7　锥形压紧面　　　　　图6-8　梯形槽压紧面

4)法兰刚度

法兰刚度不足，会引起轴向翘曲变形，特别是螺栓数目较少时，螺栓间的法兰密封面会因刚度不足产生波浪形变形，使密封失效。提高法兰抗弯刚度可以采用增加法兰盘厚度、减小螺栓力作用力臂(缩小螺栓中心圆直径)和增大带颈法兰的长颈部分尺寸等措施。但过分提高法兰刚度，将使法兰笨重，提高其造价。

5）操作条件的影响

操作条件即压力、温度和介质的物理、化学性质。单纯的压力或介质因素对泄漏的影响并不是主要的，只有和温度联合作用时，问题才严重，温度对密封性能的影响是多方面的。高温时介质黏度小，渗透性大，容易泄漏；介质在高温下对垫片和法兰的溶解与腐蚀作用将加剧，增加了产生泄漏的因素；在高温下，法兰、螺栓、垫片可能发生蠕变，致使压紧面松弛，密封比压下降；一些非金属垫片，在高温下还将加速老化或变质，甚至被烧毁。此外，在高温作用下，由于密封组合件各部分的温度不同，发生热膨胀不均匀，增加了泄漏的可能性；如果温度和压力联合作用，又有反复的剧烈变化，则密封垫片会发生"疲劳"，使密封完全失效。

由以上分析可知，各种外界条件的联合作用对法兰密封的影响不能轻视。由于操作条件是生产给定的，不能回避。为了补偿这种影响，只能从密封组合件的结构和选材上加以解决。

2. 法兰强度设计

法兰的强度计算必须考虑两个问题：一是法兰连接结构中的各部件必须有足够的强度；二是连接本身必须保证密封。结构强度的问题比较简单，但法兰连接的密封性远比强度复杂，更富有近似性和经验性。对于法兰的强度计算，若按照如前所述的螺栓—法兰—垫片连接系统来考虑各零件的真实受力和变形，并最终以泄漏作为设计准则显然是符合实际的，但在缺乏对垫片真实性能完全了解之前，仍有不少困难。因此法兰的计算方法仍以弹性强度分析或塑性极限分析为基础，控制法兰中的最大应力保证法兰的强度和刚度。弹性应力分析中最有代表性的是 Waters 等提出的方法，目前仍为国内外大部分容器规范所应用，包括中国容器标准在内。本节主要介绍 Waters 法的设计方法。

（1）力学计算模型

Waters 法是 1937 年 Waters 和 Taylor Forge 首先提出的，后又经 Waters 等的发展纳入 ASME 规范。该方法基于弹性应力分析，不考虑系统的变形特性和垫片的复杂行为，而根据前述的 m 和 y 系数，在法兰受力确定的条件下，计算出法兰中最大应力，并控制在规定的许用应力以下，保证法兰系统的刚度，从而达到连接的密封要求。

Waters 法包含以下假设和简化：

①所有组成法兰接头部件的材料假定是均匀的，并在设计载荷条件下保持完全弹性；

②所有施加于法兰上的载荷（螺栓载荷 W，垫片反力 P_3 和流体静压力的轴向力 P_1、P_2）归结为一对作用在法兰环内外周边上的均布力 W_1 所组成的力偶，如图 6-9 所示；

③忽略螺栓的影响，假设问题是轴对称的；

④不计螺栓孔的影响；

⑤假设壳体和锥颈为薄壳结构；

⑥壳体理论分析中，以法兰和锥颈的内孔表面为中性面；

⑦当法兰环挠曲时，壳体与锥颈大端（见图 6-10 中 A' 点）的径向位移为 0；

⑧法兰环中面因所施加的力偶而引起的伸长可忽略不计；

⑨内压以及由内压引起的各部分相邻边缘处产生的应力与法兰环力偶产生的弯曲应力相比，可忽略不计；

⑩法兰的位移很小，叠加原理可以应用。

Waters 法的法兰力学分析模型如图 6-10 所示。法兰在两个不连续处被分为三个部件，即圆筒体、锥颈和法兰环，各部件之间存在因上述力偶的弯曲作用引起的边缘力和边缘力矩。在弹性板壳理论分析上，把圆筒体视作一端受边缘力和力矩的半无限长圆柱薄壳，将锥颈作为两端分别受边缘力和力矩作用的线性变厚度圆柱薄壳，而法兰环则视为受力矩弯曲作用的环形薄板。然后与解不连续应力的方法相同，由各连接处内力平衡条件和变形协调条件，求出各边缘力和边缘力矩，最终求出各部分上的应力。

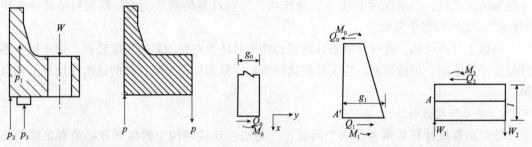

图6-9　法兰受力简图　　　　图6-10　Waters 的法兰力学分析模型

上述的解法过程十分烦琐，且烦琐到几乎难以实用的程度，所以 Waters 等在分析了法兰中的应力分布情况后，确定校核法兰强度的三个主要应力：法兰环内圆柱面上与锥颈连接处的最大径向应力 σ_r、切向应力 σ_t，以及锥颈两端外表面的轴向弯曲应力 σ_z，视颈部斜度或大端、小端而定，当斜度较大时，出现在小端，反之位于大端（见图 6-11）。在经过一系列推演与简化后，最后给出了一组曲线，以便利用这些图表决定最大法兰应力。

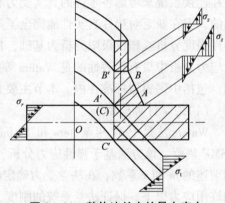

图6-11　整体法兰中的最大应力

（2）法兰设计方法

1）法兰力矩的计算

法兰的外力矩是由如下作用于法兰的外力产生（见图 6-12）。

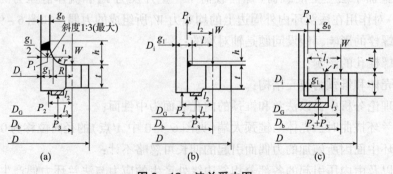

（a）　　　　　　　　（b）　　　　　　　　（c）

图6-12　法兰受力图

①内压作用在内径截面上的轴向力 P_1，由式(6-7)得：

$$P_1 \geqslant \frac{\pi}{4} D_i^2 p_c \quad \text{N} \tag{6-7}$$

式中　p_c——计算内压，MPa；

　　　D_i——法兰内直径，mm。

对于整体法兰，P_1 通过筒壁作用于高颈中央；对于活套法兰，此力可看作作用在法兰环的内圆周。

②内压作用在法兰端面上的轴向力 P_2，由式(6-8)得：

$$P_2 \geqslant \frac{\pi}{4} (D_G^2 - D_i^2) p_c \quad \text{N} \tag{6-8}$$

式中　D_G——垫片反力作用位置的直径，mm。

③垫片反力 P_3，等于螺栓设计载荷与内压产生的总轴向力之差，即：

$$P_3 = W - P_1 - P_2 \quad \text{N} \tag{6-9}$$

式中　W 取预紧或操作时的螺栓总载荷。

这些力的作用位置不同，故其力臂视整体法兰和活套法兰、松式法兰取法不同。对于整体法兰或按整体法兰计算的任意式法兰[见图6-12(a)]：

$$\left. \begin{array}{l} l_1 = R + 0.5g_1 \\[2mm] l_2 = \dfrac{R + g_1 + l_3}{2} \\[2mm] l_3 = \dfrac{D_b - D_G}{2} \\[2mm] R = \dfrac{D_b - D_G}{2} - g_1 \end{array} \right\} \tag{6-10}$$

对于除活套法兰外的松式法兰或按松式法兰计算的任意式法兰[见图6-12(b)]

$$\left. \begin{array}{l} l_1 = \dfrac{D_b - D_i}{2} \\[2mm] l_3 = \dfrac{D_b - D_G}{2} \\[2mm] l_2 = \dfrac{l_1 + l_3}{2} \end{array} \right\} \tag{6-11}$$

对于活套法兰[见图6-12(c)]，则

$$\left. \begin{array}{l} l_1 = \dfrac{D_b - D_i}{2} \\[2mm] l_2 = \dfrac{D_b - D_G}{2} \\[2mm] l_3 = \dfrac{D_b - D_G}{2} \end{array} \right\} \tag{6-12}$$

于是，法兰力矩为：

$$M_1 = P_1 l_1, \quad M_2 = P_2 l_2, \quad M_3 = P_3 l_3$$

预紧时，因 $p_c = 0$，故 $P_1 = P_2 = 0$，$P_3 = W$，总力矩可由式(6-13)得：

$$M_a = M_3 = P_3 l_3 = W l_3 \qquad (6-13)$$

式中，W 按式(6-6)取值。

操作时，总力矩可由式(6-14)得：

$$M_p = M_1 + M_2 + M_3 = P_1 l_1 + P_2 l_2 + P_3 l_3 \qquad (6-14)$$

计算法兰应力时，取式(6-15)两者中较大值为计算外力矩：

$$\left. \begin{array}{l} M = M_p \qquad\qquad \text{N·mm} \\[2mm] M = M_a \dfrac{[\sigma]_f^t}{[\sigma]_f} \quad \text{N·mm} \end{array} \right\} \qquad (6-15)$$

式中　$[\sigma]_f$、$[\sigma]_f^t$——常温和设计温度下法兰材料的许用应力，MPa。

2)法兰应力的计算

按照 Waters 法得到的整体法兰的三种主要应力的计算式如下。

①颈上与法兰连接处的轴向弯曲应力可由式(6-16)得：

$$\sigma_z = \frac{fM}{\lambda g_1^2 D_i} \quad \text{MPa} \qquad (6-16)$$

②法兰环上的径向应力可由式(6-17)得：

$$\sigma_r = \frac{(1.33te + 1)M}{\lambda t^2 D_i} \quad \text{MPa} \qquad (6-17)$$

③法兰环上的切向应力可由式(6-18)得：

$$\sigma_t = \frac{YM}{t^2 D_i} - Z\sigma_r \quad \text{MPa} \qquad (6-18)$$

式中　　　M——法兰计算力矩，N·mm；

　　　　　f——法兰颈部应力校准系数，即法兰颈部小端应力与大端应力的比值，$f > 1$ 表示最大轴向应力在小端处；反之，$f < 1$ 时表示最大轴向应力在大端，此时取 $f = 1$，无须对 f 进行修

正。f 值按 $\dfrac{g_1}{g_0}$ 和 $\dfrac{h}{\sqrt{D_i g_0}}$ 由

图 6-13 查取；

　　　　　λ——系数，$\lambda = \dfrac{te + 1}{T} + \dfrac{t^3}{d_1}$；

　　　　　e——系数，$e = \dfrac{F}{h_0}$，$\dfrac{1}{\text{mm}}$；

　　　F、V——无因次系数，根据 $\dfrac{g_1}{g_0}$ 和 $\dfrac{h}{\sqrt{D_i g_0}}$ 由

图 6-14 和图 6-15 查得；

T、U、Y、Z——无因次系数，根据 $K = D/D_i$ 查图 6-16；

　　　　　h_0——系数，$h_0 = \sqrt{D_i g_0}$ mm。

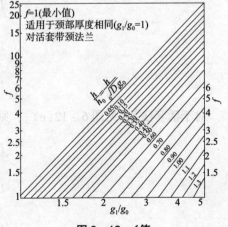

图 6-13　f 值

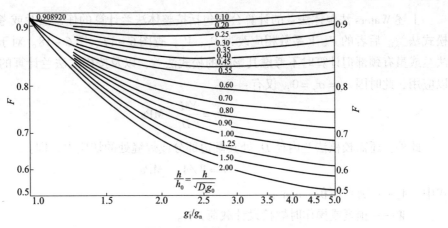

图6-14 F值

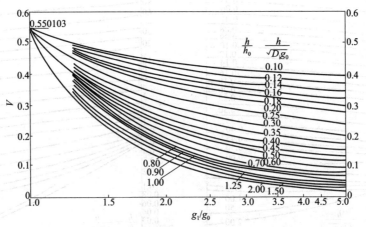

图6-15 V值

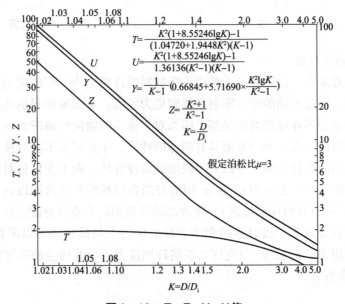

$$T=\frac{K^2(1+8.55246\lg K)-1}{(1.04720+1.9448K^2)(K-1)}$$

$$U=\frac{K^2(1+8.55246\lg K)-1}{1.36136(K^2-1)(K-1)}$$

$$Y=\frac{1}{K-1}(0.66845+5.71690\times\frac{K^2\lg K}{K^2-1})$$

$$Z=\frac{K^2+1}{K^2-1}$$

$$K=\frac{D}{D_i}$$

假定泊松比$\mu=3$

$K=D/D_i$

图6-16 T、Z、Y、U值

上述 Waters 法整体法兰的计算公式包括按整体法兰计算的任意法兰或考虑颈部影响的松式法兰。后者的 F、V 系数相应改为 F_1、V_1，查图 6 - 17、图 6 - 18。对于无颈部的松式法兰或虽有颈部但计算时不考虑其影响的松式法兰，以及按松式法兰计算的任意法兰也可以应用，此时因 $\sigma_z = \sigma_r = 0$，仅有：

$$\sigma_t = \frac{YM}{t^2 D_i} \quad \text{MPa} \tag{6-19}$$

此外，还需校核法兰内径 D_i 处其翻边部分或焊缝处的切应力，即：

$$\tau = W/A_\tau \quad \text{MPa}$$

式中　　A_τ——剪切面积，mm^2；

　　　　W——预紧或操作时螺栓设计载荷，N。

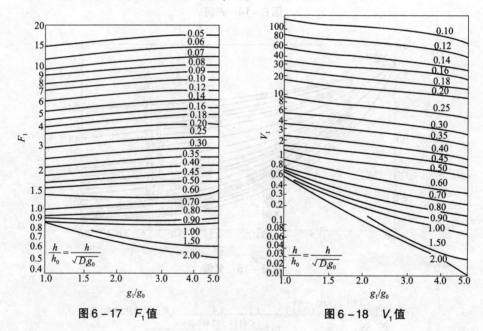

图 6 - 17　F_1 值　　　　　　　　　　　图 6 - 18　V_1 值

（3）法兰的强度校核

如按弹性失效准则，以上各应力都应小于材料的许用应力，但按应力的实际分布形态和对失效的影响，规定不同的应力限制条件则更为实际。从保证密封的角度出发，如果法兰产生屈服，则希望不在环部而在颈部，因为对于锥颈的轴向弯曲应力 σ_z，一方面它是沿截面线性分布的弯曲应力，另一方面具有局部的性质，小量屈服不会对法兰环密封部位的变形产生较大影响而导致泄漏。所以采用极限载荷设计法，取 1.5 倍材料许用应力作为其最大允许应力。法兰环中的应力 σ_r 和 σ_t 则应控制在材料的弹性范围以内。但如果允许颈部有较高的应力（超过材料屈服极限），则颈部的载荷因应力重新分配会传递到法兰环，而导致法兰环材料部分屈服，故对锥颈和法兰环的应力平均值也须加以限制。例如，若 σ_z 达到 1.5 倍许用应力，σ_r 或 σ_t 只允许 0.5 倍许用应力。由此法兰的强度校核应同时满足式（6 - 20）中的条件：

$$\left.\begin{array}{r} \sigma_z \leqslant 1.5\,[\sigma]_f^t \\[4pt] \sigma_r \leqslant [\sigma]_f^t \\[4pt] \sigma_t \leqslant [\sigma]_f^t \\[6pt] \dfrac{\sigma_z + \sigma_t}{2} \leqslant [\sigma]_f^t \\[6pt] \dfrac{\sigma_z + \sigma_r}{2} \leqslant [\sigma]_f^t \end{array}\right\} \qquad (6-20)$$

对于整体法兰，当 σ_z 发生在锥颈小端时，σ_z 可以放宽至 $2.5\,[\sigma]_n^t$（$[\sigma]_n^t$ 为圆筒材料在设计温度下的许用应力）。此外，在需要校核切应力的场合，则要求在预紧和操作两种状态下的切应力应小于翻边或筒体材料在常温和设计温度下许用应力的 0.8 倍。

研究表明：Waters 法在法兰直径超过 2000mm 时，计算应力低估 25%，在 1000mm 以下没有改变，1000~2000mm 之间逐渐变化。EN 13445 对此进行了修正，即在法兰直径大于 1000mm 时，将按上述 Waters 法计算得到的三个应力乘以一修正系数 k。k 取值为：$D_i \leqslant 1000$mm，$k = 1.0$；$D_i \leqslant 2000$mm，$k = 1.333$；1000mm $< D_i < 2000$mm，$k = 2/3(1 + D_i)/2000$。

从上述法兰的应力分析中可知：三个方向的应力计算公式中都包含与法兰几何尺寸有关的参数，因此除直接采用标准法兰外，对非标法兰的设计实质是强度核算，即先要确定法兰的结构尺寸和法兰环的厚度，决定其螺栓载荷和法兰力矩，然后计算出法兰中的最大应力，使之满足各项强度条件。如不满足，则适当调整包括法兰环厚度在内的其他结构尺寸（如圆筒厚度或锥颈厚度、斜率和高度等）或更换垫片型式、材料等，直至满足要求为止。

6.1.6　高压密封结构

高压密封是高压设备的重要组成部分。高压装置的工作条件是比较苛刻的，如炼油厂的高压加氢裂化装置，其工作压力为 20MPa 左右，温度高达 450℃ 左右，工作介质为油气、氢气和硫化氢的混合物，它具有易爆性和强烈的腐蚀性。因此，高压装置的安全运转在很大程度上取决于密封结构的可靠性。

1. 高压密封的基本特点

高压密封装置的结构型式多种多样，但都具有下列特点：

（1）一般采用金属密封元件。高压密封接触面上所需的密封比压很高，非金属密封元件无法达到如此大的密封比压。金属密封元件的常用材料是退火铝、退火紫铜和软钢。

（2）采用窄面或线接触密封。因压力较高，为使密封元件达到足够的密封比压往往需要较大的预紧力，减小密封元件和密封面的接触面积，可大大降低预紧力，减小螺栓的直径，从而减小整个法兰与封头的结构尺寸。有时甚至采用线接触密封。

（3）尽可能采用自紧或半自紧式密封。尽量利用操作压力压紧密封元件实现自紧密封。预紧螺栓仅提供初始密封所需的力，压力越高，密封越可靠，因而比强制式密封更为可靠和紧凑。

2. 高压密封的结构型式

高压密封大多采用金属垫环，仍有强制密封和自紧式密封两种结构型式。为了保证密

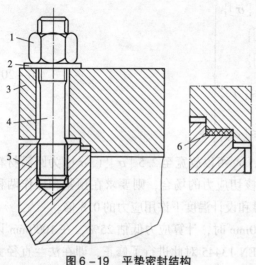

图 6－19　平垫密封结构
1—主螺母；2—垫圈；3—平盖；
4—主螺栓；5—筒体端部；6—平垫片

封的可靠性和减少连接件的尺寸，在高压密封中应用最广泛的是自紧式密封，并多采用线接触密封或窄面密封。以下介绍几种常用的结构型式。

（1）平垫密封

平垫密封的结构型式如图 6－19 所示。属于强制式密封，筒体端部与平盖之间的密封依靠主螺栓的预紧作用，使金属平垫片产生一定的塑性变形，填满压紧面的高低不平处，从而达到密封目的。该结构与中低压容器中常用的螺栓法兰连接结构相似，只是将宽面非金属垫片改为窄面金属平垫片。平垫片材料常用退火铝、退火紫铜或 10 号钢。它的结构简单，在压力不高、直径较小时密封可靠。但其主螺栓直径过大，不适用于温度与压力波动较大的场合。

（2）卡扎里密封

卡扎里密封有外螺纹、内螺纹和改良卡扎里密封三种结构型式，图 6－20 为外螺纹卡扎里密封结构示意图。卡扎里密封属强制式密封，其特点是利用压环和预紧螺栓将三角形垫片压紧来保证密封，因而装卸方便，安装时预紧力较小。此种密封的特点是可实现快速装拆，省去了大直径的主螺栓，且预紧力便于调节，但锯齿形螺纹加工精度要求高，造价较高。为了避免加工锯齿形螺纹的困难，出现了改良卡扎里密封结构，如图 6－21 所示，它是以用主螺栓与筒体端部法兰相连接，以代替螺纹套筒，但又失去了快速装拆的优点。

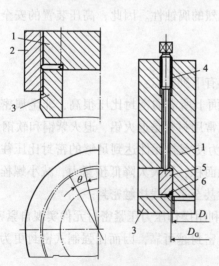

6－20　外螺纹卡扎里密封结构
1—平盖；2—螺纹套筒；3—圆筒端部；
4—预紧螺栓；5—压环；6—密封垫片

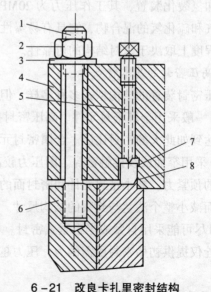

6－21　改良卡扎里密封结构
1—主螺栓；2—主螺母；3—垫圈；4—平盖；
5—预紧螺栓；6—筒体端部法兰；7—压环；8—密封垫圈

（3）双锥密封

双锥密封这是一种保留了主螺栓但属于有径向自紧作用的半自紧式密封结构，如图6-22所示。在预紧状态，拧紧主螺栓使衬于双锥环两锥面上的软金属垫片和平盖、筒体端部上的锥面相接触并压紧，使两锥面上的软金属垫片达到足够的预紧密封比压；同时，双锥环本身产生径向收缩，使其内圆柱面和平盖凸出部分外圆柱面间的间隙 g 值消失而紧靠在封头凸出部分上。为保证预紧密封，两锥面上的比压应达到软金属垫片所需的预紧密封比压。内压升高时，平盖有向上抬起的趋势，从而使施加在两锥面上的、在预紧时所达到的比压趋于减小；双锥环由于在预紧时的径向收缩产生回弹，使两锥面上继续保留一部分比压；在介质压力的作用下，双锥环内圆柱表面向外扩张，导致两锥面上的比压进一步增大。为保持良好的密封性，两锥面上的比压必须大于软金属垫片所需要的操作密封比压。

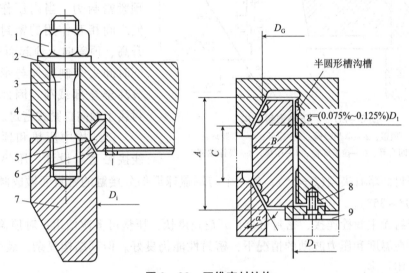

图6-22　双锥密封结构

1—主螺母；2—垫片；3—主螺栓；4—平盖；5—双锥环，6—软金属垫片；7—筒体端部；8—螺栓；9—托环

该结构中双锥环可选用20、25、35、16Mn、20MnMo、15CrMo 及 06Cr19Ni10 等材料制成，在其两个密封面上均开有半圆形沟槽，沟槽中衬有软金属垫，如退火铝或退火紫铜等。合理地设计双锥环的尺寸，使其有适当的刚性，保持有适当的回弹自紧力是很重要的。当截面尺寸过大时，双锥环的刚性也过大，不仅预紧时使双锥环压缩弹性变形的螺栓力要求过大，而且工作时介质压力使其径向扩张的力显得不够，自紧作用力小。反之，则刚性不足，工作时弹性回弹力也不足，从而影响自紧力。研究表明，采用以下尺寸数据设计的双锥环其密封效果较好。

双锥环高度：
$$A = 2.7 \sqrt{D_i}$$
$$C = (0.5 \sim 0.6)A$$

双锥环厚度：
$$B = \frac{A + C}{2} \sqrt{\frac{0.75 p_c}{\sigma_m}}$$

式中　A——双锥环高度，mm；

$\quad\quad B$——双锥环厚度，mm；

C——双锥环外侧面高度，mm；

σ_m——双锥环中点处的弯曲应力，一般可按 50～100MPa 选取。

双锥密封结构简单，密封可靠，加工精度要求不高，制造容易，可用于直径大、压力和温度高的容器。在压力和温度波动的情况下，密封性能也良好。

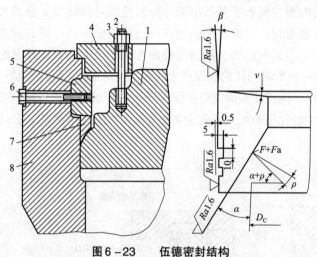

图 6 – 23　　伍德密封结构

1—顶盖；2—牵制螺栓；3—螺母；4—牵制环；
5—四合环；6—拉紧螺栓；7—压垫；8—筒体端部

(4) 伍德密封

伍德密封这是一种最早使用的自紧式密封结构，如图 6 – 23 所示。牵制螺栓通过牵制环拧入顶盖。在预紧状态，拧紧牵制螺栓，使压垫和顶盖及筒体端部间产生预紧密封力。当内压作用后，它们之间相互作用的密封力随压力升高、顶盖向上顶起而迅速增大，同时卸去牵制螺栓与牵制环的部分甚至全部载荷。因此，伍德密封属于轴向自紧式密封。

该结构中压垫和顶盖之间按线接触密封设计。压垫与筒体端部接触的密封面略有夹角($\beta = 5°$)，另一个与端盖球形部分接触的密封面做成倾角较大的斜面($\alpha = 30° \sim 35°$)。

伍德密封无主螺栓连接，密封可靠，开启速度快，压垫可多次使用；对顶盖安装误差要求不高；在温度和压力波动的情况下，密封性能仍良好。但其结构复杂，装配要求高，高压空间占用较多。

此外还有"C"形环密封、金属"O"形环密封、三角垫密封、八角垫密封、"B"形环密封及楔形垫自紧密封(N.E.C)等高压密封结构。

3. 螺栓载荷计算

螺栓载荷是主螺栓、筒体端部和顶盖设计的基础。下面对最基本的平垫密封和双锥密封结构进行分析。伍德密封、卡扎里密封等高压密封的主螺栓载荷计算方法参阅 GB/T 150。

(1) 平垫密封

平垫密封与中低压容器的平垫密封原理一样，密封力全部由主螺栓提供。既要保证预紧时能使垫片发生塑性变形(达到预紧比压 y)，又要保证工作时仍有足够的密封比压(即 mp_c)，但高压平垫采用窄面的金属垫片。密封载荷和主螺栓的设计计算见法兰设计。

(2) 双锥密封

根据双锥环的密封原理计算出预紧状态下主螺栓载荷 W_1 和操作状态下主螺栓载荷 W_2，并根据 W_1、W_2 进行主螺栓设计。

① 预紧状态下主螺栓载荷 W_1。预紧时应保证密封面上的软金属垫片达到初始密封条件，同时又应使双锥环产生径向弹性压缩以消除双锥环与平盖之间的径向间隙。

为达到初始预紧密封，双锥密封面上必须施加的法向压紧力 $W_0 = \pi D_G by$。预紧时，双锥环收缩，与顶盖有相对滑动趋势，使双锥环受到摩擦力 F_m 的作用，摩擦力的方向如图 6-24 所示，其大小为 $F_m = W_0 \tan\rho = \pi D_G by\tan\rho$。$F_m$ 和 W_0 作矢量合成后再分解到垂直方向就是预紧时主螺栓必须提供的载荷 W_1，即：

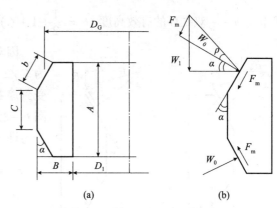

图 6-24　双锥环几何尺寸与预紧分析

$$W_1 = \pi D_G by \frac{\sin(\alpha + \rho)}{\cos\rho} \qquad (6-21)$$

由图 6-24(a) 可知 $b = \dfrac{A - C}{2\cos\alpha}$，代入 (6-21) 式得：

$$W_1 = \frac{\pi}{2} D_G(A - C)y \frac{\sin(\alpha + \rho)}{\cos\alpha\cos\rho} \qquad (6-22)$$

式中　　D_G——双锥环的密封面平均直径，$D_G = D_1 + 2B - \dfrac{A - C}{2}\tan\alpha$，mm；

$\quad\quad\quad D_1$——双锥环内圆柱面直径，mm；

$\quad\quad\quad \rho$——摩擦角，钢与钢接触时，$\rho = 8°30'$，钢与铜接触时，$\rho = 10°31'$，钢与铝接触时，$\rho = 15°$；

A、B、C、α——双锥环的几何尺寸，如图 6-24(a) 所示。

预紧时还同时应使双锥环产生径向弹性压缩，一般压缩至径向间隙 g 值完全消除，即双锥环的内侧面与平盖的支承面相贴合。此时的主螺栓载荷 W_1' 为：

$$W_1' = \pi E f \frac{2g}{D_1} \tan(\alpha + \rho) \qquad (6-23)$$

式中　　E——双锥环材料的弹性模量，MPa；

$\quad\quad\quad g$——径向间隙，$g = (0.075\% \sim 0.125\%)D_1$，mm；

$\quad\quad\quad f$——双锥环的截面积，$f = AB - \left(\dfrac{A - C}{2}\right)^2 \tan\alpha$，mm²。

一般情况下，W_1 要比 W_1' 大得多，这样主螺栓的预紧载荷只要按式 (6-22) 计算即可满足要求。

②操作状态下双锥环的主螺栓将承受三部分力：内压引起的总轴向力 F、双锥环自紧作用的轴向分力 F_p 和双锥环回弹力的轴向分力 F_c。即：

$$W_2 = F + F_p + F_c \qquad (6-24)$$

内压对平盖的轴向力：

$$F = \frac{\pi}{4} D_G^2 p_c \qquad (6-25)$$

双锥环自紧作用的轴向分力 F_p，由内压作用在密封环内圆柱表面的径向扩张力 V_p 引起。V_p 可由下式求出：

$$V_p = \pi D_G b p_c$$

式中　b——双锥环的有效高度，$b = \dfrac{1}{2}(A + C)$，mm。

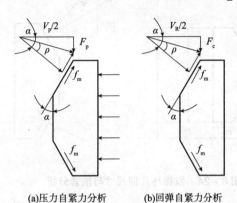

(a)压力自紧力分析　　(b)回弹自紧力分析

图 6-25　双锥环工作时的力分析

因双锥面有两个锥面，每一锥面受到的推力为 $V_p/2$，锥面上相应有一法向力 G_o 向外扩张时受到摩擦力 f_m 的作用，方向与预紧时相反，如图 6-25(a)所示。G 与 f_m 的合力再分解，其垂直分力即为 F_p：

$$F_p = \frac{V_p}{2}\tan(\alpha - \rho) = \frac{\pi}{2}D_G b p_c \tan(\alpha - \rho)$$

$$(6-26)$$

③双锥环回弹力的轴向分力 F_c，由环内的变形回弹力引起。存在回弹力的条件是双锥环始终处于压缩状态。压缩越大，环的回弹力越大。最大回弹力 V_R 为：

$$V_R = 4\pi Ef\frac{g}{D_G}$$

操作状态压紧面上的摩擦力方向如图 6-25(b)所示，压紧面上的法向力和摩擦力的合力在垂直方向的分力 F_c 为：

$$F_c = \frac{V_R}{2}\tan(\alpha - \rho) = 2\pi Ef\frac{g}{D_1}\tan(\alpha - \rho) \qquad (6-27)$$

将式(6-25)~式(6-27)代入式(6-24)即得操作状态下主螺栓载荷 W_2：

$$W_2 = \frac{\pi}{4}D_G^2 p_c + \frac{\pi}{2}D_G b p_c \tan(\alpha - \rho) + 2\pi Ef\frac{g}{D_1}\tan(\alpha - \rho) \qquad (6-28)$$

6.2　开孔补强

化工容器不可避免地要开孔并且再接管子或凸缘，容器开孔接管后在应力分布与强度方面将带来如下影响：①开孔破坏了原有的应力分布并引起应力集中；②接管处容器壳体与接管形成结构不连续应力；③壳体与接管连接的拐角处因不等截面过渡(小圆角)而引起应力集中。这三种因素均使开孔或开孔接管部位的应力比壳体中的膜应力大，统称为开孔或接管部位的应力集中。

常用应力集中系数 K_t 来描述开孔接管处的力学特性。若未开孔时的名义应力为 σ，开孔后按弹性方法计算出的最大应力若为 σ_{max}，则弹性应力集中系数的定义为：

$$K_t = \frac{\sigma_{max}}{\sigma} \qquad (6-29)$$

化工容器设计中对于开孔问题一是研究开孔应力集中程度(估算 K_t 值)；二是在强度上如何使因开孔受到的削弱得到合理的补强。这是本节要讨论的两大问题。

6.2.1　开孔应力集中及应力集中系数：

1. 开孔的应力集中

（1）平板开小圆孔的应力集中

这是最简单的开孔问题，弹性力学中已有无限板开小圆孔的应力集中问题的解。

单向拉伸平板开小圆孔时的应力集中如图 6 – 26 所示，只要板宽在孔径的 5 倍以上。孔附近任意点 (r, θ) 的应力分量为：

$$\left.\begin{aligned}
\sigma_r &= \frac{\sigma}{2}\left(1 - \frac{a^2}{r^2}\right) + \frac{\sigma}{2}\left(1 - \frac{4a^2}{r^2} + \frac{3a^4}{r^4}\right)\cos 2\theta \\
\sigma_b &= \frac{\sigma}{2}\left(1 + \frac{a^2}{r^2}\right) - \frac{\sigma}{2}\left(1 + \frac{3a^4}{r^4}\right)\cos 2\theta \\
\tau_{r\theta} &= -\frac{\sigma}{2}\left(1 + \frac{2a^2}{r^2} - \frac{3a^4}{r^4}\right)\sin 2\theta
\end{aligned}\right\} \tag{6–30}$$

孔边缘 $r = a$ 处：$\sigma_r = 0$，$\tau_{r\theta} = 0$，$\sigma_\theta \big|_{\theta = \pm\frac{\pi}{2}} = \sigma_{\max} = 3\sigma$。

应力集中系数：$K_t = \dfrac{3\sigma}{\sigma} = 3$。

由此可知，平板开孔的最大应力总是在孔边 $\theta = \pm \pi/2$ 处，当 $r > a$ 后应力便迅速衰减，孔附近的应力分布如图 6 – 26 中曲线所示，表现出孔边应力集中及局部性的特点。

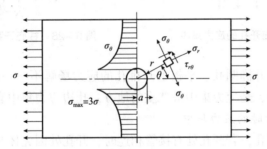

图 6 – 26　平板开小圆孔受单向拉伸时的应力集中

（2）薄壁球壳开小圆孔的应力集中

如图 6 – 27 所示，球壳受双向均匀拉伸应力作用时，孔边附近任意点的两向应力：$(\tau_{r\theta} = 0)$ 为：

$$\sigma_r = \left(1 - \frac{a^2}{r^2}\right)\sigma, \qquad \sigma_\theta = \left(1 + \frac{a^2}{r^2}\right)\sigma \tag{6–31}$$

孔边处 $r = a$，$\sigma_{\max} = \sigma_\theta = 2\sigma$。可得应力集中系数 $K_t = 2$。

（3）薄壁圆柱壳开小圆孔的应力集中

如图 6 – 28 所示，薄壁圆柱壳两向薄膜应力 $\sigma_1 = \dfrac{pR}{T}$ 及 $\sigma_2 = \dfrac{pR}{2T}$，若开有小圆孔，孔附近任意点的应力分量为：

$$\sigma_r = \left(1 - \frac{a^2}{r^2}\right)\frac{3\sigma}{2} + \left(1 - \frac{4a^2}{r^2} + \frac{3a^4}{r^4}\right)\frac{\sigma_2}{2}\cos2\theta$$

$$\sigma_\theta = \left(1 + \frac{a^2}{r^2}\right)\frac{3\sigma_1}{4} - \left(1 + \frac{3a^4}{r^4}\right)\frac{\sigma_1}{4}\cos2\theta \qquad (6-32)$$

$$\tau_{r\theta} = -\left(1 + \frac{2a^2}{r^2} - \frac{3a^4}{r^4}\right)\frac{\sigma_1}{4}\sin2\theta$$

孔边处 $r = a$，$\sigma_r = 0$，$\sigma_\theta = \left(\dfrac{3}{2} - \cos2\theta\right)\sigma_1$，$\tau_{r\theta} = 0$。但在孔边 $\theta = \pm\dfrac{\pi}{2}$ 处 σ_θ 最大，即 $\sigma_\theta\big|_{\theta=\pm\frac{\pi}{2}} = 2.5\sigma_1$。于是孔边经向截面处的应力集中系数 $K_t = 2.5$。而在另一截面，即轴向截面的孔边 $\theta = 0$ 及 π 处的最大应力 $\tau_\theta = 0.5\sigma_1$，此处应力集中系数 $K_t = 0.5$，这比经向截面的 K_t 小得多。

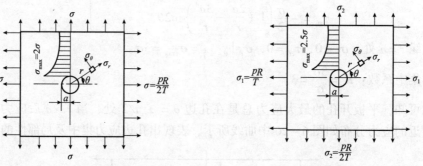

图 6-27　球壳开孔的应力集中　　　　图 6-28　柱壳开孔的应力集中

其他情况如平板上开椭圆孔、平板上开排孔的应力场解不一一讨论。但由以上讨论，可得：最大应力在孔边，是应力集中最严重的地方；孔边应力集中有局部性，衰减较快。

2. 开孔并带有接管时的应力集中

上述内容仅涉及开孔，若开孔处有接管相连时，开孔处因壳体与接管之间在内压作用下发生变形协调而导致不连续应力出现。这种问题在有力矩理论中已有介绍，现以球壳与圆管连接为例进行阐述。如图 6-29 所示，在内压作用下，球壳与接管各自在自出状态下的薄膜变形如图 6-29(a)中的虚线所示。球壳上的 A 点将变到 B 点，接管上的 A 点将变

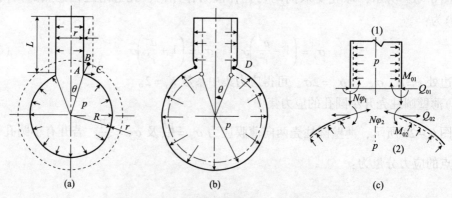

图 6-29　球壳开孔接管处的变形协调与内力

到 C 点。然而，变形后实际上还是连在一起的，其中就有一变形协调过程，原 A 点经变形协调而变到图 6-29(b) 中的 D 点。经图 6-29(c) 的进一步分析，在球壳开孔处的边缘弯矩 M_0 和边缘剪力 Q_0 均会对球壳和接管端部产生附加弯曲应力。这种由不连续而产生的附加应力也是局部的，并很快衰减。这种情况下的最大应力是球壳开孔外侧的环向应力、应力集中系数在 2 以上。

圆柱壳开孔后与接管之间的变形协调及附加弯曲应力问题也具有同样的性质。但由于理论分析的复杂性，未必都能得到满意而精确的理论解，有时还得借助于实验测定或有限元等数值解的方法求得结果。

3. 应力集中系数的计算

式(6-30)~式(6-32) 仅说明了开孔(无接管)处的应力集中，前面又阐述了开孔并带有接管时由变形不连续产生的附加应力，此外还由于接管根部不等截面过渡(小圆角)而带来的应力集中。对这些应力一一求解是困难的。如果将由以上原因而产生的接管部位的最大弹性应力称为应力峰值(或称集中应力，但不能称峰值应力)，则应力峰值与不开孔部位的膜应力之比称为弹性应力集中系数，此定义仍如式(6-29) 所示。用应力集中系数 K_t，乘以壳体内的薄膜应力 σ，就可算出开孔处的最大应力，即应力峰值。现介绍几种求应力集中系数的方法。

(1) 应力指数法

应力指数法是美国压力容器研究委员会 (PVRC) 以大量实验分析为依据的一种简易的计算壳体(包括封头)和接管连接处最大应力的简易方法，现已列入 ASME-Ⅲ、ASME-Ⅷ-2 和 JIS B8250 等规范中。中国压力容器的分析设计标准 (JB 4732—1995) 附录 C 中也列入此法。接管处的三向应力如图 6-30 所示，是所考虑截面上的经向应力 σ_t、径向应力 σ_r、法向应力 σ_n。应力指数 I(也有用 K) 是指所考虑的各应力分量与容器在无开孔接管时的周向计算薄膜应力之比，其含义实

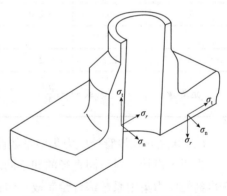

图 6-30　连接管处的各向应力分量

际上类同于前述的应力集中系数。诸方向的应力中各有一最大值 σ，该 σ 值用应力指数 I 表示时为：

对于球壳和成型封头：

$$\sigma = I\frac{pD_m}{4t_n} \tag{6-33}$$

对于圆柱壳：

$$\sigma = I\frac{pD_m}{2t_n} \tag{6-34}$$

式中　D_m——壳的平均直径；

　　　p——内压；

　　　t_n——名义厚度。

应力指数 I 的部分情况可参见表 6 – 7。

该法仅适用于单个开孔接管，且 $D_i/t_n \leqslant 100$，$d_i/D_i \leqslant 0.5$，此外接管根部的内外侧均需按规范给出足够的过渡圆角及加强高度尺寸。应力指数法也仅考虑受内压载荷时的应力集中。

虽然应力指数 I 与应力集中系数 K_t 具有很相似的定义，但两者有所区别。应力指数 I 是指所考虑点（可以是一个或数个点）的应力分量（σ_θ、σ_t、σ_r）与容器无开孔接管时的周向计算薄膜应力之比。而应力集中系数 K_t 主要指结构某一局部区域具有最大应力分量的点（只有一个点）的最大应力分量与无应力集中时的计算应力（对容器来说也是无开孔接管时的周向计算薄膜应力）之比。因此 K_t 更具有代表结构特性的含义，一个局部区域只有一个 K_t 值。K_t 的大小可以衡量结构应力集中的优劣。结构的应力指数 I 可以有多个（如拐角的内侧、外侧、不同方向），而且不一定是最大的（后续疲劳设计中还论述此问题）。

表 6 – 7　容器应力指数 I 示例

部件	球壳和成形封头接管		圆筒形壳体接管			
应力　位置	内角	外角	纵向截面		横向截面	
			内角	外角	内角	外角
σ_n	2.0	2.0	3.1	1.2	1.0	2.1
δ_t	– 0.2	2.0	– 0.2	1.0	– 0.2	2.6
σ_r	$-2\delta/R$	0	$-2\delta/D$	0	$-2\delta/D$	0
S	2.2	2.0	3.3	1.2	1.2	2.6
定义	$\sigma(或 S) = I\dfrac{pD_i}{4\delta_r}$		$\sigma(或 S) = I\dfrac{pD_i}{2\delta_r}$			

（2）球壳开孔接管处应力集中系数曲线

为便于设计、对不同直径的和不同厚度的壳，带有不同直径与厚度的接管，按理论计算得到的应力集中系数综合绘制成一组曲线。图 6 – 31 所示为球壳带平齐式接管在内压作用下的应力集中系数，图 6 – 32 所示为内伸式接管的应力集中系数。图中采用与应力集中系数相关的两个无因次的结构几何参数，也是通过理论分析得出的两个几何相似准数。一个是开孔系数 ρ：

$$\rho = \frac{r_m}{R_m}\sqrt{\frac{R_m}{T}} = \frac{r_m}{\sqrt{R_m T}} \qquad (6 – 35)$$

式中　r_m，R_m——接管与球壳的平均半径；

　　　　T——球壳厚度。

另一个无因次量为 t/T，t 为接管的厚度。ρ 仅反映了球壳开孔的影响，而 t/T 反映了接管的影响。

由图 6 – 32 可知，当 ρ 越大，即开孔直径越大时应力集中系数越高。相反，减小孔径，增大壳壁厚度均可降低应力集中系数。另外，内伸式接管的应力集中系数较低，尤其是内伸接管壁厚较厚时能有效降低应力集中。

此处应力集中系数为 $K_t = \sigma_{max} \Big/ \dfrac{pR_m}{2T}$。图中的 $t/T = 0$ 指仅有开孔而无接管的情况。

上述应力集中系数曲线有一定的适用条件。当 r_m/R_m 过小或过大时上述曲线均会有较大的误差，因此第一个适用条件为：

$$0.01 \leqslant \frac{r_m}{R_m} \leqslant 0.4 \qquad\qquad (6-36)$$

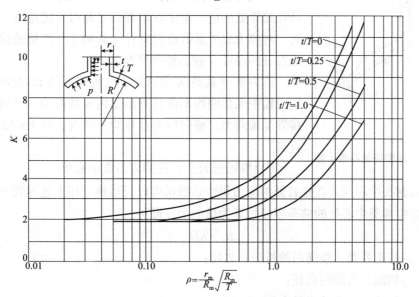

图 6-31 球壳带平齐式接管的应力集中系数

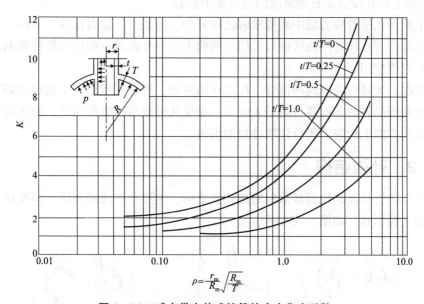

图 6-32 球壳带内伸式接管的应力集中系数

另外，当壳壁过厚，即 R_m/T 过小时，应力沿壁厚分布的不均匀性增大，应力集中系数明显比图示值减小，但 R_m/T 过大时，即极薄容器的情况，因不连续效应施加给壳体的附加弯曲效应更为明显，使 K_t 值明显过大，使实际的应力集中系数比曲线偏大。因此第二个限制条件为：

$$30 \leqslant \frac{R_m}{T} \leqslant 150 \qquad (6-37)$$

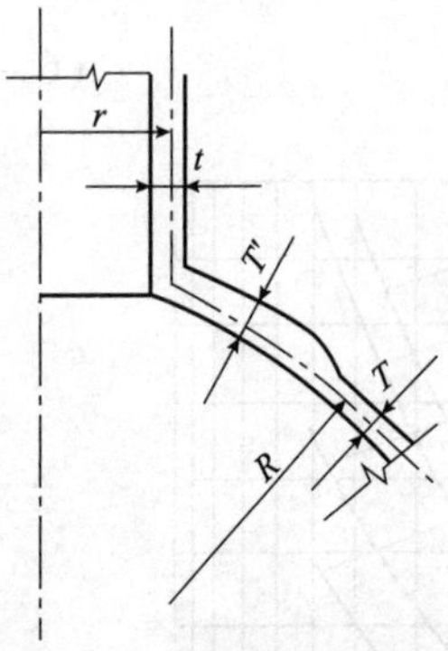

图 6-33 球壳局部补强示意

上述图线也可推广到球壳局部补强的情况。如图 6-33 所示，此时将开孔系数 ρ 中的厚度 T 改为 T' 即可。这是因为开孔接管处的应力集中有局部性，超过一定范围后 T' 变为 T 时，对应力集中系数也没有什么影响了。严格地讲，应将补强部分的厚度 T' 视为整体壁厚。

应力集中系数曲线的方法已被英国的 BS 5500 所采用。应力集中系数曲线不仅只有承受内压载荷的一种情况，还有接管受轴向力、横向剪力及弯矩等情况，在 BS 5500 中均可查到。

(3)椭圆形封头开孔的应力集中系数

椭圆形封头中心区开孔接管处的应力集中系数也可以近似地采用上述球壳开孔接管的曲线，只要将椭圆中心处的曲率半径折算为球的半径即可：

$$R_i = KD_i \qquad (6-38)$$

式中　K——修正系数，按椭圆的长短轴之比；

　　　D_i——椭圆封头的内直径；

　　　R_i——折算为球壳的当量半径。

(4)圆筒上开孔接管及其他情况的应力集中系数

圆筒上的开孔接管应力集中系数求解比较复杂，这是由非轴对称性带来的。一种方法是采用上述球壳开孔接管的曲线近似地用于圆筒上。另外也有一些由实验获得的应力集中系数曲线可以供使用。

其他情况，如球壳或圆筒的接管上作用有轴向力、剪力或弯矩，上面也提到可采用应力集中系数曲线的方法求得各自的最大应力。如果几种载荷同时作用时，则可将各载荷单独作用时在同方向上的应力进行代数叠加而求得。

6.2.2　补强结构

压力容器接管补强结构通常采用局部补强结构，主要有补强圈补强、厚壁接管补强和整锻件补强三种形式，如图 6-34 所示。

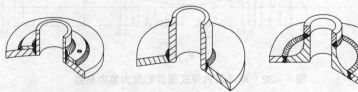

(a)补强圈补强　　　　　(b)厚壁接管补强　　　　　(c)整锻件补强

图 6-34　补强元件的基本类型

(1)补强圈补强

补强圈补强是中低压容器应用最多的补强结构，补强圈贴焊在壳体与接管连接处，如图6-35(a)所示。其结构简单，制造方便，使用经验丰富，但补强圈与壳体金属之间不能完全贴合，传热效果差，在中温以上使用时，二者存在较大的热膨胀差，因而使补强局部区域产生较大的热应力；另外，补强圈与壳体采用搭接连接，难以与壳体形成整体，所以抗疲劳性能差。这种补强结构一般使用在静载、常温、中低压、材料的标准抗拉强度低于540MPa、补强圈厚度小于或等于$1.5\delta_n$、壳体名义厚度δ_n不大于38mm的场合。

(2)厚壁接管补强

厚壁接管补强，即在开孔处焊上一段厚壁接管，如图6-35(b)所示。由于接管的加厚部分正处于最大应力区域内，故比补强圈更能有效地降低应力集中系数。接管补强结构简单，焊缝少，焊接质量容易检验，因此补强效果较好。高强度低合金钢制压力容器由于材料缺口敏感性较高，一般都采用该结构，但必须保证焊缝全熔透。

(3)整锻件补强

整锻件补强结构是将接管和部分壳体连同补强部分做成整体锻件，再与壳体和接管焊接，如图6-35(c)所示。其优点是：补强金属集中于开孔应力最大部位，能最有效地降低应力集中系数；可采用对接焊缝，并使焊缝及其热影响区离开最大应力点，抗疲劳性能好，疲劳寿命只降低10%～15%。缺点是锻件供应困难，制造成本较高。所以只在重要压力容器中应用，如核容器、材料屈服点在500MPa以上的容器开孔及受低温、高温、疲劳载荷容器的大直径开孔等。

6.2.3　补强圈和焊接的基本要求

大多数中低压化工容器均采用补强圈补强，基本结构有以下几种(见图6-35)，即外补强、内补强、外补强接管内伸式、内外补强接管内伸式。最常用的是外补强的平齐接管式。只有在仅靠单向补强不足以达到补强要求时才采用内外双面补强结构。内伸式有利于降低应力集中系数(见图6-31和图6-32)，但与容器的内件相碰时则不宜采用。

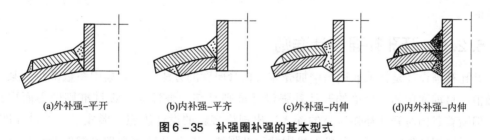

(a)外补强-平开　　　(b)内补强-平齐　　　(c)外补强-内伸　　　(d)内外补强-内伸

图6-35　补强圈补强的基本型式

6.2.4　允许不另行补强的最大开孔直径

并非所有容器开孔都需要补强。这是因为壳体和接管的厚度超过实际强度的需要而有一定的强度裕量。另外，由于应力集中的局部性，开孔附近的应力峰值不会使壳体引起显著变形，只要将其控制在一定范围内，即不会导致强度破坏。

如前所述，当开孔系数$\rho \leqslant 0.1$时应力集中系数均较小。因此，英国BS 5500及ASME

规范第Ⅷ卷第二册都规定 $\rho = r/\sqrt{R\delta} \leqslant 0.1$，即开孔直径 $d \leqslant 0.14\sqrt{D\delta}$ 时，可不另行补强（D 为容器的平均直径）。

GB/T 150—2011 参照上述原则及国内使用经验，当壳体开孔满足下述全部要求时，可不另行补强：对于设计压力 $P \leqslant 2.5$ MPa 容器；开孔不得位于 A、B 类焊接接头上；如果两相邻开孔中心的间距（对曲面间距以弧长计算）不小于两孔直径之和；对于 3 个或者 3 个以上相邻开孔，任意两孔中心的间距（对曲面间距以弧长计算）应不小于该两孔直径之和的 2.5 倍；接管外径小于或等于 89mm，只要接管最小厚度满足表 6-8 要求，就可不另行补强。

表 6-8　不另行补强的接管最小厚度　　　　　　　　　　　　　　mm

接管外径	25	32	38	45	48	57	65	76	89
接管壁厚		3.5			4.0		5.0		6.0

注：①钢材的标准抗拉强度下限值 $R_m \geqslant 540$ MPa 时，接管与壳体的连接宜采用全焊透的结构型式；
②接管壁厚的腐蚀裕量为 1mm，需要加大腐蚀裕量时，须相应增加接管壁厚。

6.2.5　最大开孔限制

由于壳体上开孔越大开孔系数 ρ 越大，应力集中系数也越大，因此规范设计中对开孔的最大值加以限制。各国规范的规定相差不大，中国容器标准中对最大开孔直径的限制如下：

（1）圆筒上开孔的限制，当内径 $D_i \leqslant 1500$ mm 的容器，开孔最大直径 $d_i \leqslant 0.5D_i$，且 $d_i \leqslant 500$ mm；当内径 $D_i > 1500$ mm 时，开孔最大直径 $d_i \leqslant D_i/3$，且 $d_i \leqslant 1000$ mm；

（2）球壳或其他凸形封头上最大开孔直径 $d_i \leqslant 0.5D_i$；

（3）锥形封头上开孔的最大直径 $d_i \leqslant D_i/3$，此处 D_i 为开孔中心处锥体的内直径；

（4）在凸形封头的过渡部分开孔时，开孔的边缘或补强元件的边缘与封头边缘间在垂直于对称轴方向上的距离不小于 $0.1D_i$，以防止封头上开孔位置离过渡区太近。

对容器开孔直径的限制满足不了化工工艺的要求。如果设计时必须开大孔而超过上述限制时，需要有特殊的论证、计算和补强设计，以充分说明所考虑的开孔结构在强度上是安全的。

6.2.6　开孔补强设计准则

开孔补强设计是指采取适当增加壳体或接管厚度的方法将应力集中系数减小到某一允许数值。目前通用的、最早的开孔补强设计准则是基于弹性失效设计准则的等面积补强法。但随着各国对开孔补强研究的深入，出现许多新的设计思想，形成了新的设计准则，如建立了以塑性失效准则为基础的极限载荷补强法、基于弹性薄壳理论解的圆柱壳接管开孔补强法等。设计时，对于不同的使用场合和载荷性质可采用不同的设计方法。

（1）等面积补强法。认为壳体因开孔被削弱的承载面积，须有补强材料在离孔边一定距离范围内予以等面积补偿。该方法以双向受拉伸的无限大平板上开有小孔时孔边的应力集中作为理论基础，即仅考虑壳体中存在的拉伸薄膜应力，且以补强壳体的一次应力强度作为设计准则，故对小直径的开孔安全可靠。由于该补强法未计及开孔处的应力集中的影响，也未计入容器直径变化的影响，补强后对不同接管会得到不同的应力集中系数，即安全裕量不同，因此有时显得富裕，有时显得不足。

等面积补强准则的优点是有长期的实践经验，简单易行，当开孔较大时，只要对其开孔尺寸和形状等予以一定的配套限制，在一般压力容器使用条件下能够保证安全，因此不少国家的容器设计规范主要采用该方法，如 ASME Ⅷ－1 和 GB/T 150 等。

（2）压力面积补强法。要求壳体的承压投影面积对压力的乘积和壳壁的承载截面积对许用应力的乘积相平衡。该法仅考虑开孔边缘一次总体及局部薄膜应力的静力要求，在本质上与等面积补强法相同，未考虑弯曲应力的影响。

（3）极限载荷补强法。要求带补强接管的壳体极限压力与无接管的壳体极限压力基本相同。

6.2.7 等面积补强设计

认为在有效补强范围内，通过开孔中心的壳体纵截面上的有效补强金属面积应大于或等于开孔所减少的壳体截面积。它是以补强后使壳体的平均强度不降低为出发点的。而未涉及开孔处应力集中以及开孔系数的影响。但由于该方法比较简便，有长期的使用经验，故仍为各国规范所采用。

（1）开孔所需补强面积 A（开孔削弱的截面积），对于内压筒体及封头，可由公式（6－39）计算：

$$A = d\delta + 2\delta\delta_{et}(1 - f_r) \tag{6－39}$$

式中 A——开孔削弱所需的补强面积，mm；

d——开孔直径，圆形孔等于接管内直径加 2 倍厚度附加量，椭圆形或长圆形孔取所考虑截面上的尺寸（弦长）加 2 倍厚度附加量，mm；

δ——壳体开孔处的计算厚度，mm；

δ_{et}——接管有效厚度，$\delta_{et} = \delta_{nt} - C$，mm；

f_r——强度削弱系数，即设计温度下接管材料与壳体材料许用应力之比，当 $f_r > 1.0$ 时，取 $f_r = 1.0$。

对于椭圆形封头，当开孔位于以封头中心为中心的 80% 封头内直径的范围内时，由于中心部位可视为当量半径 $R_i = K_1 D_i$ 的球壳，开孔处的计算厚度为：

$$\delta = \frac{p_c K_1 D_i}{2[\sigma]^t \phi - 0.5 p_c} \tag{6－40}$$

式中 K_1——椭圆形长轴比值决定的系数，由椭圆形封头系数表查得。而在此范围以外开孔时，其 δ 按受内压椭圆形封头的厚度计算式计算。

当开孔位于碟形封头的球面部分内时，其计算厚度为对于碟形封头形状系数 $M = 1$，即计算厚度为：

$$\delta = \frac{p_c R_i}{2[\sigma]^t \phi - 0.5 p_c} \tag{6－41}$$

在此范围之外的开孔，其 δ 按受内压碟形封头的厚度计算式计算。

对于受外压或平盖上的开孔，开孔造成的削弱是抗弯截面模量而不是指承载截面积。按照等面积补强的基本出发点，由于开孔引起的抗弯截面模量的削弱必须在有效补强范围内得到补强，所需补强的截面积仅为因开孔而引起削弱截面积的 $1/2$。

外压容器（包括筒体和封头）因开孔削弱所需的补强面积可由式（6-42）计算：

$$A = 0.5 \left[d\delta + 2\delta\delta_{et}(1 - f_r) \right] \qquad (6-42)$$

式中　δ——按外压计算所需的壳体计算厚度。

当平盖开孔直径 $d \leqslant 0.5D_i$ 时，因开孔削弱所需的补强面积可用式（6-43）计算：

$$A = 0.5d\delta_p \qquad (6-43)$$

式中　δ_p——平盖计算厚度，mm。

（2）有效补强范围。在壳体上开孔处的最大应力在孔边，并随着离孔边距离的增加而减少。

如果在离孔边一定距离的补强范围内，加上补强材料，可有效降低应力水平。壳体进行开孔补强时，其补强区的有效范围按图6-36中的矩形 *WXYZ* 范围确定，超此范围的补强没有作用。

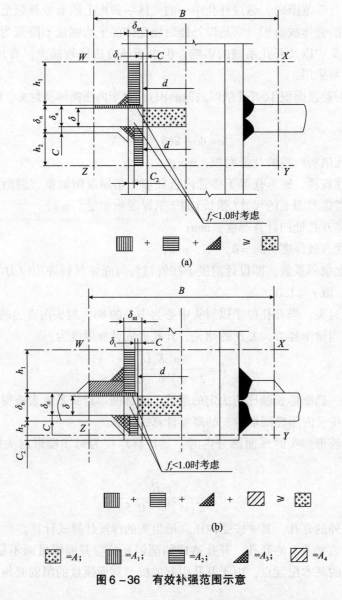

图6-36　有效补强范围示意

有效补强宽度 B 按式(6-44)计算，取二者中较大值：

$$\begin{cases} B = 2d \\ B = d + 2\delta_n + 2\delta_{nt} \end{cases} \quad (6-44)$$

式中　B——补强有效宽度，mm；

　　δ_n——壳体开孔处的名义厚度，mm；

　　δ_{nt}——接管名义厚度，mm。

内外侧有效高度按式(6-45)和式(6-46)计算，分别取式中较小值。

外侧有效高度：

$$\begin{cases} h_1 = \sqrt{d\delta_{nt}} \\ h_1 = 接管实际外伸高度 \end{cases} \quad (6-45)$$

内侧有效高度：

$$\begin{cases} h_2 = \sqrt{d\delta_{nt}} \\ h_2 = 接管实际外伸高度 \end{cases} \quad (6-46)$$

(3)有效补强金属面积 A_e 在有效补强区内可作为有效补强的金属面积有：

A_1——壳体承受内压或外压所需设计厚度之外的多余金属面积，mm^2；

$$A_1 = (B-d)(\delta_e - \delta) - 2(\delta_{nt} - C)(\delta_e - \delta)(1 - f_r) \quad (6-47)$$

A_2——接管承受内压或外压所需设计厚度之外的多余金属面积，mm^2；

$$A_2 = 2h_1(\delta_{nt} - \delta_t - C)f_r + 2h_2(\delta_{nt} - C)(\delta_{nt} - C - C_2)f_r \quad (6-48)$$

A_3——补强区内的焊缝金属的截面积，mm^2；

A_4——有效补强区内另外再增加的补强元件的金属截面积，mm^2。

式中　δ_e——壳体有效厚度，mm；

　　δ_t——接管计算厚度，mm；

　　C——接管厚度附加量，mm；

　　C_2——接管腐蚀裕量，mm。

如果 $A_e = A_1 + A_2 + A_3 \geqslant A$，则不需加补强，如不满足，则需另加的补强面积为：

$$A_4 = A - (A_1 + A_2 + A_3) = A - A_e$$

补强材料一般需与壳体材料相同，若补强材料许用应力小于壳体材料许用应力，则补强面积按壳体材料与补强材料许用应力之比而增加。若补强材料许用应力大于壳体材料许用应力，则所需补强面积不得减少，以上介绍的是壳体上单个开孔的等面积补强计算方法。平盖开单个孔的补强设计可参考 GB/T 150.3—2011 中 6.3.4 条。当存在多个开孔，且各相邻孔之间的中心距小于两孔平均直径的 2 倍时，则这些相邻孔就不能再以单孔计算，而应作为并联开孔进行联合补强计算。平盖和圆筒体上多个开孔补强设计参见 GB/T 150.3—2011 中 6.4 条。

承受内压的壳体，有时不可避免地要出现大开孔。当开孔直径超过标准中允许的开孔范围时，孔周边会出现较大的局部应力，因而不能采用等面积补强法进行补强计算。目前，对大开孔的补强，常采用基于弹性薄壳理论解的圆柱壳接管补强法、压力面积法和有限单元法等进行设计。

6.2.8　极限分析补强设计

极限分析补强设计方法是基于壳体开孔后的屈服压力(极限压力)基本上等于未开孔时的屈服压力。该方法首先由 ASME 规范第Ⅲ卷及第Ⅷ卷第二册采用。我国规范也采用这一设计准则，并根据美国压力容器研究委员会(PVRC)提出的补强设计方法，同时考虑了安定性设计准则，使最大虚拟弹性应力控制在 $3[\sigma]$ 以内，即应力集中系数 $K_t \leqslant 3$。

该方法的适用范围如下：

承受内压的圆筒、球壳、凸形封头(在以封头中心为中心的 80% 封头内直径范围内)的径向单个圆形开孔的补强设计；

两相邻开孔边缘的间距不得小于 $2.5\sqrt{\delta_e \dfrac{D_i + \delta_n}{2}}$；

在圆筒上，最大开孔尺寸应在 $d \leqslant \dfrac{1}{2} D_i$，$d \leqslant 1.5\sqrt{\dfrac{D_i \delta_{re} r_2}{\delta_e}}$ 且 $\dfrac{D_i}{\delta} = 10 \sim 100$ 的范围内；

在球壳和凸形封头中，最大开孔尺寸应在 $\dfrac{d}{2R_i} \leqslant 0.5$，$\dfrac{d}{\sqrt{2\,\delta_e R_i}} \leqslant 0.8$，且 $\dfrac{2R_i}{\delta} = 10 \sim 100$ 的范围内；

接管、补强元件及壳体所用材料的常温抗拉强度与屈服极限之比 $\dfrac{R_m}{R_{eL}} \geqslant 1.5$。

式中　δ_{re}——接管补强后的有效厚度，mm；

　　　r_2——圆角半径，mm，见图 6-37；

　　　R_i——球壳、球形封头内半径，或椭圆封头当量内球面半径，或碟形封头内球面半径，mm；

其他符号同前。

补强元件的结构型式如图 6-37 所示。在三种补强结构中，以密集补强效果最好。

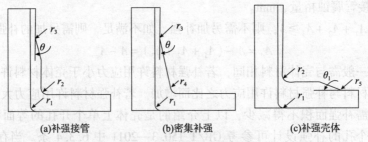

(a)补强接管　　　　(b)密集补强　　　　(c)补强壳体

图 6-37　整体补强元件的结构型式

关于整体补强元件的结构尺寸，有效补强范围及补强计算可参考 GB/T 150—2011。

6.3　设备支座

支座是用来支承容器及设备重量，并使其固定在某一位置的压力容器附件。在某些场合还受到风载荷、地震载荷等动载荷的作用。根据所支承的容器类型不同，设备支座型式主要有三大类：立式容器支座、卧式容器支座和球形容器支座。本节主要讨论常规设备的标准立式支座的选型，鞍式支座和裙式支座的设计分别见卧式储罐和塔设备设计部分，柱式支座的设计见球形容器的设计标准。

6.3.1 立式容器支座

立式容器支座通常可分为耳式、支承式、腿式和裙式支座，中小型设备采用前三种，高大的塔设备则采用裙式支座。

（1）耳式支座

耳式支座又称悬挂式支座，它由筋板和支脚板组成，广泛用于反应釜及立式换热器等直立设备上。优点是简单、轻便，但对器壁会产生较大的局部应力。因此，当容器较大或器壁较薄时，应在支座与器壁间加一垫板，垫板的材料最好与筒体材料相同。例如，不锈钢容器用碳素钢作支座时，为防止器壁与支座在焊接过程中合金元素的流失，应在支座与器壁间加不锈钢垫板。图6-38所示为一带有垫板的耳式支座。

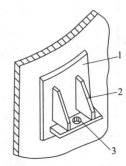

图6-38 耳式支座
1—垫板；2—筋板；3—支脚板

小型设备的耳式支座可以支承在管子或型钢的立柱上，大型设备的支座通过螺栓固定在钢梁或混凝土制的基础上。1台设备一般配置2~4个支座，焊接在每个支座上的肋板数为2块。耳式支座推荐用的标准为NB/T 47065.3—2018《容器支座 第3部分：耳式支座》，它将耳式支座分为A型（短臂）、B型（长臂）和C型（加长臂）三类。其中A型和B型耳式支座有带盖板与不带盖板两种结构，C型耳式支座都带有盖板。耳式支座通常应设置垫板，当$DN \leqslant 900$mm时，可不设置垫板但必须满足以下两个条件：①容器壳体的有效厚度大于3mm；②容器壳体材料与支座材料具有相同或相近的化学成分和力学性能。标准耳式支座的选用步骤如下：根据设备重量及作用在容器上的外载荷，算出每个支座需要承担的载荷Q。在确定载荷Q时，须考虑设备安装时可能出现的全部支座未能同时受力的情况；确定支座型式后，在NB/T 47065.3—2018中按照允许载荷等于或大于计算载荷（$[Q] \geqslant Q$）的原则选出合适的支座型号。注意，该标准支座的允许载荷为10~25kN。

（2）支承式支座

对于高度不大、安装位置距基础面较近且具有凸形封头的立式容器，可采用支承式支座，它是在容器封头底部焊上数根支柱，直接支承在基础地面上，如图6-39所示。支承式支座的主要优点是简单方便，但它对容器封头会产生较大的局部应力，因此当容器较大或壳体较薄时，必须在支座和封头间加垫板，以改善壳体局部受力情况。

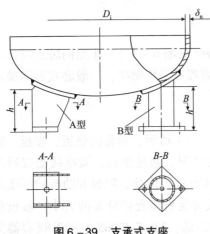

图6-39 支承式支座

支承式支座推荐用的标准为 NB/T 47065.4—2018《容器支座 第 4 部分：支承式支座》。它将支承式支座分为 A 型和 B 型，A 型支座由钢板焊制而成，B 型支座采用钢管作支柱。支承式支座适用于 $DN800 \sim 4000mm$，圆筒长径比 $L/DN \leqslant 5$，且容器总高度小于 10m 的钢制立式圆筒形容器。

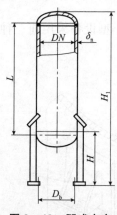

图 6-40 腿式支座

（3）腿式支座

腿式支座简称支腿，多用于高度较小的中小型立式容器中，它与支承式支座的最大区别在于：腿式支座是支承在容器的圆柱体部分，而支承式支座是支承在容器的底封头上，如图 6-40 所示。腿式支座具有结构简单、轻巧、安装方便等优点。并在容器下面有较大的操作维修空间，但当容器上的管线直接与产生脉动载荷的机器设备刚性连接时，不宜选用腿式支座。

腿式支座推荐用的标准为 NB/T 47065.2—2018《容器支座 第 2 部分：腿式支座》。它将腿式支座分为 A 型、B 型和 C 型三大类，其中 A 型支腿选用角钢作为支柱，与容器圆筒吻合较好，焊接安装较为容易；B 型支腿采用钢管作为支柱，在所有方向上都具有相同截面系数，具有较高的抗受压失稳能力；C 型支腿则采用焊接 H 型钢作为支柱，比 A 型和 B 型具有更大的抗弯截面模量。腿式支座适用于 $DN400 \sim 1600mm$，圆筒长径比 $L/DN \leqslant 5$（L 为切线长度，见图 6-40），且容器总高度 H_1 小于 5m（对 C 类支腿，$H_1 \leqslant 8m$）的钢制立式圆筒形容器，选用立式容器支座时，先根据容器公称直径 DN 和总质量选取相应的支座号和支座数量，然后计算支座承受的实际载荷，使其不大于支座允许载荷。除容器总质量外，实际载荷还应综合考虑风载荷、地震载荷和偏心载荷。详见相应的支座标准。

（4）裙式支座

对于比较高大的立式容器，特别是塔器，应采用裙式支座。裙式支座有两种形式：圆筒形裙座和圆锥形裙座。

6.3.2 卧式容器支座

卧式容器支座一般可分为鞍式、圈式和支腿式三种（见图 6-41），小型的卧式设备可用支腿，因自身重量可能造成严重挠曲的大直径薄壁容器可采用圈座，一般卧式容器最常采用双鞍座型式。

（1）鞍式支座

鞍式支座是卧式容器广泛应用的一种支座，如图 6-42 所示，通常由垫板、腹板、肋板和底板焊接组成。垫板的作用是改善壳体局部受力情况，通过垫板、鞍座接受容器载荷，肋板的作用是将垫板、腹板和底板连成一体，加大刚性。因此，腹板和肋板的厚度与鞍座的高度 H（筒体的最低点到基础表面的距离）直接决定鞍座允许负荷的大小，鞍包角 2α 和宽度 m、b_1 的大小直接影响支座处筒壁应力值的高低。NB/T 47065.1—2018《容器支座 第 1 部分：鞍式支座》标准中鞍座的包角有 120° 和 150° 两种，鞍座的宽度则随着筒体直径的增大而加大。

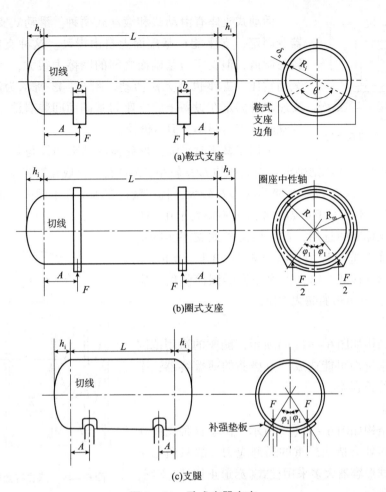

图6-41 卧式容器支座

置于支座上的卧式容器，其情况和梁相似。在材料力学中我们曾学到：对于具有一定几何尺寸和承受一定载荷的梁来说，如果各支承点的水平高度相同，采用多支承比采用双支承好，因前者在梁内产生的应力小。但是具体情况必须具体分析。对于大型卧式容器，采用多支座时，如果各支座的水平高度有差异，或地基有不均匀的沉陷，或筒体不直、不圆等，则各支座的反力就要重新分配，这就可能使筒

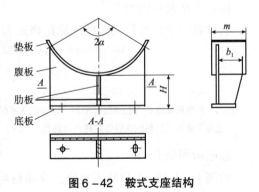

图6-42 鞍式支座结构

体的局部应力大为增加，因而体现不出多支座的优点，故对于卧式容器最好采用双支座。

设备受热会伸长，如果不允许设备有自由伸长的可能性，则在器壁中将产生热应力。如果设备在操作与安装时的温度相差很大，可能由于热应力而导致设备破坏。因此对于在操作时需要加热的设备，总是将一个支座做成固定式的，另一个支座做成活动式的，使设备与支座间可以有相对的位移。

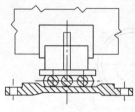

图 6 – 43 滚动式支座

活动式支座有滑动式和滚动式两种。滑动式支座的支座与器身固定，支座能在基础面上自由滑动。这种支座结构简单，较易制造，但支座与基础面之间的摩擦力很大，有时螺栓因年久而锈住，支座也就无法活动。图 6 – 43 所示为滚动式支座，支座本身固定在设备上，支座与基础面间装有滚子。这种支座移动时摩擦力很小，但造价较高。

采用双鞍座时，圆柱形筒体的端部切线与鞍式支座中心线间的距离 A 可按下述原则确定：当筒体的 L/D 较小，δ/D 较大，或在鞍式支座所在平面内有加强圈时，取 $A \leqslant 0.2L$；当筒体的 L/D 较大，且在鞍式支座所在平面内无加强圈时，取 $A \leqslant D_0/4$，且 A 不宜大于 $0.2L$；A 最大不得大于 $0.25L$。

鞍式支座标准的选用，首先根据鞍式支座实际承载的大小，确定选用轻型(A)或重型(B I、B II、B III、B IV、B V)鞍式支座，再根据容器圆筒强度确定选用 120°或 150°包角的鞍式支座。

(2)圈座

圈座的结构如图 6 – 41(b)所示，圈座的适用范围是：因自身重量而可能造成严重挠曲的薄壁容器；多于两个支承的长容器。

(3)支腿

支腿的结构如图 6 – 41(c)所示，由于这种支座在与容器壁连接处会造成严重的局部应力，故只适用于小型容器。球形容器大多采用柱式(赤道正切柱)支座，如图 6 – 44 所示。

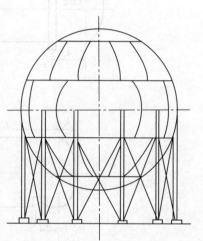

图 6 – 44 球式容器柱式支座

标记方法及示例如下。

在设备图中标准耳式支座的标记格式为：

NB/T 47065.3—2018，耳式支座 X X —— X

材料(I、II、III)
支座号(1~8)
型号(A、B、C)

注：1. 若垫板厚度 δ_3 与标准尺寸不同，则在设备图样中零件名称或设备栏注明。如 $\delta_3 = 12$。

2. 支座及垫板的材料应在设备图样的材料栏内标注，表示方法如下：支座材料/垫板材料。

标记示例如下。

示例 1：A 型，3 号耳式支座，支座材料为 Q235A，垫板材料为 Q235A；

NB/T 47065.3—2018，耳式支座 A3 – I

材料：Q235A

示例 2：B 型，3 号耳式支座，支座材料为 16MnR，垫板材料为 0Ci18Ni9，垫板厚 12mm；

NB/T 47065.3—2018，耳式支座 B3 – II，$\delta_3 = 12$

材料：16MnR/0Ci18Ni9

在设备图中标准鞍式支座的标记格式为：

NB/T 47065.1—2018，支座X X — X

———— 固定鞍式支座F，滑动鞍式支座S
———— 公称直径，mm
———— 型号(BI、BII、BIII、BIV、BV)

注：1. 若鞍式支座高度 h，垫板宽度 b_4，垫板厚度 δ_4，底板滑动长孔长度 l 与标准尺寸不同，则应在设备图样零件名称栏或备注栏注明。如 $h = 450$，$b_4 = 200$，$\delta_4 = 12$，$l = 30$。

2. 鞍式支座材料应在设备图样的材料栏内填写，表示方法为：支座材料/垫板材料。无垫板时只注支座材料。

标记示例如下。

示例1：DN325mm，120°包角，重型不带垫板的标准尺寸的弯制固定式鞍式支座，鞍式支座材料为 Q235A。

NB/T 47065.1—2018，鞍式支座 BV325 – F

材料栏内注：Q235A

6.4　安全附件

6.4.1　安全泄压装置

为了避免压力容器的超压爆炸事故，必须在容器上安装安全泄压装置，使得压力容器内压力过大时能够及时卸压，从而保证压力容器的安全运行。安全泄压装置是压力容器的安全附件之一，其中包括安全阀、爆破片，以及两者的组合装置。

1. 安全泄放原理

在压力容器设备的服役运行期间，由于工作环境的复杂性，工作压力可能会超过容器的最大允许压力。例如，由于液体的过量填充，或由于意外加热导致温度突然升高，储罐内部含有的液化气体膨胀，压力突然增大。超压现象非常危险，因此也是不被允许出现的。所以，除了采取各种手段避免或降低压力容器引起超压的各种可能性外，一个非常重要的防护措施就是在压力容器上安装相应的安全泄压装置。

安全泄压装置的功能是在正常工作压力下运行时保持容器紧密不发生泄漏。如果容器中的压力超过极限值，容器中的介质可以自动快速排出，始终保持容器中的压力在可允许的压力范围内。安全泄压装置除具有自动泄压的功能外，还具有自动报警功能。原因是当其排出气体时，介质喷射的速度极快，会发出较大的声音，相当于压力容器发出了超压报警的信号。

但是并非每台容器都必须直接配置安全泄压装置，只有那些在操作过程中有可能出现超压的容器，才需要单独配备安全泄压装置。安全泄压装置的额定泄放量应不小于容器的安全泄放量。只有这样，才能保证安全泄放装置完全开启后，容器内的压力不会继续升高。安全泄放装置的额定泄放量，是指它在全开状态时，在排放压力下单位时间内所能排出的气量。容器的安全泄放量，则是指容器超压时为保证它的压力不会再升高而在单位时间内必须泄放的气量。

容器的安全排放量是指产生气体压力的设备(如压缩机、蒸汽锅炉等)每单位时间可供应的最大气体量；或当容器被加热时，容器中每单位时间内可蒸发或分解的最大空气量，或当容器中的工作介质发生化学反应时每单位时间可产生的最大空气量。因此，应使用不同的方法来确定各种压力容器的安全排放量。

2. 安全阀

安全阀的功能是通过自动打开阀门排放气体来降低容器中的过高压力。该安全附件排放泄压的气体量仅仅是容器内部超过允许最大压力的部分气体，也就是说，当压力容器内压力超过规定的许用压力时，阀门打开，气体释放泄压，但是只要泄压后容器内的压力低于规定值后，阀门自动关闭，从而不再排出气体。好处是避免容器超压后排放所有气体造成浪费和生产中断；它可以重复使用多次，并且易于安装和调整。但也存在密封性能较差的缺点，阀门在打开或者关闭时都存在滞后现象，泄压反应慢。

（1）结构与类型

安全阀主要由阀座、阀瓣和加载机构三部分组成。阀瓣和阀座是紧密连接的，形成一个密封面，加载机构安装在阀瓣的上方。工作时，如果容器中的内压力处于正常工作压力时，那么容器中的介质对阀瓣施加的力就会小于加载机构对阀瓣施加的力，因此两个力之间将会存在压力差，压差作用在阀瓣和阀座之间，形成密封比压，使得阀瓣压紧阀座，容器将不会排出气体产生泄压；但是当容器中的压力超过额定压力并达到安全阀的开启压力时，作用在阀盘上的介质力将会大于加载机构施加在阀盘上的力，阀盘也因此离开阀座，阀门打开，容器中的气体通过阀座排出。当满足额定排放量不得少于容器的安全排放量这一条件时，随着气体的泄压排放，容器中的压力将会在一段时间后降至正常工作压力以下，阀盘上的介质力就会小于加载机构施加在其上的力，此时的压力差导致阀盘回落到阀座上，安全阀阀门关闭，容器停止排气，仍然可以继续工作。安全阀通过作用在阀盘上的两个力产生的压力差自动控制压力容器的气体排放泄压，从而减免过度超压导致的事故发生。

对安全阀进行分类，根据不同的分类方式可有不同的安全阀种类。按照加载机构的不同，可分为重锤杠杆式安全阀和弹簧式安全阀；根据阀瓣开启高度的不同，可分为微开型安全阀和全开型安全阀；根据气体排放方式的不同，可分为全封闭、半封闭和开放式安全阀；另外根据作用方式的不同，可分为直接作用式和间接作用式等。

图 6-45 所示为弹簧式安全阀的结构示意。它是利用弹簧压缩力来平衡作用在阀瓣上的力，调节螺旋弹簧的压缩量，就可以调整安全阀的开启（整定）压力。图中所示为带上下调节圈的弹簧全启式安全阀。装在阀瓣外面的上调节圈和装在阀座上的下调节圈在密封面周围形成一个很窄的缝隙，当开启高度不大时，气流两次冲击阀瓣，使它继续升高，开启高度增大后，上调节圈又迫使气流弯转向下，反作用力使阀瓣进一步开启。因此改变调节圈的位置，可以调整安全阀开启压力和回座压力。弹簧式安全阀具有结构紧凑、灵敏度高、安装方位不受限制及对振动不敏感等优点，随着结构的不断改进和完善，其使用范围越来越广。

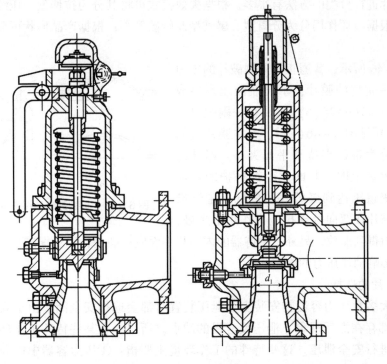

(a)有提升把手及上下调节圈　　(b)无提升把手，有反冲盘及下调节圈

图6－45　弹簧式安全阀的结构示意

（2）安全阀的选择

安全阀的选用，应综合考虑压力容器的操作条件、介质特性、载荷特点、容器的安全泄放量、防超压动作的要求（动作特点、灵敏性、可靠性、密闭性）、生产运行特点、安全技术要求，以及维修更换等因素。一般应掌握下列基本原则：①对于易燃、毒性程度为中度以上危害的介质，必须选用封闭式安全阀，如需带有手动提升机构，须采用封闭式带扳手的安全阀；对空气或其他不会污染环境的非易燃气体，可选用敞开式安全阀。②高压容器及安全泄放量较大而壳体的强度裕度又不太大的容器，应选用全启式安全阀；微启式安全阀宜用于排量不大，要求不高的场合。③高温容器宜选用重锤杠杆式安全阀或带散热器的安全阀，不宜选用弹簧式安全阀。

3. 爆破片

爆破片是一种断裂型安全泄放装置，利用爆破片在标定爆破压力下即发生断裂来达到泄压目的，泄压后爆破片不能继续有效使用，容器也被迫停止运行。虽然爆破片是一种爆破后不重新闭合的泄放装置，但与安全阀相比，它有两个特点：一是密闭性能好，能做到完全密封；二是破裂速度快，泄压反应迅速。因此，当安全阀不能起到有效保护作用时，必须使用爆破片或爆破片与安全阀的组合装置。

（1）结构与类型

爆破片的组成元件主要包括夹持器和爆破片元件。夹持器是一种辅助部件，用来固定爆破片元件，具有标定的泄压口径；爆破片元件则是一种关键敏感元件，主要是对压力敏感。要求在已校准的爆破压力和温度下迅速破裂或分离。

对爆破片进行分类的方法有很多，根据失效模式可将其分为拉伸型、压缩型、剪切型和弯曲型；根据破坏作用分为分离型、爆破型及触破型等；根据产品形状可分为正拱、反拱和平板型。

如图 6-46 所示，普通正拱形爆破片的压力敏感元件是一完整的膜片，事先经液压预拱成凸形[见图 6-46(a)与(b)]，装在一副螺栓紧固的夹持器内[见图 6-46(c)]，其中膜片按周边夹持方式分为锥面夹持和平面夹持。爆破片安装在压力容器上时，其凹面朝被保护的容器一侧。当系统超压达到爆破片的最低标定爆破压力时，爆破片在双向等轴拉应力作用下爆破，

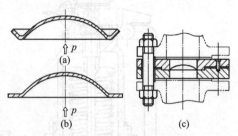

图 6-46　正拱开缝形爆破片及夹持器

使系统的压力得到泄放。另外，夹持器的内圈与平面应有圆角，以免爆破片元件变形时周边受剪切，影响动作压力的稳定。

(2)爆破片的选择

目前，大多数压力容器在安装安全泄压装置时都会选择安全阀，由于安全阀在打开或者关闭时都存在滞后现象、泄压反应慢的缺点。所以，在某些特殊工作环境下会优先选择爆破片进行安全泄压。这些特殊的工作环境主要指：①压力容器中内介质并非干净的气体，因此易堵塞安全阀通道，从而导致安全阀开启失效，产生安全隐患；②由于安全阀启闭的滞后现象，所以当容器内材料会发生某种化学反应导致内压骤然升高时，选用安全阀将不能起到有效的安全泄压作用；③选用安全阀时，不可避免地会存在一定的泄漏现象，因此当容器内介质气体为毒性极高的高危气体时，会发生环境污染，此时不可选用安全阀；④当容器内介质气体具有强腐蚀性时，强腐蚀性要求采用耐腐蚀的贵重材料。然而，用这种材料制作安全阀的成本较高，制作爆破片的成本则很低。

6.4.2　检查孔

为了检查压力容器在使用过程中是否有裂纹、变形、腐蚀等缺陷产生，壳体上必须开设检查孔。检查孔包括人孔、手孔和视镜等，其开设位置、数量和尺寸等应当满足容器内部可检验的需要。

设置手孔和人孔是检查设备和便于安装与拆卸设备内部构件。

手孔直径一般为 150~250mm，标准手孔的公称直径有 $DN150$ 和 $DN250$ 两种。手孔的结构一般是在容器上接一短管，并在其上盖一盲板。图 6-47 所示为常压手孔。

为检查设备使用过程中是否产生裂纹、变形、腐蚀等缺陷，应开设检查孔。当设备内径 300mm $< D_i \le$ 500mm 时，至少开设 2 个 $\phi 75$ 的检查孔；当设备内径 500mm $<$ $D_i \le$ 1000mm 时，至少开设 1 个 $\phi 400$ 的人孔或 2 个 $\phi 100$ 手孔；当设备内径 $D_i >$ 1000mm 时，至少开设 1 个 $\phi 400$ 的人孔或 2 个 $\phi 150$ 的手孔。人孔和手孔的形状有圆形和椭圆形两种。椭圆形人孔和手孔的短轴应与受压容器的筒身轴线平行。圆形人孔的直径一般为 450mm，容器压力不高或有特殊需要时，直径可以大一些，标准圆形人孔的公称直径有 $DN400$、$DN450$、$DN500$ 和 $DN600$ 4 种。椭圆形人孔的尺寸为 400mm ×

250mm、380mm×280mm。

容器在使用过程中，人孔需要经常打开时，可选用快开式结构人孔。图6-48所示为回转盖快开式人孔的结构。

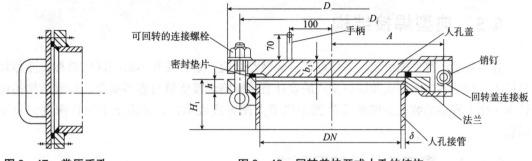

图6-47 常压手孔　　　　　图6-48 回转盖快开式人孔的结构

根据设备的公称压力、工作温度、所用材料和结构型式的不同，均制定出手孔和人孔标准系列图，供设计者设计时依据设计条件直接选用。常用的人孔和手孔标准有碳素钢、低合金钢制人孔和手孔(HG/T 21514~21535—2014)和不锈钢制人孔、手孔等。

视镜可用来观察设备内部情况，也可用作物料液面指示镜。图6-49所示为用凸缘构成的视镜，其结构简单，不易结料，有比较广泛的观察范围，其标准结构可以用到0.6MPa。当视镜需要斜装，或设备直径较小时，则需采用带颈视镜，如图6-50所示。

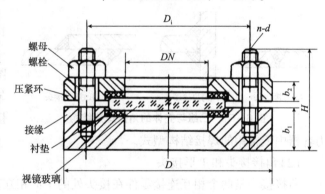

图6-49 不带颈视镜

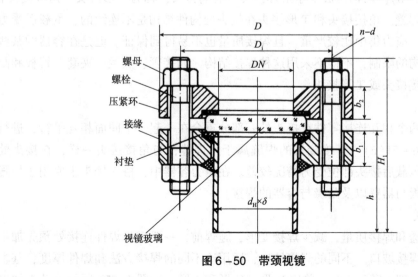

图6-50 带颈视镜

对不开设检查孔的压力容器，设计者应当提出具体技术措施，如对所有 A、B 类对接接头进行全部射线或超声检测；在图样上注明设计厚度，且在压力容器在用期间或检验时重点进行测厚检查；相应缩短检验周期等。

6.5 典型焊接结构

容器各受压部件的组装均采用焊接，焊缝是焊肉、熔合线和热影响区的总称，亦称焊接接头。焊缝的接头型式和坡口型式的设计直接影响焊接质量与容器安全。焊缝结构的设计应在化工容器的装配总图或部件图中以节点图方式表示，这是图纸上设计深度的重要标志。

6.5.1 焊接接头及坡口型式

焊接接头型式一般由被焊接两金属件的相互结构位置来决定，通常分为对接接头、角接接头和 T 形接头、搭接接头。

（1）对接接头

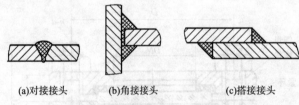

(a)对接接头　　(b)角接接头　　(c)搭接接头

图 6 - 51　凸缘与壳体的角接焊接结构

对接接头是两个相互连接零件在接头处的中面处于同一平面或同一弧面内进行焊接的接头，见图 6 - 51(a)。这种焊接接头受热均匀，受力对称，便于无损检测，焊接质量容易得到保证，因此，是压力容器中最常用的焊接结构型式。

（2）角接接头和 T 形接头

角接接头是两个相互连接零件在接头处的中面相互垂直或相交成某一角度进行焊接的接头，见图 6 - 51(b)。两构件成 T 字形焊接在一起的接头，称为 T 形接头。角接接头和 T 形接头都形成角焊缝。角接接头和 T 形接头在接头处构件结构是不连续的，承载后受力状态不如对接接头，应力集中比较严重，且焊接质量也不易得到保证。但是在容器的某些特殊部位，由于结构的限制，不得不采用这种焊接结构，如接管、法兰、夹套、管板和凸缘的焊接，多为角接接头或 T 形接头。

（3）搭接接头

搭接接头是两个相互连接零件在接头处有部分重合在一起，中间面相互平行，进行焊接的接头，见图 6 - 51(c)。搭接接头的焊缝属于角焊缝，与角接接头一样，在接头处结构明显不连续，承载后接头部位受力情况较差。在压力容器中，搭接接头主要用于加强圈与壳体、支座垫板与器壁以及凸缘与容器的焊接。

（4）坡口型式

为保证全熔透和焊接质量，减少焊接变形，施焊前，一般需将焊件连接处预先加工成各种形状，称为焊接坡口。不同的焊接坡口，适用于不同的焊接方法和焊件厚度，基本的坡口型式有 5 种，即 I 形、V 形、单边 V 形、U 形和 J 形，如图 6 - 52 所示。基本坡口可以单独应用，也可两种或两种以上组合使用，如 X 形坡口由两个 V 形坡口和一个 I 形组合而成，见图 6－53。

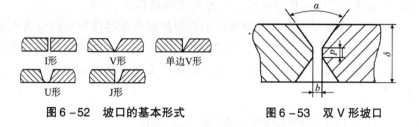

图 6－52　坡口的基本形式　　　　图 6－53　双 V 形坡口

压力容器用对接接头、角接接头和 T 形接头，施焊前，一般应开设坡口，而搭接接头无须开坡口即可焊接。

6.5.2　容器焊缝的分类

为对不同类别的焊接接头在对口错边量、热处理、无损检测、焊缝尺寸等方面有针对性地提出不同的要求，GB/T 150.1—2011 根据焊接接头在容器上的位置，即根据该焊接接头所连接两元件的结构类型以及由此而确定的应力水平，把压力容器中受压元件之间的焊接接头分成 A、B、C、D、E 五类，见图 6－54。

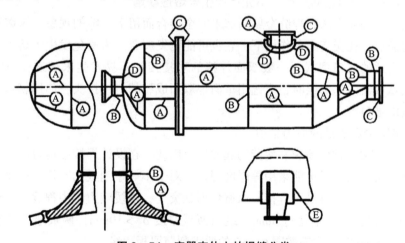

图 6－54　容器壳体上的焊缝分类

（1）圆筒部分（包括接管）和锥壳部分的纵向接头（多层包扎容器层板层纵向接头除外）、球形封头与圆筒连接的环向接头、各类凸形封头和平封头中的所有拼焊接头以及嵌入式的接管或凸缘与壳体对接连接的接头，均属 A 类焊接接头。

（2）壳体部分的环向接头、锥形封头小端与接管连接的接头、长颈法兰与壳体或接管连接的接头、平盖或管板与圆筒对接连接的接头以及接管间的对接环向接头，均属 B 类焊接接头，但已规定为 A 类的焊接接头除外。

（3）球冠形封头、平盖、管板与圆筒非对接连接的接头，法兰与壳体或接管连接的接头，内封头与圆筒的搭接接头以及多层包扎容器层板层纵向接头，均属 C 类焊接接头，但已规定为 A、B 类的焊接接头除外。

（4）接管（包括人孔圆筒）、凸缘、补强圈等与壳体连接的接头，均属 D 类焊接接头，但已规定为 A、B、C 类的焊接接头除外。

（5）非受压元件与受压元件的连接接头为 E 类焊接接头。

需要注意的是，焊接接头分类的原则仅根据焊接接头在容器所处的位置而不是按焊接接头的结构型式分类，所以，在设计焊接接头型式时，应由容器的重要性、设计条件以及施焊条件等确定焊接结构。这样，同一类别的焊接接头在不同的容器条件下，就可能有不同的焊接接头型式。

6.5.3 压力容器焊接结构的基本原则

（1）回转壳体的拼接焊缝必须采用对接焊缝

容器壳体上的所有纵向焊缝和环向焊缝、凸形封头上的拼缝，即 A、B 两类焊缝，是容器上要求最高的焊缝，对容器的安全至关重要，必须采用对接焊。对接焊缝易于焊透，质量易于保证，易于作无损检测，可得到最好的焊缝质量。不允许用搭焊。

对接焊缝不需过于堆高，堆高将引起焊趾处的应力集中。为了使得焊缝内部质量好一点，残余应力小一点，应尽量降低堆高并过渡光滑，这对于低温操作和承受交变载荷防止疲劳破坏的容器非常重要。

（2）尽量采用全熔透的结构，不允许产生未熔透缺陷

未熔透是指基体金属和焊缝金属局部未完全熔合而留下空隙的现象。未熔透是导致脆性破坏的起裂点，在交变载荷作用下，它也可能诱发疲劳。为避免发生未熔透，在结构设计时应选择合适的坡口型式，一般双面焊接的对接接头不易发生未熔透，当容器直径较小，且无法从容器内部清根时，应选用单面焊双面成型的对接接头，如用氩弧焊打底，或采用带垫板的坡口等。

（3）尽量减少焊缝处的应力集中

焊接接头常常是脆性断裂和疲劳的起源处，因此，在设计焊接结构时必须尽量减少应力集中。如对接接头应尽可能采用等厚度焊接，对于不等厚钢板的对接，应将较厚板按一定斜度削薄过渡，然后再进行焊接，以避免形状突变，减缓应力集中程度。一般当薄板厚度 $\delta_2 \leqslant 10\text{mm}$，两板厚度差超过 3mm；或当薄板厚度 $\delta_2 > 10\text{mm}$，两板厚度差超过薄板的 30%，或超过 5mm 时，均需按图 6-55 的要求削薄厚板边缘。

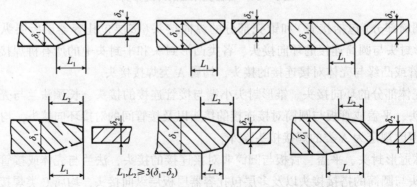

图 6-55　不等厚壳体的对接接头

6.5.4 压力容器常用焊接结构设计

焊接结构设计的基本内容是确定接头类型、坡口型式和尺寸、检验要求等。坡口的选择应主要考虑以下因素：

①尽量减少填充金属量，这样既可节省焊接材料，又可减少焊接工作量；

②保证熔透，避免产生各种焊接缺陷；

③便于施焊，改善劳动条件；

④减少焊接变形和残余变形量，对较厚元件焊接应尽量选用沿厚度对称的坡口型式，如X形坡口等。

（1）筒体、封头拼接及其相互间连接的焊接结构

筒体、封头拼接及其相互间的连接纵、环焊缝必须采用对接接头。对接接头的坡口型式可分为不开坡口（又称齐边坡口）、V形坡口、X形坡口、单U形坡口和双U形坡口等数种，应根据筒体或封头厚度、压力高低、介质特性及操作工况选择合适的坡口型式。化工容器中常用的对接坡口的形式和尺寸可参见表6-9进行选用。

表6-9 手工焊常用对接焊缝的坡口型式和尺寸

名称	坡口型式	坡口尺寸	使用范围
齐边	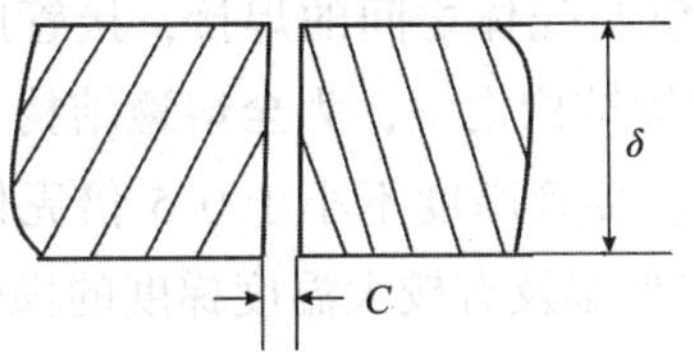	$\dfrac{\delta}{C}\left|\dfrac{2}{0}\right|\dfrac{3\sim5}{1\pm0.5}$	薄板的壳体纵环对接焊缝
V形	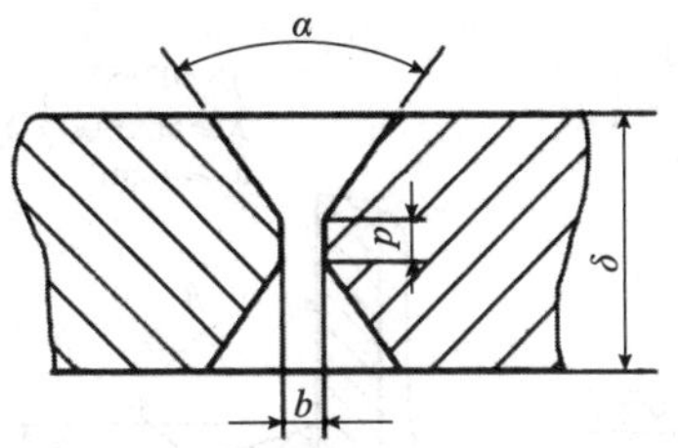	$\delta=6\sim30$ $p=2$ $C=2$ $\alpha=55°\sim60°$	壳体的纵环对接焊缝
X形	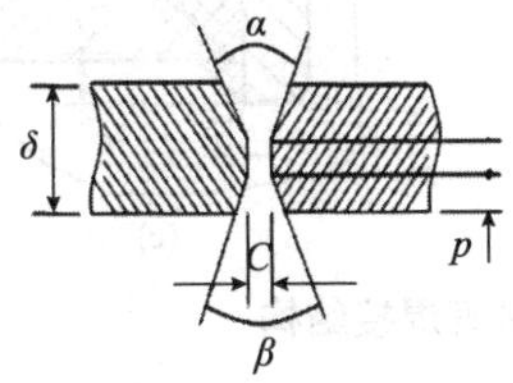	$\delta=20\sim30$ $p=2$ $h\geqslant3$ $C=2$ $\alpha=\beta=65°$	壳体纵缝（常为内外对称的X形坡口） 壳体的环缝（常为内外不对称的X形坡口，内侧较小）
U形	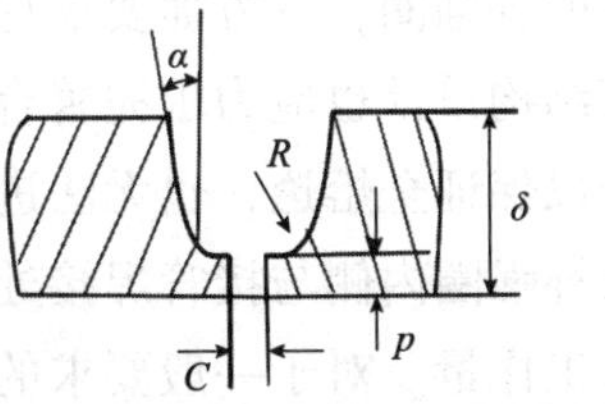	$\delta=20\sim50$ $p=2$ $R=6\sim8$ $C=0$ $\alpha=10°$	厚壁筒的单面环焊缝，但需要氩弧焊打底

续表

名称	坡口型式	坡口尺寸	使用范围
带垫板 V 形		$\delta = 6 \sim 30$ $C = 4 \sim 8$ $\alpha = 40°$	直径 500mm 以内的纵环焊缝(无法做双面焊的)可不清根

(2)接管与壳体及补强圈间的焊接结构

接管与壳体及补强圈间的焊接一般只能采用角接焊和搭接焊,具体的焊接结构还与容器的强度和安全性要求有关。其有多种焊接接头型式,涉及是否开坡口、单面焊与双面焊、熔透与不熔透等问题。设计时,应根据压力高低、介质特性、是否低温、是否需要考虑交变载荷与疲劳问题等来选择合理的焊接结构。下面介绍常用的几种结构。

①不带补强圈的插入式接管焊接结构是中低压容器不需另做补强的小直径接管用得最多的焊接结构,接管插入处与壳体总有一定间隙,但此间隙应小于 3mm,否则在焊接收缩时易产生裂纹或其他焊接缺陷。图 6 – 56(a)所示为单面焊接结构型式,一般适用于内径小于 600mm、盛装无腐蚀性介质的常压容器的接管与壳体之间的焊接,接管厚度应小于6mm;图 6 – 56(b)所示为最常用的插入式接管焊接结构之一,为全熔透结构。适用于具备从内部清根及施焊条件、壳体厚度在 4 ~ 25mm、接管厚度不小于 0.5 倍壳体厚度的情况;假如将接管内径边角处倒圆,则可用于疲劳、低温及有较大温度梯度的操作工况,如图 6 – 49(c)所示。

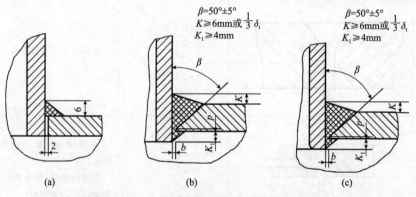

图 6 –56　不带补强圈的插入式接管焊接结构

②带补强圈的接管焊接结构作为开孔补强元件的补强圈,一方面要求尽量与补强处的壳体贴合紧密,另一方面与接管及壳体之间的焊接结构设计也应力求完善合理。但由于补强圈与壳体及接管的焊接只能采用搭接和角接,难以保证全熔透,也无法进行射线透照检测和超声检测,因而焊接质量不易保证。一般要求补强圈内侧与接管焊接处的坡口设计成大间隙小角度,既利于焊条伸入到底,又减少焊接工作量。对于一般要求的容器,即非低

温、无交变载荷的容器，可采用图6-57(a)所示结构；而对承受低温、疲劳及温度梯度较大工况的容器，则应保证接管根部及补强圈内侧焊缝熔透，可采用图6-57(b)所示结构。

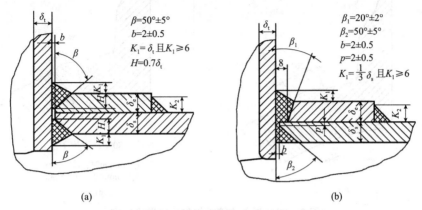

图6-57 带补强圈的插入式接管焊接结构

③安放式接管的焊接结构具有拘束度低、焊缝截面小、可进行射线检测等优点。图6-58(a)一般适用于接管内径小于或等于100mm的场合；而图6-58(b)和(c)适用于壳体厚度$\delta_n \leqslant 16$mm的碳素钢和碳锰钢，或$\delta_n < 25$mm的奥氏体不锈钢容器，其中图6-58(b)的接管内径应小于或等于50mm，厚度$\delta_n < 6$mm，图6-58(c)的接管内径应大于50mm，且小于或等于150mm，厚度$\delta_n > 6$mm。

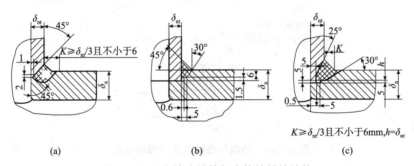

图6-58 安放式接管与壳体的焊接结构

④嵌入式接管的焊接结构属于整体补强结构中的一种，适用于承受交变载荷、低温和大温度梯度等较苛刻的工况，如图6-59所示。图6-59(a)一般适用于球形封头或椭圆形封头中心部位的接管与封头的连接，且封头厚度$\delta_n \leqslant 50$mm。

(3)凸缘与壳体的焊接结构

压力容器中常会遇到各种凸缘结构，如搅拌容器中的凸缘法兰等。对不承受脉动载荷的容器凸缘与壳体可用角焊连接，如图6-60所示。

压力较高或要求全熔透的容器，凸缘与壳体的连接应采用对接焊接结构，其结构型式见图6-61。

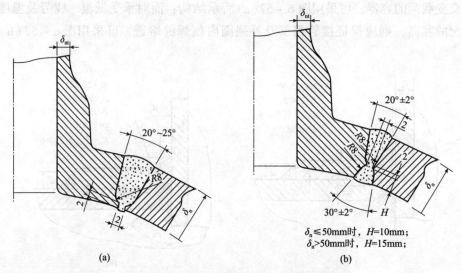

(a)　　　　　　　　　　　　　　(b)

$\delta_n \leqslant 50mm$时，$H=10mm$；
$\delta_n > 50mm$时，$H=15mm$；

图 6-59　嵌入式接管与封头的焊接结构

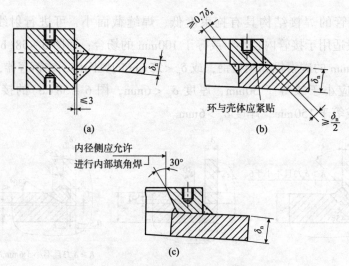

(a)　　　　　　　　　　　　　　(b)

环与壳体应紧贴

内径侧应允许
进行内部填角焊

(c)

图 6-60　凸缘与壳体的角接焊接结构

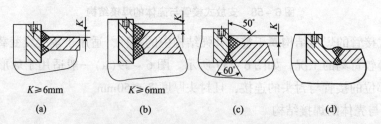

$K \geqslant 6mm$　　　　$K \geqslant 6mm$

(a)　　　　　(b)　　　　　(c)　　　　　(d)

图 6-61　凸缘与壳体的对接焊接结构

6.5.5　压力容器的焊后热处理

焊接接头是压力容器的最薄弱环节，一方面焊缝区和热影响区组织复杂，另一方面在焊接冷却过程中，焊缝区受到周围母材区的约束不能自由收缩而在焊缝和热影响区产生较大的焊接残余应力。焊接接头处的残余拉应力加速压力容器应力腐蚀开裂、疲劳、蠕变等失效，直接影响压力容器的安全可靠性，严重时会引发重大设备安全事故的发生。

焊后热处理是将焊接装备的整体或局部均匀加热至金属材料相变点以下的温度范围内，保持一定的时间，然后均匀冷却的过程。它是一种改善焊接接头组织和性能并释放焊接残余应力的重要手段，是压力容器制造过程中重要的、无可替代的工艺，直接影响压力容器的制造质量和服役可靠性。

1. 焊后热处理的目的

(1)松弛焊接残余应力

通过焊后热处理可以降低、松弛焊接残余应力。焊后热处理可使焊接残余应力在加热过程中随着材料屈服点的降低而降低，当达到焊后热处理温度后，就削弱到该温度的材料屈服点以下。在高温过程中，由于蠕变现象(高温松弛)，焊接残余应力得以充分松弛、降低。对于高温强度低的钢材及焊接接头，焊接残余应力的松弛主要是加热温度、加热过程的作用，而对于高温强度高的钢材及焊接接头，保温时间、保温过程的作用却相当重要。

焊接残余应力的降低，加热温度起很大作用，如果降低加热温度，即使延长保温时间效果也不大。由于冷却过程中产生热应力，因而使冷却后的残余应力值增大，该值取决于焊接结构的形状、尺寸以及进行焊后热处理过程中从保温温度冷却到常温时的条件。如果对于结构件的形状及最大厚度与最小厚度之比缺乏充分考虑，尤其是对于低温区的缓冷及降低出炉温度有所疏忽，那么将再次产生相当大的焊接残余应力。

(2)稳定结构形状和尺寸

为稳定结构件的形状和尺寸，需要充分松弛残余应力和防止应力的再产生。因此，在注意加热温度和保温时间的同时，还必须注意要采用足够低的冷却速度(以降低结构件内部的温差)和出炉温度。

(3)改善母材、焊接接头和结构件的性能

①软化焊接热影响区。焊后热处理对于因焊接而被硬化及脆化的热影响区有着复杂的影响。一般情况下，焊后热处理的温度越高，保温时间越长，热影响区就越容易软化。但应注意，在不同的焊后热处理条件下，有时可能达不到应有的软化效果，有时又可能过于软化，而不能保证所规定的强度。

②提高焊缝的延性。对于焊接后延性不良的焊缝金属，可通过焊后热处理得到改善。

③提高断裂韧性。在防止脆性断裂方面，焊后热处理可以使焊接残余应力得到松弛和重新分布，从而减轻其有害影响，同时还有提高(或恢复)母材、热影响区、焊缝金属断裂韧性的效果。但是对于淬火、回火的调质高强钢等材料，采用焊后热处理有时会使其失去调质效果因而降低断裂韧性，某些钢材甚至出现相反效果，对此应予以注意。

④有利于焊接接头(焊缝区、热影响区)的氢等有害气体扩散、逸出。

⑤提高蠕变性能，在各种腐蚀介质中的耐腐蚀性能、抗疲劳性能等。

2. 进行焊后热处理的条件

容器及其受压元件按材料、焊接接头厚度(焊后热处理厚度)和设计要求确定是否进行焊后热处理。容器及其受压元件符合下列条件之一者，应进行焊后热处理，焊后热处理应包括受压元件间及其与非受压元件的连接焊缝。

①焊接接头厚度见表6-10。

表6-10 需进行焊后热处理的焊接接头厚度

材料	焊接接头厚度
碳素钢、Q345R、Q370R、P265GH、P355GH、16Mn	>32mm >38mm(焊前预热100℃以上)
07MnMoVR、07MnNiVDR、07MnNiMoDR、12MnNiVR、08MnNiMoVD、10Ni3MoVD	>32mm >38mm(焊前预热100℃以上)
16MnDR、16MnD	>25mm
20MnMoD	>20mm(设计温度不低于-30℃的低温容器) 任意厚度(设计温度低于-30℃的低温容器)
15MnNiDR、15MnNiNbDR、09MnNiDR、09MnNiD	>20mm(设计温度不低于-45℃的低温容器) 任意厚度(设计温度低于-45℃的低温容器)
18MnMoNbR、13MnNiMoR、20MnMo、20MnMoNb、20MnNiMo	任意厚度
15CrMoR、14Cr1MoR、12Cr2Mo1R、12Cr1MoVR、12Cr2Mo1VR、15CrMo、14Cr1Mo、12Cr2Mo1、12Cr1MoV、12Cr2Mo1V、12Cr3Mo1V、1Cr5Mo	任意厚度
S11306、S11348	>10mm
08Ni3DR、09Ni3D	任意厚度

对于钢材厚度不同的焊接接头，上述厚度按薄者考虑；对于异种钢材的焊接接头，按热处理要求严者确定。除图样另有规定外，奥氏体不锈钢、奥氏体-铁素体不锈钢的焊接接头可不进行热处理。

②用于盛装毒性为极度或高度危害介质的碳素钢、低合金钢制容器。

③图样注明有应力腐蚀的容器。

3. 热处理方法

焊后热处理按照区域大小可分为整体热处理和局部热处理，对于小型的容器可以进行炉内整体热处理或通过人孔在容器内部点火进行内燃法热处理。而对于尺寸较大的容器，如加氢反应器、常压塔等承压设备长度达几十米甚至上百米，无法采用整体热处理消除残余应力，只能采用局部热处理。

(1)整体热处理

焊后热处理在条件允许的情况下，应当优先采用炉内整体加热处理的方法。其优点是被处理的焊接构件、容器温度均匀，比较容易控制，因而残余应力的消除和焊接接头性能的改善都较为有效，并且热损失少。但需要有较大的加热炉，投资较大。当被处理的焊接构件、容器等装备体积较大，不能整体进炉时，或者装备上局部区域不宜加热处理，否则会引起有害影响时，可以在加热炉内分段或局部热处理。分段热处理时，其重复加热长度应不小于1500mm。炉内部分的操作应符合上述焊后热处理规范，炉外部分应采取保温措施，使温度梯度不致影响材料的组织和性能。例如B、C、D、E类焊接接头，球形封头与圆筒连接接头以及缺陷补焊部位，允许采用局部热处理方法。炉内的加热燃料有工业煤气、天然气、液化石油气、柴油等。

（2）局部热处理

当热处理对象结构超大无法整体放入热处理炉中时，只能采用局部热处理，局部热处理方式有火焰加热、电加热、感应加热等。局部热处理有效加热范围应符合系列规定：

①焊缝最大宽度两侧各加接头厚度或50mm，取两者较小值；

②返修焊缝端部方向上加接头厚度或50mm，取两者较小值；

③接管与壳体相焊时，应环绕包括接管在内的筒体全圆周加热，且在垂直于焊缝方向上自焊缝边缘加接头厚度或50mm，取两者较小值。

局部热处理的有效加热范围应确保不产生有害变形，当无法有效控制变形时，应扩大加热范围，如对圆筒全周长范围进行加热；同时，靠近加热区的部位应采取保温措施，使温度梯度不致影响材料的组织和性能。

4. 焊后热处理规范

目前，各种相关的设计规范和标准，如 GB/T 150—2011、GB/T 30583—2014《承压设备焊后热处理规程》、T/CSTM 00546—2021《承压设备局部焊后热处理规程》以及国外的 ASME、BS 5500、AS 1210、WRC452 等均规定了相关热处理关键工艺参数，包括：热处理的升降温速率、保温温度和保温时间、热带宽度等，具体取决于所用钢材的类型、筒体直径和壁厚。热处理效果的保证也取决于与热处理相关的热循环工艺参数，主要包括升温速率、保温温度和保温时间以及冷却速率。

碳素钢、低合金钢的炉内焊后热处理工艺参数已在 GB/T 150—2011、GB/T 30583—2014 中详细说明。不同于炉内整体热处理，局部热处理的主要工艺参数还包括加热带宽度。GB/T 150—2011、GB/T 30583—2014 中采用局部热处理均为单加热区热处理，单加热区局部热处理指用单个加热区在焊接接头位置进行局部热处理，主要包括带状加热和点状加热。带状加热也称为环状加热，如对筒体合拢焊缝进行局部热处理。点状加热也称"牛眼式"加热，典型的应用是接管焊缝的局部热处理。单加热区局部焊后热处理示意如图 6 – 62 所示。其中，W 为焊缝最大宽

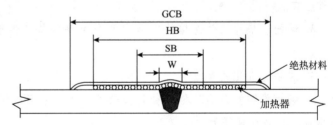

图 6 – 62 单加热区局部焊后热处理示意

度，SB 为均温带，HB 为加热带，GCB 为隔热带。目前国内外标准对压力容器及管道中局部热处理的加热带宽度的规定不一致。GB/T 150—2011、GB/T 30583—2014 和 ASME Ⅷ 建议采用为焊缝边界两侧各加上 1 倍的筒体壁厚或50mm，且未提供加热带宽度的确定依据。PD550 和 EN 13445 建议加热带宽度不应小于 $5\sqrt{Rt}$，WRC452 则建议加热带宽度为均热带宽度的最小尺寸加上均热带两侧的 $2\sqrt{Rt}$，其中 R 和 t 分别为筒体内径和壁厚。

随着压力容器筒体直径的增大，中国石油大学(华东)蒋文春教授团队发现采用单加热带局部热处理在加热过程中加热区膨胀，冷却过程中收缩，产生"收腰"变形，在内表面产生新的二次拉应力，导致内表面应力无法有效消除。在腐蚀环境中，内壁拉应力与腐蚀介质相互作用极易引发应力腐蚀开裂。对此，提出了主副加热分布式热源局部热处理方法，该方法在 T/CSTM 00546—2021 中进行了详细介绍。主副加热分布式热源局部热处理方法

包括主加热区和副加热区两个加热区域，将主加热区作用在焊接接头外表面，调控焊接接头微观组织、硬度和部分残余应力，使得焊接接头组织均匀，实现微观残余应力调控；将副加热区施加在距离焊接接头一定距离的壳体外表面，通过改变副加热区的保温温度、主副加热区之间的间距、加热顺序，调控焊接接头内、外表面热处理过程中的应力或热处理后的残余应力，该方法已在行业内得到广泛应用，被业界称为"蒋氏热处理方法"。主副加热局部热处理示意如图 6-63 所示。主加热带的加热工艺参数同传统单加热局部热处理工艺，副加热带工艺参数参见 T/CSTM 00546—2021。

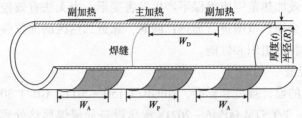

图 6-63 主副加热局部焊后热处理示意

💡 课后习题

一、填空、判断题

1. 螺栓－垫片法兰连接的密封中两个重要的工况是：_____、_____。

2. 法兰密封常用的压紧面型式有：_____、_____、_____、_____四种型式。

3. 螺栓－垫片法兰连接的密封中两个重要的垫片性能参数是：_____、_____。

4. 法兰标准化的参数是_____和_____。

5. 钢板卷制筒体的公称直径是指其_____；而对小尺寸筒体直接采用无缝钢管做筒体时，其公称直径为_____。

6. 对钢管而言其公称直径既不是其_____也不是其_____，但公称直径确定后其外径数值就是一定的。

7. 高压下的密封设计，从密封原理与密封结构上总的原则是：_____、_____、_____。

8. 高压密封中的自紧式密封结构型式包括：_____、_____、_____、_____。

9. 加工时压紧界面上凹凸不平的间隙以及压紧力不足是造成"界面泄漏"的直接原因。　　　　　　　　　　　　　　　　　　　　　　　　　　　（　　）

10. 非金属垫片的密封比压一般大于金属垫片的密封比压。　　　　　　（　　）

11. 为了均匀压紧垫片，应保证压紧面的平面度和法兰中心轴线的垂直度。（　　）

12. 凹凸压紧面安装时易于对中，还能有效防止垫片被挤压出压紧面，适用于管法兰和容器法兰。 （　　）

13. 容器和管道相同的公称直径表示它们的直径相同。 （　　）

二、选择题

1. 下列有关压力容器密封装置的叙述错误的是：（　　）

A. 螺栓法兰连接结构是一种可拆密封结构，由法兰、螺栓和垫片组成。

B. 根据获得密封比压力的不同，密封可分为强制式密封和自紧式密封，高压容器尽可能采用自紧式密封。

C. 垫片密封基本宽度与压紧面的形状无关，取垫片的实际宽度。

D. 形成初始密封条件时垫片单位面积上所受的最小压紧力，称为"垫片比压力"。

2. （多选）下列属于提高高压密封性能的措施有：（　　）

A. 改善密封接触表面　　　　　　　B. 改进垫片结构

C. 采用焊接密封元件　　　　　　　D. 增加预紧螺栓数量

3. 在均匀内压作用的竖直的薄壁圆筒上开孔时，孔周边的最大应力出现在（　　）

A. 孔周边与水平线成0°夹角处。　　B. 孔周边与水平线成45°夹角处。

C. 孔周边与水平线成60°夹角处。　　D. 孔周边与水平线成90°夹角处。

4. 平板开孔的应力集中系数为（　　）

A. 2　　　　　B. 2.5　　　　　C. 3　　　　　D. 0.5

5. 球壳开孔的应力集中系数为（　　）

A. 2　　　　　B. 2.5　　　　　C. 3　　　　　D. 0.5

6. 圆筒开孔的应力集中系数为（　　）

A. 2　　　　　B. 2.5　　　　　C. 3　　　　　D. 0.5

7. 下列关于局部载荷说法正确的是（　　）

A. 对管道设备附件设置支架，会增加附件对壳体的影响

B. 对接管附件加设热补偿元件，无明显意义

C. 压力容器制造中出现的缺陷，会造成较高的局部应力

D. 两连接件的刚度差大小与边缘应力无明显关系

8. 下列不属于压力容器焊接结构的设计应遵循的原则是（　　）

A. 尽量采用对接接头结构，不允许产生未熔透缺陷

B. 尽量采用全熔透的结构，不允许产生未熔透缺陷

C. 尽量减少焊缝处的应力集中

D. 尽量选用好的焊接材料

9. （多选）为降低局部应力，下列结构设计合理的是（　　）

A. 减少两联接件的刚度差　　　　　B. 尽量采用圆弧过度

C. 局部区域补强　　　　　　　　　D. 选择合理的开孔方位

二、简答题

1. 保证法兰连接紧密不漏的条件是什么？

2. 简答法兰设计包括哪些内容？

3. 螺栓法兰连接密封中，垫片的性能参数有哪些？它们各自的物理意义是什么？

4. 法兰标准化有何意义？选择标准法兰时，应按哪些因素确定法兰的公称压力？

5. 法兰设计理论通常采用"Waters"法，请简答"Waters"法的基本假设内容？并画出其基本力学模型。

6. 简答为以压力容器筒体选用法兰的基本过程？

7. 简述双锥密封的密封原理。

8. 简述伍德密封的密封原理。

9. 容器设计中为何要进行整体结构分析？举例说明。

10. 什么叫应力集中和应力集中系数？

11. 为什么容器开孔接管处会产生较高的局部应力？这种应力有何特征？

12. 什么叫开孔系数？它与应力集中系数的关系如何？

13. 压力容器开孔接管后对应力分布和强度带来什么影响？

14. 应力指数 I 与应力集中系数 K_t 的区别？

15. 为什么要考虑开孔的补强问题？

16. 按 GB/T 150 规定，在什么情况下壳体上开孔可不另行补强？为什么这些孔可不另行补强？

17. 开孔补强有哪些设计准则？它们是建立在什么样的力学基础上的？

18. 补强元件有哪几种结构？各有何特点？

19. 补强圈补强的基本型式有哪些？其与壳体或接管的焊接有何要求？

20. 什么是等面积补强？等面积补强中，有效补强范围有多大？

21. 为什么等面积法要对开孔的最大直径加以限制？GB/T 150 是如何规定的？

22. 当开孔直径超过标准允许的开孔范围时，对于内压容器，不能采用等面积补强法进行计算。这种说法正确吗？为什么？

23. 在压力容器总体结构设计中，必须注意结构的合理性、尽量避免产生过大的局部应力，具体措施有哪些？

24. 压力容器封头和筒体连接处，为什么要直边段？

25. 容器支座为什么最好要加垫板？

26. 容器中的焊缝可以分为几类？何为 A 类、B 类、C 类、D 类、E 类？

27. 压力容器焊接结构设计有哪些基本原则？举例说明。

28. 容器焊接接头的坡口设计有哪些原则？举例说明。

29. 容器焊接产生的缺陷有哪些？这些缺陷有何危害？如何避免或消除危害？

四、综合题

1. 已知拟选定的一个标准管法兰(材质为 316L，工作温度为 350℃)公称参数为：

*PN*2.5*DN*100，其对应的管法兰标准中压力 – 温度等级数据如下表所示：

最高工作压力

公称压力 *PN*/ MPa	法兰材料 类别	工作温度/℃													
		≤20	100	150	200	250	300	350	400	425	450	475	500	510	520	530
2.5	20	2.5	2.5	2.25	2.0	1.75	1.5	1.25	0.88						
	16Mn	2.5	2.5	2.45	2.38	2.25	2.0	1.75	1.38	1.13					
	1Cr – 0.5Mo	2.5	2.5	2.5	2.5	2.5	2.5	2.38	2.28	2.23	2.18	2.05	1.85	1.55	1.23	0.95
	21/4Cr – 1Mo	2.5	2.5	2.5	2.5	2.5	2.5	2.5	2.28	2.23	2.18	2.0	1.38	1.25	1.1	0.95
	5Cr – 0.5Mo	2.5	2.5	2.5	2.5	2.5	2.5	2.5	2.5							
	304L	2.23	2.01	1.8	1.63	1.52	1.41	1.34	1.29		1.24					
	304	2.34	2.12	1.91	1.74	1.61	1.5	1.43	1.39		1.36		1.33			
	321	2.47	2.31	2.17	2.06	1.94	1.86	1.79	1.73		1.69		1.66			
	316L	2.41	2.21	2.01	1.86	1.74	1.61	1.54	1.5		1.44					
	316	2.5	2.34	2.12	1.97	1.86	1.73	1.67	1.6		1.57		1.54			

　　请问，这个标准管法兰能否用在设计压力为 2.5MPa 的压力容器上？为什么？

　　2. 为一塔节之间选配法兰连接，已知塔节内径 $D_i = 1000$mm，操作温度 275℃，设计压力 0.7MPa，材料 Q245R，试确定该法兰类型及公称直径和公称压力。

法兰分类与参数表(部分)

类型	平焊法兰									
	甲型				乙型					
标准号	NB/T 47021				NB/T 47022					
简图										
公称直径 *DN*/ mm	公称压力 *PN*/MPa									
	0.25	0.60	1.00	1.60	0.25	0.60	1.00	1.60	2.50	4.00
900										
1000		—	—	—						
1100										

甲型、乙型法兰适用材料及最大允许工作压力(部分)

公称压力 $PN/$ MPa	法兰材料	工作温度/℃			
		$> -20 \sim 200$	250	300	350
0.60	Q235B	0.40	0.36	0.33	0.30
	Q235C	0.44	0.40	0.37	0.33
	Q245R	0.45	0.40	0.36	0.34
	Q345R	0.60	0.57	0.51	0.49
1.00	Q235B	0.66	0.61	0.55	0.50
	Q235C	0.73	0.67	0.61	0.55
	Q245R	0.74	0.67	0.60	0.56
	Q345R	1.00	0.95	0.86	0.82
1.60	Q235B	1.06	0.97	0.89	0.80
	Q235C	1.17	1.08	0.98	0.89
	Q245R	1.19	1.08	0.96	0.90
	Q345R	1.60	1.53	1.37	1.31

3. 某容器和端盖用的凹凸面带颈平焊法兰，材料为 16Mn。已知计算压力 $Pc = 2.5$MPa，操作温度 150℃，采用 36 个 M27 的螺栓连接，螺栓材质为 35CrMoA。选用不锈钢缠绕垫片($m = 3.0$， $y = 69$MPa)，垫片外直径 $d_o = 1087$mm，内直径 $d_i = 1047$mm，厚度为 4.5mm。

(1)求每根螺栓的预紧和操作工况的载荷各是多少 N?

(2)如果用扳手来安装拧紧，则螺栓的拧紧力矩是多少 N·m?

(3)如果要精确控制螺栓载荷，请你给出相应的原理及方法?

4. 有一 $\phi 108 \times 6$ 的接管，平齐焊于内径为 1400mm，壁厚 16mm 的筒体上，接管材料为 10 号无缝钢管，筒体材料为 20R，容器设计压力 $p = 1.8$MPa，设计温度 $T = 250$℃，壁厚附加量为 $C = 2.0$mm，开孔未通过焊缝。接管外伸长度为 200mm。确定此开孔是否需要补强，如果需要补强，则确定所需补强面积。

5. 有一受压圆筒内径 $D_i = 1200$mm，壁厚 25mm，材料为 15MnVR，设计压力 4MPa，设计温度 300℃，筒体上焊一外径 $d_o = 480$mm，壁厚 30mm 的内平齐式接管，管材为 15MnV，腐蚀裕量为 2.5mm，试计算该开孔结构是否需要补强?

第7章　压力容器现代设计方法

7.1　压力容器设计方法概述

目前国内外的压力容器设计采用的标准有两大类：一类是按规则进行设计，通常称为"常规设计"（Design by Rule），本章之前的设计章节内容均属规则设计的范畴；另一类是按应力分析设计通常称为"分析设计"（Design by Stress Analysis）。

压力容器的规则设计方法经过了长期的实践考验，简便可靠，目前为各国压力容器设计规范广泛采用。然而，常规设计的局限性也比较明显，主要体现在以下几个方面：

(1)常规设计将压力容器承受的"最大载荷"按一次施加的静载荷处理，不涉及压力容器的疲劳寿命问题，也不考虑热应力。然而，压力容器在实际运行中所承受的载荷不但有机械载荷，而且还有热载荷，同时，这些载荷可能有较大的波动。热载荷引起的热应力对压力容器失效的影响是不能通过提高材料设计系数或增加壁厚的办法来有效改善的，有时厚度的增加起了相反的作用。例如，高压厚壁容器的热应力是随着厚度的增加而增大；而交变载荷引起的交变应力对容器的破坏作用不能通过静载分析来做出合理评定和预防。

(2)常规设计以材料力学及板壳理论的简化模型为基础，确定筒体与部件中平均应力的大小，只要此值限制在以弹性失效设计准则所确定的许用应力范围内，则认为筒体和部件是安全的。显然，这种做法的不足之处在于没有对容器结构复杂区域的应力进行严格而详细的计算。同时，由于不能确定实际的应力、应变水平，也就无法进行疲劳分析。例如，在一些结构不连续的局部区域，由于影响的局部性，这里的应力即使超过材料的屈服点也不会造成容器整体强度失效，可以给予较高的许用应力。不过，由于应力集中，该区域又是压力容器疲劳失效的"源区"，因此必须进行疲劳强度校核。

(3)常规设计规范中规定了具体的容器结构型式，它无法应用于规范中未包含的其他容器结构和载荷形式，因此，不利于新型结构压力容器的开发和使用。

随着过程工业的发展，特别是石油化工装置的大型化、设备高参数化，使得对于压力容器的轻量化设计、可靠性设计的关注度越来越高，规则设计已经无法满足行业发展的需要。同时，随着数值分析方法和计算机技术的发展，使得对压力容器的复杂结构进行详细的应力分析成为可能，压力容器分析设计方法应运而生。相比规则设计方法，分析设计方法考虑的失效模式更全面，至今世界上先进的压力容器分析设计新一代标准如欧盟的 EN 13445—2021 版《非火焰接触压力容器》、美国的 ASME Ⅷ－2 2019 版《压力容器建造另一规则》，以及中国正处于修订状态的 JB 4732—1995《钢制压力容器——分析设计标准》均主要考虑四种失效模式：①整体塑性垮塌失效；②局部失效；③屈曲垮塌失效；④循环载荷引起的失效，包括疲劳和棘轮。建立在详细应力分析的基础上，压力容器分析设计方法从设计思想上放弃了传统的弹性失效设计准则，在不同结构位置采用不同的失效模式及对应的设计准则，应用极限分析和安定性原理，允许结构出现可控制的局部塑性区，允许对峰值应力部位做有限寿命设计(疲劳和棘轮)，因此更为科学合理。

目前已经纳入各国压力容器设计规范的分析设计方法主要可分为两大类，即弹性应力分析设计方法(基于弹性应力分析与塑性设计准则相结合的应力分类法)和弹塑性应力分析设计方法。

7.2 弹性应力分析设计法

7.2.1 弹性应力分析设计法概述

针对规则设计方法中未考虑的问题进行细致的研究和探讨，将压力容器在各种条件下的应力状态进行分类，然后按照各种应力的不同性质和特点，具体地、有针对性地规定其许用应力范围，以达到既可保证压力容器在各种复杂条件下工作的安全可靠性，又可保证合理使用材料的目的。这就是压力容器分析设计的总体思想。

按照这种设计思想进行压力容器设计时必须先进行详细的弹性应力分析，将各种外载荷或变形约束产生的应力分别计算出来，然后进行应力分类，分清主次，分别根据各部位应力对压力容器强度的影响程度，采用不同的安全系数和不同的许用应力加以限制。以保证压力容器在各类应力作用下既能安全可靠地工作，又经济合理。这种方法就称为弹性应力分析设计方法。

7.2.2 应力分类

由于压力容器弹性应力分析设计的前提是对容器的应力进行科学的分类，为此先介绍应力分析中所用的一些基本概念，然后介绍应力分类的方法。

1. 容器的载荷与应力

前述各章均分别讨论过压力容器在各种载荷下的应力，这里再从应力产生的原因、求解的基本方法及应力的分布范围进行归纳讨论。

(1)由压力载荷引起的应力。是指由内外介质均布压力载荷在回转壳体中产生的应力。可依靠外载荷与内力的平衡关系求解。在薄壁壳体中这种应力即为沿壁厚均匀分布的薄膜应力，并在容器的总体范围内存在。厚壁容器中的应力是沿壁厚呈非线性分布状态，其中可以分解为均布分量和非均布分量。

(2)由机械载荷引起的应力。主要指由压力以外的其他机械载荷(如重力、支座反力、管道的推力等)直接产生的应力。这种应力虽求解复杂，但也是符合外载荷与内力平衡关系的。这类载荷引起的应力仅存在于容器的局部区域，亦称为局部应力。风载荷与地震载荷也是压力载荷以外的其他机械载荷，也满足载荷与内力的平衡关系，但作用范围不是局部的，而且与时间有关，作为静载荷处理时遍及容器整体，是非均布、非轴对称的载荷。

(3)由不连续效应引起的不连续应力。以下三种情况均会产生不连续应力：

①几何不连续(如曲率半径有突变)；

②载荷不连续；

③材质不连续。

例如，夹套反应釜的内筒在与夹套相焊接的地方就同时存在几何不连续与载荷不连续(实际上还有轴向温度的不连续)。需要注意的是，结构不连续应力不是由压力载荷直接引起的，而是由结构的变形协调引起的，其在壳体上的分布范围较大，可称为总体不连续应力。其沿壁厚的分布有的是线性分布，有的也呈均布。

(4)由温差产生的热应力。由于壳壁温度沿经向(轴向)或径向(厚度方向)存在温差，在这些方向便引起热膨胀差，通过变形的约束与协调产生应力，这就是温差应力或称热应力。引起热应力的"载荷"是温差，温差表明该类载荷的强弱，故称为热载荷，以区别于机械载荷。热应力在壳体上的分布取决于温差在壳体上的作用范围，有的属于总体范围，有的是局部范围。温差应力沿壁厚方向的分布可能是线性的或非线性的，有些则可能是均布的。

(5)由应力集中引起的集中应力。容器上的开孔边缘、接管根部、小圆角过渡处因应力集中而形成的集中应力，其峰值可能比基本应力高出数倍。数值虽大，但分布范围很小。应力集中问题的求解一般不涉及壳体中性面的总体不连续问题，主要是局部结构不连续问题，并依靠弹性力学方法求解。

2. 应力分析设计术语

(1)薄膜应力，是沿截面厚度均匀分布的应力成分，其等于沿所考虑截面厚度的应力平均值。

(2)弯曲应力，是法向应力沿截面厚度上的变化分量。沿厚度的变化可以是线性的，也可以不是线性的。其最大值发生在容器表面处，设计时取最大值。分析设计的弯曲应力是指线性的。

(3)法向应力，是垂直于考虑截面的应力分量，也称为正应力。通常法向应力沿部件厚度的分布是不均匀的，此时可将法向应力视为由两种成分组成：一是均匀分布的成分，其值是该截面厚度应力的平均值(此即为薄膜应力)；二是沿截面厚度变化的成分，可能是线性的，也可能是非线性的。

(4)切应力，是与所考虑截面相切的应力成分，通常所说的剪应力。

(5)应力强度，是指组合应力基于第三强度理论(或第四强度理论)的当量应力。我国新修订的新版分析设计标准将采用第四强度理论计算当量应力。

(6)总体结构不连续。是指几何形状或材料不连续，使结构在较大范围内的应力或应变发生变化，对结构总的应力分布与变形产生显著影响。总体结构不连续的实例，如封头、法兰、接管、支座等与壳体的连接处，以及不等直径、不等壁厚或弹性模量不等的壳体连接处。

(7)局部结构不连续。是指几何形状和材料的不连续，但其仅使结构在很小范围内的应力或应变发生变化，对结构总的应力分布和变形无显著影响。例如，小的过渡圆角处、壳体与小附件连接处，以及未全熔透的焊缝处。

3. 压力容器的应力分类

应力分类的总原则是"等安全裕度原则"，即合理的设计应使结构内各部位处的安全裕度均相等。这样就可避免潜在的薄弱环节或多余的材料浪费。塑性理论指出，由弹性应力分析求得的各类名义应力对结构破坏的危险性是不同的。所以根据等安全裕度原则，危险性较小的应力可以比危险性较大的应力取更高的许用应力强度。

判断压力容器中的应力危险性大小的基本判据是：①应力产生的原因，是外载荷直接产生的还是在变形协调过程中产生的；②应力的分布，是总体范围还是局部范围的，沿壁厚的分布是均匀的还是线性的或非线性的；③对失效的影响，即是否会造成结构过度的变形，是否导致疲劳、韧性失效。

根据上述基本判据应力分类法将压力容器中的应力分为三大类：一次应力、二次应力、峰值应力。下面分别讨论。

（1）一次应力（P）

一次应力又称基本应力，它是由机械载荷（包括介质压力、重力、支座反力、风载荷与地震载荷以及通过附件传至壳体上的附加力和力矩等）在压力容器部件中引起的正应力或剪应力。一次应力满足内力与外载荷的平衡关系，其基本特征是非自限性。按其影响范围及分布规律一次应力又分为一次总体薄膜应力和一次局部薄膜应力。

1）一次总体薄膜应力（P_m）

一次总体薄膜应力是指在容器总体范围内存在的一次薄膜应力，在达到极限状态的塑性流动过程中其不会发生重新分布，它将直接导致结构破坏。沿壁厚（截面）均匀分布的法向应力即指薄膜应力，或者指沿壁厚截面法向应力的平均值，如各种壳体中平衡内压或分布载荷引起的薄膜应力。

2）一次局部薄膜应力（P_L）

应力水平大于一次总体薄膜应力，但影响范围仅限于结构局部区域的一次薄膜应力。当结构局部发生塑性流动时，这类应力将重新分布。若不加以限制，则当载荷从结构的某一部分（高应力区）传递到另一部分（低应力区）时，会产生过量塑性变形而导致破坏。

总体结构不连续引起的局部薄膜应力，虽具有二次应力的性质，但从方便与稳妥考虑仍归入一次应力。

局部应力区是指经线方向延伸距离不大于 $1.0\sqrt{R\delta}$、应力强度超过 $1.1S'_m$ 的区域。此处 R 是该区域内壳体中间面的第二曲率半径，即沿中间面法线方向从壳体回转轴到壳体中间面的距离；δ 为该区域内的最小壁厚。局部薄膜应力强度超过 $1.1S'_m$ 的两个相邻应力区之间应彼此隔开，它们之间沿经线方向的距离不得小于 $2.5\sqrt{R_m\delta_m}$，其中，$R_m = \frac{1}{2}(R_1 + R_2)$，$\delta_m = \frac{1}{2}(\delta_1 + \delta_2)$，

R_1、R_2 分别为所考虑两个区域的壳体中间面第二曲率半径；δ_1、δ_2 为每一个考虑区域的最小厚度。

3）一次弯曲应力（P_b）

平衡压力或其他机械载荷所需的沿截面厚度线性分布的弯曲应力。例如，平盖远离结构不连续区的中心部位由压力引起的弯曲应力。一次弯曲应力与一次总体薄膜应力的不同之处仅在于沿壁厚的分布是线性的而非均布的。对受弯曲作用的板，当两个表面的应力达到屈服强度时，内部的材料仍处于弹性状态，可以继续承载，此时应力沿壁厚的分布将重新调整。因此这种应力不像总体薄膜应力那样容易使壳体失效，允许有较高的许用应力。

（2）二次应力（Q）

为满足外部约束条件或结构自身变形连续要求所需的法向应力或剪应力。二次应力的基本特点：满足变形协调条件，而不是满足外力平衡条件；具有局部性特点，即二次应力的分布区域比一次应力要小，其分布区域范围与$\sqrt{R\delta}$为同一量级；具有自限性，由于应力分布是局部的，当二次应力的应力强度达到材料的屈服点时，相邻部分的约束便得到缓和，使变形趋向协调而不再继续发展，应力自动限制在一定范围内。只要不反复加载，二次应力不会导致结构破坏。

例如：圆筒壳中轴向温度梯度所产生的热应力，由壳壁温差引起的热应力的当量线性分量等总体热应力；总体结构不连续部位如筒体与封头、筒体与法兰连接处不连续应力中的弯曲应力（局部薄膜应力已经划分为一次应力）；厚壁容器由压力产生的应力梯度等都属于二次应力。

【注】热应力是由结构内部温度分布不均匀或材料热膨胀系数不同所引起的自平衡应力；或当温度发生变化，结构的自由热变形被外部约束限制时所引起的应力。热应力可分为总体热应力和局部热应力两种，总体热应力属于二次应力。

（3）峰值应力（F）

由局部结构不连续或局部热应力影响而引起的附加于一次加二次应力的应力增量。峰值应力的特征是同时具有自限性与局部性，它不会引起明显的变形；其危害性在于可能导致疲劳裂纹或脆性断裂。非高度局部性的应力，如果不引起显著变形者也属于此类。

例如：壳体接管连接处由于局部结构不连续所引起的应力增量中沿厚度非线性分布的应力；

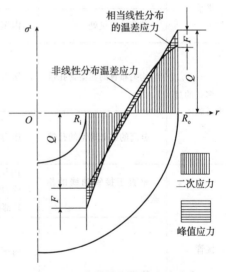

图 7-1　厚壁筒温差应力的分类

复合钢板容器中复层的热应力；厚壁容器径向温差引起的热应力，其中非线性分量也属于峰值应力，如图 7-1 所示。

表 7-1 所示为利用这些判据进行压力容器典型部位的应力分类。

表 7 – 1 压力容器典型部位的应力分类

容器部件	位置	应力的起因	应力的类型	所属种类
圆筒形或球形壳体	远离不连续处的筒体	内压	总体薄膜应力	P_m
			沿壁厚的应力梯度	Q
		轴向温度梯度	薄膜应力	Q
			弯曲应力	Q
	和封头或法兰的连接处	内压	薄膜应力	P_L
			弯曲应力	Q
任何筒体或封头	沿整个容器的任何截面	外部载荷或力矩，或内压	沿整个截面平均的总体薄膜应力。应力分量垂直于横截面	P_m
		外部载荷或力矩	沿整个截面的弯曲应力。应力分量垂直于横截面	P_m
	在接管或其他开孔的附近	外部载荷或力矩，或内压	局部薄膜应力	P_L
			弯曲应力	Q
			峰值应力（填角或直角）	F
	任何位置	壳体和封头间的温差	薄膜应力	Q
			弯曲应力	Q
碟形封头或锥形封头	顶部	内压	薄膜应力	P_m
			弯曲应力	P_b
	过渡区或和筒体连接处	内压	薄膜应力	P_L
			弯曲应力	Q
平盖	中心区	内压	薄膜应力	P_m
			弯曲应力	P_b
	和筒体连接处	内压	薄膜应力	P_L
			弯曲应力	Q
多孔的封头或筒体	均匀布置的典型管孔带	压力	薄膜应力（沿横截面平均）	P_m
			弯曲应力（沿管孔带的宽度平均，但沿壁厚有应力梯度）	P_b
			峰值应力	F
	分离的或非典型的孔带	压力	薄膜应力	Q
			弯曲应力	F
			峰值应力	F
接管	垂直于接管轴线的横截面	内压或外部载荷或力矩	总体薄膜应力（沿整个截面平均）。应力分量和截面垂直	P_m
		外部载荷或力矩	沿接管截面的弯曲应力	P_m
	接管壁	内压	总体薄膜应力	P_m
			局部薄膜应力	P_L
			弯曲应力	Q
			峰值应力	F
		膨胀差	薄膜应力	Q
			弯曲应力	Q
			峰值应力	F
复层	任意	膨胀差	薄膜应力	F
			弯曲应力	F
任意	任意	径向温度分布	当量线性应力	Q
			应力分布的非线性部分	F
任意	任意	任意	应力集中（缺口效应）	F

应当注意，上述各类应力符号 P_m、P_L、P_b、Q、F 不是只表示一个量，而是表示结构内同一点处的六个应力分量 σ_x、σ_θ、σ_z、$\tau_{x\theta}$、$\tau_{\theta z}$、τ_{xz}。

4. 典型设备的应力分类举例

下面举例说明压力容器的应力分类方法。如图 7 - 2 所示的高压容器，所受外载如下：①内压 p；②端部法兰的螺栓力 T 及力矩 M_0 和推力 Q_0；③沿壁厚的径向温差 Δt。现分析 A、B、C 三个部位的应力并加以分类。

（1）部位 A

部位 A 属远离结构不连续的区域，受内压及径向温差载荷。由内压产生的应力分为两种情况：当筒体尚属薄壁容器时其应力为一次总体薄膜应力（P_m）；当属厚壁容器时，内外壁应力的平均值为一次总体薄膜应力（P_m），而沿壁厚的应力梯度划分为二次应力（Q）。这就是表 7 - 1 中远离不连续处的圆筒体内压引起的应力对应两条应力分类情况。

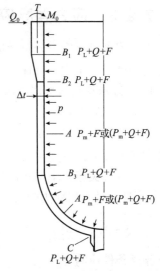

图 7 - 2　容器各部分应力的分类

由径向温差引起的温差应力沿壁厚呈非线性分布（见图 7 - 1），近壁面（如内壁）温差应力的梯度很大，局部区域虽有应力陡增但不会引起壳体发生显著变形。因此将非线性分布的温差应力作等效的线性化处理，即按对 Or 线净弯矩等效的原则作处理可得到等效的线性分布的温差应力，这就是表 7 - 1 中的当量线性应力，该分类为二次应力 Q。另外，将线性与非线性间的差值（表 7 - 1 中的应力分布非线性部分）应分类为峰值应力 F，图 7 - 1 中标出的 2 个 F 就是这种应力。

（2）部位 B

部位 B 包括 B_1、B_2 及 B_3 三个几何不连续部位，均存在由内压产生的应力，但因处于不连续区，该应力沿壁厚的平均值应划为一次局部薄膜应力（P_L），应力沿壁厚的梯度为二次应力（Q）。由总体不连续效应产生的弯曲应力也为二次应力（Q），而不连续效应产生的周向薄膜应力应偏保守地划为一次局部薄膜应力（P_L）。表 7 - 1 应力的类型一栏第 5 行所指的 P_L 就是包含这里所分析的两个 P_L。另外由径向温差产生的温差应力已如部位 A 所述，作线性化处理后分为二次应力和峰值应力（$Q + F$）。因此 B_1、B_2 和 B_3 各部位的应力分类为（$P_L + Q + F$）。

（3）部位 C

这里既有由内压在球壳与接管中产生的应力（$P_L + Q$）；也有球壳与接管总体不连续效应产生的应力（$P_L + Q$）；还有因径向温差产生的温差应力（$Q + F$）；另外再有因小圆角（局部不连续）应力集中产生的峰值应力（F），总计应为（$P_L + Q + F$）。这里的分析可对照表 7 - 1 中膨胀差引起的应力情况。由于部位 C 未涉及管端的外加弯矩，管子横截面中的一次弯曲应力 P_b 便不存在。又由于部位 C 为拐角处，内压引起的薄膜应力不应划分为总体薄膜应力 P_m，应分类为一次局部薄膜应力 P_L。

另外，表 7 - 1 中的复层是指容器内壁的衬里层，如加氢反应器及尿素合成塔内壁的奥氏体不锈钢堆焊层，由沿壁厚方向的温差引起的膨胀差或由于复层与基层之间热膨胀系数差异引起的膨胀差，形成的温差应力对于很薄的复层来说可以视为薄膜应力，但它对很厚的基层来说几乎不会引起基层壳体的任何变形，因此应划为峰值应力 F。

7.2.3 应力强度校核

在对容器进行应力分析及应力分类后，分析设计法将采用一系列合适的设计准则对各类应力强度进行限制，以保证容器的安全。

1. 应力强度及基本许用应力强度

(1) 应力强度 S

应力分类中的 P_m、P_b、P_L、Q、F 不只表示一个量，而是表示结构内同一点处的六个应力分量 σ_x、σ_θ、σ_z、$\tau_{x\theta}$、$\tau_{\theta z}$、τ_{xz}，而压力容器中的 3 个正应力就是三向主应力。分析设计法应将各类应力中的各向应力分别进行代数叠加，将叠加后的三向应力按第三 (或第四) 强度理论计算出应力强度 S (当量应力)，再按有关的设计准则进行强度校核。

$$S = 2\tau_{max} = |\sigma_1 - \sigma_3| \quad \text{或} \quad S = \sqrt{\frac{1}{2}\left[(\sigma_1 - \sigma_2)^2 + (\sigma_2 - \sigma_3)^2 + (\sigma_3 - \sigma_1)^2\right]}$$

强度条件应满足：

$$S \leq (1 \sim 3.0)S_m$$

式中 σ_1、σ_2、σ_3——某一校核点上的第一、第二和第三主应力。

(2) 基本许用应力强度 S_m

分析设计对不同类别的应力应采用不同的许用应力强度来校核，而其最基本的许用应力强度基准称为基本许用应力强度，其符号为 S_m。

S_m 是按材料的短时拉伸性能除以相应的安全系数而得。这些短期拉伸性能包括常温拉伸的抗拉强度 R_m 及屈服强度 R_{eL}，高温下的抗拉强度 R_m^t 和屈服强度 R_{eL}^t，相应的安全系数分为 n_b、n_y、n_b^t 和 n_y^t。中国的规则设计规范即 GB/T 150—2011 中取 $n_b = 2.7$ (1989 版取 3.0)，而分析设计的行业标准 JB 4732—1995 中取 $n_b = 2.6$，详见表 7 - 2。由于分析设计有详尽的理论计算，有较严格的材料、制造、检验和验收规程，所以将安全系数适量降低是合理的。

表 7 - 2 材料安全系数

材料	常温抗拉强度，R_m	常温屈服强度，R_{eL}	设计温度屈服强度，R_{eL}^t
碳素钢、低合金钢	$n_b = 2.6$	$n_y = 1.5$	$n_y = 1.5$
奥氏体不锈钢	$n_b = 2.6$	$n_y = 1.5$	$n_y = 1.5$ 或 $n_y = 1.15$[①]

注：①用于允许可有大变形的容器部件。

2. 应力强度评定

根据设计载荷组合，分别计算各类当量应力，其中一次总体薄膜应力 (P_m) 在容器内呈总体分布，且无自限性，只要一点屈服即意味着整个截面以至总体范围屈服并将引起显著的总体变形。因此，应与规则设计一样采用弹性失效设计准则，即以基本许用应力强度 S_m 作为一次总体薄膜应力强度的限制条件：

$$P_m \leq S_m \tag{7-1}$$

一次局部薄膜应力(P_L)，其中有一次应力的成分(如总体不连续区内由压力直接引起的薄膜应力)也有二次应力的成分(如不连续效应引起的周向薄膜应力)。它既有局部性，有的还有二次应力的自限性，因此不应限制过严，可比 P_m 放宽。但另一方面局部薄膜应力过大，会使局部材料发生塑性流动，引起局部薄膜应力的重新分布，即把载荷从结构的高应力区向低应力区转移。若不加限制将导致过量的塑性变形而失效。各国分析设计标准认为只要满足

$$P_L \leqslant 1.5 S_m \tag{7-2}$$

即可保证安全，但该1.5值不是从严格的理论推导得来的。

除 P_m 及 P_L 应单独作应力强度的校核外，压力容器中的二次应力(Q)、峰值应力(F)以及一次弯曲应力(P_b)一般不单独存在，而是常与 P_m(或 P_L)组合存在。组合应力完全可能大到使材料发生局部屈服，但即使如此也不一定导致破坏。若此时仍按弹性失效设计准则加以限制必定过于保守，故改用塑性失效等其他设计准则来导出限制条件，这就是分析设计的主要特点。对组合应力强度的限制条件计有：

$$P_L + P_b \leqslant 1.5 S_m \tag{7-3}$$

$$P_L + P_b + Q \leqslant 3 S_m \tag{7-4}$$

$$P_L + P_b + Q + F \leqslant 2 S_a \tag{7-5}$$

式(7-1)、式(7-2)针对一次应力进行限定，主要是防止压力容器发生整体塑性垮塌失效。而式(7-3)~式(7-5)限制条件以首先满足 $P_m \leqslant S_m$ 及 $P_L \leqslant 1.5 S_m$ 为前提，上述三式左侧的应力分析均可采用弹性应力分析方法，可不用塑性应力分析方法。叠加后的组合应力超过材料屈服强度值时称为弹性的"虚拟应力"，或称名义应力，然后右侧限制值的确定根据分析设计方法的极限载荷设计准则、安定性准则或疲劳设计准则等导出。

除了防止塑性垮塌失效外，为防止局部过度应变失效，压力容器受压元件中可能发生局部失效的点，一次应力的三个主应力的代数和应不超过设计温度下材料许用应力的4倍，即：

$$\sigma_1 + \sigma_2 + \sigma_3 \leqslant 4 S_m \tag{7-6}$$

7.2.4 分析设计的设计准则

1. 极限载荷设计准则

极限载荷设计是塑性分析中常用的强度设计准则。假设材料具有理想弹塑性材料的行为(无应变硬化)，在某一载荷下进入整体屈服或局部区域的全域屈服后，变形将无限制地增大，从而失去承载能力，这种状态即为塑性失效的极限状态，这一载荷即为塑性失效时的极限载荷。用这种塑性极限载荷即可确定容器组合应力强度的极限控制条件。

极限载荷有许多求解方法，这里以最简单的矩形截面梁受弯曲直至出现"塑性铰"时的极限载荷求法来说明。

(1)纯弯曲的矩形截面梁

矩形截面梁在弹性情况下截面应力是线性分布的，中性层为0，表面层为最大。弯矩载荷 M 所对应的最大应力为：

$$\sigma_{max} = \frac{M}{W} = \pm \frac{6M}{bh^2} \tag{a}$$

当 $\sigma_{\max} = R_{eL}$ 即表层材料屈服时所对应的载荷为最大弹性承载能力：

$$M = R_{eL}\frac{bh^2}{6} \qquad (b)$$

此时梁刚达到弹性失效状态。但从塑性失效观点来看，此梁除上下表层材料屈服外，其余材料仍处于弹性状态，还可继续加载。

如果假设容器的材料为理想弹塑性材料，继续加载后屈服层增加，弹性层减少，如图 7-3 所示。当外加弯矩增大到使梁的整个截面都屈服时，梁的承载能力便达到极限，不需再增加载荷也可使梁的变形无限地增大，即形成了"塑性铰"形式的塑性失效。此时的载荷 M' 即为极限载荷：

$$M' = \left[R_{eL}\left(b\,\frac{h}{2}\right)\frac{h}{4}\right] \times 2 = R_{eL}\frac{bh^2}{4} \qquad (c)$$

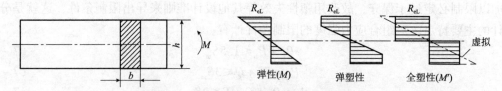

图 7-3 纯弯曲矩形截面梁的极限分析

式(c)与式(b)相比可见 $M' = 1.5M$，即塑性失效时的极限载荷比弹性失效时的载荷增大到 1.5 倍。为了便于与弹性分布的应力相比，若将极限载荷下的应力视为虚拟的线性分布(见图 7-3 中的虚线)，则可计算出极限载荷下的虚拟弹性应力：

$$\sigma'_{\max} = \frac{M'}{W} = \frac{\frac{1}{4}R_{eL}bh^2}{\frac{bh^2}{6}} = 1.5R_{eL} \qquad (d)$$

若仍用 1.5 倍的安全系数，可得到极限载荷法的纯弯曲矩形截面梁的应力限制条件：

$$\sigma_{\max} \leqslant \frac{\sigma'_{\max}}{W} = \frac{1.5R_{eL}}{1.5} = 1.5S_m$$

(2)拉弯组合的矩形截面梁

如图 7-4 所示的梁同时承受弯矩和拉伸载荷，截面上的应力可进行拉弯叠加。与纯弯曲相比，其中性层发生了偏离，偏离值 y 取决于拉伸载荷 P 的大小。

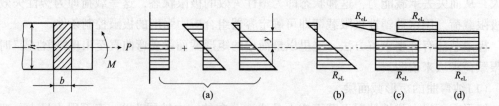

图 7-4 拉弯组合矩形截面梁的极限分析

当载荷增加时(可增加 P 或 M，也可两者同时增加)梁表面层应力达到屈服状态，此时仍可继续加载，使屈服层增厚，直至整个截面的应力均达到屈服状态。此时的载荷(包

括 P 和 M）为该状态的极限载荷，该状态也为出现了"塑性铰"的塑性失效状态。图7-4（b）~（d）反映了 P 保持不变仅增加 M 时的情况。与纯弯曲相比，由于 P 的存在，中性层就会偏离。

在极限载荷下，利用力的静平衡关系可以导出偏心值 y：

$$b\left(\frac{h}{2}+y\right)R_{eL}-b\left(\frac{h}{2}-y\right)R_{eL}=P$$

$$y=\frac{P}{2bR_{eL}} \qquad (e)$$

拉伸载荷 P 越大则 y 也越大，当 $P=0$ 时，$y=0$，即为纯弯曲。

再利用力矩平衡关系可导出极限载荷与虚拟应力值：

$$Py+M=b\left(\frac{h}{2}+y\right)R_{eL}\times\frac{1}{2}\left(\frac{h}{2}+y\right)-b\left(\frac{h}{2}-y\right)R_{eL}\times\frac{1}{2}\left(\frac{h}{2}-y\right)$$

$$M=\frac{1}{4}bh^2R_{eL}-\frac{1}{4}\frac{P^2}{bR_{eL}^2} \qquad (f)$$

变换（e）（f），各项均乘以 $\dfrac{6}{bh^2R_{eL}}$，并以 $\sigma_t=\dfrac{P}{bh}$ 及 $\sigma_b=\dfrac{M}{W}=\dfrac{6M}{bh^2}$ 分别代表拉伸应力和弯曲应力代入式（f），则得到：

$$\frac{\sigma_b}{R_{eL}}=\frac{3}{2}\left[1-\left(\frac{\sigma_t}{R_{eL}}\right)^2\right] \qquad (7-7)$$

如果式（7-7）中的 σ_t 代表一次局部薄膜应力 P_L，σ_b 代表一次弯曲应力 P_b，则该式是 P_L+P_b 组合应力强度在达到塑性失效极限载荷时应满足的关系。若将上式两端均加一项 $\dfrac{\sigma_t}{R_{eL}}$：

$$\frac{\sigma_b+\sigma_t}{R_{eL}}=\frac{3}{2}\left[1+\frac{2}{3}\frac{\sigma_t}{R_{eL}}-\left(\frac{\sigma_t}{R_{eL}}\right)^2\right] \qquad (7-8)$$

式（7-8）可标绘成图7-5的曲线。纵坐标相当于一次薄膜应力加一次弯曲应力与屈服强度的比值，横坐标相当于一次薄膜应力与屈服强度之比。曲线 ABC 即为式（7-8）所表示的拉弯组合应力强度达到极限载荷时发生塑性失效的极限曲线。A 点表示纯弯曲时的极限载荷状态，B 点表示纯拉伸时的极限载荷状态，AB 曲线则为各种拉弯组合时的极限载荷状态。

设计时的允许值可以这样确定：以极限载荷曲线为基础取 1.5 的安全系数。为简便起见，以直线 DE 作为纯弯曲及拉弯组合时的共同限制条件。DE 线代表的正是 $\sigma_t+\sigma_b=1.0\ R_{eL}$，相当于 $\sigma_t+\sigma_b=1.5\left(\dfrac{R_{eL}}{1.5}\right)=1.5S_m$。对于一次薄膜应力 σ_t 仍应以 S_m 为限制条件，

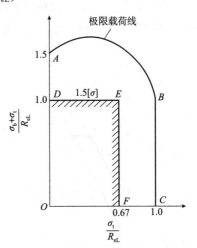

图7-5　拉伸与弯曲组合作用时塑性失效极限载荷线与设计允许范围

相当于 $\dfrac{\sigma_t}{R_{eL}} = \dfrac{1}{1.5} = 0.67$，相当于图中 EF 线所给予的限制。因此在 $ODEF$ 方框内均为设计允许的安全区。

以上是由极限载荷设计准则导出 $P_L + P_b \leqslant 1.5 S_m$ 的概况。应当指出的是，该结论是由矩形截面梁导出的，当为圆形截面的梁时则为 $1.7 S_m$ 而不再是 $1.5 S_m$。另外，以矩形截面直梁出现塑性铰作为极限状态导出的判据，可近似地用于板壳结构的压力容器拉弯组合应力强度的校核，而且是偏于安全的。因为对于梁来说一旦出现一个塑性铰其变形就会无限地发展下去，而压力容器上只有出现多个塑性铰时才会进入塑性失效状态，因而采用 $1.5 S_m$ 是偏于安全的。

2. 安定性准则

含二次应力（Q）的组合应力强度若仍采用由极限载荷准则导出的 $1.5 S_m$ 来限制则显得很保守。这是由于二次应力具有自限性，只要首先满足对一次应力强度的限制条件（$P_m \leqslant S_m$ 及 $P_L + P_b \leqslant 1.5 S_m$），则二次应力的高低对结构承载能力并无很显著的影响。在初始几次加载卸载循环中产生少量塑性变形，在以后的加载卸载循环中即可呈现弹性行为，即结构呈安定状态。但若载荷过大，在多次循环加载时可能导致结构失去安定。丧失安定后的结构并不立即破坏，而是在反复加载卸载中引起塑性交变变形，材料遭到塑性损伤而引起塑性疲劳。此时，结构在循环应力作用下会产生逐次递增的非弹性变形，称为"棘轮"现象。

因此"安定性"的含义是，结构在初始阶段少数几个载荷循环中产生一定的塑性变形外，在继续施加的循环外载荷作用下不再发生新的塑性变形，即不会发生塑性疲劳，此时结构处于安定状态。

作为强度限制条件可以采用安定性准则。下面分析结构保持安定的条件，即导出安定性设计准则。

当某处包含二次应力在内的组合应力（$P_L + P_b + Q$）超过屈服强度后用弹性虚拟应力表示。现用图 7-6 进行安定性准则分析。

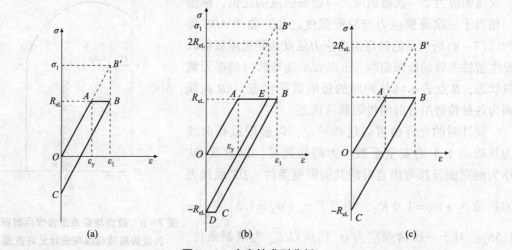

图 7-6　安定性准则分析

(1)$R_{eL} < \sigma_1 < 2R_{eL}$如图7-6(a)所示，第一次加载时，局部塑性区内的应力应变按 OAB 线变化，按虚拟应力 σ_1 计的应力应变线为 OAB'。卸载时则沿 BC 线下降。由于结构不连续区周围存在弹性约束，卸载时有可能使塑性变形回复到0，此时必产生残余压应力，压应力的大小由 OC 线段代表。第二次加载卸载循环将沿 BC 线变化，这时不再发生新的塑性变形，结构表现出新的弹性行为，亦即进入安定状态。

(2)$\sigma_1 > 2R_{eL}$如图7-6(b)所示，塑性区内的虚拟弹性应力超过2倍屈服强度值后卸载时从 B 点沿 BC 线下降，此时可能由于约束产生反向压缩屈服而达到 D 点。于是第二次加载卸载循环则沿 $DEBCD$ 回线变化。如此多次循环，则反复出现拉伸屈服和压缩屈服，则可能引起塑性疲劳，结构便处于不安定状态。

(3)$\sigma_1 = 2R_{eL}$如图7-6(c)所示，这是安定与不安定的界限。第一次加载卸载的应力应变回线为 $OABC$，这是不出现反向屈服的最大回线，以后加载卸载的应力应变循环均沿一条最长的 BC 线变化，不再出现新的塑性变形，表现出最大的弹性行为，即达到安定状态。与此对应的虚拟应力 σ_1 正好为 $2R_{eL}$，因此 $\sigma_1 \leqslant 2R_{eL}$ 即为出现安定的条件。

如前所述，只要能保持安定，二次应力的存在并不影响结构的承载能力，因此作为安定性设计准则并不需要再给安全系数。由于 $2R_{eL} = 2 \times 1.5S_m = 3S_m$，故用安定性准则来限制含二次应力的组合应力强度的表达式即式(7-4)：$P_L + P_b + Q \leqslant 3S_m$，满足这一条件结构就会安定，结构靠自身的自限能力来限制不连续区或温差应力作用区的变形。

由于实际材料并非理想塑性材料，屈服后还有强化能力，因此上面导出的安定性条件 $\sigma_1 \leqslant 2R_{eL}$ 是偏于保守的，使结构增加了一定的安全裕度。

3. 疲劳设计准则

含峰值应力(F)的组合应力强度应根据疲劳失效的设计准则来加以限制。这是由于峰值应力不会引起结构的显著变形。只要首先满足对一次应力及一次加二次应力的限制条件，峰值应力不会引起结构在静载荷下的过度变形而破坏，因此静载荷下(包括循环次数有限的交变载荷)对峰值应力可不予考虑。但在交变载荷下存在峰值应力的地方就会出现疲劳失效，即萌生出疲劳裂纹以致扩展后造成疲劳断裂。按疲劳失效设计准则，含峰值应力的组合应力强度应限制在由低周疲劳设计曲线决定的许用应力幅值 S_a 的2倍之内，即式(7-5)：$P_L + P_b + Q + F \leqslant 2S_a$，本准则在7.4节将进一步讨论。

以上讨论了对各类应力在不同组合情况下的强度设计准则，这些将成为压力容器应力分析设计的重要依据。

除此之外，严重的缺陷(如裂纹)将产生严重的应力集中，导致低应力脆断，应按以断裂力学为基础的断裂失效准则来限制缺陷的尺寸、控制应力或改善材料的韧性。断裂失效问题目前尚未成为分析设计中必须考虑的问题。

7.2.5　分析设计的一般程序

压力容器应力分析设计的一般程序如下。

1. 结构分析

详细考虑压力容器结构中有哪些部位需要按分析设计方法进行强度分析，这些部位大体上有哪些应力作用，可能产生什么形式的失效。

2. 应力分析

对实际工程结构进行正确的弹性应力分析：正确确定各分析部位所受的载荷（压力、机械与热载荷）以及边界条件，明确区别设计条件和实际操作条件，并按弹性应力分析方法计算各部位的应力，写出应力分析报告。常用的应力分析方法有以下三种：

（1）对几何形状规则、载荷及边界条件简单的典型部件采用解析法来求解，通常采用薄膜理论或弹性力学的解析公式。

（2）对几何形状或载荷较复杂的结构或部件可采用数值分析的方法，使用经过严格考核的有限元软件进行分析。这是目前工程设计中应用最广泛的方法。

（3）对重要设备或大量生产的新产品进行实物或小尺寸模型的实验应力分析，以校验设计方案及理论计算结果的正确性。

在进行应力计算时，最好分别计算由外载引起的机械应力和由温度变化引起的热应力。因为热应力全部属于自限性应力，而一次应力仅包含在机械应力中。

3. 应力分类

（1）选择校核截面

根据应力的作用和性质以及其分布规律和影响范围，选择进行应力强度校核的各截面位置（简称校核截面），利用图7-7给出的简单框图进行应力分类。对压力容器部件关心的是应力沿壁厚的分布规律及大小，所以可用沿壁厚方向的"校核线"来代替校核截面，在板壳型部件中，校核线取为通过可能出现各类应力最大值的点的中面法线，如图7-8中的 $A-A$ 线。对壁厚变化的部分，取通过各类应力最大点且沿最小壁厚方向的直线，如图7-8中的 $B-B$ 线、$C-C'$ 和 $C-C''$。强度校核只关心各类应力强度中的最大值是否小于许用值，故只要校核截面选的合适，其他部位不必再逐一校核。

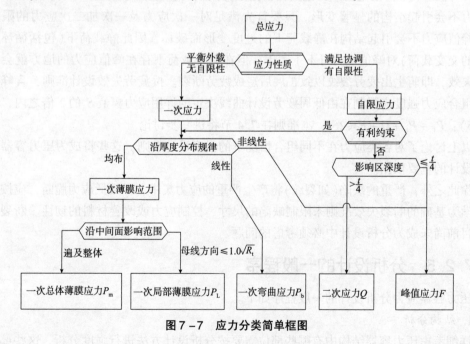

图7-7　应力分类简单框图

（2）等效线性化处理

通过应力分析已把上述校核截面的总应力分布规律找出来，但是必须把 $P(P_m$、P_b、$P_L)$、Q、F 从总应力中分离出来，而常用的方法则是等效线性化的方法。注意，这里的 P、Q、F 代表应力分类的类别符号，不只表示一个量，每类应力各有 6 个应力分量（其中有的应力分量亦可为 0），每一校核点的应力均应为 3 个法向应力（σ_x、σ_θ、σ_z）和三个切应力（$\tau_{x\theta}$、$\tau_{\theta z}$、τ_{xz}）为一组的 6 个应力分量。而叠加是指同种应力分量的向量叠加。应力分类时是针对每组应力分量的，然后按各类同种应力进行叠加。如果按容器的 r、θ、z 取向，基本上可将剪应力忽略不计，剩下的 3 个法向应力即为主应力。

等效线性化是把沿校核截面的实际应力曲线用静力等效的方法做线性化处理，即用一个等价的线性化应力分布代替实际应力分布，截面上平衡外载所必需的应力可分为两部分：一部分是合力等效的、沿截面均匀分布的平均应力；另一部分是合力矩等效的沿截面线性分布的应力。均匀分布的应力属于薄膜应力，等效线性化处理以后的线性部分属于弯曲应力。实际的应力分布与等价的线性应力之差就是与外载荷无关的、自平衡的非线性应力，肯定不是一次应力。对压力容器来说，沿壁厚方向非线性分布的应力就是峰值应力，因为非线性部分的高应力区只占壁厚的一小部分，可以把它与二次应力区别开。

线性化处理过程可以用图 7-9 表示，对应截面上任意一点 x 处的各类应力为：

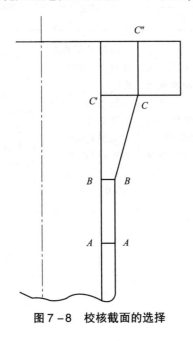

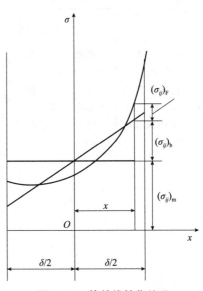

图 7-8　校核截面的选择　　　　图 7-9　等效线性化处理

薄膜应力，是沿壁厚 δ 的平均值：$(\sigma_{ij})_m = \dfrac{1}{\delta} \displaystyle\int_{-\frac{\delta}{2}}^{\frac{\delta}{2}} \sigma_{ij} \mathrm{d}x$

弯曲应力，是沿壁厚线性分布的应力成分：$(\sigma_{ij})_b = \dfrac{12x}{\delta^3} \displaystyle\int_{-\frac{\delta}{2}}^{\frac{\delta}{2}} \sigma_{ij} x \mathrm{d}x$

在内、外壁处的最大、最小弯曲应力：$(\sigma_{ij})_b^* = \pm \dfrac{6}{\delta^2} \delta \displaystyle\int_{-\frac{\delta}{2}}^{\frac{\delta}{2}} \sigma_{ij} x \mathrm{d}x$

线性化应力：$(\sigma_{ij})_L = (\sigma_{ij})_m + (\sigma_{ij})_b$

非线性应力：$(\sigma_{ij})_F = (\sigma_{ij}) - (\sigma_{ij})_L = (\sigma_{ij}) - [(\sigma_{ij})_m + (\sigma_{ij})_b]$

4. 计算应力强度

将应力按各向叠加和分类后的应力分量求得组合后三向主应力，然后按第四强度理论求出各校核部位的最大应力强度，或称组合应力强度(S)，以待进行强度校核。

5. 应力强度校核

按图 7 - 10 所示的程序进行各个单项及组合应力强度 S 的校核，即 P_m 的应力强度 $S_I \leqslant KS_m$，P_L 的 $S_{II} \leqslant 1.5KS_m$，$P_L + P_b$ 的 $S_{III} \leqslant 1.5KS_m$。这一步的校核均采用设计载荷计算应力和应力强度。而下一步需按图 7 - 10 中的虚线程序进行校核，即 $S_{IV} \leqslant 3S_m$，以及 $P_L + P_b + Q + F$ 的 $S_V \leqslant 2S_a$。这里的 K 为载荷的组合系数，即根据压力、自重、内物料、配件重、风载荷、地震载荷不同组合情况的组合。S_m 为基本应力强度，S_a 为由低周疲劳设计曲线得到的应力循环下的许用应力幅。需要注意的是，按虚线所示程序校核含二次应力及峰值应力的组合应力强度时应采用操作载荷计算，而若按设计载荷计算时则过于保守。

应力种类	一次应力			二次应力	峰值应力
	总体薄膜	局部薄膜	弯曲		
说明	沿实心截面的平均一次应力 不包括不连续和应力集中 仅由机械载荷引起的	沿任意实心截面的平均应力 考虑不连续但不包括应力集中 仅由机械载荷引起的	和离实心截面形心的距离成正比的一次应力分量。不包括不连续和应力集中 仅由机械载荷引起的	为满足结构连续所需要的自平衡应力 发生在结构的不连续处，可以由机械载荷或热膨胀差引起的 不包括局部应力集中	(1)因应力集中(缺口)而加到一次应力或二次应力上的增量 (2)能引起疲劳但不引起容器形状变化的某些热应力
符号	P_m	P_L	P_b	Q	F
应力分量的组合和应力强度的许用极限	P_m $S_I \leqslant KS_m$ —用设计载荷 --用工作载荷	P_L $S_{II} \leqslant 1.5KS_m$	$P_L + P_b$ $S_{III} \leqslant 1.5KS_m$	$P_L + P_b + Q$ $S_{IV} \leqslant 3S_m$	$P_L + P_b + Q + F$ $S_V \leqslant 2S_a$

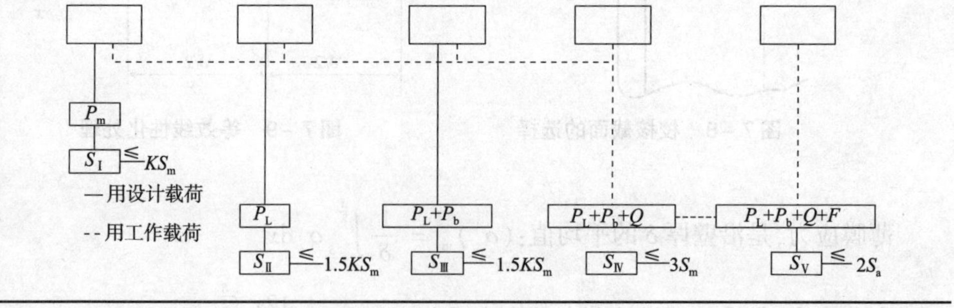

图 7 - 10　各类应力强度的校核程序及限制值

7.3 弹塑性应力分析设计法

7.3.1 弹塑性分析设计法概述

弹性应力分析法不能准确地描述材料进入屈服阶段后的力学行为,所以需要与应力分类法配合使用。研究表明,弹性分析加上应力分类的方法是保守的、安全的。而如今计算机技术已经非常成熟,可以进行复杂的非线性计算,准确地模拟出材料屈服以后的力学行为,用弹塑性分析设计方法对承压设备进行更精细的设计也是大势所趋,并且在材料进入屈服阶段后,失效模式与应变的相关性更大,用应变作为判据更合适。各国新修订的压力容器分析设计标准都相继引入弹塑性分析方法和基于有限元分析的数值计算技术。

弹塑性分析设计方法的核心思想是在保证结构完整性的基础上允许在压力容器局部结构中出现少量的塑性变形,但是不允许出现过量的整体塑性垮塌或循环塑性变形。弹塑性分析设计方法能更精确地反映结构在载荷作用下的塑性变形行为和实际承载能力,可以充分发挥材料的承载潜力。

7.3.2 塑性垮塌

为防止塑性垮塌,弹塑性设计方法采用极限分析或弹塑性分析方法,对标准中规定的载荷组合工况进行压力容器的合格评定。

1. 载荷组合工况

弹塑性分析设计方法应考虑的载荷组合工况见表 7 – 3,同时应考虑其中一个或多个载荷不起作用时能引起的更危险的组合工况。

表 7 – 3 弹塑性分析载荷组合工况

序号	载荷组合工况	条件	
1	$\beta(p + p_s + D)$	塑性垮塌	
2	$\beta[0.87(p + p_s + D + T) + 1.13L + 0.36S_s]$		
3	$\beta[0.87(p + p_s + D + T) + 1.13S_s + (0.73L \text{ 或 } 0.36W)]$		
4	$\beta[0.87(p + p_s + D + T) + 0.73W + 0.73L + 0.36S_s]$		
5	$\beta[0.87(p + p_s + D + T) + 0.73E + 0.73L + 0.14S_s]$		
6	$\beta[0.74(p + p_s + D + 0.6W_{PT})]$	液压试验	耐压试验
7	$\beta[0.83(p + p_s + D + 0.6W_{PT})]$	气压试验	

注:β——载荷系数;

　p——内压、外压或最大压差;

　p_s——液体静压力;

　D——压力容器重量载荷;

　T——具有自限性的热载荷或位移载荷;

　L——附属设备活载荷;

　W——风载荷;

　E——地震载荷;

　S_s——雪载荷。

按极限分析或弹塑性分析进行分析的压力容器或元件应根据总体设计准则进行合格性评定，必要时再按使用准则评定。

(1)总体准则。要求受压元件在指定的设计载荷情况下不得产生韧性断裂或总体塑性变形。通过对指定载荷条件的元件进行极限载荷分析来确定总体塑性垮塌载荷。

(2)使用准则。根据用户提出的要求，使受压元件在所有部位按照总体准则计算的许用载荷作用下不会出现过大的变形。

2. 极限分析

极限分析是塑性分析中基本的强度设计方法。假定材料是理想弹塑性的，其应力－应变关系无应变硬化阶段，如图7－11(a)所示。

极限分析是基于极限分析理论评定元件是否发生塑性垮塌的一种方法，为工程技术人员对结构的一次应力评定提供另外一种可选择的方法。这种方法通过确定压力容器受压元件的极限载荷下限值来防止塑性垮塌，适用于单一或多种静载荷。当采用数值计算进行极限分析时，材料应力－应变关系是理想弹塑性，屈服强度取$1.5S_m^t$，采用小变形的应变－位移线性关系，以变形前几何形状下的力平衡关系为基础，满足Mises屈服条件和关联流动准则，依此确定的极限载荷的下限即为总体塑性垮塌载荷，极限载荷值可用微小载荷增量下不能获得平衡解的那个点(此解无收敛)来表示。

极限载荷分析的元件是否合格由总体准则和使用准则决定。

极限分析又包括载荷系数法和垮塌载荷法。载荷系数法取载荷系数$\beta=1.5$，若数值计算能够得到收敛解，则元件在此载荷工况下处于稳定，评定通过，所以载荷系数法一般用于强度校核。垮塌载荷法假定载荷系数，若数值计算得到的收敛解载荷系数$\beta \geq 1.5$，则评定合格，所以载荷系数法能给出结构的承载裕度。

3. 弹塑性分析

采用弹塑性应力－应变关系进行弹塑性分析，确定元件的垮塌载荷。分析时采用的应力－应变关系具有与温度有关的硬化或软化行为[见图7－11(b)]，同时考虑结构非线性的影响，即采用大变形的应变－位移非线性关系。以变形前几何形状下的力平衡关系为基础，满足Mises屈服条件和关联流动准则，依此确定元件的塑性垮塌载荷。弹塑性分析和上述极限法相比，由于采用真实的应力－应变关系曲线，能更为精确地评定元件塑性垮塌载荷。与极限分析一样，采用弹塑性分析时，元件合格判据也是总体准则和使用准则。

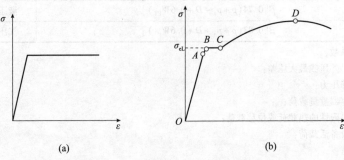

(a)　　　　　　　　　　　(b)

图7－11　材料应力－应变关系曲线

同样，弹塑性分析也包括载荷系数法和极限载荷法。载荷系数法取 $\beta = 2.4$，若数值计算能够得到收敛解，则元件在此载荷工况下处于稳定，评定通过。垮塌载荷法假定载荷系数，若数值计算得到的收敛解载荷系数 $\beta \geqslant 2.4$，则评定合格。

7.3.3 局部过度应变

除了满足塑性垮塌的评定外，元件还应满足局部过度应变准则。评定时对每种载荷工况组合均应进行弹塑性数值计算。在计算中应采取材料弹塑性应力 – 应变关系、Mises 屈服理论和相关联的流动法则，同时考虑几何非线性。如果元件的细节结构是按照公式法设计的，则可不必进行局部过度应变的评定。

7.3.4 屈曲失效

结构的屈曲一般分为两种形式：分叉点屈服和极值点屈曲。对于无缺陷结构，分叉点屈服和极值点屈曲都是可能的失稳形式；有缺陷结构只能发生极值点屈曲。

实际工程结构中存在各类几何或材料初始缺陷，或者制造偏差等外部扰动，利用有限元进行屈曲分析时，通常引入初始缺陷。常用的方法是采用弹性屈曲模态的线性组合作为假想的初始缺陷，实际在数值模拟中，引入初始缺陷的意义是在模型中引入初始扰动。对于对称载荷作用下的对称结构，若没有引入初始缺陷，便会缺乏足够的扰动，导致计算机在分叉屈曲点处无法对两条或者几条平衡路径做出取舍和判断，表现为计算结果不能收敛。

7.4 循环载荷分析

在石油化工和其他工业领域，压力容器经常要承受交变的循环载荷作用，如来自操作中压力、温度的变化及波动；间歇操作与频繁地开、停工；其他可变载荷以及强迫振动等。此外，随着压力容器向大型化和高参数方向的发展，壁厚不断增加，同时高强度钢也日趋广泛应用，这不仅增加了缺陷存在的可能性，也大大增长了压力容器疲劳破坏的危险性；另外，因产生渐增性塑性变形而发生的棘轮失效也与交变应力相关。本节简单讨论基于弹性分析方法的疲劳失效和热应力棘轮失效的评定准则。

7.4.1 交变应力的循环特征

大小和方向随时间变化的应力称为交变应力，交变应力随时间变化的历程称为应力谱。应力谱可能是随机的(如风及其诱导振动引起的应力)，也可能是规则的(如间歇操作引起的应力变化)。规则应力谱的特征是在一定的时间间隔内，应力的变化具有重复性。正弦应力是规则应力谱的一个特例，如图 7 – 12(a)所示。下面结合这种情况说明交变应力的一些重要参量。

交变应力的循环参量有最大应力 σ_{max}、最小应力 σ_{min}、平均应力 σ_m 和交变应力幅值 σ_a，其意义如图 7 – 12(a)所示。因而有

$$\sigma_m = (\sigma_{max} + \sigma_{min})/2, \quad \sigma_a = (\sigma_{max} - \sigma_{min})/2 \tag{7-9}$$

交变应力的循环特征可用应力比 r 来表示,其定义为:

$$r = \sigma_{min}/\sigma_{max} \qquad (7-10)$$

根据应力比 r 的取值,应力循环可分为以下 6 种类型[见图 7-12(b)]:

(1)当 $r = -1$ 时,对应的应力循环为对称循环;

(2)当 $r = 0$ 时,为脉动拉伸循环;

(3)当 $r = \infty$ 或 $-\infty$ 时,为脉动压缩循环;

(4)当 $0 < r < 1$ 时,为波动拉伸循环;

(5)当 $1 < r < \infty$ 时,为波动压缩循环;

(6)当 $-1 < r < 0$ 或 $-\infty < r < -1$ 时,为波动拉压循环。

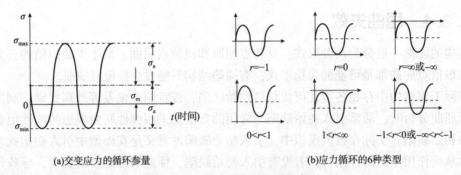

(a)交变应力的循环参量   (b)应力循环的6种类型

图 7-12 正弦应力及其循环类型

另外,根据载荷交变频率大小,疲劳问题可分为高周疲劳与低周疲劳。在使用期内,载荷循环次数超过 10^5 次的称为高周疲劳,循环次数在 $10^2 \sim 10^4$ 次的称为低周疲劳,而循环次数低于 10^2 次的则属于安定性问题。压力容器应力循环次数很少有超过 10^4 次的,通常只有几千次,故属于低周疲劳的范围。

7.4.2 压力容器疲劳设计曲线

1. 高周疲劳曲线与疲劳极限

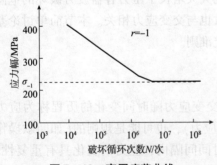

图 7-13 高周疲劳曲线

为了描述材料的疲劳性能,通常采用若干标准光滑圆截面试样,在一定的交变应力状态下,即一定的平均应力 σ_m(或 r)和不同的应力幅值 σ_a(或 σ_{max})下进行疲劳试验,测得试样破坏时的循环次数 N(疲劳寿命),然后把试验结果标绘在以 σ_a(或 σ_{max})为纵坐标、N 为横坐标的图上,连接这些点就得到相应于 σ_m(或 r)的一条疲劳曲线,称为沃勒(Wohler)曲线,又称 $S-N$(应力-寿命)曲线。

图 7-13 所示为一典型的高周疲劳曲线,它是在对称应力循环($\sigma_m = 0$ 即 $r = -1$)的情况下通过试验测得的。可以看出,最初 σ_a 随着 N 的增加而急剧降低,而后渐趋水平线,这表明材料在此应力幅值下即使经历无限次循环也不会发生疲劳破坏,相应于这一渐近线的应力称为材料的疲劳极限。工程中常以规定的寿命(如 $N = 10^7$),所对应的应力幅值作为材料的疲劳极限。通常,材料的疲劳

极限均指应力比 $r = -1$ 情况下的最大应力幅值，亦即最大应力值，并记为 σ_{-1}，σ_{-1} 是金属材料的基本力学性能之一，常用于构件的高周疲劳设计，其值一般为抗拉强度 R_m 的 1/2 左右。

2. 低周疲劳曲线

在低周疲劳时，交变应力的值很高，接近或超过材料的屈服极限，特点是交变周期长、频率低、疲劳破坏循环次数少。压力容器和压力管道因交变压力、热循环等引起的结构低周疲劳破坏是发生这种破坏的典型例子。因为在这些设备中不可避免地存在由于局部结构不连续等因素造成的应力集中，使局部区域的材料发生屈服，形成局部塑性变形。由于材料屈服后，很小的应力改变便可产生很大的应变变化，因此以应力作为循环控制变量发现数据非常分散。故在低周疲劳试验时，常采用应变作为循环控制变量，这样所得的数据不仅有明显的规律性，而且可靠。但是，为了和高周疲劳曲线中纵坐标表示的应力幅相一致，在整理数据时，将应变按照弹性规律转化为应力幅，由此提出虚拟应力幅 S 的概念。虚拟应力幅值 S 大小为材料弹性模量 E 与真实总应变幅 $\varepsilon_t/2$ 的乘积，即：

$$S = \frac{1}{2}E\varepsilon_t \tag{7-11}$$

由于低周疲劳试验数据相对较少，低周疲劳曲线可通过材料的持久极限及其他力学性能计算得到。根据低周疲劳试验结果，曼森（Manson）和柯芬（Coffin）对许多材料总结出塑性应变变化范围 ε_p 与疲劳破坏循环次数 N 之间有如下关系：

$$\sqrt{N}\varepsilon_p = C \tag{7-12}$$

式中，常数 C 为材料拉伸试验中断裂时的真实应变的 1/2，即 $C = 0.5\varepsilon_f$。利用塑性变形时体积不变的规律，可以推导出 ε_f 与断裂时的断面收缩率 Ψ 的关系为 $\varepsilon_f = \ln\dfrac{100}{100-\Psi}$，于是

$$C = \frac{1}{2}\ln\frac{100}{100-\Psi} \tag{7-13}$$

另外，疲劳试验中的总应变 ε_t 应为塑性应变 ε_p 与弹性应变 ε_e 之和，即 $\varepsilon_t = \varepsilon_p + \varepsilon_e$。

将总应变代入式（7-11）可得：

$$S = \frac{1}{2}E\varepsilon_t = \frac{1}{2}E\varepsilon_p + \frac{1}{2}E\varepsilon_e$$

对应于弹性应变的交变应力幅为：

$$\sigma_a = \frac{1}{2}E\varepsilon_e$$

所以

$$S = \frac{1}{2}E\varepsilon_p + \sigma_a \tag{7-14}$$

将式（7-12）与式（7-13）代入式（7-14），得：

$$S = \frac{E}{4\sqrt{N}}\ln\frac{100}{100-\Psi} + \sigma_a$$

上式表示了疲劳中虚拟应力幅 S 与疲劳寿命 N 之间的关系。推广到高周疲劳，当 $N \rightarrow \infty$ 时，应有 $S = \sigma_{-1}$，因而可得 $\sigma_a = \sigma_{-1}$，于是上式可改写为：

$$S = \frac{E}{4\sqrt{N}} \ln \frac{100}{100 - \Psi} + \sigma_{-1} \qquad (7-15)$$

图 7-14 所示为奥氏体不锈钢以虚拟应力幅值 S_a 与循环次数 N 之间关系求得的低周疲劳曲线。曲线 1 为由试验得到的均值曲线，曲线 2 即为按式(7-15)计算求得的曲线。与曲线 1 相比，曲线 2 不仅与试验结果吻合，且位于试验数据分散带的下方，说明利用式(7-15)进行疲劳计算是较安全可靠的。尽管由式(7-15)表示的低周疲劳曲线使用方便，并且还可以节省大量的试验时间和费用，然而在一般情况下，低周疲劳的设计曲线仍根据试验曲线得到。

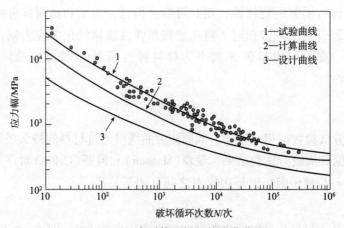

图 7-14 奥氏体不锈钢的疲劳曲线

基于设计可靠性的要求，压力容器疲劳设计时需对试验曲线引入安全系数。一般对应力幅值取安全系数为 2，对循环次数取安全系数为 20（它包括数据的波动系数 2，试件尺寸的影响系数 2.5，表面状况及环境影响系数 4，三者的乘积为 20）。然后取最小应力幅值，并作各点的连线。由此构成的曲线即为低周疲劳设计曲线。图 7-14 中的曲线 3 就是按此方法求得的疲劳设计曲线。其他材料可以用类似的方法给出相应的疲劳设计曲线。

利用低周疲劳设计曲线，如已知应力幅值，即可求得相应的安全寿命，亦即许用循环次数 $[N]$，或在规定的使用寿命亦即设计循环次数 N 下，求得相应的许用应力幅 $[S_a]$。

3. 平均应力对低周疲劳寿命的影响

上述疲劳曲线是在平均应力为 0 的对称循环条件下获得的，然而压力容器是在非对称应力循环下工作的，因此要将上述疲劳曲线用于工程设计，除了要取一定的安全系数之外，还必须考虑平均应力的影响。

研究表明：平均应力增加时，在同一循环次数下结构发生破坏的交变应力幅下降。也就是说，在非对称循环的交变应力作用下，平均应力增加将会使疲劳寿命下降。关于同一疲劳寿命下的平均应力与交变应力幅之间关系的描述有多种形式，最简单的是 Goodman 直线方程。

$$\frac{\sigma_{\mathrm{a}}}{\sigma_{-1}} + \frac{\sigma_{\mathrm{m}}}{R_{\mathrm{m}}} = 1 \tag{7-16}$$

式(7-16)在横坐标为 σ_{m}、纵坐标为 σ_{a} 的图上为一条直线，如图 7-15 中 AB 所示。当平均应力 $\sigma_{\mathrm{m}} = 0$ 或交变应力幅 σ_{a} 等于疲劳极限 σ_{-1} 时，为对称的高周疲劳失效；当平均应力 σ_{m} 等于抗拉强度 R_{m} 或交变应力幅 $\sigma_{\mathrm{a}} = 0$ 时，为静载失效。而 Goodman 直线则代表不同平均应力时的失效情况，显然 σ_{m} 越大，σ_{a} 越小。当 $(\sigma_{\mathrm{m}}, \sigma_{\mathrm{a}})$ 点落到直线以上时发生疲劳破坏，而在直线以下则不发生疲劳破坏。为了比较，图中还画了 CD 线，它的两端均为屈服强度 R_{eL}，当最大应力等于屈服强度 $(\sigma_{\max} = \sigma_{\mathrm{m}} + \sigma_{\mathrm{a}} = R_{\mathrm{eL}})$ 时，就位于 CD 线上，所以它是材料不发生屈服的上限线。可以看到，在 $\triangle BED$ 内，交变应力幅较小，此时，虽然最大应力超过屈服强度，也不发生疲劳破坏；而在 $\triangle AEC$ 内，交变应力幅较大，此时即使最大应力低于屈服强度，也会发生疲劳破坏。

4. 平均应力调整及当量交变应力幅的求法

在低周疲劳中，最大应力 $(\sigma_{\max} = \sigma_{\mathrm{m}} + \sigma_{\mathrm{a}})$ 大于材料的屈服强度，此时平均应力在循环过程中可能会发生调整。另外，为了计及平均应力对疲劳寿命的影响，需要将相应的交变应力幅根据等寿命原则，按式(7-16)折算成相当于平均应力为零的当量交变应力幅。下面结合图 7-16，根据最大应力的大小分三种情况进行分析。

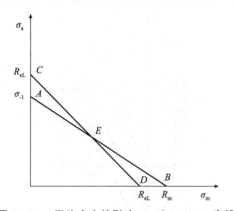

图 7-15　平均应力的影响——Goodman 直线

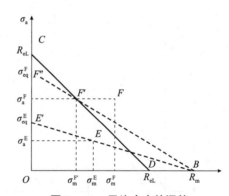

图 7-16　平均应力的调整

(1) $\sigma_{\mathrm{m}} + \sigma_{\mathrm{a}} \leqslant R_{\mathrm{eL}}$

在图 7-16 中，CD 线以下的任一点均符合此种情况，此时不论应力多大，在应力循环中，σ_{m}、σ_{a} 等各种应力参量不发生任何变化。以图 7-16 中 $E(\sigma_{\mathrm{m}}^{\mathrm{E}}, \sigma_{\mathrm{a}}^{\mathrm{E}})$ 点为例，对交变应力幅进行修正，即求 $\sigma_{\mathrm{m}} = 0$ 时的当量交变应力幅 $\sigma_{\mathrm{eq}}^{\mathrm{E}}$。按照几何关系有

$$\frac{\sigma_{\mathrm{eq}}^{\mathrm{E}}}{\sigma_{\mathrm{a}}^{\mathrm{E}}} = \frac{R_{\mathrm{m}}}{R_{\mathrm{m}} - \sigma_{\mathrm{m}}^{\mathrm{E}}}$$

所以

$$\sigma_{\mathrm{eq}}^{\mathrm{E}} = \frac{\sigma_{\mathrm{a}}^{\mathrm{E}}}{1 - \sigma_{\mathrm{m}}^{\mathrm{E}}/R_{\mathrm{m}}} \tag{7-17}$$

(2) $R_{\mathrm{eL}} < \sigma_{\mathrm{m}} + \sigma_{\mathrm{a}} < 2R_{\mathrm{eL}}$

假定材料为理想弹塑性材料，初次加载时，应力-应变沿图 7-17 中 OAB 变化，卸载

时沿 BC 线变化。在随后的载荷循环中，应力 – 应变的变化关系就保持在 BC 线所示的弹性状态。此时，$\sigma'_{min} = -(\sigma_{max} - R_{eL})$，$\sigma'_{max} = R_{eL}$。于是，交变应力幅 $\sigma'_a = -(\sigma'_{max} - \sigma'_{min})/2 = \sigma'_{max}/2$，平均应力 $\sigma'_m = (\sigma'_{max} + \sigma'_{min})/2 = R_{eL} - \sigma_a$。可见，交变应力幅未改变，但是平均应力降低了。因此，当 $R_{eL} < \sigma_m + \sigma_a < 2R_{eL}$ 时，平均应力对疲劳寿命的影响将会减小。现以图中 7 – 16 中的 $F(\sigma_m^F$、$\sigma_a^F)$ 点为例，求当量交变应力幅 σ_{eq}^E。由于 $\sigma_{max}^F = \sigma_m^F + \sigma_a^F > R_{eL}$，所以 F 点在 CD 线之外。F' 点纵坐标与 F 点相同但落在 CD 线上，其横坐标 $\sigma_m^{F'} = R_{eL} - \sigma_a^F$，所以 F' 点就是 F 点在平均应力调整后的位置。从横坐标上的 B 点，引一直线通过 F' 点并与纵坐标相交，交点的纵坐标即为对交变应力幅 σ_a^F 进行修正后的当量交变应力幅 σ_{eq}^F，按照几何关系可得：

$$\sigma_{eq}^F = \frac{\sigma_a^F}{1 - (R_{eL} - \sigma_a^F)/R_m} \tag{7 – 18}$$

（3）$\sigma_m + \sigma_a \geqslant 2R_{eL}$

此时的应力 – 应变关系如图 7 – 18 所示，第一次循环 OAB 加载，其卸载以及随后的循环将沿着平行四边形 $BCDEB$ 变化，即在每次循环中均不断发生拉伸与压缩屈服。因此，调整后的平均应力为 $\sigma_m = \dfrac{(R_{eL} - R_{eL})}{2} = 0$，这表示 $\sigma_m + \sigma_a \geqslant 2R_{eL}$ 时，平均应力自行调整为 0，因此无须对交变应力幅进行修正。

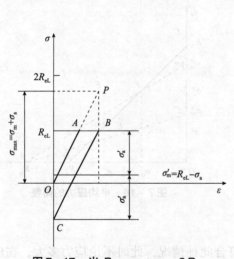

图 7 – 17　当 $R_{eL} < \sigma_m + \sigma_a < 2R_{eL}$
时的应力 – 应变关系

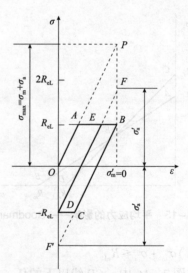

图 7 – 18　当 $\sigma_m + \sigma_a \geqslant 2R_{eL}$
时的应力 – 应变关系

5. 低周疲劳曲线的修正

由前面的分析看出，当量交变应力幅总是大于或等于实际交变应力幅。因此，在有平均应力的情况下，若仍利用平均应力为 0 的 $S - N$ 疲劳曲线进行工程设计，就应该将许用交变应力幅 S 减小到某一程度。然而，对应于任何一个当量交变应力幅都可以有无数个平均应力和交变应力幅的组合，要找出每一个组合中的交变应力幅是不现实的。工程上既方便又安全的方法是找出最大平均应力所对应的交变应力幅，或者找出一个最小的许用交变

应力幅 S_a，并以此对平均应力为 0 的 $S-N$ 疲劳曲线进行修正。由于这个过程实际上是上述求当量交变应力幅的逆过程，因此仍然可用图 7-16 进行分析。根据前面的分析，有相同当量交变应力幅 σ_{eq}^F 的点均落在线段 $F''F'$ 和线段 $F'F$ 及 $F'F$ 向右的延长线上，显然，最小的交变应力幅是 σ_a^F，它是落在 CD 线上 F' 点的纵坐标。由前面的分析可知，横坐标 $\sigma_m^{F'}$ 为对应于当量交变应力幅 σ_{eq}^F 的最大平均应力。由几何关系可得：

$$\sigma_a^F = \sigma_{eq}^F \left(\frac{R_m - R_{eL}}{R_m - \sigma_{eq}^F} \right) \tag{7-19}$$

将 σ_{eq}^F 换为 $S-N$ 疲劳曲线中的交变应力幅 S，σ_a^F 即为经平均应力修正后的疲劳曲线中的交变应力幅 S_a。图 7-19 所示为经平均应力修正前后的疲劳曲线。在曲线左半部，由于 $\sigma_{max} \geqslant 2R_{eL}$，因而无须修正。

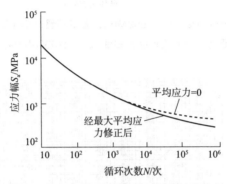

图 7-19　经平均应力修正后的疲劳曲线

6. 设计疲劳曲线

我国的分析设计标准提供了循环次数在 $10 \sim 10^7$，抗拉强度在 540MPa 以下及 793 ~ 896MPa 的两类碳素钢、低合金钢的设计疲劳曲线（使用温度不超过 371℃，见图 7-20 和图 7-21），循环次数在 $10 \sim 10^{11}$，温度不超过 427℃ 的奥氏体不锈钢的设计疲劳曲线（见图 7-22）。这些疲劳曲线均根据应变控制的低周疲劳试验曲线，经最大平均应力影响的修正，取设计安全系数而得。

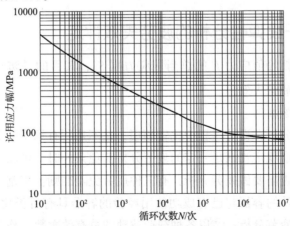

图 7-20　$R_m \leqslant 540MPa$，温度不超过 371℃ 的碳素钢、低合金钢的设计疲劳曲线（$E_c = 210000MPa$）

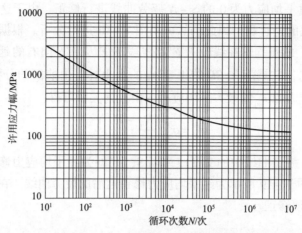

图7-21　793MPa≤R_m≤892MPa，温度不超过371℃的碳素钢、
低合金钢的设计疲劳曲线（E_c =210000MPa）

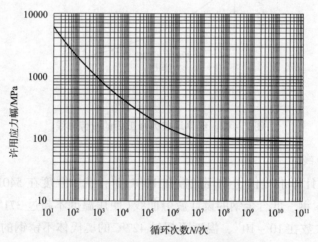

图7-22　温度不超过427℃的奥氏体
不锈钢的设计疲劳曲线（E_c =195000MPa）

7.4.3　基于线弹性分析的疲劳失效评定

疲劳评定针对包括峰值应力 F 的总当量应力幅 S_V，其目的是防止结构在循环载荷和循环次数作用下出现疲劳失效。

1.　疲劳失效免除准则

压力容器的疲劳分析在设计过程中比较烦琐，且不是所有承受疲劳载荷作用的容器都要进行疲劳分析，标准规定当满足一定的疲劳分析豁免条件时，可以不做疲劳分析。

判断压力容器是否需要做疲劳分析，有三种疲劳免除准则：①基于使用经验的疲劳分析免除准则，如果设计的容器与已有成功使用经验的容器具有可类比的形状与载荷条件，可根据运行经验免除疲劳分析；②以各种载荷波动的总有效次数 n 作为判据；③以各种载荷的应力波动范围是否超过疲劳设计曲线的许用范围作为判据。疲劳分析免除准则②和③

以光滑试件试验得出的疲劳曲线作为基础，在工程设计中针对整体结构和非整体结构，按成形封头过渡区的连接件和接管、其他部件给出不同的免除准则或免除准则系数。

2. **疲劳失效——弹性应力分析**

压力容器的疲劳设计基础是应力分析，首先应满足一次应力和二次应力的限制条件。其过程包括确定交变应力幅，根据交变应力幅由设计疲劳曲线确定允许循环次数以及进行疲劳强度校核等。

（1）变幅载荷与疲劳和累积损伤

疲劳损伤是指交变载荷作用下材料的损坏程度，而累积损伤是指每一个加载循环损伤增量的累积情况。压力容器在实际运行中所受到的交变载荷幅有时是随时间变化的，其大小载荷幅的作用顺序甚至是随机的，若总按其中的最大幅值来计算交变应力幅就太保守。对变幅疲劳或随机疲劳问题，工程上普遍采用线性疲劳累积损伤准则来解决。

假设压力容器所受的各种交变当量应力幅为 S_{a1}，S_{a2}，$S_{a3}\cdots$它们单独作用时的疲劳寿命分别为 N_1，N_2，$N_3\cdots\cdots$。若 S_{a1}，S_{a2}，$S_{a3}\cdots\cdots$作用次数分别为 n_1，n_2，$n_3\cdots\cdots$，则各交变应力幅对结构造成的损伤程度分别为 n_1/N_1，n_2/N_2，$n_3/N_3\cdots\cdots$线性疲劳累积损伤准则认为各交变应力幅成的损伤程度累计叠加不应超过 1，即：

$$\sum \frac{n_i}{N_i} = \frac{n_1}{N_2} + \frac{n_2}{N_2} + \frac{n_3}{N_3} + \cdots \leqslant 1 \qquad (7-20)$$

显然，线性疲劳累积损伤准则认为累积损伤的结果与不同交变应力幅作用顺序无关，而实际上作用顺序是有影响的，如高应力幅作用在前，造成应力集中区屈服，卸载后便会产生一定的残余压缩应力，这将使以后的低应力幅造成的损伤程度下降，在这种情况下，累积损伤程度可能超过 1。但是，压力容器在设计时很难预测使用中不同交变载荷的作用顺序，鉴于线性累积损伤准则计算方便，工程上仍大量使用。如果考虑作用顺序及其他因素影响，问题则复杂得多，目前尚无成熟的理论和方法。

（2）疲劳强度减弱系数

前面给出的设计疲劳曲线是基于光滑试件测定的，为此在疲劳评定中采用疲劳强度减弱系数 K_f 来考虑真实构建的不光滑程度对疲劳寿命的影响。按 K_f 以下规定：

①若应力分析时已经充分考虑了局部缺陷或焊接的影响，则 $K_f=1$；

②若应力分析时未考虑焊接的影响，则可按照标准由焊接接头型式、表面加工方式和焊缝检验条件选取 K_f；

③当采用规定的实验方法确定了疲劳强度减弱系数时，可使用该系数代替上面的规定；

④螺柱的疲劳强度减弱系数见相关规定。

（3）疲劳损失系数

通常情况下，疲劳评定采用弹性分析。当一次应力加二次应力范围小于 $3S_m$ 时，结构处于安定状态，这时使用应力集中系数或疲劳强度减弱系数就足以完成低周疲劳的评定。但压力容器很多时候也会经历热瞬态过程，这个过程中可能会产生较大的热应力，此时，很可能已不满足 $3S_m$ 的要求，即处于弹性不安定状态，在应力集中区域呈现循环的交替塑性。而低周疲劳裂纹的萌生是由局部塑性应变控制的，为了继续采用弹性分析的结果，就需要一个修正系数，对局部应变重分布进行修正。因此，当 $S_N > 3S_m$ 时，根据材料不同确定不同的疲劳损失系数 $K_{e,k}$，其值大于1，可采用疲劳评定。

(4)疲劳分析步骤

1)根据压力容器设计条件给出的加载历史和按循环计数法制定载荷直方图。载荷直方图中应包括所有显著的操作载荷和作用在元件上的重要事件。如果无法确定准确的加载顺序，应选用能产生最短疲劳寿命的最苛刻的加载顺序。

2)按循环计数法确定疲劳寿命校核点处的应力循环。将应力循环总次数计为 M。

3)按以下步骤确定第 k 次循环中的总当量应力幅 $S_{alt,k}$。

①计算疲劳寿命校核点在第 k 次应力循环的起始时刻 $^m t$ 和终了时刻 $^n t$ 的6个应力分量，分别记为 $^m\sigma_{ij,k}$ 和 $^n\sigma_{ij,k}(i, j=1, 2, \cdots, 6)$。开孔接管周围的应力分量可以按照应力指数法确定，以替代详细的应力分析。

②按式(7-21)计算个应力分量的波动范围：

$$\Delta\sigma_{ij,k} = {}^n\sigma_{ij,k} - {}^m\sigma_{ij,k} \tag{7-21}$$

③按式(7-22)计算峰值当量应力的范围：

$$\Delta S_{e,k} = \frac{1}{\sqrt{2}}[(\Delta\sigma_{11,k} - \Delta\sigma_{22,k})^2 + (\Delta\sigma_{22,k} - \Delta\sigma_{33,k})^2 + (\Delta\sigma_{33,k} - \Delta\sigma_{11,k})^2 +$$
$$6(\Delta\sigma_{12,k}^2 + \Delta\sigma_{23,k}^2 + \Delta\sigma_{31,k}^2)]^{0.5} \tag{7-22}$$

④按式(7-23)计算总当量应力幅：

$$S_{alt,k} = 0.5K_f K_{e,k}\left(\frac{E_c}{E_T}\right)\Delta S_{e,k} \tag{7-23}$$

式中　E_c——设计疲劳曲线中给定材料的弹性模量，MPa；

　　　E_T——材料在循环平均温度 T 时的弹性模量，MPa；

　　　K_f——疲劳强度减弱系数；

　　　$K_{e,k}$——疲劳损失系数。

4)在所用的设计疲劳曲线图的纵坐标上取 $S_{alt,k}$，过此点作水平线与所用设计疲劳曲线相交，交点的横坐标值即为所对应载荷循环的允许循环次数 N_k。

5)允许循环次数 N_k 应不小于由压力容器设计条件和按循环计数法所给出的预计操作载荷循环次数 n_k，否则须采用降低峰值应力、改变操作条件等措施，从步骤1)开始重新计算，直到满足本条要求为止。记本次循环的使用系数为：

$$U_k = \frac{n_k}{N_k} \tag{7-24}$$

6)对所有 M 个应力循环，重复计算得到所有的 U_k。

7)按式(7-25)计算累积使用系数：

$$U = \sum_{k=1}^{M} U_k \tag{7-25}$$

若 $U \leqslant 1.0$，则该校核点不会发生疲劳失效，否则应采用降低峰值应力、改变操作条件等措施，从步骤1)开始重新计算，直到满足本条要求为止。

8)对所有疲劳寿命校核点，重复步骤1)~7)。

3. 基于线弹性分析的热应力棘轮失效评定

为防止循环载荷引起的失效，应根据容器设计条件中规定的加载历史对以下可能存在的失效模式进行评定。对所有操作载荷都应考虑防止棘轮失效，即使满足了疲劳分析免除准则而无须做疲劳分析的容器也不例外。当由机械载荷引起的恒定的一次当量应力(薄膜和弯曲)和热载荷引起的交变的二次薄膜加弯曲当量应力共同作用时，应进行热应力棘轮的评定。

(1)弹性分析的棘轮评定

对于各种不同循环，由工作载荷和热载荷引起的包括总体结构不连续但不包括局部结构不连续的应力分量 $P_L + P_b + Q$，按式(7-26)、式(7-27)计算当量应力 S_{IV}

$$\Delta \sigma_{ij} = {}^n\sigma_{ij} - {}^m\sigma_{ij} \tag{7-26}$$

$$S_{IV} = \frac{1}{\sqrt{2}}[(\Delta\sigma_{11} - \Delta\sigma_{22})^2 + (\Delta\sigma_{22} - \Delta\sigma_{33})^2 + (\Delta\sigma_{33} - \Delta\sigma_{11})^2]^{0.5} \tag{7-27}$$

式中　${}^n\sigma_{ij}$——循环起始时刻的6个应力分量，i、$j=1$，2，3，MPa；

${}^m\sigma_{ij}$——循环起始时刻的6个应力分量，i、$j=1$，2，3，MPa。

为防止交替塑性失效，限制 S_{IV} 不得超过其许用极限 S_{ps}，即：

$$S_{IV} \leqslant S_{ps} \tag{7-28}$$

在确定 S_{IV} 的许用极限 S_{ps} 时，应考虑循环重叠作用时的应力范围可能大于任一单独循环时的应力范围。在这种情况下，由于每个循环的温度极值可能不同，许用极限 S_{ps} 的值也可能不同。因此，应根据循环组合的具体情况确定并采用合适的 S_{ps} 值。S_{ps} 取值方式如下：

①正常操作期间，当设计温度下材料的屈服强度 R_{eL}^t 与标准抗拉强度下限值 R_m 的比值大于0.7，或材料的许用应力 S_m^t 与时间相关时，取最高和最低操作温度下材料许用应力 S_m^t 平均值的3倍；

②其他情况下取正常操作期间最高和最低温度下材料屈服强度 R_{eL}^t 平均值的2倍。

(2)简化的弹塑性分析

若满足以下全部要求，S_{IV} 允许超出其许用极限 S_{ps}：

①不计入热应力的一次应力加二次应力范围的当量应力 $S_{IV} < S_{ps}$；

②材料的屈服强度 R_{eL}^t 与标准抗拉强度下限 R_m 的比值大于0.8；

③正常操作期间，最高温度下材料的许用应力应与时间无关；

④疲劳分析不能免除，疲劳分析中需考虑的疲劳损失系数 $K_{e,k}$ 按标准给定公式确定；

⑤满足热应力棘轮评定的要求，即不出现热应力棘轮。

(3)热应力棘轮的评定

当循环的二次当量应力(如热应力)和稳定的一次总体或局部薄膜当量应力共同作用时，为防止棘轮发生，依据 Bree 热应力分析图确定二次当量应力范围或棘轮边界。以下步骤适用于二次当量应力(如热应力)范围呈线性或抛物线分布的情况。

1）确定在循环的平均温度下一次薄膜当量应力和材料屈服强度的比值 X：

$$X = S_{\mathrm{I}}\,(\text{或 } S_{\mathrm{II}})/R_{\mathrm{eL}}^{\mathrm{t}} \qquad\qquad (7-29)$$

2）采用弹性分析方法，计算二次薄膜当量热应力范围 ΔQ_{m}。

3）采用弹塑性分析方法，计算二次薄膜加弯曲当量热应力范围 ΔQ_{mb}。

4）确定二次薄膜加弯曲当量应力范围的许用极限 S_{Qmb}。

①当二次当量热应力范围沿壁厚是线性变化时：

$$\begin{cases} S_{Q\mathrm{mb}} = R_{\mathrm{eL}}^{\mathrm{t}}\dfrac{1}{X} & (0 < X < 0.5) \\[2mm] S_{Q\mathrm{mb}} = 4.0 R_{\mathrm{eL}}^{\mathrm{t}}(1 - X) & (0.5 \leqslant X \leqslant 1.0) \end{cases} \qquad (7-30)$$

②当二次当量热应力范围沿壁厚按抛物线单调增加或减小时：

$$\begin{cases} S_{Q\mathrm{mb}} = \dfrac{R_{\mathrm{eL}}^{\mathrm{t}}}{0.1224 + 0.9944 X^2} & (0 < X < 0.615) \\[2mm] S_{Q\mathrm{mb}} = 5.2 R_{\mathrm{eL}}^{\mathrm{t}}(1 - X) & (0.615 \leqslant X \leqslant 1.0) \end{cases} \qquad (7-31)$$

5）确定二次薄膜当量热应力范围的许用极限 $S_{Q\mathrm{m}}$：

$$S_{Q\mathrm{m}} = 2.0 R_{\mathrm{eL}}^{\mathrm{t}}(1 - X)\quad(0 < X < 1.0) \qquad\qquad (7-32)$$

6）为防止棘轮现象，应满足以下两个要求：

$$\Delta Q_{\mathrm{m}} \leqslant S_{Q\mathrm{m}} \qquad\qquad (7-33)$$

$$\Delta Q_{\mathrm{mb}} \leqslant S_{Q\mathrm{mb}} \qquad\qquad (7-34)$$

4. 基于弹塑性分析的疲劳和棘轮失效评定

（1）疲劳失效

弹性疲劳分析方法因采用弹性应力分析，简单易实施，可操作性强，在工程设计中广泛应用。设计疲劳曲线描述了循环次数和应力范围之间的函数关系，但应变才是导致疲劳的本质原因。弹塑性疲劳分析方法通过计算有效应变范围来评定疲劳强度。有效应变范围由两部分组成：一部分是弹性应变范围，即线弹性分析得到的当量总应力范围除以弹性模量；另一部分是当量塑性应变范围，将有效应变范围与弹性模量的乘积除以2，即得有效应变当量应力幅，按该应力幅即可以从光滑试件的疲劳曲线查得许用疲劳次数。

（2）棘轮

棘轮与循环塑性有关。在某些循环条件下，容器会随着每一次循环而渐增变形，最后趋于安定或发生垮塌。棘轮是在变化的机械应力、热应力或两者同时存在下发生的渐增性非弹性变形或应变现象。如果几次循环后结构趋于安定，则棘轮不会发生。

对于棘轮的评定，如果载荷在结构中只引起一次应力而没有任何循环的二次应力，那么对棘轮的评定可以免除。如果不能免除，过去常用的方法是完成弹性应力分析后，对一次加二次当量应力范围加以限制。在棘轮评定的弹塑性应力分析方法中，使用理想弹塑性材料模型，对元件进行循环载荷下的非弹性分析，直接对棘轮进行评定，即直接得出每个循环载荷下的位移增量或渐增性应变增量。

进行弹塑性棘轮分析，至少应施加三个完整循环以后，按照以下准则对棘轮进行评定。为证实其收敛性，可能需要施加额外的循环。如果满足以下准则，则棘轮失效评定通过。如果不满足，则应修正元件的结构(厚度)或降低外加载荷，重新进行分析。

①结构中无塑性行为(引起的塑性应变为 0)。零塑性应变判据为安定的弹性评定判据。当采用弹性理想塑性材料时，如果载荷反向加载时材料未发生反向屈服，那么结构处于安定。也就是说，在经历最初半个循环后，所有的循环应力路径处于屈服面内，结构表现为纯弹性行为和零塑性应变。

②结构中，在承受压力和其他机械载荷的截面上存在弹性核。弹性核的定义为：在整个循环加载历史中，沿壁厚始终保持弹性的那部分壁厚。如果可以表明整个加载历史过程，元件壁厚上始终存在弹性核，那么在连续的循环中，沿壁厚上就不会产生渐增的塑性变形累积，也就不会发生棘轮。通过有限元软件得到的云图直接判断是否发生棘轮，更直观且方便。

③结构的总体尺寸无永久性改变。可以通过绘制最后一个及倒数第二个循环之间的相关结构的尺寸-时间曲线来加以证实。对于典型的棘轮问题，最直观的表现就是总体尺寸出现渐增性增大。所以，对总体尺寸的限定可以作为棘轮的判据。

5. 基于结构应力的疲劳评定方法

由于压力容器广泛采用焊接结构，而疲劳失效主要发生在焊接接头处。对焊接件疲劳寿命评估是压力容器长期安全使用的一个重要保证，因此美国新的压力容器建造另一规程 ASME Ⅷ-2(2019 版)给出一个全新的评定方法——基于结构应力的疲劳评定方法，该方法认为在疲劳评定中起决定作用的是焊缝处的结构应力，该结构应力为薄膜应力和弯曲应力的函数，计算中并不需要焊缝的峰值应力。而是基于应变能相等的理论，通过综合考虑焊缝厚度，材料非线性以及多轴疲劳等多种因素的函数求出循环当量应力范围。该方法规避了采用包含峰值应力的总应力计算结果的不确定性，因为采用有限元分析的方法准确求解结构突变区域焊接结构的总应力是比较困难的，因为结构突变区域一般都具有较高的网格敏感性。而对焊缝结构突变区域经线性化处理后的薄膜应力及弯曲应力来说，受网格尺寸的变化影响很小。因此，结构应力法对压力容器焊缝结构的疲劳分析具有较高的计算稳定性。此方法的详细内容参见 ASME Ⅷ-2(2019 版)中 5.5.5 节。

6. 影响疲劳寿命的其他因素

影响疲劳寿命的因素很多，除了材料本身的抗疲劳性能以及交变载荷作用下的应力幅(包括考虑平均应力影响)外，主要还有容器结构、容器表面质量和环境。

(1)容器结构

工程上，由于材料韧性较好，容器结构的疲劳破坏多数是伴随裂纹产生和扩展的亚临界过程，容器发生疲劳失效时一般没有明显的塑性变形。裂纹总是起源于局部高应力区，因为当局部高应力区中的应力超过材料的屈服强度时，在载荷反复作用下，微裂纹于滑移带或晶界处形成，这种微裂纹不断扩展，形成宏观疲劳裂纹并扩展而导致容器发生疲劳失效。所以，对受疲劳载荷作用的容器结构，减少应力集中对容器的疲劳寿命起决定性的作用，采取的措施可包括减少连接件刚度差、在结构不连续处采用圆弧过渡、打磨焊缝余高等。对一些特定结构，进行疲劳评定时，为考虑结构对疲劳寿命的影响，以疲劳强度减弱

系数 K_f 作为影响因子，参与总当量应力幅计算。但是，对于疲劳裂纹扩展和疲劳寿命估算，更合理的计算是采用断裂力学理论，该理论可解决含缺陷构件的安全评定问题。

（2）容器表面质量

疲劳裂纹一般在容器表面上形核，容器的表面质量对疲劳寿命有显著影响。粗糙表面上的沟痕会引起应力集中，改变材料对疲劳裂纹形核的能力。残余应力会改变平均应力和容器的疲劳寿命。压缩残余应力可提高疲劳寿命，拉伸残余应力则起降低作用。提高容器表面质量、在表面引入压缩残余应力都是提高压力容器疲劳寿命的有效途径。

（3）环境

许多压力容器并非在室温下承受交变载荷，因此，应考虑温度对容器疲劳寿命的影响。在低于材料蠕变温度范围内，温度升高，容器的疲劳寿命下降，但是并不严重，可以通过温度对材料弹性模量的影响来反映。如果超过蠕变温度，容器受蠕变和交变载荷联合作用，情况会变得非常复杂，目前尚缺乏足够的实验数据。因此，分析设计标准要求设计温度低于钢材的蠕变温度。

腐蚀介质对容器的腐蚀表现在使容器表面的粗糙度增加、降低材料的抗疲劳性能以及减小容器的有效承载截面、提高实际工作能力，从而使得容器的疲劳寿命大大降低。腐蚀与交变载荷联合作用引起的腐蚀疲劳是压力容器最危险的失效形式之一，但由于腐蚀介质的多样化，使得对腐蚀和交变载荷共同作用下的研究变得十分复杂，尚未形成规范，因而分析设计中未考虑腐蚀对钢材抗疲劳性能的影响。

7.5 分析设计法的工程应用

压力容器的分析设计标准是与规则设计标准（如 GB/T 150—2011）相平行的另一标准。由于分析设计法的设计成本和容器制造过程严格，不是所有容器都需要进行分析设计的。一般是在大型容器而且是结构复杂和运行参数较高情况下才采用，特别是容器承受交变载荷有可能造成疲劳失效的重要容器必须要采用分析设计。但分析设计法中的许多重要观点在近年来的规则设计标准中也得到部分应用，如对具有二次应力属性的热应力的校核，以及仅在局部作用的一些局部应力的校核，其限制条件已被放宽。

通过解析法进行分析设计的计算工作十分复杂，而且有时候复杂结构采用解析法难度很大。目前，工程中压力容器进行分析设计时对计算机软件具有高度的依赖性。经过我国压力容器标准化委员会认可的数值分析软件有 ANSYS、ABAQUS 等，这些软件具有全面的应力分析功能，同时其后处理模块也提供了应力分类的功能，可以很方便地进行应力分类校核。

分析设计是压力容器设计理论和方法上的一次飞跃，反映了近代压力容器设计的先进水平，但它对材料、制造、工艺、检验、计算程序（软件）、设计制造资格等的要求比较严格。例如，选用的材料为延性好、力学性能稳定的优质材料并需对各种缺陷进行严格检验；在无损检测方面则要求一律进行 100% 的 RT（射线）检测。因此，在进行压力容器设计时，人们总是根据经济核算，从规则设计和分析设计中选择一种较为经济的设计方法。

7.6 压力容器的未来设计方法进展

为提高压力容器的安全性和经济性，相继出现了一些新的设计方法和设计规范，本节进行简单介绍。

7.6.1 可靠性设计

现有的压力容器设计方法总是把各种参数，如材料强度、零部件尺寸、所受的载荷等看作是确定量，忽略了由于各种条件的变化而使这些参数发生变化的随机因素。由于对这些参数的统计规律缺乏了解，取值偏于保守，使得设计的压力容器及零部件的结构尺寸偏大，造成不必要的浪费。

在设计中考虑各种随机因素的影响，将全部或部分参数作为随机变量处理，对其进行统计分析并建立统计模型，运用概率统计的方法进行设计计算，可更全面地描述设计对象，所得的结果更符合实际情况。把这种用概率统计方法进行的设计称为可靠性设计。

在可靠性设计中，认为设计的对象总存在一定的失效可能。施加于设备或零部件上的物理量，如各种机械载荷、热载荷、介质特性等，所有可能引起对象失效的因素，一概称为应力。所有阻止设计对象失效的因素，即设备或零部件能够承受这种应力的程度称为强度或抗力。如果应力作用效果大于强度，则设计对象失效；反之，设计对象可靠。

7.6.2 基于失效模式的设计

基于失效模式的压力容器设计基本思想是：在设计阶段，根据设计条件，识别压力容器在运输、吊装和使用中可能出现的所有失效模式，针对不同的失效模式确定相应的设计准则，提出防止失效的措施。其核心是失效模式识别和设计准则建立。

压力容器的失效模式与结构、材料、载荷、制造、环境等因素有关。有的是单一因素引起的，如超压引起的塑性垮塌、屈曲等；有的是多种因素共同作用的结果，如高温和交变载荷联合作用引起的蠕变疲劳、腐蚀介质和交变载荷引起的腐蚀疲劳等。失效模式有时还会随着操作条件的变化而改变。压力容器标准没有必要也不可能囊括所有失效模式。除考虑标准所涵盖的失效模式外，设计师在设计时还应充分考虑容器可能出现的其他失效模式。

针对不同的失效模式确定相应的设计准则时，通常有两种情况。对于标准涵盖的失效模式，选用标准给出的设计准则，包括设计计算方法以及结构、材料、制造和检验等建造要求；对于设计标准没有涵盖的失效模式，需要通过试验研究、理论分析、数值模拟等方法，确定失效判据，再引入安全系数，建立与失效判据相对应的设计计算方法，并提出相应的建造要求和使用要求。失效判据随科学技术的进步在不断发展。

近年来，压力容器设计呈现出一些新的发展趋势，如基于风险的压力容器设计、全弹塑性分析设计、根据使用环境和危害程度确定安全裕度的设计方法、压力容器的轻量化设计等。

课后习题

一、填空题

1. 不连续效应引起的不连续应力有三种情况：_____、_____、_____。

2. 应力分类法将容器中的应力分为三大类：_____、_____、_____。

3. 一次应力又可以分为如下三种：_____、_____、_____。

4. 请写出各类组合应力的应力强度限制条件：$P_m \leqslant$ _____ S_m；$P_L \leqslant$ _____ S_m；$P_L + P_b \leqslant$ _____ S_m；$P_L + P_b + Q \leqslant$ _____ S_m；$P_L + P_b + Q + F \leqslant$ _____ S_a。

5. 分析设计的三大环节：_____、_____、_____。

二、判断题

1. 关于设计应力强度的安全系数，以抗拉强度为基准的安全系数要小于以屈服强度为基准的安全系数。 （ ）

2. 峰值应力 F 为二次应力叠加到一次应力之上的应力之和。 （ ）

3. 压力容器规则设计均按弹性失效准则和第一强度理论，采用统一强度限制条件。 （ ）

4. 规则设计对不连续应力、热应力和集中应力不做详细的分析计算。 （ ）

5. 规则设计只考虑一次施加的机械载荷，未考虑疲劳和热应力问题。 （ ）

6. 分析设计中需要根据不同应力引起失效的危害程度不同进行应力分类，而后对于不同应力分类采用不同失效设计准则。 （ ）

7. 应力分析法中对压力容器应力进行分类的基本原则主要是依据应力的方向与大小。
 （ ）

三、名词解释

1. 二次应力——

2. 峰值应力——

3. 设计应力强度——

4. 组合应力强度——

5. 极限载荷——

四、简答题

1. 请指出下图中 A、B、C 各部分的应力分类。

2. 试简述极限载荷设计准则和安定性设计准则。

3. 压力容器分析设计主要特点是什么？与压力容器规则设计的区别是什么？

4. 试举例说明总体结构不连续与局部结构不连续的区别？

5. 封头与筒体连接处存在较大的不连续应力，但爆破总发生在距连接处有一定距离的筒体中部，从中央向两边撕裂，试解释原因。

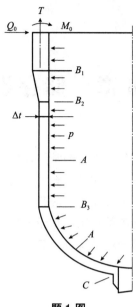

题1图

6. 强度失效是因材料屈服或断裂引起的压力容器失效，强度失效有哪些形式？并选择其一简述其特征和产生的原因。

7. 峰值应力是不是最大应力？为什么？

8. 为什么要对压力容器中的应力进行分类？应力分类的依据和原则是什么？

9. 一次应力、二次应力和峰值应力的区别是什么？

10. 压力容器分析设计方法考虑的主要失效形式有哪几种？

11. 分析设计标准划分了哪五组应力强度？许用值分别是多少？是如何确定的？

第8章 储存设备

储存设备又称储罐，是石油、化工生产的常用设备之一，主要是指用于储存或盛装气体、液体、液化气体等介质的设备。在化工、石油、能源、制药、环保、轻工及食品等行业得到广泛应用，如加氢站用高压氢气储罐、液化石油气储罐、战略石油储罐、天然气接收站用液化天然气储罐等。本章将简单介绍储存设备的类型及在生产中的应用，详细讲解各类储存设备的结构特点，同时对低温储罐进行简要的介绍，重点突出卧式储存设备的强度设计方法。

8.1 概述

储存介质的性质，是选择储罐形式和储存系统的一个重要因素。介质最重要的特性有：可燃性、饱和蒸汽压、密度、腐蚀性、毒性程度、化学反应活性（如聚合趋势）等。储存介质可燃性的分类和等级，可在有关消防规范中查得。饱和蒸汽压是指在一定温度下的密闭容器中，当达到气液两相平衡时气液分界面上的蒸汽压，随着温度而变化，但与容积的大小无关。对于液化石油气和液化天然气之类，都不是纯净物，而是一种混合物，此时的饱和蒸汽压与混合比例有关，可根据道尔顿定律和拉乌尔定律进行计算。当储存的介质为具有高黏度或高冰点的液体时，为保持其流动性，需要对储存设备进行加热或保温，使其保持便于输送的状态。储存液体的密度，直接影响载荷的分析与罐体应力的大小。介质的腐蚀性是储存设备材料选择的首要依据，它将直接影响制造工艺与设备造价。而介质的毒性程度则直接影响设备制造与管理的等级和安全附件的配置。

场地的条件中，如前所述，环境温度关系到饱和蒸汽压的大小，也与热损失有关，常与工艺温度条件一起决定设备是否采取保温措施。当储存设备安装在室外时，必须考虑风载荷、地震载荷和雪载荷。而地基条件不仅影响储存设备的振动频率分析，还与基础的设计密切相关。

储存设备若盛装液化气体时，除应考虑上述条件外，还应注意液化气体的膨胀性和压缩性。液化气体的体积会因温度上升而膨胀，温度降低而收缩。当储罐装满液化气体时，如果温度升高，罐内压力也会升高。压力变化程度与液化气体的膨胀系数和温度变化量成正比，而与压缩系数成反比。以液化石油气为例，在满液的情况下，温度每升高 1℃，压力上升 1~3MPa。如果环境温度变化较大，储罐就可能因超压而爆破。为此，在储存设备使用时，必须严格控制储罐的充装量。充装量，是指装量系数与储罐实际容积和设计温度下介质的饱和液体密度的乘积，为了安全，TSG 21—2016 明确规定装量系数一般取 0.9，但不得大于 0.95。

当储罐的金属温度受大气环境气温影响时，其最低设计温度可按该地区气象资料，取气象局实测的 10 年逐月平均最低气温的最小值。月平均最低气温是指当月各天的最低气温相加后除以当月天数。随着液化气体温度下降，罐内压力也将较大幅度下降，此时罐体的应力水平就有较大降低。为此，在确定储罐设计温度时，可按有关规定进行分析。当储罐内部因温度降低而使内压低于大气压时，还应进行罐体的稳定性校核，以免发生失稳失效。

储存设备属于结构相对比较简单的容器类设备，按照几何形状分为立式储罐、卧式储罐、球形储罐等，如图 8－1 所示。大型立式储罐主要用于储存数量较大的液体物质，如原油、轻质成品油等；大型卧式储罐用于储存压力不太高的液体和液化气，小型的卧式和立式储罐主要作为中间产品的储罐和各种计量罐、冷凝罐使用；球形储罐主要用于储存天然气及各种液化气。

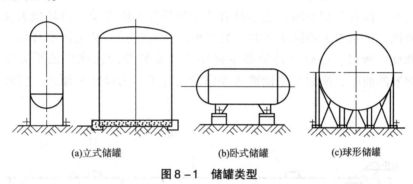

(a)立式储罐   (b)卧式储罐   (c)球形储罐

图 8－1　储罐类型

8.2　储存设备的结构

8.2.1　立式储罐的基本结构

典型的立式储罐为大型油罐，由基础、罐底、罐壁、罐顶及附件组成。按罐顶的结构不同可分为拱顶油罐、浮顶油罐和内浮顶油罐。

（1）拱顶油罐

拱顶油罐的总体构造如图 8－2 所示。罐底由若干块钢板焊接而成，直接铺在油罐基础上，其直径略大于罐壁底圈直径。罐壁是主要受力部件，壁板的各纵焊缝采用对接焊，环焊缝采用套筒搭接式或直线对接式，也有采用混合式连接。拱顶油罐的罐顶近似于球面，按截面形状有准球形拱顶和球形拱顶两种，我国建造的拱形油罐多数

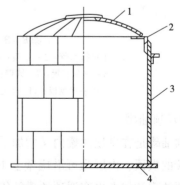

图 8－2　自支承拱顶油罐简图

1—拱顶；2—包边角钢；3—罐壁；4—罐底

是球形拱顶结构。国内最大的拱顶油罐是 22 万 m³ 储罐，拱顶结构跨度长达 92.2m，重约 1085t。

拱顶油罐由于气相空间大，油品蒸发损耗大，故不宜储存原油和轻质油品，宜储存低挥发性及重质油品。

（2）浮顶油罐

浮顶油罐的总体构造如图 8-3 所示，这种油罐上部是敞开的，罐顶只是漂浮在罐内油面上随着油面的升降而升降的浮盘，浮盘外径比罐壁内径小 400～600mm，用以装设密封装置，以防止这一环状间隙的油品产生蒸发消耗，同时防止风沙雨雪对油品的污染。密封装置形式很多，常用的有弹性填料密封和管式密封。当浮顶油罐的罐顶随着油面下降至罐底时，油罐就变为上部敞开的立式圆筒形容器，此时若遇大风罐内易形成真空，如真空度过大罐壁有可能被压瘪，因此在靠近顶部的外侧设置抗风圈。由于罐顶在罐内上下浮动，故罐壁板只能采用对接焊接并且内壁要取平。浮顶油罐罐顶与油面之间基本上没有气相空间，油品没有蒸发的条件，因而没有因环境温度变化而产生的油品消耗，也基本上消除了因收、发油而产生的损耗，避免污染环境、减少发生火灾的可能性。所以，尽管这种油罐钢材耗量和安装费用比拱顶油罐大得多，但对收、发油频繁的油库、炼油厂原油罐区等仍优先选用，用以储存原油、汽油及其他挥发性油品。

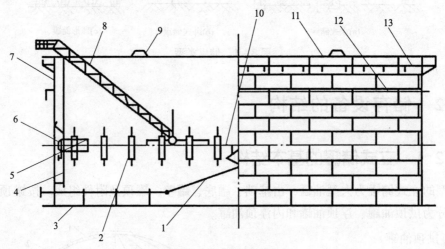

图 8-3 单盘式浮顶油罐

1—中央排水管；2—浮顶立柱；3—罐底板；4—量油管；5—浮船；
6—密封装置；7—罐壁；8—转动扶梯；9—泡沫消防挡板；
10—单盘板；11—包边角钢；12—加强圈；13—抗风圈

（3）内浮顶油罐

内浮顶油罐是在拱顶油罐内又增加了一个浮顶，因此这种油罐有两层顶，外层为与罐壁焊接连接的拱顶，内层为可沿罐壁上下浮动的浮顶，其结构如图 8-4 所示。内浮顶油罐既有拱顶油罐的优点也有浮顶油罐的优点，它解决了拱顶油罐由于气相空间大、油品蒸发消耗大，且污染环境以及不安全等缺点，又避免了浮顶油罐承压能力差、易受雨水及风沙等的影响使浮顶过载而沉没以及罐内可能形成真空的现象。

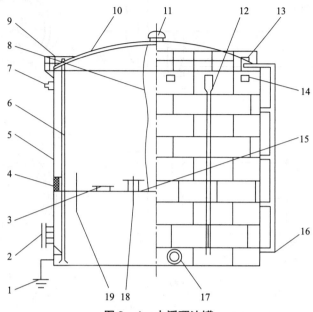

图 8 - 4　内浮顶油罐

1—接地线；2—带芯人孔；3—浮盘人孔；4—密封装置；5—罐壁；6—量油管；
7—高液位报警器；8—静电导线；9—手工量油口；10—固定罐顶；
11—罐顶通气孔；12—消防口；13—罐顶人孔；14—罐壁通气孔；
15—内浮盘；16—液位计；17—罐壁人孔；
18—自动通气阀；19—浮盘立柱

8.2.2　卧式储罐的基本结构

卧式储罐可分为地面卧式储罐和地下卧式储罐两类。地面卧式储罐的基本结构如图 8 - 5 所示，主要由筒体、封头和支座三部分组成。封头通常采用 GB/T 25198—2023《压力容器封头》中的标准椭圆形封头。支座采用 NB/T 47065.1—2018《鞍式支座》中鞍式支座 [见图 8 - 5(a)]或圈式支座[见图 8 - 5(b)]，也可以采用支腿式支座，如图 8 - 5(c)所示。因运输条件等限制，这类储罐的容积均在 100m³ 以下，最大不超过 150m³。若是现场组焊，其容积可更大一些。

地下卧式储罐的结构如图 8 - 6 所示，主要用于储存汽油、液化石油气等液化气体。将罐体埋于地下，既可减少占地面积和缩短安全防火间距，也可避开环境温度对储罐的影响，维持地下储罐内介质压力的基本稳定。卧式储罐的埋地措施分为两种：一种是将卧式储罐安装在地下预先构筑好的空间里(地下室)；另一种是先对卧式储罐的外表面进行防腐处理，如涂刷沥青防锈漆，设置牺牲阳极保护措施等，然后放置在地下基础上，最后采用地土覆盖埋设并达到规定的埋土深度。

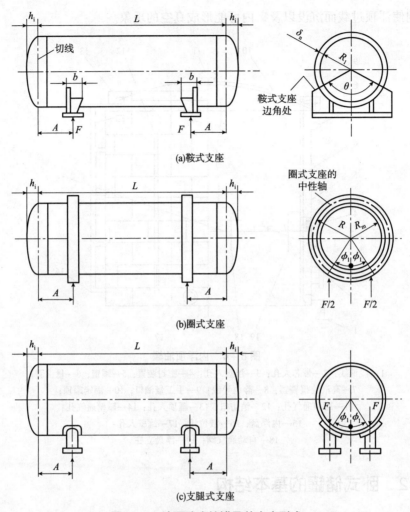

(a)鞍式支座

(b)圈式支座

(c)支腿式支座

图 8-5 地面卧式储罐及其支座型式

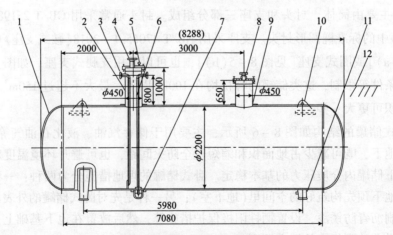

图 8-6 地下卧式储罐结构示意

1—罐体；2—人孔 I；3—液相进口、液相出口、回流和气相平衡口(共 4 根接管)；
4—液面计接口；5—压力表与温度计接口；6—排污及倒空管；7—聚污器；
8—安全阀；9—人孔 II；10—吊耳；11—支座；12—地平面

8.2.3 球形储罐的基本结构

近年来，球形储罐在国内外发展很快，通常作为大容量、有压储存容器使用，如液化石油气(LPG)、液化天然气(LNG)、液氧、液氮、液氢及其他中间介质的储存。也有作为压缩空气、压缩气体(氧气、城市煤气)的储存。在原子能工业中球形容器还作为安全壳(分隔有辐射和无辐射区的大型球壳)使用。总之，随着现代工业的发展，球形容器的使用范围越来越广泛。

1. 球罐的结构特点

球罐与其他储存容器相比有如下特点：

①球罐受力好，强度高。在相同的直径和工作压力下，其各向薄膜应力仅为圆筒形容器环向应力的1/2，在不考虑壁厚附加量时，所需钢板厚仅为圆筒容器的1/2。

②与同等体积的圆筒形容器相比，球罐的表面积最小，因而热(冷)损失少，所需的保温材料少。

③材料用量少，重量轻，如一台5000m³的球罐用钢100t，而同体积的圆筒形容器用钢180t。

④在风载荷作用下，球罐较圆筒形容器安全。因球罐的风压系数$K_1 = 0.4$，且在相同体积下，球罐较圆筒形容器的迎风面积小，因而水平风力小。

⑤基础结构简单，施工的工作量较小。

综上所述，球罐具有占地面积少、壁厚薄、重量轻、用材少、造价低等优点。球罐一般由球壳、支柱拉杆、人孔、接管、梯子平台等部件组成，如图8-7所示。

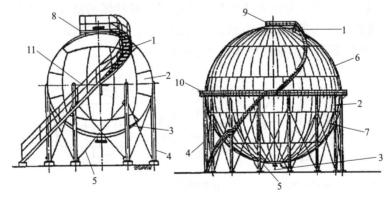

图8-7 球罐总体结构
1—上极；2—赤道带；3—下极；4—支柱；5—拉杆；6—上温带；7—下温带；
8—平台；9—顶部平台；10—中部平台；11—扶梯

2. 球罐的分类

球罐种类很多，主要根据储存的物料、球壳型式、支柱形式进行分类。

(1)按储存物料分类。球罐分为储存液相物料和气相物料两大类。储存液相物料的球罐又可根据其工作温度分为常温球罐和低温球罐。低温球罐又可分为单壳球罐、双壳球罐及多壳球罐。

(2)按球壳型式分类。按球壳型式可分为足球瓣式、橘瓣式和足球瓣式与橘瓣式相结合的混合式。

①足球瓣式罐体。足球瓣式罐体的球壳划分和足球一样，所有的球壳板片大小相同，它可以由尺寸相同或相似的四边形或六边形球瓣组焊而成。图8-8(a)所示为足球瓣式罐体。这种罐体的优点是每块球壳板尺寸相同，下料成型规格化，材料利用率高，互换性好，组装焊缝较短，焊接及检验工作量小。缺点是焊缝布置复杂，施工组装困难，对球壳板的制造精度要求高，由于受钢板规格及自身结构的影响，一般只适用于制造容积小于120m³的球罐，中国目前很少采用足球瓣式球罐。

②橘瓣式罐体。橘瓣式罐体是指球壳全部按橘瓣瓣片的形状进行分割成型后再组合的结构，如图8-8(b)所示。橘瓣式罐体的特点是球壳拼装焊缝较规则，施焊组装容易，加快组装进度并可对其实施自动焊。由于分块分带对称，便于布置支柱，因此罐体焊接接头受力均匀，质量较可靠。这种罐体适用于各种容量的球罐，为世界各国普遍采用。中国自行设计、制造和组焊的球罐多为橘瓣式结构。这种罐体的缺点是球瓣在各带位置尺寸大小不一，只能在本带内或上、下对称的带之间进行互换；下料及成型较复杂，板材的利用率低；球极板尺寸较小，当需要布置人孔和众多接管时可能出现接管拥挤，有时焊缝不易错开。

③混合式罐体。混合式罐体的组成是：赤道带和温带采用橘瓣式，而极板采用足球瓣式结构。图8-8(c)所示为三带混合式球罐。由于这种结构取橘瓣式和足球瓣式两种结构的优点，材料利用率较高，焊缝长度缩短，球壳板数量减少，且特别适合于大型球罐。极板尺寸比橘瓣式大，容易布置人孔及接管，与足球瓣式罐体相比，可避开支柱搭在球壳板焊接接头上，使球壳应力分布比较均匀。该结构在国外已广泛采用，随着中国石油、化工、城市煤气等工业的迅速发展，掌握了该种球罐的设计、制造、组装和焊接技术，混合式罐体将在大型球罐上得到更广泛的应用。橘瓣式和混合式罐体基本参数见GB/T 17261—2011《钢制球形储罐型式与基本参数》。

(a)足球瓣式 　　　 (b)橘瓣式 　　　 (c)混合式

图8-8　球壳结构型式

由于混合式球罐结构具有板材利用率高、分块数少、焊缝短、焊接及检测工作量小等优点，目前，国内外大多采用混合式球壳结构。

(3)按支承形式分类。可分为支柱式、裙座式、锥底支承式以及安装在混凝土基础上的半埋式。其中，支柱式又可分为赤道正切式、V形支柱式、三柱合一式，如图8-9所示。

(4)按球壳层数分类。按球壳层数可分为单层球罐、多层球罐、双金属层球罐和双重壳球罐。

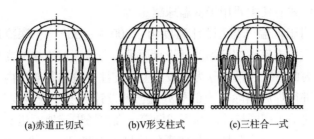

(a)赤道正切式   (b)V形支柱式   (c)三柱合一式

图8-9 不同支柱型式的球罐

目前，国内外较常用的是单层赤道正切式、可调式拉杆的球罐。这种球罐无论是从设计、制造和组焊等方面均有较为成熟的经验。

3. 球罐各零部件

(1)球壳

球壳是球罐结构的主体，它是球罐储存物料并承受物料工作压力和液体静压力的构件。它是由许多块球壳板拼焊而成的一个球形容器，由于球罐直径大小不同，球壳板的数量也不一样，其结构型式如上节所述。

(2)支座

球罐支座是球罐中用以支承本体质量和物料质量的重要结构部件。由于球罐设置在室外，受到各种环境的影响，如风载荷、地震载荷和环境温度变化的作用。为此，支座的结构型式比较多，具体如上节所述。其中支柱式支座中又以赤道正切柱式支座用得最多，为国内外普遍采用。赤道正切柱式支座结构的特点是多根圆柱状支柱在球壳赤道带等距离布置，支柱中心线与球壳相切或相割而焊接起来。当支柱中心线与球壳相割时，支柱的中心线与球壳交点同球心连线与赤道平面的夹角为10°～20°。为了使支柱支承球罐重量的同时，还能承受风载荷和地震载荷，保证球罐的稳定性，必须在支柱之间设置连接拉杆。这种支座的优点是受力均匀，弹性好，能承受热膨胀变形，安装方便，施工简单，容易调整，现场操作和检修也方便。其缺点是球罐重心高，相对而言稳定性较差。

支柱结构如图8-10所示，主要由支柱、底板和端板三部分组成。支柱分为单段式和双段式两种。

单段式支柱由一根圆管或卷制圆筒组成，其上端与球壳相接的圆弧形状通常由制造厂完成，下端与底板焊好，然后运到现场与球罐进

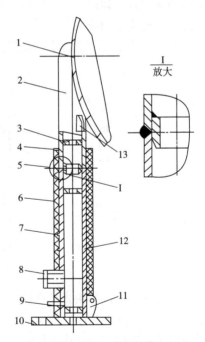

图8-10 支柱结构

1—球壳；2—上部支柱；3—内部筋板；
4—外部端板；5—内部导环；6—防火隔热层；
7—防火层夹子；8—可熔塞；9—接地凸缘；
10—底板；11—下部支耳；12—下部支柱；
13—上部支耳

行组装和焊接。单段式支柱主要用于常温球罐。

双段式支柱适用于低温球罐(设计温度为 - 100 ~ - 20℃)、深冷球罐(设计温度 < - 100℃)等特殊材质的支座。按低温球罐设计要求，与球壳相连接的支柱必须选用与壳体相同的低温材料。为此，支柱设计分为两段，上段支柱一般在制造厂内与球瓣进行组对焊接，并对连接焊缝进行焊后消除应力的热处理，其设计高度一般为支柱总高度的 30% ~ 40%，上下两段支柱采用相同尺寸的圆管或圆筒。在现场进行地面组对，下段支柱可采用一般材料。常温球罐有时为改善柱头与球壳的连接应力状况，也常采用双段式支柱结构，但是此时不要求上段支柱采用与球壳相同的材料。双段式支柱结构较为复杂，但它与球壳相焊处的应力水平较低，故得到广泛应用。

GB/T 12337—2014《钢制球形储罐》还规定：支柱应采用钢管制作，分段长度不宜小于支柱总长的 1/3，段间环向接头应采用带垫板对接接头，应全熔透；支柱顶部应设有球形或椭圆形的防雨盖板；支柱应设置通气口；储存易燃物料及液化石油气的球罐，还应设置防火层；支柱底板中心应设置通孔；支柱底板的地脚螺栓孔应为径向长圆孔。

(3)支柱与球壳的连接

支柱与球壳连接处可采用直接连接结构型式、加托板结构型式、U 形柱结构型式和支柱翻边结构型式，如图 8 - 11 所示。支柱与球壳连接端部结构分为平板式、半球式和椭球式三种。平板式结构边角易造成高应力状态，不常采用。半球式和椭球式结构属弹性结构，不易形成边缘高应力状态，抗拉断能力较强，故为中国球罐标准所推荐。

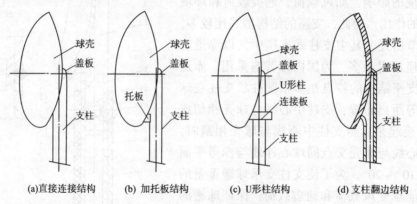

(a)直接连接结构　(b) 加托板结构　(c) U形柱结构　(d) 支柱翻边结构

图 8 - 11　支柱与球壳的连接

支柱与球壳连接采用直接连接结构，对大型球罐比较合适；对于加托板结构，可解决由于连接部位下端夹角小、间隙狭窄难以施焊的问题；U 形柱结构则特别适合低温球罐对材料的要求；支柱翻边结构不但解除了连接部位下端施焊的困难，确保了焊接质量，而且对该部位的应力状态也有所改善，但由于翻边工艺问题，故尚未被广泛采用。

(4)拉杆

拉杆的作用是用以承受风载荷与地震载荷，增加球罐的稳定性。拉杆结构分为可调式和固定式两种。

可调式拉杆有三种形式，图 8 - 12 所示为单层交叉可调式拉杆，每根拉杆的两段之间采用可调螺母连接，以调节拉杆的松紧度。图 8 - 13 中双层交叉可调式拉杆和图 8 - 14 中相隔一柱单层交叉可调式拉杆，均可改善拉杆的受力状况，从而获得更好的球罐稳定性。目前，国内自行建造的球罐和引进球罐大部分都采用可调式拉杆结构。当拉杆松动时应及时调节松紧。

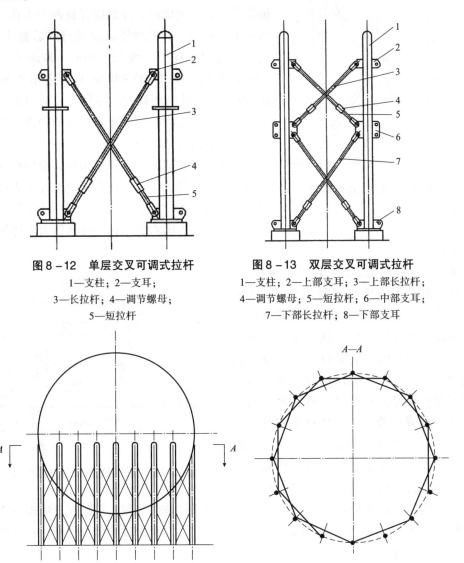

图 8 – 12　单层交叉可调式拉杆
1—支柱；2—支耳；
3—长拉杆；4—调节螺母；
5—短拉杆

图 8 – 13　双层交叉可调式拉杆
1—支柱；2—上部支耳；3—上部长拉杆；
4—调节螺母；5—短拉杆；6—中部支耳；
7—下部长拉杆；8—下部支耳

图 8 – 14　相隔一柱单层交叉可调式拉杆

　　固定式拉杆结构如图 8 – 15 所示，其拉杆通常采用钢管制作，管状拉杆必须开设排气孔。拉杆的一端焊在支柱的加强板上，另一端则焊在交叉节点的中心固定板上。也可以取消中心板而将拉杆直接十字焊接。固定式拉杆的优点是制作简单、施工方便，但不可调节。由于拉杆可承受拉伸和压缩载荷，从而大大提高了支柱的承载能力，近年来已在大型球罐上得到应用。

　　(5) 人孔和接管
　　球罐设置人孔是作为工作人员进出球罐以进行检验和维修之用。球罐在施工过程中，罐内的通风、烟尘的排除、脚手架搬运或内件组装等亦需通过人孔；若球罐需进行消除应

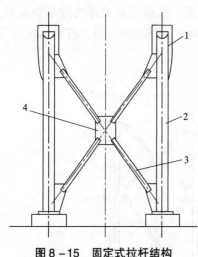

图 8-15 固定式拉杆结构

1—补强板；2—支柱；3—拉杆；4—中心板

力的整体热处理时，球罐的上人孔被用于调节空气和排烟，球罐的下人孔被用于通进柴油和放置喷火嘴。因此，人孔的位置应合适，其直径必须保证工作人员能携带工具进出球罐。球罐应开设两个人孔，分别设置在上下极板上；若球罐必须进行焊后整体热处理，则人孔应设置在上下极板的中心。球罐人孔直径以 DN500 为宜，小于 DN500 则人员进出不便；大于 DN500，则开孔削弱较大，往往导致补强元件结构过大。人孔的材质应根据球罐内介质的物理化学性质以及设计参数进行选取。

人孔结构在球罐上最好采用整体锻件凸缘补强的回转盖及水平吊盖型式，在有压力情况下人孔法兰一般采用带颈对焊法兰，密封面大多采用凹凸面型式。图 8-16 所示为国内设计的一种回转盖整体锻件凸缘补强人孔。

由于工艺操作需要球罐应有各种接管。球罐接管部分是强度的薄弱环节，一般采用厚壁管或整体锻件凸缘等补强措施以提高其强度。球罐接管设计还要采取以下措施：与球壳相焊的接管最好选用与球壳相同或相近的材质；低温球罐应选用低温配管用钢管，并保证在低温下具有足够的冲击韧性；球罐接管除工艺特殊要求外，应尽量布置在上下极板上，以便集中控制，并使接管焊接能在制造厂完成制作和无损检测后统一进行焊后消除应力热处理；球

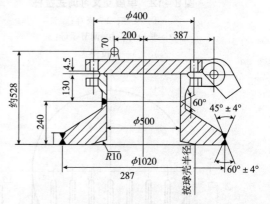

图 8-16 回转盖整体锻件凸缘补强人孔

罐上所有接管均需设置加强筋，对于小接管群可采用联合加强，单独接管需配置 3 块以上加强筋，将球壳、补强凸缘、接管和法兰焊在一起，以增加接管部分的刚性；球罐接管法兰应采用凹凸面法兰。

（6）附件

进行球形储罐结构设计时，还必须考虑便于工作人员操作、安装和检查而设置的梯子和平台，控制球罐内部物料温度和压力的水喷淋装置以及隔热或保冷设施。作为球罐附件的还有液面计、压力表、安全阀和温度计等，这些压力容器的安全附件，由于型式很多，性能不同，构造各异。在选用时要注意其先进、安全、可靠，并满足有关工艺要求和安全规定。

对于球罐的设计计算见 GB/T 12337—2014 及《GB/T 12337〈钢制球形储罐〉标准释义及算例》。

8.2.4 低温储罐的基本结构

低温储罐用于储存两相状态下(液体和蒸发气)标准沸点低于环境温度的产品。通过冷却产品,使其温度等于或略低于标准沸点,并使储罐处于微正压,以保持液相和气相间的平衡。如液态氧、氮、氩、CO_2 等介质的立式或卧式双层真空绝热储槽等。

大型的低温储罐按照结构型式可分为:单容罐、双容罐、全容罐和薄膜罐。其中单容罐、双容罐及全容罐均为双层即由内罐和外罐组成,在内外罐间充填有保冷材料。按储罐的设置方式可分为地上与地下储罐两种。地下储罐比地上储罐具有更好的抗震性和安全性,不易受到空中物体的碰击,不会受到风载荷的影响,也不会影响人员的视线。但是地下储罐的罐底应位于海平面及地下水位以上,事先需要进行详细的地质勘查,以确定是否可采用地下储罐这种型式。地下储罐的施工周期较长,投资较高。

(1)单容罐

单容罐是只有一个储存低温液体的自支承式钢制储罐,该储罐可由带绝热层的单壁或双壁结构组成,具有液密性和气密性,见图 8-17。产品蒸发气应储存在容器的钢质拱顶内,当主容器是一个敞开的杯状体时,储存在包围主容器的气密金属外罐内,金属外罐仅设计用于储存产品蒸发气及支承的保护绝热层。每个单容罐的周围应筑有围堰,以容纳可能泄漏的产品。

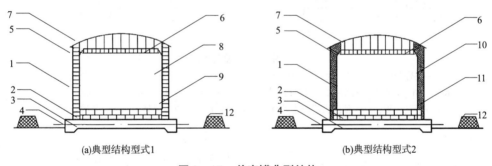

(a)典型结构型式1 (b)典型结构型式2

图 8-17 单容罐典型结构

1—主容器(钢质);2—底部绝热层;3—基础;4—基础加热系统;
5—柔性绝热密封;6—吊顶(绝热);7—罐顶(钢质);8—罐壁外部绝热层;
9—外部水汽隔层;10—松散充填绝热层;12—围堰

(2)双容罐

双容罐是具有液密性的次容器和建立在次容器中的单容罐共同组成的储罐,次容器与主容器水平距离不大于6m且顶部向大气开孔。

次容器顶部为敞开式,无法防止产品蒸发气的逸出。主容器与次容器之间的环形空间可用一个"防雨罩"遮盖,以防止雨水、雪、尘土等进入。双容罐典型结构见图 8-18。

(3)全容罐

全容罐是具有液密性、气密性的次容器和建立在次容器中的主容器共同组成的储罐,次容器为独立的自支承带拱顶的闭式结构,见图 8-19。主容器有两种型式:在顶部开口,不储存产品蒸发气;配备拱顶,可储存产品蒸发气。次容器应是一个具有拱顶的自支承式钢质或混凝土储罐。主容器和次容器之间的环形空间径向宽度不应大于2m。

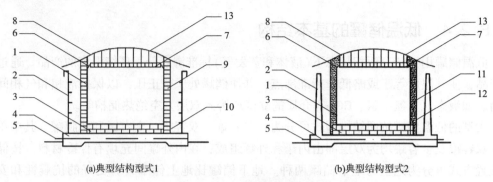

(a)典型结构型式1　　　　　　　　　　　　(b)典型结构型式2

图8-18　双容罐典型结构

1—主容器(钢质)；2—次容器(钢质或混凝土)；3—底部绝热层；4—基础；
5—基础加热系统；6—柔性绝热密封；7—吊顶(绝热)；8—罐顶(钢质)；
9—外部绝热层；10—外部水汽隔层；11—松散充填绝热层；12—外壳；13—防雨罩

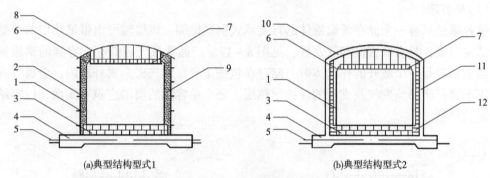

(a)典型结构型式1　　　　　　　　　　　　(b)典型结构型式2

图8-19　全容罐典型结构

1—主容器(钢质)；2—次容器(钢质)；3—底部绝热层；4—基础；5—基础加热系统；
6—柔性绝热密封；7—吊顶(绝热)；8—罐顶(钢质)；9—松散充填绝热层；
10—混凝土顶；11—预应力混凝土外罐(次容器)；12—预应力混凝土外罐内侧的绝热层

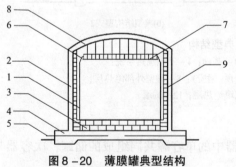

图8-20　薄膜罐典型结构

1—主容器(薄膜)；2—次容器(混凝土)；
3—底部绝热层；4—基础；
5—基础加热系统；6—柔性绝热密封；
7—吊顶(绝热)；8—混凝土顶；
9—预应力混凝土外罐内侧的绝热层

(4)薄膜罐

薄膜罐是由一个薄的钢质主容器(薄膜)、绝热层和预应力混凝土罐体共同组成的能储存低温液体的复合结构，见图8-20。金属薄膜内罐为非自支承式结构，用于储存低温液化气，其液相载荷和其他施加在金属薄膜上的载荷通过可承受载荷的绝热层全部传递到混凝土外罐上，其气相压力由储罐的顶部承受。

对于中小型的低温储存设备一般称为低温储槽，具有双层金属壳体的结构，其内容器为与介质相容的耐低温材料制成，多为低温容器用钢、有色金属及其合金等，设计温度可低至

-253℃，主要用于储存或运输低温低压液化气体；外容器壳体在常温下工作，一般为普通碳素钢或低合金钢制造。在内、外容器壳体之间通常填充有多孔性或细粒型绝热材料，或填充具有高绝热性能的多层间隔防辐射材料，同时将夹层空间再抽至一定的真空，以最

大限度地减少冷量损失。

根据绝热类型，低温储槽可分为非真空绝热型低温储槽和真空绝热型储槽。前者主要用于储存液氧、液氮和液化天然气，工作压力较低，大多采用正压堆积绝热技术，一般制成平底圆筒形结构。后者亦可称为杜瓦容器，主要用于中小型液氧、液氮、液氩、液氢和液氦的储存与运输。而真空型低温绝热容器又可分为高真空绝热容器、真空粉末(或纤维)绝热容器以及高真空多层绝热容器。

图 8-21 所示为典型的低温真空粉末绝热液态 CO_2 储槽结构。内筒盛装液态 CO_2，材质为 16MnDR，封头采用标准椭圆封头，外筒面向大气，材质为 Q245R。内外筒之间采用八点支承结构，材质为玻璃钢，主要用于固定内容器，且该材质导热系数较低。内外筒夹层中充满保温材料珠光砂并抽真空，内外夹层压力为 ≤3Pa。

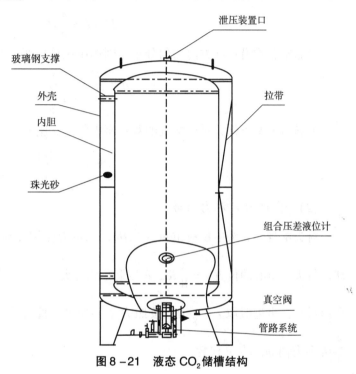

图 8-21 液态 CO_2 储槽结构

低温储槽的总体结构一般包括：①容器本体，储液内容器、绝热结构、外壳体和连接内、外壳体的支承构件等；②低温液体和气体的注入、排出接管与阀门及回收系统；③压力、温度、液面等检测仪表；④安全设施，如内、外壳体的防爆膜、安全阀、紧急排液阀等；⑤其他附件，如底盘、把手、抽气口等。

在低温环境下长期运行的容器，最易产生低温脆性断裂。由于低温脆断是在没有明显征兆的情况下发生的，危害极大。为此，在容器的选材、结构设计和制造检验等方面应采取严格的措施，选择良好的低温绝热结构和密封结构。

8.3 卧式储罐的设计计算

8.3.1 载荷分析

卧式储罐的载荷有：①压力，可以是内压或外压(真空)；②储罐重量，包括圆筒、封头及其附件(梯子平台、接管等)等的重量；③物料重量，正常操作时为物料重量，而在水压试验时为充水重量；④其他载荷，如必要时计算雪载荷、风载荷、地震载荷等。置于对称分布的双鞍座卧式储罐所受的外力包括载荷和支座反力，可以近似地看作支承在两个铰支点上受均布载荷的外伸筒支梁，梁上受到如图 8-22(b)所示的外力作用。

(1) 均布载荷 q 和支座反力 F

假设卧式储罐的总重为 $2F$，此总重包括储罐重量及物料重量，必要时还包括雪载荷。对于盛装气体或轻于水的液体储罐，因水压试验时重量最大，此时物料重量均按水重量计算。对于半球形、椭圆形或碟形等凸形封头，折算为直径等于容器直径、长度为 $2H/3$ 的圆筒(H 为封头的曲面深度)，故储罐两端为凸形封头时，总重作用的总长度为：

$$L' = L + \frac{4}{3}H \tag{8-1}$$

设储罐总重沿长度方向均匀分布，则作用在总长度上的单位长度均布载荷为：

$$q = \frac{2F}{L'} = \frac{2F}{L + \frac{4}{3}H} \tag{8-2}$$

由静力平衡条件，对称配置的双鞍座中每个支座的反力就是 F，或写为：

$$F = \frac{q\left(L + \frac{4}{3}H\right)}{2} \tag{8-3}$$

(2) 竖向剪力 F_q 和力偶 M

封头本身和封头中物料重量为 $\frac{2}{3}Hq$，此重力作用在封头(含物料)的重心上。对于半球形封头，重心的位置 $e = \frac{3}{8}R_i$，e 为重心到封头切线的距离，R_i 为圆筒内半径。对于其他凸形封头，也近似取 $e = \frac{3}{8}H$。按照力平移原则，此重力可用作用在梁端点的剪力 $F_q = \frac{2}{3}Hq$ 和力偶 $m_1 = \frac{H^2}{4}q$ 代替。

此外，当封头中充满液体时，液体静压力对封头作用一水平向外推力。因为液体压力 p_y 沿筒体高度按线性规律分布，顶部静压为 0，底部静压为 $p_o = 2\rho g R_i$，所以水平推力向下偏离容器轴线，如图 8-23 所示。水平推力、偏心距为 $S \approx qR_i$ 和 $y_c = -R_i/4$。

则液体静压力作用在平封头上的力矩为：

$$m_2 = Sy_c = qR_i \frac{R_i}{4} = \frac{qR_i^2}{4}$$

当为球形封头时，由于液体静压力的方向通过球心而不存在力偶 m_2；当为椭圆或碟形封头时，可求得：

$$m_2 = \frac{qR_i^2}{4}\left(1 - \frac{H^2}{R_i^2}\right)$$

为简化计算，常略去这些差异，对于各种封头，均取 m_2 为 $\frac{qR_i^2}{4}$，故梁端点的力偶 M 为

$$M = m_2 - m_1 = \frac{q}{4}(R_i^2 - H^2)$$

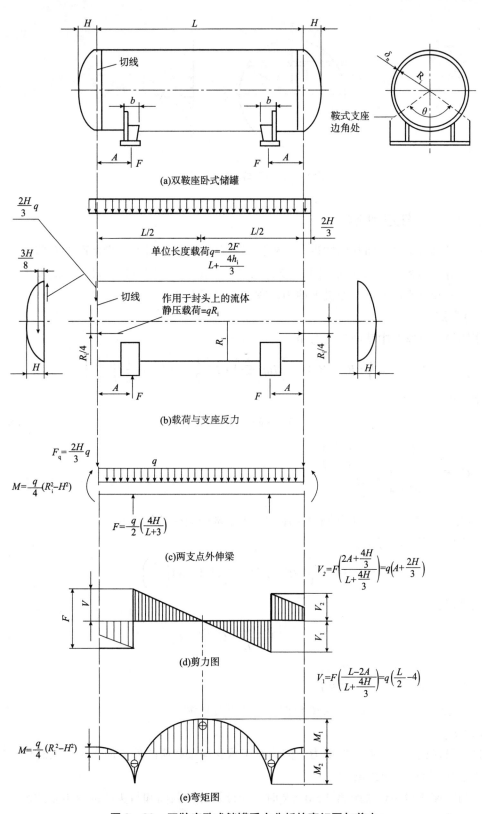

图 8－22　双鞍座卧式储罐受力分析的弯矩图与剪力

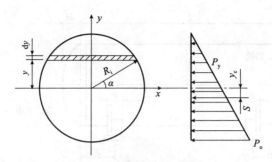

图 8 – 23　液体静压力及其合力

8.3.2　内力分析

根据材料力学梁弯曲基础知识，该外伸梁在重量载荷作用下，梁截面上有剪力和弯矩存在，其剪力图和弯矩图分别如图 8 – 22(d)和(e)所示。由图可知，最大弯矩发生在梁支座跨中截面和支座截面上，而最大剪力出现在支座截面处。

（1）弯矩

①圆筒在支座跨中截面处的弯矩：

$$M_1 = \frac{q^2}{4}(R_i^2 - H^2) - \frac{2}{3}Hq\left(\frac{L}{2}\right) + F\left(\frac{L}{2} - A\right) - q\left(\frac{L}{2}\right)\left(\frac{L}{4}\right)$$

整理得：

$$M_1 = F(C_1 L - A) \tag{8-4}$$

式中：$C_1 = \dfrac{1 + 2\left[\left(\dfrac{R_i}{L}\right)^2 - \left(\dfrac{H}{L}\right)^2\right]}{4\left(1 + \dfrac{4}{3}\dfrac{H}{L}\right)}$。

M_1 为正值时，表示上半部圆筒受压缩，下半部圆筒受拉伸。

②支座截面处的弯矩：

$$M_2 = \frac{q^2}{4}(R_i^2 - H^2) - \frac{2}{3}HqA - qA\left(\frac{A}{2}\right)$$

整理得：

$$M_2 = \frac{FA}{C_2}\left(1 - \frac{A}{L} + C_3\frac{R_i}{A} - C_2\right) \tag{8-5}$$

式中：$C_2 = 1 + \dfrac{4}{3}\dfrac{H}{L}$，$C_3 = \dfrac{R_i^2 - H^2}{2R_i L}$。

M_2 一般为负值，表示上半部受拉伸，下半部受压缩。

（2）剪力

这里只讨论支座截面上的剪力，因为对于承受均布载荷的外伸简支梁，其跨中截面的剪力等于 0，所以不予讨论。

①当支座离封头切线距离 $A > 0.5R_i$ 时，应计及外伸圆筒和封头两部分重量的影响，在支座处截面上的剪力为：

$$V = F - q\left(A + \frac{2}{3}H\right) = F\left(\frac{L - 2A}{L + \frac{4}{3}H}\right) \qquad (8-6)$$

②当支座离封头切线距离 $A \leqslant 0.5R_i$ 时，在支座处截面上的剪力为：

$$V = F \qquad (8-7)$$

8.3.3　圆筒应力计算与强度校核

1. 圆筒轴向应力及校核

根据 Zick（齐克）试验的结论，除支座附近截面外，其他各处圆筒在承受轴向弯矩时，仍可看作抗弯截面模量为 $\pi R_i^2 \delta_e$ 的空心圆截面梁，而并不承受周向弯矩的作用。如果圆筒上不设置加强圈，且支座的设置位置 $A > 0.5R_i$ 时，由于支座处截面受剪力作用而产生周向弯矩，在周向弯矩的作用下，导致支座处圆筒的上半部发生变形，产生"扁塌"现象（见图 8－24），"扁塌"现象一旦发生，支座处圆筒截面上部就成为难以抵抗轴向弯矩的"无效截面积"，而剩下的圆筒下部截面才是能够承担轴向弯矩的"有效截面积"。Zick 根据试验测定结果认为，与"有效截面积"弧长对应的半圆心角 Δ 等于鞍座包角 θ 之半加上 $\beta/6$，即：

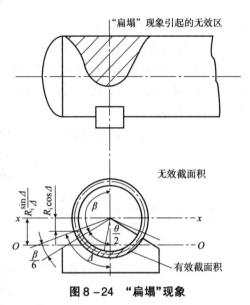

图 8－24　"扁塌"现象

$$\Delta = \frac{\theta}{2} + \frac{\beta}{6} = \frac{1}{12}(360° + 5\theta)$$

知道有效截面积后，则可对跨距中点处和支座截面处的圆筒进行轴向应力计算，各轴向应力的位置如图 8－25 所示。

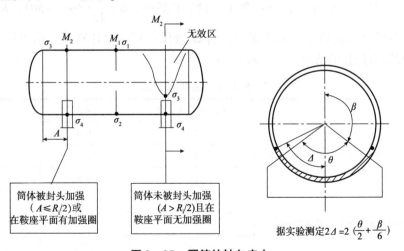

图 8－25　圆筒的轴向应力

（1）两支座跨中截面处圆筒的轴向应力

跨中截面最高点（M_1为正数，上部截面产生压应力）：

$$\sigma_1 = \frac{p_c R_i}{2\delta_e} - \frac{M_1}{\pi R_i^2 \delta_e} \qquad (8-8)$$

跨中截面最低点（M_1为正数，下部截面产生拉应力）：

$$\sigma_2 = \frac{p_c R_i}{2\delta_e} + \frac{M_1}{\pi R_i^2 \delta_e} \qquad (8-9)$$

式中 δ_e——圆筒有效厚度。

（2）支座截面处圆筒的轴向应力

当支座截面处的圆筒上不设置加强圈，且支座的位置 $A > 0.5R_i$ 时，说明圆筒既不受加强圈加强，又不受封头加强则圆筒承受弯矩时存在"扁塌"现象，也即仅在 Δ 角范围内的圆筒能承受弯矩。

支座截面最高点（M_2为负数，上部截面产生拉应力）：

$$\sigma_3 = \frac{p_c R_i}{2\delta_e} - \frac{M_2}{K_1 \pi R_i^2 \delta_e} \qquad (8-10)$$

式中：$K_1 = \dfrac{\Delta + \sin\Delta\cos\Delta - 2\dfrac{\sin^2\Delta}{\Delta}}{\pi\left(\dfrac{\sin\Delta}{\Delta} - \cos\Delta\right)}$。

支座截面最低点（M_2为负数，下部截面产生压应力）：

$$\sigma_4 = \frac{p_c R_i}{2\delta_e} + \frac{M_2}{K_2 \pi R_i^2 \delta_e} \qquad (8-11)$$

式中：$K_2 = \dfrac{\Delta + \sin\Delta\cos\Delta - 2\dfrac{\sin^2\Delta}{\Delta}}{\pi\left(1 - \dfrac{\sin\Delta}{\Delta}\right)}$。

不存在"扁塌"现象时，$\Delta = \pi$；存在"扁塌"现象时，$\Delta = \dfrac{1}{12}(360° + 5\theta)$，$K_1$ 和 K_2 为"扁塌"现象引起的抗弯截面模量减少系数，将 Δ 值代入相应的计算式，结果见表 8-1。可见，对于圆筒有加强的情况，$K_1 = K_2 = 1.0$。

表 8-1 系数 K_1、K_2

条件	鞍座包角 $\theta/(°)$	K_1	K_2
$A \leqslant R_i/2$，或在鞍座平面上有加强圈的圆筒	120	1.0	1.0
	135	1.0	1.0
	150	1.0	1.0
$A > R_i/2$，且在鞍座平面上无加强圈的圆筒	120	0.107	0.192
	135	0.132	0.234
	150	0.161	0.279

(3)圆筒轴向应力的校核

圆筒轴向应力 $\sigma_1 \sim \sigma_4$ 的计算需要考虑最危险的组合情况，既要考虑工况，也要考虑压力和重量是否共同作用。在 NB/T 47042—2014《卧式容器》中明确规定对内压和外压容器必须进行计算、校核的工况以及压力和重量载荷的组合情况，见表8-2。如对于外压容器，要计算和校核操作工况下的轴向压应力，应考虑物料已存放，同时外压也已施加的情况，因在这种情况下，可得到轴向压应力的最大值。

表8-2 圆筒轴向应力的校核条件

工况	内压设计	外压设计	最大应力校核条件
操作工况 （盛装物料）	加压	未加压	拉应力：$\max\{\sigma_1,\ \sigma_2,\ \sigma_3,\ \sigma_4\} \leqslant \phi\,[\sigma]^{\mathrm{t}}$
	未加压	加压	压应力：$\|\min\{\sigma_1,\ \sigma_2,\ \sigma_3,\ \sigma_4\}\| \leqslant [\sigma]^{\mathrm{t}}_{\mathrm{cr}}$
水压试验工况 （充满水）	加压		拉应力：$\max\{\sigma_{\mathrm{T1}},\ \sigma_{\mathrm{T2}},\ \sigma_{\mathrm{T3}},\ \sigma_{\mathrm{T4}}\} \leqslant 0.9\phi R_{\mathrm{eL}}\,(R_{\mathrm{p0.2}})$
	未加压		压应力：$\|\min\{\sigma_{\mathrm{T1}},\ \sigma_{\mathrm{T2}},\ \sigma_{\mathrm{T3}},\ \sigma_{\mathrm{T4}}\}\| \leqslant [\sigma]_{\mathrm{cr}}$

2. 圆筒与封头切应力及校核

由剪力图8-22(d)可知，剪力总是在支座截面处最大，该剪力在圆筒中壁引起切应力，计算支座截面切应力与该截面是否有加强作用有关，故分为以下三种情况。

(1)支座处设置有加强圈，但未被封头加强($A > 0.5R_i$)的圆筒

由于圆筒在鞍座处有加强圈加强，圆筒的整个截面都能有效承担剪力的作用，此时支座截面上的切应力分布呈正弦函数形式，如图8-26(a)所示，在水平中心线处有最大值。

当圆筒受到加强圈作用时，圆筒圆环形截面由剪力引起的切应力为：

$$\tau = \frac{K_3 F}{R_i \delta_e}\left(\frac{L - 2A}{L + \frac{4}{3}H}\right) = \frac{K_3 V}{R_i \delta_e} \tag{8-12}$$

式中，K_3 可根据圆筒被加强情况和支座包角查表8-3。

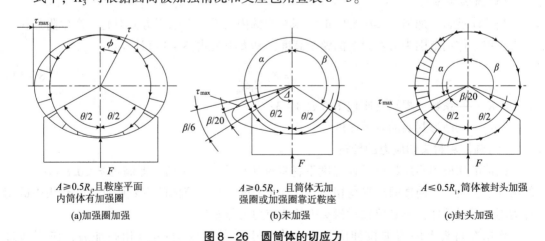

(a)加强圈加强	(b)未加强	(c)封头加强
$A \geqslant 0.5R_i$,且鞍座平面内筒体有加强圈	$A \geqslant 0.5R_i$,且筒体无加强圈或加强圈靠近鞍座	$A \leqslant 0.5R_i$,筒体被封头加强

图8-26 圆筒体的切应力

(2)支座截面处无加强圈且 $A > 0.5R_i$ 的未被封头加强的圆筒

由于存在无效区，圆筒抗剪有效截面减少。应力分布情况如图8-26(b)所示，最大

切应力在 $2\Delta = 2\left(\dfrac{\theta}{2} + \dfrac{\beta}{20}\right)$ 处。切应力的计算式与(8-12)相同，但系数 K_3 取值不同。

表 8-3 系数 K_3、K_4

条件	鞍座包角 $\theta/(°)$	K_3	K_4
圆筒在鞍座平面上无加强圈，且 $A > R_i/2$，或靠近鞍座处有加强圈	120	1.171	—
	135	0.958	
	150	0.799	
圆筒在鞍座平面上有加强圈	120	0.319	—
	135	0.319	
	150	0.319	
圆筒被封头加强($A \leqslant R_i/2$)	120	0.880	0.401
	135	0.654	0.344
	150	0.485	0.297

(3)支座截面处无加强圈但 $A \leqslant 0.5R_i$ 被封头加强的圆筒

这种情况下，大部分剪力先由支座(此处指左支座)的右侧跨过支座传至封头，然后又将载荷传回到支座靠封头的左侧圆筒，此时圆筒中的切应力的分布情况如图 8-26(c)所示，最大切应力位于 $2\Delta = 2\left(\dfrac{\theta}{2} + \dfrac{\beta}{20}\right)$ 的支座角点处。

最大切应力按式(8-13)计算：

$$\tau = K_3 \frac{F}{R_i \delta_e} \tag{8-13}$$

式中，系数 K_3 查表 8-3。

(4)封头切应力

当筒体被封头加强($A \leqslant 0.5R_i$)时，封头中的内力系会在水平方向对封头产生附加拉伸应力作用，作用范围为沿着封头的整个高度，其大小按式(8-14)计算：

$$\tau_h = K_4 \frac{F}{R_i \delta_{he}} \tag{8-14}$$

式中 K_4——系数，根据支座包角查表 8-3；

δ_{he}——凸形封头的有效厚度。

(5)圆筒和封头切应力的校核

圆筒的切应力不应超过设计温度下材料许用应力的 0.8 倍，即满足 $\tau \leqslant 0.8[\sigma]^t$。一般情况下，封头与筒体的材料均相同，其有效厚度不小于筒体的有效厚度，故封头中的切应力不会超过筒体，不必单独对封头中的切应力另行校核。

作用在封头上的附加拉伸应力和由内压引起的拉应力(σ_h)相叠加后，应不超过 $1.25[\sigma]^t$，即：

$$\tau_h + \sigma_h \leqslant 1.25[\sigma]^t \tag{8-15}$$

当封头承受外压时，式(8-15)中不必计算 σ_h：

$$\tau \leqslant [\tau]^t = 0.8 [\sigma]^t$$

一般情况下，封头与圆筒的材料均相同，其有效厚度不小于圆筒的有效厚度，故封头中的切向切应力不会超过圆筒，不必对封头中的切向切应力另行校核。

3. 支座截面处圆筒体的周向应力

圆筒鞍座平面上的周向弯矩如图 8-27(b) 所示。当无加强圈或加强圈在鞍座平面内时[见图 8-27(b) 左侧图]，其最大弯矩点在鞍座边角处。当加强圈靠近鞍座平面[见图 8-27(b) 右侧图]时，其最大弯矩点在靠近横截面水平中心线处。计算时应按不同的加强圈情况求出最大弯矩点的周向应力。

(1)支座截面处无加强的圆筒

支座反力在鞍座接触的圆筒上还产生周向压缩力 p，当圆筒未被加强圈或封头加强时，鞍座边角处的周向压缩力假设为 $p_\beta = F/4$，在支座截面圆筒最低处，周向压缩力达到最大，$p_{max} = K_5 F$，这些周向压缩力均由壳体有效宽度 $b_2 = b + 1.56 \sqrt{R_i \delta_n}$ 来承受。

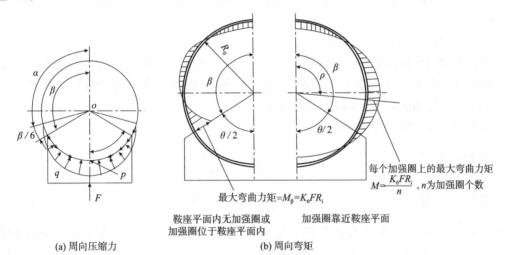

(a) 周向压缩力   (b) 周向弯矩

图 8-27 支座处圆筒周向压缩力和周向弯矩

支座反力在支座处圆筒截面引起切应力，这些切应力导致在圆筒径向截面产生周向弯矩 M_t，周向弯矩在鞍座边角处有最大值。理论上最大周向弯矩为 $M_{tmax} = M_\beta = K_6 F R_i$，且作用在一有效计算宽度为 l 的圆筒抗弯截面上，l 的取值与圆筒的长径比有关：

当 $L \geqslant 8 R_i$ 时，$l = 4 R_i$；当 $L < 8 R_i$ 时，$l = 0.5 L$。

系数 K_5、K_6 可根据鞍座包角查表 8-4 得到，其中 K_6 值还和鞍座与封头切线的相对距离 A/R_i 有关。

表 8-4 系数 K_5、K_6

鞍座包角 $\theta/(°)$	K_5	K_6	
		$A \leqslant 0.5 R_i$	$A > 0.5 R_i$
120	0.760	0.013	0.053
132	0.720	0.011	0.043
135	0.711	0.010	0.041

鞍座包角 $\theta/(°)$	K_5	K_6	
		$A \leqslant 0.5R_i$	$A > 0.5R_i$
147	0.680	0.008	0.034
150	0.673	0.008	0.032
162	0.650	0.006	0.025

注：当 $0.5R_i < A < R_i$ 时，K_6 值按表内数值线性内插求值。

（2）圆筒截面最低点处的周向压应力 σ_5：

$$\sigma_5 = -\frac{K_5 Fk}{b_2 \delta} \tag{8-16}$$

式中 k——系数。当 $k=1$ 时，支座与圆筒体不相焊。当 $k=0$ 时，支座与圆筒体相焊；

δ——厚度。当无垫板或垫板不起加强作用时，则 $\delta = \delta_e$。当垫板起加强作用时，

$\delta = \delta_e + \delta_{re}$；

δ_{re}——鞍座垫板有效厚度。

垫板起加强作用的条件：要求垫板厚度不小于 0.6 倍圆筒厚度；垫板宽度大于或等于 b_2，垫板包角不小于 $(\theta + 12°)$。一般情况下，加强圈（垫板）宜取等于壳体圆筒厚度。

（3）无加强圈圆筒鞍座处最大周向应力

①鞍座边角处的最大周向应力 σ_6：

当 $L \geqslant 8R_i$ 时
$$\sigma_6 = -\frac{F}{4\delta b_2} - \frac{3K_6 F}{2\delta^2} \tag{8-17}$$

当 $L < 8R_i$ 时
$$\sigma_6 = -\frac{F}{4\delta b_2} - \frac{12K_6 FR_i}{L\delta^2} \tag{8-18}$$

式中 δ——厚度。当无垫板或垫板不起加强作用时，则 $\delta = \delta_e$；当垫板起加强作用时，

则 $\delta = \delta_e + \delta_{re}$，$\delta^2$ 以 $\delta^2 + \delta_{re}^2$ 代替。

②鞍座垫板边缘处圆筒中的最大周向应力 σ_6'

当 $L \geqslant 8R_i$ 时
$$\sigma_6' = -\frac{F}{4\delta_e b_2} - \frac{3K_6 F}{2\delta_e^2} \tag{8-19}$$

当 $L < 8R_i$ 时
$$\sigma_6' = -\frac{F}{4\delta_e b_2} - \frac{12K_6 FR_i}{L\delta_e^2} \tag{8-20}$$

式（8-17）~式（8-20），第二项为周向弯矩引起的壁厚上的弯曲应力；且式（8-19）、式（8-20）中 K_6 值为鞍座板包角 $(\theta + 12°)$ 的相应值。

σ_5、σ_6、σ_6' 位置如图 8-28 所示。

（4）有加强圈的圆筒

①加强圈位于鞍座平面上（见图 8-27 和图 8-29）。这种情况是指加强圈中心平面与鞍座中心平面之间在容器轴线方向的距离 $X \leqslant 0.5b + 0.78\sqrt{R_i \delta_n}$。

最大弯矩发生在鞍座边角处，此时圆筒的内外表面处最大

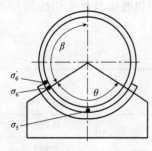

图 8-28　σ_5、σ_6、σ_6' 位置

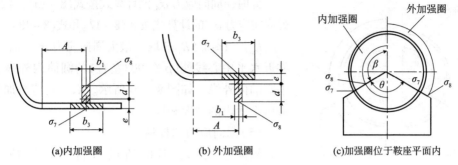

(a)内加强圈　　　　(b)外加强圈　　　　(c)加强圈位于鞍座平面内

图 8-29　加强圈在鞍座平面上的 σ_7、σ_8 位置

弯曲应力 σ_7 为：

$$\sigma_7 = -\frac{K_8 F}{A_0} + \frac{C_4 K_7 F R_i e}{I_0} \tag{8-21}$$

式中　A_0——一个支座的所有加强圈与圆筒起加强作用有效段的组合截面积之和，mm^2；

　　　　e——对内加强圈，为加强圈与圆筒组合截面形心距圆筒外表面的距离（见图 8-29）；对外加强圈，为加强圈与圆筒组合截面形心距圆筒内表面的距离（见图 8-29），mm；

　　　　I_0——一个支座的所有加强圈与圆筒起加强作用有效段的组合截面对该截面形心轴 $X-X$ 的惯性矩之和，mm^4。

鞍座边角处加强圈内、外缘处的周向应力 σ_8 为：

$$\sigma_8 = -\frac{K_8 F}{A_0} + \frac{C_5 K_7 F R_i d}{I_0} \tag{8-22}$$

式中　d——对内加强圈，为加强圈与圆筒组合截面形心距加强圈内缘表面的距离；对外加强圈，为加强圈与圆筒组合截面形心距加强圈外缘表面的距离（见图 8-29），mm。

系数 C_4、C_5、K_7、K_8 值由表 8-5 查取。

②加强圈靠近鞍座平面。这种情况是指加强圈中心平面与鞍座中心平面之间在容器轴线方向的距离 $X > 0.5b + 0.78\sqrt{R_i \delta_n}$，且 $X < 0.5 R_i$。

表 8-5　系数 C_4、C_5、K_7、K_8

加强圈位置		位于鞍座平面						靠近鞍座		
$\theta/(°)$		120	132	135	147	150	162	120	135	150
C_4	内加强圈	-1	-1	-1	-1	-1	-1	+1	+1	+1
	外加强圈	+1	+1	+1	+1	+1	+1	-1	-1	-1
C_5	内加强圈	+1	+1	+1	+1	+1	+1	-1	-1	-1
	外加强圈	-1	-1	-1	-1	-1	-1	+1	+1	+1
K_7		0.053	0.043	0.041	0.034	0.032	0.025	0.058	0.047	0.036
K_8		0.341	0.327	0.323	0.307	0.302	0.283	0.271	0.248	0.219

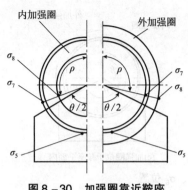

内加强圈   外加强圈

图 8−30　加强圈靠近鞍座
平面时 σ_7、σ_8 位置

此时，周向应力 σ_5 的计算式按式(8−16)；鞍座边角处周向应力 σ_6 的计算式按式(8−17)和式(8−18)。

K_6 按 $A \leqslant 0.5R_i$ 选取。最大周向应力 σ_7、σ_8 发生在靠近水平中心线处(ρ 在 90°左右)的圆筒内外表面及加强圈的内外缘，如图 8−30 所示。K_7、K_8 值与加强圈在鞍座平面内的情况相同。

(5)周向应力的校核

周向应力 σ_5 不得超过材料的许用应力，即 $|\sigma_5| \leqslant [\sigma]^t$。

而 σ_6、σ_6'、σ_7、σ_8 是因周向压应力与周向弯矩产生的合成压应力，属于局部应力，应不大于材料许用应力的 1.25 倍，即 $|\sigma_6| \leqslant 1.25 [\sigma]^t$，$|\sigma_6'| \leqslant 1.25 [\sigma]^t$，$|\sigma_7| \leqslant 1.25 [\sigma]^t$，$|\sigma_8| \leqslant 1.25 [\sigma]^t$。

鞍座的设计与选用，查看 6.3.2 节。

课后习题

一、解答题

1. 设计双鞍座卧式容器时，支座位置应按哪些原则确定？试说明理由。

2. 双鞍座卧式容器受力分析与外伸梁承受均布载荷有何相同和不同之处？试用剪力图和弯矩图进行对比。

3. "扁塌"现象的原因是什么？如何防止这一现象出现？

4. 双鞍座卧式容器设计中应计算哪些应力？试分析这些应力是如何产生的？

5. 鞍座包角对卧式容器筒体应力和鞍座自身强度有何影响？

6. 在什么情况下应对双鞍座卧式容器进行加强圈加强？

7. 球形储罐有哪些特点？设计球罐时应考虑哪些载荷？各种罐体型式有何特点？

8. 球形储罐采用赤道正切柱式支座时，应遵循哪些准则？

9. 液化气体储存设备设计时如何考虑环境对它的影响？

二、计算题

1. 一卧式容器见下图，两端为标准椭圆形封头，采用双鞍式钢制支座。其尺寸及操作条件如下：

筒体内径 $D_i = 3000\text{mm}$；

筒体壁厚 $\delta_n = 20\text{mm}$；

封头壁厚 $\delta_{hn} = 20\text{mm}$；

壁厚附加量 $C = 3\text{mm}$；

筒体长(包括封头直边部分)$L = 20100\text{mm}$；

封头曲面深度 $h_i = 750\text{mm}$；

支座中心线距封头距离 $A = 1000\text{mm}$；

支座宽度 $b = 250\text{mm}$，包角 $B = 120°$；

鞍座高 $H = 200\text{mm}$，鞍座腹板厚度 $b_o = 16\text{mm}$，鞍座许用应力与筒体相同；

操作压力 0.6MPa，操作温度 200℃；

充液后容器总重量 $m = 184000\text{kg}$；

筒体及封头材料 Q235B，其许用应力为 105MPa，焊缝系数 $\varphi = 0.85$。

试校核该卧式容器筒体的各部分应力（含鞍座腹板强度验算）。

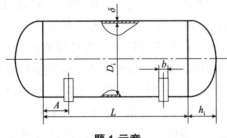

题 1 示意

2. 某化工厂的一卧式储槽，其主要尺寸见下图，储槽的设计压力为 1.7MPa，容积为 9.87m³，设液体密度为 1084kg/m³，总质量 3000kg（不包括液体质量），材料为 Q345R，其许用应力为 170MPa，验算筒体强度。

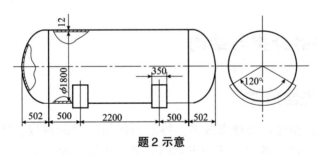

题 2 示意

第9章 换热设备

换热设备是用于完成冷热介质间热量交换的设备，它是化工、炼油、动力、食品、轻工、原子能、制药、机械及其他多工业部门广泛使用的一种通用设备，如热交换器、管壳式余热锅炉、冷却器、冷凝器、蒸发器、加热器和电热蒸汽发生器。在化工厂中，换热设备的投资占总投资的10%~20%；在炼油厂中，占总投资的35%~40%。在工业生产中，换热设备的主要作用是使热量由温度较高的流体传递给温度较低的流体，使流体温度达到工艺流程规定的指标，以满足工艺流程上的需要。此外，换热设备也是回收利用余热、废热特别是低位热能的有效装置。例如，烟道气（200~300℃）、高炉炉气（约1500℃）、需要冷却的化学反应工艺气（300~1000℃）等的余热，通过余热锅炉可利用它来生产压力蒸汽，作为供热、供汽、发电和动力的辅助能源，从而提高热能的总利用率，降低燃料消耗和电耗，提高工业生产经济效益。本章主要介绍目前广泛应用的管壳式换热器，重点介绍管壳式换热器的类型、结构、设计方法以及振动与防治。此外，对板翅式换热器的设计和制造方法进行介绍。

9.1 换热器分类与结构

9.1.1 换热器分类

在工业中使用的换热设备种类很多，特别是耗能较大的领域。随着节能技术的发展，换热设备的种类越来越多，适用于不同介质、不同工况、不同温度以及不同压力的换热器其结构和型式也不相同，可按换热设备的工艺用途和传热方式分别对换热设备进行分类。

1. 按工艺用途分类

（1）加热器，用于将流体加热到所需的温度，被加热的流体在加热过程中不发生相变。

（2）预热器，用于流体的预热，以提高整套工艺装置的效率。

（3）过热器，用于加热饱和蒸汽，使其达到过热状态。

（4）蒸发器，用于加热液体，使其蒸发气化。

（5）再沸器，用于加热已被冷凝的液体，使其再受热气化，为蒸馏过程专用设备。

（6）冷却器，用于将流体冷却到所需的温度，被冷却的流体在冷却过程中不发生相变。

（7）冷凝器，用于冷却凝结性饱和蒸汽，使其放出潜热而凝结液化。

2. 按传热方式分类

按传热方式分类，主要分为混合式、蓄热（能）式、间壁式和中间载热体式四大类。

（1）混合式换热器

混合式换热器又称直接接触式换热器，它是将冷、热流体直接接触进行热量交换而实现传热的。如常见的凉水塔、喷洒式冷却塔、气液混合式冷凝器等。混合式换热设备具有传热效率高、单位体积提供的传热面积大、设备结构简单、价格便宜等优点，但仅适用于工艺上允许两种流体相混合的场合。为了强化混合式换热器的传热效果，常对其内件进行改进或在可能的范围内提高介质流速。

（2）蓄热（能）式换热器

蓄热（能）式换热器是借助于固体蓄热器，把热量从高温流体传给低温流体的换热设备。换热器中的蓄热体（金属或非金属）在高温介质通过时吸取热量，而在低温介质通过时蓄热体放出热量加热低温介质，从而实现高温流体和低温流体间的热量交换。在使用这种换热器时，不可避免地会使两种流体有少量混合，一般成对使用，当一个通过热流体时，另一个则通过冷流体，并靠自动阀交替切换，使生产得以连续进行。蓄热（能）式换热器结构简单，价格便宜，单位体积传热面积大，在石油和化工生产中主要用于原料气转化和空气预热。

（3）间壁式换热器

间壁式换热器又称表面式换热器或间接式换热器，它利用设备或管道的间壁将冷、热流体隔开，使其互不接触，热流体通过间壁将热量传递给冷流体。这种换热器应用非常广泛，从结构上又可分为管式换热器和板式换热器两大类。

（4）中间载热体式换热器

中间载热体式换热器是把两个间壁式换热器由在其中循环的载热体连接的换热器。载热体在高温流体换热器和低温流体换热器之间循环，在高温流体换热器中吸收热量，在低温流体换热器中把热量释放给低温流体，如热管式换热器。

9.1.2 间壁式换热器分类

1. 管式换热器

管式换热器是以管壁为间壁和传热面的换热设备，按照换热管的结构型式不同还可细分为蛇管式、套管式、列管式和缠绕管式等。此类换热器具有结构坚固、操作弹性大、使用材料范围广等优点。尤其在高温、高压和大型换热设备中占有相当优势，但在传热效率、结构紧凑性和金属耗材上略显弱势。

（1）蛇管式换热器

按使用状态不同又可分为喷淋式蛇管和沉浸式蛇管。喷淋式蛇管换热器是把数根直管水平排列在一垂直立面上，上下相邻的管端用弯管连接，组成管架。管架顶部设置喷淋装置，使冷却水均匀沿管流下，在管外接触管壁与管内的热流体通过管壁进行换热，如图9-1所示。沉浸式蛇管是把换热管按需要弯曲成所需的形状，如圆盘形、螺旋形和长的蛇形等。使蛇管沉浸在被加热或被冷却的介质中，通过管壁进行热量交换。蛇管式换热器是最早出现的一种换热器，具有结构简单、价格低廉、制造容易、操作维护方便等优点，但该设备换热效率低、单位传热面积金属消耗量大，设备笨重，故在传热面积不大的场合使用，同时因管子承受高压而不易泄漏，常用于压力较高的热交换场合。

（2）套管式换热器

套管式换热器是由两种直径不同的管子组装成同心管，用肘管把内管依次连接构成。如图9-2所示。进行换热时，一种流体走管内，另一种流体走内外管的间隙，两种流体通过内管壁面换热。套管式换热器结构简单、工作适用范围大，传热面积增减方便，两侧流体均可提高流速以获得较高的传热系数，但单位传热面积金属消耗量大，检修、清洗、拆卸都较麻烦，容易在可拆连接处造成泄漏。该设备常用于高温、高压、小流量和换热面积不大的场合。

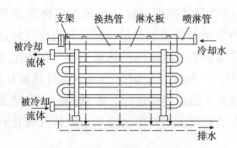

图9-1　喷淋式蛇管换热器示意

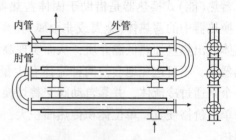

图9-2　套管式换热器示意

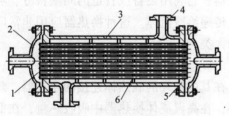

图9-3　管壳式换热器

1—管子；2—封头；3—壳体；
4—接管；5—管板；6—折流板

（3）管壳式换热器

管壳式换热器又称为列管式换热器，是目前应用最为广泛的换热设备。其类型有固定管板式、浮头式、U形管式、填料函式换热器及釜式重沸器。这类换热器的基本结构如图9-3所示，在圆筒形壳体中放置了由许多管子组成的管束，管子的两端（或一端）固定在管板上，管子的轴线与壳体的轴线平行。为了增加流体在管外空间的流速并支承管子，改善传热性能，在筒体内间隔安装多块折流板（或其他新型折流元件），用拉杆和定距管将其与管子组装在一起。换热器的壳体上和两侧的端盖上（对偶数管程而言，则在一侧）装有流体的进出口，有时还在其上装设检查孔，为测量仪表用的接口管、排液孔和排气孔等。

管壳式换热器虽然在传热效率、结构紧凑性以及单位换热面积所需金属的消耗量等方面均不如一些新型高效紧凑式换热器，但它具有明显的优点，其结构坚固、可靠性高、适应性广、易于制造、处理能力大、生产成本较低、选用的材料范围广、换热表面的清洗比较方便、能承受较高的操作压力和温度。在当前高温、高压和大型换热器中，管壳式换热器仍是主流。

（4）缠绕管式换热器

缠绕管式换热器是在芯筒与外筒之间的空间内将传热管按螺旋线形状交替缠绕而成，相邻两层螺旋状传热管的螺旋方向相反，并采用一定形状的定距件使之保持一定的间距。缠绕管可以采用单根绕制，也可采用两根或多根组焊后一起绕制。管内可通过一种介质，称单通道型缠绕管式换热器；也可分别通过几种不同的介质，而每种介质所通过的传热管均汇集在各自的管板上，构成多通道型缠绕管式换热器，如图9-4所示。缠绕管式换热器适用于同时处理多种介质、在小温差下需要传递较大热量且管内介质操作压力较高的场合，如制氧等低温过程中使用的换热设备、大型 LNG 绕管式换热器等。

2. 板面式换热器

板面式换热器通过板面进行换热，其结构紧凑、传热效率高，但密封周边长，密封不可靠，承压能力差。按照传热板面的结构型式可分为：板式、螺旋板式、板翅式、印制电路板式、板壳式和伞板式。

（1）板式换热器

板式换热器是由一组矩形的薄金属传热板片、相邻板间的密封圈和压紧装置组成，其结构如图 9-5 所示。矩形金属薄板通常压制成断面形状为三角形、梯形、人字形等波纹，既增强流体的湍动程度强化传热，又增加了板的刚度。板周边放置垫圈，起到密封作用，也使板面间形成

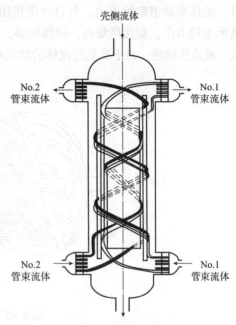

图 9-4　缠绕管式换热器

一定的间隙，构成流体的通道。板四角处的角孔起着连接通道的作用，以使板面上的冷、热流体汇集分别从各自一侧上、下角孔逆向流动，进行传热，如图 9-5(b)所示。板式换热器具有传热效率高、结构紧凑、使用灵活、清洗和维修方便、能精确控制换热温度等优点，使用范围十分广泛。但密封周边太长、不易密封，渗漏的可能性大，承压能力差，使用温度受密封垫片耐温性能限制，流道狭窄，易堵塞，处理量小，流动阻力大。

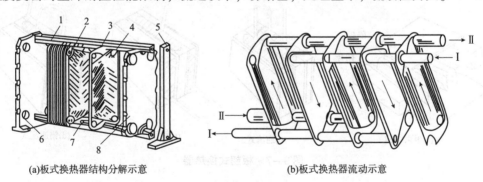

(a)板式换热器结构分解示意　　　　　(b)板式换热器流动示意

图 9-5　板式换热器示意

1—上导杆；2—垫圈；3—传热金属板片；4—角孔；5—前支柱；
6—固定端板；7—下导杆；8—活动端板

（2）螺旋板式换热器

螺旋板式换热器是用焊在中心分隔挡板上的两块金属薄板在专用卷板机上卷制而成的，再将两端焊死形成两条互不相通的螺旋通道，冷、热流体分别由螺旋通道内、外层的连接管进入，沿着螺旋通道逆流流动，最后分别由螺旋通道外、内层的连接管流出，如图 9-6 所示。螺旋板式换热器结构紧凑、传热效率高、能较准确地控制出口温度，制造简

单、流体单通道螺旋流动，有自冲刷作用，不易结垢；可呈全逆流流动，传热温差小。但其承压能力小，焊接质量高，检修困难，质量大、刚性差，运输安装困难。适用于液 – 液、气 – 液流体换热，对于高黏度流体的加热或冷却、含有固体颗粒的悬浮液的换热尤为适合。

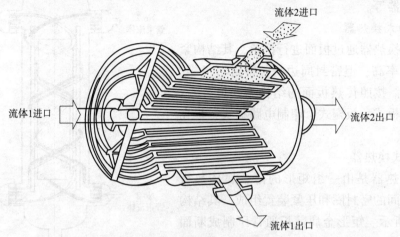

图 9 – 6   螺旋板式换热器

（3）板翅式换热器

板翅式换热器（PFHE）的基本结构由翅片、隔板和封条三部分组成。在两块平行金属隔板之间放置金属导热翅片，翅片两侧各安置一块金属平板，两边一侧各密封组成单元体，将各单元体根据介质的不同流动方式，叠置起来钎焊成整体，即组成板束。把若干板束按需要组装在一起，便构成逆流、错流、错逆流板翅式换热器，如图 9 – 7 所示。

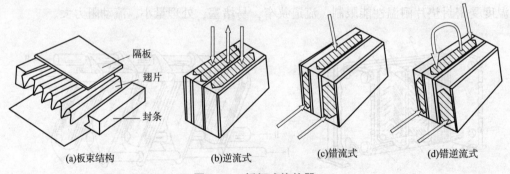

(a)板束结构   (b)逆流式   (c)错流式   (d)错逆流式

图 9 – 7   板翅式换热器

冷热流体分别流过间隔排列的冷流层和热流层通过翅片实现热量交换。一般翅片传热面占总传热面的 65% ~ 85%，翅片与隔板间为完善的钎焊，大部分热量由翅片经隔板传出，小部分热量直接通过隔板传出。不同几何形状的翅片使流体在流道中形成强烈的湍流，使热阻边界层不断破坏，从而有效地降低热阻，提高了传热效率。另外，由于翅片焊于隔板之间，起到骨架和支承作用，使薄板单元件结构有较高的强度和承压能力。

板翅式换热器是目前世界上传热效率较高的换热设备，其传热系数比管壳式换热器大 3 ~ 10 倍。板翅式换热器结构紧凑、轻巧，单位体积内的传热面积均达到 $2500 ~ 4370\text{m}^2/\text{m}^3$，几乎是管壳式换热器的十几倍到几十倍，而同条件下换热器重量只有管壳式换热器的 10% ~

65%；适应性广，可用作气-气、气-液和液-液的热交换，亦可用作冷凝和蒸发，同时适用于多种不同的流体在同一设备中操作，特别适用于低温或超低温的场合。其主要缺点是结构复杂，造价高；流道小，易堵塞，不易清洗，难以检修等。

(4) 印制电路板式换热器

印制电路板式换热器 (PCHE) 只有主换热面，由应用制作印制电路板技术制成的换热板面组装而成，如图9-8所示。换热板面一般是在相应的金属板上用腐蚀的方法加工出所需流道，流道横截面的形状多为近似半圆形，其深度一般为 0.1~2.0mm。把加工好的板面按一定的工艺组合，用扩散焊连接等方法组装在一起，即成为印制电路板式换热器。印制电路板传热效率与紧凑度非常高，传热面积密度为 $650~1300m^2/m^3$，可以承受工作压力 10~50MPa，温度可达到 150~800℃，可用于非常清洁的气体、流体以及相变的换热过程。

图9-8 印制电路板换热器

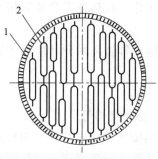

图9-9 板壳式换热器
1—壳体；2—板束

(5) 板壳式换热器

板壳式换热器是一种介于管壳式和板式换热器之间的换热器，主要由板束和壳体两部分组成，如图9-9所示。板束相当于管壳式换热器的管束，每一板束元件相当于一根换热管子，由板束元件构成的流道称为板程，相当于管壳式换热器的管程。板束与壳体之间的流通空间则构成板壳式换热器的壳程。板束元件的形状可以多种多样。板壳式换热器具有管壳式和板式换热器两者的优点：结构紧凑、传热效率高、压力降小、容易清洗。但要求焊接技术高，通常用于加热、冷却、蒸发等过程。

(6) 伞板式换热器

伞板式换热器由板式换热器演变而来，是我国独创的新型高效换热器。伞板式换热器由伞形传热板片和异形垫片组成，两端加上端盖和进出口接管构成。它以伞形板片代替平板片，从而使制造工艺大为简化，成本降低。伞板式换热器流体出入口和螺旋板换热器相似，设在换热器的中心和周围上，工作时一种流体由板中心流入，沿螺旋通道流至周边排出；另一流体则由周边流入，向伞板中心排出。两流体在伞板中心与周边用特殊垫片进行密封，使之各不相混，且在伞板上逆向流动换热，如图9-10所示。伞板式换热器结构稳定，板片间容易密封，传热效率高。但设备流道较小，容易堵塞，不宜处理黏度大不清洁的介质。适合于液-液、液-

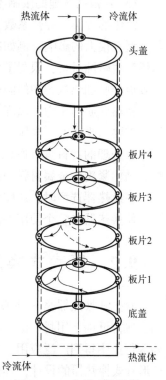

图9-10 伞板式换热器

蒸汽的热量交换，常用于处理量小、工作压力和温度较低的场合。

除上述 6 类换热器外，还有其他一些满足特殊工艺要求、具有特殊结构的换热器，如流化床换热器、热管换热器、聚四氟乙烯换热器和石墨换热器等。

9.1.3 换热器的选型

换热器型式多种多样，每种结构型式都有其本身的结构特点和工作特性，只有熟悉和掌握不同结构型式换热器的特点，并根据生产工艺的具体情况，才能进行合理的选型和正确的设计。

换热器选型时，需要考虑的因素众多，主要是流体的性质、压力、温度及允许压力降的范围；对清洗、维修的要求；材料价格及制造成本；现场安装和检修的方便程度；使用寿命等。

换热器选型一般需要遵循的基本选择标准如下：

(1)所选换热器必须满足工艺过程要求，流体经过换热器换热以后必须能够以要求的参数进入下个工艺流程；

(2)换热器本身必须能够在所要求的工程实际环境下正常工作，换热器需要能够抗工程环境和介质的腐蚀，并且具有合理的抗结垢性能；

(3)换热器应容易维护、容易清理，对于容易发生腐蚀、振动等破坏的元件应易于更换，应满足工程实际场地的要求；

(4)应综合考虑安装费用、维护费用等，使换热器尽可能经济；

(5)要根据场地的限制考虑换热器的直径、长度、重量和换热管结构等。

流体的种类、导热系数、黏度等物理性质，以及腐蚀性、热敏性等化学性质，对换热器选型有很大的影响。例如冷却湿氯气时，湿氯气的强腐蚀性决定了设备必须选用聚四氟乙烯等耐腐蚀材料，限制了可能采用的结构范围。对于处理热敏性流体的换热器，要求能有效地控制加热过程中的温度和停留时间。对于易结垢的流体，应选用易清洗的换热器。

换热介质的压力、温度等参数对选型也有影响。如在高温和高压下操作的大型换热器，需要承受高温、高压，可选用管壳式换热器。若操作温度和压力都不高，处理的量又不大，处理的物料具有腐蚀性，可选用板面式换热器。因为板面式换热器具有传热效率高、结构紧凑和金属材料消耗低等优点。

在换热器选型时，还应考虑材料的价格、制造成本、动力消耗费和使用寿命等因素，力求使换热器在整个使用寿命内最经济地运行。

9.2 管壳式换热器设计

管壳式换热器是一种通用的换热设备，已形成标准系列，它具有结构简单、坚固耐用、造价低廉、用材广泛、清洗方便、适应性强等优点，在化工、石油、轻工、冶金、制药等行业中得到广泛应用。本节主要介绍管壳式换热器中最常见的浮头式、固定管板式与U 形管式换热器的设计，其他类型的管壳式换热器设计参考设计标准 GB/T 151—2014《热交换器》。

9.2.1 GB/T 151—2014 简介

GB/T 151—2014《热交换器》是我国颁布的有关于非直接受火的换热器的国家标准。本标准适用换热器型式包括：固定管板式、浮头式、U 形管式、釜式重沸器和填料函式等，管壳式换热器以及螺旋板式、板翅式、空冷式换热器等。并规定管束分为Ⅰ、Ⅱ两级：Ⅰ级换热管管束，换热管精度符合 NB/T 47019.1~47019.8 的要求，适用于无相变传热和易产生振动的场合。Ⅱ级换热管管束，换热管精度符合 GB 9948、GB 5310 高精度要求，适用于重沸、冷凝传热和无振动的一般场合。

本标准的适用范围：

公称直径 $DN \leqslant 4000$mm；

公称压力 $PN \leqslant 35$MPa；

公称直径(mm)和公称压力(MPa)的乘积不大于 2.7×10^4。

GB/T 151—2014 标准中规定，换热器的设计、制造、检验与验收必须遵守本标准各项规定，此外，还必须遵循 GB/T 150—2011 和图样的要求。除结构设计外，管壳式换热器强度计算主要内容包括管板、壳体、管子对管板的焊口或胀口强度及校核等。而管板的设计计算和强度校核实质上是本标准最主要的内容。对于四种形式的管壳式换热器，由于载荷情况、支承条件、边界约束条件的不同，其强度计算方法也各不相同。

基于设计标准 GB/T 151—2014 进行的换热器设计包含工艺计算、结构设计与机械设计三部分内容。以下主要介绍换热器结构设计与机械设计的主要内容。

9.2.2 结构设计

管壳式换热器主要由壳体、管束、管板、管箱及折流板等组成。浮头式、固定管板式与 U 形管式换热器的整体结构型式与主要零部件如图 9-11 所示。

浮头式换热器的结构如图 9-11(a)所示。其结构特点是两端管板的其中一端不与外壳固定连接，可在壳体内沿轴向自由伸缩，该端称为浮头。浮头式换热器的优点是：当换热管与壳体有温差存在，壳体或换热管膨胀时，互不约束，不会产生温差应力；管束可从壳体内抽出，便于管内和管间的清洗。其缺点是结构复杂，用材量大，造价高；浮头盖与浮动管板间若密封不严，易发生泄漏造成两种介质的混合。

固定管板式换热器的典型结构如图 9-11(b)所示，管束连接在管板上，管板与壳体焊接。其优点是结构简单、紧凑、能承受较高的压力，造价低，管程清洗方便，管子损坏时易于堵管或更换；缺点是当管束与壳体的壁温或材料的线膨胀系数相差较大时，壳体和管束中将产生较大的热应力。这种换热器适用于壳侧介质清洁且不易结垢并能进行溶解清洗，管、壳程两侧温差不大或温差较大但壳侧压力不高的场合。为减少热应力，通常在固定管板式换热器中设置膨胀节来吸收热膨胀差。当管子和壳体的壁温差大于 70℃ 和壳程压力超过 0.6MPa 时，由于膨胀节过厚，难以伸缩，失去温差的补偿作用，应考虑采用其他结构类型的换热器。

U 形管板式换热器的典型结构如图 9-11(c)所示。这种换热器的结构特点是，只有一块管板，管束由多根 U 形管组成，管的两端固定在同一块管板上，管子可以自由伸缩。

当壳体与 U 形换热管有温差时，不会产生热应力。由于受弯管曲率半径的限制，其换热管排布较少，管束最内层管间距较大，管板的利用率较低，壳程流体易形成短路，对传热不利。当管子泄漏损坏时，只有管束外围处的 U 形管才便于更换，内层换热管坏了不能更换，只能堵死，而坏一根 U 形管相当于坏两根管，报废率较高。U 形管板式换热器结构比较简单、价格便宜，承压能力强，适用于管、壳壁温差较大或壳程介质易结垢需要清洗，又不适宜采用浮头式和固定管板式的场合，特别适用于管内走清洁而不易结垢的高温、高压、腐蚀性大的物料。

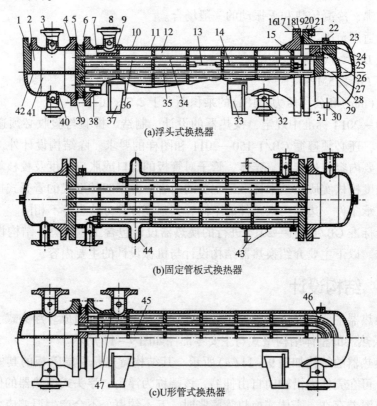

(a)浮头式换热器

(b)固定管板式换热器

(c)U形管式换热器

图 9 – 11　标准管壳式换热器的整体结构与零部件

1—平盖；2—平盖管箱（部件）；3—接管法兰；4—管箱法兰；5—固定管板；6—壳体法兰；7—防冲板；
8—仪表接口；9—补强圈；10—壳体（部件）；11—折流板；12—旁路挡板；13—拉杆；14—定距管；
15—支持板；16—双头螺柱或螺栓；17—螺母；18—外头盖垫片；19—外头盖侧法兰；20—外头盖法兰；
21—吊耳；22—放气口；23—凸形封头；24—浮头法兰；25—浮头垫片；26—球冠形封头；
27—浮动管板；28—浮头盖（部件）；29—外头盖（部件）；30—排液口；31—钩圈；32—接管；
33—活动鞍座（部件）；34—换热管；35—挡板；36—管束（部件）；37—固定鞍座（部件）；
38—滑道；39—管箱垫片；40—管箱圆筒（短节）；41—封头管箱（部件）；42—分程隔板；
43—耳式支座（部件）；44—膨胀节（部件）；45—中间挡板；46—U 形换热管；47—内导流筒

换热器的主要组合部件有前端管箱、壳体和后端结构（包括管束）三部分，GB/T 151—2014 中对主要部件进行了详细分类，用字母来表示各部件型号，详细分类及代号见表 9 – 1。换热器的名称是三个字母的组合，如 AES，表示一端是平盖，另一端是浮头，中间是单程壳体的换热器。GB/T 151—2014 给出了 7 种主要的壳体类型、5 种前端管箱类型和 8 种后端结构类型。

表 9 – 1　换热器主要组件的类型及代号

前端结构形式	壳体形式	后端结构形式
A 平盖管箱	E 单程壳体	L 固定管板　与A相似的结构
		M 固定管板　与B相似的结构
B 封头管箱	F 具有纵向隔板的双程壳体	N 固定管板　与N相似的结构
	G 分流	
C 用于可拆管束与管板 制成一体的管箱		P 外填料函式浮头
	H 双分流	S 钩圈式浮头
	J 无隔板分流(或冷凝器壳体)	T 可抽式浮头
N 与管板制成一体的固定 管板管箱		
		U U形管束
	K 釜式重沸器	
D 特殊高压管箱	X	W 带套环填料函式浮头

過程设备设计

GB/T 151—2014 规定了国产管壳式换热器型号的表示方法。用户可以根据型号很容易看出换热器的结构、直径、管/壳程设计压力、换热面积、管程数以及换热管规格等参数。国产管壳式换热器型号由 5 个字符串组成，说明如下：

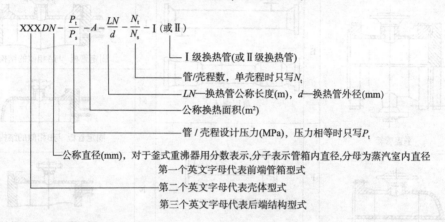

$$XXXDN - \frac{P_t}{P_s} - A - \frac{LN}{d} - \frac{N_t}{N_s} - I (或 II)$$

I 级换热管(或 II 级换热管)

管/壳程数，单壳程时只写N_t

LN—换热管公称长度(m)，d—换热管外径(mm)

公称换热面积(m²)

管／壳程设计压力(MPa)，压力相等时只写P_t

公称直径(mm)，对于釜式重沸器用分数表示,分子表示管箱内直径,分母为蒸汽室内直径
第一个英文字母代表前端管箱型式
第二个英文字母代表壳体型式
第三个英文字母代表后端结构型式

例如：封头管箱，公称直径 700mm，管程设计压力为 2.5MPa，壳程设计压力为 1.6MPa，公称换热面积为 200m²，冷拔换热管外径 25mm，管长 9m，4 管程，单壳程的固定管板换热器，其型号为：BEM700 - 2.5/1.6 - 200 - 9/25 - 4 I。

1. 管箱

管箱的作用是将进入管程的流体均匀分布到各换热管，把管内流体汇集在一起送出换热器。在多管程换热器中，管箱中隔板起到分隔管程、改变流体方向的作用。管箱的结构型式主要以换热器是否需要清洗或管束是否需要分程等因素来决定。常见的管箱结构型式如图 9 - 12 所示。图 9 - 12(a)适用较清洁的介质，因检查管子及清洗时只能将管箱整体拆下，故维修不方便；图 9 - 12(b)在管箱上装有平盖，只要将平盖拆下即可进行清洗和检查，因此工程中应用较多，但材料消耗多。图 9 - 12(c)为多管程管箱中多个隔板的布置结构。

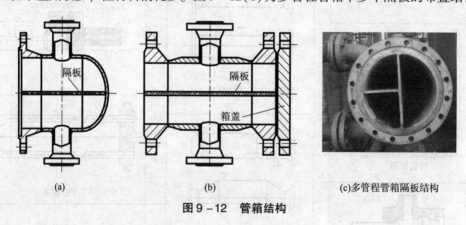

(a)　　　　　　(b)　　　　　　(c)多管程管箱隔板结构

图 9 - 12　管箱结构

2. 管板

管板是管壳式换热器最重要的零部件之一，是一块具有一定厚度的圆平板，主要用来排布换热管，并将管程和壳程的流体分隔开，避免冷、热流体混合，同时受管程、壳程压力和温度的作用，有兼作法兰的管板和不兼作法兰的管板两种结构，如图 9 - 13 所示。管

板上分布多排管孔，与换热管连接，将管束与管板连为一个整体；管板上还开了隔板槽以安装垫片，并与管箱的分程隔板形成端部密封连接，将管箱分隔成两个或多个管程。管板的两个重要结构参数是直径与壁厚，其直径由壳体的公称通径及壳体与管板的连接方式确定；管板的壁厚由强度计算确定。

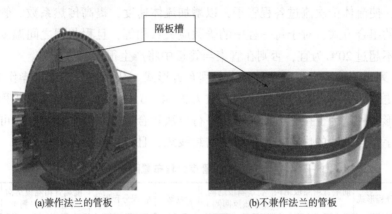

(a)兼作法兰的管板　　　　　　　　　(b)不兼作法兰的管板

图 9 – 13　管板结构

3. 管束

(1)换热管

换热器的传热面积由管束构成，管子的规格和形状对传热影响很大。采用小直径管，单位体积内换热面积大，设备紧凑，传热系数大，但制造麻烦，易结垢，结垢后清洗困难。通常大直径管用于黏性大且污浊的流体，小直径管用于较清洁的流体。换热管多为光管，其结构简单、制造容易。此外，换热管还可采用各种各样的强化传热管，如翅片管、螺旋槽管、螺纹管等。换热管在管板上的排列形式主要有正三角形（排列角为30°）、转角正三角形（排列角为60°）、正方形（排列角为90°）和转角正方形（排列角为45°）四种，如图 9 – 14 所示。正三角形排列形式可以在同样的管板面积上排列最多的管数，故用得最为普遍，但管外不易清洗。为便于管外清洗，可以采用正方形或转角正方形排列的管束。换热管中心距受结构紧凑性、传热效果、管板强度和清洗难易程度等因素影响。管间距小，结构紧凑，壳程流速高，传热效果好；管间距大，会使管板强度下降，且清洗不便。换热管中心距一般不小于 1.25 倍的换热管外径。

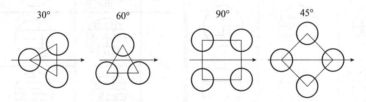

30°　　　　60°　　　　90°　　　　45°

图 9 – 14　换热管排列形式

注：流向箭头垂直于折流板切边

(2)管束分程

在管内流动的流体从管子的一端流到另一端，称为一个管程。在管壳式换热器中，最简单最常用的是单管程换热器。如果根据换热器工艺设计要求，需要加大换热面积时，可以采用增加管长或者管数的方法。但前者受到加工、运输、安装以及维修等方面的限制，故经常采用后一种方法。增加管数可以增加换热面积，但介质在管束中的流速随着换热管数的增多而下降，结果反而使流体的传热系数降低，故不能仅采用增加换热管数的方法来达到提高传热系数的目的。为解决这个问题，使流体在管束中保持较大流速，可将管束分成若干程数，使流体依次流过各程管子，以增加流体速度，提高传热系数。管束分程可采用多种不同的组合方式，对于每一程中的管数应大致相等，且程与程之间温度相差不宜过大，温差以不超过20℃为宜，否则在管束与管板中将产生很大的热应力。

表9-2列出了1~12程的几种管束分程布置形式。从制造、安装、操作等角度考虑，偶数管程有更多的方便之处，最常用的程数为2、4、6、8、10、12。对于4程的分法，有平行和工字形两种，为了接管方便，选用平行分法较合适，同时平行分法亦可使管箱内残液放尽。工字形排列法的优点是比平行法密封线短，且可排列更多的管子。

表9-2　管束分程布置图

管程数	管程分程形式	前端管箱隔板结构（介质进口侧）	后端隔板结构（介质返回侧）	管程数	管程分程形式	前端管箱隔板结构（介质进口侧）	后端隔板结构（介质返回侧）
1				8			
2							
4							
				10			
6				12			

4. 浮头

浮头式换热器中管束能够自由活动的一端为浮动端，称为浮头，主要由浮头管板、钩圈、浮头法兰、球面封头、螺栓紧固件及垫片等组成。密封垫片安装在浮头法兰及浮头管板之间，通过螺栓紧固件将球面封头、浮头法兰及钩圈压紧在浮头管板两侧，把管程与壳程流体完全隔开并形成有效密封。典型的浮头结构如图9-15所示。

由于在安装钩圈时,浮头管板及管束已放入壳体中,另一端的固定管板已安装好,整体的钩圈无法安装到图9-15所示的浮头法兰左侧,因此,钩圈只能采取整体加工好法兰圈后,等分为上、下两半的剖分结构,浮头结构的安装过程如图9-16所示。

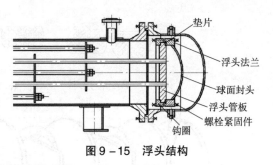

图9-15 浮头结构

(a)浮头安装前 (b)钩圈安装过程中 (c)浮头安装后

图9-16 浮头结构的安装过程

5. 折流板

折流板是设置在壳体内与管束垂直的弓形或圆盘-圆环形平板,如图9-17所示。设置折流板的目的是提高壳程流体的流速,增加湍动程度,并使壳程流体垂直冲刷管束,以改善传热,增大壳程流体的传热系数,同时减少结垢。在卧式换热器中,折流板还起支承管束的作用。常用的折流板型式有弓形和圆盘-圆环形两种。弓形折流板是最常用的形式,它是在整个圆形板上切除一段圆缺区域。板的作用是折流,即改变流体流向,使流体由圆缺处流过。在大直径的换热器中,如折流板的间距较大,流体绕到折流板背后接近壳体处,会有一部分流体停滞,形成了对传热不利的"死区"。为了消除这个弊病,宜采用多弓形折流板。如双弓形折流板,因流体分为两股流动,在折流板之间的流速相同时,其间距只有单弓形的1/2。不仅减少了传热死区,而且提高了传热效率。

弓形折流板缺口高度应使流体通过缺口时与横向流过管束时的流速相近。缺口大小用切去的弓形弦高占壳体内直径的百分比来表示。如单弓形折流板,缺口弦高一般取0.20~0.45倍的壳体内直径,最常用的是0.25倍壳体内直径。对于卧式换热器,壳程为单相清洁液体时,折流板缺口应水平上下布置。折流板一般应按等间距布置,管束两端的折流板应尽量靠近壳程进、出口接管。折流板的最小间距应不小于壳体内直径的1/5,且不小于50mm;最大间距应不大于壳体内直径。折流板上管孔与换热管之间的间隙以及折流板与壳体内壁之间的间隙应合乎要求,间隙过大,泄漏严重,对传热不利,还易引起振动;间隙过小,安装困难。

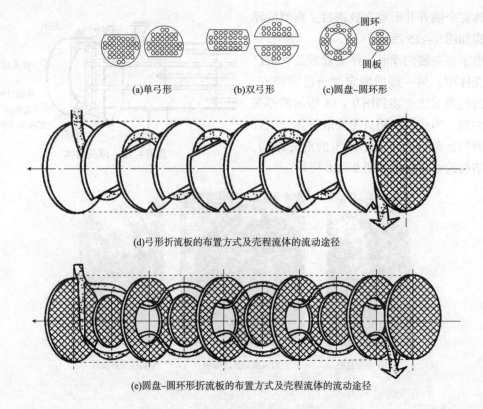

(a)单弓形　　　　　　(b)双弓形　　　　　(c)圆盘-圆环形

(d)弓形折流板的布置方式及壳程流体的流动途径

(e)圆盘-圆环形折流板的布置方式及壳程流体的流动途径

图9-17　折流板的结构型式及布置方式

从传热角度考虑，有些换热器(如冷凝器)不需要设置折流板。但是，为了增加换热管的刚度，防止产生过大的挠度或引起管子振动，当换热器无支承跨距超过标准中的规定值时，必须设置一定数量的支持板，其形状与尺寸均按折流板规定来处理。折流板与支持板一般用拉杆和定距管连接在一起，当换热管外径小于或等于14mm时，采用折流板与拉杆点焊在一起而不用定距管。装配好的折流板-管束-拉杆系统如图9-18所示。

图9-18　装配好的折流板-管束-拉杆系统

折流板厚度根据壳程筒体公称直径和折流板间换热管无支承跨距确定，如表9-3所示。

表9-3 折流板或支持板的厚度

公称直径 DN	折流板或支持板间的换热管无支承跨距 L					
	≤300	>300~600	>600~900	>900~1200	>1200~1500	>1500
	折流板或支持板最小厚度					
<400	3	4	5	8	10	10
400~700	4	5	6	10	10	12
>700~900	5	6	8	10	12	16
>900~1500	6	8	10	12	16	16
>1500~2000	—	10	12	16	20	20
>2000~2600	—	12	14	18	22	24
>2600~3200	—	14	18	22	24	26
>3200~4000	—	—	20	24	26	28

6. 折流杆

传统的装有折流板的管壳式换热器存在影响传热的死区，流体阻力大，且易发生换热管振动与破坏。为了解决传统折流板换热器中换热管与折流板的切割破坏和流体诱导振动，并且强化传热提高传热效率，近年来开发了一种新型的管束支承结构——折流杆支承结构。该支承结构由折流圈和焊在折流圈上的支承杆（杆可以水平、垂直或其他角度）组成。折流圈由棒材或板材加工而成，

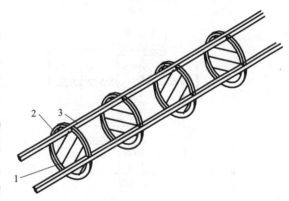

图9-19 折流杆结构
1—支承杆；2—折流杆；3—滑轨

支承杆由圆钢或扁钢制成。一般4块折流圈为1组，如图9-19所示，也可采用2块折流圈为1组。支承杆的直径等于或小于管子之间的间隙，因而能牢固地将换热管支承住，提高管束的刚性。

9.2.3 各零部件之间的主要连接方式

（1）管板与壳体的连接

对于标准系列的管壳式换热器，管板与壳程圆筒及管箱圆筒之间有不同的连接方式，如图9-20所示。在固定管板式换热器中，管板与壳体的连接均采用不可拆的焊接方法。而在浮头式、U形管板式和填料函式换热器中固定端管板则采用可拆连接的方法，把管板夹持在壳体法兰与管箱法兰之间，以便抽出管束进行清洗与维修。不同的连接方式对于管板的受力状况不同，在对管板进行强度校核时需要针对具体连接类型进行计算。

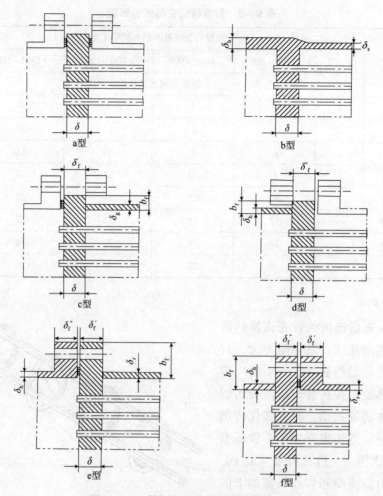

图 9 -20　管板与壳体的连接方式类型

注：图中无剖面线的圆筒和法兰元件表示该元件不参与管板应力计算。

a 型：管板通过螺柱、垫片与壳体法兰和管箱法兰连接；

b 型：管板直接与壳程圆筒和管箱圆筒形成整体结构；

c 型：管板与壳程圆筒连为整体，其延长部分形成凸缘被夹持在活套环与管箱法兰之间；

d 型：管板与管箱圆筒连为整体，其延长部分形成凸缘被夹持在活套环与壳体法兰之间；

e 型：管板与壳程圆筒连为整体，其延长部分兼作法兰，用螺柱、垫片与管箱连接；

f 型：管板与管箱圆筒连为整体，其延长部分兼作法兰，用螺柱、垫片与壳体法兰连接

（2）换热管与管板的连接

换热管与管板连接是管壳式换热器设计、制造最关键的技术之一，是换热器事故率最多的部位。管子与管板的连接必须牢固，不泄漏。既要满足其密封性能，又要有足够的抗拉脱强度。若连接质量不好，则直接导致两种流体的混合，影响工艺操作的正常进行，甚至迫使全厂停车。一旦有爆炸性物质形成，或者腐蚀性、放射性的物质窜入另一空间，则不仅要损失热量与产品，还将危及人身与设备的安全。所以换热管与管板连接质量的好坏，直接影响换热器的使用寿命。换热管与管板的连接方法主要有强度胀、强度焊、胀焊并用和内孔焊四种形式。根据管、壳程的设计压力、设计温度、介质的腐蚀性、管板的结构等选择管子与管板的连接形式。

胀接是将胀管器放入插在管板孔中的管子端头内，挤压管端壁，使管壁产生塑性变形，同时管径的增大迫使管板孔产生弹性变形，依靠两者之间的残余应力来达到密封不漏和牢固连接的一种机械连接的方法。胀接的管板孔可以采用光孔，也可在孔壁上开沟槽，管壁嵌入沟槽可以增加连接强度和密封性，所以在较高压力时采用开槽结构。胀接前后管子的变形如图9-21(a)所示。胀接法多用于压力低于4.0MPa和温度低于300℃的场合。

强度焊接是指保证换热管与管板连接的密封性能及抗拉脱强度的焊接。当温度高于300℃或压力高于3.92MPa时，一般采用强度焊的方法，连接结构如9-21(b)所示。此法目前应用较为广泛。由于管孔不需要开槽，而且对管孔的粗糙度要求不高，管子端部不需要退火和磨光，因此制造加工简单。焊接结构强度高，抗拉脱力强。在高温高压下也能保证连接处的密封性能和抗拉脱能力。管子焊接处如有渗漏可以补焊或利用专用工具拆卸后予以更换。当换热管与管板连接处焊接后，管板与管子中存在的残余热应力与应力集中，在运行时可能引起应力腐蚀与疲劳破坏。此外，管子与管板孔之间的间隙中存在的不流动液体与间隙外的液体有浓度上的差别，还容易产生间隙腐蚀。除有较大振动及有间隙腐蚀的场合外，只要材料可焊性好，强度焊接可用于其他任何场合。管子与薄管板的连接应采用焊接方法。

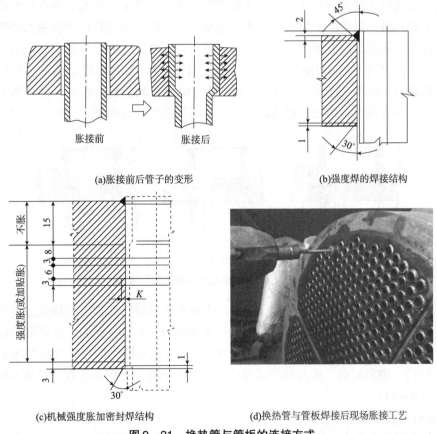

(a)胀接前后管子的变形　　　　　(b)强度焊的焊接结构

(c)机械强度胀加密封焊结构　　　　(d)换热管与管板焊接后现场胀接工艺

图9-21　换热管与管板的连接方式

胀接与焊接方法有各自的优点与缺点，在有些情况下，如高温、高压换热器管子与管板的连接处，在操作中受到反复热变形、热冲击、腐蚀及介质压力的作用，工作环境极其苛刻，很容易发生破坏。无论单独采用焊接或是胀接都难以解决问题。要是采用胀焊并用的方法，不仅能提高连接处的抗疲劳性能，而且还可消除应力腐蚀和间隙腐蚀，提高使用寿命。因此目前胀焊并用方法已得到比较广泛的应用。胀焊并用的方法，从加工工艺过程来看，主要有强度胀 + 密封焊、强度焊 + 贴胀、强度焊 + 强度胀等形式。至于胀、焊的先后顺序，虽无统一规定，但一般认为以先焊后胀为宜。因为当采用胀管器胀管时需用润滑油，胀后难以洗净，在焊接时存在于缝隙中的油污在高温下生成气体从焊面逸出，导致焊缝产生气孔，严重影响焊缝的质量。

胀焊并用主要用于密封性能要求较高、承受振动或循环载荷、有缝隙腐蚀、需采用复合管板等的场合。对于高温高压换热器，操作工况恶劣，管子与管板受力复杂情况下，常采用焊胀并用的方法，连接结构如图9-21(c)所示。图9-21(d)所示为管子与管板焊接完成后，正在进行强度胀的工艺过程。

内孔焊是近年来新增的一种连接结构，一般用于载荷交变、需要防止缝隙腐蚀的场合。内孔焊可设计为对接接头，其结构连续，可进行检测，管头抗交变载荷能力好，制造工艺趋于成熟。

(3)管板与管箱的连接

管板与管箱的连接结构型式较多，随着压力的大小、温度的高低、介质特性以及耐蚀性要求的不同，对连接处的密封要求、法兰的型式也不同。固定管板式换热器的管板兼作法兰，管板与管箱法兰的连接型式较为简单。对压力不高、气密性要求高的场合，可选用图9-22(a)所示的平垫密封结构。当气密性要求较高时，密封面可采用具有良好密封性能的榫槽面密封，图9-22(c)。但由于该密封结构具有制造要求较高、加工困难、垫片窄、安装不方便等缺点，所以一般情况下，尽可能采用凹凸面的型式，见图9-22(b)。

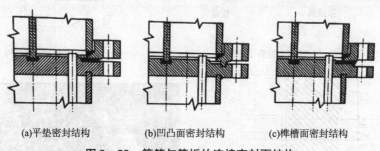

(a)平垫密封结构　　　(b)凹凸面密封结构　　　(c)榫槽面密封结构

图9-22　管箱与管板的连接密封面结构

当管束需经常抽出清洗、维修时，管板与壳体不采用焊接连接，而做成可拆形式，管板固定在壳体法兰与管箱法兰之间，其夹持形式如图9-23(a)所示。当只有管程需要清洗而壳程不必拆卸时，螺柱的紧固形式见图9-23(b)。当管程与壳体之间的压差较大时(管程压力高)，则密封面、法兰的型式及连接方式亦不同，管程和壳程可采用不同的密封形式，见图9-23(c)。

(4)管板与分程隔板的连接

管板与分程隔板的密封连接方式如图9-24所示。为安装密封垫片并形成良好的密封压紧面，管板上隔板槽的宽度应比隔板厚度大2mm，同时管板上加工的隔板槽凹面应与管板法兰面相平齐，分程隔板的端面应与管箱法兰面相平齐。

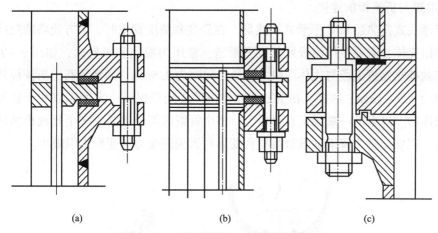

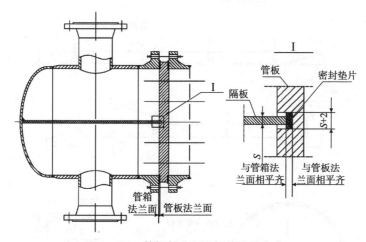

图9-23　可拆式管板与法兰的连接型式

图9-24　管板与分程隔板的连接方式

（5）拉杆与管板的连接

管壳式换热器中拉杆的作用是轴向固定折流板，并保证各折流板之间的间距。图9-25（a）所示为可拆螺纹连接型式，即拉杆的两端都带螺纹，其中一端通过螺纹拧入管板，各折流板穿在拉杆上，各板之间用定距套管来保证板间距，最后一块折流板通过螺母固定在拉杆的另一端。图9-25（b）为不可拆点焊连接型式，拉杆与管板及各折流板都通过点焊方式固定。

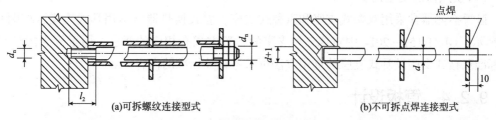

图9-25　拉杆与管板的连接方式

（6）滑道与折流板的连接

对于浮头式换热器和 U 形管式换热器，在安装和清洗管束时，为方便将装配好的管束装入或抽出壳体，需要在折流板底部设置滑道，常用为板式和滚轮式，如图 9 - 26 所示。不同外径的换热器折流板与壳体内壁之间最小间隙为 2.5mm，而滑道高出折流板外径的高度按标准为 0.5 ~ 1mm，这样，在滑道和壳体内壁之间仍保证一定间隙以利于装配。当管束装入壳体后，管束的一端固定在管板上，整个管束的部分就通过多个折流板和滑道支承在壳体上，以保证整个管束的重量载荷和变形对管板的受力和变形影响最小。

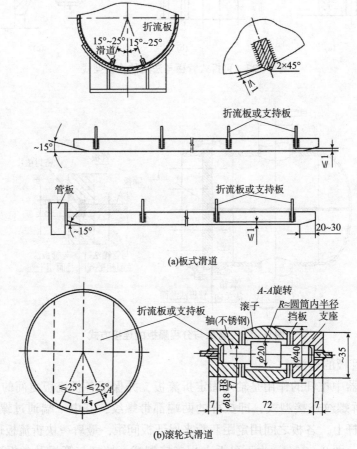

图 9 - 26　滑道与折流板的连接及装配结构

（7）换热器的支座选型

卧置换热器常采用双鞍式支座和重叠式支座，立式换热器常采用耳式支座，如图 9 - 27 所示，GB/T 151—2014 中对这三种支座的布置方式有相应的要求。用于管壳式换热器的标准双鞍式支座及耳式支座的选用方法可参考相关标准的内容。

9. 2. 4　管板设计

管板是管壳式换热器的主要部件之一，特别是在高参数、大型化的场合下，管板的材料供应、加工工艺、生产周期成为整台设备生产的决定性因素。由于管板与换热管、壳

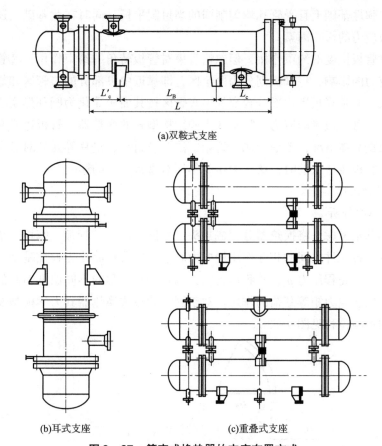

(a)双鞍式支座

(b)耳式支座　　　　　　(c)重叠式支座

图 9 –27　管壳式换热器的支座布置方式

体、管箱、法兰等连接在一起构成一个复杂的弹性体系，给正确的强度分析带来一定的困难。但是管板的合理设计，对提高换热器的安全性、节约材料、降低制造成本具有重要意义。世界各主要工业国家都十分重视寻求先进合理的管板设计方法。在许多国家的有关标准或规范中，如英国的 BS1500、美国的 TEMA 标准、日本工业标准(JIS)、中国的 GB/T 151—2014 等规范中都列入管板的计算公式。各国的管板设计公式尽管形式各异，但其大体上分别在以下三种基本假设的前提下得出。

①将管板看作周边支承条件下承受均布载荷的圆平板，应用平板理论得出计算公式。考虑管孔的削弱，再引入经验性的修正系数，如在力学模型上作了过分简化的美国 TEMA 方法。

②将管子当作管板的固定支承而管板是受管子支承着的平板。管板的厚度取决于管板上不布管区的范围。实践证明，这种公式适用于各种薄管板的计算。

③将管板视为在广义弹性基础上承受均布载荷的多孔圆平板，即把实际的管板简化为受到规则排列的管孔削弱、同时又被管子加强的等效弹性基础上的均质等效圆平板。这种简化假定既考虑了管子的加强作用，又考虑了管孔的削弱作用，分析比较全面，现今已被大多数国家的管板规范所采用。

1. 管板设计的基本考虑

GB/T 151—2014 列入的管板公式基于的基本考虑是：把实际的管板简化为承受均布

载荷、放置在弹性基础上且受管孔均匀削弱的当量圆平板。同时在此基础上还考虑了以下几方面对管板应力的影响因素。

①管束对管板挠度的约束作用，但忽略管束对管板转角的约束作用；②管板周边不布管区对管板应力的影响，将管板划分为两个区，即靠近中央部分的布管区和靠近周边处较窄的不布管区。通常管板周边部分较窄的不布管区按其面积简化为圆环形实心板。由于不布管区的存在，管板边缘的应力下降；③不同结构型式的换热器，管板边缘有不同形式的连接结构，根据具体情况，考虑壳体、管箱、法兰、封头、垫片等元件对管板边缘转角的约束作用；④管板兼作法兰时，法兰力矩的作用对管板应力的影响。

2. 管板设计思路

(1) 管板弹性分析

按照上述基本考虑，将换热器分解成封头、壳体、法兰、管板、螺栓、垫片等元件组成的弹性系统，各元件之间的相互作用用内力表示，把管板简化为弹性基础上的等效均质圆平板，综合考虑壳程压力 p_s，管程压力 p_t，因管程和壳程的不同温度引起的热膨胀差以及预紧条件下的法兰力矩等载荷的作用。对于固定管板式换热器其力学模型及各元件之间相互作用的内力与位移见图 9-28。

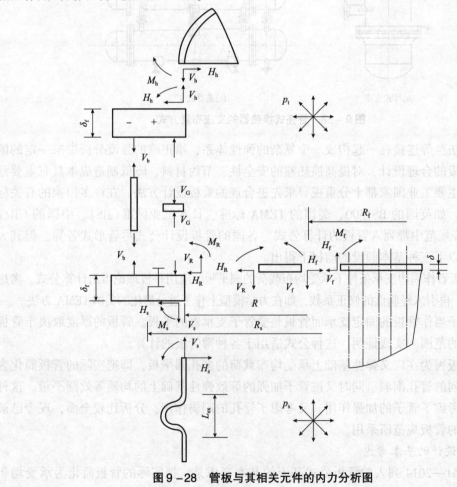

图 9-28 管板与其相关元件的内力分析图

内力共有 14 个，它们是作用在封头（管箱）与管箱法兰连接处的边缘弯矩 M_h、横剪力 H_h、轴向力 V_h；作用在壳体与壳体法兰连接处的边缘弯矩 M_s、横向剪力 H_s、轴向力 V_s；作用在环形的不布管区与壳体法兰之间即半径为 R 处的弯矩 M_R，径向力 H_R，轴向剪力 V_R；作用在管板布管区与边缘主板环板连接处即半径为 R_f 处的边缘弯矩 M_f，径向剪力 H_f，边缘剪力 V_f；作用在垫片上的轴向内力 V_G 与作用在螺栓圆上的螺栓 V_b。设法建立每个单独元件的位移或转角与作用在该元件上的内力的关系式，列出各元件间应满足的变形协调条件，得到以内力为基本未知量表达的变形协调方程组，求出内力后再计算危险截面上的应力，并进行强度校核。

（2）危险工况

如果不能保证换热器壳程压力 p_s 与管程压力 p_t 在任何情况下都能同时作用，则不允许以壳程压力和管程压力的压差进行管板设计。如果 p_s 和 p_t 之一为负压时，则应考虑压差的危险组合。

例如，如图 9 – 29 所示的不带法兰管板，由于压力以及压力和热膨胀差引起的应力限制值不同，管板分析时应考虑下列危险工况。

①只有壳程压力 p_s，而管程压力 $p_t = 0$，不计热膨胀差；

②只有壳程压力 p_s，而管程压力 $p_t = 0$，同时考虑热膨胀差；

③只有管程压力 p_t，而壳程压力 $p_s = 0$，不计热膨胀差；

④只有管程压力 p_t，而壳程压力 $p_s = 0$，同时考虑热膨胀差。

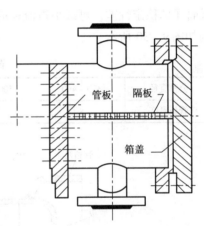

图 9 – 29　不带法兰管板的管箱结构

（3）管板应力校核

在不同的危险工况组合下，计算出相应的管板布管区应力值、环形板的应力值、壳体法兰应力、换热管轴向应力、换热管与管板连接拉脱力 q，并相应进行危险工况下的应力校核。压力引起的管板应力属于一次弯曲应力，可用 1.5 倍的许用应力限制。管束与壳体的热膨胀差引起的管板应力属于二次应力，一次加二次应力强度不得超过 3 倍许用应力。法兰预紧力矩作用下的管板应力属于为满足安装要求的有自限性质的应力，应划为二次应力；法兰操作力矩作用下的管板应力属于为平衡压力引起的法兰力矩的应力，属于一次应力。但许多标准将法兰力矩引起的管板应力都划为一次应力。显然，这种处理方法是偏于安全的。

（4）管板应力的调整

在固定管板式换热器中，当管板应力超过许用应力时，为使其满足强度要求，可采用两种方法进行调整。

①增加管板厚度。增加管板厚度可以大大提高管板的抗弯截面模量，有效地降低管板应力。因此，一般在压力引起的管板应力超过许用应力时，通常采取增加管板厚度的方法。

②降低壳体轴向刚度。由于管束和壳体是刚性连接，当管束与壳壁的温差较大时，在换热管和壳体上将产生很大的轴向热应力，从而使管板产生较大的变形量，出现挠曲现

象，使管板应力增高。为有效地降低热应力，又避免采用较大的管板厚度，可采取降低壳体轴向刚度的方法。

（5）管板设计计算软件

由以上分析可知，管壳式换热器管板的计算十分繁杂，尽管 GB/T 151—2014 中提供了便于工程设计应用的计算式和图表，但手算的工作量依然很大。为此，中国已根据 GB/T 150—2011、GB/T 151—2014 及其他相关标准，开发了包括管壳式换热器在内的过程设备强度计算软件，如 SW6 等。在实际设计计算中可采用相应的软件。

3. 薄管板设计

挠性薄管板换热器广泛应用于反应器高温出料的冷却，达到热量回收综合利用的目的。薄管板主要载荷由管壁与壳壁的温度差决定，流体压力引起的应力与挠度相对说来是不大的。一般在中、低压力条件下薄管板厚度可从表 9-4 直接查出，或采用规范通过计算得到。因为薄管板本身的刚度小，载荷主要由管子承担，故需要验算管子的稳定性，如果管子的稳定性差，可减小折流板或支持板的间距。目前挠性薄管板与壳体常用的连接结构如图 9-30 所示。

表 9-4　薄管板的厚度

mm

公称直径	300~400	500~600	700~800	900~1200	1400~1800
管板厚度	8	10	12	14	16

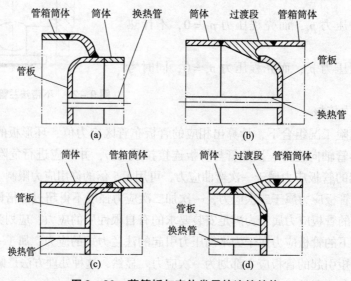

图 9-30　薄管板与壳体常用的连接结构

9.2.5　膨胀节设计

（1）膨胀节的作用

膨胀节是一种能自由伸缩的弹性补偿元件，能有效地起到补偿轴向变形的作用。在壳体上设置膨胀节可以降低由于管束和壳体间热膨胀差引起的管板应力、换热管与壳体上的轴向应力以及管板与换热管间的拉脱力。膨胀节的结构型式较多，一般有波形（U 形）膨胀节、Ω 形膨胀节、平板膨胀节等。在实际工程应用中，U 形膨胀节应用得最为广泛（见图 9 – 31），其次是 Ω 形膨胀节。前者一般用于需要补偿量较大的场合，后者则多用于压力较高的场合。

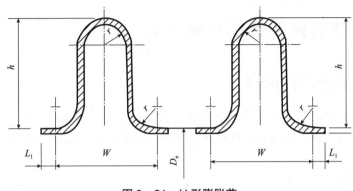

图 9 – 31 U 形膨胀节

（2）是否设置膨胀节的判断

进行固定管板式换热器设计时，一般应先根据设计条件下（如设计压力、设计温度、壳程圆筒和换热管的金属温度等）换热器各元件的实际应力状况，判断是否需要设置膨胀节。若由于管束与壳体间热膨胀差引起的应力过高，首先应考虑调整材料或某些元件尺寸或改变连接方式（如胀接改为焊接），或采用管束和壳体可以自由膨胀的换热器，如 U 形管式换热器、浮头式换热器等，使应力满足强度条件。如果不可能，或是虽然可能但不合理的或不经济，则考虑设置膨胀节，以便得到安全、经济合理的换热器设计。

需要指出的是，根据管束和换热管的温度差是否超过某一值，或假设管板绝对刚性，估算换热管和壳体中的轴向应力，根据轴向应力是否超过规定值，来判断是否需要设置膨胀节，是不合理的。假设管板绝对刚性，与实际情况相差很大。换热管和管束的温度差与热膨胀差是两个概念，前者不一定引起热应力。例如，管束与壳体材料不同时，有可能温度差很大，但热膨胀差很小，也有可能温度差很小，但热膨胀差很大。

有关膨胀节设计计算见 GB/T 16749—2018《压力容器波形膨胀节》。

9.2.6　耐压试验

管壳式换热器属于组合容器，具有壳程和管程两个受压室，因此其在耐压试验中，相较于其他压力容器有许多不同。除了要对壳程和管程进行试验外，还应对接头进行耐压试验。接头的缺陷会导致壳、管程介质之间的泄漏，导致设备无法按要求完成换热的要求，甚至会引起设备的腐蚀或爆炸，因此对接头进行耐压试验非常重要。

换热器根据类型不同，其试压顺序也不同。对于固定管板式换热器，试压时无须试压工装；对于 U 形管式换热器、釜式重沸器（U 形管束）、填料函式换热器，在试压时需要配备试验压环。这四种换热器，只有在壳程试压时才能检测出接头的质量问题，其试压顺序为：壳程试压和接头试压同时进行，然后进行管程试压。对于浮头式换热器，试压时需配备试验压环和浮头专用试压工具；对于釜式重沸器（浮头管束），试验时需配备试验压环、浮头专用试压工具和管头试压专用壳体。这两种换热器的试压顺序是：对接头进行单独试压，然后分别对管程和壳程进行试压。

除此之外，换热器的耐压试验中，试验压力的确定需要全面考虑开车、停车和正常操作工况，以确保接头质量能满足最危险工况的要求。

9.3 管壳式换热器的机械设计

9.3.1 机械设计内容

管壳式换热器的主要受压元件包括封头、管箱、筒体、膨胀节、法兰、管板、钩圈、管子，这些元件都需要进行应力计算和强度校核，以保证安全运行。机械设计计算包括以下主要内容：

①壳体和管箱壁厚计算；

②管子与管板连接结构设计；

③壳体与管板连接结构设计；

④管板厚度计算；

⑤折流板、支承板等零部件的结构设计；

⑥换热管与壳体在温差和流体压力联合作用下的应力计算；

⑦管子拉脱力和稳定性校核；

⑧判断是否需要膨胀节，如需要，则选择膨胀节结构型式并进行有关的计算；

⑨接管、接管法兰、容器法兰、支座等的选择及开孔补强设计等。

受压元件依据 GB/T 151—2014 进行设计计算，其中的管箱筒体封头、管箱平盖、壳程圆筒及封头、接管、开孔补强、换热管等元件的设计计算可参考 GB/T 150—2011，膨胀节的设计可参考 GB/T 16749—2018。换热器上各管口的管法兰、壳体法兰及管箱法兰（常用为容器法兰）推荐优先选择标准法兰，其参数可按照 GB/T 151—2014 中法兰设计的相关标准来确定。

本节以浮头式换热器管板的设计计算过程为例进行介绍。

9.3.2 浮头式换热器管板的机械设计步骤

对于不兼作法兰的管板，即图 9 - 20 所示 a 型连接方式的管板，强度计算所涉及的参数符号定义说明如表 9 - 5 所示。

表 9 - 5 计算参数说明表

符号名称	定义	单位	确定方法
A_d	在布管区范围内，因设置分程隔板和拉杆结构的需要，而未能被换热管支承的面积	mm^2	按 GB/T 151—2014 中 7.4.8.1 节计算
A_1	管板布管区内开孔后的面积	mm^2	按 GB/T 151—2014 中 7.4.8.1 节计算
A_t	管板布管区面积	mm^2	按 GB/T 151—2014 中 7.4.8.2 节计算

符号名称	定义	单位	确定方法
a	1 根换热管管壁金属的横截面积	mm²	按式(9-1)
C	系数		按 $\tilde{K}_t^{1/3}/\tilde{P}_a^{1/2}$ 和 $1/\rho_t$ 查 GB/T 151—2014 中图 7-10
D_G	固定端管板垫片压紧力作用中心圆直径	mm	按 GB/T 150.3—2011 中第 7 章
D_t	管板布管区当量直径	mm	按 GB/T 151—2014 中 7.4.8.3 节计算
d	换热管外径	mm	换热管结构参数
E_p	设计温度下管板材料的弹性模量	MPa	管板材料标准
E_t	设计温度下换热管材料的弹性模量	MPa	换热管材料标准
G_{we}	系数		按 $\tilde{K}_t^{1/3}/\tilde{P}_a^{1/2}$ 和 $1/\rho_t$ 查 GB/T 151—2014 中图 7-11
K_t	管束模数	MPa	按式(9-4)
$\tilde{K}_t$	管束无量纲刚度		按式(9-5)
L	换热管有效长度(两管板内侧间距)	mm	设计条件确定
l	换热管与管板胀接长度或焊脚长度	mm	按 GB/T 151—2014 中 6.6.1 或 6.6.2 节的规定
n	换热管根数		换热管设计参数
$\tilde{P}_a$	无量纲压力		按式(9-8)
P_c	当量组合压力	MPa	按式(9-11)
p_d	管板计算压力	MPa	按式(9-6)、式(9-7)
p_s	壳程设计压力	MPa	设计条件确定
p_t	管程设计压力	MPa	设计条件确定
q	换热管与管板连接拉脱力	MPa	按式(9-12)
$[q]$	许用拉脱力	MPa	按 GB/T 151—2014 中 7.4.7 节选取
S	换热管中心距	mm	换热管结构参数
β	系数		按式(9-3)
δ	管板计算厚度	mm	按式(9-9)
δ_t	换热管管壁厚度	mm	换热管结构参数
η	管板刚度削弱系数,除非另有指定,一般可取 μ 值		
μ	管板强度削弱系数,除非另有指定,一般可取 $\mu=0.4$		
ρ_t	布管区当量直径 D_t 与固定端管板垫片 D_G 之比		按 GB/T 151—2014 中 7.4.8 节计算
σ_t	换热管轴向应力	MPa	按式(9-10)确定
$[\sigma]_{cr}^t$	换热管稳定许用压应力	MPa	按 GB/T 151—2014 中 7.3.2 节确定
$[\sigma]_r^t$	设计温度下管板材料的许用应力	MPa	管板材料标准
$[\sigma]_t^t$	设计温度下换热管材料的许用应力	MPa	换热管材料标准

计算步骤如下：

(1)按 GB/T 150.3—2011 第 7 章相关内容计算 D_G。

(2)根据布管区尺寸按 GB/T 151—2014 中 7.4.8 节计算 A_d、A_t、D_t 和 ρ_t。

(3)按式(9-1)计算 a：

$$a = \pi \delta_t (d - \delta_t) \qquad (9-1)$$

(4)按式(9-2)~式(9-5)计算 A_1，β，K_t，$\widetilde{K_t}$：

$$A_1 = A_t - n \cdot \frac{\pi d^2}{4} \qquad (9-2)$$

$$\beta = \frac{na}{A_1} \qquad (9-3)$$

$$K_t = \frac{E_t na}{L D_t} \qquad (9-4)$$

$$\widetilde{K_t} = \frac{K_t}{\eta E_p} \qquad (9-5)$$

(5)按 GB/T 151—2014 中 7.3.2 节确定 $[\sigma]_{cr}^t$。

(6)确定管板计算压力。

对于浮头式热交换器(S 型、T 型后端结构)，若能保证 p_s 与 p_t 在任何情况下都同时作用，或 p_s 与 p_t 之一为负压时，则按式(9-6)：

$$p_d = |p_s - p_t| \qquad (9-6)$$

否则取下列两值中的较大者，见式(9-7)：

$$p_d = |p_s| \text{ 或 } p_d = |p_t| \qquad (9-7)$$

(7)按式(9-8)计算 $\widetilde{P_a}$，并按 $\widetilde{K_t}^{1/3} / \widetilde{P_a}^{1/2}$ 和 $1/\rho_t$，查 GB/T 151—2014 中图 7-10 得到 C，查图 7-11 得到 G_{we}，当横坐标参数超过范围时，可外延近似取值。

$$\widetilde{P_a} = \frac{p_d}{1.5\mu [\sigma]_r^t} \qquad (9-8)$$

(8)管板计算厚度见式(9-9)：

$$\delta = C D_t \sqrt{\widetilde{P_a}} \qquad (9-9)$$

(9)换热管的轴向应力。

浮头式热交换器(S 型、T 型后端结构)见式(9-10)：

$$\sigma_t = \frac{1}{\beta} \left[P_c - (p_s - p_t) \frac{A_t}{A_1} G_{we} \right] \qquad (9-10)$$

式中：
$$P_c = p_s - p_t (1 + \beta)$$

计算结果应满足：

当 $\sigma_t > 0$ 时，$\sigma_t \leqslant [\sigma]_t^t$

当 $\sigma_t < 0$ 时，$\sigma_t \leqslant [\sigma]_{cr}^t$

一般情况下，应按下列三种工况分别计算换热管轴向应力：

①只有壳程设计压力 p_s，管程设计压力 $p_t = 0$；

②只有管程设计压力 p_t，壳程设计压力 $p_s = 0$；

③壳程设计压力 p_s 和管程设计压力 p_t 同时作用。

换热管与管板连接拉脱力的计算见式(9-11)。

$$q = \left| \frac{\sigma_t a}{\pi d l} \right| \qquad (9-11)$$

计算结果应满足 $q \leqslant [q]$。

对于对接连接的内孔焊结构，换热管轴向应力应满足 $|\sigma_t| \leqslant \phi \min\{[\sigma_t]_t^i, [\sigma_t]_t^i\}$，同时不再校核拉脱力。以上计算为浮头式换热器的固定端管板强度计算，确定管板的厚度后，浮动端管板取相同的厚度即可，无须再作强度计算。

9.3.3 浮头式换热器管板的机械设计算例

1. 工艺参数及设计参数

某化工厂开停工冷凝器工艺操作参数如表9-6所示。

表9-6 开停工冷凝器工艺操作参数

	管程	壳程
介质名称	循环水	原料气
介质特性	无危害	无危害
操作温度(入/出℃)	28/38	340/40
操作压力/MPa	0.6	0.8
腐蚀裕量/mm	2.0	2.0
程数	2	1
材质	Q345R/10	Q345R
管子与管板连接方式	强度焊+贴胀	
换热管规格 (外径 mm×壁厚 mm×长度 mm)	25×2.5×4500	
壳体内径/mm	φ400	

由此确定的设计参数如表9-7所示。

表9-7 开停工冷凝器设计参数

	管程	壳程
介质名称	循环水	原料气
设计温度/℃	58	360
设计压力/MPa	0.6	0.8
容器类别	I	I
液压试验压力/MPa	1.6	1.6

传热工艺计算所确定的换热器标准型号为：AES400-2.5-25-4.5/25-2 I，固定端管板与壳体连接结构属于图9-20中a型。

2. 计算参数汇总表

根据以上设计条件得到计算参数汇总表，如表9-8所示。

表 9 - 8　计算参数汇总表

	材料(名称及类型)	Q345R(热轧)	
管板	管板名义厚度 δ_n	40.00	mm
	管板强度削弱系数 μ	0.40	
	管板刚度削弱系数 η	0.40	
	隔板槽面积 A_d	3392.00	mm^2
	换热管与管板胀接长度或焊脚高度 l	3.50	mm
	设计温度下管板材料弹性模量 E_p	176400.00	MPa
	设计温度下管板材料许用应力 $[\sigma]_r^t$	121.80	MPa
	许用拉脱力 $[q]$ 按 GB/T 151—2014 中 7.4.7 节表 7 - 12	40.30	MPa
	壳程侧结构槽深 h_1	5.00	mm
	管程侧隔板槽深 h_2	2.00	mm
换热管	材料名称	10(GB 9948—2017)	
	换热管外径 d	25.00	mm
	换热管壁厚 δ_t	2.50	mm
	换热管根数 n	74	根
	换热管中心距 S	32.00	mm
	换热管长 L_t	4500.00	mm
	换热管受压失稳当量长度 l_{cr} (GB/T 151—2014 图 7 - 2)	200.00	mm
	设计温度下换热管材料弹性模量 E_t	176400.00	MPa
	设计温度下换热管材料屈服点 σ_s^t	121.00	MPa
	设计温度下换热管材料许用应力 $[\sigma]_r^t$	80.60	MPa
垫片	垫片外径 D_o	454.00	mm
	垫片内径 D_i	422.00	mm
	垫片厚度 δ_g		mm
	垫片接触面宽度 ω		mm
	垫片压紧力作用中心圆直径 D_G	439.69	mm
	垫片材料	金属垫片	
	压紧面型式	1a 或 1b	

3. 计算校核过程

(1)由表 9 - 8：$D_G = 439.69$ mm

(2)由表 9 - 8：$A_d = 3392$ mm^2

管束三角形排列：$A_t = 0.866nS^2 + A_d = 0.866 \times 74 \times 32^2 + 3392 = 69014.016$ mm^2

管束正方形排列：$A_t = nS^2 + A_d = 74 \times 32^2 + 3392 = 79618$ mm^2

管板布管区面积取以上较大者，故 $A_t = 79168$ mm^2

管板布管区当量直径：

$$D_t = \sqrt{\frac{4A_t}{\pi}} = \sqrt{\frac{4 \times 79618}{\pi}} = 317.49\text{mm}$$

$$\rho_t = \frac{D_t}{D_G} = \frac{317.49}{439.69} = 0.7221$$

（3）一根换热管管壁金属横截面积：

$$a = \pi\delta_t(d - \delta_t) = \pi \times 2.5 \times (25 - 2.5) = 176.71\text{mm}^2$$

（4）管板开孔后面积：

$$A_l = A_t - n\frac{\pi d^2}{4} = 79168 - 74 \times \frac{\pi \times 25^2}{4} = 42843.33\text{mm}^2$$

换热管有效长度：

$$L = L_t - 2\delta_n - 2l_2 = 4500 - 2 \times 40 - 2 \times 1.5 = 4417\text{mm}$$

管束模数：

$$K_t = \frac{E_t na}{L D_t} = \frac{176400 \times 74 \times 176.71}{4417 \times 317.49} = 1644.88$$

管束无量纲刚度：

$$\widetilde{K}_t = \frac{K_t}{\eta E_p} = \frac{1644.88}{0.4 \times 176400} = 0.0233$$

（5）换热管稳定许用压应力计算[按 GB/T 151—2014（7.3.2.2 节）计算]：

系数

$$C_r = \pi\sqrt{\frac{2E_t}{\sigma_s^t}} = \pi\sqrt{\frac{2 \times 176400}{121}} = 169.64$$

换热管回转半径

$$i = 0.25\sqrt{d^2 + (d - 2\delta_t)^2} = 0.25 \times \sqrt{25^2 + (25 - 2 \times 2.5)^2} = 8.00\text{mm}$$

（6）由 GB/T 151—2014 中图 7 - 2 确定：$l_{cr} = 200$，$C_r = 169.64 > l_{cr}/i = 200/8 = 25$，此时，管子稳定许用压应力：

$$[\sigma]_{cr}^t = \frac{\sigma_s^t}{1.5}\left(1 - \frac{l_{cr}/i}{2C_r}\right) = \frac{121}{1.5} \times \left(1 - \frac{25}{2 \times 169.64}\right) = 74.72\text{MPa}$$

$[\sigma]_t^t = 80.6\text{MPa}$，$[\sigma]_{cr}^t < [\sigma]_t^t$，因此，满足要求。

（7）确定管板的计算压力 p_d 及无量纲压力 $\widetilde{P}_a$ 系数：

$$\beta = \frac{na}{A_l} = \frac{74 \times 176.71}{42843.25} = 0.3052$$

①当只有壳程设计压力 P_s，管程设计压力 $P_t = 0$ 时：

$$P_d = P_c = P_s = 0.98\text{MPa}$$

计算无量纲压力得：

$$\widetilde{P}_a = \frac{P_d}{1.5\mu[\sigma]_r^t} = \frac{0.98}{1.5 \times 0.4 \times 121.8} = 0.0134$$

②当只有管程设计压力 P_t，壳程设计压力 $P_s = 0$ 时：

$$P_d = P_c = -P_t(1 + \beta) = -0.78 \times (1 + 0.3052) = -1.018056\text{MPa}$$

计算无量纲压力得：

$$\widetilde{P}_a = \frac{P_d}{1.5\mu[\sigma]_r^t} = \frac{1.018056}{1.5 \times 0.4 \times 121.8} = 0.0139$$

③当管程设计压力 P_t，壳程设计压力 P_s 同时作用时：

$$P_d = P_c = P_s - P_t(1+\beta) = 0.98 - 0.78 \times (1 + 0.3052) = -0.038056\text{MPa}$$

计算无量纲压力得：

$$\widetilde{P}_a = \frac{P_d}{1.5\mu[\sigma]_r^t} = \frac{0.038056}{1.5 \times 0.4 \times 121.8} = 0.00052$$

按 $\widetilde{K}_t^{1/3}/\widetilde{P}_a^{1/2} = 2.44$ 和 $1/\rho_t = 1.38$ 查 GB/T 151—2014 图 7-10 得到 $C = 0.5512$。

按 $\widetilde{K}_t^{1/3}/\widetilde{P}_a^{1/2}$ 和 $1/\rho_t = 1.38$，分别代入三种工况下的无量纲压力，查 GB/T 151—2014 图 7-11 得到 (a) $G_{we} = 4.3419$；(b) $G_{we} = 5.2008$；(c) $G_{we} = 11.7749$。

(8)管板厚度计算[按 GB/T 151—2014(7.4.5.2)计算]。

对于浮头式换热器，P_s 和 P_t 均为正压时，取管板设计压力 $P_d = \max(|P_s|,|P_t|) = 0.98\text{MPa}$

管板计算厚度：

$$\delta = CD_t\sqrt{\widetilde{P}_a} = 0.5512 \times 317.49 \times \sqrt{0.0134} = 20.26\text{mm}$$

管板名义厚度：

$$\delta_n = \delta + \max(h_1, C_s) + \max(h_2, C_t) + \Delta = 20.26 + \max(5, 2) + \max(2, 2) + \Delta = 28\text{mm}$$

根据 GB/T 151—2014(7.4.2.2 节)可知，当管板与换热管采用焊接连接时，管板最小厚度应满足结构设计和制造要求，且不小于 12mm。因此，当管板名义厚度取为 40mm 时，满足最小壁厚的要求，且校核强度合格。

(9)换热管轴向应力计算及校核[按 GB/T 151—2014(7.4.5.2 节)计算]。

只有壳程设计压力 P_s，管程设计压力 $P_t = 0$ 时：

$$P_d = P_c = P_s = 0.98\text{MPa}$$

则换热管轴向应力为：

$$\sigma_t = \frac{1}{\beta}\left[P_c - (P_s - P_t)\frac{A_t}{A_l}G_{we}\right] = \frac{1}{0.3052} \times \left[0.98 - 0.98 \times \frac{79168}{42843.25} \times 4.3419\right] = -22.55\text{MPa}$$

由于换热管稳定许用压应力 $[\sigma]_{cr}^t = 74.72\text{MPa}$，则 $|\sigma_t| < [\sigma]_{cr}^t$，校核合格。

①只有管程设计压力 P_t，壳程设计压力 $P_s = 0$ 时：

$$P_d = P_c = -P_t(1+\beta) = -0.78 \times (1 + 0.3052) = -1.018056\text{MPa}$$

则换热管轴向应力为：

$$\sigma_t = \frac{1}{\beta}\left[P_c - (P_s - P_t)\frac{A_t}{A_l}G_{we}\right] = \frac{1}{0.3052} \times \left[-1.018056 + 0.78 \times \frac{79168}{42843.25} \times 5.2008\right] = 21.23\text{MPa}$$

由于设计温度下换热管材料许用压应力 $[\sigma]_t^t = 80.6\text{MPa}$，则 $\sigma_t < [\sigma]_t^t$，校核合格。

②管程设计压力 P_t，壳程设计压力 P_s 同时作用时：

$$P_d = P_c = P_s - P_t(1+\beta) = 0.98 - 0.78 \times (1 + 0.3052) = -0.038056\text{MPa}$$

则换热管轴向应力为：

$$\sigma_t = \frac{1}{\beta}\left[P_c - (P_s - P_t)\frac{A_t}{A_l}G_{we}\right] = \frac{1}{0.3052} \times$$

$$\left[-0.038056 - (0.98 - 0.78) \times \frac{79168}{42843.25} \times 11.7749 \right] = -14.38 \text{MPa}$$

由于换热管稳定许用压应力 $[\sigma]'_{cr} = 74.72 \text{MPa}$，则 $|\sigma_t| < [\sigma]'_{cr}$，校核合格。

(10)换热管与管板连接拉脱力计算及校核[按 GB/T 151—2014(7.4.5.2 节)计算]。

σ_t 取以上三个工况下换热管轴向应力计算的最大值，即 $\sigma_t = -22.55 \text{MPa}$

则连接拉脱力：

$$q = \left| \frac{\sigma_t a}{\pi d l} \right| = \left| \frac{-22.55 \times 176.71}{\pi \times 25 \times 3.5} \right| = 14.50 \text{MPa}$$

由于管板许用拉脱力 $[q] = 40.30 \text{MPa}$，则 $q < [q]$，校核合格。

9.4 板翅式换热器设计及制造

近 20 年来，化工、石油、轻工等过程工业得到了迅猛发展。由于增大设备容量可以减少设备的投资和运转费，各工业部门都在大力发展大容量、高性能设备，因此要求提供尺寸小、重量轻、换热能力大的换热设备。特别是始于 20 世纪 60 年代的世界能源危机，加速了当代先进换热技术和节能技术的发展。各国政府与专家十分重视传热强化和热能回收利用的研究和开发工作，并取得了丰硕成果。到目前为止，已研究和开发出多种新的强化传热技术和高效传热元件。本节主要介绍传热强化技术以及近年来板翅式结构最近的研究进展。

9.4.1 传热强化技术

传热强化是一种改善传热性能的技术，其实质是探求在消耗一定能量的条件下尽可能多地传递为某种过程所需的热量，可通过改善和提高热传递的速率，以达到用最经济的设备来传递一定的热量。由传热学理论可知，对于换热设备稳定传热时的传热量 Q，可用传热方程式表示：

$$Q = KF\Delta T \tag{9-12}$$

式中　K——传热系数，$\text{W}/(\text{m}^2 \cdot ℃)$；

　　　F——换热面积，m^2；

　　　ΔT——热流体与冷流体的平均传热温差，$℃$。

式(9-12)表明，换热设备中的换热量除了与换热面积和平均温差成正比外，还与表征传热过程强弱程度的传热系数 K 有关，其计算公式如式(9-13)所示：

$$\frac{1}{K} = \frac{1}{\alpha_1} + \frac{1}{\alpha_2} + \frac{\delta}{\lambda} \tag{9-13}$$

式中　α_1——冷侧的换热系数，$\text{W}/(\text{m}^2 \cdot ℃)$；

　　　α_2——热侧的换热系数，$\text{W}/(\text{m}^2 \cdot ℃)$；

　　　δ——传热板片的厚度，m；

　　　λ——板片的导热系数，$\text{W}/(\text{m} \cdot ℃)$。

当换热设备中换热面积与平均温差一定时，K 越大，则换热量越大。因此，要使换热设备中传热过程强化，可通过提高传热系数、增大换热面积和增大平均传热温差来实现。

（1）增加平均传热温差

增加平均传热温差的方法有两种：一是在冷流体和热流体的进出口温度一定时，利用不同的换热面布置来改变平均传热温差。如尽可能使冷、热流体相互逆流流动，或采用换热网络技术，合理布置多股流体流动与换热；二是扩大冷、热流体进出口温度的差别以增大平均传热温差。此法受生产工艺限制，不能随意变动，只能在有限范围内采用。

（2）扩大换热面积

通过扩大换热面积是实现传热强化的一种有效方法。采用小直径换热管和扩展表面换热面均可增大传热面积。管径越小，耐压越高，在同样金属重量下，总表面积越大。采用扩展表面换热面，不仅增大了换热面积，也能提高传热系数，但同时也会带来流动阻力增大等问题。

（3）提高传热系数

提高换热设备的传热系数以增加换热量，是传热强化的重要途径，也是当前研究传热强化的重点。当换热设备的平均传热温差和换热面积给定时，提高传热系数将是增大换热设备换热量的唯一方法。

提高对流传热系数的方法大致可分为有功传热强化和无功传热强化。

①有功传热强化。有功传热强化需要应用外部能量来达到传热强化的目的，所以一般需要对其附加外部的动力。如搅拌换热介质、使换热表面或流体振动、将电磁场作用于流体以促使换热表面附近流体的混合等技术。有功传热强化技术操作较复杂，价格比较昂贵，主要应用于一些特殊场合。

②无功传热强化。无功传热强化无须应用外部能量来达到传热强化的目的。在换热器设计中，用的最多的无功传热强化法是扩展表面，它既能增加传热面积，又能提高传热系数。这些方法经济有效，设备简单且易于实现，能够应用于改造现有的换热设备，目前已经在工程上得到了广泛的运用。

在换热设备中，传热壁面两侧流体的对流传热膜系数的大小差别较大，如当管外是气体的强制对流，管内是水的强制对流或饱和水蒸气的凝结时，管外的传热膜系数就比管内小得多，这种情况下，管外气体传热的增强通常采用扩展表面如加装翅片，来增加外侧传热面积，减少该侧的传热阻。翅片有多种形式，包括管翅片、板式翅片和槽带式翅片，依应用场合和设计要求不同而异。翅片不适合用于高表面张力的液体冷凝和会产生严重结垢的场合，尤其不适用于需要机械清洗、携带大量颗粒流体的流动场合。板翅式换热器中采用板式翅片，即换热芯体为板翅结构。

9.4.2　板翅结构制造方法

真空钎焊是制造不锈钢板翅式换热器最常用的方法，这是一种在真空状态下，无须钎剂就能进行高效钎焊的连接工艺技术，其工作原理是在一定真空度下，在真空炉内加热到母材熔点之下、钎料熔点之上的某个温度，使钎料熔化成为液态，但母材保持固态的情况下，利用毛细作用力使液态钎料填满固态母材之间的空隙，发生相互作用，最后冷却凝固，从而实现母材与其他材料相连接的作用。该方法目前已被广泛应用于空气分离设备、石油化工设备、车、船、家电设备等领域的各类换热设备中。

真空钎焊不采用钎剂，极大地提高了产品的抗腐蚀性能；钎焊过程无须复杂的焊机清洗工艺，大大降低了生产成本；由于钎焊流动性和润湿性好，可以应用于各类复杂和狭小焊缝构件的制造；真空钎焊的材料种类丰富，包含铝合金、铜、铜合金、不锈钢、低碳钢、合金钢、钛、镍、钨等；真空条件下，焊件不会产生表面氧化、脱碳等污染。同时，在真空环境内，部分钎焊材料易挥发，因此钎焊过程中需要采用一定保护措施；且钎焊设备昂贵，生产周期长，设备生产前的抽真空阶段，升温、降温过程均需要大量时间。

影响钎焊接头质量的因素很多，如钎焊温度、钎缝间隙、保温时间、冷却方式等。镍基钎料 BNi-2 由于具有相对较低的液相线温度和较高的蠕变强度，同时能够使钎料具有良好的润湿性与流动性，又特别适用于焊接较薄的结构，因而被广泛应用于不锈钢板翅式换热器的真空钎焊。

钎焊实验在真空炉中进行，炉内真空度低于 0.01Pa。为了使钎焊过程稳定进行，在制定工艺参数时，采用阶梯状分级加热的工艺参数，使钎焊构件受热均匀。钎焊加热工艺曲线如图 9-32 所示。

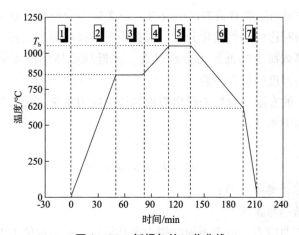

图 9-32 钎焊加热工艺曲线

整个钎焊过程共分为 7 步，具体解释如下：

(1)抽真空阶段：真空度为 0.01Pa。其目的是有效去除金属表面氧化膜，提高表面润湿性；减少接头气孔、夹杂等缺陷；保证试件整体受热；

(2)加热阶段：为减小热应力，缓慢加热到 850℃，时间为 50min；

(3)保温阶段：在 850℃下保温 30min，充分排除炉中的板翅结构在钎焊过程中挥发的杂质和气体；

(4)加热阶段：继续缓慢加热到钎焊温度(T_b)1050℃，时间为 30min；

(5)保温阶段：在钎焊温度 1050℃下保温 25min，使钎料元素充分扩散，实现等温凝固过程。

(6)真空缓慢冷却：从 1050℃到 620℃，采用真空缓慢自冷，目的是使钎焊接头在高温下利用蠕变松弛效应而释放部分残余应力，防止裂纹的产生，提高板翅结构的强度；

(7)充氮快冷：为防止奥氏体不锈钢的敏化问题，从 620℃起，向炉中充氮气，同时启动真空钎焊炉的风机，使结构快速冷却到 40℃后出炉。

9.4.3 板翅结构等效均匀化强度设计

通过对板翅结构蠕变及疲劳失效行为研究得知，钎焊接头的焊缝区域是整个结构的薄弱位置。由于难以直接获得钎料的力学性能，加之板翅结构中存在大量的钎焊接头，采用常规有限元方法进行板翅结构蠕变疲劳全尺寸设计时，有限元模型内部存在大量的节点和单元，计算过程非常困难。因此，对于板翅结构蠕变疲劳的全尺寸设计，需要采用一种合理的方法进行寿命评估与设计。对此，蒋文春等建立了板翅结构的等效均匀化设计方法。根据 ASME 第Ⅲ卷 1 册 NH 分卷，基于等效均匀化得出板翅式换热器等效均匀化强度设计方法，具体如下：

步骤一，根据设计温度、设计压力要求对板翅式换热器结构进行初步设计，并明确板翅式换热器的工作温度、运行循环次数以及服役寿命。

步骤二，通过有限元软件进行板翅结构一次应力分析，确定应力集中部位，并确定许用应力 S_t，S_t 为与时间和温度有关的许用应力。一次应力分析是对热端板翅结构进行二维有限元分析，可利用对称性进行简化分析。根据板翅式换热器的实际受力情况进行压力设置，其中，封条内部载荷为高低压力分别设置，高低压流体的压差施加在高压侧的隔板上，材料参数为最高温度的材料参数。

步骤三，步骤二的有限元分析中得出板翅结构的应力集中部位，判断应力集中部位的应力水平是否满足如下条件：

$$P_m \leqslant S_t \tag{9-14}$$

$$P_L + P_b \leqslant K_t \times S_t \tag{9-15}$$

式中　P_m——一次总体薄膜应力；

　　　P_L——一次局部薄膜应力；

　　　P_b——一次弯曲应力，由于板翅结构为多孔结构，K_t 的取值为 1～1.16。

若满足条件，则执行下一步；若一次应力评定不满足条件，则改变板翅式换热器芯体结构、板材厚度，返回步骤二。

步骤四，制造板翅结构试样，进行板翅结构的蠕变疲劳强度实验，计算应力放大系数 K_σ 和应变放大系数 K_S，如式（9-16）、式（9-17）所示：

$$K_\sigma = \frac{\sigma_B}{\sigma_B^*} \tag{9-16}$$

$$K_S = \frac{\Delta_S}{\Delta_S^*} \tag{9-17}$$

式中　σ_B 和 σ_B^*——相同蠕变断裂时间下，母材的蠕变断裂强度和板翅结构蠕变断裂强度；

　　　Δ_S 和 Δ_S^*——相同疲劳寿命下母材和板翅结构的宏观应变范围。

步骤五，基于等效均匀化方法，推导板翅结构的等效力学参数和等效热物性参数解析模型，等效力学参数包括各向异性等效弹性模量、等效剪切模量、等效泊松比；等效热物性参数包括等效导热系数、等效热膨胀系数、等效密度和等效比热。推导过程包括如下：首先，将板翅式换热器芯体划分为多个形状相同的板翅胞元，如图 9-33 所示；其次，将板翅胞元等效成均匀固态板；最后，推导胞元的等效力学参数和等效热物性参数解析模型。

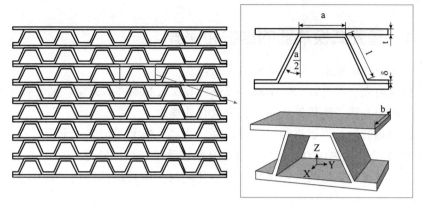

图 9-33 部分板翅结构和板翅结构代表性胞元

步骤六，将板翅结构分成若干个板翅层，将步骤五中等效参数解析模型的计算结果作为板翅层的材料参数，对板翅式换热器进行全尺寸均匀化有限元热分析，除了等效泊松比和密度，其他等效参数都与温度相关。稳态运行时，封头和导流区的温度设置为冷热端流体的平均温度，板翅结构芯体的温度呈线性分布，所得温度场进行热应力分析，结果用于预测蠕变寿命。在瞬态运行阶段，根据实际运行工况，冷热端封头和导流区的温度随着时间变化，所得温度场进行热应力分析，结果用于预测疲劳寿命。瞬态分析时得出板翅式换热器芯体沿高度方向的宏观应力 σ_{th}^* 的时间历程，计算钎角处总应变 $\Delta\varepsilon$。

$$\Delta\varepsilon = \Delta\varepsilon_{ph} + K_s \times \Delta\varepsilon_{th}^* \qquad (9-18)$$

式中　$\Delta\varepsilon_{ph}$——由一次应力分析所得的应变；

$\Delta\varepsilon_{th}^*$——板翅结构芯体全尺寸均匀化热应力分析所得的叠加方向宏观应力 σ_{th}^* 的最大值与最小值的差值与板翅结构叠加方向弹性模量的比值。

步骤七，计算板翅式换热器的疲劳损伤 D_f 和蠕变损伤 D_c。

$$D_f = \frac{n}{N_f(\Delta\varepsilon)} \qquad (9-19)$$

式中　n——运行循环数；

$N_f(\Delta\varepsilon)$——应变范围是 $\Delta\varepsilon$ 时，最大温度时母材疲劳设计曲线对应的循环数。

$$D_c = \sum \int \frac{dt}{t_r(T, \sigma_t)} \qquad (9-20)$$

式中　$t_r(T, \sigma_t)$——T 温度时母材蠕变断裂设计曲线上，局部应力为 σ_t 时对应的蠕变断裂寿命；

σ_t——与时间有关的应力。

步骤八，如果 $D_f + D_c < D$ 则执行下一步；如果 $D_f + D_c \geq D$，则从步骤一重新开始设计，其中 D 为材料允许的蠕变疲劳总损伤。

步骤九，板翅式换热器等效均匀化强度设计完成。

9.5 换热器的常见故障与处理方法

9.5.1 管壳式换热器的维护和保养

（1）保持设备外部整洁、保温层和油漆完好。

（2）保持压力表、温度计、安全阀和液位计等仪表和附件的齐全、灵敏和准确。

（3）发现阀门和法兰连接处渗漏时，应及时处理。

（4）开停换热器时，不要将阀门开得太猛，否则，容易造成管子和壳体受到冲击，以及局部骤然胀缩，产生热应力，使局部焊缝开裂或管子连接口松弛。

（5）尽可能减少换热器的开停次数，停止使用时，应将换热器内的液体清洗放净，防止冻裂和腐蚀。

（6）定期测量换热器的壳体厚度，一般两年一次。

列管换热器的常见故障与处理办法如表9-9所列。

表9-9 列管换热器的常见故障与处理方法

故障	产生原因	处理方法
传热效率下降	列管结垢	清洗管子
	壳体内不凝气或冷凝液增多	排放不凝气和冷凝液
	列管、管路或阀门堵塞	检查清理
振动	壳程介质流动过快	调节流量
	管路振动所致	加固管路
振动	管束与折流板的结构不合理	改进设计
	机座刚度不够	加固机座
管板与壳体连接处开裂	焊接质量不好	清除补焊
	外壳歪斜，连接管线拉力或推力过大	重新调整矫正
	腐蚀严重、外壳壁厚减薄	鉴定后修补
管束、胀口渗漏	管子被折流板磨破	堵管或换管
	壳体和管子温差过大	补胀或焊接
	管口腐蚀或胀（焊）接质量差	换管或补胀（焊）

9.5.2 管束振动和防止

1. 流体诱导振动

换热器流体诱导振动是指换热器管束受壳程流体流动的激发而产生的振动，可分为两大类：由平行于管子轴线流动的流体诱导振动（简称纵向流诱振）和由垂直于管子轴线流动的流体诱导振动（简称横向流诱振）。在一般情况下，纵向流诱振引起的振幅小，危害性不大，可以忽略。只有当流速远远高于正常流速时，才需要考虑纵向流诱振的影响。但横向流诱振则不同，即使在正常的流速下，也会引起很大的振幅，使换热器产生振动而破坏。其主要表现为：相邻管子、管子与折流板或壳体之间发生撞击、摩擦，使管子和壳体受到磨损而变薄，甚至使管子破裂；使管子产生循环交变应力，从而引起管子的疲劳破坏，管子与管板连接处发生泄漏；壳程空间发生强烈的噪声；增加壳程的压力降等。

由于流体诱导振动的复杂性以及现有技术的限制，目前尚无完善的预测换热器振动的方法。一般认为，横向流诱导振动的主要原因如下：

（1）卡门旋涡

在亚音速横向流中，与流体横向流过单个圆柱形物体一样，当其流过管束时，管子背后也有卡门旋涡产生。当旋涡从换热器管子的两侧周期性交替脱落时，在管子上产生周期性的升力和阻力。这种流线谱的变化将引起压力分布的变化，从而导致作用在换热器管子上的流体压力的大小和方向发生变化，最后引起管子振动。当卡门旋涡脱落频率等于管子的固有频率时，管子发生剧烈的振动。旋涡脱落在液体横流、节径比较大的管束中才会发生，而且在进口处比较严重。在大多数密集的管束中，旋涡脱落并不是导致管子破坏的主要原因，但可激发起声振动。

（2）流体弹性扰动

流体弹性扰动又称为流体弹性不稳定性。这是一种复杂的管子结构在流动流体中的自激振动现象。一根管子在某一排中偏离原先的或静止的位置产生了位移，就会改变流场并破坏邻近管子上力的平衡，使这些管子受到波动压力的作用发生位移而处于振动状态。当流体流动速度达到某一数值时，由流体弹性力对管子系统所做的功就大于管子系统阻尼作用所消耗的功，管子振幅将迅速增大，即使流速有一很小的增量，也会导致管子振幅的突然增大，使管子与其相邻的管子发生碰撞而破坏。

（3）湍流颤振

湍流引起的振动是最常见的振动形式，因为在管束中总存在着偶然的流动干扰。经过管束的流体在某一速度下湍流能谱有一主频，当此湍流脉动的主频与管子的固有频率合拍时，则会发生共振，导致大振幅的管子振动。

（4）声振动

当低密度气体稳定地横向流过管束时，在与流动方向及管子轴线都垂直的方向上形成声学驻波。这种声学驻波在壳体内壁（空腔）之间穿过管束来回反射，能量不能往外界传播，而流动场的旋涡脱落或冲击的能量却不断地输入。当声学驻波的频率与空腔的固有频率或旋涡脱落频率一致时，便激发起声学驻波的振动，从而产生强烈的噪声，同时，气体在壳侧的压力降也会有很大的增加。如果流入壳程的是液体，因液体中的声速极高，故不会发生振动。因此，一般声学驻波激发的振动在壳程流体为液体的换热器中并不重要。

（5）射流转换

当流体横向流过紧密排列（节径比≤1.5）的管束时，在同排管上的两根管子之间的窄道处形成如同一个射流的流动方式。在尾流中可观察到射流对的出现。如果单排管有充分的时间交替地向上游，或向下游移动时，射流方向也随之改变。当形成扩散射流时，管子受力（等于流体阻力）较小，当形成收缩射流时受力较大。如果射流对的方向变化与管子运动的方向同步，管子从流体吸收的能量比管子因阻尼而消耗的能量大得多，管子振动便会加剧。

总的来说，在横流速度较低时，容易产生周期性的卡门旋涡，这时在换热器中既可能产生管子的振动，也可能产生声振动。当横流速度较高时，管子振动一般情况下由流体弹性不稳定性激发振动，但不会产生声振动。当横流速度很高，即无因次的速度准数 $v/f_n d_0 > 75$ 时，才会出现射流转换而引起管子振动。

2. 管子固有频率

从上面的流体诱导振动分析中可以看到，为了避免出现共振，必须使激振频率远离固有频率。因此，必须正确计算管束或管子的固有频率。

通常，换热器管子的两端用焊接、胀接等方法紧固在刚性较大的管板上，在中间由许多折流板、支持板支承。但是，管子的固有频率和端部固定的多支点连续梁并不相同，除了跨长、管子几何尺寸和材料性能外，还必须考虑下述因素的影响：管束中间的管子和折流板切口区中管子跨数和跨长也都不同；折流板有一定的厚度，板孔都稍大于管子外径；当管程和壳程流体之间的温差所产生的热应力得不到有效补偿时，管子还将受轴向载荷；管程和壳程的流体均影响管子的实际质量等。

由于存在众多的影响因素，使得从理论上来精确分析计算管子固有频率很困难。计算管子固有频率时，工程上一般作如下简化假设：①管子是线弹性体，即管子材料是均匀的、连续的和各向同性的；②管子的变形和位移是微小的，且满足连续性条件；③管子与管板连接处作为固定支承，在折流板处作为简支。根据上述假设，可以计算单跨管和多跨管的固有频率。

流体诱导振动是管壳式换热器在应用与发展时遇到的重大难题之一。近年来由于各国学者的重视与努力，无论在理论方面还是在实验方面都取得了很大的成果。迄今为止，工程上所用的一些预测振动的计算方法，都是利用在理想条件下获得的实验数据整理的，并且有些参数的取值尚存在着不确定的因素。例如，对于大多数换热器来说，壳程流体并非单纯的横向流动，特别是在折流板的绕转处，有时局部流速的变化非常明显；换热器有时安装成百上千根管子，要求每根管子与折流板孔之间的间隙都相同，那是很难保证的等。有关这方面的研究进展参见美国焊接研究委员会（Weld Research Council）研究报告 WRC Bulletin 389。

3. 防振措施

对于可能发生振动的换热器，在设计时应采取适当的防振措施，以防止发生危害性的振动。下面介绍一些已被实践证明是有效的防振措施。

①改变流速。通过减少壳程流量或降低横流速度改变卡门旋涡频率来消除振动，但会降低传热效率。如果壳程流体的流量不能改变，可用增大管间距的办法来降低流速，特别是当设计是以压力降为限制条件时，更是如此。但此法最终将导致增大壳体直径。在特定条件下，也可考虑拆除部分管子以降低横流速度。变更管束的排列角，也可降低流速和激振频率。

②改变管子固有频率。由于管子的固有频率与管子跨距的平方成反比，因此，增大管子的固有频率最有效的方法是减小跨距。另外，可在管子之间插入杆状物或板条来限制管子的运动，也可增大管子的固有频率，该方法多用于换热器 U 形弯管区的振动。采用在折流板缺口区不布管的弓形或盘环形折流板，或采用管束支承杆代替折流板，或提供附加的管子支承，也可改变管子固有频率。

③增设消声板。在壳程插入平行于管子轴线的纵向隔板或多孔板，可有效地降低噪声，消除振动。隔板的位置，应离开驻波的节点靠近波腹。

④抑制周期性旋涡。在管子的外表面沿周向缠绕金属丝或沿轴向安装金属条，可以抑制周期性旋涡的形成，减少作用在管子上的交变力。

⑤设置防冲板或导流筒。当壳程进口或出口速度是主要问题时，可增大进出口接管尺

寸，以降低进出口流速，或者设置防冲板，以避免流体过大的激振力冲蚀进口处管子，严重时可设置导流筒，防止流体冲刷管束以降低流体进入壳程时的流速。

9.5.3 板式换热器的维护和保养

（1）保持设备整洁、油漆完好，紧固螺栓的螺纹部分应涂防锈油并加外罩，防止生锈和沾灰尘。

（2）保持压力表、温度计灵敏、准确，阀门和法兰无渗漏。

（3）定期清理和切换过滤器，预防换热器堵塞。

（4）组装板式换热器时，螺栓的拧紧要对称进行，松紧适宜。

板式换热器的主要故障和处理方法如表9-10所示。

表9-10 板式换热器常见故障和处理方法

故障	产生原因	处理方法
密封处渗漏	胶垫未放正或扭曲	重新组装
	螺栓预紧力不均匀或紧固不够	检查螺栓紧固度
	胶垫老化或有损伤	更换新垫
内部介质渗漏	板片有裂缝	检查更新
	进出口胶垫不严密	检查修理
	侧面压板腐蚀	补焊、加工
传热效率下降	板片结垢严重	解体清理
	过滤器或管路堵塞	清理

9.5.4 换热器常见事故与预防

热交换器的事故类型主要有燃烧爆炸、严重泄漏和管束失效三种。其中设计不合理、制造缺陷、材料选择不当、腐蚀严重、违章作业、操作失误和维护管理不善是导致换热器发生事故的主要原因。下面重点介绍管束失效的形式及预防。

管束失效的形式主要有腐蚀开裂、传热能力迅速下降、碰撞破坏、管子切开、管束泄漏等多种。其常见的原因如下。

（1）腐蚀。换热器多用碳钢制造，冷却水侧溶解氧、细菌及分泌物是腐蚀的主要因素，加之工作介质又有许多是有腐蚀性的，如小氮肥的碳化塔冷却水箱，在高浓度碳化氨水的腐蚀和碳酸氢铵结晶腐蚀双重作用下，碳钢冷却水箱腐蚀严重。

管子与管板的接头是管束上的易损区，许多管束的失效都是由于接头处的局部腐蚀所致。我国换热器接头多采用焊接形式，管子与管板孔之间存在间隙，壳程介质进入间隙死角中，会引起缝隙腐蚀。对于采用胀接形式的接头，由于胀接过程中存在残余应力，在已胀和未胀管段间的过渡区上，管子内、外壁都存在拉应力区，对应力腐蚀非常敏感。一旦具备发生应力腐蚀的温度、介质条件，换热器很快由于应力腐蚀而破坏。许多合金钢和不锈钢换热器管束，是由于局部腐蚀和应力腐蚀而迅速开裂的。

（2）结垢。在换热器操作中，管束内外壁都可能会结垢，而污垢层的热阻要比金属管材大得多，从而导致换热能力迅速下降，严重时将会使换热介质的流道阻塞。

(3)流体流动诱导振动。为强化传热和减少污垢层，通常采用增大壳程流体流速的方法。壳程流体流速增加，产生诱导振动的可能性也将大大增加，从而导致管束中管子的振动，最终致使管束破坏。

(4)操作维修不当。应力腐蚀只有在拉应力、腐蚀介质和敏感材料等条件同时具备的情况下才会发生。如果操作条件不稳定或控制不当，尤其是刚开工时，最容易出现产生应力腐蚀的条件。在开工的热过程中，管子内壁温度远远高于管外壁温度，因而，在管子外壁面将产生短暂但应力水平很高的轴向和周向拉应力。依据温度应力公式计算，管外壁拉应力将接近或超过管材的屈服点。在这种高拉应力的反复作用下，管子上将会产生应力腐蚀微观裂纹，并迅速扩展直至开裂。换热器管束上的裂纹一般起始于管外壁，且垂直于拉应力方向。

课后习题

1. 换热设备的主要形式有哪几种？其中哪种在化工厂中应用最为广泛？

2. 管壳式换热器主要有哪些结构型式？各自的特点是什么？

3. 在固定管板式换热器中，当管板应力超过许用应力时，为使其满足强度要求，可采用增加哪两种方法进行调整？

4. 与折流板相比，折流杆有哪些优点？

5. 管板与换热管的连接方式有哪几种？各自用于哪种场合？

6. 在实际工程应用中，U形膨胀节与Ω形膨胀节的应用场所有什么区别？

7. 引起换热器横向流诱导振动的原因有哪些？

8. 简述管板设计的基本思路及设计过程中应考虑的危险工况。

9. 换热设备传热强化的主要途径有哪些？

10. 对于一台油冷器，想要通过提高冷却水流速来强化其换热，但效果却不明显，试分析其原因。

11. 换热器中易发生腐蚀的部位是哪里？有何防护方法？

第10章 塔设备

10.1 概述

高度与直径之比较大的直立容器均可称为塔式容器，通常称为塔设备。塔设备是化工、石油化工和炼油等生产中最重要的设备之一。它可使气液或液－液两相之间进行紧密接触，达到相际传质及传热的目的。可在塔设备中完成常见的单元操作有精馏、吸收、解吸和萃取等。此外，工业气体的冷却与回收、气体的湿法精制和干燥，以及兼有气－液两相传质和传热的增湿减湿等。

塔设备中的绝大多数用于气、液两相间的传质与传热，它与化工工艺密不可分，是工艺过程得以实现的载体，直接影响产品的质量和效益。工业生产对塔设备的性能有着严格的要求：①良好的操作稳定性；②较高的生产效率和良好的产品质量；③结构简单、制造费用低；④综合考虑塔设备的寿命、质量和运行安全。

塔设备按其结构特点可分为板式塔[见图 10-1(a)]、填料塔[见图 10-1(b)]、复合塔[见图 10-1(c)]三类。不论哪一种类型的塔设备，从设备设计的角度看，基本上由塔

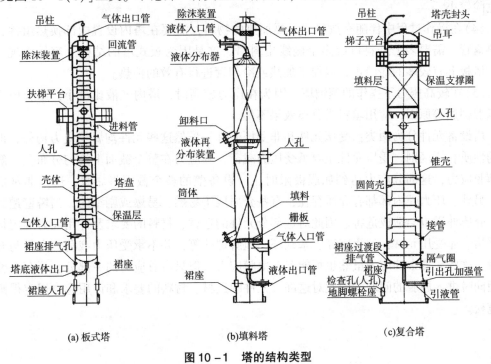

(a) 板式塔　　　　　(b)填料塔　　　　　(c)复合塔

图 10-1　塔的结构类型

体、内件、支座和附件构成。塔体包括筒节、封头和连接法兰等；内件指塔板或填料及其支承装置；支座一般为裙式支座；附件包括人孔、进出料接管、仪表接管、液体和气体的分配装置、塔外的扶梯、平台和保温层等。其主要区别就是内件的不同：板式塔内设有一层层的塔盘；填料塔内充填有各种填料；复合塔则是在塔内同时装有塔盘和填料。填料塔和板式塔均可用于蒸馏、吸收等气—液传质过程，但在两者之间进行比较及合理选择时，必须考虑多方面因素，如与被处理物料性质、操作条件和塔的加工、维修等方面有关的因素等。选型时很难提出绝对的选择标准，满足下列情况可考虑优先选用填料塔：

（1）在分离程度要求高的情况下，因某些新型填料具有很高的传质效率，故可采用新型填料以降低塔的高度。

（2）对于热敏性物料的蒸馏分离，因新型填料的持液量较小，压降小，故可优先选择真空操作下的填料塔。

（3）具有腐蚀性的物料，可选用填料塔。因为填料可采用非金属材料，如陶瓷、塑料等。

（4）容易发泡的物料，宜选用填料塔。因为在填料塔内，气相主要不以气泡形式通过液相，可减少发泡的危险，此外，填料还可以使泡沫破碎。

满足下列情况可考虑优先选用板式塔：

（1）塔内液体滞料量较大，要求塔的操作负荷变化范围较宽，对进料浓度变化要求不敏感，要求操作易于稳定。

（2）液相负荷较小。在这种情况下，填料塔会由于填料表面湿润不充分而降低其分离效率。

（3）含固体颗粒，容易结垢，有结晶的物料，因为板式塔可选用液流通道较大，堵塞的危险较小。

（4）在操作过程中伴随有放热或需要加热的物料，需要在塔内设置内部换热组件，如加热盘管；需要多个进料口或多个侧线出料口。这是因为板式塔的结构上容易实现，此外，塔板上有较多的滞液量，以便于加热或冷却管进行有效的传热。

（5）在较高压力下操作的蒸馏塔，因为在压力较高时，塔内气液比过小，以及由于气相返混剧烈等原因，应用填料塔分离效果不佳。

塔设备元件分为两类：受压元件和非受压元件。虽然这些元件均属于受力构件，但受力的性质有所区别。受压元件主要承受压力载荷，其应力在整个截面上均匀分布，一般称为薄膜应力，这部分应力达到屈服极限时，塔设备壁的整个截面将屈服，这是非常危险的。另外，压力壳内部都有介质存在，有些介质属于易燃、易爆或剧毒的，当塔壁遭到破坏，介质外溢也会造成危害。因此对这部分元件的选材、材料的要求及许用应力规定得较为严格。非受压元件，如裙座壳、基础环、地脚螺栓等，并不承受压力载荷，也不与介质接触，这些元件中的应力虽然也可能存在薄膜应力，但只占总应力的一部分，不存在整个截面同时进入屈服的问题。因此对这部分元件的选材、材料的要求和许用应力规定得则较为宽松。

10.2 板式塔

板式塔在国民经济生产中占相当大的比重，工业上应用也最多。板式塔的总体结构如图 10 – 1(a)所示，在塔内沿塔高装有若干层塔盘，液体靠重力的作用由顶部逐板流向塔底，并在各块板面上形成流动的液层，气体则靠压强差推动，由塔底向上依次穿过各塔盘上的液层而流向塔顶。气液两相在塔内进行逐级接触，两相组成沿塔高呈梯级式变化。

一般来说，各层塔盘的结构相同，只有最高层、最低层和进料层的结构和塔盘间距有所不同。最高层塔盘和塔顶距离常高于塔盘间距，甚至高过 1 倍，以便能良好地除沫，必要时还要在塔顶设有除沫器；最底层塔盘到塔底的距离也比塔盘间距大，以保证塔底空间有足够液体储存，使塔底液体不致流空；进料塔盘与上一层塔盘的间距也比一般大，对于急剧气化的料液在进料塔盘上须装上挡板、衬板或除沫器，此时塔盘间距还得加高一些。此外，开有人孔的塔板间距也较大，一般为 700mm。

10.2.1 塔盘类型

塔盘是板式塔的主要构件，决定塔的性能。

(1)按照结构分，可分为泡罩塔盘[见图 10 – 2(a)]、筛板塔盘[见图 10 – 2(b)]、浮阀塔盘[见图 10 – 2(c)]、舌形塔盘[见图 10 – 2(d)]等。应用最早的是泡罩塔盘，目前使用最广泛的是筛板塔盘和浮阀塔盘，同时各种新型高效塔盘不断问世，如垂直筛板塔盘[见图 10 – 2(e)]、立体传质塔盘[见图 10 – 2(f)]等。

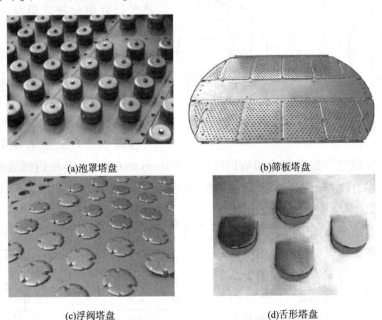

(a)泡罩塔盘　　　　　　　　　　　　　(b)筛板塔盘

(c)浮阀塔盘　　　　　　　　　　　　　(d)舌形塔盘

图 10 – 2　塔盘的结构类型

(e)垂直筛板塔盘

(f)立体传质塔盘

图 10-2　塔盘的结构类型(续)

(2)按照流体的路径分,可分为单溢流型、双溢流型和多溢流型。单溢流型(超过2400mm)塔板应用最为广泛,其结构简单,液体行程长,有利于提高塔板效率。但当塔径或液量大时,塔板上液位梯度较大,导致气液分布不均或降液管过载。双溢流型塔板宜用于塔径及液量较大时,液体分流为两股,减小了塔板上的液位梯度,也减少了降液管的负荷。缺点是降液管要相间地置于塔板的中间或两边,多占了一部分塔板的传质面积。

(3)按照两相流动的方式不同,可分为错流式和逆流式两种。

10.2.2　塔盘结构

塔盘在结构方面要有一定的刚度,以维持水平;塔盘与塔壁之间应有一定的密封性以避免气、液短路;塔盘应便于制造、安装、维修,并且成本要低。

图 10-3　分块式塔盘示意

塔盘结构有整块式和分块式两种。这里只介绍分块式塔盘。塔盘分成数块,通过人孔送进塔内,装到焊在塔内壁的塔盘固定件(一般为支持圈)上。图 10-3 所示为分块式塔盘示意,靠近塔壁的两块是弓形板,其余是矩形板。为了检修方便,矩形板中间的一块作为通道板。为了使人能移开通道板,

通道板质量不应超过 30kg。最小通道板尺寸为 300mm×400mm,各层内部通道板最好开在同一垂直位置上,以利于采光和拆卸。如没有设通道板,也可用一块塔盘板代替。

分块的塔盘板(见图 10-4)的结构设计应满足足够刚度和便于拆装,一般采用自身梁式塔盘板,有时也采用槽式塔盘板。塔盘板的长度 L 随塔径的大小而异,最长可达到 2200mm。宽度 B 由塔体人孔尺寸、塔盘板的结构强度及升气孔的排列情况等因素决定,如自身梁式一般有 340mm 和 415mm 两种。筋板

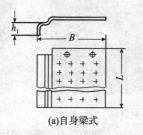

(a)自身梁式

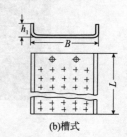

(b)槽式

图 10-4　分块的塔盘板

高度 h_1，自身梁式为 60～80mm，槽式约为 30mm。塔盘板厚：碳钢为 3～4mm，不锈钢为 2～3mm。

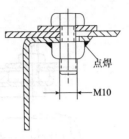

分块式塔盘板之间的连接，根据人孔位置及检修要求，分为上可拆连接(见图10－5)和上、下均可拆连接(见图10－6)两种。常用的紧固构件是螺栓和椭圆垫板。在图10－6中，从上或下松开螺母，将椭圆垫板转到虚线位置后，塔盘板Ⅰ即可自由取出。这种结构也常用于通道板和塔盘板的连接。

图10－5 上可拆连接结构

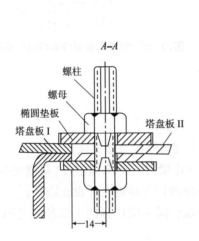

(a) 双面可拆连接

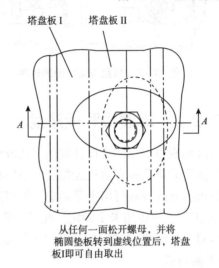

从任何一面松开螺母，并将椭圆垫板转到虚线位置后，塔盘板Ⅰ即可自由取出

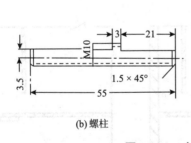

(b) 螺柱

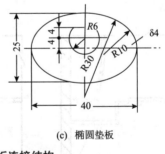

(c) 椭圆垫板

图10－6 上、下均可拆连接结构

塔盘板安放于焊在塔壁上的支持圈(或支持板)上。塔盘板与支持圈(或支持板)的连接一般用卡子，结构如图10－7所示。卡子由下卡(包括卡板及螺栓)、椭圆垫板及螺母等零件组成。为避免螺栓生锈而拆卸困难，规定螺栓材料为铬钢或铬镍不锈钢。

用卡子连接塔盘时，所用紧固件加工量大，装拆麻烦，而且螺栓要求耐蚀。楔形紧固件是另一类紧固结构，其特点是结构简单，装拆快，不用特殊材料，成本低等。楔形紧固件结构如图10－8所示，图中所用的龙门板是非焊接结构，有时也将龙门板直接焊在塔盘板上。

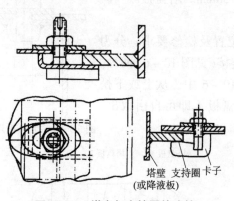

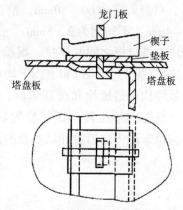

图10-7　塔盘与支持圈的连接　　　　图10-8　用楔形紧固件的塔盘板连接

10.2.3　降液板和受液盘

（1）降液板可根据需要设计成固定式或可拆式结构。

（2）固定式降液板宜通过连接板与塔体相连，不宜与塔壁直接焊接。

（3）可拆式降液板可用卡子固定。但当降液板兼作梁时，上部固定点（每侧至少两点）应用螺栓固定，不得用卡子固定。此时，降液板或降液板连接板应开设长圆孔。

（4）对于三溢流（包括三溢流）以上的多溢流塔盘，同一层塔盘的中部各腔之间，应设置气相平衡通道。

（5）受液盘可根据需要设计成平面式或凹槽式，但应保证图 10-9（a）~（c）所示受液盘与降液板之间各个截面（$a-b$、$a-c$ 和 $d-e$）的流通面积的最小值与塔盘数据表中要求的一致。

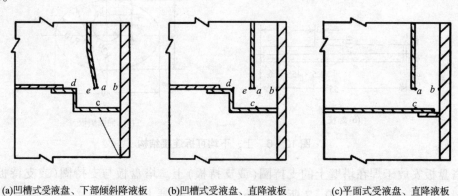

(a)凹槽式受液盘、下部倾斜降液板　　(b)凹槽式受液盘、直降液板　　(c)平面式受液盘、直降液板

图10-9　受液盘和降液板结构示意

10.2.4　塔盘的支承

对于直径不大的塔（如塔径在 2000mm 以下），塔盘的支承一般用焊在塔壁上的支持圈。支持圈一般用扁钢弯制成或将钢板切为圆弧焊成，有时也用角钢制成。若塔盘板的跨度较小，本身刚度足够，则不需要用支承梁，图 10-10 所示为采用支持圈支承的单溢流分块塔盘。

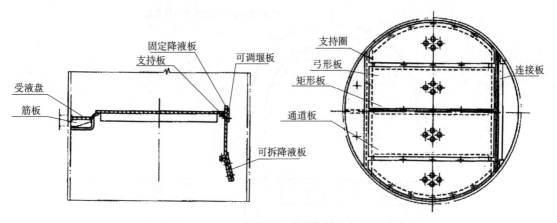

图 10 - 10　用支持圈支承的单溢流分块塔盘

对于直径较大的塔(如塔径在 2000 ~ 3000mm 以上),只用支持圈支承就会导致塔盘刚度不足,这就需要用支承梁结构来缩短分块塔盘的跨度,即将长度较小的分块塔盘的一端支承在支持圈(或支持板)上,而另一端支在支承梁上。支承梁的结构型式很多,图 10 - 11 所示为一种典型的双溢流分块式塔盘支承结构,图中的主梁就是塔盘的中间受液槽,可以是钢板冲压件或焊接件,支承梁(受液槽)支承在支座上。每一分块塔盘板在其边缘处用卡子紧固件或楔形板紧固件固定在受液槽翻边和支持圈(或支持板)上。一般当塔径超过 7m,传统设计所采用的工字梁、槽钢梁或蜂窝梁将会显得笨重,且可能妨碍气液分布,影响传质效果,此时塔内支承梁建议采用桁架梁,如图 10 - 12 所示。

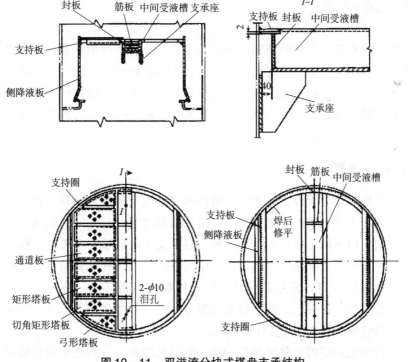

图 10 - 11　双溢流分块式塔盘支承结构

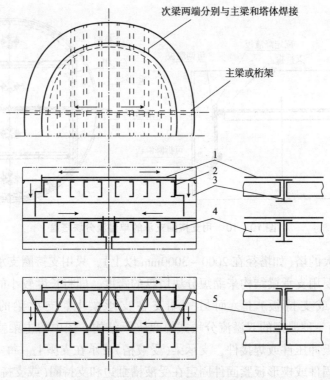

次梁两端分别与主梁和塔体焊接

主梁或桁架

图10-12　桁架式塔盘支承结构

10.3　填料塔

填料塔内充填有各种形式的填料，液体自上而下流动，在填料表面形成许多薄膜，使自下而上的气体在经过填料空间时与液体具有较大的接触面积，以促进传质作用。填料塔在传质形式上与板式塔不同，是一种连续式气液传质设备，但结构比板式塔简单。这种塔由塔体、填料、喷淋装置、再分布器、栅板以及气、液的进出口等部件组成，典型结构如图10-1(b)所示。

10.3.1　填料

填料是填料塔的核心元件，它为气－液两相接触进行传质和换热提供了表面，与塔的其他内件共同决定了填料塔的性能。因此，设计填料塔时，首先要适当地选择填料。要做到这一点，必须了解不同填料的性能。填料一般可分为散装填料和规整填料两大类。

散装填料是指安装以乱堆为主的填料，也可以整砌。这种填料是具有一定外形结构的颗粒体，故又称颗粒填料。根据其形状，这种填料可分为环形、鞍形及环鞍形，如拉西环、鲍尔环、阶梯环、弧鞍、矩鞍、球形填料等。每一种填料按其尺寸、材质的不同又有不同的规格，散装填料如图10-13(a)所示。

在乱堆的散装填料塔内，气液两相的流动路线是随机的，加之填料装填时难以做到各处均一，因而容易产生沟流等不良的分布情况，从而降低塔的效率。

　　规整填料是一种在塔内按均匀的几何图形规则、整齐地堆砌的填料，这种填料人为地规定了填料层中气、液的流路，改善了沟流和壁流的现象，大大降低了压降，提高了传热、传质的效果。规整填料的种类，根据其结构可分为丝网波纹规整填料[见图 10 – 13(b)]和板波纹规整填料[见图 10 – 13(c)]。

(a)散装填料

(b)丝网波纹规整填料

(c)板波纹规整填料

图 10 – 13　填料类型

10.3.2　喷淋装置

　　填料塔操作时，在任一横截面上保证气液的均匀分布十分重要。气速的均匀分布，主要取决于液体分布的均匀程度。因此，液体在塔顶的初始均匀分布，是保证填料塔达到预期分离效果的重要条件。液体喷淋装置设计不合理将直接影响填料塔的处理能力和分离效率，其结构设计要求：使整个塔截面的填料表面很好润湿，结构简单，制造维修方便。

　　喷淋装置的类型很多，常用的有喷洒型、溢流型、冲击型等。

　　(1)喷洒型

　　对于小直径的填料塔(如 300mm 以下)可以采用管式喷洒器，通过在填料上面的进液管喷洒，如图 10 – 14 所示。该结构的优点是简单，缺点是喷淋面积小而且不均匀。

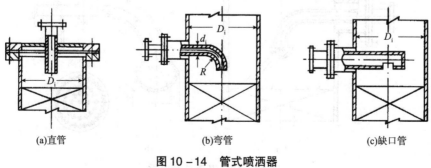

(a)直管　　　　　　　　(b)弯管　　　　　　　　(c)缺口管

图 10 – 14　管式喷洒器

对直径稍大的填料塔(如300~1200mm)可以采用环管多孔喷洒器。按照塔径及液体均布要求，可分为单环管喷洒器(见图10-15)和多环管喷洒器(见图10-16)。环状管的下面开有小孔，小孔直径为4~8mm。共有3~5排，小孔面积总和约与管横截面积相等，环管中心圆直径 D_1 一般为塔径的60%~80%。环管多孔喷洒器的优点是结构简单，制造和安装方便。缺点是喷洒面积小，不够均匀，而且液体要求清洁，否则小孔易堵塞。

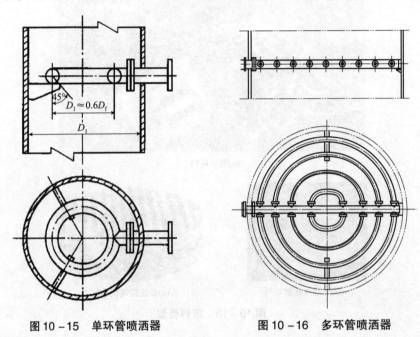

图10-15　单环管喷洒器　　　　　　图10-16　多环管喷洒器

莲蓬头喷洒器是另一种应用较为普遍的喷洒器，其结构简单，喷洒较均匀，结构如图10-17所示。莲蓬头可以做成半球形、碟形或杯形。它悬于填料上方中央处，液体经小孔分股喷出。小孔的输液能力可按下式计算：

$$Q = \varphi f w \ (\text{m}^2/\text{s})$$

式中　φ——流速系数，0.82~0.85；

　　　f——小孔总面积，m^2；

　　　w——小孔中液体流速，m/s。

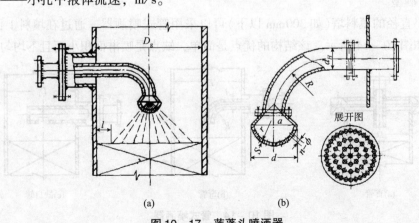

(a)　　　　　　　　　(b)

图10-17　莲蓬头喷洒器

莲蓬头直径一般为塔径的 20% ~ 30% ，小孔直径为 3 ~ 15mm。莲蓬头安装位置离填料表面的距离一般为塔径的 0.5 ~ 1.0 倍。

（2）溢流型

盘式分布器（见图 10 - 18）是常用的一种溢流式喷淋装置，液体经过进液管加到喷淋盘内，然后从喷淋盘内的降液管溢流，淋洒到填料上。喷淋盘一般紧固在焊于塔壁的支持圈上，类似于塔盘板的紧固。分布板上钻有直径约 3mm 的泪孔，以便停车时将液体排净。如果喷淋盘与塔壁之间的空隙不够大而气体又需要通过分布板时，则可在分布板上装大小不等的短管，大管为升气管，小管为降液管。

盘式分布器结构简单，流体阻力小，液体分布均匀。但当塔径大于 3m 时，板上的液面高差较大，不宜使用此种型式而应选用槽形分布器，如图 10 - 19 所示。

（3）冲击型

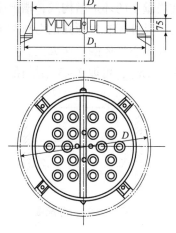

图 10 - 18　盘式分布器

反射板式喷淋器是利用液流冲击反射板（可以是平板、凸板或锥形板）的反射飞散作用而分布液体，如图 10 - 20 所示。反射板中央钻有小孔以喷淋填料的中央部分。

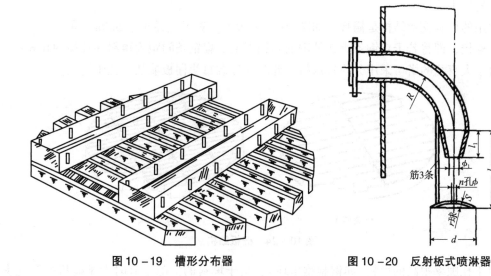

图 10 - 19　槽形分布器　　　　图 10 - 20　反射板式喷淋器

各种类型的喷淋装置各具特点，选用时必须根据具体情况（如塔径大小，对喷淋均匀性的要求等）来确定型式。

10.3.3　液体再分布器

液体沿填料层向下流动时，由于周边液体向下流动的阻力较小，有逐渐向塔壁方向流动的趋势，即有"壁流"倾向，使液体沿塔截面分布不均匀，降低传质效率，严重时使塔中心的填料不能被润湿而形成"干锥"。为了克服这种现象，必须设置液体再分布器，使流经一段填料层的液体进行再分布，在下一填料层高度内得到均匀喷淋。

液体再分布装置有分配锥（见图 10 -21），其结构简单，适用于直径小于 1m 的塔，锥壳下端直径为 0.7 ~ 0.8 倍塔径。除分配锥外还有槽形再分布器（见图 10 -22），它是由焊在塔壁上的环形槽构成，槽上带有 3 ~ 4 根管子，沿塔壁流下的液体通过管子流到塔的中央。另外还有带通孔的分配锥（见图 10 -23），通孔的目的是增加气体通过时的截面积，避免中心气体的流速太大。再分配器的间距一般不超过 6 倍塔径，对于较大的塔（如塔径大于 1m），可取 2 ~ 3 倍塔径。

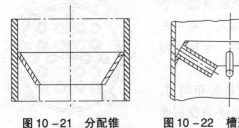

图 10 -21　分配锥　　　图 10 -22　槽形再分布器　　　图 10 -23　带通孔的分配锥

10.3.4　支承结构

填料的支承结构不但要有足够的强度和刚度，而且须有足够的自由截面，使在支承处不致首先发生液泛。

常用的填料支承结构是栅板，如图 10 -24 所示。对于直径小于 500mm 的塔，可采用整块式栅板，即将若干扁钢条焊在外围的扁钢圈上。扁钢条间距为填料环外径的 0.6 ~ 0.8 倍。对于大直径的塔可采用分块式栅板，此时要注意每块栅板能从人孔中进出。

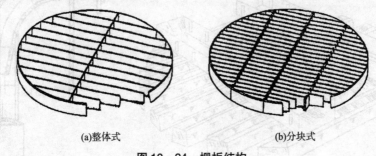

(a)整体式　　　　　　　　　　(b)分块式

图 10 -24　栅板结构

对于孔隙率很高的填料（如钢制鲍尔环），由于填料的空隙率有时大于栅板的开孔率，常导致板上累积一定的液层，造成流动阻力增大。此时可采用开孔波形板的支承结构，如图 10 -25 所示，其特点是为液体和气体提供了不同的通道，既避免了液体在板上的积聚，又利于液体的均匀再分配。

10.4　塔设备强度及稳定性计算

绝大多数的塔设备是置于室外的，但其支承形式却迥然不同，有的采用裙座自支承

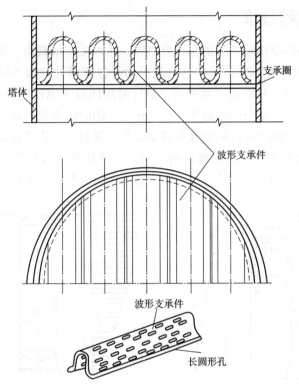

波形支承件

长圆形孔

图 10 -25　开孔波形板的支承结构

的，有的采用将塔设备置于框架内，也有将几个直径大小不一，高度不同的塔设备采用操作平台将其连成一排或呈三角形、四边形排列的塔群。无论采用上述哪种形式，但有一点是共同的，就是这些塔设备采用裙座支承，且置于混凝土基础之上，并配有地脚螺栓。在没有更好的办法之前，上述各种形式的塔设备均可采用自支承式方法进行设计。

塔设备的机械设计根据给定的工艺参数和尺寸，分别针对塔在正常操作、停工检修、耐压试验三种工况下所受的不同载荷，对塔设备进行强度、刚度和稳定性计算，并从制造、安装、检修、使用等方面进行结构设计。具体步骤包括：

(1)根据计算压力确定塔体圆筒及封头的名义厚度 δ_n 和 δ_{hn}。

(2)根据地震载荷或风载荷计算的需要，选取若干计算截面(包括危险截面)，设定各计算截面处的有效厚度。

(3)对危险截面进行强度和稳定性校核，对拉应力进行强度校核，对压应力应同时满足强度和稳定条件，否则需重新设定有效厚度，直至满足全部校核条件为止。危险截面一般取：①裙座基底截面；②裙座上开设人孔、手孔、引出管孔的中心位置截面；③塔设备筒体与裙座连接处截面；④塔体等直径筒节上筒体壁厚发生变化的截面；⑤塔体直径发生变化的截面；⑥筒体上的开人孔中心位置截面。

(4)校核地脚螺栓的个数及其直径。

(5)其他附件的设计。

10.4.1 载荷分析

自支承式塔设备的塔体除承受工作压力之外，还承受质量载荷、地震载荷、风载荷及偏心载荷的作用，如图10-26所示。这些载荷通常包含两种性质不同的载荷，一种是静载荷，另一种是动载荷。对塔式容器而言，设计时应同时考虑这两种载荷的作用。例如：介质压力和温度、塔体或介质的质量等，都可视为不随时间变化的载荷即静载荷，而风载荷或地震载荷都是随时间变化的随机载荷即动载荷。静载荷在塔式容器壁中产生的应力与变形也都是不随时间变化的，而动载荷则不同，它将使塔式容器产生加速度，引起惯性力，并产生随时间变化的变形和动应力。动力载荷大致可分为以下几类：

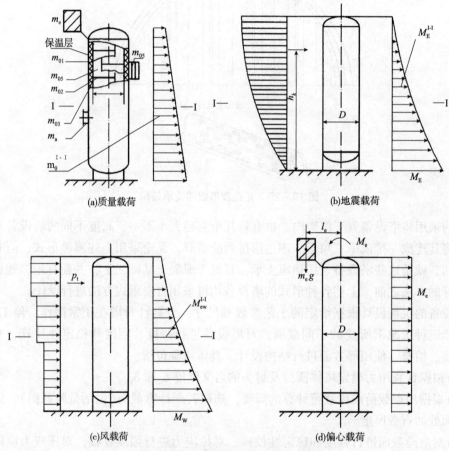

图 10-26　直立设备各种载荷示意

（1）冲击载荷。特点是作用时间极短但强度很大，如爆破冲击波对结构物的作用。

（2）碰撞载荷。特点是作用时间很短，当载荷作用到结构上时载荷自动消失，如车辆的碰撞，发生变形后载荷消失。

（3）简谐载荷。特点是载荷的幅值随时间的变化按正弦或余弦规律变化，如质量分布不匀的转子做匀速旋转时引起的动载荷。

（4）随机载荷。特点是载荷的大小、方向及作用位置随时间的变化是随机的，如塔式容器所承受的风载荷与地震载荷。

对任何承受动力载荷的线性结构体系,主要的物理特性为:体系的质量、弹性特征、能量耗散或阻尼以及外部扰力或载荷。前两者决定了线性体系的自振特性(自振频率或周期、振型),因此任何动力响应计算就要求先求出体系的自振特性。为此,需要事先选取一个合理的计算模型。该模型在振动过程中,每个质点在某一时刻的位置若能确定,则体系在该时刻的变位也就完全确定。如果质点的位置可由几个独立的参数确定,那么体系的变位亦可由这些参数确定。把用以确定结构体系上质点位置所必需的独立参数的个数称为结构体系的自由度。

由于塔式容器的质量总是连续分布的或分段连续分布的,因此任何一个塔式容器都可以看作具有无限个自由度体系。但有时按无限自由度体系计算过于繁杂,如分段连续的塔式容器即是如此。所以,常把分段连续的塔式容器简化成多自由度体系进行计算。

把一个无限自由度体系简化成一个多自由度体系的方法有三种:集中质量法、广义坐标法和有限元法。集中质量法是将塔式容器连续分布的质量(将直径相等的段分成一段或几段连续分布的质量)集中在某个位置上,这样就把无限个自由度化成有限个自由度的问题。广义坐标法是利用塔式容器的变形曲线将一组位移函数的有限集合来近似表示,容器的形函数确定后,在保证精度前提下,其变位形式总可由几个广义坐标确定,这样就将塔式容器由无限个自由度简化成有限个自由度。有限元法实际上是综合了集中质量法和广义坐标法的特点,将塔式容器离散成有限个单元,并确定其形函数以后,简化工作就完成了。

10.4.2 自振周期

自振周期计算是动力计算中的一个重要环节,它直接影响动力计算结果的精度。自振周期计算的方法很多,如解析法、集中质量法、广义坐标法及有限元法等。NB/T 47041—2014《塔式容器》标准中对等直径且等壁厚的塔设备采用解析法,对不等直径或不等壁厚的塔设备采用折算质量法近似求解。

(1)塔设备基本振型自振周期

等直径且等壁厚的塔设备,其直径与厚度沿高度不发生变化,因此质量与弹性可以看作是连续分布的,它的运动状态可用时间与坐标的连续函数描述。在计算它的自振特性时,可将其简化为底端固定的悬臂梁。当梁做垂直于轴线方向的振动时,其主要的变形是弯曲变形,通常称为横向振动或弯曲振动。在振动过程中仍遵守材料力学的平面假设,同时忽略剪切变形的影响,截面绕中性轴的转动较之横向位移也小得多而不予考虑,于是梁上各点的运动只需用轴线的横向位移来描述。

通过列写梁的振动微分方程并求解,代入其几何边界条件和力边界条件(固定端:位移和转角为0;自由端:剪力和弯矩为0),可得等直径、等壁厚塔设备的基本自振周期 T_1 的计算公式如式(10-1)所示。

$$T_1 = 90.33H \sqrt{\frac{m_0 H}{E^{\mathrm{t}} \delta_{\mathrm{e}} D_{\mathrm{i}}^3}} \times 10^{-3} \quad (\mathrm{s}) \tag{10-1}$$

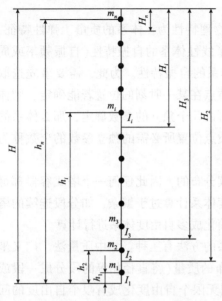

图 10 –27   多质点体系示意

不等直径或不等壁厚的塔设备已经不是一个弹性连续体，其质量和刚度是分段连续的，直径、厚度不变的每段塔设备质量可处理为作用在该段高度 1/2 处的集中质量，因此可以把每个连续段的质量化作一个集中质量，使整个结构简化成一个多质点体系（见图 10 –27）。这样，一个多自由度体系采用解析方法求其第一振型的自振频率或周期已经相当不易，更不用说求高振型的自振频率或周期了。因此常常用各种近似方法，如里兹（Ritz）法、折算质量法、传递矩阵法或有限元法等方法求解。折算质量法的原理是将一个多自由度体系利用折算质量化作单自由度体系，使得多自由度体系振动时的最大动能与折算质量（单自由度体系）振动时的最大动能相等。通过计算可得到不等直径或不等壁厚塔设备第一振型的自振周期 T_1 按式（10 –2）计算。

$$T_1 = 114.8 \sqrt{ \sum_{i=1}^{n} m_i \left(\frac{h_i}{H} \right)^3 \left(\sum_{i=1}^{n} \frac{H_i^3}{E_i^t I_i} - \sum_{i=2}^{n} \frac{H_i^3}{E_{i-1}^t I_{i-1}} \right) } \times 10^{-3} \ (\text{s}) \qquad (10-2)$$

式中 h_i——第 i 段集中质量距地面的高度，mm；

   H_i——塔顶至第 i 段底截面的高度，mm；

   H——塔设备总高，mm；

   m_i——第 i 段的操作质量，kg；

   D_i——塔体内直径，mm；

E_i^t，E_{i-1}^t——第 i 段、第 $i-1$ 段塔材料在设计温度下的弹性模量，MPa；

   I_i——第 i 段的截面惯性矩，mm^4。

截面惯性矩对圆筒段按式（10 –3）计算：

$$I_i = \frac{\pi}{8} (D_i + \delta_{ei})^3 \delta_{ei} \qquad (10-3)$$

截面惯性矩对圆锥段按式（10 –4）计算：

$$I_i = \frac{\pi D_{ie}^2 D_{if}^2 \delta_{ei}}{4(D_{ie} + D_{if})} \qquad (10-4)$$

式中 δ_{ei}——各计算截面圆筒或锥壳的有效厚度，mm；

   D_{ie}——锥壳大端内直径，mm；

   D_{if}——锥壳小端内直径，mm。

（2）高阶振型自振周期

直径、厚度相等的塔设备的第二振型与第三振型自振周期分别近似取 $T_2 = T_1/6$ 和 $T_3 = T_1/18$。

对直径、厚度或材料沿高度变化的塔式容器高振型自振周期可按 NB/T 47041—2014

的附录 B 进行计算；对 $H/D \leqslant 5$ 的塔式容器自振周期可按 NB/T 47041—2014 的附录 E 计算。

10.4.3 载荷计算

1. 操作压力

当塔在内压操作时，在塔壁上引起经向和环向的拉应力；在外压操作时，在塔壁上引起经向和环向的压应力。操作压力对裙座不起作用。塔体厚度以及封头厚度可根据圆筒承受的内压或外压条件，按第 3 章内压薄壁容器的规则设计及第 4 章外压容器设计进行计算，确定出计算厚度，然后考虑介质腐蚀性、设计使用寿命以及钢板厚度偏差，初步确定出由压力决定的塔设备壳体的厚度。

2. 塔设备质量

塔设备的操作质量 m_0 按式(10-5)计算：

$$m_0 = m_{01} + m_{02} + m_{03} + m_{04} + m_{05} + m_a + m_e \qquad (10-5)$$

塔设备液压试验时的质量(最大质量) m_{max} 按式(10-6)计算：

$$m_{max} = m_{01} + m_{02} + m_{03} + m_{04} + m_w + m_a + m_e \qquad (10-6)$$

塔设备吊装时的质量(最小质量) m_{min} 按式(10-7)计算：

$$m_{min} = m_{01} + 0.2m_{02} + m_{03} + m_{04} + m_a + m_e \qquad (10-7)$$

式中　m_{01}——塔设备壳体(包括裙座)质量，按塔体、裙座和封头的名义厚度计算，kg；

　　　m_{02}——塔设备内构件质量，kg；

　　　m_{03}——塔设备保温层质量，kg；

　　　m_{04}——梯子和平台质量，kg；

　　　m_{05}——操作时塔内物料质量，kg；

　　　m_a——人孔、法兰、接管等附件质量，kg；

　　　m_e——偏心质量，kg；

　　　m_w——液压试验时，塔设备内充液质量，kg。

在计算 m_{02}、m_{04} 和 m_{05} 时，若无实际资料，可参考表 10-1 进行估算。式(10-7)中的 $0.2m_{02}$ 考虑焊在壳体上的部分内构件质量，如塔盘支持圈、降液管等。当空塔起吊时，若未装保温层、平台、扶梯、则 m_{min} 扣除 m_{03} 和 m_{04}。

表 10-1　塔设备有关部件的质量

名称	单位质量	名称	单位质量	名称	单位质量
笼式扶梯	40kg/m	圆泡罩塔盘	150kg/m²	筛板塔盘	65kg/m²
开式扶梯	15~24kg/m	条形泡罩塔盘	150kg/m²	浮阀塔盘	75kg/m²
钢制平台	150kg/m²	舌形塔盘	75kg/m²	塔盘填充液	70kg/m²

3. 地震载荷

我国是个多地震的国家。近年来，我国连续发生了几次大地震，如 1976 年的唐山地震、2008 年的汉川地震等都给国家和人民的生命财产造成巨大损失。地震作为一种突发性的自然灾害，在目前尚无法准确预报其发生的时间、地点和强烈程度情况下，认真搞好抗震工作，使工程设施和设备在地震过程中不遭受重大破坏，并因此而避免发生次生灾害具有十分重大的意义。

地震的成因很多，如火山爆发、地壳的塌陷和地壳板块构造的运动等，甚至于存在人工诱发地震，如地下核爆炸、大型水库造成原有断层面或破碎带的活动引发地震。但发生最多、危害最大的是构造地震，即由于地壳板块构造运动产生的地震。地球的板块构造运动是指板块间发生相互挤压使得构成地壳的岩石在板块间挤压作用下要发生变形和应力，若应力在岩石的弹性极限内，则岩石以弹性变形的方式将其能量积累起来，如果挤压作用过大，变形超出允许值，岩石发生突然的脆性破裂，形成断层并产生剧烈的相对运动，将积累的应变能转变为动能急剧地释放出来形成地震波向四周传播，这就是地震。地震形成过程中，首先发生断裂的那一点，一般称为震源，但断层面积可能很大，所以常以断裂面的几何中心处作为震源。震源至地表面尚有一定的距离，通常震源在地表面的投影称为震中，而震源至震中的垂直距离称为震源深度。震源深度从几千米到几百千米，根据震源深度的大小，将地震分为浅源地震、中源地震和深源地震。浅源地震的震源深度小于70km，中源地震的震源深度在70~300km范围内，而超过300km的震源深度的地震为深源地震。地震对地表面工程设施和设备的破坏也随着震源深度的加大而削弱。另外，地震时释放出来的能量是以地震波的形式向四周传播，因此，地震的危害绝不仅限于震中地区而限制在一定的区域内，这区域的大小，与震源深度也有关系，震源越浅影响范围越小。因此在地表面上某一点(在影响区范围内)至震中的直线距离称为震中距，这是对抗震研究非常有用的一个概念。可以想象得到，震中距越大的地方受到的影响应该越小。

地震时从震源引起的振动以弹性波的形式向四周传播，这种运载能量的弹性波称为地震波。地震波有体波和面波之分，而体波又可分为纵波和横波，面波分为瑞利波和洛夫波。体波是通过物体体内传播的波，振动方向与传播方向一致的称为纵波，纵波只有体积变化而无畸变，如果振动方向与传播方向垂直称为横波，它只有形状的改变而无体积的改变。纵波的传播速度较横波大，纵波波速为7~8km/s，而横波波速为4~5km/s，但横波较纵波对地面的破坏大。面波是指在自由表面或两种介质的分界面产生的波，如果质点在波的传播方向和地表面的法向组成的平面内做椭圆运动，则这种波称为瑞利波，它实际上在地表面作滚动传播，如果质点在与传播方向相垂直的水平方向运动，此波称为洛夫波，洛夫波的存在条件是半无限空间存在一个松软的覆盖层才行。但实际地震中由于各种波在地层中反射、折射、绕射、弥散和叠加后，使地面发生不规则运动就很难区分出各种波。但有一点可以肯定，由于纵波的传播速度最快，所以地震发生后，在距震中一定距离的地点，首先感受到的应该是纵波。一般来讲，纵波造成地面上工程设施与设备上下颠簸，而横波和面波则造成晃动和扭动，所以横波的破坏力较大。

每次地震发生后，都会在一定范围内造成不同程度的破坏，而这破坏程度与地震的强弱有很大的关系。如何来评价一次地震的强弱，又如何来评估一次地震破坏的程度？通常采用地震级别来衡量地震的强弱。地震级别是指一次地震所释放的能量大小，震级越高释放能量越大。现在国际上通常采用里氏地震级作为一种量度，里氏地震级共有十二级。地震级别与释放能量的关系可用经验公式 $\lg E = 1.5M + 11.8$ 表达，其中 E 为释放的能量，M 为里氏地震级别。可以看出，震级相差一级，释放出的能量相差32倍。但理论研究发现，地震释放的能量不会超过 10^{20}J，因为地壳的岩石强度不可能吸收大于 10^{20}J 的弹性应变能。这里应该指出的是，由于地震级别是释放能量大小，所以它在一次地震当中是唯一的，当然我们是指主震震级。

在地震受害调查中发现，虽然一次地震只有一个震级，但每次地震在地震影响区域的不同地点地面设施和设备的破坏程度不尽相同，我们把某一地区遭受地震的工程设施及设备宏观破坏程度称为地震烈度。所以地震烈度不仅与地震级别有关，还与震源深度、震中距及地震波通过的介质等有关。一次地震只有一个震级，但对地震波及的地区可以有不同的烈度。一般地讲震中区的烈度最大，距离震中越远烈度越小，而震中地区的烈度与震级和震源深度有关。

虽然震中烈度与震级有关，但地震波及的地区就没有办法把烈度与震级联系起来。地震烈度评定指标包括房屋震害、人的感觉、器物反应、生命线工程震害、其他震害现象和仪器测定的地震烈度，评定方法为综合运用宏观调查和仪器测定的多指标方法。国际上通常采用麦卡里烈度表，我国 GB/T 17742—2020《中国地震烈度表》中对麦卡里烈度表进行了修正，将地震烈度划分为 12 等级，用罗马数字（Ⅰ～Ⅻ）或阿拉伯数字（1～12）表示。

地震烈度又有基本烈度和设防烈度之分。基本烈度是指在一定期限内，一个地区可能遭遇到的最大烈度，而设防烈度是作为一个地区抗震设防依据的烈度，它是由国家主管部门规定的权限审定的。在一般情况下设防烈度可采用基本烈度，在某些特殊情况则可采用专门研究并经批准的地震动参数。

抗震验算目前有四种理论：静力理论、动力理论、反应谱理论和时间历程响应。静力理论首先由日本大森房吉教授提出，他假定物体是一个刚体，地震时结构物各部分的水平加速度与地面加速度一致。对低矮的民用建筑，由于刚度很大可以近似按刚体处理，用该方法可以近似地计算，但作为高柔的塔设备不宜采用静力方法计算地震载荷。动力理论认为结构物在地震发生前质点处于平衡状态，地震时受到一个冲击作用开始振动，所以它只有初速度而无初位移。此外，还认为地震时结构的破坏应发生在地面最初振动的瞬间，因为这时自由振动来不及衰减。该理论将动力系数取为定值，地震时若结构物的自振周期与土壤的卓越周期相吻合即产生共振，若结构的自振周期远离于卓越周期，则动力系数理应下降，这是该理论的缺陷。反应谱理论首先由 Biot 提出。现在世界各国大多数抗震规范都采用它，我国 NB/T 47041—2014 标准中推荐的计算方法也是源于反应谱理论。该理论将结构物视为一个弹性体，地震时该结构物的反应大小不仅与该结构物的自振特性（周期、振型和阻尼）有关，且与场地土的类别有关。求出在地震期间的最大反应值作为载荷加在结构上，然后根据静力理论计算其位移和内力。反应谱的方法虽经普遍采用，但它也存在一定的缺点，它不能反映结构在地震作用下随时间变化的全过程。其次反应谱法适用于结构的弹性分析，在强烈地震作用下结构可能进入塑性反应，因而不能正确判定结构的薄弱环节。经常采用时间历程响应分析法进行补充计算。时间历程响应分析，顾名思义就是从地震作用最初时刻开始按一定的时间间隔求出在每一时间的变形与内力（反应），因而时间历程响应分析可以求出结构地震反应的全过程。

当发生地震时，塔设备作为悬臂梁，在地震载荷作用下产生弯曲变形。所以，安装在 7 度及 7 度以上地震烈度地区的塔设备必须考虑它的抗震能力，计算出它的地震载荷。对应于设防地震设计塔设备时，设计基本地震加速度的取法如表10-2所示。为体现震级大小、震中距远近和场地土类别对应谱峰值的影响，参照 GB 50011—2010《建筑抗震设计规范》将场地土划为 5 类，设计地震分组共分 3 个组别，如表10-3所示。

表10-2　对应于设防地震的设计基本地震加速度

设防烈度	7		8		9
设计基本地震加速度	$0.1g$	$0.15g$	$0.2g$	$0.3g$	$0.4g$

表10-3　各类场地土的特征周期值 T_g

设计地震分组	场地土类别				
	I_0	I_1	II	III	IV
第一组	0.20	0.25	0.35	0.45	0.65
第二组	0.25	0.30	0.40	0.55	0.75
第三组	0.30	0.35	0.45	0.65	0.90

（1）水平地震力

直径、壁厚沿高度变化的单个圆筒形直立设备，可视为一个多质点体系，如图10-28所示。每一直径和壁厚相等的一段长度间的质量，可处理为作用在该段高 1/2 处的集中载荷。在高度 h_k 处的集中载荷 m_k 所引起的基本振型水平地震力根据式（10-8）计算：

$$F_{1k} = \alpha_1 \eta_{1k} m_k g \quad (\text{N}) \tag{10-8}$$

式中　α_1——对应于塔设备基本振型自振周期 T_1 的地震影响系数，其值按图10-29查取；

　　　　η_{1k}——基本振型参与系数，按式（10-9）确定。

图10-29描述了抗震设计的标准设计反应谱的形状，能描述设计反应谱主要特征的参数有地震影响系数最大值 $\alpha_{\max}$，场地土的特征周期 T_g 等。用于描述反应谱各段变化趋势的参数，称为设计反应谱的骨架特征。反应谱之所以能应用在工程上，是由于反应谱反映了地面运动对具有不同自振周期和阻尼比的单自由度体系的最大反应。从图10-29可以看出，设计反应谱的骨架特征，设计反应谱大致分为 3 个区段：上升区段（周期 T 是从 0～0.1s），平台区段（周期 T 是从 0.1s～T_g），下降区段 1（自振周期 T 是从 T_g～$5T_g$）和下降区段 2（自振周期 T 是从 $5T_g$～6.0s）。两个区段间的连接点称为拐点或特征点。因此标准的设计反应谱有 3 个拐点，其位置分别在周期 T 为 0.1s、T_g 和 $5T_g$ 处。

$$\eta_{1k} = \frac{h_k^{1.5} \sum\limits_{i=1}^{n} m_i h_i^{1.5}}{\sum\limits_{i=1}^{n} m_i h_i^3} \tag{10-9}$$

图10-29中，曲线部分按式（10-10）和式（10-11）计算：

$$\alpha = \left(\frac{T_g}{T_i}\right)^{\gamma} \eta_2 \alpha_{\max} \tag{10-10}$$

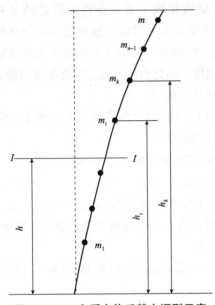

图 10 −28 多质点体系基本振型示意

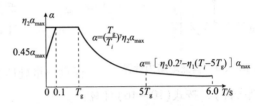

图 10 −29 地震影响系数曲线

$$\alpha = \left[\eta_2 0.2^{\gamma} - \eta_1 (T_i - 5T_g) \right] \alpha_{\max} \qquad (10 - 11)$$

式中　$\alpha_{\max}$——地震影响系数最大值，见表 10 − 4；

　　　T_g——各类场地土的特征周期值，见表 10 − 3；

　　　T_i——第 i 振型的自振周期；

　　　γ——地震影响系数曲线下降段的衰减指数，按式（10 − 12）确定；

　　　η_1——地震影响系数直线下降段下降斜率的调整系数，按式（10 − 13）确定；

　　　η_2——地震影响系数阻尼调整系数，按式（10 − 14）确定。

$$\gamma = 0.9 + \frac{0.9 - \zeta_i}{0.3 + 6\zeta_i} \qquad (10 - 12)$$

$$\eta_1 = 0.02 + \frac{0.05 - \zeta_i}{4 + 32\zeta_i} \qquad (10 - 13)$$

$$\eta_2 = 1 + \frac{0.05 - \zeta_i}{0.08 + 1.6\zeta_i} \qquad (10 - 14)$$

式中，ζ_i 为第 i 阶振型阻尼比，应根据实测值确定。无实测数据时，第一阶振型阻尼比可取 $\zeta_1 = 0.01 \sim 0.03$。高阶振型阻尼比，可参照第一阶振型阻尼比选取。

表 10 −4　地震影响系数最大值 $\alpha_{\max}$

设防烈度	7		8		9
对应于多遇地震的 $\alpha_{\max}$	0.08	0.12	0.16	0.24	0.32

注：如有必要，可按国家规定权限批准的设计地震动参数进行地震载荷计算。

对 $H/D \leqslant 5$ 的塔设备，地震载荷采用底部剪力法计算，参见 NB/T 47041—2014 中附录 E。

（2）垂直地震力

随着国内外对垂直地震反应深一步的研究，发现垂直地震运动的影响是明显的。从垂

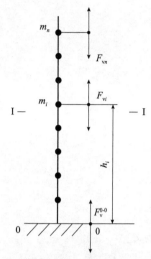

图 10 – 30　垂直地震力计算

直地震与水平地震运动量值比较来看，垂直地震运动是可观的，垂直向最大地面加速度与水平向最大地面加速度的比值可达到 1/2 ~ 2/3。近年来，国内外已测到垂直向最大地面加速度高于水平向最大地面加速度。由此看来，完全忽略垂直向最大地面加速度对塔设备的影响是不对的。

地震烈度为 8 度或 9 度区的塔设备应考虑上下两个方向垂直地震力作用，如图 10 – 30 所示。

塔设备底截面处的垂直地震力按式(10 – 15)计算：

$$F_v^{0-0} = \alpha_{vmax} m_{eq} g \quad (N) \qquad (10-15)$$

式中　α_{vmax}——垂直地震影响系数最大值，$\alpha_{vmax} = 0.65\alpha_{max}$；

　　　m_{eq}——计算垂直地震力时塔设备的当量质量，取 $m_{eq} = 0.75m_0$，kg。

任意质量处所分配的垂直地震力(沿塔高按倒三角形分布重新分配)，按式(10 – 16)计算：

$$F_{vi} = \frac{m_i h_i}{\sum\limits_{k=1}^{n} m_k h} F_v^{0-0} (i = 1,2,\cdots,n) \qquad (10-16)$$

任意计算截面 $I - I$ 处的垂直地震力，按式(10 – 17)计算：

$$F_v^{I-I} = \sum\limits_{k=i}^{n} F_{vk}(i = 1,2,\cdots,n) \qquad (10-17)$$

对 $H/D \leqslant 5$ 的塔设备，不计入垂直地震力。

(3)地震弯矩

塔设备任意计算截面 $I - I$ 的基本振型地震弯矩(见图 10 – 28)按式(10 – 18)计算：

$$M_{E1}^{I-I} = \sum\limits_{k=i}^{n} F_{1k}(h_k - h) \qquad (10-18)$$

式中　h——计算截面距地面的高度，mm。

对于等直径、等厚度塔设备的任意截面 $I - I$ 的地震弯矩按式(10 – 19)计算：

$$M_{E1}^{I-I} = \frac{8\alpha_1 m_0 g}{175H^{2.5}}(10H^{3.5} - 14H^{2.5}h + 4h^{3.5}) \quad (N \cdot mm) \qquad (10-19)$$

底部截面的地震弯矩按式(10 – 20)计算：

$$M_{E1}^{0-0} = \frac{16}{35}\alpha_1 m_0 gH \quad (N \cdot mm) \qquad (10-20)$$

当塔设备 $H/D > 15$ 且 $H > 20m$ 时，视设备为柔性结构，须考虑高振型的影响。由于第三阶以上各阶振型对塔设备的影响甚微，可不考虑。工程计算组合弯矩时，一般只计算前三个振型的地震弯矩即可，所取的地震弯矩可近似为上述计算值的 1.25 倍。

有关高阶振型对计算截面处地震弯矩的影响，可参见 NB/T 47041—2014 中附录 B。

4. 风载荷

塔体会因风压而发生弯曲变形。吹到塔设备迎风面上的风压值，随着设备高度的增加而增加。为了计算简便，将风压值按设备高度分为几段，假设每段风压值各自均布于塔设备的迎风面上，如图10－31所示。

塔设备的计算截面应选在其较薄弱的部位，如截面0－0,1－1，2－2等。其中0－0截面为塔设备的基底截面；1－1截面为裙座上人孔或较大管线引出孔处的截面；2－2截面为塔体与裙座连接焊缝处的截面。

（1）顺风向风载荷

两相邻计算截面区间为一计算段，任一计算段的风载荷，就是集中作用在该段中点上的风压合力。任一计算段风载荷的大小，与塔设备所在地区的基本风压 q_0（距地面10m高处的风压值）有关，同时也和塔设备的高度、直径、形状以及自振周期有关。

两相邻计算截面间的水平风力按式（10－21）计算：

$$P_i = K_1 K_{2i} q_0 f_i l_i D_{ei} \times 10^{-6} \quad \text{（N）} \qquad (10-21)$$

式中 P_i——塔设备中第 i 段的水平风力，N；

K_1——体型系数，对具有圆柱形截面的塔设备 $K_1 = 0.7$；

K_{2i}——塔设备中第 i 计算段的风振系数。

当塔高 $H \leqslant 20\text{m}$ 时 $K_{2i} = 1.7$

当 $H > 20\text{m}$ 时按式（10－22）计算：

$$K_{2i} = 1 + \frac{\xi \nu_i \phi_{zi}}{f_i} \qquad (10-22)$$

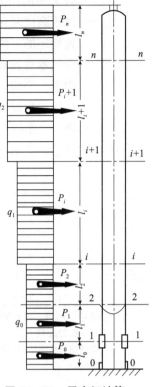

图10－31 风弯矩计算

式中 ξ——脉动增大系数，按表10－5查取；

ν_i——第 i 段脉动影响系数，按表10－6查取；

ϕ_{zi}——第 i 段振型系数，按表10－7查取。

其中，表格中涉及的地面粗糙度类别定义为风在到达结构物以前吹越过2km范围内的地面时，描述该地面上不规则障碍物分布状况的等级，分为四类，即A类、B类、C类和D类。

q_0——基本风压值，N/m²，基本风压是风荷载的基准压力，一般按当地空旷平坦地面上10m高度处10min平均的风速观测数据，经概率统计得出50年一遇最大值确定的风速，再考虑相应的空气密度（随当地海拔高度及温湿度而异，但制定基本风压时采用统一的相当于1个大气压下，10℃时的干燥空气密度，即 $\rho = 1.25\text{kg/m}^3$ 计算），按贝努利（Bernoulli）公式 $q_0 = \frac{1}{2}\rho \nu_0^2$ 确定的风压。我国部分城市基本风压值见表10－8，其他城市及地区的基本风压值请查阅 GB 50009—2012《建筑结构荷载规范》附录 E 中表 E.5，采用重现期 R 为50年的值，当城市或建设地点的基本风压值未给出时，基本风压值应按规范规定的方法，根据基本风压的定义和当地年最大风速资料，通过统计分析确定，分析时应考虑样本数量的影响。当地没有风速资料时，可根据附近地区规定的基本风压或长期资料，通过气象和地形条件的对比分析确定，也可比照规范附录 E 中附图 E.6.3 全国基本风压分布图近似确定，但均不应小于 300N/m^2。

f_i——风压高度变化系数，平均风速随高度而增大，风速的基准值是根据 10m 高度处确定的，因此，对不同高度处只有根据它随高度变化的规律来确定。由于空气本身具有一定的黏性，能承受一定的剪应力。因此在与物体接触的表面附近，形成一个具有速度梯度的边界层气流。实测资料表明，风速沿高度变化呈指数规律，风压高度变化系数，根据地面粗糙度类别按表 10-9 查取。

l_i——第 i 计算段长度，mm。

D_{ei}——塔设备中第 i 段迎风面的有效直径，mm，按式(10-23)~式(10-25)确定。

表 10-5 脉动增大系数 ξ

$q_1 T_1^2 /(\text{N}\cdot\text{s}^2/\text{m}^2)$	10	20	40	60	80	100
ζ	1.47	1.57	1.69	1.77	1.83	1.88
$q_1 T_1^2 /(\text{N}\cdot\text{s}^2/\text{m}^2)$	200	400	600	800	1000	2000
ζ	2.04	2.24	2.36	2.46	2.53	2.80
$q_1 T_1^2 /(\text{N}\cdot\text{s}^2/\text{m}^2)$	4000	6000	8000	10000	20000	30000
ζ	3.09	3.28	3.42	3.54	3.91	4.14

注：①计算 $q_1 T_1^2$ 时，对 B 类可直接代入基本风压，即 $q_1 = q_0$，而对 A 类以 $q_1 = 1.38 q_0$、C 类以 $q_1 = 0.62 q_0$、D 类以 $q_1 = 0.32 q_0$ 代入。

②中间值可采用线性内插法求取。

表 10-6 脉动影响系数 v_i

地面粗糙度类别	高度 H_a/m									
	10	20	30	40	50	60	70	80	100	150
A	0.78	0.83	0.86	0.87	0.88	0.89	0.89	0.89	0.89	0.87
B	0.72	0.79	0.83	0.85	0.87	0.88	0.89	0.89	0.90	0.89
C	0.64	0.73	0.78	0.82	0.85	0.87	0.90	0.90	0.91	0.93
D	0.53	0.65	0.72	0.77	0.81	0.84	0.89	0.89	0.92	0.97

注：中间值可采用线性内插法求取。

表 10-7 振型系数 ϕ_{zi}

相对高度 h_a/H	振型序号	
	1	20
0.10	0.02	-0.09
0.20	0.06	-0.30
0.30	0.14	-0.53
0.40	0.23	-0.68
0.50	0.34	-0.71
0.60	0.46	-0.59
0.70	0.59	-0.32
0.80	0.79	0.07
0.90	0.86	0.52
1.00	1.00	1.00

注：中间值可采用线性内插法求取。

表10-8 我国部分城市基本风压值 q_0 N/m²

省区市名	城市名	风压	省区市名	城市名	风压	省区市名	城市名	风压
北京	北京市	450		南京市	400		郑州市	450
天津	天津市	500		徐州市	350	河南	安阳市	450
上海	上海市	550	江苏	无锡市	450		洛阳市	400
重庆	重庆市	400		连云港市	550		开封市	450
	石家庄市	350		常州市	450		武汉市	350
河北	秦皇岛市	450		杭州市	450	湖北	宜昌市	300
	唐山市	400	浙江	宁波市	500		黄石市	350
	保定市	400		温州市	600		长沙市	350
山西	太原市	400		合肥市	350	湖南	岳阳市	400
	大同市	550		蚌埠市	350		郴州市	300
内蒙古	呼和浩特市	550	安徽	安庆市	400		广州市	500
	包头市	550		黄山市	350		汕头市	800
	沈阳市	550		南昌市	450	广东	深圳市	750
辽宁	锦州市	600	江西	宜春市	300		湛江市	850
	鞍山市	500		赣州市	300		南宁市	350
	大连市	650		九江市	350		桂林市	300
	长春市	650	福建	福州市	700	广西	柳州市	300
	四平市	550		厦门市	800		北海市	750
吉林	吉林市	500		西安市	350		海口市	750
	延吉市	500		延安市	350	海南	三亚市	850
	通化市	500	陕西	铜川市	350		成都市	300
	哈尔滨市	550		宝鸡市	350	四川	绵阳市	300
	齐齐哈尔市	450		兰州市	300		泸州市	300
黑龙江	伊春市	350	甘肃	酒泉市	550		贵阳市	300
	佳木斯市	650		天水市	350	贵州	遵义市	300
	济南市	450	宁夏	银川市	650		昆明市	300
	德州市	450		西宁市	350	云南	大理市	650
	烟台市	550	青海	格尔木市	400		拉萨市	300
	威海市	650		玉树	300	西藏	日喀则市	300
山东	泰安市	400		乌鲁木齐市	600	台湾	台北市	700
	潍坊市	400		克拉玛依市	900		花莲	700
	青岛市	600	新疆	吐鲁番市	850	香港	香港	900
	日照市	400		哈密市	600	澳门	澳门	850

表 10 -9 风压高度变化系数 f_i

距地面高度 H_a/m	地面粗糙度类别			
	A	B	C	D
5	1.17	1.00	0.74	0.62
10	1.38	1.00	0.74	0.62
15	1.52	1.14	0.74	0.62
20	1.63	1.25	0.84	0.62
30	1.80	1.42	1.00	0.62
40	1.92	1.56	1.13	0.73
50	2.03	1.67	1.25	0.84
60	2.12	1.77	1.35	0.93
70	2.20	1.86	1.45	1.02
80	2.27	1.95	1.54	1.11
90	2.34	2.02	1.62	1.19
100	2.40	2.09	1.70	1.27
150	2.64	2.38	2.03	1.61

注：①A 类是指近海海面及海岛、海岸、湖岸及沙漠地区；

  B 类是指田野、乡村、丛林、丘陵以及房屋比较稀疏的乡镇和城市郊区；

  C 类是指有密集建筑群的城市市区；

  D 类是指有密集建筑群且房屋较高的城市市区。

  ②中间值可采用线性内插法求取。

当笼式扶梯与塔顶管线布置成 180°时：

$$D_{ei} = D_{oi} + 2\delta_{si} + K_3 + K_4 + d_o + 2\delta_{ps} \quad （\text{mm}） \tag{10-23}$$

当笼式扶梯与塔顶管线布置成 180°时，取式(10-24)、式(10-25)中较大者：

$$D_{ei} = D_{oi} + 2\delta_{si} + K_3 + K_4 \tag{10-24}$$

$$D_{ei} = D_{oi} + 2\delta_{si} + K_4 + d_o + 2\delta_{ps} \tag{10-25}$$

式中 D_{oi}——塔设备各计算段的外径，mm；

  δ_{si}——塔设备第 i 段的保温层厚度，mm；

  K_3——笼式扶梯当量宽度，mm，当无确切数据时，取 $K_3 = 400$mm；

  d_o——塔顶管线的外径，mm；

  δ_{ps}——管线保温层厚度，mm；

  K_4——操作平台当量宽度，mm，按式(10-26)确定，当无确切数据时，取 $K_4 = 600$mm。

$$K_4 = \frac{2\sum A}{l_o} \tag{10-26}$$

式中 l_o——操作平台所在计算段的长度，mm；

  $\sum A$——操作平台构件的投影面积(不计空挡)，mm^2。

塔设备作为悬臂梁，在风载荷作用下产生弯曲变形。任意计算截面的 $I-I$ 处的风弯矩按式(10-27)计算：

$$M_w^{1-1} = P_i \frac{l_i}{2} + P_{i+1}\left(l_i + \frac{l_{i+1}}{2}\right) + P_{i+1}\left(l_i + l_{i+1} + \frac{l_{i+2}}{2}\right) + \cdots \quad (N \cdot mm)$$

$$(10-27)$$

塔底容器底截面 0-0 处的风弯矩应按式(10-28)计算：

$$M_w^{0-0} = P_1 \frac{l_1}{2} + P_2\left(l_1 + \frac{l_2}{2}\right) + P_3\left(l_1 + l_2 + \frac{l_3}{2}\right) + \cdots \quad (N \cdot mm) \quad (10-28)$$

(2)横风向风载荷

当 $H/D > 15$ 且 $H > 30m$ 时，还应计算横风向风振，以下给出了自支承式塔设备横风向共振时的塔顶振幅和风弯矩的计算方法。

塔设备共振时的风速称为临界风速。临界风速应按式(10-29)计算：

$$v_{ci} = \frac{D_o}{T_i St} \times 10^{-3} \quad (m/s) \quad (10-29)$$

式中 St——斯特哈罗数，$St = 0.2$。

若风速 $v < v_{c1}$，不需考虑塔设备共振；若 $v_{c1} \leqslant v < v_{c2}$，应考虑塔设备第一振型的振动；若 $v \geqslant v_{c2}$，除考虑塔设备的第一振型外，还应考虑第二振型的振动。

判别时，取 v 为塔设备顶部风速 v_H，即 $v = v_H$。按塔设备顶部风压值，由式(10-30)计算：

$$v_H = 1.265 \sqrt{f_t q_0} \quad (m/s) \quad (10-30)$$

式中 f_t——塔设备顶部风压高度变化系数，见表10-9。

共振时，对等截面塔，塔顶振幅应按式(10-31)计算：

$$Y_{Ti} = \frac{C_L D_o \rho_a v_{ci}^2 H^4 \lambda_i}{49.4 G \zeta_i E^t I} \times 10^{-9} \quad (10-31)$$

式中 Y_{Ti}——第 i 振型的横风向塔顶振幅，m；

$\quad G$——系数，$G = (T_1/T_i)^2$；

$\quad \rho_a$——空气密度，kg/m^3，常温时可取1.25；

$\quad \lambda_i$——计算系数，按表10-10确定；

$\quad C_L$——升力系数。

当 $5 \times 10^4 < Re \leqslant 2 \times 10^5$ 时，$C_L = 0.5$；当 $Re > 4 \times 10^5$ 时，$C_L = 0.2$；当 $2 \times 10^5 < Re \leqslant 4 \times 10^5$ 时，按线性插值法确定。其中，Re 为雷诺数，$Re = 69v D_o$。

表10-10 计算系数 λ_i

H_{ci}/H	0	0.1	0.2	0.3	0.4	0.5	0.6	0.7	0.8	0.9	1.0
第一振型 λ_1	1.56	1.55	1.54	1.49	1.42	1.31	1.15	0.94	0.68	0.37	0
第二振型 λ_2	0.83	0.82	0.76	0.60	0.37	0.09	-0.16	-0.33	-0.38	-0.27	0

表10-10中，H_{ci} 为第 i 振型共振区起始高度，可按式(10-32)计算：

$$H_{ci} = H \left(\frac{v_{ci}}{v_H}\right)^{1/a} \quad (mm) \quad (10-32)$$

式中　a——地面粗糙度系数，当地面粗糙度类别为 A、B、C 和 D 时分别取 0.12、0.16、0.22 和 0.30。

　　　　I——塔截面惯性矩，mm^4，按式（10 – 33）确定。

对于变截面塔，塔截面惯性矩 I 应按式（10 – 33）计算：

$$I = \frac{H^4}{\displaystyle\sum_{i=1}^{n} \frac{H_i^4}{I_i} - \sum_{i=2}^{n} \frac{H_i^4}{I_{i-1}}} \qquad (10 - 33)$$

式中　I_i——第 i 段的截面惯性矩，mm^4。

塔设备任意计算截面 $J – J$ 处第 i 振型的共振弯矩（见图 10 – 32）由式（10 – 34）计算：

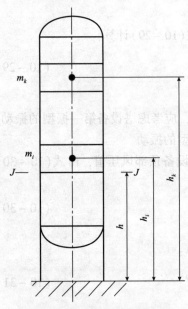

图 10 – 32　横风向弯矩计算

$$M_{ca}^{J-J} = (2\pi/T_i)^2 Y_{Ti} \sum_{k=j}^{n} m_k (h_k - h) \phi_{ki} \quad (N \cdot mm) \qquad (10 - 34)$$

式中　ϕ_{ki}——振型系数，见表 10 – 7。

作用在塔设备计算截面 $I – I$ 处的组合风弯矩取式（10 – 35）和式（10 – 36）中较大者。

$$M_{ew}^{I-I} = M_w^{I-I} \qquad (10 - 35)$$

$$M_{ew}^{I-I} = \sqrt{(M_{ca}^{I-I})^2 + (M_{cw}^{I-I})^2} \qquad (10 - 36)$$

塔设备任意计算截面 $I – I$ 处的顺风向弯矩 M_{cw}^{I-I} 计算方法同"顺风向风载荷"，但其中的基本风压 q_0 应改取为塔设备共振时离地 10m 处顺风向的风压值 q_{co}。若无此数据，可先利用式（10 – 29）计算出 v_{ci}，再利用式（10 – 37）进行换算。

$$q_{co} = \frac{1}{2}\rho_a v_{ci}^2 \quad (N/m^2) \qquad (10 - 37)$$

5. 偏心载荷

有些塔设备在顶部悬挂有分离器、热交换器、冷凝器等附属设备，这些附属设备对塔体产生偏心载荷。偏心载荷所引起的弯矩按式（10 – 38）计算：

$$M_e = m_e g l_e \quad (N \cdot mm) \qquad (10 - 38)$$

式中　l_e——偏心质点重心至塔设备中心线的距离，mm。

6. 最大弯矩

仅考虑顺风向最大弯矩时按式（10 – 39）、式（10 – 40）计算，若同时考虑横风向风振时的最大弯矩按式（10 – 41）、式（10 – 42）计算。

任意计算截面 $I – I$ 处的最大弯矩应按式（10 – 39）计算：

$$M_{max}^{I-I} = \max \begin{cases} M_w^{I-I} + M_e \\ M_E^{I-I} + 0.25 M_w^{I-I} + M_e \end{cases} \qquad (10 - 39)$$

底截面 0 – 0 处的最大弯矩应按式（10 – 40）计算：

$$M_{max}^{0-0} = \max \begin{cases} M_w^{0-0} + M_e \\ M_E^{0-0} + 0.25 M_w^{0-0} + M_e \end{cases} \qquad (10 - 40)$$

任意计算截面 $I-I$ 处的最大弯矩应按式(10-41)计算:

$$M_{\max}^{I-I} = \max \begin{cases} M_{ew}^{I-I} + M_e \\ M_E^{I-I} + 0.25M_w^{I-I} + M_e \end{cases} \qquad (10-41)$$

底截面 0-0 处最大弯矩应按式(10-42)计算:

$$M_{\max}^{0-0} = \max \begin{cases} M_{ew}^{0-0} + M_e \\ M_E^{0-0} + 0.25M_w^{0-0} + M_e \end{cases} \qquad (10-42)$$

10.4.4 塔体的轴向应力校核

(1)塔体稳定性校核

压力在塔体中引起的轴向应力按式(10-43)计算

$$\sigma_1 = \frac{p_c D_i}{4\delta_{ei}} \quad (\text{MPa}) \qquad (10-43)$$

轴向应力 σ_1 在危险截面 2-2 上的分布情况,见图 10-33。

操作或非操作时质量载荷及垂直地震力在塔体中引起的轴向应力按式(10-44)计算:

$$\sigma_2 = \frac{m_0^{I-I}g \pm F_v^{I-I}}{\pi D_i \delta_{ei}} \quad (\text{MPa}) \qquad (10-44)$$

式中 m_0^{I-I}——任意计算截面 $I-I$ 以上塔设备的操作质量,kg;

F_v^{I-I}——塔设备任意计算截面 $I-I$ 处的垂直地震力,N。

其中,F_v^{I-I} 仅在最大弯矩为地震弯矩参与组合时计入此项。

轴向应力 σ_2 在危险截面 2-2 上的分布情况,见图 10-34。

弯矩在塔体中引起的轴向应力按式(10-45)计算:

$$\sigma_3 = \frac{4M_{\max}^{I-I}}{\pi D_i^2 \delta_{ei}} \quad (\text{MPa}) \qquad (10-45)$$

式中 $M_{\max}^{I-I}$——任意计算截面 $I-I$ 处的最大弯矩,N·mm。

轴向应力 σ_3 在危险截面 2-2 上的分布情况,见图 10-35。

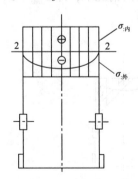 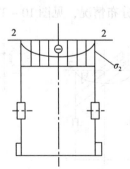 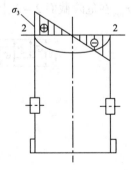

图 10-33 应力 σ_1 分布 　图 10-34 应力 σ_2 分布 　图 10-35 应力 σ_3 分布

应根据塔设备在操作时或非操作时各种危险情况对 σ_1、σ_2、σ_3 进行组合,求出最大组合轴向压应力 $\sigma_{\max}$,并使之等于或小于轴向许用压应力 $[\sigma]_{cr}$ 值。

轴向许用压应力按式(10-46)求取:

$$[\sigma]_{cr} = \min \begin{cases} KB \\ K[\sigma]^t \end{cases} \qquad (10-46)$$

式中，B 为外压应力系数，MPa。B 值依照下列方法求得：根据筒体外半径 R_o 和有效厚度 δ_e 值，按 $A = \dfrac{0.094}{R_o/\delta_e}$ 计算外压应变系数 A 值；选用第 4 章外压容器设计中相应设计材料的外压应力系数 B（图 4-10~图 4-19），根据系数 A 查得 B 值。当 A 落在设计温度下材料线的左方时，则按式 $B = \dfrac{2AE^t}{3}$ 计算 B 值。K 为载荷组合系数，取 $K=1.2$。在地震载荷和风载荷作用下计算塔壳和裙座壳的组合拉、压应力时，许用应力值在原来受压元件许用值的基础上乘以一个载荷组合系数，即将许用应力提高到 1.2 倍。因为地震载荷或风载荷，在塔设备的使用年限中出现最大值的次数都是有限的，总的持续期都很短，对短期载荷，即使应力水平稍高一些也不会给塔设备造成很大的危害。

内压操作的塔设备，最大组合轴向压应力出现在停车情况，即 $\sigma_{max} = \sigma_2 + \sigma_3$，$\sigma_{max}$ 在危险截面 2-2 上的分布情况（利用应力叠加法求出），见图 10-36(a)。

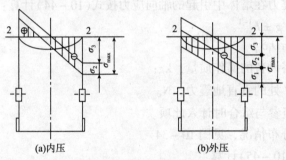

图 10-36　最大组合轴向压应力

真空操作的塔设备，最大组合轴向压应力出现在正常操作情况下，即 $\sigma_{max} = \sigma_1 + \sigma_2 + \sigma_3$。$\sigma_{max}$ 在危险截面 2-2 上的分布情况，见图 10-36(b)。

(2)塔体拉应力校核

按假设的有效厚度 δ_{ei} 计算操作或非操作时各种情况的 σ_1、σ_2 和 σ_3，并进行组合，求出最大组合轴向拉应力，并使之等于或小于许用应力与焊接接头系数和载荷组合系数的乘积 $K\phi[\sigma]^t$。K 为载荷组合系数，取 $K=1.2$。如厚度不能满足上述条件，须重新假设厚度，重复上述计算，直至满足为止。

内压操作的塔设备，最大组合轴向拉应力出现在正常操作的情况下，即 $\sigma_{max} = \sigma_1 - \sigma_2 + \sigma_3$。此 σ_{max} 在危险截面 2-2 上的分布情况，见图 10-37(a)。

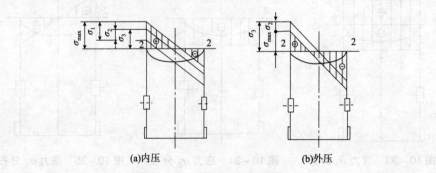

图 10-37　最大组合轴向拉应力

真空操作的塔设备，最大组合轴向拉应力出现在非操作的情况下，即 $\sigma_{max} = \sigma_3 - \sigma_2$。此 σ_{max} 在危险截面 2-2 上的分布情况，见图 10-37(b)。

根据按设计压力计算的塔体厚度、按稳定条件验算确定的厚度以及按抗拉强度验算确定的厚度进行比较，取其中较大值，再加上厚度附加量，并考虑制造、运输、安装时刚度的要求，最终确定塔体厚度。

(3)耐压试验时应力校核

与其他压力容器一样，塔设备也要在安装后进行耐压试验检查，耐压试验包括：液压试验、气压试验和气液组合压力试验。其中真空操作的塔设备以内压进行耐压试验，耐压试验压力按有关规定确定。

对选定的各危险截面按式(10-47)～式(10-49)进行各项应力计算。

耐压试验压力引起的轴向应力：

$$\sigma_1 = \frac{p_T D_i}{4\delta_{ei}} \quad (\text{MPa}) \tag{10-47}$$

质量载荷引起的轴向应力：

$$\sigma_2 = \frac{m_T^{1-1} g}{\pi D_i \delta_{ei}} \quad (\text{MPa}) \tag{10-48}$$

式中 m_T^{1-1}——耐压试验时，塔设备计算截面 $I-I$ 以上的质量(只计入塔壳、内构件、偏心质量、保温层、扶梯及平台质量)，kg。

弯矩引起的轴向应力：

$$\sigma_3 = \frac{4(0.3 M_w^{I-1} + M_e)}{\pi D_i^2 \delta_{ei}} \quad (\text{MPa}) \tag{10-49}$$

耐压试验时，圆筒金属材料的许用轴向压应力应按式(10-50)确定。

$$[\sigma]_{cr} = \min \begin{cases} B \\ 0.9 R_{eL}(\text{或} R_{p0.2}) \end{cases} \tag{10-50}$$

式中 $R_{eL}(\text{或} R_{p0.2})$——金属材料在试验温度下的屈服强度(或 0.2% 非比例延伸强度)，MPa。

耐压试验时，圆筒的最大组合轴向应力应按式(10-51)～式(10-53)确定。

①圆筒轴向拉应力

液压试验：

$$\sigma_1 - \sigma_2 + \sigma_3 \leq 0.9\phi R_{eL}(\text{或} R_{p0.2}) \tag{10-51}$$

气压试验或者气液组合压力试验：

$$\sigma_1 - \sigma_2 + \sigma_3 \leq 0.8\phi R_{eL}(\text{或} R_{p0.2}) \tag{10-52}$$

②圆筒轴向压应力

$$\sigma_2 + \sigma_3 \leq [\sigma]_{cr} \tag{10-53}$$

10.4.5 裙座的应力校核

塔设备的支座，根据工艺要求和载荷特点，常采用圆筒形和圆锥形裙式支座(简称裙座)。图10-38所示为圆筒形裙座结构，它由如下几部分构成。

①座体。上端与塔体底封头焊接在一起，下端焊在基础环上。座体承受塔体的全部载荷，并把载荷传到基础环上。

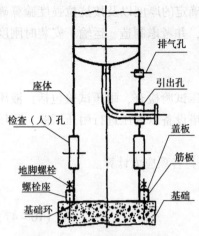

图 10-38　圆筒形裙座结构

②基础环。基础环是块环形垫板，它把由座体传下来的载荷，再均匀地传到基础上。

③螺栓座。由盖板和筋板组成，供安装地脚螺栓用，以便地脚螺栓把塔设备固定在基础上。

④管孔。在裙座上有检修用的人孔、引出孔和排气孔等。

下面介绍座体、基础环、螺栓座和螺栓以及管孔的设计计算。

1. 座体设计

首先参照塔体厚度确定座体的有效厚度 δ_{ei}，然后验算危险截面的应力。危险截面位置一般取裙座基底截面(0-0 截面)或人孔处(1-1 截面)。

裙座基底截面的组合应力分工况按式(10-54)和式(10-55)校核。

操作时

$$\frac{1}{\cos\theta}\left(\frac{M_{\max}^{0-0}}{Z_{sb}}+\frac{m_0g+F_v^{0-0}}{A_{sb}}\right)\leqslant\min\begin{cases}KB\cos^2\theta\\K[\sigma]_s^t\end{cases}\qquad(10-54)$$

其中，F_v^{0-0} 仅在最大弯矩为地震弯矩参与组合时计入此项。

耐压试验时，

$$\frac{1}{\cos\theta}\left(\frac{0.3M_w^{0-0}+M_e}{Z_{sb}}+\frac{m_{\max}g}{A_{sb}}\right)\leqslant\min\begin{cases}B\cos^2\theta\\0.9R_{eL}（或R_{p0.2}）\end{cases}\qquad(10-55)$$

式中　$M_{\max}^{0-0}$——底部截面 0-0 处的最大弯矩，N·mm；

M_w^{0-0}——底部截面 0-0 处的风弯矩，N·mm；

Z_{sb}——裙座圆筒或锥壳底部抗弯截面模量，mm³，$Z_{sb}=\pi D_{is}^2\delta_{es}/4$；

A_{sb}——裙座圆筒或锥壳底部截面积，mm²，$A_{sb}=\pi D_{is}\delta_{es}$；

θ——锥形裙座壳半锥顶角，°。

此时，基底截面 0-0 上的应力分布情况如图 10-39 和图 10-40 所示。

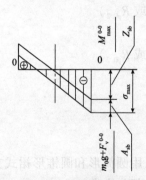

图 10-39　操作时的 $\sigma_{\max}$ 分布

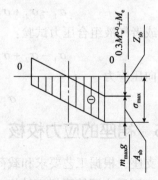

图 10-40　耐压试验时的 $\sigma_{\max}$ 分布

如裙座上人孔或较大管线引出孔处为危险截面 1-1 时应满足下列条件。

操作时,

$$\frac{1}{\cos\theta}\left(\frac{M_{\mathrm{max}}^{1-1}}{Z_{\mathrm{sm}}} + \frac{m_0^{1-1}g \pm F_{\mathrm{v}}^{1-1}}{A_{\mathrm{sm}}}\right) \leqslant \min\begin{cases} KB\cos^2\theta \\ K[\sigma]_{\mathrm{s}}^{\mathrm{t}} \end{cases} \tag{10-56}$$

其中,F_{v}^{1-1} 仅在最大弯矩为地震弯矩参与组合时计入此项。

耐压试验时,

$$\frac{1}{\cos\theta}\left(\frac{0.3M_{\mathrm{w}}^{1-1} + M_{\mathrm{e}}}{Z_{\mathrm{sm}}} + \frac{m_{\mathrm{max}}^{1-1} \cdot g}{A_{\mathrm{sm}}}\right) \leqslant \min\begin{cases} B\cos^2\theta \\ 0.9R_{\mathrm{eL}}(\text{或} R_{\mathrm{p0.2}}) \end{cases} \tag{10-57}$$

式中 M_{max}^{1-1}——人孔或较大管线引出孔处的最大弯矩,N·mm;

M_{w}^{1-1}——人孔或较大管线引出孔处的风弯矩,N·mm;

m_0^{1-1}——人孔或较大管线引出孔处以上塔设备的操作质量,kg;

m_{max}^{1-1}——人孔或较大管线引出孔处以上塔设备液压试验时质量,kg;

Z_{sm}——人孔或较大管线引出孔处裙座壳的抗弯截面模量,mm³,按式(10-58)和式(10-59)确定。

$$Z_{\mathrm{sm}} = \frac{\pi}{4}D_{\mathrm{im}}^2\delta_{\mathrm{es}} - \sum\left(b_{\mathrm{m}}D_{\mathrm{im}}\frac{\delta_{\mathrm{es}}}{2} - Z_{\mathrm{m}}\right) \tag{10-58}$$

$$Z_{\mathrm{m}} = 2\delta_{\mathrm{es}}l_{\mathrm{m}} - \sqrt{\left(\frac{D_{\mathrm{im}}}{2}\right)^2 - \left(\frac{b_{\mathrm{m}}}{2}\right)^2} \tag{10-59}$$

式中 A_{sb}——人孔或较大管线引出孔处裙座壳的截面积,mm²,$A_{\mathrm{sb}} = \pi D_{\mathrm{im}}\delta_{\mathrm{es}} - \sum\left[(b_{\mathrm{m}} + 2\delta_{\mathrm{m}})\delta_{\mathrm{es}} - A_{\mathrm{m}}\right]$,$A_{\mathrm{m}} = 2l_{\mathrm{m}}\delta_{\mathrm{m}}$;

b_{m}——人孔或较大管线引出管线接管处水平方向的最大宽度,mm;

δ_{m}——人孔或较大管线引出管线接管处加强管的厚度,mm;

δ_{es}——裙座有效厚度,mm;

D_{im}——人孔或较大管线引出管线接管处座体截面的内直径,mm。公式中各符号参见图10-41。

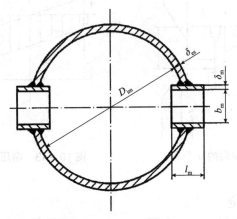

图10-41 裙座壳检查孔或较大管线引出孔处截面

其中,F_{v}^{1-1} 仅在最大弯矩为地震弯矩参与组合时计入此项。

Z_{sm} 和 A_{sm} 可由表 $10-11$ 直接查得。

表 $10-11$ 裙座上开设检查孔处的截面模数及面积

塔径 D_i/mm	截面特性	裙座厚度 δ_e/mm										
		4	6	8	10	12	14	16	18	20	22	24
600	$A_{sm} \times 10^2 \, cm^2$	0.792	1.185	1.580	1.975	2.370	2.765	3.160	—	—	—	—
	$Z_{sm} \times 10^3 \, cm^3$	1.248	1.876	2.502	3.127	3.753	4.378	5.003	—	—	—	—
700	$A_{sm} \times 10^2 \, cm^2$	0.918	1.373	1.831	2.289	2.747	3.205	3.662	—	—	—	—
	$Z_{sm} \times 10^3 \, cm^3$	1.685	2.529	3.372	4.215	5.059	5.902	6.745	—	—	—	—
800	$A_{sm} \times 10^2 \, cm^2$	0.924	1.382	1.842	2.303	2.764	3.224	3.685	—	—	—	—
	$Z_{sm} \times 10^3 \, cm^3$	1.646	2.468	3.291	4.114	4.936	5.759	6.582	—	—	—	—
900	$A_{sm} \times 10^2 \, cm^2$	1.050	1.570	2.094	2.617	3.140	3.664	4.187	—	—	—	—
	$Z_{sm} \times 10^3 \, cm^3$	2.155	3.234	4.312	5.390	6.468	7.546	8.624	—	—	—	—
1000	$A_{sm} \times 10^2 \, cm^2$	1.092	1.633	2.178	2.722	3.266	3.811	4.355	4.900	—	—	—
	$Z_{sm} \times 10^3 \, cm^3$	2.526	3.386	4.515	5.643	6.772	7.901	9.029	10.158	—	—	—
1200	$A_{sm} \times 10^2 \, cm^2$	1.344	2.010	2.680	3.350	4.020	4.690	5.360	6.030	—	—	—
	$Z_{sm} \times 10^3 \, cm^3$	3.516	5.274	7.032	8.790	10.548	12.306	14.064	15.821	—	—	—

此时，人孔或较大管线引出孔处截面($1-1$ 截面)上应力分布情况，如图 $10-42$ 和图 $10-43$ 所示。

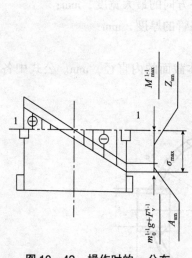

图 $10-42$ 操作时的 σ 分布

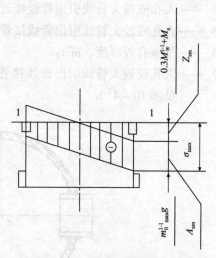

图 $10-43$ 耐压试验时的 σ 分布

2. 基础环设计

(1)基础环尺寸的确定

基础环内、外径(见图 $10-44$ 和图 $10-45$)一般可参考式($10-60$)和式($10-61$)选取：

$$D_{ib} = D_{is} - (160 \sim 400) \tag{10-60}$$

$$D_{ob} = D_{is} + (160 \sim 400) \tag{10-61}$$

式中　D_{ib}——基础环内径，mm。

　　　　D_{ob}——基础环外径，mm；

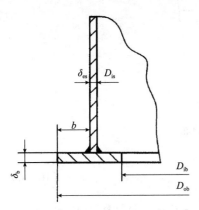

图 10-44　无筋板基础环

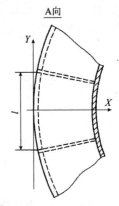

图 10-45　有筋板基础环

（2）基础环厚度的计算

操作时或耐压试验时，设备重量和弯矩在混凝土基础上（基础环底面上）产生的最大组合轴向压应力按式（10-62）计算：

$$\sigma_{bmax} = \max \begin{cases} \dfrac{M_{max}^{0-0}}{Z_b} + \dfrac{m_0 g}{A_b} \\ \dfrac{0.3 M_w^{0-0} + M_e}{Z_b} + \dfrac{m_{max} g}{A_b} \end{cases} \tag{10-62}$$

式中　Z_b——基础环的抗弯截面模量，mm^3，$Z_b = \dfrac{\pi(D_{ob}^4 - D_{ib}^4)}{32 D_{ob}}$；

　　　　A_b——基础环的面积，mm^2，$A_{sb} = 0.785(D_{ob}^2 - D_{ib}^2)$；

基础环的厚度须满足 $\sigma_{bmax} \le R_a$，R_a 为混凝土基础的许用应力，见表 10-12。

表 10-12　混凝土基础的许用应力 R_a

混凝土标号	75	100	150	200	250
R_a/MPa	3.5	5.0	7.5	10.0	13.0

σ_{bmax} 可以认为是作用在基础环底上的均匀载荷。

①基础环上无筋板时（见图 10-44），基础环作为悬臂梁，在均匀载荷 σ_{bmax}（基础底面上最大压应力）的作用下（见图 10-46），其最大弯曲为：

由此，基础环厚度按式（10-63）计算：

$$\delta_b = 1.73b \sqrt{[\sigma]_{bmax} / [\sigma]_b} \tag{10-63}$$

式中　$[\sigma]_b$——基础环材料的许用应力，对低碳钢取 $[\sigma]_b = 140MPa$。

②基础环上有筋板时（见图 10-45），基础环的厚度按式（10-64）计算为：

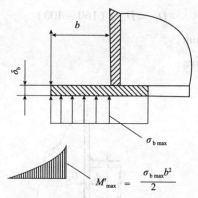

$$M'_{max} = \frac{\sigma_{b\,max} b^2}{2}$$

图 10−46　无筋板基础环应力分布

$$\delta_b = \sqrt{\frac{6M_s}{[\sigma]_b}} \qquad (10-64)$$

式中，M_s 为计算力矩，$M_s = \max\{|M_x|, |M_y|\}$，$M_x = C_x \sigma_{bmax} b^2$，$M_y = C_y \sigma_{bmax} l^2$，其中系数 C_x 和 C_y 按表 10−13 计算。

表 10−13　矩形板力矩 C_x 和 C_y 系数

b/l	C_x	C_y	b/l	C_x	C_y	b/l	C_x	C_y	b/l	C_x	C_y
0	−0.5000	0	0.8	−0.1730	0.0751	1.6	−0.0485	0.1260	2.4	−0.0217	0.1320
0.1	−0.5000	0.0000	0.9	−0.1420	0.0872	1.7	−0.0430	0.1270	2.5	−0.0200	0.1330
0.2	−0.4900	0.0006	1.0	−0.1180	0.0972	1.8	−0.0384	0.1290	2.6	−0.0185	0.1330
0.3	−0.4480	0.0051	1.1	−0.0995	0.1050	1.9	−0.0345	0.1300	2.7	−0.0171	0.1330
0.4	−0.3850	0.0151	1.2	−0.0846	0.1120	2.0	−0.0312	0.1300	2.8	−0.0159	0.1330
0.5	−0.3190	0.0293	1.3	−0.0726	0.1160	2.1	−0.0283	0.1310	2.9	−0.0149	0.1330
0.6	−0.2600	0.0453	1.4	−0.0629	0.1200	2.2	−0.0258	0.1320	3.0	−0.0139	0.1330
0.7	−0.2120	0.0610	1.5	−0.0550	0.1230	2.3	−0.0236	0.1320	—	—	—

注：l 为两相邻筋板最大内侧间距（见图 10−45）。

3. 螺栓座的设计

螺栓座结构和尺寸分别见图 10−47 和表 10−14。

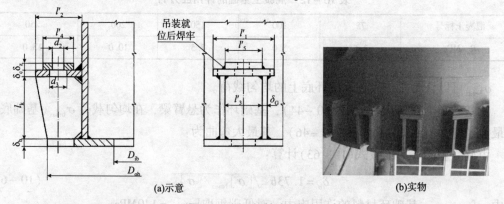

(a)示意　　　　　　　　　　　　　(b)实物

图 10−47　螺栓座结构

注：当外螺栓座之间距离很小，以致盖板接近连续的环时，则可将盖板制成整体。

表 10 – 14 螺栓座尺寸　　　　　　　　　　　mm

螺栓	d_1	d_2	δ_a	δ_{es}	h_i	l	l_1	b
M24	30	36	24					
M27	34	40	26	12	300	120	$l + 50$	
M30	36	42	28					
M36	42	48	32	16	350	160	$l + 60$	$(D_{ob} - D_c - 2\delta_{es})/2$
M42	48	54	36	18				
M48	56	60	40	20	400	200	$l + 70$	
M56	62	68	46	22				

4. 地脚螺栓计算

地脚螺栓的作用有两个：①正确地固定塔的位置；②防止塔在倾覆力矩（风弯矩或地震弯矩）作用下倾倒。

前者由于自身已足够稳定，无须进行计算。而通常所指的计算则是从后者出发的。计算方法使用最多的有维赫曼法、泰勒法和极限载荷法。

为了使塔设备在刮风或地震时不致翻倒，必须安装足够数量和一定直径的地脚螺栓，把设备固定在基础上。

地脚螺栓承受的最大拉应力按式（10 – 65）计算：

$$\sigma_B = \max \begin{cases} \dfrac{M_w^{0-0} + M_e}{Z_b} - \dfrac{m_{\min} g}{A_b} \\[3mm] \dfrac{M_E^{0-0} + 0.25 M_w^{0-0} + M_e}{Z_b} - \dfrac{m_0 g - F_v^{0-0}}{A_b} \end{cases} \qquad (10 - 65)$$

其中，F_v^{0-0} 仅在最大弯矩为地震弯矩参与组合时计入此项。

如果 $\sigma_B \leqslant 0$，则设备自身足够稳定，但是为固定设备位置，应该设置一定数量的地脚螺栓。

如果 $\sigma_B > 0$，则设备必须安装地脚螺栓，并进行计算。计算时可先按 4 的倍数假定地脚螺栓数量 n，此时地脚螺栓的螺纹根部直径 d_1 按式（10 – 66）计算。

$$d_1 = \sqrt{\frac{4\sigma_B A_b}{\pi n [\sigma]_{bt}}} + C_2 \qquad (10 - 66)$$

式中　$[\sigma]_{bt}$——基础环材料的许用应力，对低碳钢取 $[\sigma]_{bt} = 140\text{MPa}$，对 16Mn 钢取 $[\sigma]_{bt} = 170\text{MPa}$；

　　　n——地脚螺栓个数；

　　　C_2——腐蚀裕量，一般取 3mm。

圆整后地脚螺栓公称直径不得小于 M24，螺栓根径与公称直径见表 10 – 15。

表 10 – 15　螺栓根径与公称直径对照

螺栓公称直径	螺纹小径 d_2/mm	螺栓公称直径	螺纹小径 d_2/mm
M24	20.752	M42	37.129
M27	23.752	M48	42.588
M30	25.211	M56	50.046
M36	31.670		

5. 裙座与塔体的连接

(1)裙座与塔体的焊缝连接

裙座与塔体连接焊缝的结构型式有两种：一是对接焊缝，如图 10 -48(a)、(b)所示；二是搭接焊缝，如图 10 -48(c)所示。

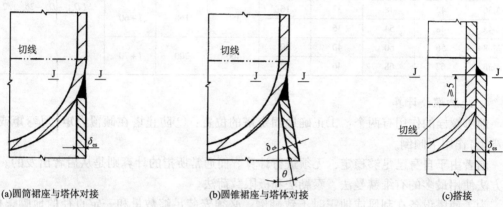

(a)圆筒裙座与塔体对接   (b)圆锥裙座与塔体对接   (c)搭接

图 10 -48   裙座与塔体连接焊缝结构

对接焊缝结构，要求裙座外直径与塔体下封头的外直径相等，裙座壳与塔体下封头的连接焊缝须采用全焊透连续焊。对接焊缝受压，可以承受较大的轴向载荷，用于大直径塔。但由于焊缝在塔体底封头的椭球面上，所以封头受力情较差。

搭接焊缝结构，要求裙座内径稍大于塔体外径，以便裙座搭焊在底封头的直边段。搭接焊缝承载后承受剪力，因而受力情况不佳；但对封头来说受力情况较好。

(2)裙座与塔体对接焊缝的校核

对接焊缝 J-J 截面处的最大拉应力按式(10 -67)校核：

$$\frac{4M_{\max}^{J-J}}{\pi D_{it}^2 \delta_{es}} - \frac{m_o^{J-J}g - F_v^{J-J}}{\pi D_{it}\delta_{es}} \leq 0.6K[\sigma]_w^t \qquad (10-67)$$

式中 D_{it}——裙座顶部截面的内径，mm。

其中，F_v^{J-J} 仅在最大弯矩为地震弯矩参与组合时计入此项。

(3)裙座与塔体搭接焊缝的验算

搭接焊缝 J-J 截面处的剪应力按式(10 -68)或式(10 -69)验算。

$$\frac{m_0^{J-J}g - F_v^{J-J}}{A_w} + \frac{M_{\max}^{J-J}}{Z_w} \leq 0.8K[\sigma]_w^t \qquad (10-68)$$

$$\frac{0.3M_w^{J-J} + M_e}{Z_w} + \frac{m_{\max}^{J-J}g}{A_w} \leq 0.72KR_{eL}(\text{或 } R_{p0.2}) \qquad (10-69)$$

式中 m_0^{J-J}——裙座与筒体搭接焊缝所承受的塔设备操作质量，kg；

$m_{\max}^{J-J}$——耐压试验时塔设备的总质量(不计裙座质量)，kg；

A_w——焊缝抗剪截面面积，mm²，$A_w = 0.7\pi D_{ot}\delta_{es}$；

Z_w——焊缝抗剪截面系数，mm³，$Z_w = 0.55\pi D_{ot}^2 \delta_{es}$；

D_{ot}——座顶部截面的外直径，mm；

$[\sigma]_w^t$——设计温度下焊接接头的许用应力，取两侧母材许用应力的小值，MPa；

m_{max}^{J-J}——裙座与筒体搭接焊缝处的最大弯矩，N·mm；

M_w^{J-J}——裙座与筒体搭接焊缝处的风弯矩，N·mm。

其中，F_v^{J-J} 仅在最大弯矩为地震弯矩参与组合时计入此项。

10.4.6 塔设备设计计算实例

[例]已知 $\phi1400mm \times 18900mm$ 泡罩塔(见图10-49)的设计条件如下：

设置地区的基本分压值 $q_0 = 300N/m^2$；抗震设防烈度为 8 度，设计基本地震加速度为 0.2g，地震分组为第二组；场地土类型为Ⅲ类；地面粗糙度为 B 类；塔壳与裙座对接；塔内装有 30 层泡罩塔盘(泡罩塔盘单位质量 150kg/m³)，每块存留介质高 120mm，介质密度 694kg/m³；塔体外表面附有 100mm 厚保温层，保温材料密度 300kg/m³；塔体每隔 5m 安装一层操作平台，共 3 层，平台宽 1.0m，单位质量 150kg/m³，包角 3mm；设计压力 $p = 0.1MPa$；设计温度 100℃；焊接接头系数 0.85；壳体厚度附加量 3mm，裙座厚度附加量 2mm，偏心质量 $m_e = 0$。对塔进行强度和稳定计算。

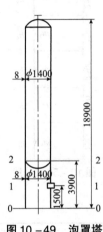

图 10-49　泡罩塔

(1)塔壳强度计算

塔壳圆筒、裙座壳和塔壳封头材料选用 Q245R[R_{eL}($R_{p0.2}$) = 245MPa，$[\sigma]^t$ = 147MPa]

圆筒：$\delta = \dfrac{p_c D_i}{2[\sigma]^t \phi - p_c} = \dfrac{0.1 \times 1400}{2 \times 147 \times 0.85 - 0.1} = 0.56mm$

封头：$\delta = \dfrac{K p_c D_i}{2[\sigma]^t \phi - 0.5 p_c} = \dfrac{1 \times 0.1 \times 1400}{2 \times 147 \times 0.85 - 0.1} = 0.56mm$

取塔壳圆筒、裙座壳和塔壳封头的厚度均为8mm。

(2)塔设备质量计算

圆筒、裙座壳和封头质量：$m_{01} = \dfrac{\pi}{4}(1.416^2 - 1.4^2) \times 18.9 \times 7.85 \times 10^3 = 5250kg$

附属件质量：$m_a = 0.25 m_{01} = 1313kg$

内构件质量：$m_{02} = \dfrac{\pi}{4} \times 1.4^2 \times 30 \times 150 = 6927kg$

保温层质量：$m_{03} = \dfrac{\pi}{4}(1.616^2 - 1.416^2) \times (18.9 - 3.9) \times 300 = 2143kg$

平台、扶梯质量(笼式扶梯单位质量40kg/m)：

$$m_{04} = 40 \times 18.9 + \dfrac{\pi}{4}[(1.416 + 2.0)^2 - 1.416^2] \times 150 \times 3 \times \dfrac{360°}{360°} = 4172kg$$

物料质量：$m_{05} = \dfrac{\pi}{4} \times 1.4^2 \times 0.12 \times 694 \times 30 = 3846kg$

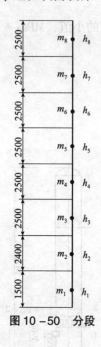

图 10-50　分段

水压试验时质量：$m_w = \dfrac{\pi}{4} \times 1.4^2 \times (18.9 - 3.9) \times 1000 = 23091\text{kg}$

偏心质量：$m_e = 0\text{kg}$

塔设备操作质量：

$$m_0 = m_{01} + m_{02} + m_{03} + m_{04} + m_{05} + m_a + m_e$$

$$= 5250 + 6927 + 2143 + 4172 + 3846 + 1313 + 0 = 23651\text{kg}$$

塔设备最大质量：

$$m_{max} = m_{01} + m_{02} + m_{03} + m_{04} + m_w + m_a + m_e$$

$$= 5250 + 6927 + 2143 + 4172 + 23091 + 1313 + 0 = 42896\text{kg}$$

塔设备最小质量：

$$m_{min} = m_{01} + 0.2m_{02} + m_{03} + m_{04} + m_a$$

$$= 5250 + 0.2 \times 6927 + 2143 + 4172 + 1313 = 14263\text{kg}$$

将全塔沿高度方向分为 8 段，其中裙座分为 2 段，筒体均匀分为 6 段（见图 10-50），其各段质量列入表 10-16。

表 10-16　各段质量　　　　　　　　　　　　　　kg

塔段号 i	1	2	3	4	5	6	7	8
$m_{01} + m_a$	520.9	833.4	868.1	868.1	868.1	868.1	868.1	868.1
m_{02}	0	0	1154.5	1154.5	1154.5	1154.5	1154.5	1154.5
m_{03}	0	0	357.2	357.2	357.2	357.2	357.2	357.2
m_{04}	60	96	1238.5	100	1238.5	100	1238.5	100
m_{05}	0	0	641	641	641	641	641	641
m_w	0	0	3848.5	3848.5	3848.5	3848.5	3848.5	3848.5
m_0	580.9	929.4	4259.3	3120.8	4259.3	3120.8	4259.3	3120.8
m_{max}	580.9	929.4	7466.8	6328.3	7466.8	6328.3	7466.8	6328.3
m_{min}	580.9	929.4	2694.7	1556.2	2694.7	1556.2	2694.7	1556.2

（3）塔设备的基本自振周期计算

$$T_1 = 90.33H \sqrt{\frac{m_0 H}{E^t \delta_e D_i^3}} \times 10^{-3} = 90.33 \times 18900 \sqrt{\frac{23651 \times 18900}{1.97 \times 10^5 \times 5 \times 1400^3}} \times 10^{-3} = 0.7\text{s}$$

（4）地震载荷及地震弯矩计算

将塔沿高度方向分成 8 段，视每段高度之间的质量为作用在该段高度 1/2 处的集中质量，各段集中质量对该截面所引起的地震力地震弯矩列于表 10-17（分段见图 10-50）。

因为 $H/D_i = 13.5 < 15$ 且 $H < 20\text{m}$，不考虑高振型影响。

①0-0 截面地震弯矩：

$$M_E^{0-0} = \sum_{k=1}^{8} F_{1k} h_k = 4.116 \times 10^8 \text{N} \cdot \text{mm}$$

②1-1截面地震弯矩：

$$M_E^{1-1} = \sum_{k=2}^{8} F_{1k}(h_k - h) = \sum_{k=2}^{8} F_{1k}(h_k - 1500) = 3.657 \times 10^8 \text{N} \cdot \text{mm}$$

③2-2截面地震弯矩：

$$M_E^{2-2} = \sum_{k=3}^{8} F_{1k}(h_k - h) = \sum_{k=3}^{8} F_{1k}(h_k - 3900) = 2.923 \times 10^8 \text{N} \cdot \text{mm}$$

表10-17 地震弯矩计算

塔段号 i	1	2	3	4	5	6	7	8	备注
m_i/kg	580.9	929.4	4259.3	3120.8	4259.3	3120.8	4259.3	3120.8	
h_i/mm	750	2700	5150	7650	10150	12650	15150	17650	
$h_i^{1.5}$	0.021×10^6	0.140×10^6	0.370×10^6	0.669×10^6	1.023×10^6	1.423×10^6	1.865×10^6	2.345×10^6	
$m_i h_i^{1.5}$	0.012×10^9	0.130×10^9	1.574×10^9	2.088×10^9	4.355×10^9	4.440×10^9	7.942×10^9	7.318×10^9	27.859×10^9
$m_i h_i^3$	0.245×10^{12}	0.183×10^{14}	5.818×10^{14}	13.972×10^{14}	44.539×10^{14}	63.174×10^{14}	148.107×10^{14}	171.593×10^{14}	44.739×10^{15}
A/B	\multicolumn{9}{l}{$A/B = 6.227 \times 10^{-7}$ ($A = \sum_{i=1}^{8} m_i h_i^{1.5} = 27.859 \times 10^9$, $B = \sum_{i=1}^{8} m_i h_i^3 = 44.739 \times 10^{15}$)}
$\eta_{1k} = \dfrac{h_k^{1.5}A}{B}$	0.0131	0.0872	0.2304	0.4166	0.6370	0.8861	1.1613	1.4602	
γ	\multicolumn{9}{l}{$r = 0.9 + \dfrac{0.05 - \zeta_1}{0.3 + 6\zeta_1} = 0.9 + \dfrac{0.05 - 0.01}{0.3 + 6 \times 0.1} = 1.011$}
η_2	\multicolumn{9}{l}{$\eta_2 = 1 + \dfrac{0.05 - \zeta_1}{0.08 + 1.6\zeta_1} = 1 + \dfrac{0.05 - 0.01}{0.08 + 1.6 \times 0.01} = 1.417$}
α_1	\multicolumn{9}{l}{$\alpha_1 = \left(\dfrac{T_g^r}{T_1}\right)\eta_2\alpha_{max} = \left(\dfrac{0.55}{0.7}\right)^{1.011} \times 1.417 \times 0.16 = 0.18$}
F_{1k}/N	13.44	143.11	1732.86	2295.76	4790.92	4883.04	8734.22	8046.74	
$m_k h_i$	0.436×10^6	2.509×10^6	21.935×10^6	23.874×10^6	43.232×10^6	39.478×10^6	64.525×10^6	55.082×10^6	251.074×10^6
α_{vmax}	\multicolumn{9}{l}{$\alpha_{vmax} = 0.65\alpha_{vmax} = 0.65 \times 0.16 = 0.104$}
m_{eq}/kg	\multicolumn{9}{l}{$m_{eq} = 0.75 m_0 = 0.75 \times 23651 = 17738.25$}
F_v^{0-0}/N	\multicolumn{9}{l}{$F_v^{0-0} = \alpha_{vmax} m_{eq} g = 0.104 \times 17738.25 \times 9.81 = 18097.27$}
F_{vi}/N	31.43	180.85	1581.06	1720.82	3116.14	2845.55	4651.14	3970.28	
F_v^{ii}/N	18097.3	18065.3	17885.0						

(5)风载荷和风弯矩计算

将塔沿高度方向分成8段(见图10-50)，计算结果见表10-18。

表 10 – 18　风弯矩计算

塔段号 i	1	2	3	4	5	6	7	8
塔段长度/m	0 ~ 1.5	1.5 ~ 3.9	3.9 ~ 6.4	6.4 ~ 8.9	8.9 ~ 11.4	11.4 ~ 13.9	13.9 ~ 16.4	16.4 ~ 18.9
$q_0/\text{N/m}^2$	300							
K_1	0.7							
K_{2i}	1.7							
f_i（B 类）	1.0	1.0	1.0	1.0	1.0392	1.1092	1.1708	1.2258
l_i/mm	1500	2400	2500	2500	2500	2500	2500	2500
K_3/mm	400							
K_4/mm	600							
D_{ei}/mm	1816	1816	2616	2016	2616	2016	2616	2016
$P_i = K_1 K_{2i} q_0 f_i l_i$ $D_{ei} \times$ 10^{-6}，N	972.47	1555.95	2334.78	1799.28	2426.30	1995.76	2733.56	2205.56

因该塔 $H/D_i = 13.5 < 15$ 且 $H < 30\text{m}$，故不考虑横风向风弯矩。

①0 – 0 截面风弯矩：

$$M_\text{w}^{0-0} = p_1 \frac{l_1}{2} + p_2 \left(l_1 + \frac{l_2}{2} \right) + \cdots + p_8 \left(l_1 + l_2 + l_3 + \cdots + \frac{l_8}{2} \right) = 1.609 \times 10^8 \text{N} \cdot \text{mm}$$

②1 – 1 截面风弯矩：

$$M_\text{w}^{1-1} = p_2 \frac{l_2}{2} + p_3 \left(l_2 + \frac{l_3}{2} \right) + \cdots + p_8 \left(l_2 + l_3 + \cdots + \frac{l_8}{2} \right) = 1.376 \times 10^8 \text{N} \cdot \text{mm}$$

③2 – 2 截面风弯矩：

$$M_\text{w}^{3-3} = p_3 \frac{l_3}{2} + p_4 \left(l_3 + \frac{l_4}{2} \right) + \cdots + p_8 \left(l_3 + l_4 + \cdots + \frac{l_8}{2} \right) = 1.034 \times 10^8 \text{N} \cdot \text{mm}$$

（6）各计算截面的最大弯矩

$$M_\text{max}^{\text{I}-\text{I}} = \max \begin{cases} M_\text{w}^{\text{I}-\text{I}} + M_\text{e} \\ M_\text{E}^{\text{I}-\text{I}} + 0.25 M_\text{w}^{\text{I}-\text{I}} + M_\text{e} \end{cases} (M_\text{e} = 0)$$

①塔底截面 0 – 0：

因
$$\begin{cases} M_\text{w}^{0-0} = 1.609 \times 10^8 \text{N} \cdot \text{mm} \\ M_\text{E}^{0-0} + 0.25 M_\text{w}^{0-0} = 4.518 \times 10^8 \text{N} \cdot \text{mm} \end{cases}$$

故　　　　$M_\text{max}^{0-0} = 4.518 \times 10^8 \text{N} \cdot \text{mm}$（地震弯矩控制）

②Ⅰ – Ⅰ 截面：

因
$$\begin{cases} M_\text{w}^{\text{I}-\text{I}} = 1.376 \times 10^8 \text{N} \cdot \text{mm} \\ M_\text{E}^{\text{I}-\text{I}} + 0.25 M_\text{w}^{\text{I}-\text{I}} = 4.001 \times 10^8 \text{N} \cdot \text{mm} \end{cases}$$

故　　　　$M_\text{max}^{\text{I}-\text{I}} = 4.001 \times 10^8 \text{N} \cdot \text{mm}$（地震弯矩控制）

③Ⅱ – Ⅱ 截面：

因
$$\begin{cases} M_w^{\text{II}-\text{II}} = 1.609 \times 10^8 \text{N} \cdot \text{mm} \\ M_E^{\text{II}-\text{II}} + 0.25 M_w^{\text{II}-\text{II}} = 3.182 \times 10^8 \text{N} \cdot \text{mm} \end{cases}$$

故
$$M_{\max}^{\text{II}-\text{II}} = 3.182 \times 10^8 \text{N} \cdot \text{mm}(\text{地震弯矩控制})$$

(7) 圆筒应力校核

验算塔壳 2 - 2 截面处操作时和压力试验时的强度和稳定性。计算结果列于表 10 - 19。

表 10 - 19　圆筒应力校核

计算截面		2 - 2
计算截面以上塔的操作质量 m_0^{2-2}	kg	22141
塔壳有效厚度 δ_e	mm	5
计算截面的横截面积 $A = \pi D_i \delta_e$	mm²	21991.15
计算截面的断面系数 $Z = \dfrac{\pi}{4} D_i^2 \delta_e$	mm³	7.697×10^6
最大弯矩 $M_{\max}^{2-2}$	N · mm	3.182×10^8
操作压力引起的轴向应力 $\sigma_1 = \dfrac{P_c D_i}{4\delta_e}$	MPa	7.0
重力引起的轴向应力 $\sigma_2 = \dfrac{m_0^{2-2} g \pm F_v^{2-2}}{A}$	MPa	10.69 * (9.06)
弯矩引起的轴向应力 $\sigma_3 = \dfrac{M_{\max}^{2-2}}{Z}$	MPa	41.34
最大组合压应力 $\sigma_2 + \sigma_3 \leqslant [\sigma]_{cr} \begin{cases} KB = 106.2 \\ K[\sigma]^t = 176.4 \end{cases} = 106.2(\text{取 } K = 1.2)$	MPa	52.03 < 106.2
最大组合拉应力 $\sigma_1 - \sigma_2 + \sigma_3 \leqslant K[\sigma]^t \phi = 149.9(\text{取 } K = 1.2)$	MPa	39.28 < 149.9
计算截面的风弯矩 M_w^{2-2}	MPa	1.034×10^8
液压试验时，计算截面以上塔的质量 m_T^{2-2}	kg	18295
压力引起的轴向应力 $\sigma_1 = \dfrac{p_T D_i}{4\delta_e} (p_r = 0.2\text{MPa})$	MPa	14.0
重力引起的轴向应力 $\sigma_2 = \dfrac{m_T^{2-2} g}{A}$	MPa	8.16
弯矩引起的轴向应力 $\sigma_3 = \dfrac{0.3 M_w^{2-2}}{Z}$	MPa	4.03
周向应力 $\sigma = \dfrac{(P_T + \text{液柱静压力})(D_i + \delta_e)}{2\delta_e} < 0.9 R_{eL}(R_{p0.2})\phi = 187.4$	MPa	49.58 < 187.4

计算截面	2－2
液压时最大组合压应力 $\sigma_2 + \sigma_3 \leqslant [\sigma]_{cr} = \begin{cases} B = 88.5 \\ 0.9 R_{eL}(R_{p0.2}) = 220.5 \end{cases} = 88.5$ MPa	12.19 < 88.5
液压时最大组合拉应力 $\sigma_1 - \sigma_2 + \sigma_3 \leqslant 0.9 R_{eL}(R_{p0.2})\phi = 187.4$ MPa	9.87 < 187.4

注：* 表示计算 σ_2 时，在压应力中取"＋"号，在拉应力中取"－"号。

(8) 裙座壳轴向应力校核

① 0－0 截面。

因裙座壳为圆筒形 $(\cos\theta = 1)$，则 $A = 0.094 \times \dfrac{\delta_e}{R_o} = \dfrac{0.094 \times 6}{708} = 8.0 \times 10^{-4}$，查外压或轴向受压圆筒计算图，$B = 106$MPa。

故 $\begin{cases} KB = 1.2 \times 106 = 127.2\text{MPa} \\ K[\sigma]_s^t = 1.2 \times 147 = 176.4\text{MPa} \end{cases} = 127.2\text{MPa}$, $\begin{cases} B = 106\text{MPa} \\ 0.9\sigma_s = 0.9 \times 245 = 220.5\text{MPa} \end{cases} = 106\text{MPa}$

因为 $\begin{cases} Z_{sb} = \dfrac{\pi}{4} D_{is}^2 \delta_{es} = \dfrac{\pi \times 1400^2 \times 6}{4} = 9236282\text{mm}^2 \\ A_{sb} = \pi D_{is} \delta_{es} = \pi \times 1400 \times 6 = 26389.4\text{mm}^2 \end{cases}$

所以

$\begin{cases} \dfrac{1}{\cos\theta}\left(\dfrac{M_{max}^{0-0}}{Z_{sb}} + \dfrac{m_0 g + F_v^{0-0}}{A_{sb}}\right) = \dfrac{4.518 \times 10^8}{9236282.4} + \dfrac{23651 \times 9.81 + 18097.3}{26389.4} = 58.40\text{MPa} < 127.2\text{MPa} \\ \dfrac{1}{\cos\theta}\left(\dfrac{0.3M_w^{0-0} + M_e}{Z_{sb}} + \dfrac{m_{max} g}{A_{sb}}\right) = \dfrac{0.3 \times 1.609 \times 10^8 + 0}{9236282.4} + \dfrac{42896 \times 9.81}{26389.4} = 21.17\text{MPa} < 106\text{MPa} \end{cases}$

② 1－1 截面（人孔所在截面，一个人孔）。

人孔 $l_m = 120$mm；$b_m = 450$mm；$\delta_m = 10$mm；$m_0^{1-1} = 23070$kg

$A_{sm} = \pi D_{im}\delta_{es} - \sum\left[(b_m + 2\delta_m)\delta_{es} - A_m\right] = \pi \times 1400 \times 6 - \left[(450 + 2 \times 10) \times 6 - 2 \times 120 \times 10\right]$
$= 25969.4\text{mm}^2$

$Z_m = 2\delta_m l_m \sqrt{\left(\dfrac{D_{im}}{2}\right)^2 - \left(\dfrac{b_m}{2}\right)^2} = 2 \times 10 \times 120 \sqrt{\left(\dfrac{1400}{2}\right)^2 - \left(\dfrac{450}{2}\right)^2} = 1.591 \times 10^6 \text{mm}^3$

$Z_{sm} = \dfrac{\pi}{4} D_{im}^2 \delta_{es} - \sum\left(b_m D_{im}\dfrac{\delta_{es}}{2} - Z_m\right) = \dfrac{\pi}{4} \times 1400^2 \times 6 - \left(450 \times 1400 \times \dfrac{6}{2} - 1.591 \times 10^6\right)$
$= 8.937 \times 10^6 \text{mm}^3$

$\begin{cases} \dfrac{1}{\cos\theta}\left(\dfrac{M_{max}^{1-1}}{Z_{sm}} + \dfrac{m_0^{1-1} g \pm F_v^{1-1}}{A_{sm}}\right) = \dfrac{4.001 \times 10^8}{8.937 \times 10^6} + \dfrac{23070 \times 9.81 + 18065.8}{25969.4} = 54.18\text{MPa} < 127.2\text{MPa} \\ \dfrac{1}{\cos\theta}\left(\dfrac{0.3M_w^{1-1} + M_e}{Z_{sm}} + \dfrac{m_{max}^{1-1} \cdot g}{A_{sm}}\right) = \dfrac{0.3 \times 1.376 \times 10^8 + 0}{8.937 \times 10^6} + \dfrac{42315 \times 9.81}{25969.4} = 20.60\text{MPa} < 106\text{MPa} \end{cases}$

（9）基础环厚度计算

基础环外径：$D_{ob} = D_{is} + (160 \sim 400) = 1400 + 300 = 1700mm$

基础环内径：$D_{ib} = D_{is} - (160 \sim 400) = 1400 - 300 = 1100mm$

基础环截面系数 Z_b 和截面积 A_b：

$$Z_b = \frac{\pi(D_{ob}^4 - D_{ib}^4)}{32D_{ob}} = \frac{\pi(1700^4 - 1100^4)}{32 \times 1700} = 3.978 \times 10^8 mm^3$$

$$A_b = \frac{\pi}{4}(D_{ob}^2 - D_{ib}^2) = \frac{\pi}{4}(1700^2 - 1100^2) = 1319468.9mm^2$$

混凝土基础上的最大压应力（下式中取最大值）：

$$\sigma_{bmax} = \begin{cases} \dfrac{M_{max}^{0-0}}{Z_b} + \dfrac{m_0 g + F_v^{0-0}}{A_b} = \dfrac{4.518 \times 10^8}{3.978 \times 10^8} + \dfrac{23651 \times 9.81 + 18097.3}{1319458.9} = 1.33MPa \\[4mm] \dfrac{0.3M_w^{0-0} + M_e}{Z_b} + \dfrac{m_{max}g}{A_b} = \dfrac{0.3 \times 1.609 \times 10^8 + 0}{3.978 \times 10^8} + \dfrac{42896 \times 9.81}{1319468.9} = 0.44MPa \end{cases}$$

取 $\sigma_{bmax} = 1.33MPa$

基础环无筋板时的厚度（$[\sigma]_b = 147MPa$）：

$$\delta_b = 1.73b \sqrt{\sigma_{bmax}/[\sigma]_b} = 1.73 \times (1700 - 1416)/2 \times \sqrt{1.33/147} = 23.37mm$$

故取 $\delta_b = 26mm$

（10）地脚螺栓计算

地脚螺栓承受的最大拉应力 δ_b 按下式计算：

$$\sigma_B = \begin{cases} \dfrac{M_w^{0-0} + M_e}{Z_b} - \dfrac{m_0 g}{A_b} = \dfrac{4.518 \times 10^8 + 0}{3.978 \times 10^8} - \dfrac{14263 \times 9.81}{1319468.9} = 0.30MPa \\[4mm] \dfrac{M_E^{0-0} + 0.25M_w^{0-0} + M_e}{Z_b} - \dfrac{m_0 g - F_v^{0-0}}{A_b} = \dfrac{4.518 \times 10^8 + 0}{3.978 \times 10^8} - \dfrac{23651 \times 9.81 - 18097.3}{1319468.9} = 0.974MPa \end{cases}$$

故取 $\sigma_B = 0.974MPa$

地脚螺栓的螺纹小径 d_1（$[\sigma]_{bt} = 147MPa$）为：

$$d_1 = \sqrt{\frac{4\sigma_B A_b}{\pi n [\sigma]_{bt}}} + c_2 = \sqrt{\frac{4 \times 0.974 \times 1319468.9}{\pi \times 16 \times 147}} + 3 = 29.37mm$$

（11）裙座与塔壳连接焊缝验算（对接焊缝）

$$M_{max}^{J-J} \approx M_{max}^{II-II} = 3.182 \times 10^8 N \cdot mm; \quad m_0^{J-J} \approx m_0^{II-II} = 22141kg;$$

$$F_v^{J-J} \approx F_v^{II-II} = 17885.0N; \quad D_{it} = D_i = 1400mm; \quad \delta_{es} = 6mm;$$

$$\frac{4M_{max}^{J-J}}{\pi D_{it}^2 \delta_{es}} - \frac{m_0^{J-J}g - F_v^{J-J}}{\pi D_{it}\delta_{es}} = \frac{4 \times 3.182 \times 10^8}{\pi \times 1400^2 \times 6} - \frac{22141 \times 9.81 - 17885.0}{\pi \times 1400 \times 6} = 26.90MPa < 0.6K[\sigma]_w^t$$

且 $0.6K[\sigma]_w^t = 0.6 \times 1.2 \times 147 = 105.84MPa$，故验算合格。

10.5　塔设备的振动及预防

露天放置的塔设备在风力作用下，将有三种力作用在塔设备表面，即顺风力、横风力以及扭力矩。单位长度上的顺风力，也常称为阻力（或曳力），单位长度上的横风力，也常称为升力。塔设备在风力作用下,将在两个方向上产生振动:一是顺风向的振动,振动的方向与风的流向一致;二是横风向的振动,振动的方向与风的流向垂直。顺风向的振动是常规设计的主要内容,横风向的振动也称风诱发的振动。近年来,随着石油化工装置大型化的发展,塔设备也日趋大型化,同时塔式容器对于风的诱发振动出现的频率也在增加。柔性的自支承式的塔设备,高度大于30m,高度与直径之比大于15,且常年处于多风的地区,应进行横风向振动的分析。本部分主要讨论风的诱导振动。

10.5.1 风的诱导振动

当风以一定的速度绕流圆柱形的塔设备时,会在塔体背风面的两侧周期性地脱落转向相反的旋涡,这些旋涡在物体的后部形成有规则的交错排列状态。第一个系统地解释这种现象的人就是著名的力学家冯·卡门,并且因为旋涡有规则地交错排列在尾迹两侧,就像街道两边的路灯一样,如图 10-51 所示,所以取名为卡门涡街(Karman Vortex Street)。流体绕过各种形状的非流线型物体如高大烟囱、高层建筑、电线、管道和换热器管束时,物体的下游都有可能出现卡门涡街。

图 10-51 卡门涡街现象

卡门涡街是黏性不可压缩流体动力学所研究的一种现象,雷诺数 Re 定义为惯性力与黏性力之比。当 Re 很小时,惯性力与黏性力相比较小,可以忽略。当 Re 很大时,惯性力远远大于黏性力,惯性力起主要作用,空气中的塔设备常常是这种情况。由于 Re 不同,在横风力作用下的塔设备,旋涡形成的情况也不同,工程上一般划分为如下几个区域:

过渡阶段,$150 < Re < 300$,旋涡脱落很不规则。

亚临界区(subcritical range),$300 \leqslant Re < 3 \times 10^5$,塔体背后的两侧周期性交替地形成旋涡并以相当确定的频率从柱体表面上脱落,在尾流中有规律地交错排列成两行形成卡门涡街。由于受到旋涡周期性形成、脱落的影响,将产生周期性的振动。

过渡区(transition range),$3 \times 10^5 \leqslant Re < 3.5 \times 10^6$,卡门涡街消失。由于旋涡脱落不规则,将产生不规则的随机振动。

超临界区(supercritical range),$Re \geqslant 3.5 \times 10^6$,卡门涡街重新出现,将又出现周期性的振动。

10.5.2 共振

风力作用下旋涡脱落频率是决定结构是否发生横风向共振的关键参数。旋涡脱落圆频率及脱落周期可分别按式(10-70)和式(10-71)计算:

$$\omega_s = \frac{2\pi v St}{D_o} \quad (\text{rad/s}) \tag{10-70}$$

或

$$T_s = \frac{D_o}{v St} \tag{10-71}$$

式中　St——斯特劳哈尔数，无量纲，与雷诺数相关；

　　　D_o——塔设备外径，m；

　　　v——风速，m/s；

　　　ω_s——旋涡脱落圆频率，rad/s；

　　　T_s——旋涡脱落周期，s。

当旋涡脱落圆频率与塔设备自振圆频率一致时，将发生共振。塔共振时的风速称为临界风速，其计算公式见式(10-29)。是否进行共振的计算，以塔顶处的风速与临界风速进行对比后做出判断，塔顶处的风速 v_H 可通过式(10-30) $v_H = 1.265\sqrt{f_t q_0}$ 换算得出。临界风速与 St 数有关，而 St 与 Re 相关。

当塔顶处的风速接近第一临界风速时，由于发生共振，塔体的振幅将急剧增大。式(10-70)表明旋涡脱落频率是随风速呈线性变化关系，然而，圆柱体的振动实验数据表明(见图10-52)，如果流速继续增加，旋涡脱落频率却维持不变且仍接近圆柱体的自振频率，如同旋涡脱落频率被圆柱体的自振频率"捕获"一般。也即当与风速有关的旋涡脱落频率与结构某一自振频率一致后，即使增大风速，旋涡脱落频率也不改变，而在增大风速范围的这一区域内，都处于共振状态，此区域称为锁定区。对于圆截面结构，为(1~1.3)v_{ci} 范围区域称为锁定区域。此后，再增加风速，大振幅的振动即停止，旋涡脱落频率又按式(10-70)呈直线关系变化。

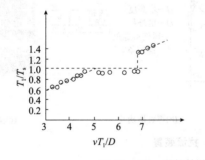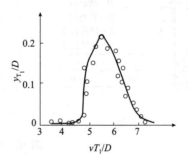

图10-52　圆柱体旋涡脱落时的共振现象

共振区的起始高度 H_1 可根据已知高度 H_0 处的实际风速 v_0，利用式(10-72)计算：

$$H_1 = H_0 \left(\frac{v_{ci}}{v_0}\right)^{\frac{1}{\alpha}} \tag{10-72}$$

粗糙度系数 α 根据 A、B、C、D 四类地区分别取为 0.12、0.16、0.22 与 0.30。共振区的终点高度 H_2 由于锁定区的存在，可按式(10-73)计算：

$$H_2 = H_0 \left(\frac{1.3 v_{ci}}{v_0}\right)^{\frac{1}{\alpha}} \tag{10-73}$$

一般情况下，H_2 常超出塔设备的高度，工程上为简化将它取为 H，即 $H_2 = H$。工业塔上如何确定锁定区或共振区仍是值得探讨的课题，一般情况下离地面 10m 左右处的风速已达到临界风速，故从保守角度考虑可以认为全塔范围均属共振区。

共振时，塔顶振幅计算见式(10−31)。施加于塔体上横风向的载荷(升力)比顺风向的载荷大得多，两者的比值可高达十几倍甚至二十几倍。升力的方向总是指向旋涡脱落的一侧。由于旋涡脱落交替地发生，故升力的方向也随着交替改变。升力变化的频率等于旋涡脱落频率。

10.5.3 防振措施

(1)采用扰流装置

梯子、平台和外部扰流件都能起到扰乱卡门旋涡的作用。在塔的上部 1/3 塔高的范围内安装轴向翅片或螺旋形翅片的扰流器(见图10−53)，可减缓或防止塔的共振。轴向翅片的长度 L 为塔外径 D 的 $0.75 \sim 0.9$ 倍，翅片宽度 b 为塔外径 D 的 0.09 倍。同一圆周上的翅片数为 4，相互之间的夹角为 $90°$。相邻圆周上的翅片彼此错开 $30°$ 角，装有轴向翅片的塔设备，共振时的振幅可减少 1/2 左右。

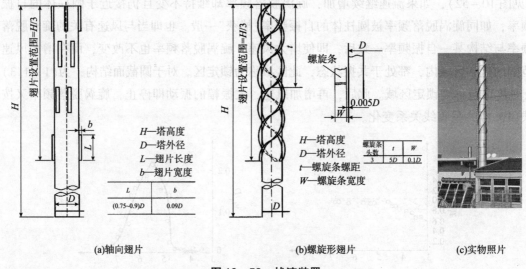

	L	b
	$(0.75 \sim 0.9)D$	$0.09D$

H—塔高度
D—塔外径
L—翅片长度
b—翅片宽度

螺旋条头数	t	W
3	$5D$	$0.1D$

H—塔高度
D—塔外径
t—螺旋条螺距
W—螺旋条宽度

(a)轴向翅片　　　　　　(b)螺旋形翅片　　　　　　(c)实物照片

图 10−53　扰流装置

翅片为螺旋形时，其头数取 3，相互之间错开 $120°$。螺距 t 为直径 D 的 5 倍，翅片宽度 W 为直径 D 的 0.1 倍。螺旋形翅片比轴向翅片的效果更好。

(2)减小塔的自振周期

降低塔高，增加塔的直径都可减小塔的自振周期，但必须与工艺操作条件结合起来一同考虑。加大壁厚或采用密度小、弹性模量大的结构材料也可减小塔的自振周期。如果条件许可，在相应于塔的第二振型曲线节点位置处加设一个铰接支座，可有效达到减小自振周期的目的。

（3）增加塔的阻尼

增加塔的阻尼对抑制塔的振动起很大的作用。塔盘上的液体或填料都是有效的阻尼物，研究表明，塔盘上的液体将振幅减少 10%。

当然最经济有效的防振措施是在设计阶段即对塔设备进行振动分析，避免塔设备发生共振，或虽发生共振，但塔的振幅与所受的载荷均不超过规定的界限，则无须采取进一步的防振措施。

课后习题

1. 哪些情况优先选用板式塔、哪些情况优先选用填料塔？

2. 直径较大的塔，塔盘为什么要分块？

3. 试分析塔在正常操作、停工检修和压力试验三种工况下塔设备所承受的载荷？

4. 塔设备设计中，哪些危险截面需要校核轴向强度和稳定性？

5. 简述地震烈度评定指标及评定方法。

6. 什么是基本风压？

7. 我国 NB/T 47041—2014 标准中推荐的抗震验算理论是什么，其骨架特征是什么？

8. 什么是卡门涡街？

9. 简述塔设备振动的原因及预防措施。

10. 某内压操作的塔设备，已知塔壳圆筒、裙座壳和塔壳封头材料均选用 Q245R，常温下屈服限 $R_{eL} = 245\text{MPa}$，设计温度下外压应力系数 $B^t = 119\text{MPa}$，许用应力 $[\sigma]^t = 147\text{MPa}$，常温下外压应力系数 $B^0 = 119.5\text{MPa}$，焊缝系数 $\phi = 0.85$，在操作和液压试验工况时，各种载荷作用下塔壳 Ⅱ–Ⅱ 截面处的应力如下表所示。

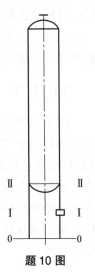

应力/MPa　　　　工　况		操作	液压试验
压力引起的轴向应力	σ_1	7.0	14.0
重力和垂直地震力引起的轴向应力	σ_2	10.69（压应力校核时） 9.06（拉应力校核时）	8.16
最大弯矩引起的轴向应力	σ_3	41.34	4.03

题 10 图

试校核塔壳 Ⅱ–Ⅱ 截面处在操作时和液压试验时的强度和稳定性。

第11章 反应设备

11.1 概述

反应设备是指在其中实现一个或几个化学反应，使反应物通过化学反应转变为反应产物的设备。为使反应过程得以经济有效地进行，进入反应设备的原料需经过一系列的预处理或称前处理，如混合、加热等，以达到反应的要求；反应产物同样也需要经过分离、提纯等后处理，以获得符合质量要求的产品。因此，反应设备是过程工业的核心设备。综合运用反应动力学，物料流动、混合、传热、传质，机械设计、控制等方面的知识，正确选用反应设备的型式、确定其最佳操作条件(温度、浓度、压力、停留时间、操作线速度和催化剂颗粒大小等)、反应体积，设计或选择合适的附件，是高效节能反应设备设计的基本内容。

显然，要正确进行反应器的选型、设计与使用，必须了解反应器的特点及适用条件，反应过程变化的动力学方程、物料衡算、热量及动量衡算方程等。反应动力学及衡算等在反应工程、化工原理等课程中介绍，本章主要介绍反应器特点及典型的机械搅拌反应器的机械设计、加氢反应器以及微反应器。

11.1.1 反应器的分类与特征

由于化学产品种类繁多，物料的相态各异，反应条件差别很大，因而工业反应器的结构和特点也千差万别。常用的化学反应器按物料相态可分为均相(单相)和非均相(多相)反应器；按操作方式分为间歇式、连续式和半连续式反应器；按物料流动状态分为活塞流型和全混流型反应器；按传热情况分为无热交换的绝热反应器、等温反应器和非等温非绝热反应器；按设备结构特征型式则分为管式、搅拌釜(槽)式、塔式、固定床、移动床、流化床反应器和微反应器、电极反应器等。表 11-1 所示为工业上常用的几种反应器类型。

表 11-1 工业上常用的反应器类型

相态			反应器型式	工业生产举例
均相	单相	气相	管式反应器	石脑油裂解、一氧化氮氧化
		液相	管式、釜式、塔式反应器	酯化反应、甲苯硝化

相态		反应器型式	工业生产举例
非均相	两相 气固	固定床反应器	合成氨、苯氧化、乙苯脱氢
		移动床反应器	连续重整、二甲苯异构
		流化床反应器	石油催化裂化、丙烯氨氧化
	气液	塔式、管式反应器、鼓泡塔	乙醛氧化制醋酸、羟基合成甲醇
		鼓泡搅拌釜	苯的氯化
	液固	塔式、釜式反应器	树脂法三聚甲醛
	三相 气液固	涓流床反应器	石油加氢脱硫、炔醛法制丁炔二醇
		淤浆床反应器	石油加氢、乙烯溶剂聚合

11.1.2　常见反应器的特点

（1）管式反应器

管式反应器是工业生产中常用的反应器型式之一。因多由长径比很大的圆形空管构成而得名"管式反应器"。管长几米至上千米不等，管径一般都不太大，管内一般无构件，能承受高温高压。物料充分混合后从管道一端进入，连续流动、反应，最后从管道另一端流出。物料在管内轴向流动的返混很小，径向的混合较充分，趋近于平推流，可根据反应时间设计管径与管长，且物料的加热或冷却方便，温度易于控制，多用于连续气相反应场合，亦能用于液相、气液相反应，也可用于间歇操作，特别是要求分段控制温度的场合，如石油烃类的热裂解、烯烃高压聚合、低级烃的卤化和氧化反应等。例如乙烯的聚合，其放热量大（聚合热 $3.349 \times 10^6 \sim 4.187 \times 10^6 J/kg$），必须迅速除去，否则一旦超过280℃时乙烯分解，将会引起爆炸；操作压力高（$200 \sim 300MPa$），转化率低，对于反应时间长的反应，也适合用管式反应器。当然，若反应速度较慢，则存在管道较长，压降较大等不足。

管式反应器结构主要有直管、盘管、环管、多管等，如图11-1所示。单管（直管或盘管）式传热面积较小，一般仅适用于热效应较小的反应过程，如环氧乙烷水解制乙二醇、

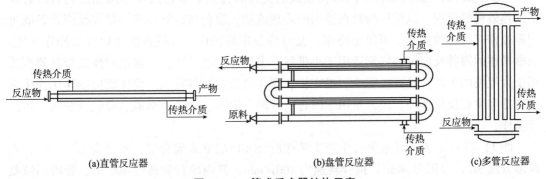

(a)直管反应器　　　　　(b)盘管反应器　　　　　(c)多管反应器

图11-1　管式反应器结构示意

乙烯高压聚合制聚乙烯等；管式裂解炉中的炉管也属于单管反应器，称为盘管反应器。多管式反应器的传热面积较大，可适用于热效应较大的均相反应过程。多管式反应器的反应管内还可充填固体颗粒，以提高流体湍动或促进非均一流体相的良好接触，并可用来储存热量以更好地控制反应器温度，也可用于气固、液固非均相催化反应过程。

图 11-2 所示为某淤浆法生产高密度聚乙烯工艺中使用的一种双环管式聚合反应器，两个环串联成一组进行操作。管径为 600mm，管总长 250m，容积为 66m³，压力为 3.5MPa，温度为 110℃。管内有推进式搅拌器，以推动物料流动，物料在管内停留时间 1.5h。

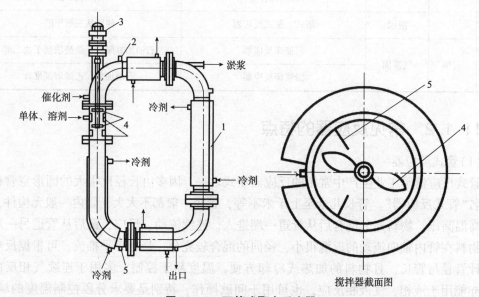

图 11-2　环管式聚合反应器
1—夹套；2、5—监测线圈；3—电动机；4—推进式搅拌器挡板

(2)搅拌反应设备

搅拌反应设备是另一类应用广泛的反应器，适用于各种相态物料、温度与压力等操作条件比较缓和的反应，生产规模小、品种互换性大的反应过程；一般不适用于反应时间极短、转化率要求很高的反应过程。其形状特征是高径比要比管式反应器小得多，因而成"釜"状或"锅"状。釜内装有不同结构型式的搅拌和传热装置以适应不同黏度物料混合和不同热效应的反应，以保证物料在釜内的合理流动、混合与良好传热。搅拌反应设备既可间歇操作又可连续操作，可单釜操作，又可多釜串联操作，有较强的适应性和操作弹性。间歇操作的搅拌反应设备特别适用于小批量、多品种的生产场合；连续操作的搅拌器则适用于大规模的生产。具有投资少、投产快、操作灵活方便等特点。搅拌反应器除用作化学反应器和生物反应器外，还大量用于混合、分散、溶解、结晶、萃取、吸收或解吸、传热等操作。

图 11-3 所示为一乳液聚合生产丁苯橡胶(SBR)的立式聚合釜，釜径为 2.5~3m，直筒部分高 3m，容积为 30m³，搅拌转速为 100r/min。其内冷管数超过 400 根，管内用液氨作载热体，以除去釜内反应热。

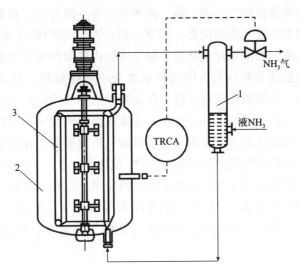

图11-3 乳液聚合生产丁苯橡胶(SBR)的立式聚合釜

1—氨容器；2—釜体；3—内冷管

(3)固定床反应器

凡是流体通过不动的固体物料形成的床层而进行化学反应的设备都称为固定床反应器。它是气固催化反应的典型反应器，也用于液固、气液固催化反应及气固、液固非催化反应。常用的固定床反应器下部设有多孔板，板上放置固体催化剂颗粒。气体自反应器顶部通入，流经催化剂床层反应后自反应器底部引出。按换热方式分，固定床反应器有绝热式、换热式和自热式三种；按流体在床层内流动方向又可分为轴向床(容器式、列管式)和径向床两类。绝热式固定床反应器一般用于热效应不大，反应温度允许变化范围较宽的反应，有单段绝热式(如乙苯脱氢制苯乙烯、乙烯水合制乙醇等)和多段绝热式两种类型。多段绝热式反应是将单段绝热式反应器改为多段式，以改善反应区内轴向温度分布，使之接近最适宜温度曲线。如炼油工业的重整反应器、水煤气转化和SO_2的氧化反应器、丁二醇脱水制丁二烯、乙炔加氢、焦油的高压气相加氢反应器等。

对于气液两股流体以并流向下的方式通过催化剂颗粒的固定床层的气液固三相反应器(通常称为滴流床或涓流床反应器)，也可看作一种特殊型式的固定床反应器，如图11-4所示。固定床反应器在石油化工中应用广泛，如加氢脱氮、加氢硫化、加氢裂化、加氢精制等加氢反应，也用于乙炔和甲醛水溶液合成丁炔二醇等。

固定床反应器优点是：①床层薄，流体流速较低。②床层内流体的轴向流动可看作是理想置换流动，因而化学反应速度较快。一般来说，为完成同样的生产任务，所需的催化剂用量和反应器体积较小。③流体停留时间可以严格控制，温度分布可以适当调节，因而有利于提高化学反应的转化率和选择性。④固定床中催化剂不易磨损。⑤可在高温下操作。主要缺点是催化剂的导热性能较差；流体流速受到压降限制，不能太大，传热和温度控制较困难；也不能使用细粒催化剂，催化剂的再生、更换不方便。

(4)流化床反应器

流体(气体或液体)以较高的流速通过床层，使固体颗粒悬浮在流体中，并具有类似流体流动的一些特性的装置称为流化床(也称"沸腾床")。流化床是工业上应用较广泛的反应器，适用于催化或非催化的气—固、液—固和气—液—固反应。很多石油天然气化工和基本有机化工过程均采用流化床反应器，如氨、氧(空气)和丙烯气相催化反应制丙烯腈，丁烯氧化脱氢制丁二烯，石油催化裂化等。由于床层内气固两相呈强烈湍动状态，增强了传质和传热，床层内温度非常均匀，因而特别适合一些强放热、对温度敏感的氧化、裂解、燃烧等反应过程。有些流化床反应器，在比颗粒悬浮气速高许多的气速下操作，同时又以足够高的速度加入固体物料，称为快速流化床或循环流化床，如煤燃烧锅炉。对于某些快速反应，如分子筛催化裂化，采用一根竖直的气流输送管，在粒子被输送的同时就完成了反应，如炼油厂中的催化提升管流化反应器(见图11-5)。气液固三相流化床反应器在动、植物细胞培养和药物等生物反应器中也得到应用。还有一些新的流化床技术已引起人们关注，如磁性稳定流化床(利用磁场的作用粉碎流化床的气泡，增进流化床的流动性，改善流化质量)、离心式流化床(可使用更高的气流速度，得到更高的传热系数和传质系数)。

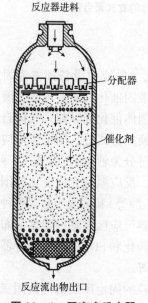

图11-4　固定床反应器

图11-5　同轴式催化裂化反应-再生装置

流化床反应器的结构型式很多，一般由壳体、气体分布装置、换热装置、气—固分离装置、内构件以及催化剂加入和卸出装置等组成。

流化床反应器的优点是传热面积大、传热系数高和传热效果好。流态化较好的流化床，床内各点温度相差一般不超过5℃，可以防止局部过热。流化床的进料、出料、废渣排放都可以用气流输送，易于实现自动化生产。缺点是：反应器内物料返混大，粒子磨损严重；通常要有回收和集尘装置；内构件比较复杂；操作要求高等。

除上面介绍的四种反应器外，还有移动床反应器、鼓泡塔式反应器和微反应器等。每种反应器都有其优点和缺点，设计时应根据反应体系、使用场合和设计要求等因素，确定最合适的反应器结构类型。

11.2　搅拌反应设备

11.2.1　基本结构

搅拌反应设备（也称搅拌釜式反应器）是各类反应器中结构较为简单，应用最为广泛的一种。其基本结构由搅拌容器和搅拌机两大部分组成。搅拌容器包括筒体、换热元件及内构件，搅拌机包括搅拌器、搅拌轴及其密封装置、传动装置等。

图 11－6 所示为一台通气式搅拌反应器，由电动机驱动，经减速机带动搅拌轴及安装在轴上的搅拌器，以一定转速旋转，使流体获得适当的流动场，并在流动场内进行化学反应。为满足工艺的换热要求，容器上装有夹套。夹套内螺旋导流板的作用是改善传热性能。容器内设置有气体分布器、挡板等内构件。在搅拌轴下部安装径向流搅拌器、上层为轴向流搅拌器。

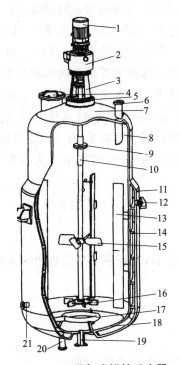

图 11－6　通气式搅拌反应器

1—电动机；2—减速机；3—机架；4—人孔；5—密封装置；6—进料口；7—上封头；8—筒体；9—联轴器；
10—搅拌轴；11—夹套；12—载热介质出口；13—挡板；14—螺旋导流板；15—轴向流搅拌器；
16—径向流搅拌器；17—气体分布器；18—下封头；19—出料口；20—载热介质进口；21—气体进口

11.2.2　搅拌反应设备机械设计的基本步骤和内容

搅拌反应设备机械设计是在工艺设计完成后进行的。工艺上给出的条件一般包括：釜体容积、最大工作压力、工作温度、介质腐蚀性、传热面积、搅拌形式、转速和功率、工艺接管尺寸、方位等。这些条件通常以表格或示意图的形式反映到机械设计任务书中。机械设计就是根据工艺提出的要求和条件，对搅拌反应设备的容器、搅拌轴、传动装置和轴封结构进行合理的选型、选材、设计和计算，绘制出施工图并提出技术要求。

11.2.3 搅拌容器的设计

（1）搅拌容器尺寸

搅拌容器的作用是为物料反应提供合适的空间。搅拌容器筒体基本上是圆筒形的，封头常采用椭圆形封头、锥形封头和平盖，以椭圆形封头应用最广。根据工艺需要，容器上装有各种接管、手孔、人孔，以满足进料、出料、排气、检修等要求。为对物料加热或取走反应热，常设置外夹套或内盘管。上封头焊有凸缘法兰，用于搅拌容器与机架的连接。操作过程中对反应进行控制，必须测量反应物的温度、压力、成分及其他参数，容器上还设置有温度、压力等传感器。支座选用时应考虑容器的大小和安装位置，小型反应器一般用悬挂式支座，大型的用裙式支座或支承式支座。

釜的内筒和夹套都是承压容器，筒体和封头的强度计算应当考虑可能出现的最危险工况。搅拌容器的强度计算和稳定性分析方法见本书第3、4章。

在确定搅拌容器的容积时，工艺设计给定的容积 V，对直立式搅拌容器通常是指筒体和下封头两部分容积之和；对卧式搅拌容器则指筒体和左右两封头容积之和。根据使用经验，搅拌容器中筒体高径比可按表 11 − 2 选取。设计时，先根据每一釜物料的容积 VN（公称容积），考虑物料在容器内充装的比例即装料系数 h（其值通常可取 0.6 ~ 0.85。若物料在反应过程中产生泡沫或呈沸腾状态，取 0.6 ~ 0.7；如物料在反应中比较平稳，取 0.8 ~ 0.85），计算出釜的容积 V（$V = VN/h$），然后忽略封头容积，按所选的高径比，就可按式（11 − 1）算出筒体内直径 D_i。

$$D_i = \sqrt[3]{\dfrac{4VN}{\pi \dfrac{H}{D_i}}} \qquad (11 - 1)$$

将计算的 D_i 圆整为标准直径 DN，根据 DN 值查出封头的容积 V_h，就可按式（11 − 2）求出釜的筒体高 H。

$$H = \dfrac{VN - V_h}{\dfrac{\pi}{4}D_i^2} \qquad (11 - 2)$$

验算 H/DN，与表 11 − 2 推荐值大致相符即可。

表 11 − 2 几种搅拌设备筒体的高径比

种类	罐内物料类型	高径比 H/D_i	种类	罐内物料类型	高径比 H/D_i
一般搅拌罐	液—固相、液—液相	1 ~ 1.3	聚合釜	悬浮液、乳化液	2.08 ~ 3.85
	气—液相	1 ~ 2	发酵罐类	发酵液	1.7 ~ 2.5

（2）换热元件

有传热要求的搅拌反应器，为维持反应的最佳温度，需要设置换热元件。所需的传热面积应根据搅拌反应釜升温、保温或冷却过程的传热量和传热速率计算。常用的换热元件有夹套和内盘管。当夹套的换热面积能满足传热要求时，应优先采用夹套，这样可减少容器内构件，便于清洗，不占用有效容积。

①夹套结构。夹套就是在容器外侧，用焊接或法兰连接的方式装设各种形状的钢结构，使其与容器外壁形成密闭的空间（见图11-7）。在此空间内通入加热或冷却介质加热或冷却容器内的物料。夹套的主要结构型式有：整体夹套、型钢夹套、蜂窝夹套和半圆管夹套等，其适用的温度和压力范围见表11-3。

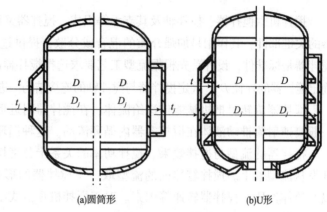

(a)圆筒形　　　　　(b)U形

图11-7　整体夹套

表11-3　各种碳钢夹套的适用温度和压力范围

夹套型式		最高温度/℃	最高压力/MPa
整体夹套	U形	350	0.6
	圆筒形	300	1.6
型钢夹套		200	2.5
蜂窝夹套	短管支承式	200	2.5
	折边锥体式	250	4.0
半圆管夹套		350	6.4

②内盘管。当反应器的热量仅靠外夹套传热，换热面积不够时常采用内盘管。它浸没在物料中，热量损失小，传热效果好，但检修较困难。内盘管可分为螺旋形盘管和竖式蛇管，其结构分别如图11-8和图11-9所示。对称布置的几组竖式蛇管除传热外，还起到挡板作用。

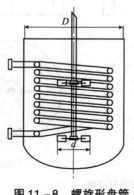

图11-8　螺旋形盘管

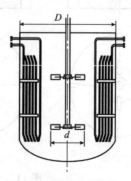

图11-9　竖式蛇管

（3）搅拌附件

搅拌附件是指为改善搅拌容器内流态而增设的构件，有挡板、导流筒、稳定器以及插入容器内的进出料管、温度计、气体分布器等。

11.2.4 搅拌机设计

搅拌机由搅拌器、搅拌轴及其支承等组成。搅拌器又称搅拌桨或搅拌叶轮，是搅拌反应器的关键部件，其作用是加强介质的混合或分散，提供过程所需的能量和适宜的流动状态。搅拌器是标准件，设计首先根据流型工艺要求选择搅拌器的类型，然后，由反应釜的内径 D_i 确定搅拌器的外径 D_o，确定搅拌器与搅拌轴的连接结构，进行搅拌轴的设计，选择轴的支承。

搅拌器旋转时把机械能传递给流体，在搅拌器附近形成高湍动的充分混合区，并产生一股高速射流推动液体在搅拌容器内循环流动。这种循环流动的途径称为流型。

搅拌器的流型与搅拌效果、搅拌功率的关系十分密切。搅拌器的改进和新型搅拌器的开发从流型着手。搅拌容器内的流型取决于搅拌器的形式、搅拌容器和内构件几何特征，以及流体性质、搅拌器转速等因素。对于搅拌机顶插式中心安装的立式圆筒，有以下三种基本流型。

①径向流。流体的流动方向垂直于搅拌轴，沿径向流动，碰到容器壁面分成两股流体分别向上、向下流动，再回到叶端，不穿过叶片，形成上、下两个循环流动，如图 11 – 10（a）所示。

②轴向流。流体的流动方向平行于搅拌轴，流体由桨叶推动，使流体向下流动，遇到容器底面再翻上，形成上下循环流，见图 11 – 10（b）。

③切向流。无挡板的容器内，流体绕轴做旋转运动，流速高时液体表面会形成漩涡，这种流型称为切向流，如图 11 – 10（c）所示。此时流体从桨叶周围周向卷吸至桨叶区的流量很小，混合效果很差。

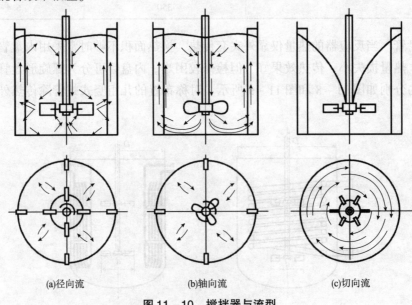

(a)径向流   (b)轴向流   (c)切向流

图 11 – 10   搅拌器与流型

上述三种流型通常同时存在，其中轴向流与径向流对混合起主要作用，而切向流应加以抑制，采用挡板可削弱切向流，增强轴向流和径向流。

除中心安装的搅拌机外，还有偏心式、底插式、侧插式、斜插式、卧式等安装方式。显然，不同方式安装的搅拌机产生的流型也各不相同。

(1)挡板与导流筒

①挡板。搅拌器沿容器中心线安装，搅拌物料的黏度不大，搅拌转速较高时，液体将随着桨叶旋转方向一起运动，容器中间部分的液体在离心力作用下涌向内壁面并上升，中心部分液面下降，形成漩涡，通常称为打漩区，如图11-10(c)所示。随着转速的增加，漩涡中心下凹到与桨叶接触，此时外面的空气进入桨叶被吸到液体中，液体混入气体后密度减小，从而降低混合效果。为消除这种现象，通常可在容器中加入挡板。一般在容器内壁面均匀安装4块挡板，其宽度为容器直径的1/12~1/10。当再增加挡板数和挡板宽度，功率消耗不再增加时，称为全挡板条件。全挡板条件与挡板数量和宽度有关。挡板的安装见图11-11。搅拌容器中的传热蛇管可部分或全部代替挡板，装有垂直换热管时一般可不再安装挡板。

②导流筒。导流筒是上下开口圆筒，安装于容器内，在搅拌混合中起导流作用。对于涡轮式或桨式搅拌器，导流筒刚好置于桨叶的上方。对于推进式搅拌器，导流筒套在桨叶外面，或略高于桨叶，如图11-12所示。通常导流筒上端都低于静液面，且筒身上开孔或槽，当液面降落后流体仍可从孔或槽进入导流筒。导流筒将搅拌容器截面分为面积相等的两部分，即导流筒的直径约为容器直径的70%。当搅拌器置于导流筒之下，且容器直径又较大时，导流筒的下端直径应缩小，使下部开口小于搅拌器的直径。

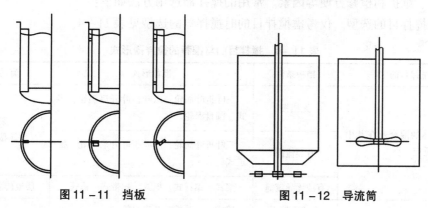

图11-11 挡板　　　　　　　　图11-12 导流筒

(2)搅拌器分类、图谱及典型搅拌器特性

按流体流动形态，搅拌器可分为轴向流搅拌器和径向流搅拌器。按搅拌器结构可分为平叶、折叶、螺旋面叶。桨式、涡轮式、框式和锚式的桨叶都有平叶和折叶两种结构；推进式、螺杆式和螺带式的桨叶为螺旋面叶。按搅拌的用途可分为：低黏流体用搅拌器和高黏流体用搅拌器。用于低黏流体的搅拌器有：推进式、长薄叶螺旋桨、桨式、开启涡轮式、圆盘涡轮式、布鲁马金式、板框桨式、三叶后弯式、MIG和改进MIG等。用于高黏流体的搅拌器有：锚式、框式、锯齿圆盘式、螺旋桨式、螺带式(单螺带、双螺带)、螺旋—螺带式等。搅拌器的径向、轴向和混合流型的图谱见图11-13。

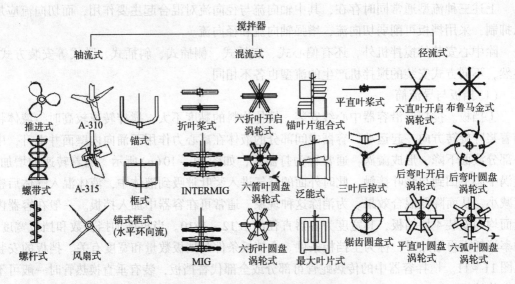

图 11 - 13   搅拌器流型分类图谱

桨式、推进式、涡轮式和锚式搅拌器在搅拌反应设备中应用最为广泛,据统计约占搅拌器总数的 75% ~ 80%。

(3)搅拌器的选用

搅拌器的选用带有很大的经验性,搅拌器选型一般从三个方面考虑:搅拌目的、物料黏度和搅拌容器容积的大小。选用时除满足工艺要求外,还应考虑功耗低、操作费用省,以及制造、维护和检修方便等因素。常用的搅拌器选用方法如下:

①按搅拌目的选型。仅考虑搅拌目的时搅拌器的选型见表 11 - 4。

表 11 - 4   搅拌目的与推荐的搅拌器形式

搅拌目的	挡板条件	推荐形式	流动状态
互溶液体的混合及在其中进行化学反应	无挡板	三叶折叶涡轮、六叶折叶开启涡轮、桨式、圆盘涡轮	湍流(低黏流体)
	有导流筒	三叶折叶涡轮、六叶折叶开启涡轮、推进式	
	有或无导流筒	桨式、螺杆式、框式、螺带式、锚式	层流(高黏流体)
固—液相分散及在其中溶解和进行化学反应	有或无挡板	桨式、六叶折叶开启涡轮	湍流(低黏流体)
	有导流筒	三叶折叶涡轮、六叶折叶开启涡轮、推进式	
	有或无导流筒	螺带式、螺杆式、锚式	层流(高黏流体)
液—液相分散(互溶的液体)及在其中强化传质和进行化学反应	有挡板	三叶折叶涡轮、六叶折叶开启涡轮、桨式、圆盘涡轮式、推进式	湍流(低黏流体)

搅拌目的	挡板条件	推荐形式	流动状态
液—液相分散(不互溶的液体)及在其中强化传质和进行化学反应	有挡板	圆盘涡轮、六叶折叶开启涡轮	湍流(低黏流体)
	有反射物	三叶折叶涡轮	
	有导流筒	三叶折叶涡轮、六叶折叶开启涡轮、推进式	
	有或无导流筒	螺带式、螺杆式、锚式	层流(高黏流体)
气—液相分散及在其中强化传质和进行化学反应	有挡板	圆盘涡轮、闭式涡轮	湍流(低黏流体)
	有反射物	三叶折叶涡轮	
	有导流筒	三叶折叶涡轮、六叶折叶开启涡轮、推进式	
	有导流筒	螺杆式	层流(高黏流体)
	无导流筒	锚式、螺带式	

②按搅拌器形式和适用条件选型。表11-5所示为以操作目的和搅拌器流动状态选用搅拌器。由表可见,对低黏度流体的混合,推进式搅拌器由于循环能力强,动力消耗小,可应用到很大容积的搅拌容器中。涡轮式搅拌器应用范围较广,各种搅拌操作都适用,但流体黏度不宜超过50Pa·s。桨式搅拌器结构简单,在小容积的流体混合中应用较广,对大容积的流体混合,则循环能力不足。对于高黏流体的混合则以锚式、螺杆式、螺带式更为合适。

表11-5 搅拌器形式和适用条件

搅拌器形式	流动状态			搅拌目的										搅拌容器容积/m³	转速范围/(r/min)	最高黏度/(Pa·s)
	对流循环	湍流扩散	剪切流	低黏度混合	高黏度液混合传热反应	分散	溶解	固体悬浮	气体吸收	结晶	传热	液相反应			
涡轮式	√	√	√	√	√	√	√	√	√	√	√	√	1~100	10~300	50
桨式	√	√	√	√	√				√		√	√	1~200	10~300	50
推进式	√	√		√		√	√		√		√	√	1~1000	10~500	2
折叶开启涡轮式	√	√		√		√	√	√			√		1~1000	10~300	50
布鲁马金式	√	√		√			√				√		1~100	1~100	50
锚式	√			√		√							1~100	1~100	100
螺杆式	√			√		√							1~50	0.5~50	100
螺带式	√			√		√							1~50	0.5~50	100

注:有"√"者为可用,空白者为不详或不合用。

11.2.5 搅拌功率计算

搅拌功率是指搅拌器以一定转速进行搅拌时，对液体做功并使之发生流动所需的功率。计算搅拌功率的目的，一是用于设计或校核搅拌器和搅拌轴的强度和刚度，二是用于选择电动机和减速机等传动装置。

影响搅拌功率的因素很多，主要有以下四个方面：

(1)搅拌器的几何尺寸与转速。搅拌器直径、桨叶宽度、桨叶倾斜角、转速、单个搅拌器叶片数、搅拌器距离容器底部的距离等。

(2)搅拌容器的结构。容器内径、液面高度、挡板数、挡板宽度、导流筒的尺寸等。

(3)搅拌介质的特性。液体的密度、黏度。

(4)重力加速度。

上述影响因素可用式(11-3)关联：

$$N_p = \frac{P}{\rho n^3 d^5} = K (Re)^r (Fr)^q f\left(\frac{d}{D}, \ \frac{B}{D}, \ \frac{h}{D}, \ \cdots\right) \tag{11-3}$$

式中 B——桨叶宽度，m；

d——搅拌器直径，m；

D——搅拌容器内直径，m；

Fr——弗鲁德数，$Fr = \frac{n^2 d}{g}$；

h——液面高度，m；

K——系数；

n——转速，1/s；

N_p——功率准数；

P——搅拌功率，W；

$r, \ q$——指数；

Re——雷诺数，$Re = \frac{d^2 n \rho}{\mu}$；

ρ——密度，kg/m³；

μ——黏度，Pa·s。

一般情况下，弗鲁德数 Fr 的影响较小。容器内径 D、挡板宽度 b 等几何参数可归结到系数 K。由式(11-3)计算得到搅拌功率 P 为：

$$P = N_p \rho n^3 d^5 \tag{11-4}$$

式(11-4)中 ρ、n、d 为已知数，故计算搅拌功率的关键是求得功率准数 N_p。在特定的搅拌装置上，可以测得功率准数 N_p 与雷诺数 Re 的关系。将此关系绘于双对数坐标图上即得功率曲线。图11-14所示为6种搅拌器的功率曲线，由图可知，功率准数 N_p 随着雷诺数 Re 变化。在低雷诺数($Re \leqslant 10$)的层流区内，流体不会打漩，重力影响可忽略，功率曲线为斜率 -1 的直线；当 $10 < Re \leqslant 10000$ 时为过渡流区，功率曲线为一下凹曲线；当 $Re > 10000$ 时，流动进入充分湍流区，功率曲线呈一水平直线，即 N_p 与 Re 无关，保持不变。用式(11-4)计算搅拌功率时，功率准数 N_p 可直接从图11-14查得。

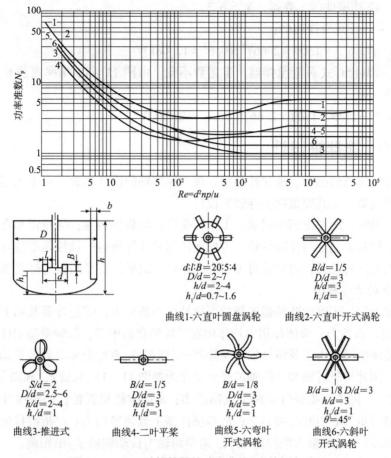

曲线1-六直叶圆盘涡轮   曲线2-六直叶开式涡轮

曲线3-推进式   曲线4-二叶平桨   曲线5-六弯叶   曲线6-六斜叶
                                    开式涡轮   开式涡轮

图 11 -14 6 种搅拌器的功率曲线(全挡板条件)

需要指出的是，图 11 -14 所示的功率曲线只适用于图示 6 种搅拌器的几何比例关系。如果比例关系不同，功率准数 N_p 也不同。

上述功率曲线是在单一液体下测得的。对于非均相的液—液或液—固系统，用上述功率曲线计算时，需用混合物的平均密度 $\bar{\rho}$ 和修正黏度 $\bar{\mu}$ 代替式(11 -4)中的 ρ、μ。

计算气—液两相系统搅拌功率时，搅拌功率与通气量的大小有关。通气时，气泡的存在降低了搅拌液体的有效密度，与不通气相比，搅拌功率要低得多。

[例 11 -1]搅拌反应器的筒体内直径为 1800mm，采用六直叶圆盘涡轮式搅拌器，搅拌器直径 600mm，搅拌轴转速 160r/min。器壁均匀安装 4 块挡板，达到全挡板条件。容器内液体的密度为 1300kg/m³，黏度为 0.12Pa·s。试求:

(1)搅拌功率;

(2)改用六斜叶开式涡轮搅拌器后的搅拌功率。

解: 已知 $\rho = 1300\text{kg/m}^3$, $\mu = 0.12\text{Pa·s}$, $d = 600\text{mm}$, $n = 160\text{r/min} = 2.6671/\text{s}$

(1)计算雷诺数 Re

$$Re = \frac{\rho n d^2}{\mu} = \frac{1300 \times 2.667 \times 0.6^2}{0.12} = 10401.3$$

由图 11 –17 功率曲线 1 查得，N_p = 6.3。

按式(11 –4)计算搅拌功率：

$P = N_p \rho n^3 d^5 = 6.3 \times 1300 \times 2.667^3 \times 0.6^5 = 12.08 \text{kW}$

(2)改用六斜叶开式涡轮搅拌器，雷诺数不变，由图 11 –14 功率曲线 6 查得，N_p = 1.45。搅拌功率为：

$P = N_p \rho n^3 d^5 = 1.45 \times 1300 \times 2.667^3 \times 0.6^5 = 2.78 \text{kW}$

11.2.6 搅拌轴设计

机械搅拌反应器的振动、轴封性能等直接与搅拌轴的设计相关。对于大型或高径比大的机械搅拌反应器，尤其要重视搅拌轴的设计。

设计搅拌轴时，应考虑四个因素：①扭转变形；②临界转速；③扭矩和弯矩联合作用下的强度；④轴封处允许的径向位移。考虑上述因素计算所得的轴径是指危险截面处的直径。确定轴的实际直径时，通常还得考虑腐蚀裕量，最后把直径圆整为标准轴径。

1. 搅拌轴的力学模型

对搅拌轴设定：①刚性联轴器连接的可拆轴视为整体轴；②搅拌器及轴上的其他零件(附件)的重力、惯性力、流体作用力均作用在零件轴套的中部；③轴受扭矩作用外，还考虑搅拌器上流体的径向力以及搅拌轴和搅拌器(包括附件)在组合重心处质量偏心引起的离心力的作用。因此将悬臂轴和单跨轴的受力简化为如图 11 –15(悬臂式)和图 11 –16(单跨式)所示的模型。图中 a 指悬臂轴两支点间距离；d 指搅拌器直径；F_e 指搅拌轴及各层圆盘组合重心处质量偏心引起的离心力；F_h 指搅拌器上流体径向力；L_e 指搅拌轴及各层圆盘组合重心离轴承(对悬臂轴为搅拌侧轴承，对单跨轴为传动侧轴承)的距离。

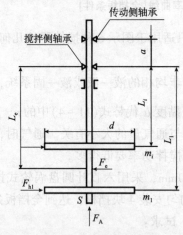
图 11 –15　悬臂轴受力模型

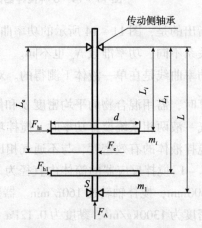
图 11 –16　单跨轴受力模型

2. 搅拌轴轴径计算

(1)按扭转变形计算搅拌轴的轴径(刚度问题)

搅拌轴受扭矩和弯矩的联合作用，扭转变形过大会造成轴的振动，使轴封失效，因此应将轴单位长度最大扭转角 γ 限制在允许范围内。轴扭矩的刚度条件为：

$$\gamma = \frac{583.6 M_{nmax}}{G d^4 (1 - \alpha^4)} \leqslant [\gamma] \tag{11-5}$$

式中　d——搅拌轴直径，m；

　　　G——轴材料剪切弹性模量，Pa；

　　　M_{nmax}——轴传递的最大扭矩，$M_{nmax} = 9553 \dfrac{P_n}{n} \eta$，N·m；

　　　n——搅拌轴转速，r/min；

　　　P_n——电动机功率，kW；

　　　α——空心轴内径和外径的比值；

　　　η——传动装置效率；

　　　$[\gamma]$——许用扭转角，对于悬臂梁 $[\gamma] = 0.35°/m$，对于单跨梁 $[\gamma] = 0.7°/m$。

搅拌轴直径按式(11-6)计算：

$$d = 4.92 \left(\frac{M_{nmax}}{[\gamma] G (1 - \alpha^4)} \right)^{\frac{1}{4}} \tag{11-6}$$

（2）按临界转速校核搅拌轴的直径

当搅拌轴的转速达到轴自振频率时会发生强烈振动，并出现很大弯曲，这个转速称为临界转速，记作 n_c。通常搅拌轴的转速在 200r/min 以上时，应进行临界转速的验算。在靠近临界转速运转时，轴常因强烈振动而损坏，或破坏轴封而停产。因此工程上要求搅拌轴的工作转速避开临界转速，工作转速低于第一临界转速的轴称为刚性轴，要求 $n \leqslant 0.7 n_c$；工作转速大于第一临界转速的轴称为柔性轴，要求 $n \geqslant 1.3 n_c$。一般搅拌轴的工作转速较低，大都为低于第一临界转速下工作的刚性轴。

对于小型的搅拌设备，由于轴径细，长度短，轴的质量小，把轴理想化为无质量的带有圆盘的转子系统来计算轴的临界转速。随着搅拌设备的大型化，搅拌轴直径变粗，如忽略搅拌轴质量将引起较大的误差。此时，一般采用等效质量的方法，把轴本身的分布质量和轴上各个搅拌器的质量按等效原理，分别转化到一个特定点上（如对悬臂轴为轴末端 S），然后累加组成一个集中的等效质量。这样把原来复杂多自由度转轴系统简化为无质量轴上只有一个集中等效质量的单自由度问题。临界转速与支承方式、支承点距离及轴径有关，不同型式支承轴的临界转速的计算方法不同。

按上述方法，具有 z 个搅拌器的等直径悬臂轴可简化为如图11-15所示的模型，其一阶临界转速 n_c 按式(11-7)计算：

$$n_c = \frac{30}{\pi} \sqrt{\frac{3 E I (1 - \alpha^4)}{L_1^2 (L_1 + a) m_s}} \tag{11-7}$$

式中　a——悬臂轴两支点间距离，m；

　　　E——轴材料的弹性模量，Pa；

　　　I——轴的惯性矩，m^4；

　　　L_1——第一个搅拌器悬臂长度，m；

　　　n_c——临界转速，r/min；

　　　m_s——轴及搅拌器有效质量在 S 点的等效质量之和，kg。

等效质量 m_s 的计算公式: $m_s = m + \sum_{i=1}^{z} m_i$;

式中　m——悬臂轴 L_1 段自身质量及附带液体质量在轴末端 S 点的等效质量, kg;

　　　m_i——第 i 个搅拌器自身质量及附带液体质量在轴末端 S 点的等效质量, kg;

　　　z——搅拌器的数量。

不同型式的搅拌器、搅拌介质,刚性轴和柔性轴的工作转速 n 与临界转速 n_c 的比值可参考表 11-6。

表 11-6　搅拌轴临界转速的选取

搅拌介质	刚性轴		柔性轴
	搅拌器(叶片式搅拌器除外)	叶片式搅拌器	高速搅拌器
气体		$n/n_c \leqslant 0.7$	不推荐
液体—液体 液体—固体	$\dfrac{n}{n_c} \leqslant 0.7$	$n/n_c \leqslant 0.7$ 和 $n/n_c \neq (0.45 \sim 0.55)$	$n/n_c = 1.3 \sim 1.6$
液体—气体	$n/n_c \leqslant 0.6$	$n/n_c \leqslant 0.4$	不推荐

注:叶片式搅拌器包括桨式、开启涡轮式、圆盘涡轮式、三叶后掠式、推进式;不包括锚式、框式、螺带式。

(3)按强度计算搅拌轴的直径

搅拌轴的强度条件按(11-8)进行校核:

$$\tau_{max} = \frac{M_{te}}{W_p} \leqslant [\tau] \tag{11-8}$$

式中　M——弯矩, $M = M_R + M_A$;

　　　M_A——由轴向力引起的轴的弯矩, N·m;

　　　M_R——水平推力引起的轴的弯矩, N·m;

　　　M_n——扭矩, N·m;

　　　M_{te}——轴上扭转和弯矩联合作用时的当量扭矩, $M_{te} = \sqrt{M_n^2 + M^2}$, N·m;

　　　W_p——抗扭截面模量,对空心圆轴 $W_p = \dfrac{\pi d^3}{16}(1 - \alpha^4)$, m³;

　　　$[\tau]$——轴材料的许用剪应力, $[\tau] = \dfrac{R_m}{16}$, Pa;

　　　τ_{max}——截面上最大剪应力, Pa;

　　　R_m——轴材料的抗拉强度, Pa。

则搅拌轴的直径按式(11-9)计算:

$$d = 1.72 \left(\frac{M_{te}}{[\tau](1 - \alpha^4)} \right)^{\frac{1}{3}} \tag{11-9}$$

由强度和刚度条件计算出轴径后,在确定轴的结构尺寸时,还必须考虑轴上开键槽或孔等会引起横截面局部削弱,因此轴的直径应按计算直径给予适当增大。

(4)按轴封处允许径向位移验算轴径

轴封处径向位移的大小直接影响密封的性能,径向位移大,易造成泄漏或密封的失效。轴封处的径向位移主要由三个因素引起：①轴承的径向游隙；②流体形成的水平推力；③搅拌器及附件组合质量不均匀产生的离心力。其计算模型如图 11 – 17 所示。因此要分别计算其径向位移，然后叠加，使总径向位移 δ_{L0} 小于允许的径向位移 $[\delta]_{L0}$，即：

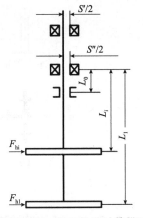

$$\delta_{L0} \leqslant [\delta]_{L0} \qquad (11-10)$$

式中　$[\delta]_{L0}$——轴封处的允许径向位移，通常 $[\delta]_{L0} = 0.1 \times K_3 \sqrt{d}$，mm；

　　　K_3——径向位移系数，当设计压力 $p = 0.1 \sim 0.6MPa$、$n > 100r/min$ 时，一般物料 $K_3 = 0.3$。

图 11 – 17　径向位移计算模型

搅拌轴轴径必须满足强度和临界转速的要求。当有要求时，还应满足扭转变形、径向总位移的要求。

有关搅拌轴的详细计算及参数的选取见 HG/T 20569—2013《机械搅拌设备》。

3. 减小轴端挠度、提高搅拌轴临界转速的措施

①缩短悬臂段搅拌轴的长度。受到端部集中力作用的悬臂梁，其端点挠度与悬臂长度的三次方成正比。缩短搅拌轴悬臂长度，可以降低梁端的挠度，这是减小挠度最简单的方法，但会改变设备的高径比，影响搅拌效果。

②增加轴径。轴径越大，轴端挠度越小。但轴径增加，与轴连接的零部件均需加大规格，如轴承、轴封、联轴器等，导致造价增加。

③设置底轴承或中间轴承。设置底轴承或中间轴承改变了轴的支承方式，可减小搅拌轴的挠度。但底轴承和中间轴承浸没在物料中，润滑不好，如物料中有固体颗粒，更易磨损，需经常维修，影响生产。发展趋势是尽量避免采用底轴承和中间轴承。

④设置稳定器。安装在搅拌轴上的稳定器的工作原理是：稳定器受到的介质阻尼作用力的方向与搅拌器对搅拌轴施加的水平作用力的方向相反，从而减少轴的摆动量。稳定器摆动时，其阻尼力与承受阻尼作用的面积有关，迎液面积越大，阻尼作用越明显，稳定效果越好。采用稳定器可改善搅拌设备的运行性能，延长轴承的寿命。

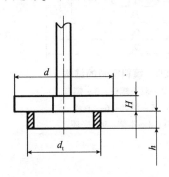

稳定器有圆筒型和叶片型两种结构型式。圆筒型稳定器为空心圆筒，安装在搅拌器下面，如图 11 – 18 所示。叶片型稳定器有多种安装方式，有的叶片切向布置在搅拌器下面，如图 11 – 19（a）所示，有的叶片安装在轴上，并与轴垂直，如图 11 – 19（b）、（c）、（d）所示。安装在轴上的叶片，由于距离上部轴承较近，阻尼产生的反力矩较小，稳定效果较差。稳定叶片的尺寸一般取为：$w/d = 0.25$，$h/d = 0.25$。圆筒型稳定器的应用效果较好，主要是因为稳定筒的迎液面积较大，所产生的阻尼力也较大，且位于轴下端。

图 11 – 18　圆筒型稳定筒

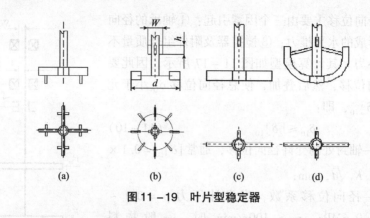

(a)　　　　　　　(b)　　　　　　(c)　　　　　(d)

图 11 - 19　叶片型稳定器

11.2.7　转轴密封装置设计

用于机械搅拌反应器的轴封主要有两种：填料密封和机械密封，此外，还有全封闭密封、气体润滑机械密封等新型密封。轴封的目的是避免介质通过转轴从搅拌容器内泄漏或外部杂质渗入搅拌容器内。

(1)填料密封

填料密封结构简单，制造容易，适用于非腐蚀性和弱腐蚀性介质、密封要求不高，并允许定期维护的搅拌设备。

填料密封的结构如图 11 - 20 所示，由底环、本体、油环、填料、螺柱、压盖及油杯等组成。工作原理是：在压盖压力作用下，装在搅拌轴与填料箱本体之间的填料，对搅拌轴表面产生径向压紧力。由于填料中含有润滑剂，因此，在对搅拌轴产生径向压紧力的同时，形成一层极薄的液膜，一方面使搅拌轴得到润滑，另一方面阻止设备内流体的逸出或外部流体的渗入，达到密封的目的。虽然填料中含有润滑剂，但在运转中润滑剂不断消耗，故在填料中间设置油环。使用时可从油杯加油，保持轴和填料之间的润滑。填料密封不可能绝对不漏，因为增加压紧力，填料紧压在转动轴上，会加速轴与填料间的磨损，使密封更快失效。在操作过程中应适当调整压盖的压紧力，并需定期更换填料。

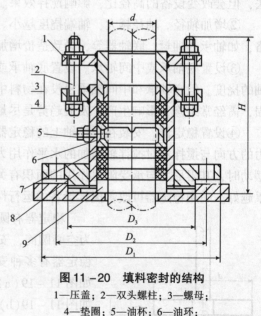

图 11 - 20　填料密封的结构
1—压盖；2—双头螺柱；3—螺母；
4—垫圈；5—油杯；6—油环；
7—填料；8—本体；9—底环

(2)机械密封

机械密封是把转轴的密封面从轴向改为径向，通过动环和静环两个端面的相互贴合，并做相对运动达到密封的装置，又称端面密封。机械密封的泄漏率低，密封性能可靠，功耗小，使用寿命长，在搅拌反应器中得到广泛应用。

机械密封的结构如图11-21所示，由固定在轴上的动环及弹簧压紧装置、固定在设备上的静环以及辅助密封圈组成。工作原理是：当转轴旋转时，动环和固定不动的静环紧密接触，并经轴上弹簧压紧力的作用，阻止容器内介质从接触面上泄漏。图中有4个密封点，A点是动环与轴之间的密封，属静密封，密封件常用"O"形环，B点是动环和静环做相对旋转运动时的端面密封，属动密封，是机械密封的关键。两个密封端面的平面度和粗糙度要求较高，依靠介质的压力和弹簧力使两端面保持密紧接触，并形成一层极薄的液膜起密封作用。C点是静环与静环座之间的密封，属静密封。D点是静环座与设备之间的密封，属静密封。通常设备凸缘做成凹面，静环座做成凸面，中间用垫片密封。

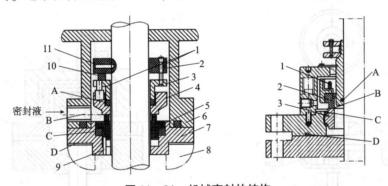

图11-21 机械密封的结构
1—传动销钉；2—弹簧座；3—压环，4—旋转环；5—静止环；6—箱体；
7—箱体底座；8—安装底盖；9—防转销；10—弹簧；11—紧定螺钉

动环和静环之间的摩擦面称为密封面。密封面上单位面积所受的力称为端面比压，它是动环受介质压力和弹簧力的共同作用下，紧压在静环上引起的，是操作时保持密封所必需的净压力。端面比压过大，将造成摩擦面发热使摩擦加剧，功率消耗增加，使用寿命缩短；端面比压过小，密封面因压不紧而泄漏，密封失效。

工程设计中常选用HG/T 2098—2011《釜用机械密封系列及主要参数》和HG 21571—1995《搅拌传动装置—机械密封》两种标准机械密封。HG 2098机械密封适用于介质操作压力在 1.33×10^{-4}（绝压）~2.5MPa（表压），温度在 0~80℃ 范围内的机械搅拌容器；HG 21571—1995机械密封适用于设计压力 -0.1~1.6MPa，设计温度 -20~300℃ 的机械搅拌容器。

（3）全封闭密封

介质为剧毒、易燃、易爆、昂贵的物料、高纯度物资以及在高真空下操作，密封要求很高，采用填料密封和机械密封均无法满足时，用全封闭的磁力搅拌最为合适。

全封闭密封的工作原理：套装在输入机械能转子上的外磁转子，和套装在搅拌轴上的内磁转子，用隔离套使内外转子隔离，靠内外磁场进行传动，隔离套起到全封闭密封作用。套在内外轴上的涡磁转子称为磁力联轴器。

磁力联轴器有两种结构：平面式联轴器和套筒式联轴器。平面式联轴器如图11-22所示，由装在搅拌轴上的内磁转子和装在电动机轴上的外磁转子组成。最常用的套筒式联轴器如图11-23所示，由内磁转子、外磁转子、隔离套、轴、轴承等组成，外磁转子与电动机轴相连，安装在隔离套和内磁转子上。全封闭型密封的磁力传动的优点如下：

①无接触和摩擦，功耗小，效率高；

②超载时内外磁转子相对滑脱，可保护电动机过载；

③可承受较高压力，且维护工作量小。

其缺点如下：

①筒体内轴承与介质直接接触影响轴承的寿命；

②隔离套的厚度影响传递力矩，且转速高时造成较大的涡流和磁滞等损耗；

③温度较高时会造成磁性材料严重退磁而失效，使用温度受到限制。

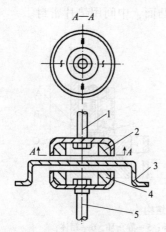

图 11-22　平面式联轴器
1—外轴；2—外磁转子；3—隔离套；
4—内磁转子；5—内轴

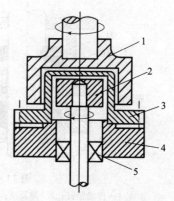

图 11-23　套筒式联轴器
1—外磁转子；2—内磁转子；3—隔离套；
4—反应器筒体；5—轴承

新近研制的一种称为气体润滑机械密封，已开始应用在搅拌设备上。气体润滑机械密封的基本原理是：在动环或静环的密封面上开有螺旋形的槽及孔。当旋转时利用缓冲气，密封面之间引入气体，使动环和静环之间产生气体动压及静压，密封面不接触，分离微米级距离，起到密封作用。这种密封技术由于密封面不接触，使用寿命较长，适合于反应设备内无菌、无油的工艺要求，特别适用于高温、有毒气体等特殊要求的场合。

11.2.8　传动装置

传动装置包括电动机、减速机、联轴器及机架。常用的传动装置如图 11-24 所示。

（1）电动机的选型

搅拌反应釜用的电动机绝大部分与减速器

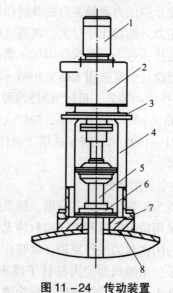

图 11-24　传动装置
1—电动机；2—减速机；3—联轴器；4—支架；
5—搅拌轴；6—轴封装置；7—凸缘；8—上封头

配套使用、配套供应。设计时可根据选定的减速器选用配套的电动机。选用电动机主要是确定电动机系列、功率、转速以及安装形式和防爆、防腐要求等。搅拌反应釜常用的电动机系列有 Y 系列三相异步电动机、YE 系列隔爆型三相异步电动机、YF 系列防腐型三相异步电动机、YXJ 系列摆线针轮减速异步电动机等。电动机功率 P_e 主要根据搅拌所需的功率 P、轴封消耗功率 P_s 及传动装置的传动效率 η 等按式(11 − 11)计算。

$$P_e = \frac{P + P_s}{\eta} \text{kW} \tag{11 − 11}$$

(2)减速机选型

搅拌反应器在载荷变化、有振动的环境下连续工作,选择减速机型式时应考虑这些特点。常用的减速机有摆线针轮行星减速机、齿轮减速机、三角皮带减速机以及圆柱蜗杆机。一般根据功率、转速来选择减速机,并优先考虑传动效率高的齿轮减速机和摆线针轮行星减速机。与标准减速器相配的电动机、联轴器、机座等均为标准型号,配套供应。

联轴器是连接轴与轴并传递运动和扭矩的零件。在搅拌传动装置中采用的有:凸缘联轴器、夹壳联轴器和块式弹性联轴器。

(3)机架

机架一般有无支点机架、单支点机架(见图 11 − 25)和双支点机架(见图 11 − 26)。无支点机架一般仅适用于传递小功率和小的轴向载荷的条件。单支点机架适用于电动机或减速机可作为一个支点,或容器内可设置中间轴承和底轴承的情况。双支点机架适用于悬臂轴。

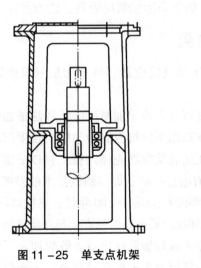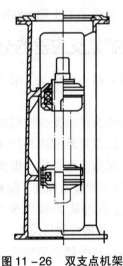

图 11 − 25 单支点机架　　　图 11 − 26 双支点机架

11.3　加氢反应器

11.3.1　概述

加氢反应器是一种比较典型的固定床反应器。加氢是指在高温高压下氢气与石油馏分进行反应的过程,目的在于使油品中烯烃饱和,并脱除油品中的硫、氮及金属杂质,以生产出更多高质量的石油产品。加氢工艺包括加氢精制、加氢裂化、渣油加氢、润滑油加氢、临氢降凝等。加氢精制反应器的操作压力一般为8.0MPa，操作温度根据油品的不同可为300~420℃。加氢裂化则是在较高的压力(10~16MPa)和温度(370~430℃)下利用催化剂在氢压下使原料进行加氢和裂化等反应的过程。它既可将原料中的硫、氮及金属杂质脱除，使烯烃饱和，又能使原料中大分子烃类发生裂化等反应。加氢裂化与加氢精制的区别是加氢裂化催化剂床层之间要注入冷氢作为冷却介质以调整反应温度，因此内构件多，结构较复杂。

加氢反应器是催化加氢反应进行的场所，是加氢工艺装置的核心关键设备。伴随装置的大型化，特别是高压加氢装置的大型化，加氢反应器的直径、壁厚、重量不断增加，且加氢反应器的运行处在高温、高压、临氢和硫化氢的苛刻操作条件下，其技术难度大、材料和制造要求高，造价昂贵，加氢反应器的自主设计和制造在一定程度上反映出一个国家的重型压力容器综合技术水平。

1927年加氢工艺在工业上得到应用，1959年世界上第一套工业化加氢裂化试验装置在美国里奇蒙炼油厂建成投产，1979年我国开始引进加氢裂化装置。1983年我国原石油部主管部门组织成立"热壁加氢反应器联合攻关组"，"七五"期间热壁加氢反应器的研制被列为国家重大技术装备攻关项目之一。20世纪80年代末90年代初国内相继成功研制了首台1Cr-0.5Mo板焊热壁加氢反应器和锻焊热壁加氢反应器，其中首台锻焊热壁加氢反应器重量约220t。2006年我国自主设计、制造了单重超2000t的煤液化加氢反应器，2020年我国自主设计、制造了单重超3000t的浆态床加氢反应器，成为世界之最。

11.3.2　加氢反应器的分类

按催化剂的流动特点可分为固定床加氢反应器、移动床加氢反应器和流化床加氢反应器。

按金属器壁是否直接承受介质温度可分为冷壁加氢反应器和热壁加氢反应器。早期的加氢反应器，因无法很好地解决材料在高温下的抗氢腐蚀和蠕变强度问题，因此从结构上考虑使壁温降低，采用冷壁结构，即在加氢反应器壳体内壁上衬以一定厚度的隔热层，壁温可维持在350℃以下的较低温度。随着冶金技术和焊接制造技术的发展，材料在高温下的性能得以逐渐解决，国外从20世纪50年代末，国内从80年代，热壁加氢反应器开始逐渐取代冷壁加氢反应器。热壁加氢反应器，即反应器金属器壁直接与介质接触并承受操作温度。

按反应器壳体材料的制造类型可分为板焊加氢反应器、锻焊加氢反应器和板-锻复合加氢反应器。反应器壁厚较小时，反应器筒节为钢板卷制而成，为板焊加氢反应器，板焊反应器筒体既有纵焊缝也有环焊缝；反应器壁厚较大时，钢板性能无法满足要求时，反应器筒节可锻造而成，锻焊加氢反应器筒体没有纵焊缝只有环焊缝；当反应器壁厚处于钢板极限厚度时，有时会采用板-锻复合加氢反应器，有内部支持圈的反应器筒节为锻造而成，其余筒节为钢板卷制而成。加氢反应器具体采用板焊结构、锻焊结构还是板-锻复合结构需要综合考虑反应器的具体规格尺寸、材料的实际生产水平、制造厂的装备能力和技术水平及设备的工期与价格。

按原料流动方向可分为上流式加氢反应器和下流式加氢反应器。上流式加氢反应器原料从反应器底部进入，从下往上流动，反应产物从反应器顶部流出；下流式加氢反应器原料从反应器顶部进入，从上往下流动，反应产物从反应器底部流出。

目前石油炼制工业中应用最普遍的是下流式固定床热壁加氢反应器。

11.3.3 加氢反应器的结构

以固定床热壁加氢反应器为例，其典型结构由反应器壳体、接管与法兰、裙座、保温、内构件等组成，如图 11 – 27 所示。

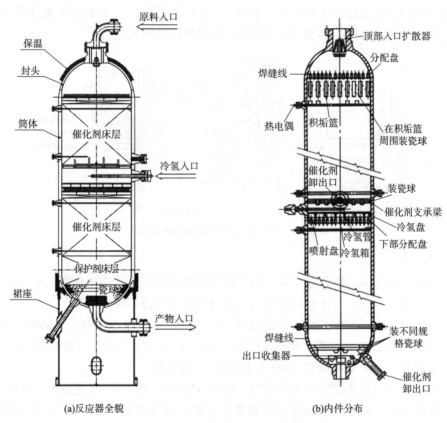

(a)反应器全貌　　　　　　　　　(b)内件分布

图 11 –27 固定床热壁加氢反应器的结构

1. 壳体

反应器壳体一般由上、下封头和中间筒节组成，大型加氢反应器在下封头、筒体和裙座三者交汇处通常会做成一个整体过渡段。为了抵抗高温氢腐蚀加氢反应器主体材料为 Cr – Mo 钢，同时为了抗高温 $H_2 + H_2S$ 腐蚀，反应器内壁需要设不锈钢耐腐蚀层。

低压的加氢反应器可以采用标准椭圆形封头，中高压加氢反应器一般采用半球形封头。球形封头受力状况最优，具有均匀分布的两向应力。反应器壁厚较小时，可采用筒体与封头等厚的原则进行设计；反应器壁厚较大时，等厚设计则会不经济、不合理，这时设计上可采用等强度的设计原则，受内压时球形封头的计算厚度等于筒体计算厚度的1/2，既可节省材料、降低成本、减轻反应器重量，也为运输、吊装带来方便。筒体与封头的对接接头型式应满足 GB/T 150.3—2011 附录 D 中的要求。

为了保证反应器的长周期运行质量，加氢反应器封头宜整板冲压成形，当反应器规格较大时，封头展开尺寸可能会超出钢板制造厂的最大板幅，此时可采用的方案有钢板拼焊、球缺＋球形过渡段或圆形整体锻板，具体采用哪种方案应根据反应器的制造难度、制造厂的质量控制水平和经验以及反应器长周期运行的风险等因素综合考虑。

筒体可为板焊结构或锻焊结构。锻焊结构虽然因无纵向焊接接头而有一定的优势，但其材料成本却比板焊结构高很多，所以一般仅在壳体壁厚超过钢板加工能力上限时选用。

加氢反应器筒体内部设有内件支持圈，其中催化剂格栅支持圈的受力最大。早期催化剂格栅支持圈都采用直接焊于筒体上，如图 11-28(a) 所示，使用中曾在支持圈处发现多起多条裂纹，后改进为图 11-28(b) 的形式，可靠性得到明显提高。

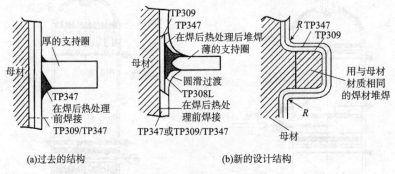

(a)过去的结构　　　　　　　　　(b)新的设计结构

图 11-28　催化剂支承结构的改进

2. 耐腐蚀层

耐腐蚀层一般有不锈钢复合板和不锈钢堆焊两种实施方式。当主体材料壁厚不太厚时一般选择不锈钢复合板，对于壁厚较厚的主体材料通常选择不锈钢堆焊。

不锈钢复合板的覆材根据反应器操作条件选择 3mm 厚 S11306、S30403、S31603、S32168 等奥氏体不锈钢。目前不锈钢复合板一般选择 NB/T 47002.1—2019《压力容器用复合板　第 1 部分：不锈钢－钢复合板》中 B1 级爆炸复合板。

堆焊是用焊接的方法在零件表面堆敷一层具有特定性能材料的工艺过程，是焊接领域中的一个重要分支。对于大型加氢反应器壳体内壁，带极埋弧(SAW)和电渣堆焊(ESW)是目前常用的堆焊技术，一般采用双层堆焊和单层堆焊：过渡层采用 E309L，表层一般采用 E347，堆焊层总厚度 6.5mm，表层有效耐蚀层厚度不小于 3mm。堆焊过程及堆焊层如图 11-29 所示。

3. 接管与法兰

加氢反应器的接管主要有反应进料口、冷氢入口、反应产物出口、人孔、热电偶口和卸料口等。接管一般采用整锻件翻边结构，与壳体采用对接焊接结构，如图 11-30 所示，该结构不但可以采用射线或超声检测来检测缺陷，保证质量，而且焊接残余应力与受压产生的最大应力集中分离，从而减轻了连接处的应力水平。

低压加氢反应器的法兰密封面一般采用突面(RF)，密封垫片则采用填充石墨的缠绕垫或波齿垫；高压加氢反应器的法兰密封面一般采用环连接面(RJ)，密封垫片则采用金属环形垫；RF 和 RJ 法兰密封面型式，如图 11-31 所示，常用的三种密封垫片结构如图 11-32 所示，密封面结构与垫片实物如图 11-33 所示。

(a)封头堆焊施工

(b)带有堆焊层的封头

(c)带有堆焊层的筒节

图 11 –29　加氢反应器本体堆焊层

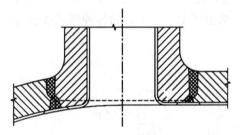

图 11 –30　加氢反应器接管与壳体连接型式

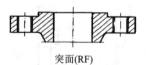

突面(RF)　　　　　环连接面(RJ)

图 11 –31　两种法兰密封面型式

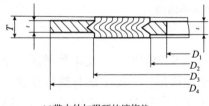

(a)带内外加强环的缠绕垫

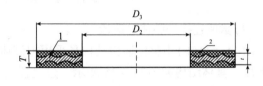

(b)波齿垫

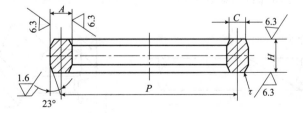

(c)八角垫

图 11 –32　加氢反应器常用三种密封垫片

(a)环形密封面　　　　　　　　　　(b)金属八角垫

图 11-33　加氢反应器的高压法兰密封面结构与垫片实物

4. 裙座

裙座起到支承反应器的作用，一般选用圆筒形裙座。裙座高度根据反应器需要的安装高度和底封头卸料所需空间高度确定。

大型加氢反应器的设备重量大，操作时内部的催化剂、油品和内件重量也比较大，裙座支承部位还存在相当大的温差应力，所以大型加氢反应器壳体和裙座连接处承受很大的应力，早期的加氢反应器此处出现过焊接接头被剪断的重大事故。为避免此类事故的再次发生，对此连接部位做了设计改进。

(1)裙座支承结构的改进

为改善反应器裙座支承部位的应力状况和能使裙座连接处的焊缝在制造中和检修时可以进行超声检测或射线检测，大型加氢反应器此处结构由图 11-34(a)的各种形式改进为图 11-34(b)的相应形式。

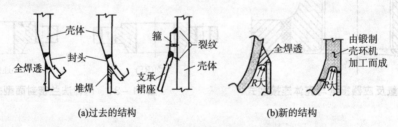

(a)过去的结构　　　　　　　　　　(b)新的结构

图 11-34　反应器裙座支承结构

(2)裙座连接处整体过渡段

图 11-34(b)中整体锻件结构是采用把筒体、下封头和裙座三者交汇处做成一个整体过渡段，具体结构如图 11-35 所示。过渡段有三个连接部位，即上部与筒体相连、下部分别与裙座筒体和球冠形封头相接。三个连接部位的厚度分别取与其相连的部件厚度相同，其余尺寸的确定需综合考虑强度需要、制造检验的可实现性和便利性等。

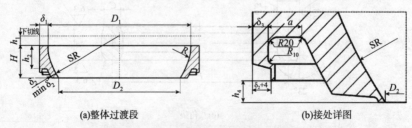

(a)整体过渡段　　　　　　　　　　(b)接处详图

图 11-35　裙座连接处整体过渡段

（3）裙座连接处热箱

在操作状态下，加氢反应器裙座与壳体连接部位由于器壁和裙座的边界条件差别较大，存在较大的热应力。为了能使裙座连接部位的温度梯度减小，以降低其温差应力，裙座处的连接结构就由过去的图11-36（a）改进为设有热箱结构的图11-36（b）形式。

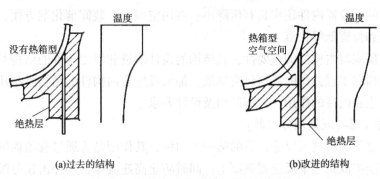

图11-36 裙座连接部位的保温结构

裙座内增设热箱结构效果非常显著，很好地减小了裙座连接部位的温度梯度，大大降低了其温差应力，在一定程度上提高了结构的可靠性。我国NB/T 47041—2014中规定当塔壳下封头的设计温度大于或等于400℃时，需设置热箱。有些工程公司对加氢反应器提出了更苛刻的设计规定，例如，当反应器设计温度≥350℃或反应器壁厚≥50mm，且操作温度≥260℃时就宜设置热箱结构。热箱的具体设置位置（高度）宜通过对此部位的热分析，并获得满意的应力值后确定。

5. 保温层

高压加氢反应器的外表面过去曾将保温支持圈、管架、平台支架等外部附件与反应器本体相焊。由于结构上的原因，这些部位的焊缝很难焊透，反应器操作一段时间后这些部位容易产生裂纹，而裂纹会向内延伸到壳体母材，进而严重威胁加氢反应器的安全使用。因此近二三十年来，一般严禁把管架、平台支架等放置在反应器上，而是另设钢结构支承。保温结构也多改为不直接焊于反应器外部，而是采用一种披挂式鼠笼保温支承结构，如图11-37所示。

披挂式鼠笼保温支承结构是从顶部人孔颈部的连接环上，沿周向往下拉若干条纵向薄钢带，并于下端固定，然后在各段高度上设置支承圈与纵向钢带固定，作为保温支持圈。

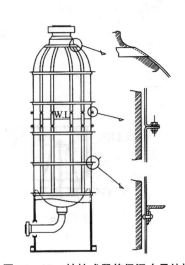

图11-37 披挂式鼠笼保温支承结构

6. 内构件

石油炼制中的催化加氢工艺技术水平主要取决于催化剂的性能，而催化剂性能的充分发挥，在很大程度上取决于加氢反应器内部结构的先进性和合理性。

固定床加氢反应器的主要内构件包括：入口扩散器、顶分配盘、积垢篮、催化剂支承格栅、冷氢系统、再分配盘、出口收集器和热电偶套管等。这些内构件的主要作用是使反应进料(气、液相)与催化剂颗粒(固相)有效接触、反应,并使催化剂床层之间的降温冷氢能够与反应产物充分接触、混合,然后重新均匀地喷洒到下一个催化剂床层,而不发生流体偏流以及有效地控制床层温度(包括径向温度均匀),保证生产安全和催化剂的使用寿命。先进合理的反应器内件还应具有压降小、占用空间小、装卸催化剂方便、检修检测方便、操作安全和投资低等特点。

鉴于加氢反应器内构件的重要性,其结构的设计改进和新型内件的结构开发一直是国内外各研究机构和工程公司的热门研究领域。加氢反应器内构件的结构类型比较多,下面简单介绍这些主要内件的作用、典型结构及设计要求。

(1)入口扩散器(或称预分配器)

入口扩散器是原料进入反应器后的第一个内件,其作用是为通过扰动促进气液两相预混合,并尽可能扩散到整个反应器截面上;同时防止高速流体直接冲击顶分配盘而影响分配盘的分配效果,典型结构如图11-38(a)和图11-38(b)所示。

对于图11-38(a)所示结构设计要求为:

①进料方向应垂直于入口扩散器上的两条开孔;

②两层水平挡板上的开孔应对中;

③水平挡板上的开孔应垂直于板面。

对于图11-38(b)所示结构设计要求为:应根据液体及沉积物量确定长槽孔的大小、数量和位置。

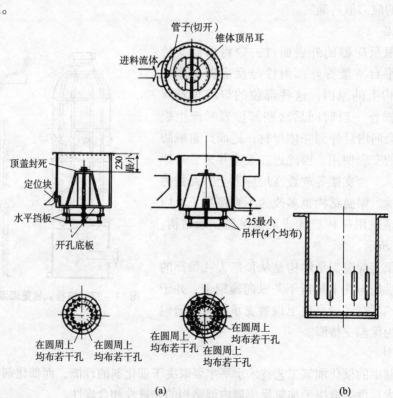

图11-38 入口扩散器结构示意

（2）顶分配盘

顶分配盘的设置目的是使进入反应器的物料均匀分散，与催化剂颗粒有效的接触，充分发挥催化剂的作用。目前国内外所用的气液分配器按其作用机理大致可分为溢流型和（抽吸）喷射型两类或二者机理兼有的混合型，其典型结构如图 11 – 39（a）、（b）。设计要求如下：

①应保证分配盘上不漏液，可采用耐高温填料垫密封或其他措施。安装后冲水 100mm 高，一般以在 5min 内液位降低不小于 25mm 为合格。

②严格控制顶分配盘的制造安装水平度。对于喷射型或混合型，包括制造公差和梁在荷载作用下的挠度在内可按 ±5mm 控制；对于溢流型，其要求还应更严。

③分配盘的设计荷载，应包括通过分配盘的压力降、盘上的液体量及分配盘自重（计算时，其许用应力按最高的操作温度考虑）。此外，还应考虑在停工检修的工况，此时支承件至少还应满足常温下承受 1200N 集中载荷的要求。

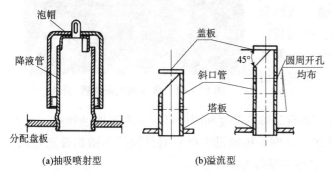

（a）抽吸喷射型　　　　（b）溢流型

图 11 – 39　气液分配盘

（3）积垢篮（或称去垢篮筐）

催化剂床层的顶部多设有积垢篮，起到对进入反应器的物料进行过滤的作用。积垢篮是由各种规格不锈钢金属丝网与骨架（或 V 形丝网）构成的篮筐。它为反应器进料提供更多的流通面积，使催化剂床层可聚集更多的锈垢和沉积物而不至于引起床层压降过分的增加，典型结构如图 11 – 40 所示。

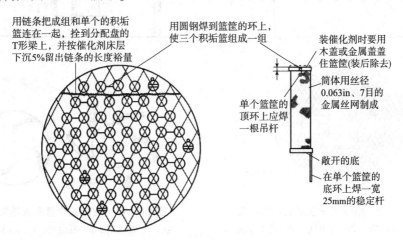

图 11 – 40　积垢篮结构及布置示意

积垢篮在装入反应器时，其篮内应是空的。在填装催化剂时务必注意这一点；积垢篮一般按边长约 300mm 的三角形排列，安装时用链条将其连在一起，并拴到上面的分配盘支承梁上，还要考虑拴连链条应有足够的长度裕量，以能适应催化剂床层经运行后的下沉（可按下沉 5% 考虑）。

（4）催化剂支承格栅

如果反应器有两个以上的催化剂床层，则催化剂床层底部需要设置支承格栅来支承催化剂床层。格栅放置在反应器壳体格栅支持圈和格栅大梁上。格栅大梁为"⊥"形梁，两端搭在格栅支持圈上。格栅应分块，分块应考虑能从人孔进出且在反应器中间设置通道。分块的格栅如图11－41所示。

图11－41　催化剂支承格栅（分块）

格栅大梁和格栅在最高操作温度下要有足够的强度和刚度且应具有抗腐蚀性能，一般均采用不锈钢。格栅顶部为丝网，早期的丝网采用铺设多层不同目数的不锈钢普通丝网，现一般采用Ｖ形丝网（或称约翰逊网）且与格栅焊为一体。

（5）冷氢系统

加氢反应属于放热反应，对于多床层加氢反应器，上一床层反应后温度将升高，为了下一床层继续有效反应，需要控制反应后的温度，方法是在两个床层之间设置冷氢系统。冷氢系统包括冷氢管和冷氢箱两部分。

常见的挡板式冷氢系统和旋叶式冷氢系统结构见图11－42和图11－43。

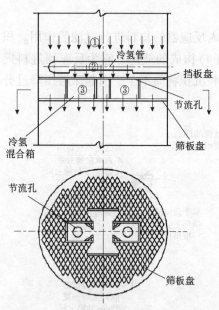

图11－42　挡板式冷氢系统结构示意
①—反应产物；②—冷氢气；③—混合物流

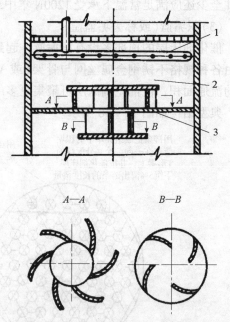

图11－43　旋叶式冷氢系统结构示意
1—冷氢管；2—混合室；3—急冷室

冷氢管的主要作用是均匀、稳定地供给足够的冷氢量，使冷氢气与热反应物料进行预混合。冷氢分布管按形式可分为直插式、树枝状形式和环形结构。对于直径较小，冷氢量需求不大的反应器，采用结构简单便于安装的直插式即可；对于直径较大，冷氢循环量很大的反应器，直插式冷氢管加入的冷氢气与上层的热反应物料预混合效果不好，会影响冷氢箱的再混合效果。这时可采用树枝状或环形结构。直插式冷氢管结构如图11－44所示。

冷氢箱是加氢反应器内热反应物料与冷氢气进行直接接触、混合和热量交换的最主要的场合。图11－45所示为挡板式冷氢箱结构，由冷氢盘（或称挡板盘）、冷氢箱（或称冷氢混合箱、混合室）和喷射盘（或称筛板盘、预分配盘）组成。

设计要求如下：

①冷氢管内设置的隔、挡板应使从两个开孔中喷出的氢气流量是相当的；

②为发挥冷氢的作用效果，冷氢盘和冷氢箱部分应采用耐高温填料密封，或采用其他措施以保证不漏液，可按气液分配盘的试漏标准验收；

③冷氢盘和喷射盘的安装水平度，包括制造公差、荷载作用下的挠度等在内，可按 ±6mm 控制。

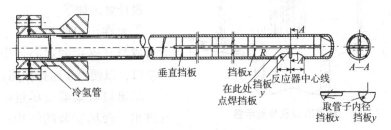

图11－44　直插式冷氢管结构示意

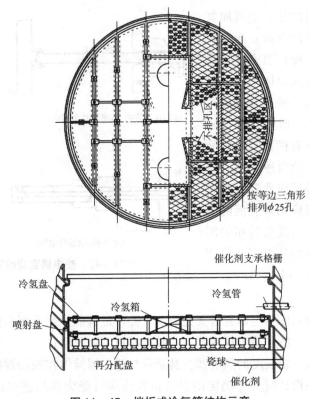

图11－45　挡板式冷氢箱结构示意

（6）再分配盘

冷氢箱下会设置再分配盘，其作用和结构型式与顶分配盘相同，但根据工艺需要其流通面积(开孔尺寸或数量)会略有差别。

(7)出口收集器

出口收集器的作用是支承下部的催化剂床层,以减轻床层的压降和改善反应物料的分配,阻止反应器催化剂和底部瓷球从出口漏出或堵塞出口,并均匀地导流出反应产物。

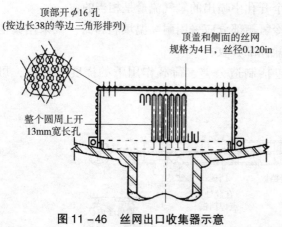

顶部开 $\phi16$ 孔
(按边长38的等边三角形排列)

顶盖和侧面的丝网
规格为4目,丝径0.120in

整个圆周上开
13mm宽长孔

图 11 – 46 丝网出口收集器示意

出口收集器是个帽状结构,顶部和侧面各开一定面积的开孔。孔上一般覆盖不锈钢 V 形丝网(或称约翰逊网)或者普通丝网或不覆盖任何丝网。典型结构见图11 – 46。

设计要求如下:

①要在出口收集器与下封头接触的下沿或与其连接的定心环周围上开设数个缺口,以便停工时排液用;

②出口收集器应尽量设计为能从人孔进出,现场安装的结构;否则应在反应器最后一道环焊缝组对前提前安装好。

(8)热电偶套管

热电偶的设置目的是为监视加氢放热反应引起床层温度升高及床层截面温度分布状况而对操作温度进行检测。热电偶的安装有从筒体上径向插入和从反应器顶封头上垂直方向插入的方式,如图 11 – 47 所示。在径向水平插入的形式中又有横跨整个截面的和仅插入一定长度的两种情况。

另外,为了监控反应器器壁金属的温度情况,也在反应器外表面的筒体周围上或封头和开口接管的相关部位设置一定数量的表面热电偶。典型结构见图 11 – 47(a)、(b)、(c)。

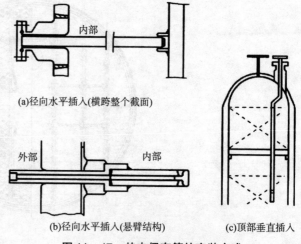

(a)径向水平插入(横跨整个截面)

(b)径向水平插入(悬臂结构)

(c)顶部垂直插入

图 11 – 47 热电偶套管的安装方式

设计要求如下:

①对径向水平插入的热电偶套管要注意由于操作过程催化剂下沉和停工检修卸出催化剂时被压弯的可能性,特别是当反应器直径较大时更不可忽略;

②径向水平插入一定长度的热电偶,其套管与反应器筒体在现场焊接的焊缝曾有发生裂纹的实例,因此在设计时对于确定的设置位置应尽可能为现场施焊创造较为方便的条件,同时施焊操作也要更加细心;

③顶部垂直插入的热电偶套管,当长度较长时,要适当设置导向结构,以利套管在操作状态下因受热伸长时而不受到阻碍。

11.3.4 加氢反应器的腐蚀问题

腐蚀是加氢反应器的一个较为突出的问题，其主要腐蚀介质是氢气和硫化氢气体。加氢反应器在高温和高压条件下工作，在此条件下氢和硫化氢对钢有强烈的氢脆化腐蚀作用，极易造成反应器被破坏的事故，主要的腐蚀破坏形式有：高温氢腐蚀、氢脆、高温$H_2S + H_2$腐蚀、奥氏体不锈钢堆焊层的氢致剥离、连多硫酸应力腐蚀等。因此，重整和加氢反应器除满足对机械强度的要求外，还必须高度重视反应器的腐蚀问题。

(1)高温氢腐蚀

高温氢腐蚀的表现形式为表面脱碳和内部脱碳。

表面脱碳不产生裂纹，表面脱碳的影响一般很轻，只是钢材的强度和硬度局部有所下降。内部脱碳是由于 $Fe_3C + 2H_2 \longrightarrow CH_4 + 3Fe$ 使钢材产生裂纹或鼓泡，导致钢材强度、延性和韧性显著下降。具有不可逆的性质，也称永久脆化现象。

通常按最新版 API RP 941—2016 中《炼油厂和石油化工厂用高温高压临氢作业用钢》中的"纳尔逊(Nelson)曲线"(见图 11 - 48)来选择反应器的基层材料。纳尔逊曲线只涉及材料抗高温氢腐蚀，不考虑在高温时其他重要因素引起的损伤，查用曲线选材时，对操作温度和氢分压留出适当裕度(氢分压按实际氢分压加 0.35MPa，温度取最高操作温度加 28℃)。

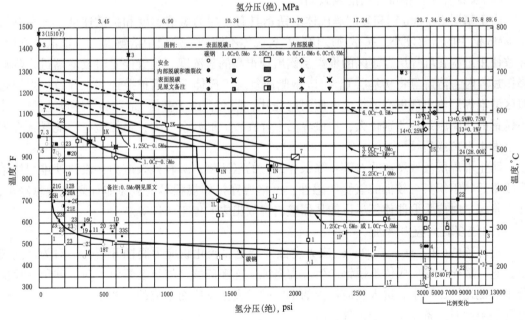

图 11 - 48 纳尔逊(Nelson)曲线

目前，加氢反应器基层材料主要采用 Cr - Mo 钢系列，可选择的材料有：1Cr - 0.5Mo、1.25Cr - 0.5Mo、2.25Cr - 1Mo、2.25Cr - 1Mo - 0.25V、3Cr - 1Mo、3Cr - 1Mo - 0.25V 等。

(2)氢脆

在高温高压氢环境中的加氢反应器，器壁中会吸收一定量的氢。若停工过程冷却速度过快，氢来不及扩散出去，造成过饱和氢残留在器壁，可能引起钢材的延伸率和断面收缩率显著下降，这种氢残留在钢中所引起的脆化现象就是氢脆。当给予特定条件时氢又可从钢中释放出来，使钢的性能得到恢复。所以氢脆是可逆的。

氢脆发生的温度从室温到约150℃的范围。随着温度升高，氢脆效应下降，所以，实际装置中氢脆损伤发生在装置开、停工过程的低温阶段。

由于冶炼技术的进步，钢材可以控制很低的S、P含量，有害气体含量和非金属夹杂物，钢材质量明显提高。近期已很少看到加氢反应器母材发生氢脆的现象。但是反应器内部的奥氏体不锈钢焊接金属时有发生氢脆开裂损伤，这主要发生在应力水平较高的不连续部位，如催化剂格栅支持圈拐角焊缝上以及法兰梯形槽密封面的槽底拐角处等。

防止氢脆损伤的措施：控制钢材的强度和硬度值上限；从结构设计上应尽量减少应变幅度；控制堆焊层铁素体含量；制造中应充分消除残余应力；生产操作中，当装置停工时应有一程序尽量使钢中吸藏的氢释放出去；应尽量避免装置的非计划的紧急停工。

（3）高温 $H_2S + H_2$ 腐蚀

高温 $H_2S + H_2$ 共存条件的腐蚀要比硫化氢单独存在时对钢材的腐蚀剧烈和严重。影响高温硫化氢 + 氢腐蚀的主要因素有：温度、氢、硫化氢浓度和合金成分。目前，国内工程上对高温 $H_2S + H_2$ 腐蚀环境下的设备一般参照 SH/T 3075—2009《石油化工钢制压力容器材料选用标准》中给出的"库柏(Couper)曲线"进行选材。11.3.3 节中提到的筒体耐腐蚀层材料是根据反应条件按库柏曲线进行选定。

（4）奥氏体不锈钢堆焊层的氢致剥离

由于基层 Cr – Mo 钢和复层奥氏体不锈钢具有不同的氢溶解度和扩散速度，氢在基层 Cr – Mo 钢中的溶解度小、扩散速度快，在奥氏体不锈钢堆焊层中溶解度大、扩散速度慢。导致使用过程在堆焊层过渡区的堆焊层侧出现很高的氢浓度。装置停工时反应器进入降温降压过程时，溶解氢将从基层 Cr – Mo 钢侧向复层奥氏体不锈钢扩散迁移，导致堆焊层过渡区的堆焊层侧出现很高的氢浓度而引起脆化；同时，由于基层 Cr – Mo 钢和复层奥氏体不锈钢的线膨胀系数差别较大，造成界面上存在较大的残余应力，最终就有可能导致在界面上发生剥离或裂纹。

防止堆焊层氢致剥离的对策：降低界面上的氢浓度；减轻残余应力；设法使堆焊层熔合线附近的组织具有较低的氢脆敏感性；严格遵守操作规程尽量避免非计划的紧急停车；在正常停工时应采取能使氢尽可能从器壁内释放出去的停工条件等。

（5）连多硫酸应力腐蚀

连多硫酸($H_2S_xO_6$ ， $x = 3 \sim 6$)应力腐蚀开裂也属硫化物应力腐蚀开裂，一般为晶间裂纹，它对敏化态的奥氏体不锈钢产生应力腐蚀。连多硫酸是加氢装置停工时，残留在反应器中的硫化铁，与水和进入反应器内的空中的氧发生反应而生成的。产生连多硫酸应力腐蚀开裂须同时具备以下三个条件：

①环境条件，能形成连多硫酸的环境；

②有拉应力(残余应力或外加应力)存在；

③奥氏体不锈钢处于敏化态(这是由于材料在制造、焊接过程中和长期在高温条件下运转时引起碳化铬在晶界上析出，使晶界附近的铬浓度减少形成贫铬区所致)。

防止连多硫酸应力腐蚀的对策如下：

①在设计上要选用合适的材料，而且所设计的结构应为尽可能不形成应力集中的结构。

②制造上要尽量消除或减轻由于冷加工和焊接引起的残余应力，并应特别注意不加工

成应力集中或应力集中尽可能小的结构形状。

③使用上应采取缓和环境条件的措施，如用干燥氮气吹扫、停工时向系统提供热量、中和清洗等。

11.3.5 加氢反应器的设计方法

加氢反应器的设计由开始基本上是按"规则设计"，即"常规设计"的方法逐步发展到采用以"应力分析为基础的设计"，即"分析设计"的方法。这是容器设计观点和方法的一个飞跃。它要求对容器的不连续部位与高应力区，如人孔与上封头，包括上封头与筒体的连接部位、下封头与筒体、裙座，包括热箱的连接部位以及包括油气出口、冷氢入口、热电偶口、催化剂卸料口等开口接管与筒体/封头的连接部位和内件支持圈与壳体的连接部位等在所有载荷（含温度载荷）条件下的应力进行详细分析计算及按应力的性质进行分类，并对各类应力及其组合进行评价。同时对材料的选择规定有更多的限制，对材料、制造、检验也提出了比"常规设计"更高的要求，从而提高了设计的准确性与使用可靠性。

由于加氢反应器的结构特点，采用应力分析法不仅能够保证反应器的安全，而且经济性方面具有更突出的优势，在工程设计中得到广泛应用。

11.3.6 加氢反应器设计中的新技术应用

加氢反应器国产化后，围绕加氢反应器的研究一直持续至今。这期间不断出现和应用了一些新的技术，这些技术涵盖了加氢反应器的方方面面，包含材料、设计、制造、无损检测、焊材、内件、寿命评估等，以下仅对部分技术进行简单介绍。

1. 新材料开发应用

高压加氢反应器的主体材料一般可选用2.25Cr – 1Mo 钢，但随着装置的大型化和设备的高参数化，该材料的一些不足，如强度低壁厚大、回火脆化倾向、堆焊层的氢致剥离等问题急需要改善。自20世纪80年代开始，美国和日本等国相继开发了改进型的 Cr – Mo 钢，如3Cr – 1Mo – 0.25V 钢和2.25Cr – 1Mo – 0.25V 钢等。当时由于3Cr – 1Mo – 0.25V 钢开发较早业绩最多。我国1998年开发成功3Cr – 1Mo – 0.25V 锻钢新材料，填补了国内空白。近些年我国已经有多台高压加氢反应器采用国产的3Cr – 1Mo – 0.25V 钢，与常规2.25Cr – 1Mo 钢相比，这些加氢反应器每台可以节省重量7% ~8%。

2. 轻量化设计

轻量化是伴随装置大型化和设备高参数化的必然趋势和要求。轻量化设计依靠开发符合要求的强度更高的材料和保证设备本质安全的前提下降低材料的安全系数来实现。

2008年美国石油学会（API）委托美国材料性能学会（MPC）组织开展 Cr – Mo – V 改进钢的持续研究工作，由 MPC 召集世界范围内的著名钢铁及容器制造企业，列出了包括控制再热裂纹、改善焊缝热处理后的韧性等15个相关研究课题，以解决轻量化过程中的关键技术难题。2009年版美国 ASME Ⅷ – 2 篇（分析设计篇）抗拉强度安全系数由之前的3.0大幅降为2.4，若按此设计轻量化效果非常明显。

同时，国内合肥通用机械研究院、洛阳石化工程公司、北京石化工程公司等单位围绕加氢反应器的材料、设计、制造的各个关键点联合各研究单位，组织各相关制造企业开展了大量的研究工作，解决了设计制造中的一些难题，显著提升了加氢反应器的制造技术，为我国加氢反应器的轻量化设计奠定了一定的基础。

不同标准中 2.25Cr – 1Mo – 0.25V 钢加氢反应器设计许用应力（454℃）的比较如表 11 –7 所示。

表 11 –7　不同标准中 2.25Cr –1Mo –0.25V 钢加氢反应器设计许用应力

序号	标准	许用应力/MPa
1	2004 年版美国 ASME Ⅷ – 2	169.0
2	2009 年版美国 ASME Ⅷ – 2	199.0
3	JB 4732—1995（2005 年确认）	无
4	GB/T 150—2011	188.2

因 JB 4732—1995 中并未纳入 2.25Cr – 1Mo – 0.25V 钢，因此国内通常按 ASME 标准中该材料的性能进行分析设计。2011 年前加氢反应器设计一般按 2004 年版美国 ASME Ⅷ –2 篇的许用应力进行设计。2011 年中石油广西石化决定 10 台渣油加氢反应器采用轻量化设计，经论证确定许用应力按 188.2MPa 进行计算并做了适当的圆整。最终 10 台反应器节省钢材约 1000t，节约资金约 1 亿元，轻量化效果显著。

3. 堆焊技术

(1)单层堆焊技术

为了有效降低堆焊熔合区的元素迁移和稀释率，保证耐蚀层的化学成分以及其他技术要求，目前国内加氢反应器多数采用双层堆焊，即先堆焊过渡层 E309L，再堆焊面层 E347。但双层堆焊技术制造周期长，制造成本高，严重影响容器制造厂的效益，制约制造厂发展。

随着堆焊材料和堆焊工艺技术的发展，单层带极电渣堆焊技术因其具有更高的熔敷效率，更低的焊带及焊剂消耗以及更优的外观成型等优点，已在国外加氢反应器的制造中得到较广泛应用，带来较好的经济效益。

单层带极堆焊技术对工艺要求高，堆焊层各元素化学成分和铁素体含量难以控制，技术难度较大，同时还有堆焊层的氢剥离问题，这些都是单层带极堆焊技术的难题。我国对单层带极电渣堆焊技术的攻关从 20 世纪 90 年代开始持续至今，现在已经取得一些成绩，在加氢反应器上已有应用，但应用比例不高。

(2)90°弯管堆焊技术

加氢反应器上、下封头一般各有一个 90°弯管，90°弯管的内壁整体堆焊技术一直是国内外各加氢反应器制造企业的研究和改进的技术之一。

国内外加氢反应器 90°弯管的传统制造工艺一般为：锻件加工→弯管煨制→正火 + 回火→分段（一般分为 3 ~ 4 段）→分别手工堆焊→校口→分别加工坡口→递退法焊接基层环缝→检测→手工堆焊。该制造工艺工序较多导致生产效率较低，严重影响加氢产品的制造周期；弯管中间两条环缝的坡口加工、组焊、探伤，较大幅度地增加了制造成本；手工补堆焊时受空间位置限制，造成堆焊质量不易保证，更增加产品质量风险。

2010 年前后，国内各加氢反应器制造企业基本都掌握了 90°弯管的内壁整体堆焊技术。技术方案分为两种：一种是先对直管进行堆焊再弯制成弯头，另一种是研究专用的焊机直接对弯头进行堆焊。

第一种技术方案需要的设备简单，但要求严格控制制造工艺，主要存在的问题是堆焊层经过高温成型、正火（或淬火）、回火和焊后消应力热处理后，堆焊层的贴合率、抗晶间腐蚀性能及弯基体的力学性能是否仍能满足技术条件的要求。第二种方案较容易保证堆焊层的性能，但焊机研发需要投入大量资金和技术；国内已成功研发出90°弯头内壁整体堆焊焊机。

需要注意的是，90°弯管的内壁整体堆焊技术对弯管内径和弯曲半径均有限制，尺寸太小时依然无法实现，具体限制尺寸各制造厂有所差别。

（3）超声波衍射时差法检测

无损检测是保证压力容器焊接接头质量的重要手段。加氢反应器由于直径大，壁厚厚，其A、B类焊接接头的射线检测需要采用直线加速器，投资高，操作不便，耗时长，对人体有伤害，且对裂纹、未熔合、面状未焊透等缺陷的检出率相对较低。

超声波衍射时差法检测（简称TOFD）技术的出现很好地解决了上述问题。与射线检测相比，TOFD具有检测灵敏度高，操作方便，省时，安全环保等诸多优点。ASME在1996年即将其收录规范案例。国内，该技术最先应用于西气东输和三峡工程等大型建设项目。2004年中国一重集团有限公司在加氢反应器的现场组焊中应用TOFD技术；此后又在多个项目中的大型加氢反应器的现场组焊环缝采用TOFD技术，并同时结合RT检测，进行了两种检测方法的比对试验。我国在TSG 21—2016《固定式压力容器安全技术监察规程》中明确规定可以采用TOFD代替射线检测。

目前厚壁加氢反应器A、B类焊接接头采用TOFD按NB/T 47013.10—2015进行无损检测已较为普遍。需要注意的是：

①当采用非平行扫查和偏置非平行扫查时，在扫查面和底面均存在表面盲区，且对焊缝及热影响区中横向缺陷的检出率较低。对这些部位采用TOFD时，应按NB/T 47013.10—2015的规定，辅以超声检测、磁粉检测等无损检测方法，以更好地满足检验要求。

②由于形状限制，对于接管与壳体的焊接接头，目前也无法进行TOFD。

③TOFD技术对无损检测人员的要求非常高，需要具有实际检测经验并掌握一定的承压设备结构及制造基础知识。

11.4　微反应器

11.4.1　概述

微反应器（Micro Reactor）最初是指一种用于催化剂评价和反应动力学研究的小型管式反应器。随着用于电路集成的微制造技术的成功，人们认识到这种反应器所具有的巨大优点，逐渐将其推广应用于各种化学生产领域，此时其前缀"micro"的含义发展为指利用微加工技术制造的一种微型化的反应器。

微反应器从本质上讲是一种连续流动的管道式反应器或微通道反应器，图11-49所示为一种

图11-49　微通道反应器的内部结构

典型微反应器的局部通道结构。微反应器的"微"表示工艺流体的通道在微米级别，而不是指微反应设备的外形尺寸小或产品的产量小。微反应器中可以包含有成百万上千万的微型通道，因此也实现很高的产量。

微反应器设备根据其主要用途或功能可细分为微混合器、微换热器和微反应器。由于其内部的微结构使得微反应器设备具有极大的比表面积，可达到搅拌釜比表面积的几百倍甚至上千倍。微反应器有着极好的传热和传质能力，可以实现物料的瞬间均匀混合和高效的传热，因此许多在常规反应器中无法实现的反应都可以微反应器中实现。

目前微反应器在化工工艺过程的研究与开发中已经得到广泛的应用，商业化生产中的应用正日益增多。其主要应用领域包括有机合成过程，微米和纳米材料的制备和日用化学品的生产。图 11 – 50 所示为各种微反应技术的应用。在化工生产中，最新的 Miprowa 技术已经可以实现每小时上万升的流量。

图 11 –50　微反应技术的应用

11.4.2　微反应器技术特点

微反应器在几何、传递、宏观流动等方面的特性决定了有以下特点：

(1)对反应温度的精确控制

微反应设备极大的比表面积决定了微反应器有极大的换热效率，即使是反应瞬间释放出大量热量，微反应器也可及时将其导出，维持反应温度稳定。而在常规反应器中的强放热反应，由于换热效率不够高，常常会出现局部过热现象。而局部过热导致副产物生成，这就导致收率和选择性下降。而且，在生产中剧烈反应产生的大量热量如果不能及时导出，会导致冲料事故甚至发生爆炸。

(2)对反应时间的精确控制

常规的批次反应，采用将反应物逐渐滴加的方式来防止反应过于剧烈。这就使一部分物料的停留时间过长。而在很多反应中，反应物、产物或中间过渡态产物在反应条件下停留时间一长就会导致副产物的产生，使反应收率降低。而微反应器技术采取微管道中的连续流动反应，可以精确控制物料在反应条件下的停留时间。一旦达到最佳反应时间就立即将物料传递到下一步反应，或终止反应，这样就有效避免了因反应时间长而导致的副产物。

(3)物料以精确比例瞬间均匀混合

在那些对反应物料配比要求很严格的快速反应中，如果混合不够好，就会出现局部配比过量，导致产生副产物，这一现象在批次反应器中很难避免，而微反应器的反应通道一般只有数十微米，物料可以按配比精确快速均匀混合，从而避免了副产物的形成。

（4）结构保证安全

与间歇式反应釜不同，微反应器采用连续流动反应，因此在反应器中停留的化学品数量总是很少的，即使万一失控，危害程度也非常有限。而且，由于微反应器换热效率极高，即使反应突然释放大量热量，也可以被迅速导出，从而保证反应温度的稳定，减少了发生安全事故和质量事故的可能性。因此微反应器可以轻松应对苛刻的工艺要求，实现安全高效生产。

（5）无放大效应

精细化工生产多使用间歇式反应器。由于大生产设备与小试设备传热传质效率的不同，小试工艺放大时，一般需要一段时间的摸索。一般的流程是：小试—中试—大生产。利用微反应器技术进行生产时，工艺放大不是通过增大微通道的特征尺寸，而是通过增加微通道的数量来实现的，所以小试最佳反应条件不需做任何改变就可直接用于生产，不存在常规批次反应器的放大难题，从而大幅缩短了产品由实验室到市场的时间。

11.4.3 微反应器的应用

微反应器具有很高的研究价值和应用潜力。微反应器强化传质传热的效果优异，可以有效提高设备安全性、合成效率、反应选择性和流程连续性。近年来，微反应器已经被广泛应用于有机化合物/聚合物、纳米颗粒、能源物质、生物医药等众多领域的合成。微反应器的合成通量可达到几万吨甚至几十万吨每年，在提高高附加值材料的合成效率或者解决强放热等危险反应方面具有较大优势。下面简要介绍微反应器在这些领域的最新进展。

（1）有机化合物/聚合物合成

微反应器常用于有机化合物的合成，可以提高反应选择性、合成效率和过程连续性，还可实现实时反馈优化。研究人员现已经连续成功合成了工业用的偶氮染料，收率在94%以上，并开发出优化微反应器中有机合成的算法，并结合在线傅里叶变换红外光谱，实现了有机合成的实时优化。但聚合过程中液体黏度高、固体产物频繁参，导致反应流体混合分散困难、输送性能降低、容易造成通道堵塞。

（2）纳米颗粒合成

微反应器利用微孔作为分散介质，分散相在压力作用下通过孔均匀分布在连续相中，由于混合尺度很小，可达到毫秒级快速均匀混合，非常适合于快反应的纳米颗粒制备工艺。研究表明：采用微反应器法制纳米颗粒，如果选择适当的表面活性剂及合适的微乳液，可以得到粒径小而分散均匀的颗粒，而且所选择的表面活性剂成本低且易回收。应用微反应器来进行酰胺化优化，达到提高产品质量、降低消耗、提高效益的目的。

（3）能源物质生产

随着全球能源需求的增长和温室气体排放的增加，生物柴油、氢气等新能源的研究和应用具有极其重要的意义。由于高比表面积和短扩散距离，微反应器技术可以实现快速高效的反应速率，从而强化酯交换、制氢等过程，可以克服传统的生物柴油和氢气生产技术的缺点，适用于生物柴油、氢气等能源物质的生产。

（4）生物医药合成

由于反应速率快、选择性好、易于控制、试剂使用量少等优势，微反应器在生物医药的合成方面有较多的应用。最早开发的微反应器桌面实验室就用于药物的连续高效合成。

在微反应器技术发展早期，它主要被用于实验室研究，由于微反应器的优势越来越被人们所认识，近年来它在工业生产上也得到越来越多的应用。据统计，目前已有多家工厂在使用微反应器技术。很多欧洲公司和研究机构，尤其是大型的化工和医药公司都在致力于开发和应用基于微反应器的新生产工艺。表11-8所列出的就是文献中所报道的一些有代表性的实例。

表11-8　微反应器的应用

应用场合	公司	工业应用
精细化学品合成	美国CPC公司	药物合成
	荷兰DSM公司	里特(Ritter)反应
	西安惠安公司	硝化甘油
纳米颗粒制备	克莱恩(Clariant)公司	颜料
	拜耳先灵(Scheering)	复配
	医药公司	(Formulations)
	拜耳(Bayer)技术	催化剂
	服务公司	
日用化学品和聚合物	德固赛(Degussa)集团	环氧丙烷
	西门子公司	聚丙烯酸酯
	美国UOP公司	过氧化氢

11.4.4　微反应器的发展前景

微反应器技术是一个多学科间交叉的新兴技术，对很多传统反应器很难操作的反应，微反应器技术提供了崭新的解决方案。它的应用已经得到社会的认可，近年来国内外进行了大量研究，微反应器技术得到了快速发展，使得其在工艺研发与工业化生产中正得到越来越多的应用。

尽管微混合技术有诸多优势，但作为一种新技术，仍然有很多问题需要解决。首先，许多在宏观尺度上的规律在微尺度下已不再适用，这就需要建立适合微反应器技术的微观理论体系。其次，微反应器技术应用到工业生产过程中，微反应器的设计、制造、检测、集成和放大等问题还有待进一步研究。

附 录

附表 A 碳素钢和低合金钢钢板许用应力

钢号	钢板标准	使用状态	厚度/mm	室温强度指标 R_m/MPa	室温强度指标 R_{eL}/MPa	≤20	100	150	200	250	300	350	400	425	450	475	500	525	550	575	600	注
Q245R	GB 713	热轧、控轧、正火	3~16	400	245	148	147	140	131	117	108	98	91	85	61	41						
			>16~36	400	235	148	140	133	124	111	102	93	86	84	61	41						
			>36~60	400	225	148	133	127	119	107	98	89	82	80	61	41						
			>60~100	390	205	137	123	117	109	98	90	82	75	73	61	41						
			>100~150	380	185	123	112	107	100	90	80	73	70	67	61	41						
Q345R	GB 713	热轧、控轧、正火	3~16	510	345	189	189	189	183	167	153	143	125	93	66	43						
			>16~36	500	325	185	185	183	170	157	143	133	125	93	66	43						
			>36~60	490	315	181	181	173	160	147	133	123	117	93	66	43						
			>60~100	490	305	181	181	167	150	137	123	117	110	93	66	43						
			>100~150	480	285	178	173	160	147	133	120	113	107	93	66	43						
			>150~200	470	265	174	163	153	143	130	117	110	103	93	66	43						
Q370R	GB 713	正火	10~16	530	370	196	196	196	196	190	180	170										
			>16~36	530	360	196	196	196	193	183	173	163										
			>36~60	520	340	193	193	193	180	170	160	150										
18MnMoNbR	GB 713	正火加回火	30~60	570	400	211	211	211	211	211	211	211	207	195	177	117						
			>60~100	570	390	211	211	211	211	211	211	211	203	192	177	117						

在下列温度（℃）下的许用应力/MPa

续表

钢号	钢板标准	使用状态	厚度/mm	室温强度指标 R_m/MPa	R_eL/MPa	≤20	100	150	200	250	300	350	400	425	450	475	500	525	550	575	600	注
13MnNiMoR	GB 713	正火加回火	30~100	570	390	211	211	211	211	211	211	211	203									
			>100~150	570	380	211	211	211	211	211	211	211	200									
15CrMoR	GB 713	正火加回火	6~60	450	295	167	167	167	160	150	140	133	126	122	119	117	88	58	37			
			>60~100	450	275	167	167	157	147	140	131	124	117	114	111	109	88	58	37			
			>100~150	440	255	163	157	147	140	133	123	117	110	107	104	102	88	58	37			
14Cr1MoR	GB 713	正火加回火	6~100	520	310	193	187	180	170	163	153	147	140	135	130	123	80	54	33			
			>100~150	510	300	189	180	173	163	157	147	140	133	130	127	121	80	54	33			
12Cr2Mo1R	GB 713	正火加回火	6~150	520	310	193	187	180	173	170	167	163	160	157	147	119	89	61	46	37		
12Cr1MoVR	GB 713	正火加回火	6~60	440	245	163	150	140	133	127	117	111	105	103	100	98	95	82	59	41		
			>60~100	430	235	157	147	140	133	127	117	111	105	103	100	98	95	82	59	41		
12Cr2Mo1VR	—	正火加回火	30~120	590	415	219	219	219	219	219	219	219	219	219	193	163	134	104	72			1
16MnDR	GB 3531	正火、正火加回火	6~16	490	315	181	181	180	167	153	140	130										
			>16~36	470	295	174	174	167	157	143	130	120										
			>36~60	460	285	170	170	160	150	137	123	117										
			>60~100	450	275	167	167	157	147	133	120	113										
			>100~120	440	265	163	163	153	143	130	117	110										
15MnNiDR	GB 3531	正火、正火加回火	6~16	490	325	181	181	181	173													
			>16~36	480	315	178	178	178	167													
			>36~60	470	305	174	174	173	160													

表中温度栏标题：在下列温度（℃）下的许用应力/MPa

续表

钢号	钢板标准	使用状态	厚度/mm	室温强度指标		在下列温度（℃）下的许用应力/MPa																注
				R_m/MPa	R_{eL}/MPa	≤20	100	150	200	250	300	350	400	425	450	475	500	525	550	575	600	
15MnNiNbDR	—	正火，正火加回火	10~16	530	370	196	196	196	196													
			>16~36	530	360	196	196	196	193													1
			>36~60	520	350	193	193	193	187													
09MnNiDR	GB 3531	正火，正火加回火	6~16	440	300	163	163	163	160	153	147	137										
			>16~36	430	280	159	159	157	150	143	137	127										
			>36~60	430	270	159	159	150	143	137	130	120										
			>60~120	420	260	156	156	147	140	133	127	117										
08Ni3DR	—	正火，正火加回火，调质	6~60	490	320	181	181															1
			>60~100	480	300	178	178															
06Ni9DR		调质	6~30	680	560	252	252															1
			>30~40	680	550	252	252															
07MnMoVR	GB 19189	调质	10~60	610	490	226	226	226	226													
07MnNiVDR	GB 19189	调质	10~60	610	490	226	226	226	226													
07MnNiMoDR	GB 19189	调质	10~50	610	490	226	226	226	226													
12MnNiVR	GB 19189	调质	10~60	610	490	226	226	226	226													

注1：见 GB/T 150.2—2011 附录 A

· 433 ·

附表B 高合金钢钢板许用应力

钢号	钢板标准	厚度/mm	在下列温度(℃)下的许用应力/MPa																						注
			≤20	100	150	200	250	300	350	400	450	500	525	550	575	600	625	650	675	700	725	750	775	800	
S11306	GB 24511	1.5~25	137	126	123	120	119	117	112	109															
S11348	GB 24511	1.5~25	113	104	101	100	99	97	95	90															
S11972	GB 24511	1.5~8	154	154	149	142	136	131	125																
S21953	GB 24511	1.5~80	233	233	223	217	210	203																	
S22253	GB 24511	1.5~80	230	230	230	230	223	217																	
S22053	GB 24511	1.5~80	230	230	230	230	223	217																	
S30408	GB 24511	1.5~80	137	137	137	130	122	114	111	107	103	100	98	91	79	64	52	42	32	27					1
			137	137	103	96	90	85	82	79	76	74	73	71	67	62	52	42	32	27					
S30403	GB 24511	1.5~80	120	120	118	110	103	98	94	91	88														1
			120	98	87	81	76	73	69	67	65														
S30409	GB 24511	1.5~80	137	137	137	130	122	114	111	107	103	100	98	91	79	64	52	42	32	27					1
			137	137	103	96	90	85	82	79	76	74	73	71	67	62	52	42	32	27					
S31008	GB 24511	1.5~80	137	137	137	137	134	130	125	122	119	115	113	105	84	61	43	31	23	19	15	12	10	8	1
			137	121	111	105	99	96	93	90	88	85	84	83	81	61	43	31	23	19	15	12	10	8	
S31608	GB 24511	1.5~80	137	137	137	134	125	118	113	111	109	107	106	105	96	81	65	50	38	30					1
			137	117	107	99	93	87	84	82	81	79	78	78	76	73	65	50	38	30					

钢号	钢板标准	厚度/mm	在下列温度（℃）下的许用应力/MPa																					注
			≤20	100	150	200	250	300	350	400	450	500	525	550	575	600	625	650	675	700	725	750	775	800	
S31603	GB 24511	1.5~80	120	120	117	108	100	95	90	86	84														1
			120	98	87	80	74	70	67	64	62														
S31668	GB 24511	1.5~80	137	137	137	134	125	118	113	111	109	107														1
			137	117	107	99	93	87	84	82	81	79														
S31708	GB 24511	1.5~80	137	137	137	134	125	118	113	111	109	107	106	105	96	81	65	50	38	30						1
			137	117	107	99	93	87	84	82	81	79	78	78	76	73	65	50	38	30						
S31703	GB 24511	1.5~80	137	137	137	134	125	118	113	111	109															1
			137	117	107	99	93	87	84	82	81															
S32168	GB 24511	1.5~80	137	137	137	130	122	114	111	108	105	103	101	83	58	44	33	25	18	13						1
			137	114	103	96	90	85	82	80	78	76	75	74	58	44	33	25	18	13						
S39042	GB 24511	1.5~80	147	147	147	147	144	131	122																	1
			147	137	127	117	107	97	90																	

注1：该行许用应力仅适用于允许产生微量永久变形之元件，对于法兰或其他有微量永久变形就会引起泄漏或故障的场合不能采用。

附表 C 碳钢和低合金钢钢管许用应力

钢号	钢管标准	使用状态	壁厚/mm	室温强度指标		在下列温度（℃）下的许用应力/MPa																注
				R_m/MPa	R_{eL}/MPa	20	100	150	200	250	300	350	400	425	450	475	500	525	550	575	600	
10	GB/T 8163	热轧	≤10	335	205	124	121	115	108	98	89	82	75	70	61	41						
20	GB/T 8163	热轧	≤10	410	245	152	147	140	131	117	108	98	88	83	61	41						
Q345D	GB/T 8163	正火	≤10	470	345	174	174	174	174	167	153	143	125	93	66	43						
10	GB 9948	正火	≤16	335	205	124	121	115	108	98	89	82	75	70	61	41						
			>16~30	335	195	124	117	111	105	95	85	79	73	67	61	41						
20	GB 9948	正火	≤16	410	245	152	147	140	131	117	108	98	88	83	61	41						
			>16~30	410	235	152	140	133	124	111	102	93	83	78	61	41						
20	GB 6479	正火	≤16	410	245	152	147	140	131	117	108	98	88	83	61	41						
			>16~40	410	235	152	140	133	124	111	102	93	83	78	61	41						
16Mn	GB 6479	正火	≤16	490	320	181	181	180	167	153	140	130	123	93	66	43						
			>16~40	490	310	181	181	173	160	147	133	123	117	93	66	43						
12CrMo	GB 9948	正火加回火	≤16	410	205	137	121	115	108	101	95	88	82	80	79	77	74	50				
			>16~30	410	195	130	117	111	105	98	91	85	79	77	75	74	72	50				
15CrMo	GB 9948	正火加回火	≤16	440	235	157	140	131	124	117	108	101	95	93	91	90	88	58	37			
			>16~30	440	225	150	133	124	117	111	103	97	91	89	87	86	85	58	37			
			>30~50	440	215	143	127	117	111	105	97	92	87	85	84	83	81	58	37			
12Cr2Mo1	—	正火加回火	≤30	450	280	167	167	163	157	153	150	147	143	140	137	119	89	61	46	37		1
1Cr5Mo	GB 9948	退火	<16	390	195	130	117	111	108	105	101	98	95	93	91	83	62	46	35	26	18	
			>16~30	390	185	123	111	105	101	98	95	91	88	86	85	82	62	46	35	26	18	
12Cr1MoVG	GB 5310	正火加回火	≤30	470	255	170	153	143	133	127	117	111	105	103	100	98	95	82	59	41		—
09MnD		正火	≤8	420	270	156	156	150	143	130	120	110										1
09MnNiD		正火	≤8	440	280	163	163	157	150	143	137	127										1
08Cr2AlMo		正火加回火	≤8	400	250	148	148	140	130	123	117											1
09CrCuSb		正火	≤8	390	245	144	144	137	127													

附表 D　高合金钢钢管许用应力

在下列温度（℃）下的许用应力/MPa

钢号	钢管标准	壁厚/mm	≤20	100	150	200	250	300	350	400	450	500	525	550	575	600	625	650	675	700	725	750	775	800	注
0Cr18Ni9 (S30408)	GB 13296	≤14	137	137	137	130	122	114	111	107	103	100	98	91	79	64	52	42	32	27					1
		≤28	137	137	137	96	90	85	82	79	76	74	73	71	67	62	52	42	32	27					
0Cr18Ni9 (S30408)	GB/T 14976	≤14	137	137	137	130	122	114	111	107	103	100	98	91	79	64	52	42	32	27					1
		≤28	137	137	137	96	90	85	82	79	76	74	73	71	67	62	52	42	32	27					
00Cr19Ni10 (S30403)	GB 13296	≤14	117	117	117	110	103	98	94	91	88														1
		≤28	117	97	87	81	76	73	69	67	65														
00Cr19Ni10 (S30403)	GB/T 14976	≤14	117	117	117	110	103	98	94	91	88														1
		≤28	117	97	87	81	76	73	69	67	65														
0Cr18Ni10Ti (S32168)	GB 13296	≤14	137	137	137	130	122	114	111	108	105	103	101	83	58	44	33	25	18	13					1
		≤28	137	114	103	96	90	85	82	80	78	76	75	74	58	44	33	25	18	13					
0Cr18Ni10Ti (S32168)	GB/T 14976	≤14	137	137	137	130	122	114	111	108	105	103	101	83	58	44	33	25	18	13					1
		≤28	137	114	103	96	90	85	82	80	78	76	75	74	58	44	33	25	18	13					
0Cr17Ni12Mo2 (S31608)	GB 13296	≤14	137	137	137	134	125	118	113	111	109	107	106	105	96	81	65	50	38	30					1
		≤28	137	117	107	99	93	87	84	82	81	79	78	78	76	73	65	50	38	30					
0Cr17Ni12Mo2 (S31608)	GB/T 14976	≤14	137	137	137	134	125	118	113	111	109	107	106	105	96	81	65	50	38	30					1
		≤28	137	117	107	99	93	87	84	82	81	79	78	78	76	73	65	50	38	30					
00Cr17Ni14Mo2 (S31603)	GB 13296	≤14	117	117	117	108	100	95	90	86	84														1
		≤28	117	97	87	80	74	70	67	64	62														
00Cr17Ni14Mo2 (S31603)	GB/T 14976	≤14	117	117	117	108	100	95	90	86	84														1
		≤28	117	97	87	80	74	70	67	64	62														
0Cr18Ni12Mo2Ti (S31668)	GB 13296	≤14	137	137	137	134	125	118	113	111	109	107	106	105	96										1
		≤28	137	117	107	99	93	87	84	82	81	79	78	78	76										

表中"在下列温度（℃）下的许用应力/MPa"

钢号	钢管标准	壁厚/mm	≤20	100	150	200	250	300	350	400	450	500	525	550	575	600	625	650	675	700	725	750	775	800	注
0Cr18Ni12Mo2Ti (S31668)	GB/T 14976	≤28	137	137	137	134	125	118	113	111	109	107	106	105	96	81	65	50	38	30					1
0Cr19Ni13Mo3 (S31708)	GB 13296	≤14	137	137	137	134	125	118	113	111	109	107	106	105	96	81	65	50	38	30					
0Cr19Ni13Mo3 (S31708)	GB/T 14976	≤28	137	117	107	99	93	87	84	82	81	79	78	78	76	73	65	50	38	30					1
00Cr19Ni13Mo3 (S31703)	GB 13296	≤14	137	137	137	134	125	118	113	111	109	107	106	105	96	81	65	50	38	30					
00Cr19Ni13Mo3 (S31703)	GB/T 14976	≤28	137	117	107	99	93	87	84	82	81	79	78	78	76	73	65	50	38	30					1
0Cr25Ni20 (S31008)	GB 13296	≤14	137	137	137	137	134	130	125	122	119	115	113	105	84	61	43	31	23	19	15	12	10	8	
0Cr25Ni20 (S31008)	GB/T 14976	≤28	137	121	111	105	99	96	93	90	88	85	84	83	81	61	43	31	23	19	15	12	10	8	1
1Cr19Ni9 (S30409)	GB 13296	≤14	137	137	137	130	122	114	111	107	103	100	98	91	79	64	52	42	32	27					1
S21953	GB/T 21833	≤12	233	233	223	217	210	203																	
S22253	GB/T 21833	≤12	230	230	230	230	223	217																	
S22053	GB/T 21833	≤12	243	243	243	243	240	233																	
S25073	GB/T 21833	≤12	296	296	296	280	267	257																	
S30408	GB/T 12771	≤28	116	116	116	111	104	97	94	91	88	85	83	77	67	54	44	36	27	23					1, 2
S30408	GB/T 12771	≤28	116	97	88	82	77	72	70	67	65	63	62	60	57	53	44	36	27	23					2

续表

钢号	钢管标准	壁厚/mm	在下列温度（℃）下的许用应力/MPa																						注
			≤20	100	150	200	250	300	350	400	450	500	525	550	575	600	625	650	675	700	725	750	775	800	
S30403	GB/T 12771	≤28	99	99	99	94	88	83	80	77	75														1，2
			99	82	74	69	65	62	59	57	55														2
S31608	GB/T 12771	≤28	116	116	116	114	106	100	96	94	93	91	90	89	82	69	55	43	32	26					1，2
			116	99	91	84	79	74	71	70	69	67	66	66	65	62	55	43	32	26					2
S31603	GB/T 12771	≤28	99	99	99	92	85	81	77	73	71														1，2
			99	82	74	68	63	60	57	54	53														2
S32168	GB/T 12771	≤28	116	116	116	111	104	97	94	92	89	88	86	71	49	37	28	21	15	11					1，2
			116	97	88	82	77	72	70	68	66	65	64	63	49	37	28	21	15	11					2
S30408	GB/T 24593	≤4	116	116	116	111	104	97	94	91	88	85	83	77	67	54	44	36	27	23					1，2
			116	97	88	82	77	72	70	67	65	63	62	60	57	53	44	36	27	23					2
S30403	GB/T 24593	≤4	99	99	99	94	88	83	80	77	75														1，2
			99	82	74	69	65	62	59	57	55														2
S31608	GB/T 24593	≤4	116	116	116	114	106	100	96	94	93	91	90	89	82	69	55	43	32	26					1，2
			116	99	91	84	79	74	71	70	69	67	66	66	65	62	55	43	32	26					2
S31603	GB/T 24593	≤4	99	99	99	92	85	81	77	73	71														1，2
			99	82	74	68	63	60	57	54	53														2
S32168	GB/T 24593	≤4	116	116	116	111	104	97	94	92	89	88	86	71	49	37	28	21	15	11					1，2
			116	97	88	82	77	72	70	68	66	65	64	63	49	37	28	21	15	11					2
S21953	GB/T 21832	≤20	198	198	190	185	179	173																	2
S22253	GB/T 21832	≤20	196	196	196	196	190	185																	2
S22053	GB/T 21832	<20	207	207	207	207	204	198																	2

注1：该行许用应力仅适用于允许产生微量永久变形之元件，对于法兰或其他有微量永久变形就引起泄漏或故障的场合不能采用。

注2：该行许用应力已乘焊接接头系数 0.85。

附表 E 钢材弹性模量

钢类	在下列温度(℃)下的弹性模量 $E/10^3$ MPa																
	-196	-100	-40	20	100	150	200	250	300	350	400	450	500	550	600	650	700
碳素钢、碳锰钢			205	201	197	194	191	188	183	178	170	160	149				
锰钼钢、镍钢		209	205	200	196	193	190	187	183	178	170	160	149				
铬(0.5%~2%)钼(0.2%~0.5%)钢	214		208	204	200	197	193	190	186	183	179	174	169	164			
铬(2.25%~3%)钼(1.0%)钢			215	210	206	202	199	196	192	188	184	180	175	169	162		
铬(5%~9%)钼(0.5%~1.0%)钢			218	213	208	205	201	198	195	191	187	183	179	174	168	161	
铬钢(12%~17%)			206	201	195	192	189	186	182	178	173	166	157	145	131		
奥氏体钢(Cr18Ni8~Cr25Ni20)	209	203	199	195	189	186	183	179	176	172	169	165	160	156	151	146	140
奥氏体-铁素体钢(Cr18Ni5~Cr25Ni7)				200	194	190	186	183	180								

附表 F 钢材平均线膨胀系数

钢类	在下列温度(℃)与20℃之间的平均线膨胀系数 $\alpha/[10^{-6}\text{ mm}/(\text{mm}\cdot℃)]$																	
	-196	-100	-50	0	50	100	150	200	250	300	350	400	450	500	550	600	650	700
碳素钢、碳锰钢、锰钼钢、低铬钼钢		9.89	10.39	10.76	11.12	11.53	11.88	12.25	12.56	12.90	13.24	13.58	13.93	14.22	14.42	14.62		
中铬钼钢(Cr5Mo~Cr9Mo)			9.77	10.16	10.52	10.91	11.15	11.39	11.66	11.90	12.15	12.38	12.63	12.86	13.05	13.18		
高铬钢(Cr12~Cr17)			8.95	9.29	9.59	9.94	10.20	10.45	10.67	10.96	11.19	11.41	11.61	11.81	11.97	12.11		
奥氏体钢(Cr18Ni8~Cr19Ni14)	14.67	15.45	15.97	16.28	16.54	16.84	17.06	17.25	17.42	17.61	17.79	17.99	18.19	18.34	18.58	18.71	18.87	18.97
奥氏体钢(Cr25Ni20)						15.84	15.98	16.05	16.06	16.07	16.11	16.13	16.17	16.33	16.56	16.66	16.91	17.14
奥氏体-铁素体钢(Cr18Ni5~Cr25Ni7)						13.10	13.40	13.70	13.90	14.10								

参考文献

1. 郑津洋，马凯，周伟明，等. 加氢站用高压储氢容器[J]. 压力容器，2018，35(09)：35-42.

2. 郑津洋，桑芝富. 过程设备设计. 第5版[M]. 化学工业出版社，2021.

3. 陈学东，崔军，章小浒，等. 我国压力容器设计、制造和维护十年回顾与展望[J]. 压力容器，2012，29(12)：1-23.

4. 涂善东. 过程装备与控制工程概论[M]. 化学工业出版社，2009.

5. 陈学东，艾志斌，李景辰，等. 压力容器风险评估技术在国家安全技术规范中的采用[J]. 压力容器，2008，25(12)：1-4.

6. 陈学东，范志超，崔军，等. 我国压力容器高性能制造技术进展[J]. 压力容器，2021.

7. 涂善东. 高温结构完整性原理[M]. 北京：科学出版社，2003.

8. 段志祥，黄强华，薄柯，等. 我国固定式储氢压力容器发展现状综述[J]. 中国特种设备安全，2022，38(04)：5-10.

9. 李熔，张鑫瑞. 350MW发电机组低温烟气换热器系统节能研究[J]. 能源与节能，2022，(06)：81-83.

10. 李春利，田昕，李浩，等. 高沸点热敏体系精馏过程的研究进展[J]. 化工进展，2022，41(04)：1704-1714.

11. 李军，韩志远，朱国栋，等. 我国基于失效模式的压力容器设计方法体系探讨[C]. 压力容器先进技术——第十届全国压力容器学术会议论文集(上)，2021：442-452.

12. 纪熙，堵澄花. 压力容器失效分析与安全评定技术现状[J]. 石化技术，2018，25(08)：285.

13. GB/T 150，压力容器[S].

14. TSG 21，固定式压力容器安全技术监察规程[S].

15. JB/T 4732，钢制压力容器-分析设计标准(2005年确认)[S].

16. HG/T 20660，压力容器中化学介质毒性危害和爆炸危险程度分类标准[S].

17. ASME Boiler & Pressure Vessel Code, Section Ⅷ, Rules for Construction of Pressure Vessels, Division 1, Alternative Rules[S], 2019.

18. ASME Boiler & Pressure Vessel Code, Section Ⅷ, Rules for Construction of Pressure Vessels, Division 3, Alternative Rules[S], 2019.

19. ASME Boiler & Pressure Vessel Code, Section Ⅷ, Rules for Construction of Pressure Vessels, Division 2, Alternative Rules[S], 2019.

20. EN 13445, Unfired Pressure Vessels [S].

21. 范钦珊. 轴对称应力分析. 北京：高等教育出版社，1985.

22. 丁伯民. 钢制压力容器—设计、制造与检验. 华东化工学院出版社，1992.

23. 黄克智等. 固定换热器管板应力的一种建议计算方法[J]. 机械工程学报1980，16：1-26.

24. 黄载生. 化工机械力学基础[M]. 化学工业出版社，1990.

25. 余国琮，胡修慈，吴文林. 化工容器及设备. 天津大学出版社，1988.

26. 黄克智等. 板壳理论[M]. 北京：清华大学出版社，1987.

27. 李建国. 压力容器设计的力学基础及其标准应用[M]. 机械工业出版社，2004.

28. 朱保国. 压力容器设计知识[M]. 化学工业出版社，2016.

29. 陈国理. 压力容器及化工设备 上册[M]. 华南理工大学出版社，1988.

30. 江楠. 压力容器分析设计方法[M]. 化学工业出版社, 2013.

31. 刘湘秋. 常用压力容器手册[M]. 机械工业出版社, 2004.

32. 刘鸿文, 林建兴, 曹曼玲. 板壳理论[M]. 浙江大学出版社, 1987.

33. 陈志平. 过程设备设计与选型基础[M]. 浙江大学出版社, 2005.

34. 董俊华, 高炳军. 化工设备机械基础. 第5版[M]. 化学工业出版社, 2019.

35. 陈庆, 邵泽波. 过程设备工程设计概论[M]. 化学工业出版社, 2008.

36. 李勤, 李福宝, 苏兴冶等. 过程装备机械基础[M]. 化学工业出版社, 2012.

37. 潘红良, 郝俊文. 过程设备机械设计[M]. 华东理工大学出版社, 2006.

38. 潘红良. 过程设备机械基础[M]. 华东理工大学出版社, 2006.

39. 全国锅炉压力容器标准化技术委员会. 压力容器工程师设计指南[M]. 中国石化出版社, 2013.

40. 王学生, 惠虎. 压力容器[M]. 华东理工大学出版社, 2018.

41. 喻健良, 等. 压力容器安全技术[M]. 化学工业出版社, 2018.

42. 董大勤, 袁凤隐. 压力容器设计手册[M]. 化学工业出版社, 2014.

43. 沈鋆, 刘应华编著. 压力容器分析设计方法与工程应用[M]. 清华大学出版社, 2016.

44. 盛水平. 压力容器设计理论与应用: 基本知识、标准要求、案例分析[M]. 化学工业出版社, 2017.

45. 俞树荣. 压力容器设计制造入门与精通[M]. 机械工业出版社, 2013.

46. 李福宝, 李勤. 压力容器及过程设备设计[M]. 化学工业出版社, 2010.

47. 孙国刚. 压力容器及过程设备设计[M]. 中国石化出版社, 2016.

48. 喻九阳, 徐建民. 压力容器与过程设备[M]. 化学工业出版社, 2011.

49. 李国成, 蒋文春. 过程设备设计力学基础[M]. 中国石化出版社, 2010.

50. 朱孝钦, 刘俊明. 过程装备基础[M]. 化学工业出版社, 2011.

51. 张永弘, 黄小平, 潘秉智. 压力容器断裂与疲劳控制设计. 北京: 石油工业出版社, 1997.

52. Timoshenko S P, Goodier J N. Theory of Elasticity, New York: McGraw – Hill Book Co. , 1951.

53. Brownell L E, Young E H, Process Equipment Design – Vessel Design, New York: John Wiley &Sons, 1959. (琚定一, 等译, 化工容器设计, 上海科学技术出版社, 1964.)

54. 朱国辉, 郑津洋. 新型绕带式压力容器. 机械工业出版社, 1995.

55. 王志文, 蔡仁良. 化工容器设计. 化学工业出版社, 2005.

56. 李世玉. 压力容器设计工程师培训教程. 新华出版社, 2005.

57. 丁伯民, 曹文辉. 承压容器. 化学工业出版社, 2008.

58. 卓震主. 化工容器及设备. 中国石化出版社, 1998.

59. 沈鋆. ASME压力容器分析设计. 华东理工大学出版社, 2014.

60. 中华人民共和国行业标准, JB 4732—1995, 钢制压力容器 – 分析设计标准[S], 1995.

61. 仇性启. 石油化工压力容器设计. 石油工业出版社, 2013.

62. 沈鋆, 李涛. 压力容器分析设计规范进展介绍与修订探讨. 化工机械. 2016, 5: 561 –566, 567.

63. 陆明万, 寿比南. 新一代压力容器分析设计规范—ASME Ⅷ–2 2007简介. 压力容器. 2007, 9: 42 –47, 61.

64. Jiang W C, Wan Y, Tu S T, et al, Determination of the through – thickness residual stress in thick duplex stainless steel welded plate by wavelength – dependent neutron diffraction method, International Journal of Pressure Vessels and Piping, 2022, 196: 104603.

65. 陆明万, 寿比南, 杨国义. 压力容器应力分析设计方法的进展和评述. 压力容器. 2009, 10: 34 –40.

66. 蒋文春, 涂善东, 孙光爱. 焊接残余应力的中子衍射测试技术、计算与调控. 北京: 科学出版社, 2019.

67. 蒋文春，王金光，涂善东．承压设备局部焊后热处理．中国石化出版社，2022.

68. GB/T 40741—2021，焊后热处理质量要求[S].

69. 沈鋆．ASME Ⅷ - 2 中结构应力计算方法的由来．石油化工设备．2014，1：40 - 43.

70. Jiang W C, Luo Y, Zeng Q, et al. Residual stresses evolution during strip clad welding, post welding heat treatment and repair welding for a large pressure vessel, International Journal of Pressure Vessels and Piping, 2021, 189：104259.

71. GB/T 151. 热交换器[S].

72. 陶文铨．传热学．5 版．北京：高等教育出版社，2019.

73. NB/T 47042，卧式容器[S].

74. GB 12337，钢制球形储罐[S].

75. 赵正修．石油化工压力容器设计．石油大学出版社，1996.

76. 葛磊．板翅式换热器等效均匀化强度设计[D]．中国石油大学(华东)，2018.

77. 蒋文春，周帼彦，巩建鸣．板翅结构换热装置设计制造技术[M]．北京：科学出版社，2021.

78. 赵延灵，王建军，国亚东．过程设备综合设计指导，中国石化出版社，2019.

79. NB/T 47041，塔式容器[S].

80. 吴元欣，等．新型反应器与反应器工程种的新技术．北京：化学工业出版社，2006.